plurall

Esta obra está no **Plurall**.
Baixe o app no seu celular
ou acesse **http://plurall.net**
e descubra uma nova
forma de estudar!

AASN8HJEJ

Atenção! Somente serão liberados conteúdos
e serviços relacionados a esta obra.

Ajuda: @plurallnet

SOMOS
EDUCAÇÃO

MATEMÁTICA
ciência e aplicações

VOLUME 3

ENSINO MÉDIO

GELSON IEZZI
Engenheiro metalúrgico pela Escola Politécnica da Universidade de São Paulo
Professor licenciado pelo Instituto de Matemática e Estatística da Universidade de São Paulo

OSVALDO DOLCE
Engenheiro civil pela Escola Politécnica da Universidade de São Paulo
Professor da rede pública estadual de São Paulo

DAVID DEGENSZAJN
Licenciado em Matemática pelo Instituto de Matemática e Estatística da Universidade de São Paulo
Professor da rede particular de ensino de São Paulo

ROBERTO PÉRIGO
Licenciado e bacharel em Matemática pela Pontifícia Universidade Católica de São Paulo
Professor da rede particular de ensino e de cursos pré-vestibulares de São Paulo

NILZE DE ALMEIDA
Mestre em Ensino de Matemática pela Pontifícia Universidade Católica de São Paulo
Licenciada em Matemática pelo Instituto de Matemática e Estatística da Universidade de São Paulo
Professora da rede pública estadual de São Paulo

Atual Editora

Dados Internacionais de Catalogação na Publicação (CIP)
(Câmara Brasileira do Livro, SP, Brasil)

Matemática : ciência e aplicações, 3 : ensino médio / Gelson Iezzi...[et al.].
-- 8. ed. -- São Paulo : Atual, 2014.

Outros autores: Osvaldo Dolce, David Degenszajn, Roberto Périgo,
Nilze de Almeida
Suplementado pelo manual do professor.
Bibliografia.
ISBN 978-85-357-1963-5 (aluno)
ISBN 978-85-357-1964-2 (professor)

1. Matemática (Ensino médio) I. Iezzi, Gelson.
II. Dolce, Osvaldo. III. Degenszajn, David.
IV. Périgo, Roberto. V. Almeida, Nilze de.

14-07006 CDD-510.7

Índices para catálogo sistemático :
1. Matemática : Ensino médio 510.7

Gerente editorial	M. Esther Nejm
Editor responsável	Viviane de Lima Carpegiani Tarraf
Editores	Fernando Manenti Santos, Julio Cesar Augustus de Paula Santos
Auxiliar editorial	Rafael Rabaçallo Ramos
Estagiário	Felipe Ferreira Gonçalves
Coordenador de revisão	Camila Christi Gazzani
Revisores	Daniela Uemura, Eduardo Sigrist, Felipe Toledo, Lilian Miyoko Kumai, Raquel Alves Taveira, Rita de Cássia Sam
Coordenador de iconografia	Cristina Akisino
Pesquisa iconográfica	Mariana S. Valeiro, Danielle de Alcântara
Licenciamento de textos	Érica Brambila
Gerente de artes	Ricardo Borges
Coordenador de artes	José Maria Oliveira
Design	Aurélio Camilo
Capa	Homem de Melo & Troia Design com imagem de E+/Getty Images
Diagramação	Setup
Assistentes	Jacqueline Ortolan, Paula Regina Costa de Olveira
Ilustrações	Ari Nicolosi, Casa Paulistana de Comunicação, CJT/Zapt, Ilustra Cartoon, Luigi Rocco, Milton Rodrigues, Setup, [SIC] Comunicação/Wilson Jorge Filho/Zapt
Cartografia	Allmaps/Zapt
Tratamento de imagens	Emerson de Lima
Produtor gráfico	Robson Cacau Alves
Impressão e acabamento	Log&Print Gráfica e Logística S.A.

732.385.008.001

Editora Saraiva

SAC | 0800-0117875
De 2ª a 6ª, das 8h30 às 19h30
www.editorasaraiva.com.br/contato

Rua Henrique Schaumann, 270 – Cerqueira César – São Paulo/SP – 05413-909

APRESENTAÇÃO

Caros alunos,

É sempre um grande desafio para um autor definir o conteúdo a ser ministrado no Ensino Médio, distribuindo-o pelas três séries. Por isso, depois de consultar as mais recentes sugestões da Secretaria de Educação Básica (entidade pertencente ao Ministério da Educação) e de ouvir a opinião de inúmeros professores, optamos pelo seguinte programa:

Volume 1: noções de conjuntos, conjuntos numéricos, noções gerais sobre funções, função afim, função quadrática, função modular, função exponencial, função logarítmica, complemento sobre funções, progressões, matemática comercial e financeira, semelhança e triângulos retângulos e trigonometria no triângulo retângulo.

Volume 2: trigonometria na circunferência, funções circulares, trigonometria num triângulo qualquer, geometria espacial de posição, áreas das principais figuras planas, áreas e volumes dos principais sólidos, matrizes, sistemas lineares, determinantes, análise combinatória, binômio de Newton e probabilidades.

Volume 3: geometria analítica plana, estatística descritiva, números complexos, polinômios e equações algébricas.

Ao tratar de alguns assuntos, procuramos apresentar um breve relato histórico sobre o desenvolvimento das descobertas associadas ao tópico em estudo. Já em capítulos como os que tratam de funções, matemática financeira e estatística descritiva, entre outros, recorremos a infográficos e matérias de jornais e revistas, ou mesmo à internet, como forma de mostrar a aplicação da Matemática a outras áreas do conhecimento e ao cotidiano. São textos de fácil leitura, que despertam a curiosidade do leitor e que podem dialogar sobre temas transversais como cidadania e meio ambiente.

No desenvolvimento teórico, procuramos, sempre que possível, apresentar os assuntos de forma contextualizada, empregando uma linguagem simples. Entretanto, ao formalizarmos os conceitos em estudo (os quais são abundantemente exemplificados), optamos por termos com maior rigor matemático.

Tivemos também a preocupação de mostrar as justificativas lógicas das propriedades apresentadas, omitindo apenas demonstrações exageradamente longas, incompatíveis com as abordagens feitas atualmente no Ensino Médio. Cada nova propriedade é seguida de exemplos e exercícios resolvidos, por meio dos quais é explicitada sua utilidade.

Quanto às atividades, tanto os exercícios quanto os problemas estão organizados em ordem crescente de dificuldade.

Cada tema tratado no livro é encerrado com um desafio de raciocínio lógico que não exige conhecimentos matemáticos muito específicos e, propositalmente, não tem relação direta com o assunto abordado no capítulo. É uma ótima oportunidade para o aluno exercitar a reflexão sobre os mais diversos tipos de problemas.

A obra é ainda complementada por um Manual do Professor, no qual são apresentados, de forma detalhada, os objetivos gerais da coleção e os objetivos específicos de cada volume, além dos principais documentos oficiais sobre o ensino médio no nosso país, uma bibliografia comentada para o professor, sugestões de atividades e a resolução de todos os exercícios e problemas do livro.

Mesmo com todo o esforço feito para o aperfeiçoamento desta obra, nós, autores, sabemos que sempre existirão melhorias a fazer. Para isso, é importante conhecermos a opinião de professores e alunos que utilizaram nossa coleção em sala de aula, de forma que receberemos sempre, com muito interesse, qualquer crítica ou sugestão que seja enviada à nossa editora.

Os autores

CONHEÇA SUA OBRA

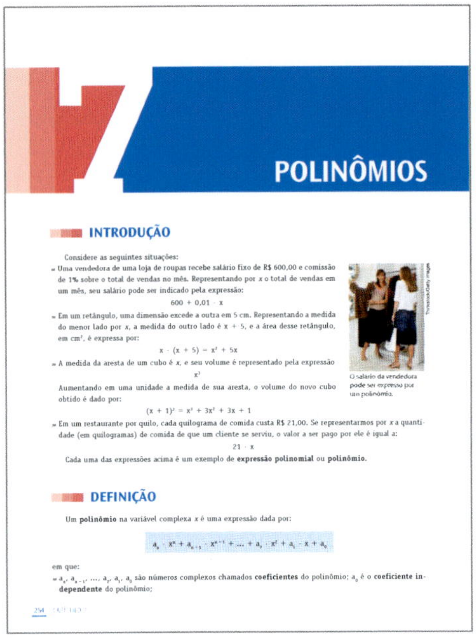

INÍCIO DO CAPÍTULO

Vários capítulos desta coleção têm início com problemas ou situações contextualizadas com o cotidiano.

APLICAÇÕES

Incluem artigos que possibilitam empregar os conhecimentos matemáticos a outros campos, estabelecendo, por exemplo, um elo entre a Matemática e a Física ou entre a Matemática e a Economia. Os textos aprofundam alguns conceitos e auxiliam na construção de outros.

OBSERVAÇÕES

Comentários sobre o conteúdo estudado são intercalados em meio ao texto, para ajudar o leitor na compreensão de conteúdos.

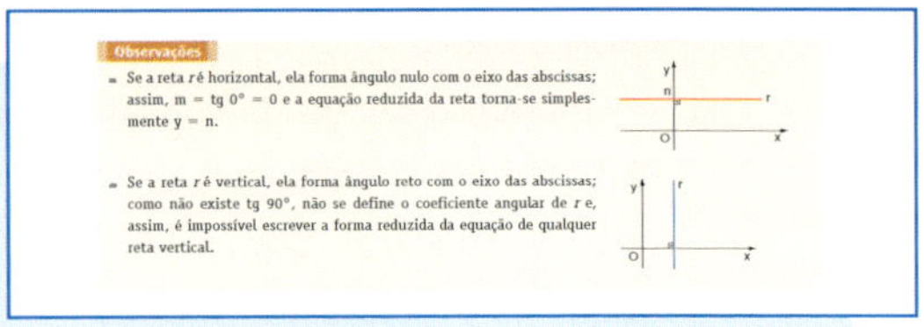

EXEMPLOS E EXERCÍCIOS RESOLVIDOS

Todos os capítulos da coleção apresentam séries de exercícios intercaladas em meio ao texto. Em geral, cada série é precedida de "exemplos" e "exercícios resolvidos". De modo geral, são exercícios que envolvem relações mais simples.

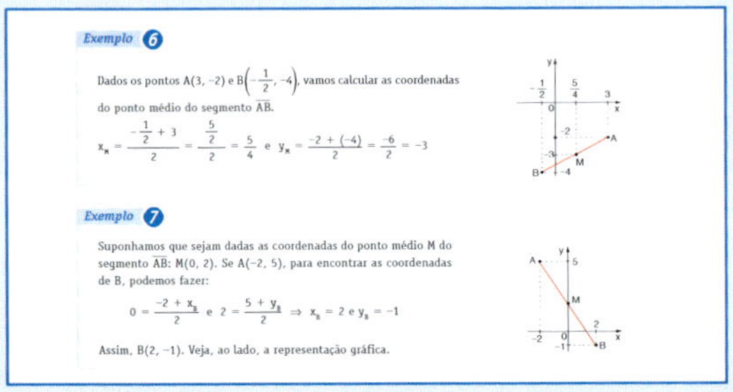

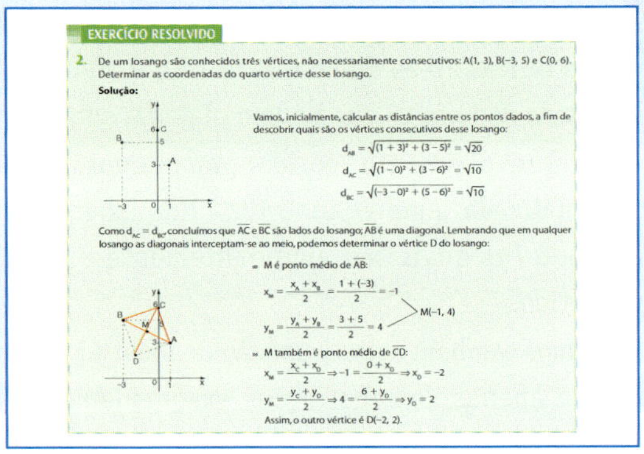

EXERCÍCIOS

As séries de exercícios contemplam uma grande variedade de problemas nos quais se enfatiza a contextualização.

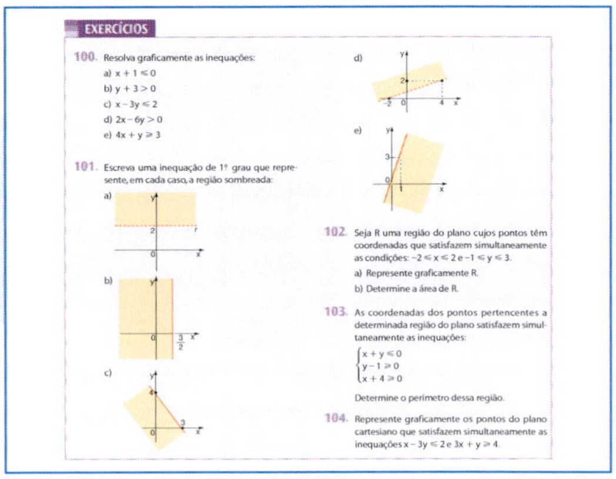

DESAFIO

Procura desenvolver o raciocínio lógico e ampliar a visão e a percepção geométrica, bem como o raciocínio quantitativo ou indutivo.

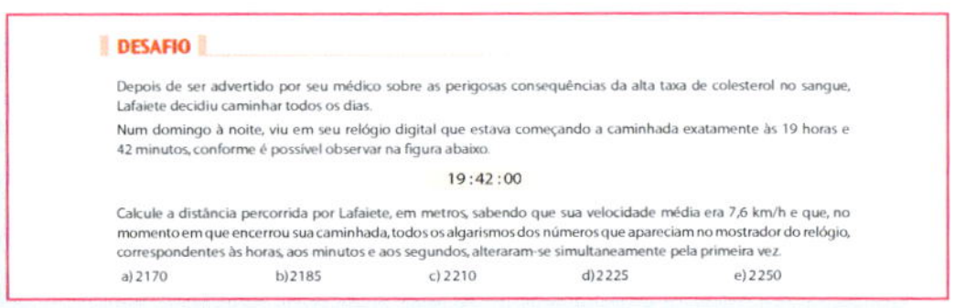

INFOGRÁFICOS

Situações de abertura de capítulo e textos das seções *Um pouco de história* e *Aplicações* podem ser apresentados em infográficos, tornando a leitura dinâmica e agradável.

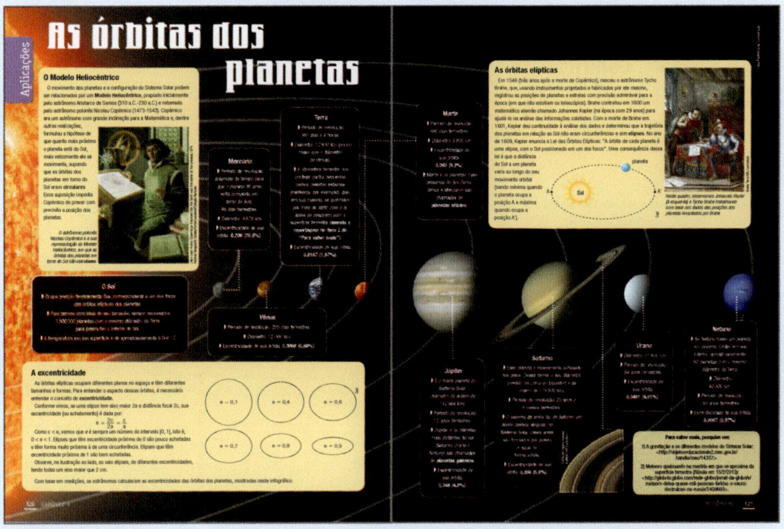

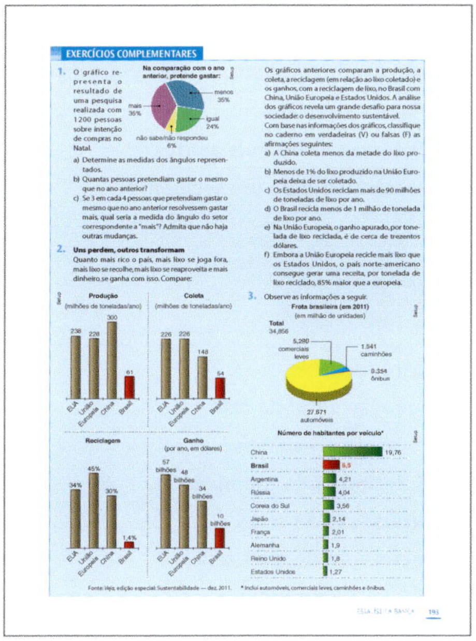

EXERCÍCIOS COMPLEMENTARES

Ao final de cada capítulo há a série *Exercícios complementares*. Geralmente, eles requerem leitura e interpretação mais cuidadosa do enunciado. Com a série se pretende consolidar e aprofundar os conteúdos e conceitos.

TESTES

Envolvem uma extensa e diversificada seleção de testes de vestibulares e do Enem, de todas as regiões do Brasil. Constituem excelente fonte de preparação para os exames que os alunos farão ao final do Ensino Médio.

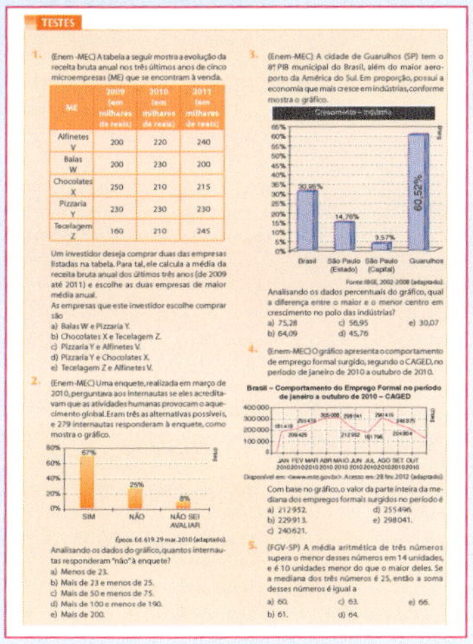

APÊNDICE

Alguns conteúdos podem ser complementados ou aprofundados a partir da leitura de textos adequadamente estruturados e abordados ao final de determinados capítulos.

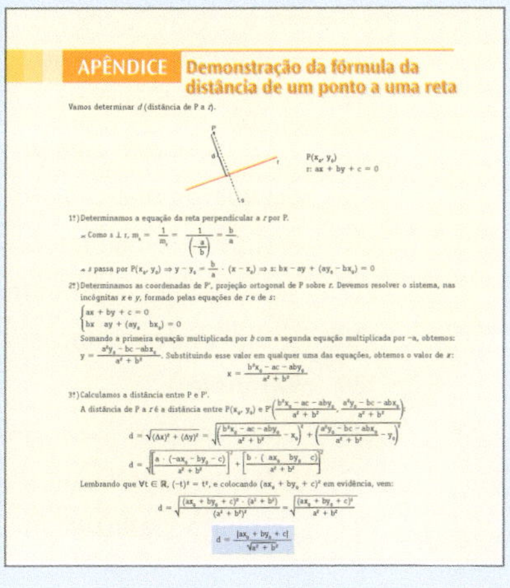

UM POUCO DE HISTÓRIA

O recurso à história coloca os alunos em contato com um processo do qual fazem parte o formular e testar hipóteses, o raciocínio indutivo, a analogia, a intuição e a criatividade na resolução de problemas enfrentados pela humanidade no decorrer do tempo.

SUMÁRIO

1 O PONTO

2 A RETA

3 A CIRCUNFERÊNCIA

4 AS CÔNICAS

5 ESTATÍSTICA BÁSICA

6 NÚMEROS COMPLEXOS

7 POLINÔMIOS

8 EQUAÇÕES ALGÉBRICAS

1 O PONTO

Um pouco de História

Introdução à geometria analítica

O segundo terço do século XVII foi um importante período da história da Matemática, com destaque para a grande intercomunicação de ideias entre os matemáticos franceses, dos quais destacamos René Descartes e Pierre de Fermat. A eles usualmente atribui-se a invenção da Geometria Analítica. Outros nomes dessa época também devem ser lembrados, como Roberval, Desargues, Messenne e Pascal.

René Descartes (1596-1650) recebeu, desde cedo, uma educação diferenciada e dedicou grande parte de sua vida à filosofia e à ciência. Sua obra mais importante, datada de 1637, é o *Discurso sobre o método*, em que apresenta as bases filosóficas do seu método para o estudo das ciências. Descartes acreditava que o conhecimento matemático é mais cumulativo e progressivo que o de outras áreas do conhecimento, crescendo por acréscimos e não por substituições, como ocorria em outras ciências, à medida que eram feitas novas descobertas. As demonstrações usadas para validar determinadas propriedades na Matemática possibilitavam a aquisição segura do conhecimento, e esse poderia ser o caminho para a verdade e para novas descobertas das ciências. Segundo Descartes, não se poderia aceitar nada como verdade se não fossem apresentadas provas com clareza e distinção. Esse método de organizar o pensamento científico, conhecido como racionalismo, rompia com o empirismo do passado.

Coleção Particular/Sheila Terry/SPL/Latinstock

René Descartes ensinando astronomia à rainha Cristina I da Suécia, por volta de 1649.

Em um dos três apêndices do *Discurso sobre o método* encontra-se "Le Geométric". A maior contribuição desse texto é a ideia de dar significado às operações algébricas por meio de interpretações geométricas e, reciprocamente, "libertar" a Geometria dos diagramas por meio de processos algébricos.

Esses princípios originaram a Geometria Analítica que conhecemos hoje e que passaremos a estudar nos quatro próximos capítulos. Os pontos são representados por pares ordenados de números reais; as retas, circunferências e outras curvas podem ser descritas por meio de expressões algébricas, com as quais podemos estudar propriedades das figuras geométricas. As figuras são representadas em um referencial formado por dois eixos perpendiculares, conhecido como **sistema de coordenadas cartesianas**, nome dado em homenagem a Descartes. Vale lembrar, no entanto, que na obra de Descartes não havia nada muito sistemático sobre sistema de coordenadas, distâncias, inclinação de retas, ângulos etc.

Pierre de Fermat (1601-1665), ao contrário de Descartes, dedicava-se à Ciência e à Matemática por prazer. Sua grande contribuição para a Geometria Analítica foi a descoberta (um ano antes do aparecimento de "Le Geométric", de Descartes) do seguinte princípio: "Uma equação que apresenta duas quantidades incógnitas descreve uma linha, reta ou curva". Fermat estudou desde casos de equações lineares simples até equações quadráticas mais gerais. Sua obra, mais sistemática e didática que a de Descartes, não foi publicada em vida e, por esse motivo, a Geometria Analítica era considerada, na época, invenção única de Descartes.

A Geometria Analítica desempenha um papel importante no desenvolvimento da computação gráfica. As telas de nossos computadores são modelos de estrutura do plano cartesiano com um número finito de pontos. Ao aumentar o número de pontos, melhora-se a qualidade da imagem do monitor ou da impressão dessa imagem. Na tomografia ou na localização por satélites, por exemplo, a utilização do recurso de imagens é fundamental para melhor interpretação dos resultados.

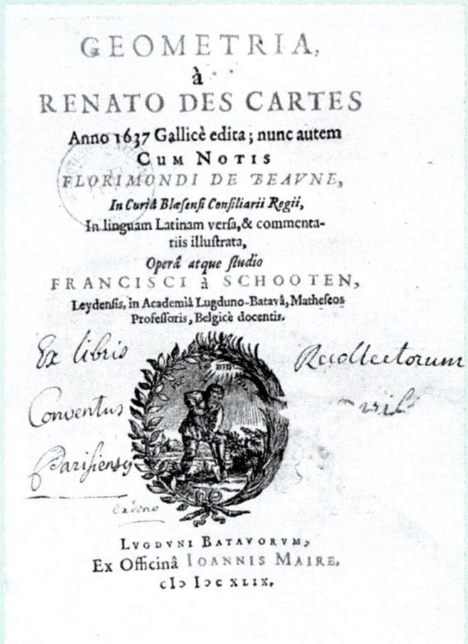
GEOMETRIA,
à
RENATO DES CARTES
Anno 1637 Gallicè edita; nunc autem
CUM NOTIS
FLORIMONDI DE BEAVNE,
In Curiâ Blæsensi Consiliarii Regii,
In linguam Latinam versa, & commentariis illustrata,
Operâ atque studio
FRANCISCI à SCHOOTEN,
Leydensis, in Academiâ Lugduno-Batavâ, Matheseos Professoris, Belgicè docentis.
LVGDVNI BATAVORVM,
Ex Officinâ IOANNIS MAIRE,
CIↃ IↃC XLIX.

"Geometria" foi publicado em 1637 como um apêndice do *Discurso sobre o método.*

Referência bibliográfica:

Boyer, Carl B. *História da Matemática.* 2. ed. São Paulo: Edgard Blucher, 1996.

PLANO CARTESIANO

Consideremos dois eixos orientados, *x* e *y*, perpendiculares em O. O plano determinado por esses eixos é o **plano cartesiano**.

Cada uma das partes em que o plano fica dividido pelos eixos *x* e *y* recebe o nome de **quadrante**. Os quatro quadrantes são numerados no sentido anti-horário, como mostra a figura:

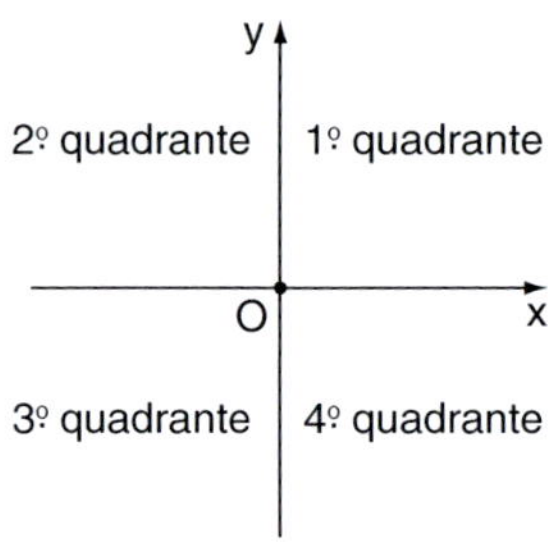

- O eixo *x* (ou eixo Ox) recebe o nome de **eixo das abscissas**.
- O eixo *y* (ou eixo Oy) recebe o nome de **eixo das ordenadas**.
- O ponto O é a **origem** do sistema de eixos cartesianos ortogonal ou retangular. Esse sistema é frequentemente indicado por xOy.

Dado um ponto P qualquer do plano cartesiano, traçamos por P as retas paralelas aos eixos *x* e *y*. Sejam P_1 e P_2 os pontos de interseção dessas retas com os eixos *x* e *y*, respectivamente.

Dizemos que:

- a abscissa de P (indica-se por x_P) é a medida algébrica do segmento $\overline{OP_1}$;
- a ordenada de P (indica-se por y_P) é a medida algébrica do segmento $\overline{OP_2}$;
- as **coordenadas** de P são os números reais x_P e y_P, indicados, em geral, na forma do par ordenado (x_P, y_P).

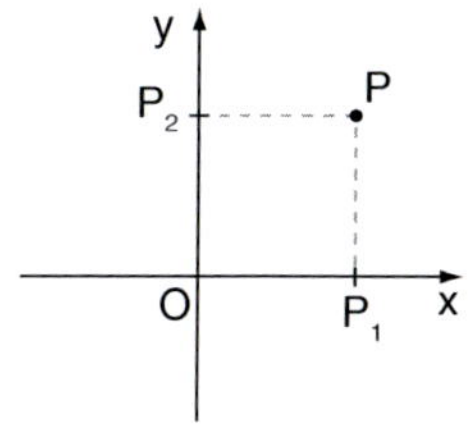

Exemplo 1

Um ponto P possui coordenadas dadas por P(−2, 4). Isso significa que a abscissa de P vale −2 e sua ordenada vale 4.
P encontra-se no 2º quadrante.

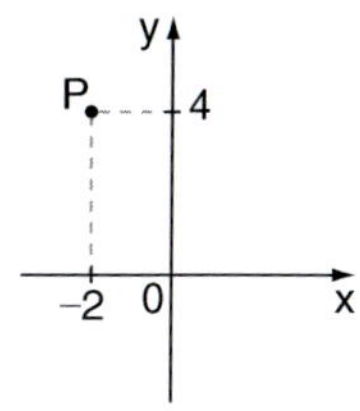

Observações

- A cada ponto P do plano cartesiano corresponde um par ordenado (x_P, y_P) de números reais e, inversamente, para cada par ordenado (x_P, y_P) de números reais corresponde um ponto P do plano.
- Um ponto pertence ao eixo das abscissas quando sua ordenada é nula. Desse modo, para todo $a \in \mathbb{R}$, o ponto (a, 0) pertence ao eixo *x*.
- Um ponto pertence ao eixo das ordenadas quando sua abscissa é nula. Assim, para todo $b \in \mathbb{R}$, o ponto (0, b) pertence ao eixo *y*.
- Um ponto pertence à bissetriz dos quadrantes ímpares (b_{13}) quando suas coordenadas são iguais.

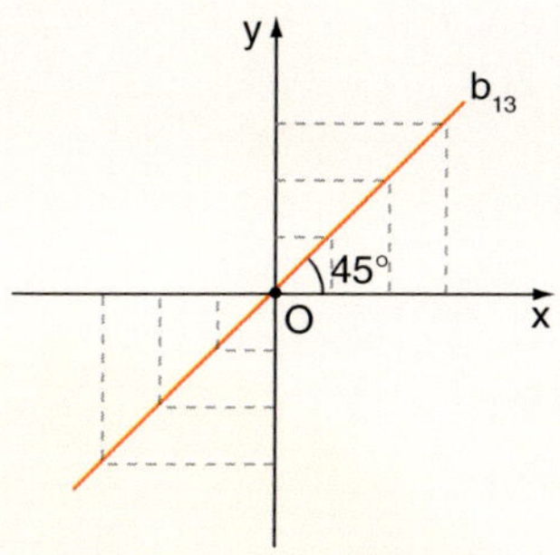

Assim, para todo $a \in \mathbb{R}$, o ponto (a, a) pertence à bissetriz b_{13}.

- Um ponto pertence à bissetriz dos quadrantes pares (b_{24}) quando suas coordenadas são opostas.

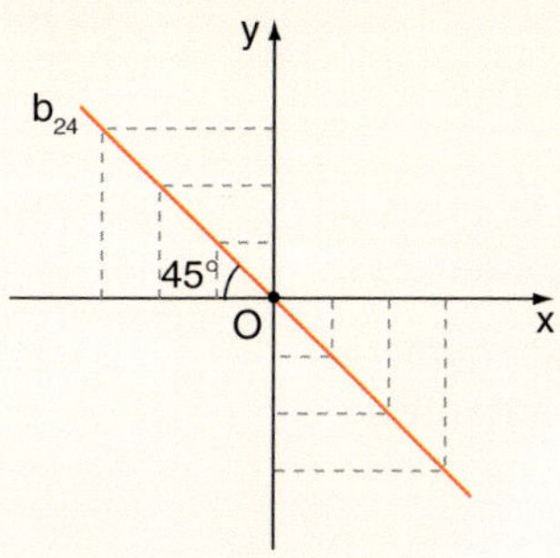

Para todo $a \in \mathbb{R}$, o ponto (a, −a) pertence à bissetriz b_{24}.

EXERCÍCIOS

1. Situe no mesmo sistema de eixos cartesianos os pontos A(1, 3), B(−2, 1), C(0, −4), D(−3, 0), E(−2, −3), F(2, −1), G(3, −4) e $H\left(\frac{5}{2}, \frac{1}{2}\right)$.

2. Forneça as coordenadas dos pontos dados no plano cartesiano abaixo.

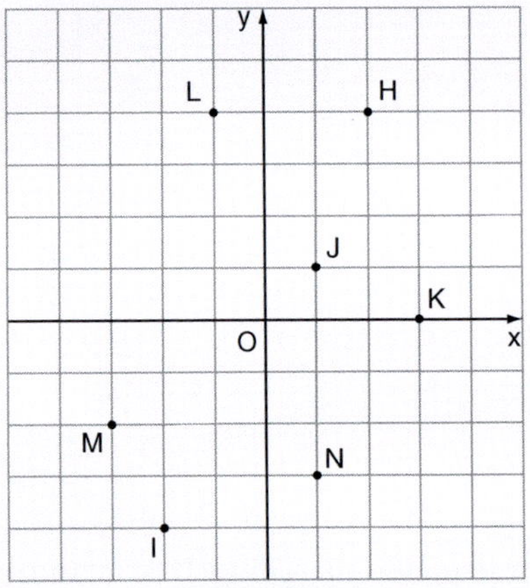

3. Dados os seguintes pontos:

A(−3, 3)	$E\left(\frac{1}{4}, \frac{1}{4}\right)$	$I\left(-\frac{3}{2}, -\frac{3}{2}\right)$
$B\left(\frac{11}{5}, 0\right)$	F(0, −5)	J(0, π)
C(−4, −5)	$G\left(3, \frac{11}{2}\right)$	$K\left(-\frac{1}{3}, 0\right)$
$D(0, \sqrt{2})$	H(1, −3,2)	L(−4, 2)

Indique quais pertencem:

a) ao 1º quadrante.
b) ao 2º quadrante.
c) ao 3º quadrante.
d) ao 4º quadrante.
e) ao eixo *x*.
f) ao eixo *y*.
g) à bissetriz b_{13}.
h) à bissetriz b_{24}.

4. Determine o sinal do produto entre as coordenadas de um ponto:

a) do 1º quadrante.
b) da bissetriz b_{24}.
c) do 3º quadrante.
d) do eixo das ordenadas.

5. Determine os valores reais de *k* para os quais o ponto $P(k^2 - 9, 5)$ pertence ao eixo das ordenadas.

6. Sendo *a* um número real positivo e *b* um número real negativo, determine em que quadrante se encontra cada um destes pontos:

a) P(a, b)
b) Q(−a, b)
c) $R\left(2a, \frac{b}{3}\right)$
d) S(−a, −b)

7. Na figura a seguir as duas circunferências têm centro na origem. Sabendo que OA = 3, determine as coordenadas dos pontos A, B, C, D, E, F, G e H.

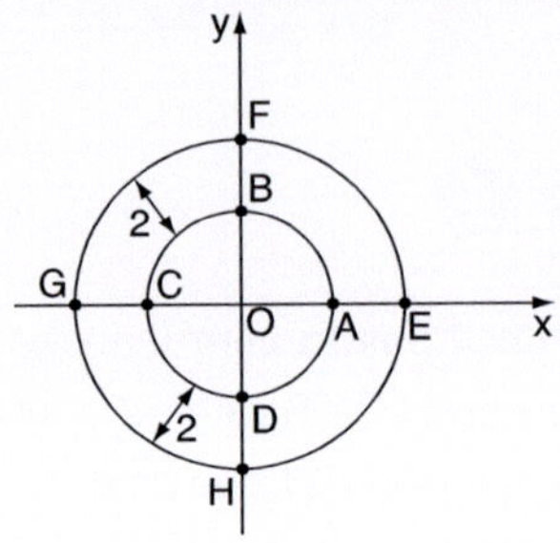

8. Para quais valores reais de *m* o ponto P(m, 2m − 1) pertence ao 3º quadrante?

9. Os pontos A(3, 5), B(2, m) e C(−4, n) pertencem a uma reta paralela ao eixo das abscissas. Determine *m* e *n*.

10. Os pontos (3, −2), (a, 5) e (b, 100) pertencem a uma reta paralela ao eixo *y*. Determine *a* e *b*.

11. Determine as coordenadas dos vértices A, B, C e D do trapézio isósceles abaixo.

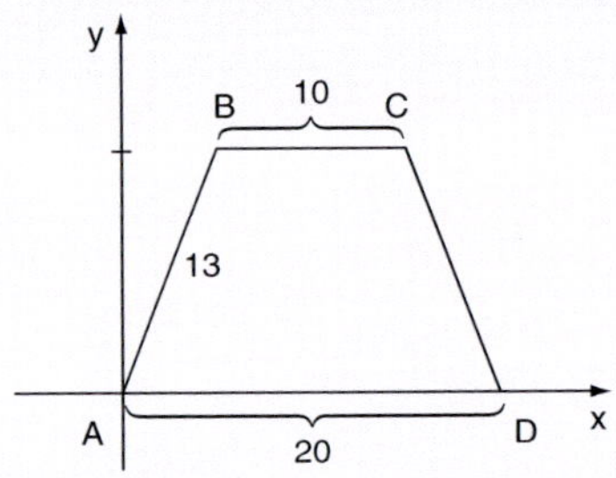

12. Os vértices de um triângulo são A(−4, 5), B(−4, 0) e C(1, 5). Mostre que esse triângulo é retângulo. Qual é o segmento que representa a hipotenusa desse triângulo?

13. Na figura, ABCD é um quadrado cujo lado mede 6. Obtenha as coordenadas dos quatro vértices do quadrado.

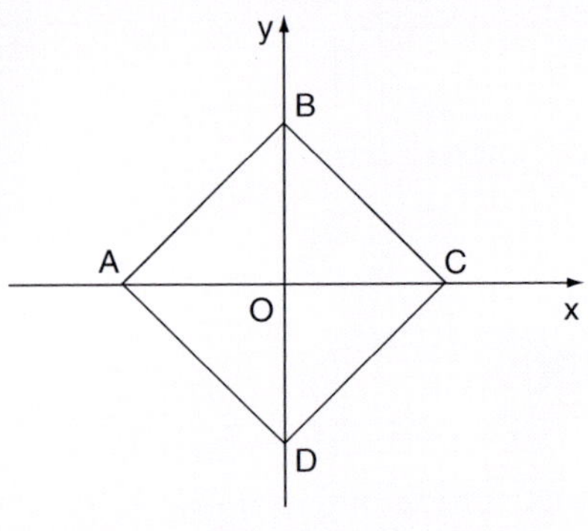

DISTÂNCIA ENTRE DOIS PONTOS

Dados dois pontos distintos A e B do plano cartesiano, chama-se **distância** entre eles a medida do segmento de reta que tem os dois pontos por extremidades.

Indicaremos a distância entre A e B por d_{AB}.

- 1º caso: O segmento $\overline{AB}$ é paralelo ao eixo *x*.

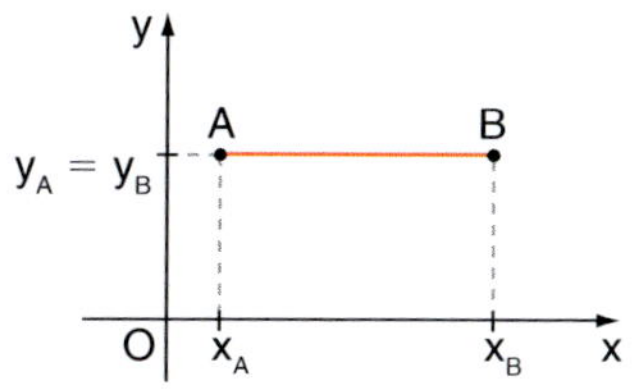

A distância entre A e B é dada pelo módulo da diferença entre as abscissas de A e B, isto é:

$$d_{AB} = |x_A - x_B|$$

Exemplo 2

A distância entre os pontos P(−2, 4) e Q(3, 4) é $d_{PQ} = |-2 - 3| = |3 - (-2)| = 5$.

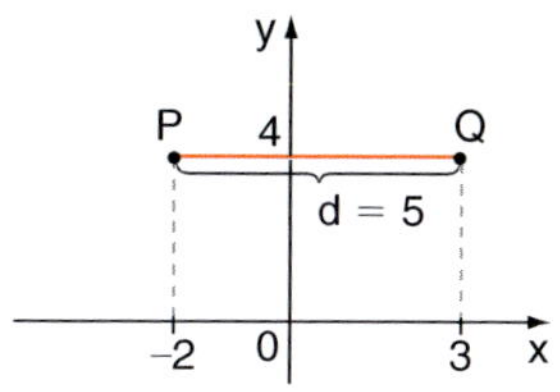

- 2º caso: O segmento $\overline{AB}$ é paralelo ao eixo *y*.

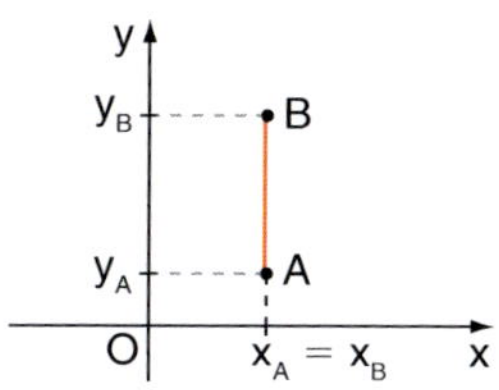

A distância entre A e B é dada pelo módulo da diferença entre as ordenadas de A e B, isto é:

$$d_{AB} = |y_A - y_B|$$

Exemplo 3

A distância entre os pontos R(3, −2) e S(3, 2) é $d_{RS} = |-2 - 2| = |2 - (-2)| = 4$.

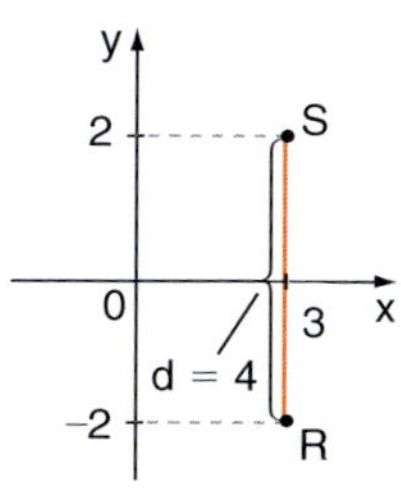

- 3º caso: O segmento $\overline{AB}$ não é paralelo a nenhum dos eixos coordenados.

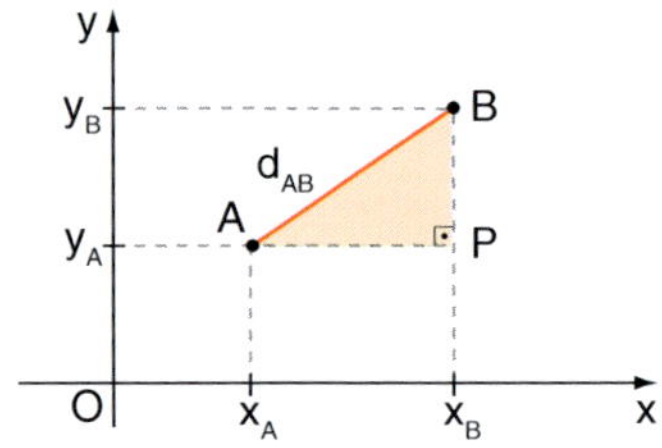

Observe que:

- $d_{AP} = |x_A - x_B|$
- $d_{BP} = |y_A - y_B|$

Aplicando o teorema de Pitágoras ao triângulo APB, vem:

$$(d_{AB})^2 = (d_{AP})^2 + (d_{BP})^2$$

$$(d_{AB})^2 = (|x_A - x_B|)^2 + (|y_A - y_B|)^2$$

Como para todo $a \in \mathbb{R}$, $|a|^2 = a^2$, podemos escrever:

$$(d_{AB})^2 = (x_A - x_B)^2 + (y_A - y_B)^2$$

$$d_{AB} = \sqrt{(x_A - x_B)^2 + (y_A - y_B)^2}$$

Podemos observar ainda que, como $(x_A - x_B)^2 = (x_B - x_A)^2$ e $(y_A - y_B)^2 = (y_B - y_A)^2$, a ordem das diferenças que aparecem no radicando não importa.

Assim, pode-se escrever, também:

$$d_{AB} = \sqrt{(\Delta x)^2 + (\Delta y)^2}$$

com Δx representando a diferença entre as abscissas, e Δy, a diferença entre as ordenadas dos pontos.

Exemplo 4

Vamos calcular a distância entre os pontos A(2, 3) e B(5, 1).

Temos:

$d_{AB} = \sqrt{(\Delta x)^2 + (\Delta y)^2}$

$d_{AB} = \sqrt{(2 - 5)^2 + (3 - 1)^2}$

$d_{AB} = \sqrt{9 + 4}$

$d_{AB} = \sqrt{13}$ unidades de comprimento

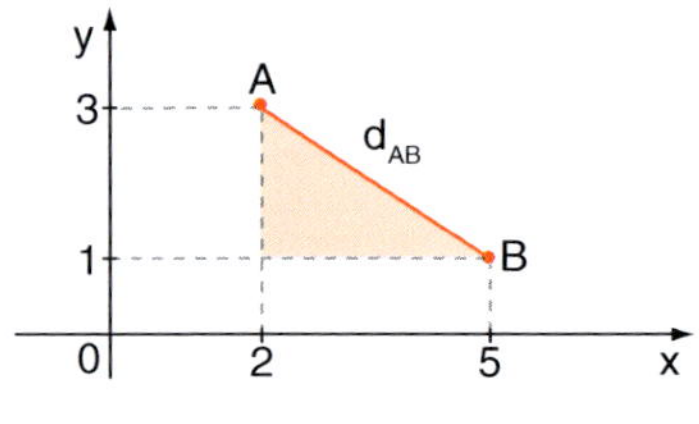

Embora tenhamos deduzido a fórmula da distância entre dois pontos usando pontos do 1º quadrante, podemos notar que ela não perde a validade quando são utilizados pontos de outros quadrantes. Observe o exemplo a seguir.

Exemplo 5

A distância *d* entre os pontos C(3, −2) e D(−1, 4), representados no gráfico ao lado, é dada por:

$d = \sqrt{[3 - (-1)]^2 + [4 - (-2)]^2} = \sqrt{16 + 36} = \sqrt{52}$

Assim, *d* vale $2\sqrt{13}$ unidades de comprimento.

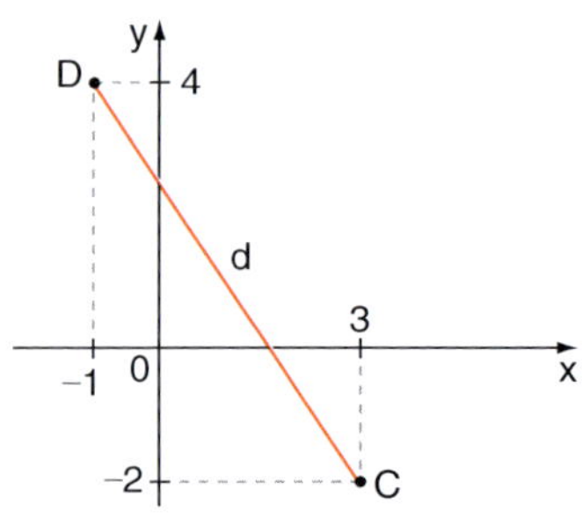

A partir de agora será omitida a expressão "unidades de comprimento" quando se tratar de distância.

EXERCÍCIO RESOLVIDO

1. Mostrar que o triângulo de vértices A(2, 2), B(−4, −6) e C(4, −12) é retângulo e isósceles. Em seguida, determinar seu perímetro.

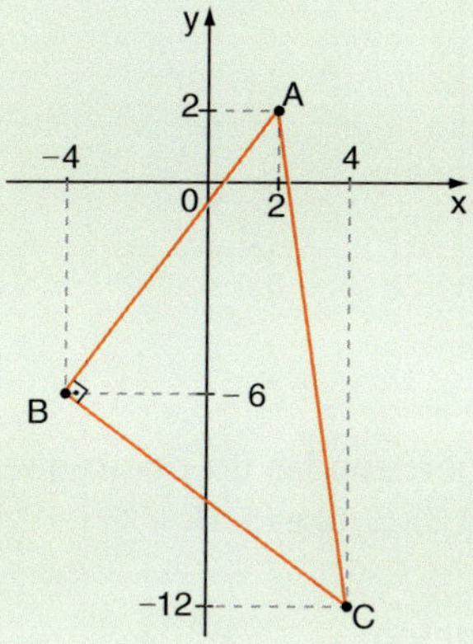

Solução:

É preciso mostrar que as medidas de seus lados satisfazem o teorema de Pitágoras.

Temos:

- $AB = d_{AB} = \sqrt{(-4-2)^2 + [2-(-6)]^2} = \sqrt{36 + 64} = \sqrt{100} = 10$
- $AC = d_{AC} = \sqrt{(2-4)^2 + [2-(-12)]^2} = \sqrt{4 + 196} = \sqrt{200} = 10\sqrt{2}$
- $BC = d_{BC} = \sqrt{(-4-4)^2 + [-6-(-12)]^2} = \sqrt{64 + 36} = \sqrt{100} = 10$

Como $(d_{AC})^2 = (d_{AB})^2 + (d_{BC})^2$, pois $\left[\left(10\sqrt{2}\right)^2 = 10^2 + 10^2\right]$, concluímos que o triângulo ABC é retângulo em B e seus catetos $\overline{AB}$ e $\overline{BC}$ possuem a mesma medida. Assim, o triângulo ABC é isósceles, e seu perímetro é $10 + 10 + 10\sqrt{2} = 10\left(\sqrt{2} + 2\right)$.

EXERCÍCIOS

14. Encontre a distância entre os pontos dados.

a) A(5, 2) e B(1, 3)

b) C(−1, 4) e D(−2, −3)

c) E(−4, −3) e O(0, 0)

d) F(−5, 4) e G(2, −5)

e) H(−1, 5) e I(−1, 12)

f) J(−2, −1) e K(3, −4)

g) L(−4, 3) e M(−4, −7)

h) $N\left(\sqrt{2}, -\sqrt{2}\right)$ e $P\left(-\sqrt{2}, \sqrt{2}\right)$

i) Q(1, 3) e R(−3, 3)

15. Calcule o perímetro do triângulo ABC, sendo A(1, 0), B(3, 7) e C(−2, 4).

16. O ponto B tem ordenada nula e dista 5 de A, que possui ambas as coordenadas iguais a 4. Ache a abscissa de B.

17. Entre os pontos $A\left(\frac{1}{2}, 1\right)$, $B\left(1, \frac{3}{2}\right)$, C(2, 1) e D(0, 2), qual é o mais distante de E(1, 1)?

18. Os pontos A(3m + 1, 15) e B(m, 3) pertencem ao 2º quadrante e a distância entre eles é igual a 13. Qual é o valor de *m*?

19. Determine o perímetro do quadrilátero ABCD.

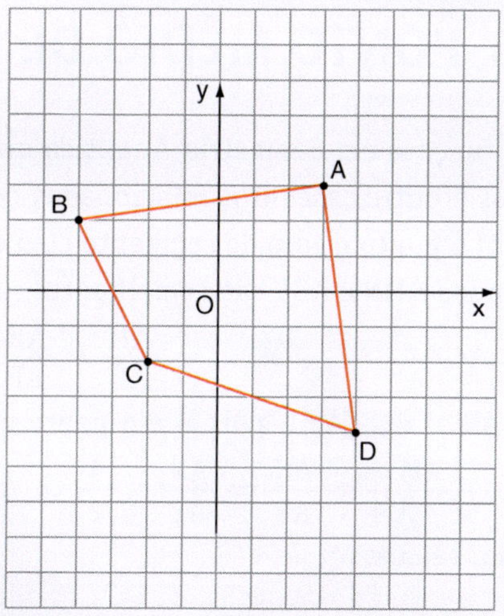

20. O centro de uma circunferência é o ponto (−1, 3). Sabendo que o ponto (2, 5) pertence à circunferência, determine a medida de seu diâmetro.

21. Mostre que o triângulo de vértices (2, 4), (5, 1) e (6, 5) é isósceles e calcule seu perímetro.

22. Os pontos A e B são equidistantes de Q, pertencente à bissetriz dos quadrantes ímpares. Sendo A(4, 2) e B(6, 8), quais são as coordenadas de Q?

23. O ponto P pertence ao eixo *y* e equidista de A(−1, 1) e B(4, 2). Determine as coordenadas de P.

24. Classifique, quanto aos lados, o triângulo cujos vértices são (0, 0), (3, 2) e (−1, 4).

25. Na figura, P é equidistante de A(1, −1) e B(2, 3). Obtenha as coordenadas de P.

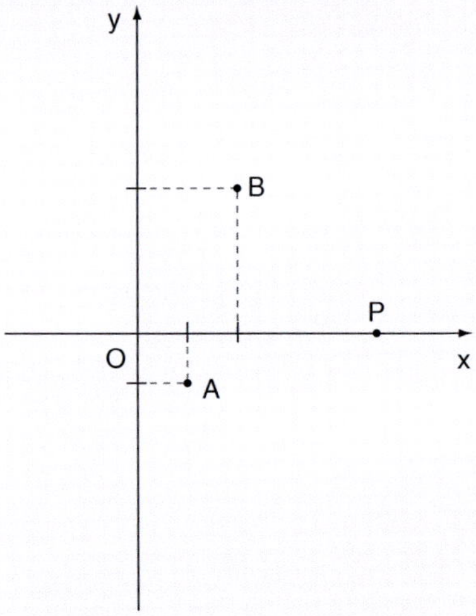

26. Com base no gráfico a seguir, determine *m*.

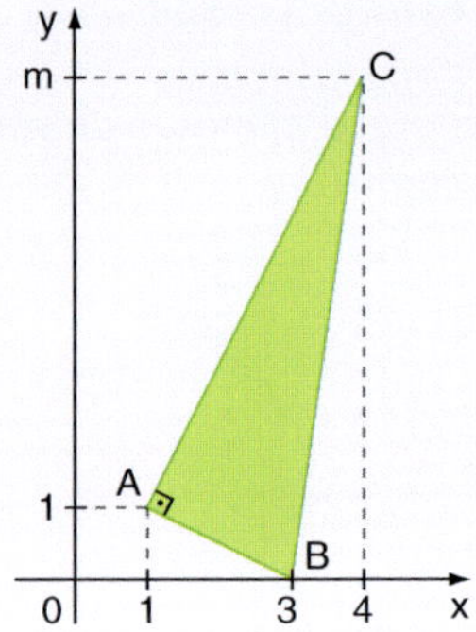

27. Determine as coordenadas do ponto que dista igualmente de (0, 3), (5, 0) e (5, 1).

28. Responda no caderno:

a) Que figura é formada pelo conjunto de todos os pontos equidistantes de dois pontos distintos dados?

b) Qual é a condição sobre *x* e *y* para que P(x, y) seja equidistante de A(−2, 4) e B(3, 1)?

PONTO MÉDIO DE UM SEGMENTO

Há situações em Geometria Analítica que envolvem mediatrizes de segmentos, medianas e mediatrizes de triângulos e outros assuntos relacionados com o ponto médio de um segmento.

Seja M o ponto médio do segmento com extremidades $A(x_A, y_A)$ e $B(x_B, y_B)$. Notemos, na figura a seguir, que os triângulos AMN e ABP são semelhantes, pois possuem os três ângulos respectivamente congruentes. Assim:

$$\frac{AM}{AB} = \frac{AN}{AP}$$

Mas $AB = 2 \cdot (AM)$, pois M é o ponto médio de $\overline{AB}$.

Logo, $\frac{AM}{2 \cdot AM} = \frac{AN}{AP} \Rightarrow \frac{AN}{AP} = \frac{1}{2} \Rightarrow AP = 2 \cdot AN$.

Assim, temos:

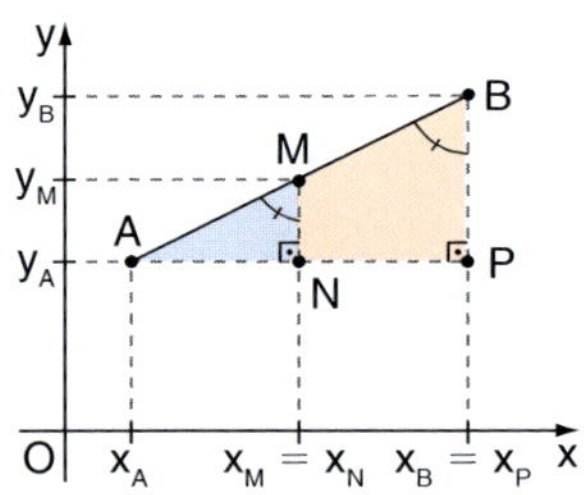

$$|x_P - x_A| = 2 \cdot |x_N - x_A|$$

Como $x_P > x_A$ e $x_N > x_A$, podemos escrever:

$$x_P - x_A = 2(x_N - x_A) \Rightarrow x_B - x_A = 2(x_M - x_A) \Rightarrow x_B - x_A = 2x_M - 2x_A \Rightarrow x_M = \frac{x_A + x_B}{2}$$

Mediante procedimento análogo, prova-se que $y_M = \frac{y_A + y_B}{2}$.

Portanto, sendo M o ponto médio do segmento $\overline{AB}$, temos:

$$M\left(\frac{x_A + x_B}{2}, \frac{y_A + y_B}{2}\right)$$

Exemplo 6

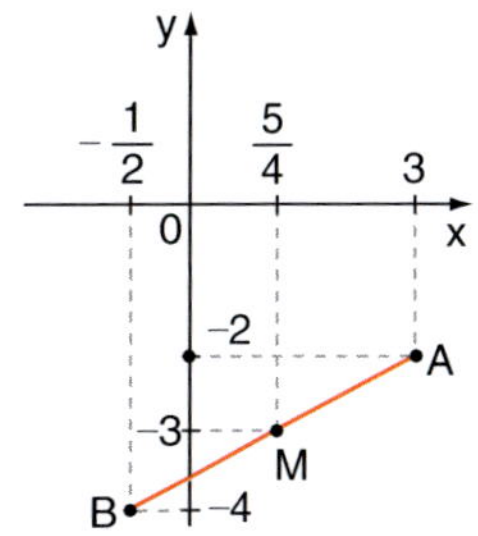

Dados os pontos A(3, −2) e $B\left(-\frac{1}{2}, -4\right)$, vamos calcular as coordenadas do ponto médio do segmento $\overline{AB}$.

$$x_M = \frac{-\frac{1}{2} + 3}{2} = \frac{\frac{5}{2}}{2} = \frac{5}{4} \text{ e } y_M = \frac{-2 + (-4)}{2} = \frac{-6}{2} = -3$$

Exemplo 7

Suponhamos que sejam dadas as coordenadas do ponto médio M do segmento $\overline{AB}$: M(0, 2). Se A(−2, 5), para encontrar as coordenadas de B, podemos fazer:

$$0 = \frac{-2 + x_B}{2} \text{ e } 2 = \frac{5 + y_B}{2} \Rightarrow x_B = 2 \text{ e } y_B = -1$$

Assim, B(2, −1). Veja, ao lado, a representação gráfica.

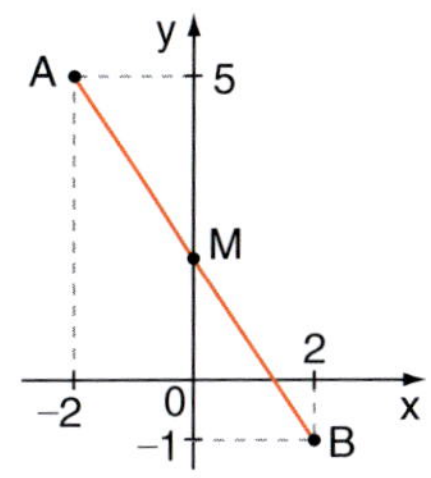

EXERCÍCIO RESOLVIDO

2. De um losango são conhecidos três vértices, não necessariamente consecutivos: A(1, 3), B(−3, 5) e C(0, 6). Determinar as coordenadas do quarto vértice desse losango.

Solução:

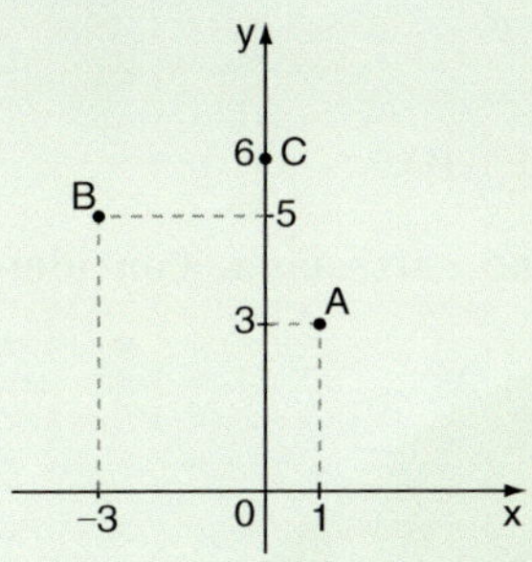

Vamos, inicialmente, calcular as distâncias entre os pontos dados, a fim de descobrir quais são os vértices consecutivos desse losango:

$$d_{AB} = \sqrt{(1 + 3)^2 + (3 - 5)^2} = \sqrt{20}$$

$$d_{AC} = \sqrt{(1 - 0)^2 + (3 - 6)^2} = \sqrt{10}$$

$$d_{BC} = \sqrt{(-3 - 0)^2 + (5 - 6)^2} = \sqrt{10}$$

Como $d_{AC} = d_{BC}$, concluímos que $\overline{AC}$ e $\overline{BC}$ são lados do losango; $\overline{AB}$ é uma diagonal. Lembrando que em qualquer losango as diagonais interceptam-se ao meio, podemos determinar o vértice D do losango:

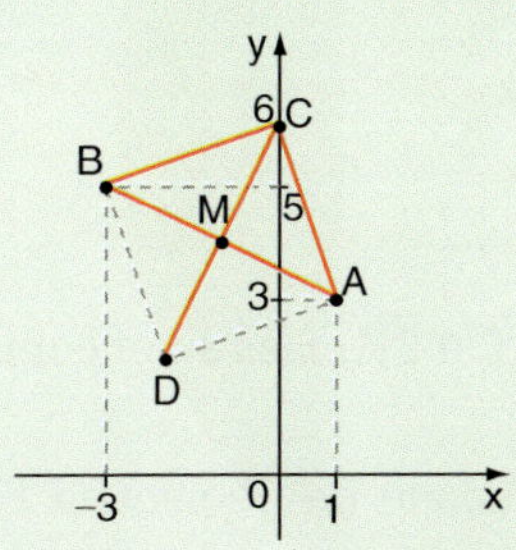

- M é ponto médio de $\overline{AB}$:

$$x_M = \frac{x_A + x_B}{2} = \frac{1 + (-3)}{2} = -1$$

$$y_M = \frac{y_A + y_B}{2} = \frac{3 + 5}{2} = 4$$

M(−1, 4)

- M também é ponto médio de $\overline{CD}$:

$$x_M = \frac{x_C + x_D}{2} \Rightarrow -1 = \frac{0 + x_D}{2} \Rightarrow x_D = -2$$

$$y_M = \frac{y_C + y_D}{2} \Rightarrow 4 = \frac{6 + y_D}{2} \Rightarrow y_D = 2$$

Assim, o outro vértice é D(−2, 2).

Mediana e baricentro

Chamamos **mediana de um triângulo** o segmento cujas extremidades são um dos vértices desse triângulo e o ponto médio do lado oposto a esse vértice. Um triângulo possui três medianas. A Geometria Analítica possibilita conhecer as medidas das medianas de um triângulo. Vejamos:

Seja ABC o triângulo a seguir, de vértices A(1, 1), B(−1, 3) e C(6, 4).

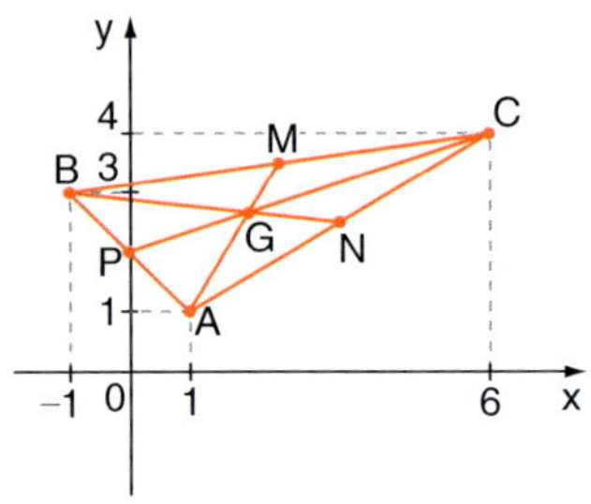

Vamos determinar a medida da mediana relativa ao lado $\overline{BC}$:

- O ponto médio (M) de $\overline{BC}$ é dado por:

$$\left(\frac{x_B + x_C}{2}, \frac{y_B + y_C}{2}\right) = \left(\frac{-1 + 6}{2}, \frac{3 + 4}{2}\right) \Rightarrow M\left(\frac{5}{2}, \frac{7}{2}\right)$$

- O comprimento da mediana $\overline{AM}$ é obtido calculando-se a distância entre A e M:

$$d_{AM} = \sqrt{\left(1 - \frac{5}{2}\right)^2 + \left(1 - \frac{7}{2}\right)^2} = \sqrt{\left(-\frac{3}{2}\right)^2 + \left(-\frac{5}{2}\right)^2} = \sqrt{\frac{9}{4} + \frac{25}{4}} = \sqrt{\frac{34}{4}} = \frac{\sqrt{34}}{2}$$

Por meio de um procedimento análogo, podemos determinar o comprimento das medianas $\overline{BN}$ e $\overline{CP}$.

As três medianas interceptam-se no ponto G, indicado na figura acima. O ponto de encontro das três medianas de um triângulo é chamado **baricentro** do triângulo. Veremos a seguir como podemos determinar as coordenadas do baricentro.

Determinação das coordenadas do baricentro de um triângulo

Sejam $A(x_A, y_A)$, $B(x_B, y_B)$ e $C(x_C, y_C)$ três pontos não alinhados no plano cartesiano. Consideremos o triângulo ABC.

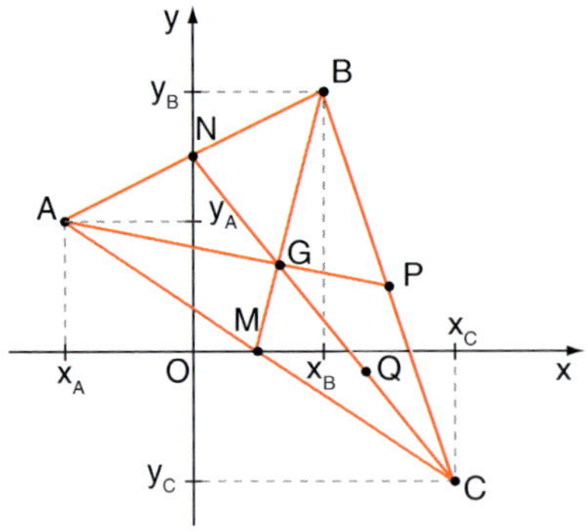

As três medianas relativas aos lados $\overline{AB}$, $\overline{BC}$ e $\overline{AC}$ são, respectivamente, $\overline{CN}$, $\overline{AP}$ e $\overline{BM}$. Elas se encontram no ponto G, baricentro do triângulo.

Vamos obter as coordenadas de G. Para isso, é preciso lembrar uma propriedade da Geometria Plana: o baricentro do triângulo divide cada mediana em dois segmentos cujas medidas estão na razão 2:1, isto é, o segmento que tem um vértice como uma de suas extremidades mede o dobro do outro. Veja, por exemplo, a mediana $\overline{CN}$, que fica dividida em dois segmentos: $\overline{CG}$ e $\overline{GN}$, com CG = 2GN.

Temos:

- N é ponto médio de $\overline{AB} \Rightarrow \begin{cases} x_N = \dfrac{x_A + x_B}{2} & (1) \\ y_N = \dfrac{y_A + y_B}{2} & (2) \end{cases}$

- Q é ponto médio de $\overline{CG} \Rightarrow \begin{cases} x_Q = \dfrac{x_G + x_C}{2} & (3) \\ y_Q = \dfrac{y_G + y_C}{2} & (4) \end{cases}$

- G é ponto médio de $\overline{QN} \Rightarrow \begin{cases} x_G = \dfrac{x_Q + x_N}{2} & (5) \\ y_G = \dfrac{y_Q + y_N}{2} & (6) \end{cases}$

Substituindo (1) e (3) em (5), vem:

$$x_G = \frac{x_Q}{2} + \frac{x_N}{2} \Rightarrow x_G = \frac{x_G + x_C}{4} + \frac{x_A + x_B}{4} \Rightarrow \frac{3x_G}{4} = \frac{x_A + x_B + x_C}{4} \Rightarrow x_G = \frac{x_A + x_B + x_C}{3}$$

Analogamente, substituindo (2) e (4) em (6), podemos concluir que $y_G = \dfrac{y_A + y_B + y_C}{3}$.

Assim, as coordenadas de G são $\left(\dfrac{x_A + x_B + x_C}{3}, \dfrac{y_A + y_B + y_C}{3}\right)$. Logo:

> As coordenadas do baricentro de um triângulo são as médias aritméticas das coordenadas dos vértices do triângulo.

Exemplo 8

Considerando o primeiro triângulo ABC da página 18, as coordenadas de seu baricentro são:

$$x_G = \frac{x_A + x_B + x_C}{3} = \frac{1 + (-1) + 6}{3} = 2$$

$$y_G = \frac{y_A + y_B + y_C}{3} = \frac{1 + 3 + 4}{3} = \frac{8}{3}$$

$$G\left(2, \frac{8}{3}\right)$$

EXERCÍCIOS

29. Determine as coordenadas do ponto médio do segmento cujas extremidades são os pontos:

a) A(1, 2) e B(2, 4)

b) C(3, 5) e D(2, −3)

c) $E\left(-1, -\dfrac{1}{2}\right)$ e $F\left(-3, \dfrac{3}{2}\right)$

d) G(−3, 5) e H(3, −5)

e) I(4, 10) e J(10, −4)

f) L(3, −4) e M(3, 2)

30. Se (2, 3) é ponto médio de $\overline{AB}$, com A(n, 5) e B(4, m), quanto vale m + n?

31. Os pontos A(2, −4), B(−2, 1) e C(−4, 5) são vértices de um triângulo. Determine o comprimento da mediana $\overline{AM}$ do triângulo ABC.

32. O ponto P(7, −3) pertence a uma circunferência de centro (4, 2). Determine o ponto diametralmente oposto a P.

33. Mostre que o quadrilátero de vértices (−8, −6), (−2, 0), (−2, −4) e (4, 2) é um paralelogramo.

34. Um segmento possui uma extremidade sobre o eixo das abscissas e a outra sobre o eixo das ordenadas. Sendo (–1, 2) seu ponto médio, determine as coordenadas de suas extremidades.

35. Um triângulo possui vértices nos pontos (2, –1), (4, –3) e (–2, –5). Determine:

a) as coordenadas de seu baricentro;

b) os comprimentos das medianas desse triângulo.

36. M(1, 2), N(5, –2) e P(3, –4) são os pontos médios dos lados $\overline{AB}$, $\overline{BC}$ e $\overline{AC}$, respectivamente, do triângulo ABC. Ache as coordenadas dos vértices desse triângulo.

37. Os pontos (2, 3), (5, –1) e (1, –4) são vértices de um quadrado.

a) Quais são as coordenadas do quarto vértice?

b) Qual é a medida do lado desse quadrado?

38. Na figura a seguir, o triângulo de vértices A(6, 0), O(0, 0) e B é retângulo, e sua hipotenusa mede 8.

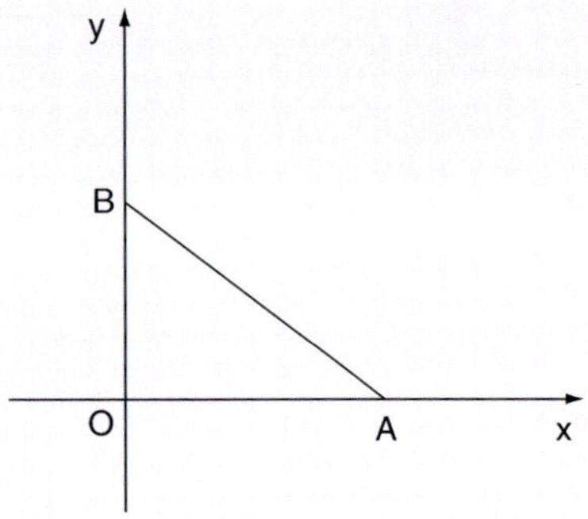

Determine:

a) as coordenadas de B;

b) a medida da mediana relativa à hipotenusa;

c) o baricentro do triângulo e sua distância à origem.

39. Determine o ponto simétrico de (2, –3) em relação a $\left(5, \frac{1}{2}\right)$.

40. Dados A(–13, –1) e B(3, 5), ache as coordenadas dos pontos que dividem $\overline{AB}$ em quatro partes iguais.

41. Na figura, o triângulo ABC é equilátero e seu lado mede 4 cm.

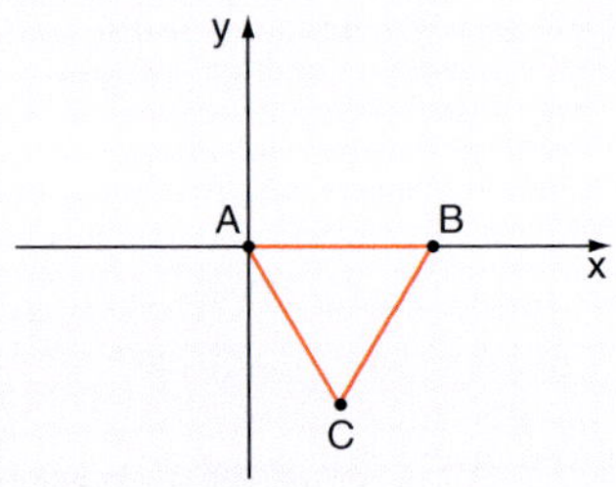

Determine:

a) as coordenadas de C;

b) a área do triângulo ABC.

42. Sendo A(2, 1) e B(3, 4), qual é o ponto "final" do prolongamento do segmento $\overline{AB}$ (no sentido de A para B), de modo que o comprimento de $\overline{AB}$:

a) duplique?

b) quadruplique?

CONDIÇÃO DE ALINHAMENTO DE TRÊS PONTOS

Para que três pontos distintos estejam alinhados, suas coordenadas devem obedecer a uma condição que será deduzida com a utilização da figura abaixo, na qual $A(x_1, y_1)$, $B(x_2, y_2)$ e $C(x_3, y_3)$ estão na mesma reta.

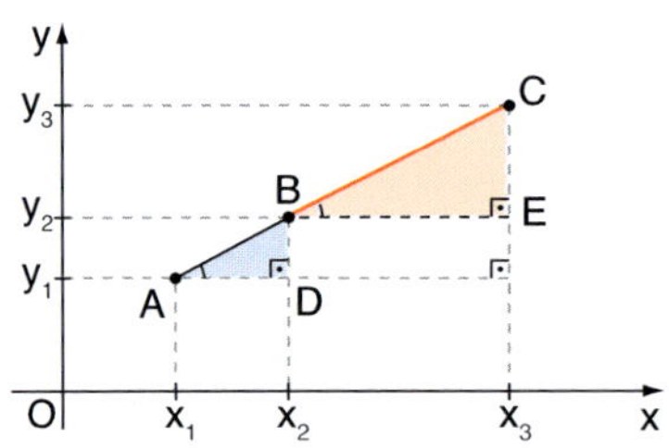

Os triângulos retângulos BCE e ABD são semelhantes.

Decorre a proporção $\frac{BE}{AD} = \frac{CE}{BD}$, que pode ser escrita como $\frac{x_3 - x_2}{x_2 - x_1} = \frac{y_3 - y_2}{y_2 - y_1}$. Desenvolvendo essa expressão, obtemos $(x_3 - x_2) \cdot (y_2 - y_1) - (x_2 - x_1) \cdot (y_3 - y_2) = 0$. Daí:

$$x_3y_2 - x_3y_1 - \cancel{x_2y_2} + x_2y_1 - x_2y_3 + \cancel{x_2y_2} + x_1y_3 - x_1y_2 = 0 \text{ ou, ainda:}$$

$$x_1y_2 + x_3y_1 + x_2y_3 - x_3y_2 - x_1y_3 - x_2y_1 = 0$$

Essa última expressão pode ser escrita sob a forma de determinante: $\begin{vmatrix} x_1 & y_1 & 1 \\ x_2 & y_2 & 1 \\ x_3 & y_3 & 1 \end{vmatrix} = 0.$

Observação

Se os pontos A, B e C pertencessem a uma reta paralela a um dos eixos (ao *x*, por exemplo), o determinante também se anularia.

De fato, teríamos:

$$y_1 = y_2 = y_3 \text{ e } \begin{vmatrix} x_1 & y_1 & 1 \\ x_2 & y_1 & 1 \\ x_3 & y_1 & 1 \end{vmatrix} = \cancel{x_1y_1} + \cancel{x_3y_1} + \cancel{x_2y_1} - \cancel{x_3y_1} - \cancel{x_1y_1} - \cancel{x_2y_1} = 0$$

Concluímos, então, que:

> Se três pontos distintos $A(x_1, y_1)$, $B(x_2, y_2)$ e $C(x_3, y_3)$ são colineares, então:
>
> $$D = \begin{vmatrix} x_1 & y_1 & 1 \\ x_2 & y_2 & 1 \\ x_3 & y_3 & 1 \end{vmatrix} = 0$$

Vamos verificar agora que a recíproca dessa propriedade também é verdadeira, isto é, se $D = 0$, então os pontos são colineares.

Se $D = 0$, como vimos, podemos escrever:

$$(x_2 - x_1) \cdot (y_3 - y_2) = (x_3 - x_2) \cdot (y_2 - y_1)$$

Temos as seguintes possibilidades:

- Se $x_3 - x_2 = 0$, isto é, $x_3 = x_2$, podemos ter:
  $x_2 - x_1 = 0 \Rightarrow x_1 = x_2 = x_3$ e, portanto, A, B e C seriam colineares por pertencerem a uma mesma reta paralela ao eixo *y*;
  ou
  $y_3 - y_2 = 0 \Rightarrow y_3 = y_2$ e, daí, B = C; não pode ocorrer, pois estamos admitindo que os três pontos são distintos.
- Se $y_2 - y_1 = 0$, isto é, $y_1 = y_2$, podemos ter:
  $x_2 - x_1 = 0 \Rightarrow x_1 = x_2$ e, daí, A = B; não pode ocorrer, pois estamos admitindo que os três pontos são distintos;
  ou
  $y_3 - y_2 = 0 \Rightarrow y_3 = y_2 = y_1$ e, portanto, A, B e C seriam colineares por pertencerem a uma mesma reta paralela ao eixo *x*.
- Se $x_3 - x_2 \neq 0$ e $y_2 - y_1 \neq 0$, teríamos:

$$(x_2 - x_1) \cdot (y_3 - y_2) = (x_3 - x_2) \cdot (y_2 - y_1) \Rightarrow \frac{x_2 - x_1}{x_3 - x_2} = \frac{y_2 - y_1}{y_3 - y_2}$$

Daí, os triângulos retângulos ABD e BCE têm lados proporcionais, isto é, são semelhantes, como mostra a figura.

Consequentemente, temos $\alpha = \beta$, e os pontos A, B e C são colineares.

Assim, acabamos de verificar que:

> Se $D = \begin{vmatrix} x_1 & y_1 & 1 \\ x_2 & y_2 & 1 \\ x_3 & y_3 & 1 \end{vmatrix} = 0$, em que $A(x_1, y_1)$, $B(x_2, y_2)$ e $C(x_3, y_3)$, então A, B e C são colineares.

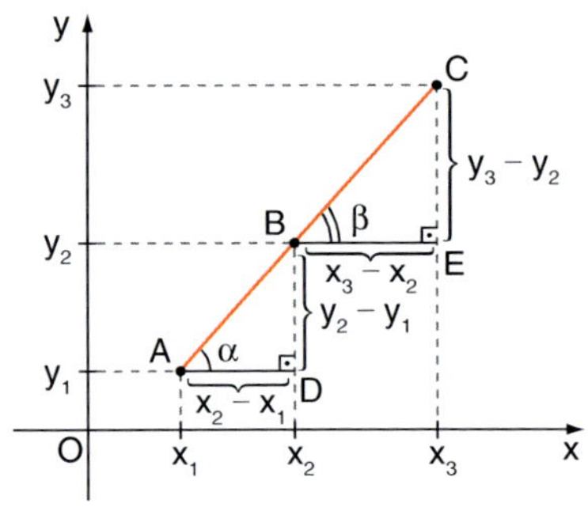

Exemplo 9

Observe que os pontos A(−2, −1), B(0, 3) e C(2, 7) estão alinhados.

De fato, o determinante $\begin{vmatrix} -2 & -1 & 1 \\ 0 & 3 & 1 \\ 2 & 7 & 1 \end{vmatrix}$ é nulo.

Veja:

$$-6 + 0 - 2 - 6 + 14 + 0 = 0$$

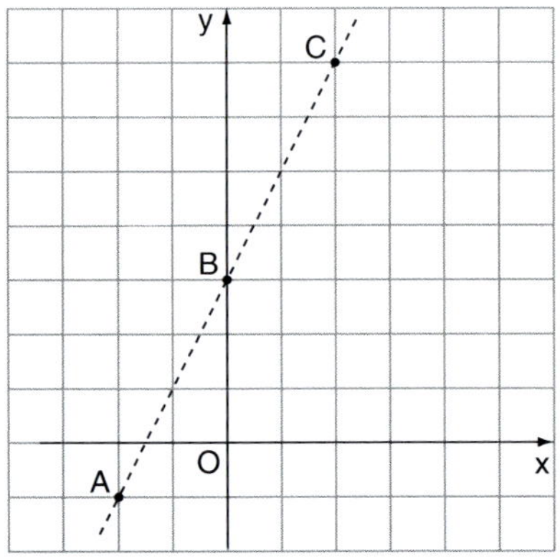

Exemplo 10

Para verificar se os pontos A(−4, −6), B(3, 15) e C(−2, 0) estão alinhados, "montamos" o determinante $\begin{vmatrix} -4 & -6 & 1 \\ 3 & 15 & 1 \\ -2 & 0 & 1 \end{vmatrix}$.

Desenvolvendo-o, temos:

$$-60 + 12 + 0 + 30 + 18 + 0 = -60 + 60 = 0$$

e os pontos A, B e C são colineares.

EXERCÍCIOS RESOLVIDOS

3. Determinar o valor de *m* de modo que (−2, 7), (m, −11) e (1, −2) estejam alinhados.

Solução:

Devemos impor a condição de alinhamento D = 0, ou seja: $\begin{vmatrix} -2 & 7 & 1 \\ m & -11 & 1 \\ 1 & -2 & 1 \end{vmatrix} = 0$.

Temos: $22 + 7 - 2m + 11 - 4 - 7m = 0 \Rightarrow 9m = 36 \Rightarrow m = 4$

Assim, os pontos (−2, 7), (4, −11) e (1, −2) pertencem a uma única reta.

4. Obter o ponto comum às retas $\overleftrightarrow{AB}$ e $\overleftrightarrow{CD}$, sendo A(−3, 4), B(2, 9), C(2, 7) e D(4, 5).

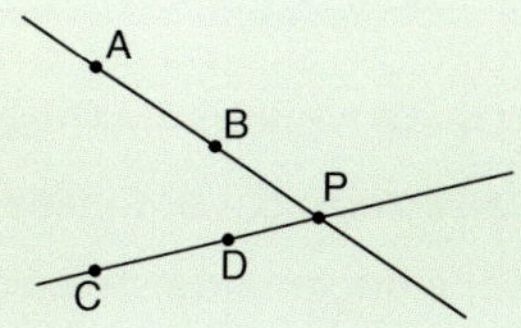

Solução:

Seja $P(x_P, y_P)$ o ponto de interseção das retas $\overleftrightarrow{AB}$ e $\overleftrightarrow{CD}$:

Temos:

- A, B e P são colineares $\Rightarrow D = 0 \Rightarrow \begin{vmatrix} -3 & 4 & 1 \\ 2 & 9 & 1 \\ x_P & y_P & 1 \end{vmatrix} = 0 \Rightarrow 5x_P - 5y_P + 35 = 0 \Rightarrow x_P - y_P = -7$ ①
- C, D e P são colineares $\Rightarrow D = 0 \Rightarrow \begin{vmatrix} 2 & 7 & 1 \\ 4 & 5 & 1 \\ x_P & y_P & 1 \end{vmatrix} = 0 \Rightarrow 2x_P + 2y_P - 18 = 0 \Rightarrow x_P + y_P = 9$ ②

De ① e ②, segue o sistema $\begin{cases} x_P - y_P = -7 \\ x_P + y_P = 9 \end{cases}$, cuja solução é $x_P = 1$ e $y_P = 8$. Assim, o ponto comum às retas $\overleftrightarrow{AB}$ e $\overleftrightarrow{CD}$ é P(1, 8).

EXERCÍCIOS

43. Verifique se estes pontos estão alinhados.

a) (2, 1), $\left(7, -\frac{7}{3}\right)$ e $\left(3, \frac{1}{3}\right)$

b) (0, 4), (4, 0) e (2, −2)

c) (1, 5), (−3, 2) e (−7, 1)

d) (6, 12), $\left(-5, -\frac{8}{3}\right)$ e (0, 4)

e) (−2, 3), (0, 0) e (6, −9)

f) (−2, 3), (0, 0) e (−3, 2)

44. Para que valor de *m* os pontos (3, 1), (m, 2) e (0, −2) são colineares?

45. Ache um ponto que esteja alinhado com P(3, 5) e Q(−1, −3).

46. Para que valores reais de *k* os pontos (6, k), (3, 4) e (2 − k, 2) estão alinhados?

47. Verifique analiticamente se os pontos (−3, −17), (1, 3), (6, 28) e (0, −2) pertencem à mesma reta.

48. São dados os pontos A(0, −3), B(3, 3) e C(−2, −7). Calcule as distâncias entre eles e, com base apenas nesses dados, verifique se A, B e C estão alinhados.

49. Para que valores de *k* os pontos (2, −3), (4, 3) e $\left(5, \frac{k}{2}\right)$ são vértices de um triângulo?

50. Dados os pontos A(4, −15) e B(−4, 5), determine:

a) a relação entre x_P e y_P a fim de que $P(x_P, y_P)$ esteja alinhado com A e B

b) o ponto em que a reta $\overleftrightarrow{AB}$ intercepta o eixo *x*.

51. O ponto P pertence a duas retas: a que passa por (1, 5) e (4, 14) e a que contém (0, −3) e (6, 9). Quais são as coordenadas de P?

52. Observe o gráfico abaixo e identifique o ponto comum aos segmentos $\overline{AB}$ e $\overline{CD}$.

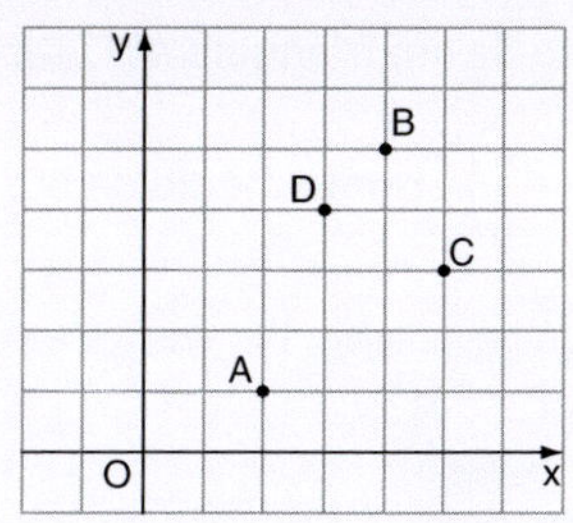

53. Na figura, M, N e P estão alinhados. Qual é a ordenada de M?

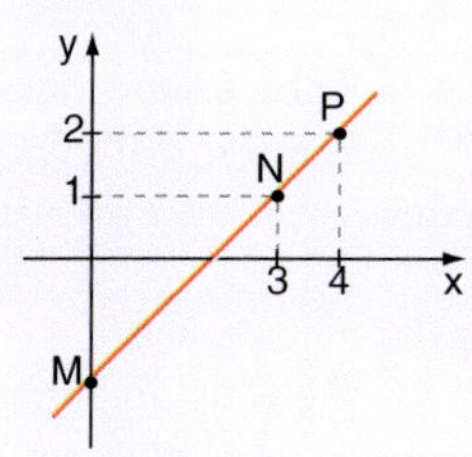

DESAFIO

(Cefet-AL) Considere a sequência de igualdades seguintes:

$$1^3 = 1^2 - 0^2 \quad 2^3 = 3^2 - 1^2 \quad 3^3 = 6^2 - 3^2 \quad 4^3 = 10^2 - 6^2 \ \ldots$$

É correto afirmar que a soma $1^3 + 2^3 + 3^3 + 4^3 + 5^3 + 6^3 + 7^3 + 8^3$ é igual a:

a) 48^2 b) 46^2 c) 42^2 d) 38^2 e) 36^2

EXERCÍCIOS COMPLEMENTARES

1. Qual é o ponto simétrico de P(2, −3) em relação:

a) ao eixo das ordenadas?

b) à origem do sistema cartesiano?

c) ao eixo das abscissas?

d) ao ponto (3, −4)?

2. Os pontos A e B pertencem ao eixo das ordenadas e são simétricos em relação ao eixo das abscissas, ao qual pertence o ponto C, de abscissa negativa. Se o triângulo ABC é equilátero de lado 6, quais são as coordenadas de seus vértices?

3. (UF-PR) Durante um passeio, uma pessoa fez o seguinte trajeto: partindo de um certo ponto, caminhou 3 km no sentido norte, em seguida 4 km para o oeste, depois 1 km no sentido norte novamente, e então caminhou 2 km no sentido oeste. Após esse percurso, a que distância a pessoa se encontra do ponto de onde iniciou o trajeto?

4. Uma reta passa pelos pontos (1, p) e (p, −5), interceptando um eixo no ponto de ordenada 7. Qual é o valor de *p*?

5. Um losango possui como vértices os pontos (2, −4), (4, 4) e (−6, −2). Sendo (−1, 1) o ponto de encontro das diagonais, determine o quarto vértice e a área do losango.

6. A respeito de um triângulo ABC, sabe-se que:

- $M\left(1, -\frac{3}{2}\right)$ é ponto médio de $\overline{BC}$.
- $d_{AB} = 9$
- $d_{AC} = 12$
- C(1, 6)

Ache as coordenadas de A, sabendo que elas são números reais negativos.

7. Na figura, $\text{tg}\ \alpha = \frac{2}{3}$. Verifique, em cada caso, se O, P e Q estão alinhados:

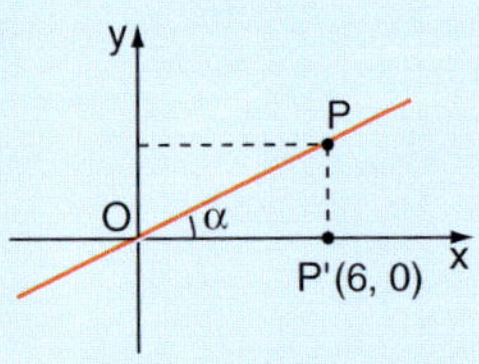

a) Q(−18, −10)

b) Q(900, 600)

8. Na figura, ABCD é um retângulo cujos lados medem α e β.

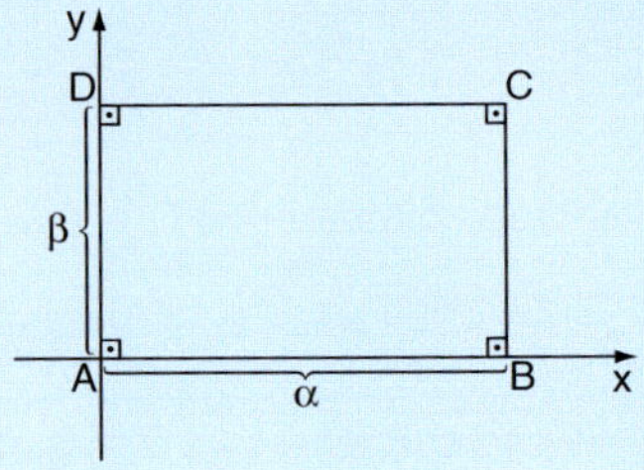

a) Escreva as coordenadas dos pontos A, B, C e D.

b) Obtenha o ponto de encontro das diagonais.

c) Prove que um ponto P(x, y) qualquer está alinhado com A e C quando $-\beta x + \alpha y = 0$.

9. (ITA-SP) Os pontos A(3, 4) e B(4, 3) são vértices de um cubo, em que $\overline{AB}$ é uma das arestas. Qual é a área das faces do octaedro cujos vértices são os pontos centrais das faces do cubo?

10. Determine os vértices B e C de um triângulo equilátero ABC, sabendo que o ponto médio de $\overline{AB}$ é $M(\sqrt{3}, 1)$ e A é a origem do sistema cartesiano.

11. O segmento $\overline{OP}$ da figura sofre uma rotação de 90°, no sentido anti-horário, transformando-se no segmento $\overline{OP'}$. Determine as coordenadas de P'.

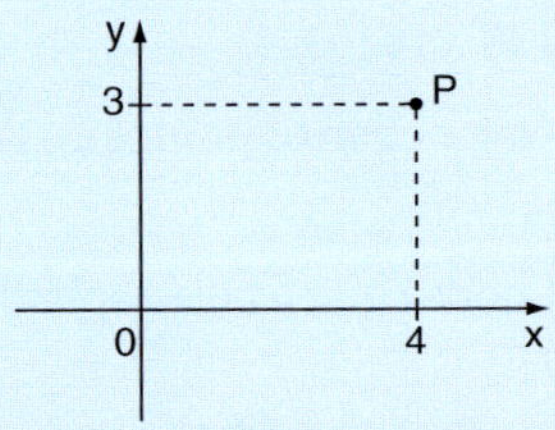

12. O centro de gravidade G de uma barra homogênea AB – presa pela extremidade A ao ponto (2, 0) e tendo a extremidade B sustentada por um apoio – situa-se sobre o ponto (5, 3).

Retirado o apoio, a barra cai em direção ao solo, representado pelo eixo das abscissas. Determine as coordenadas das duas posições da extremidade B (antes e depois da retirada do apoio).

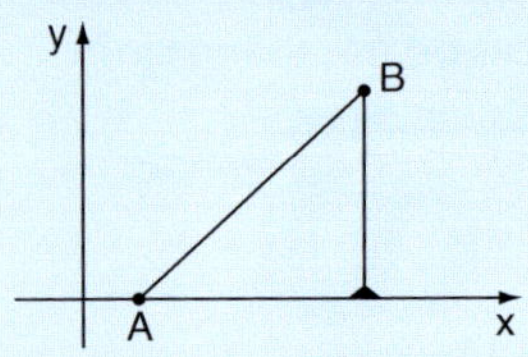

13. (Vunesp-SP) Sejam P = (a, b), Q = (1, 3) e R = = (−1, −1) pontos do plano. Se a + b = 7, determine P de modo que P, Q e R sejam colineares.

14. (PUC-RJ) Os três pontos A, P = (2, 1) e Q = (5, 16) no plano são colineares e AQ = 2AP. Determine o ponto A.

15. Utilize o triângulo retângulo POQ, em que $P(x_P, 0)$, $Q(0, y_Q)$ e O é origem, para mostrar a seguinte propriedade da Geometria Plana: a mediana relativa à hipotenusa tem medida igual à metade da medida da hipotenusa.

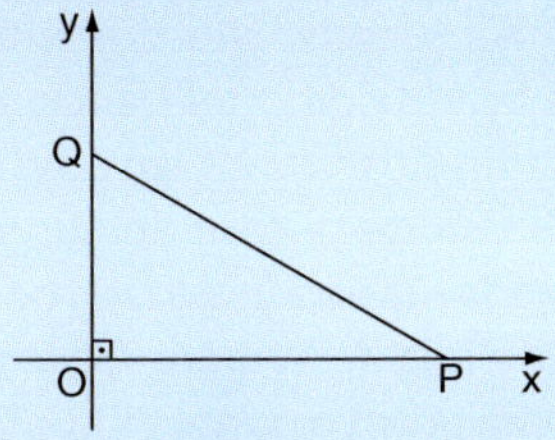

16. Entre os pontos que equidistam de A(1, 2) e B(3, 4), qual é o mais próximo de P(4, 3)?

17. (UF-BA) Considerando, no plano cartesiano, os pontos A(x, 0), B(1, 0) e C(4, 0), determine todos os valores de *x* para os quais a soma da distância de A a B e da distância de A a C seja menor ou igual a 7.

18. (UF-PA) Um arquiteto gostaria de construir um edifício de base quadrada em frente à praia, de tal forma que uma das diagonais de sua base fosse paralela à orla, conforme ilustração abaixo. Utilizando um sistema de coordenadas cartesiano, ele determinou que os vértices da base que determinam a diagonal paralela à orla deverão ser A(2, 6) e C(8, 2). Determine as coordenadas dos outros dois vértices, de modo que o quadrilátero ABCD seja, de fato, um quadrado.

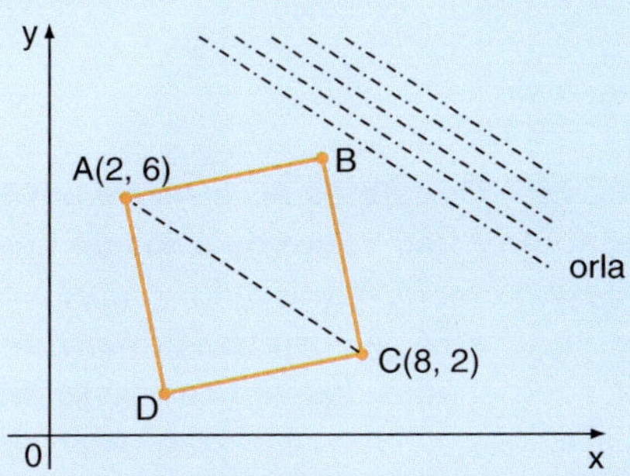

19. Com o auxílio de fotografias tiradas por um satélite, foram localizados três focos de incêndio em uma área descampada, originados pelo calor excessivo. Construindo um sistema de coordenadas retangulares, um especialista estabeleceu as coordenadas dos três focos: $F_1(0, 15)$, $F_2(-8, -1)$ e $F_3(8, 11)$.

Para conter o incêndio, o corpo de bombeiros deseja instalar a base de operações em um ponto equidistante dos três focos.

Zig Koch/Opção Brasil Imagens

a) Em que ponto será instalada a base do corpo de bombeiros?

b) Se cada unidade representada no plano cartesiano corresponde a 1 km, qual será a distância da base a cada um desses focos?

20. As casas de um condomínio estão distribuídas ao longo de três grandes avenidas retilíneas: A_1, A_2 e A_3. No plano cartesiano seguinte, que é uma planta do condomínio feita com a escala 1:2 000, estão representadas as posições dessas avenidas. A origem desse sistema representa uma rotatória que dá acesso às três avenidas:

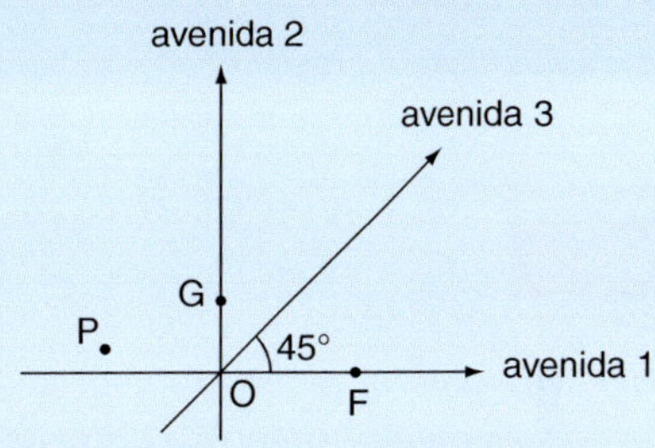

Dois irmãos, Fábio e Gabriel, possuem casas nesse condomínio, indicadas, respectivamente, pelos pontos F(4, 0) e G, que distam 100 metros uma da outra. No ponto P(−3, 1) está representada a piscina do condomínio.

Sabe-se que a unidade de medida é o centímetro.

a) Determine as coordenadas do ponto G.

b) Determine a distância real entre a casa de cada um dos irmãos e a piscina.

Use as aproximações: $\sqrt{2} = 1{,}4$ e $\sqrt{13} = 3{,}6$.

c) Um grande amigo dos irmãos planeja comprar uma casa, na avenida 3, que diste igualmente da casa dos dois irmãos.

Em que ponto do plano estaria essa casa? A que distância real ela estaria da rotatória?

d) Há uma casa na avenida 3 cuja representação na planta acima é um ponto que está alinhado a P e F. Determine as coordenadas desse ponto.

21. O voo 001 de uma companhia aérea parte da cidade A, faz uma escala de 35 minutos na cidade B e, de lá, segue para seu destino final, que é a cidade C, localizada em um fuso horário adiantado uma hora em relação à cidade A. Quando representamos essas cidades em um plano cartesiano com origem na cidade B, tendo o quilômetro como unidade de medida e usando uma escala de 1:40, as coordenadas de A e C são respectivamente iguais a (−24, 7) e (16, 12).

Em um determinado dia, o avião partiu da cidade A às 9h30min (horário local), fez escala em B no tempo programado e seguiu para C. Sabendo que, durante cada um dos dois trechos, o avião desenvolveu velocidade média de 750 km/h, em que horário (local) ele pousou na cidade C?

Thinkstock/Getty Images

22. Em um jogo de computador, idealizado na tela por um plano cartesiano, o herói encontra-se no ponto (−3, 2) e precisa salvar a princesa no castelo, representado pelo ponto (2, 5), do outro lado de um estreito rio, de trajetória retilínea, representado pelo eixo das ordenadas. O objetivo do jogo é fazer esse caminho o mais rápido possível. Nessas condições, em que ponto do plano ele deverá cruzar o rio a fim de minimizar o tempo de viagem?

23. (UE-GO) Na localização dos imóveis de uma cidade é usado como referência um sistema de coordenadas cartesianas em uma escala adequada. Neste sistema, a casa de número 23 de uma determinada rua está localizada no ponto A(−2, 0), enquanto a loja de número 7, que está na mesma rua, coincidiu com o ponto B(0, 6). Determine uma equação que relacione as coordenadas x e y de um ponto C que indica a localização de um prédio comercial, de modo que os pontos B, A e C sejam os vértices de um triângulo retângulo em C.

24. (UF-CE) ABC é o triângulo, no plano cartesiano, com vértices A(0, 0), B(2, 1) e C(1, 5). Determine as coordenadas do ponto P do plano, tal que a soma dos quadrados das distâncias de P aos vértices de ABC seja a menor possível, e calcule o valor mínimo correspondente da soma.

TESTES

1. (UFF-RJ) A palavra "perímetro" vem da combinação de dois elementos gregos: o primeiro, *peri*, significa "em torno de", e o segundo, *metron*, significa "medida".

O perímetro do trapézio cujos vértices têm coordenadas (−1, 0), (9, 0), (8, 5) e (1, 5) é:

a) $10 + \sqrt{29} + \sqrt{26}$
b) $16 + \sqrt{29} + \sqrt{26}$
c) $22 + \sqrt{26}$
d) $17 + 2\sqrt{26}$
e) $17 + \sqrt{29} + \sqrt{26}$

2. (PUC-RJ) O ponto B = (3, b) é equidistante dos pontos A = (6, 0) e C = (0, 6). Logo, o ponto B é:

a) (3, 1)
b) (3, 6)
c) (3, 3)
d) (3, 2)
e) (3, 0)

3. (UF-ES) João saiu de um ponto A, andou 5 m para leste, 3 m para o norte, 1 m para oeste e 5 m para o sul, chegando a um ponto B. A distância, em metros, entre os pontos A e B é:

a) $2\sqrt{5}$
b) $3\sqrt{3}$
c) $3\sqrt{5}$
d) $4\sqrt{3}$
e) $4\sqrt{5}$

4. (PUC-MG) Os catetos $\overline{AC}$ e $\overline{AB}$ de um triângulo retângulo estão sobre os eixos de um sistema cartesiano. Se M = (−1, 3) for o ponto médio da hipotenusa $\overline{BC}$, é correto afirmar que a soma das coordenadas dos vértices desse triângulo é igual a:

a) −4 b) −1 c) 1 d) 4

5. (Mackenzie-SP) Em relação a um sistema cartesiano ortogonal, com os eixos graduados em quilômetros, uma lancha sai do ponto (−6, −4), navega 7 km para leste, 6 km para o norte e 3 km para oeste, encontrando um porto. Depois continua a navegação, indo 3 km para norte e 4 km para leste, encontrando um outro porto. A distância, em quilômetros, entre os portos é:

a) 7 b) $3\sqrt{5}$ c) $2\sqrt{3}$ d) $\sqrt{7}$ e) 5

6. (PUC-SP) Dois navios navegavam pelo Oceano Atlântico, supostamente plano: X, à velocidade constante de 16 milhas por hora, e Y à velocidade constante de 12 milhas por hora. Sabe-se que às 15 horas de certo dia, Y estava exatamente 72 milhas ao sul de X e que, a partir de então, Y navegou em linha reta para o leste, enquanto X navegou em linha reta para o sul, cada qual mantendo suas respectivas velocidades. Nessas condições, às 17 horas e 15 minutos do mesmo dia, a distância entre X e Y, em milhas, era

a) 45 b) 48 c) 50 d) 55 e) 58

7. (PUC-MG) Os pontos A(0, 8), B(0, 18) e C(x, 0) são vértices de um triângulo cujos lados $\overline{AB}$ e $\overline{AC}$ têm a mesma medida. Sendo *x* um número positivo, a medida da área desse triângulo é:

a) 18 b) 24 c) 30 d) 36

8. (Vunesp-SP) Em um experimento sobre orientação e navegação de pombos, considerou-se o pombal como a origem O de um sistema de coordenadas cartesianas e os eixos orientados Sul-Norte (SN) e Oeste-Leste (WL). Algumas aves foram libertadas num ponto P que fica 52 km ao leste do eixo SN e a 30 km ao sul do eixo WL. O ângulo azimutal de P é o ângulo, em graus, medido no sentido horário a partir da semirreta ON até a semirreta OP. No experimento descrito, a distância do pombal até o ponto de liberação das aves, em km, e o ângulo azimutal, em graus, desse ponto são, respectivamente:

Dado: $\sqrt{3604} \cong 60$

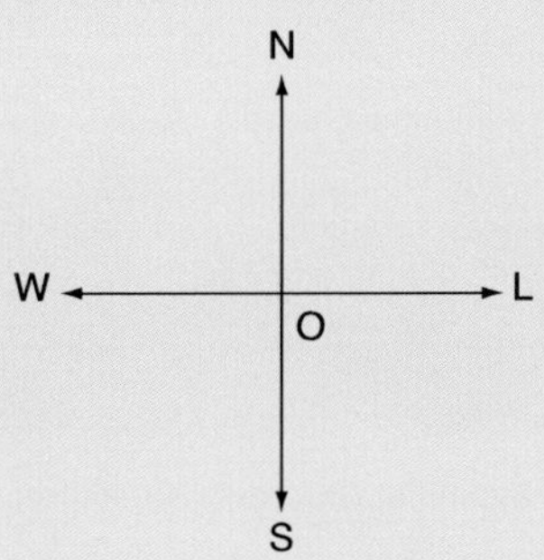

a) 42,5 e 30 c) 60 e 30 e) 60 e 150

b) 42,5 e 120 d) 60 e 120

9. (UFF-RJ) O sistema de posicionamento global (GPS) funciona utilizando-se uma rede de satélites distribuídos em torno da Terra. Ao receber os sinais dos satélites, o aparelho receptor GPS calcula sua posição P = (a, b, c) com relação a um certo sistema ortogonal de coordenadas cartesianas em $\mathbb{R}^3$ e depois converte essas coordenadas cartesianas para coordenadas geográficas: latitude ϕ, longitude λ e elevação ρ. Se $a > 0, b > 0$ e $c > 0$, então ϕ é o ângulo entre os vetores (a, b, c) e (a, b, 0), λ é o ângulo entre os vetores (a, b, 0) e (a, 0, 0) e ρ é a distância da origem do sistema de coordenadas ao ponto P, conforme a figura abaixo:

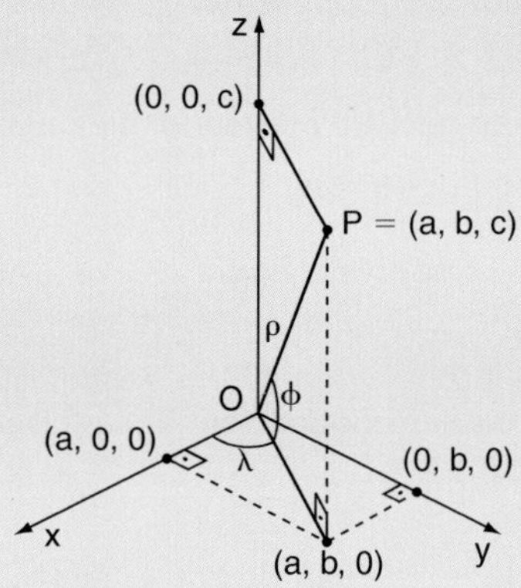

Para $a > 0, b > 0$ e $c > 0$, assinale a alternativa correta.

a) $a = \rho \cdot \cos(\phi) \cdot \cos(\lambda), b = \rho \cdot \text{sen}(\phi) \cdot \cos(\lambda)$, $c = \rho \cdot \text{sen}(\lambda)$

b) $a = \rho \cdot \text{sen}(\phi) \cdot \cos(\lambda), b = \rho \cdot \text{sen}(\phi) \cdot \text{sen}(\lambda)$, $c = \rho \cdot \cos(\phi)$

c) $a = \rho \cdot \cos(\phi) \cdot \text{sen}(\lambda), b = \rho \cdot \cos(\phi) \cdot \cos(\lambda)$, $c = \rho \cdot \text{sen}(\phi)$

d) $a = \rho \cdot \text{sen}(\phi) \cdot \text{sen}(\lambda), b = \rho \cdot \text{sen}(\phi) \cdot \cos(\lambda)$, $c = \rho \cdot \cos(\phi)$

e) $a = \rho \cdot \cos(\phi) \cdot \cos(\lambda), b = \rho \cdot \cos(\phi) \cdot \text{sen}(\lambda)$, $c = \rho \cdot \text{sen}(\phi)$

10. (Enem-MEC) A figura a seguir é a representação de uma região por meio de curvas de nível, que são curvas fechadas representando a altitude da região, com relação ao nível do mar. As coordenadas estão expressas em graus de acordo com a longitude, no eixo horizontal, e a latitude, no eixo vertical. A escala em tons de cinza desenhada à direita está associada à altitude da região.

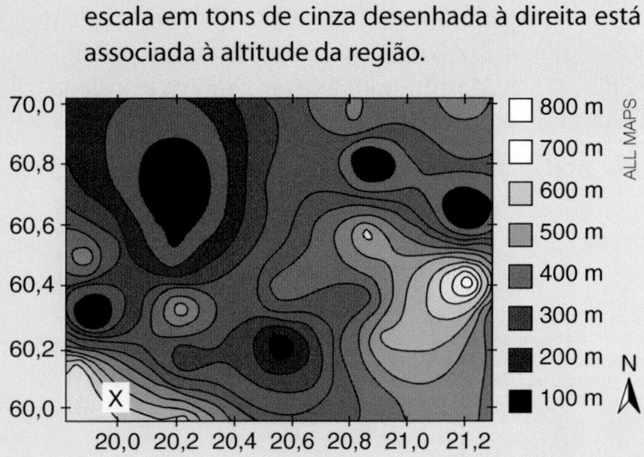

Um pequeno helicóptero usado para reconhecimento sobrevoa a região a partir do ponto x = (20; 60). O helicóptero segue o percurso:

0,8° L → 0,5° N → 0,2° O → 0,1° S → 0,4° N → 0,3° L

Ao final, desce verticalmente até pousar no solo.

De acordo com as orientações, o hélicoptero pousou em um local cuja altitude é:

a) menor ou igual a 200 m.

b) maior que 200 m e menor ou igual a 400 m.

c) maior que 400 m e menor ou igual a 600 m.

d) maior que 600 m e menor ou igual a 800 m.

e) maior que 800 m.

11. (UF-RS) Observe a figura abaixo, onde o ponto inicial da poligonal representada é a origem do sistema de coordenadas. Os comprimentos dos lados dessa poligonal formam a sequência 1, 1, 2, 2, 3, 3, 4, 4, 5, 5.

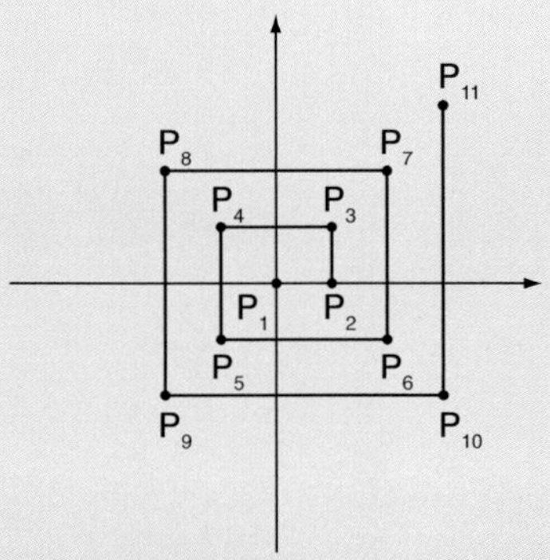

Considerando-se que a poligonal continue evoluindo de acordo com o padrão acima representado, o primeiro ponto do 50° lado é:

a) (−13, −13) c) (12, −12) e) (13, −13)

b) (−13, 13) d) (13, −12)

12. (UE-CE) Animações gráficas computacionais usam matrizes para produzir os movimentos de objetos. Rotações são realizadas pelas multiplicações por matrizes ortogonais; e translações, por somas de vetores. Por exemplo, para girar um ponto de coordenadas (x, y) cerca de 53,13° em torno da origem, no sentido anti-horário, e em seguida transladá-lo por um vetor (5, 1) basta efetuarmos as seguintes operações:

$$\begin{bmatrix} \frac{3}{5} & -\frac{4}{5} \\ \frac{4}{5} & \frac{3}{5} \end{bmatrix} \cdot \begin{bmatrix} x \\ y \end{bmatrix} + \begin{bmatrix} 5 \\ 1 \end{bmatrix}$$

A figura a seguir mostra a rotação e a translação descritas acima aplicadas na imagem de um rosto. Observe que o ponto (10, 5) é transformado no ponto (7, 12).

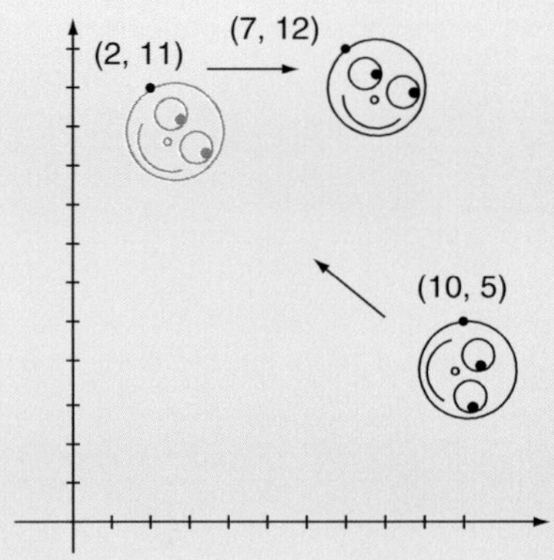

Considere que o animador gráfico necessita colocar nessa animação a figura de uma abelha que, após a rotação e a translação, apareça no ponto (16, 10). Para isso, o animador precisa saber onde deveria se situar a abelha antes da transformação, para que ela, ao fim, se localize no ponto (16, 10).

Com base nessas informações, é correto afirmar que o ponto que será transformado em (16, 10) é:

a) (13,8; −3,4) c) (10,5; −7,5) e) (23,6; −5,4)

b) (8,2; −4,3) d) (20,4; −2,6)

13. (PUC-RJ) Seja d(P, Q) a distância entre os pontos P e Q. Considere A = (− 1, 0) e B = (1, 0) pontos do plano. O número de pontos X = (x, y) tais que $d(X, B) = \frac{1}{2} d(X, A) = \frac{1}{2} d(A, B)$ é igual a:

a) 0 b) 1 c) 2 d) 3 e) 4

14. (UF-BA) Considerando-se a matriz $M = k\begin{pmatrix} 0 & -1 \\ 1 & 0 \end{pmatrix}$, sendo *k* um número real, é correto afirmar:

(01) M é uma matriz simétrica, para qualquer *k*.

(02) M é uma matriz inversível se e somente se $k \neq 0$ e, nesse caso, $M^{-1} = \frac{1}{k}\begin{pmatrix} 0 & 1 \\ -1 & 0 \end{pmatrix}$.

(04) Para algum valor de *k*, M é a matriz identidade de ordem 2.

(08) Identificando-se um ponto genérico (x, y) do plano cartesiano com a matriz-linha (xy) de ordem 1 × 2, se k = 1 e (x, y) ≠ (0, 0), então os pontos identificados por (0, 0), (xy) e (xy)M são vértices de um triângulo retângulo isósceles.

(16) Dados dois números reais *a* e *b*, se $k \neq 0$, então o sistema de equações $M\begin{pmatrix} x \\ y \end{pmatrix} = \begin{pmatrix} a \\ b \end{pmatrix}$ tem uma única solução $x = \frac{b}{k}, y = -\frac{a}{k}$.

15. (Enem-MEC) Rotas aéreas são como pontes que ligam cidades, estados ou países. O mapa da página seguinte mostra os estados brasileiros e a localização de algumas capitais identificadas pelos números. Considere que a direção seguida por um avião AI que partiu de Brasília-DF, sem escalas, para Belém, no Pará, seja um segmento de reta com extremidades em DF e em 4.

Zapt

SIQUEIRA, S. *Brasil Regiões*. Disponível em: <www.santiagosiqueira.pro.br>. Acesso em: 28 jul. 2009 (adaptado).

Suponha que um passageiro de nome Carlos pegou um avião AII, que seguiu a direção que forma um ângulo de 135º no sentido horário com a rota Brasília-Belém e pousou em alguma das capitais brasileiras. Ao desembarcar, Carlos fez uma conexão e embarcou em um avião AIII, que seguiu a direção que forma um ângulo reto, no sentido anti-horário, com a direção seguida pelo avião AII ao partir de Brasília-DF. Considerando que a direção seguida por um avião é sempre dada pela semirreta com origem na cidade de partida e que passa pela cidade destino do avião, pela descrição dada, o passageiro Carlos fez uma conexão em:

a) Belo Horizonte, e em seguida embarcou para Curitiba.
b) Belo Horizonte, e em seguida embarcou para Salvador.
c) Boa Vista, e em seguida embarcou para Porto Velho.
d) Goiânia, e em seguida embarcou para o Rio de Janeiro.
e) Goiânia, e em seguida embarcou para Manaus.

16. (UF-MG) Os pontos $A = (0,3)$, $B = (4,0)$ e $C = (a,b)$ são vértices de um triângulo equilátero no plano cartesiano.

Considerando-se essa situação, é correto afirmar que:

a) $b = \frac{4}{3}a$
b) $b = \frac{4}{3}a - \frac{7}{6}$
c) $b = \frac{4}{3}a + 3$
d) $b = \frac{4}{3}a - \frac{3}{2}$

17. (Enem-MEC) Um bairro de uma cidade foi planejado em uma região plana, com ruas paralelas e perpendiculares, delimitando quadras de mesmo tamanho. No plano de coordenadas cartesianas seguinte, esse bairro localiza-se no segundo quadrante, e as distâncias nos eixos são dadas em quilômetros.

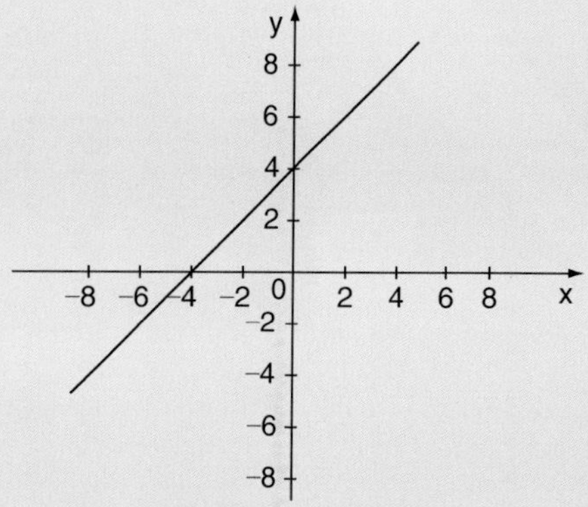

A reta de equação $y = x + 4$ representa o planejamento do percurso da linha do metrô subterrâneo que atravessará o bairro e outras regiões da cidade. No ponto $P = (-5,5)$, localiza-se um hospital público. A comunidade solicitou ao comitê de planejamento que fosse prevista uma estação do metrô de modo que sua distância ao hospital, medida em linha reta, não fosse maior que 5 km.

Atendendo ao pedido da comunidade, o comitê argumentou corretamente que isso seria automaticamente satisfeito, pois já estava prevista a construção de uma estação no ponto

a) $(-5,0)$.
b) $(-3,1)$.
c) $(-2,1)$.
d) $(0,4)$.
e) $(2,6)$.

18. (UF-MG) Seja $P = (a,b)$ um ponto no plano cartesiano tal que $0 < a < 1$ e $0 < b < 1$.

As retas paralelas aos eixos coordenados que passam por P dividem o quadrado de vértices $(0,0)$, $(2,0)$, $(0,2)$ e $(2,2)$ nas regiões I, II, III e IV, como mostrado nesta figura:

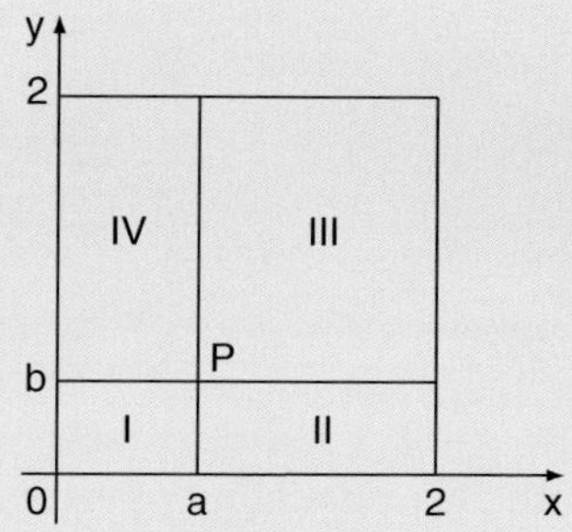

Considere o ponto $Q = (\sqrt{a^2 + b^2}, ab)$.

Então, é correto afirmar que o ponto Q está na região

a) I
b) II
c) III
d) IV

2 A RETA

INTRODUÇÃO

Observe abaixo a reta *r*, que passa por vários pontos cujas coordenadas são conhecidas.

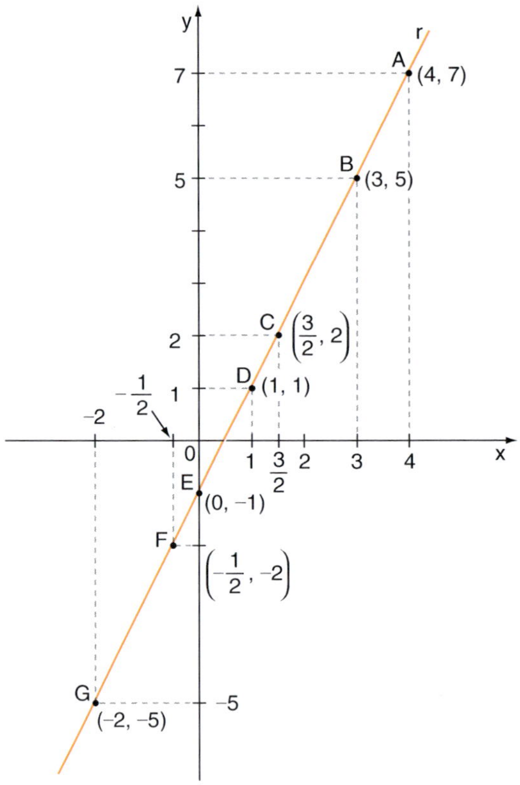

Um ponto P(x, y) qualquer pertencerá a *r* quando estiver alinhado a dois pontos quaisquer de *r*, por exemplo A e B:

$$\text{A, B e P colineares} \Rightarrow D = 0 \Rightarrow \begin{vmatrix} 4 & 7 & 1 \\ 3 & 5 & 1 \\ x & y & 1 \end{vmatrix} = 0 \Rightarrow 20 + 7x + 3y - 5x - 4y - 21 = 0 \Rightarrow$$

$$\Rightarrow 2x - y - 1 = 0 \quad \textcircled{1}$$

Se tivéssemos escolhido os pontos E e F, teríamos:

$$\text{E, F e P colineares} \Rightarrow D = 0 \Rightarrow \begin{vmatrix} 0 & -1 & 1 \\ -\frac{1}{2} & -2 & 1 \\ x & y & 1 \end{vmatrix} = 0 \Rightarrow -x - \frac{1}{2}y + 2x - \frac{1}{2} = 0 \Rightarrow x - \frac{1}{2}y - \frac{1}{2} = 0 \quad (2)$$

As expressões obtidas em (1) e (2) são equivalentes (observe que, se dividirmos os coeficientes de (1) por 2, obtemos (2)) e nos mostram a relação que *x* e *y* devem satisfazer a fim de que um ponto P(x, y) pertença a *r*.

A reta *r* pode ser analiticamente descrita por uma dessas equações ou por qualquer outra equivalente, dependendo dos pontos escolhidos. Cada uma delas é chamada **equação geral de *r*.**

EQUAÇÃO GERAL DA RETA

A toda reta *r* do plano cartesiano está associada pelo menos uma equação do tipo $ax + by + c = 0$, em que *a*, *b* e *c* são números reais, com *a* e *b* não nulos simultaneamente, e *x* e *y* são as coordenadas de um ponto P(x, y) genérico de *r*. Costuma-se escrever r: $ax + by + c = 0$.

Vamos demonstrar essa propriedade:

Sejam $Q(x_1, y_1)$ e $R(x_2, y_2)$ dois pontos distintos do plano cartesiano, e $r = \overleftrightarrow{QR}$ é a reta determinada por Q e R.

Um ponto genérico de *r* é P(x, y), isto é, P é um ponto que "percorre" *r*.

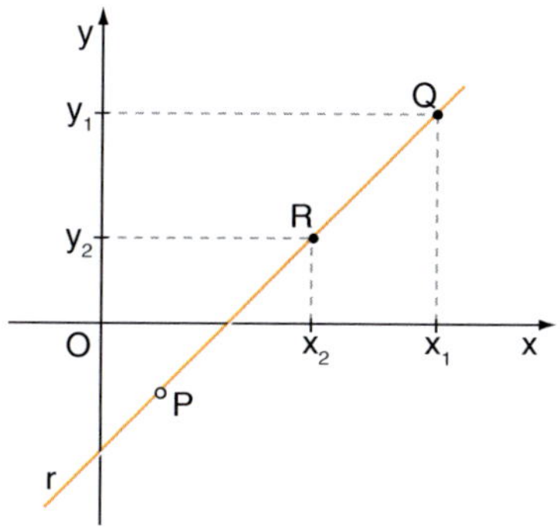

Como P, Q e R estão alinhados, devemos ter D = 0, isto é:

$$\begin{vmatrix} x & y & 1 \\ x_1 & y_1 & 1 \\ x_2 & y_2 & 1 \end{vmatrix} = 0 \Rightarrow xy_1 + yx_2 + x_1y_2 - x_2y_1 - xy_2 - yx_1 = 0$$

$$x(y_1 - y_2) + y(x_2 - x_1) + (x_1y_2 - x_2y_1) = 0 \ (*)$$

Como x_1, y_1, x_2 e y_2 são números reais conhecidos, podemos fazer: $y_1 - y_2 = a$, $x_2 - x_1 = b$ e $x_1y_2 - x_2y_1 = c$, e obtemos em (*): $ax + by + c = 0$, que é a chamada equação geral de *r*.

Observação

- Na demonstração acima podemos entender o porquê de *a* e *b* serem coeficientes não nulos simultaneamente:

$$\left.\begin{array}{l} \text{Se } a = 0,\ y_1 - y_2 = 0 \Rightarrow y_1 = y_2 \\ \text{Se } b = 0,\ x_2 - x_1 = 0 \Rightarrow x_1 = x_2 \end{array}\right\} \Rightarrow Q = R$$

, o que é absurdo, pois admitimos que Q e R são pontos distintos. Logo, não podemos ter *a* e *b* simultaneamente nulos.

Exemplo 1

Para obter a equação geral da reta *r* que passa pelos pontos A(3, 2) e B(−2, −1), basta impor a condição de alinhamento para A, B e P(x, y), ponto genérico de *r*:

$$\begin{vmatrix} 3 & 2 & 1 \\ -2 & -1 & 1 \\ x & y & 1 \end{vmatrix} = 0$$

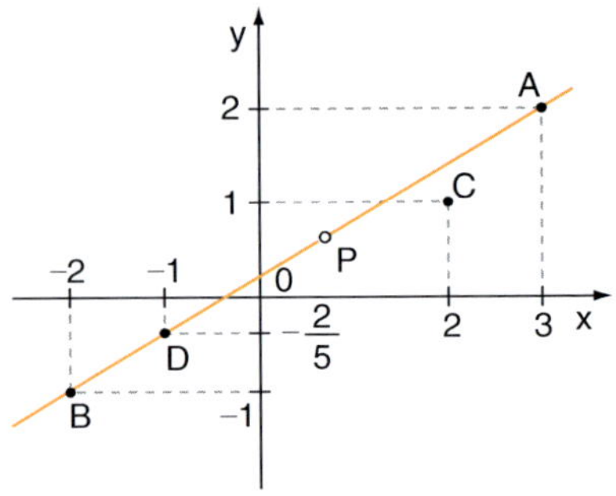

Calculando o determinante, temos:

$$-3 + 2x - 2y + x - 3y + 4 = 0 \Rightarrow 3x - 5y + 1 = 0$$

E *r* é dada por r: $3x - 5y + 1 = 0$.

O ponto C(2, 1) **não** pertence a *r*. De fato, suas coordenadas não satisfazem a equação de *r*:

$$3 \cdot 2 - 5 \cdot 1 + 1 = 0 \Rightarrow 2 = 0 \text{ (falso)}$$

Já o ponto $D\left(-1, -\frac{2}{5}\right)$ pertence a *r*: $3 \cdot (-1) - 5 \cdot \left(-\frac{2}{5}\right) + 1 = -3 + 2 + 1 = 0$.

Casos particulares

Quando um dos coeficientes da equação geral de uma reta ($ax + by + c = 0$) é igual a zero, a reta apresenta uma propriedade especial. Temos três casos:

- $a = 0 \Leftrightarrow y_1 - y_2 = 0 \Leftrightarrow y_1 = y_2$, isto é, dois pontos distintos dessa reta possuem a mesma ordenada. Desse modo, quando a equação não tem termo em *x*, a reta é paralela ao eixo *x*.

Exemplo 2

$2y + 1 = 0 \Leftrightarrow y = -\frac{1}{2}$ é uma equação da reta *r* representada a seguir.

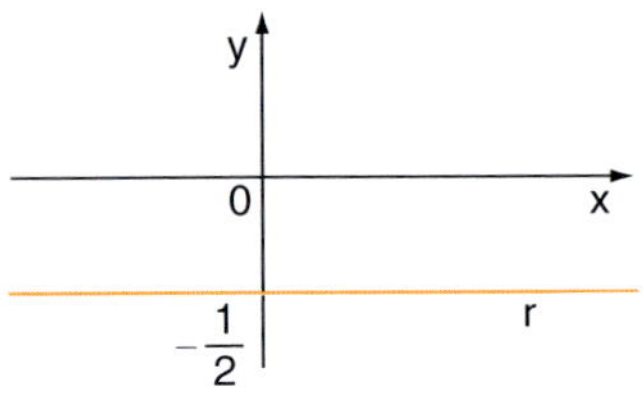

- $b = 0 \Leftrightarrow x_2 - x_1 = 0 \Rightarrow x_1 = x_2$, isto é, dois pontos distintos dessa reta possuem a mesma abscissa. Assim, quando a equação não tem termo em *y*, a reta é paralela ao eixo *y*.

Exemplo 3

$-x + 3 = 0 \Leftrightarrow x = 3$ é uma equação da reta *s* representada a seguir.

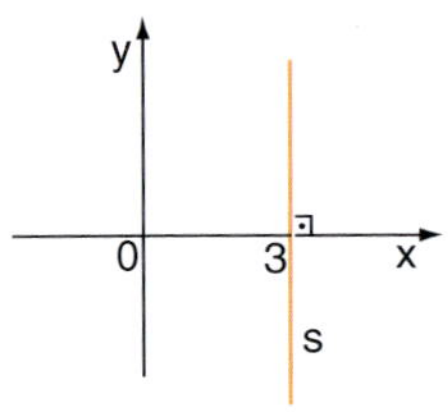

- $c = 0 \Leftrightarrow ax + by = 0$

Nesse caso, para todo $a \in \mathbb{R}^*$ e $b \in \mathbb{R}^*$, o par ordenado (0, 0) satisfaz a equação: $a \cdot 0 + b \cdot 0 = 0$.

Desse modo, quando a equação não tem termo independente, a reta passa pela origem.

Exemplo 4

As retas de equações $3x - 2y = 0$ e $x + 7y = 0$ passam pelo ponto (0, 0).

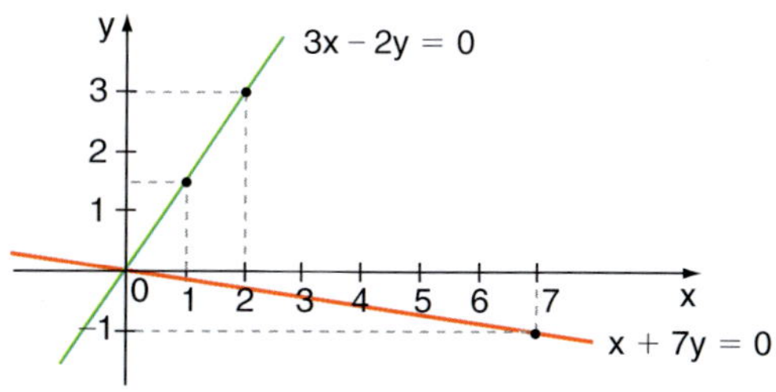

Recíproca da propriedade

A toda equação da forma $ax + by + c = 0$, com $a, b, c \in \mathbb{R}$, $a \neq 0$ ou $b \neq 0$, está associada uma única reta *r* do plano cartesiano, cujos pontos possuem coordenadas (x, y) que satisfazem essa equação.

Demonstração:

Sejam $M(x_M, y_M)$, $N(x_N, y_N)$ e $P(x_P, y_P)$ três pontos distintos cujas coordenadas satisfazem a equação $ax + by + c = 0$. Vamos mostrar que M, N e P estão sobre a mesma reta (admitimos $a \neq 0$).

Temos:

$$\begin{cases} ax_M + by_M + c = 0 \Rightarrow x_M = \dfrac{-by_M - c}{a} \\ ax_N + by_N + c = 0 \Rightarrow x_N = \dfrac{-by_N - c}{a} \\ ax_P + by_P + c = 0 \Rightarrow x_P = \dfrac{-by_P - c}{a} \end{cases}$$

Calculamos o determinante: $\begin{vmatrix} x_M & y_M & 1 \\ x_N & y_N & 1 \\ x_P & y_P & 1 \end{vmatrix} = \begin{vmatrix} \dfrac{-by_M - c}{a} & y_M & 1 \\ \dfrac{-by_N - c}{a} & y_N & 1 \\ \dfrac{-by_P - c}{a} & y_P & 1 \end{vmatrix}$

Pela Regra de Sarrus, chegamos à conclusão de que o determinante é nulo. Isso implica, como vimos, que os pontos M, N e P são colineares.

Exemplo 5

Vamos construir o gráfico da relação $3x + 8y - 7 = 0$.

Como vimos, trata-se da equação geral de uma reta. Para construí-la é suficiente conhecer dois de seus pontos:

- Se $x = -3$, temos $3 \cdot (-3) + 8y - 7 = 0 \Rightarrow$
  $\Rightarrow 8y = 16 \Rightarrow y = 2$; obtemos o ponto $P(-3, 2)$.
- Se $x = 5$, temos $3 \cdot 5 + 8y - 7 = 0 \Rightarrow$
  $\Rightarrow 8y = -8 \Rightarrow y = -1$; obtemos o ponto $Q(5, -1)$.

Construímos, assim, a reta $\overleftrightarrow{PQ}$ ao lado.

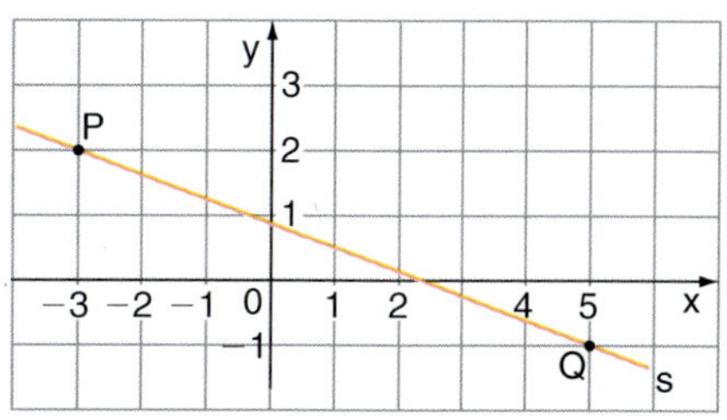

EXERCÍCIOS RESOLVIDOS

1. Seja *r* a reta que passa pelos pontos (1, 2) e (–2, 5).

Determinar:

a) a equação geral de *r*;

b) os pontos de interseção de *r* com os eixos coordenados.

Solução:

a) Seja P(x, y) um ponto genérico de *r*. Temos:

$$\begin{vmatrix} x & y & 1 \\ 1 & 2 & 1 \\ -2 & 5 & 1 \end{vmatrix} = 0 \Rightarrow 2x - 2y + 5 + 4 - 5x - y = 0 \Rightarrow -3x - 3y + 9 = 0$$

ou, dividindo por 3 seus coeficientes, r: $-x - y + 3 = 0$.

b) Sejam M e N os pontos de interseção de *r* com os eixos *x* e *y*, respectivamente.

- Ponto M: devemos determinar o ponto de *r* cuja ordenada é nula. Na equação da reta *r*, vem: $-x - 0 + 3 = 0 \Rightarrow x = 3$; M(3, 0).
- Ponto N: devemos determinar o ponto de *r* cuja abscissa é nula. Na equação da reta *r*, temos: $-0 - y + 3 = 0 \Rightarrow y = 3$; N(0, 3).

2. Determinar os pontos da reta r: $5x - 12y = 0$ que distam três unidades da origem. Representar graficamente.

Solução:

Seja $P(x_P, y_P)$ o ponto de *r* procurado. Temos:

$$5x_P - 12y_P = 0 \Rightarrow x_P = \frac{12y_P}{5}$$

A distância de P à origem é 3:

$$\sqrt{(x_P - 0)^2 + (y_P - 0)^2} = 3 \Rightarrow \sqrt{\left(\frac{12y_P}{5}\right)^2 + y_P^2} = 3 \Rightarrow \sqrt{\frac{169y_P^2}{25}} = 3 \Rightarrow \frac{169y_P^2}{25} = 9 \Rightarrow y_P = \pm\frac{15}{13}$$

- Se $y_P = \frac{15}{13}$, $x_P = \frac{12}{5} \cdot \frac{15}{13} = \frac{36}{13}$ e $P\left(\frac{36}{13}, \frac{15}{13}\right)$.
- Se $y_P = -\frac{15}{13}$, $x_P = \frac{12}{5} \cdot \left(-\frac{15}{13}\right) = -\frac{36}{13}$ e $P'\left(-\frac{36}{13}, -\frac{15}{13}\right)$.

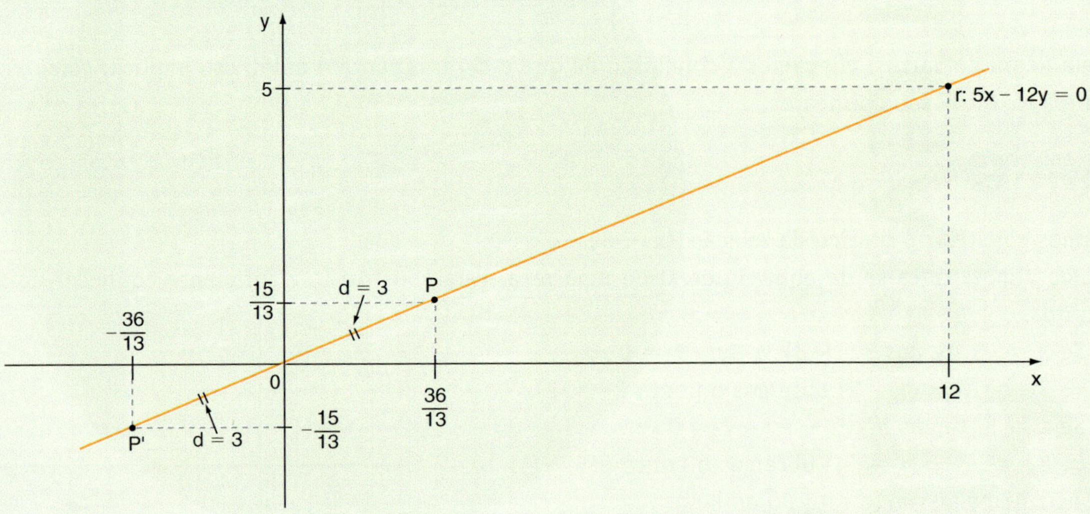

EXERCÍCIOS

1. Encontre a forma geral da equação da reta que passa pelos pontos:

a) (0, 2) e (2, 3)

b) (−1, 2) e (−2, 5)

c) (−1, −2) e $\left(-\frac{1}{2}, 3\right)$

d) (0, −3) e (3, −2)

2. Verifique por quais dos pontos A(−2, −5), B(−1, 4), $C\left(2, -\frac{1}{5}\right)$, D(3, 1) e $E\left(-1, \frac{19}{5}\right)$ passa a reta de equação $6x - 5y - 13 = 0$.

3. Represente graficamente as retas de equação:

a) $x - y + 1 = 0$

b) $-3x - y + 2 = 0$

c) $3x - y = 0$

d) $x + 5 = 0$

e) $y + 4 = 0$

f) $200x - 500y + 300 = 0$

4. Escreva no caderno a associação correta de cada reta à respectiva equação:

$r: x - 2y - 1 = 0$

$s: 3x + 2y + 6 = 0$

$t: x + y - 5 = 0$

$u: 3x - 4y - 12 = 0$

a)

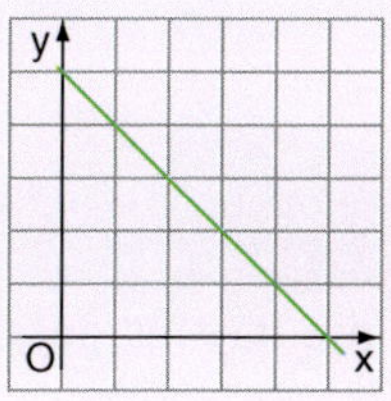

b)

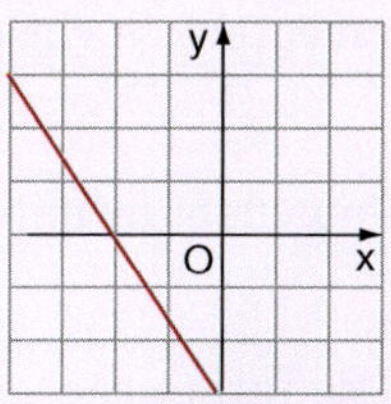

c)

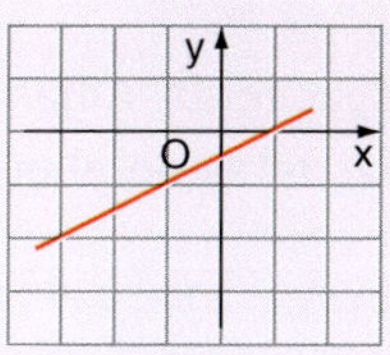

d)

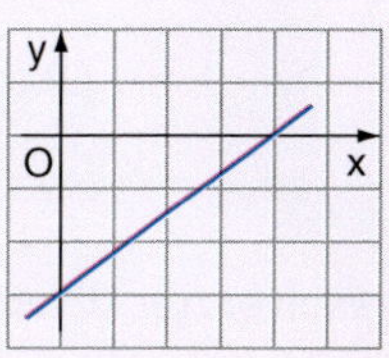

5. A reta *s* passa por A(2, −1) e pelo ponto médio de $\overline{BC}$, sendo B(0, −1) e C(−3, 2).

a) Escreva a equação geral de *s*.

b) *s* passa pela origem? E pelo ponto (−7, 3)?

6. Ache a equação geral da reta vertical que passa por (2, 17).

7. Uma reta paralela ao eixo *x* passa pelo ponto (1, 5). Qual é a sua equação geral?

8. A reta *r* passa pela origem e pelo ponto (1, 5).

a) Escreva sua equação geral.

b) Obtenha mais dois pontos pertencentes a *r*.

9. Escreva uma equação geral para cada uma das retas *r*, *s* e *t* da figura.

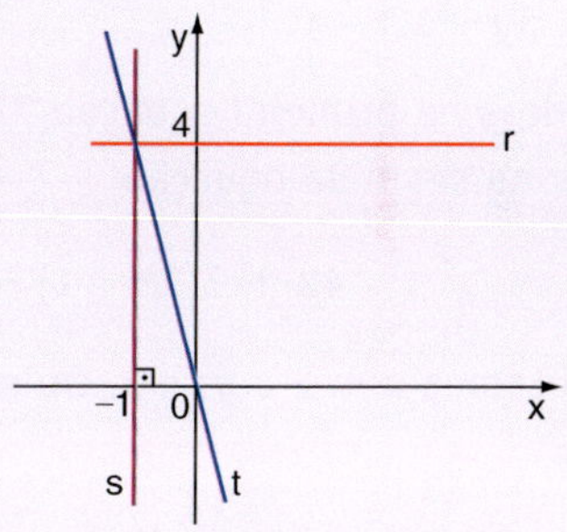

10. Dados os pontos A(2, 5), B(−3, 2) e C(−1, −4), ache a equação geral da reta que passa pelos pontos médios de $\overline{AB}$ e $\overline{AC}$. Em seguida, represente-a graficamente.

11. Determine a equação geral da reta *r* da figura abaixo.

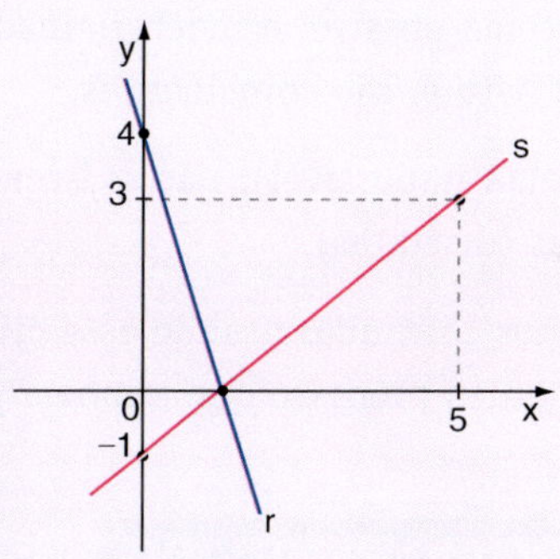

12. Considere o triângulo de vértices A(0, 0), B(1, 3) e C(4, 0). Determine as equações gerais das retas suportes dos lados desse triângulo.

13. Qual é o ponto da reta $x - y + 1 = 0$ que dista $\sqrt{13}$ do ponto (0, 2)?

INTERSEÇÃO DE RETAS

O ponto $P(x_P, y_P)$ de interseção de duas retas concorrentes *r* e *s* pertence evidentemente a cada uma das retas e, por esse motivo, suas coordenadas devem satisfazer as equações de ambas as retas, ao mesmo tempo.

Sejam as retas r: $a_1x + b_1y + c_1 = 0$ e s: $a_2x + b_2y + c_2 = 0$. Substituindo simultaneamente as coordenadas x_P e y_P nas duas equações, temos:

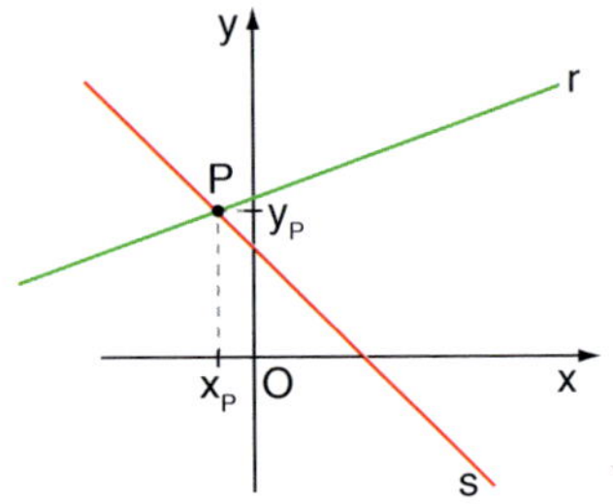

$$\begin{cases} a_1x_P + b_1y_P + c_1 = 0 \\ a_2x_P + b_2y_P + c_2 = 0 \end{cases}$$

que constitui um sistema de duas equações lineares e duas incógnitas (x_P e y_P), o qual, resolvido, fornece as coordenadas do ponto de interseção.

Exemplo 6

Para achar o ponto I de interseção das retas r: $2x - y - 1 = 0$ e s: $4x + 3y - 17 = 0$, devemos simplesmente resolver o sistema

$$\begin{cases} 2x - y - 1 = 0 \\ 4x + 3y - 17 = 0 \end{cases}$$

Isolando *y* na primeira equação, temos $y = 2x - 1$, que substituímos na segunda equação:

$$4x + 3(2x - 1) - 17 = 0$$

Daí, obtemos $x = 2$ e $y = 3$. Ou seja, $I(2, 3)$ é o ponto comum a *r* e *s*.

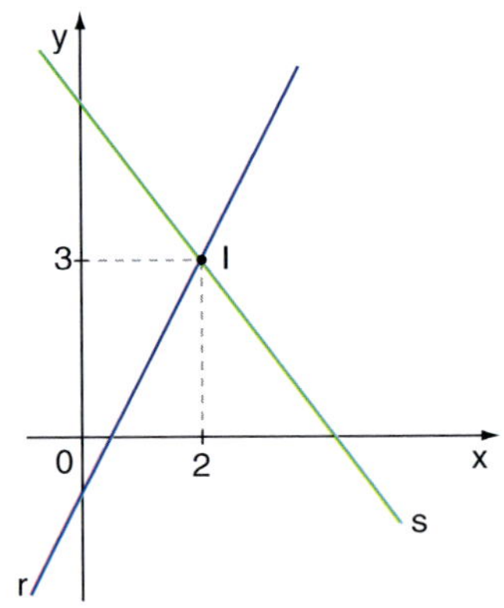

O estudo de sistemas lineares de duas equações e duas incógnitas nos mostra que há três possibilidades em relação ao número de soluções:

- SPD (sistema possível e determinado): há uma única solução. As duas retas interceptam-se em um único ponto, isto é, são concorrentes.
- SPI (sistema possível e indeterminado): existem infinitas soluções. As duas retas possuem infinitos pontos comuns, isto é, são coincidentes.
- SI (sistema impossível): não existem soluções. As duas retas não possuem ponto de interseção, isto é, são paralelas (distintas).

Podemos continuar usando esse critério para conhecer a posição relativa entre duas retas. Adiante, vamos conhecer outro processo que também permitirá determinar a posição relativa de duas retas no plano.

EXERCÍCIO RESOLVIDO

3. As retas suportes dos lados de um triângulo ABC são r: $x - 1 = 0$, s: $x + y - 6 = 0$ e t: $x - 3y - 9 = 0$. Obter os vértices desse triângulo.

Solução:

Cada vértice do triângulo é a interseção de duas retas suportes; é preciso, portanto, resolver três sistemas:

$A = r \cap s \rightarrow \begin{cases} x - 1 = 0 \\ x + y - 6 = 0 \end{cases} \Rightarrow$

$\Rightarrow x = 1$ e $y = 5$; $A(1, 5)$

$B = r \cap t \rightarrow \begin{cases} x - 1 = 0 \\ x - 3y - 9 = 0 \end{cases} \Rightarrow$

$\Rightarrow x = 1$ e $y = -\frac{8}{3}$; $B\left(1, -\frac{8}{3}\right)$

$C = s \cap t \rightarrow \begin{cases} x + y - 6 = 0 \\ x - 3y - 9 = 0 \end{cases} \Rightarrow$

$\Rightarrow x = \frac{27}{4}$ e $y = -\frac{3}{4}$; $C\left(\frac{27}{4}, -\frac{3}{4}\right)$

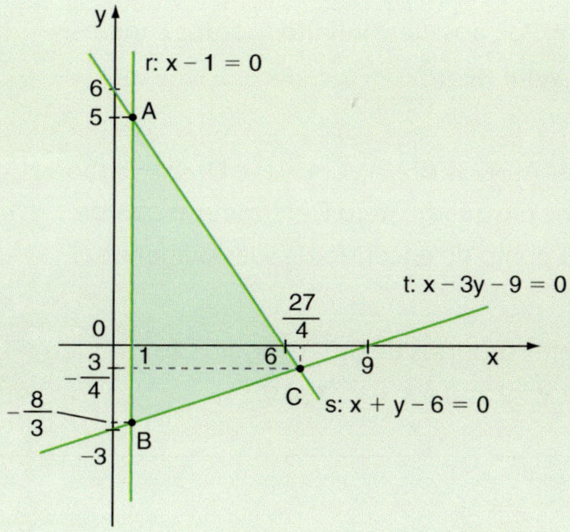

EXERCÍCIOS

14. Obtenha o ponto de interseção entre as retas de equações:

a) $2x - y + 6 = 0$ e $2x + 3y - 6 = 0$

b) $x + y - 2 = 0$ e $3x - y + 4 = 0$

c) $x - 2y = 0$ e $x + y - 1 = 0$

15. As retas $r: x + 3 = 0$ e $s: y - 2 = 0$ interceptam-se em um ponto P.

a) Determine as coordenadas de P.

b) Qual é a distância de P à origem?

16. Qual é, em cada caso, a posição relativa das retas *r* e *s*?

a) $r: x - 3y + 2 = 0$; $s: 2x - y = 0$

b) $r: x + y - 3 = 0$; $s: -2x - 2y + 6 = 0$

c) $r: -2x + y - 3 = 0$; $s: -x + \frac{y}{2} + 1 = 0$

d) $r: x - 1 = 0$; $s: x + 2 = 0$

17. As retas de equações $2x - y - k = 0$ e $2x + y - k = 0$, com $k \in \mathbb{R}$, interceptam-se no ponto $\left(\frac{1}{2}, 0\right)$. Qual é o valor de *k*?

18. Verifique se as retas de equações $2x - y - 3 = 0$, $3x + 2y - 1 = 0$ e $4x - y - 5 = 0$ interceptam-se no mesmo ponto. Em caso afirmativo, quais são as coordenadas desse ponto?

19. Em que condições as retas de equações $px - y + 3p = 0$ e $2x - y + 6 = 0$ têm mais de um ponto comum?

20. Encontre as coordenadas do ponto P indicado no gráfico abaixo.

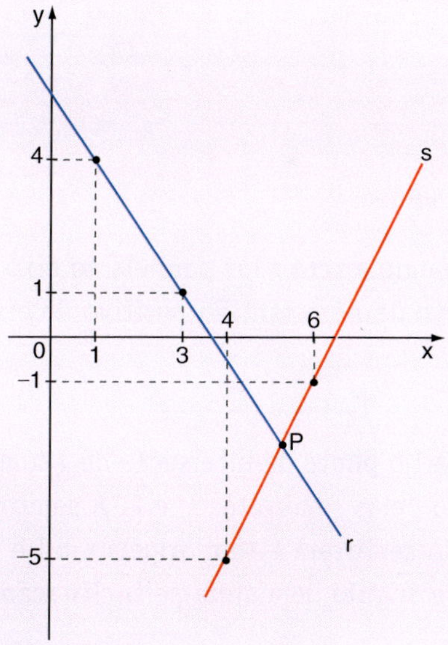

21. As retas de equações $3x - y - 4 = 0$ e $2x - y + k = 0$, com $k \in \mathbb{R}$, interceptam-se no ponto $(k + 4, 11)$. Qual é o valor de *k*?

22. As retas $r: 2x - y - 3 = 0$, $s: x + 2y - 3 = 0$ e $t: 2x + y - 5 = 0$ são suportes dos lados de um triângulo. Determine as coordenadas dos vértices do triângulo.

23. As retas de equações $x - y = -1$ e $-2x + my = 2$, em que $m \in \mathbb{R}$, possuem infinitos pontos comuns. Qual é o valor de *m*?

24. Os pontos A(−1, 3), B(2, 4), C(4, −1) e D(−2, −2) são vértices de um quadrilátero. Determine as coordenadas do ponto de encontro de suas diagonais.

25. As três retas suportes de um triângulo são: $x - 1 = 0$, $y - 2 = 0$ e $x + y - 1 = 0$.

a) Classifique esse triângulo quanto aos lados e ângulos.

b) Determine o perímetro e a área do triângulo.

26. Qual deve ser o vértice C de um triângulo ABC para que sejam verificadas as condições abaixo? Qual é o perímetro desse triângulo?

- O vértice A pertence ao eixo *x*.
- O vértice B pertence ao eixo *y*.
- A reta $\overleftrightarrow{BC}$ tem equação $x - y = 0$.
- A reta $\overleftrightarrow{AC}$ tem equação $x + 2y - 3 = 0$.

INCLINAÇÃO DE UMA RETA

Seja *r* uma reta do plano cartesiano, não paralela ao eixo *x*. Fixemos em *r* dois pontos distintos A e B.

Vamos convencionar que o **sentido positivo de *r*** é aquele em que "se parte do ponto de menor ordenada e se chega ao ponto de maior ordenada". Observe os dois casos seguintes: o sentido positivo de *r* está indicado pela seta.

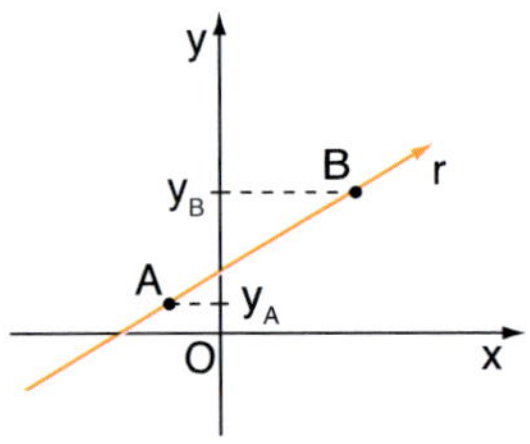

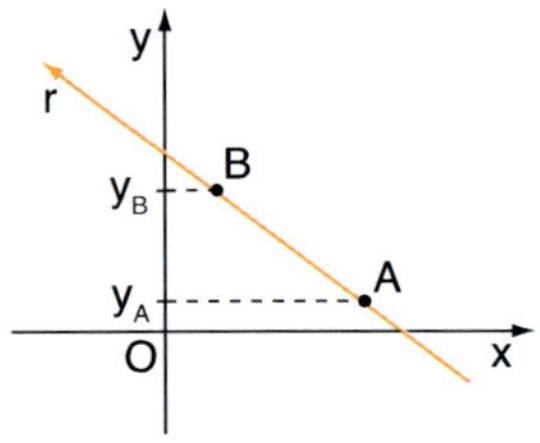

Observação

Quando a reta *r* for paralela ao eixo *x*, dados A e B distintos, temos que $y_A = y_B$. Nesse caso, o sentido positivo de *r* é o sentido positivo do eixo *x*.

Seja I o ponto de interseção de *r* com o eixo *x*. O ângulo que a reta *r* forma com o eixo *x* é o menor ângulo formado pelas semirretas I_x e I_r. A semirreta I_x tem origem em I e sentido coincidente com o do eixo das abscissas. A semirreta I_r tem origem em I e sentido coincidente com o sentido positivo de *r*.

Esse ângulo denomina-se **inclinação da reta**. Vamos indicar a medida desse ângulo por α.

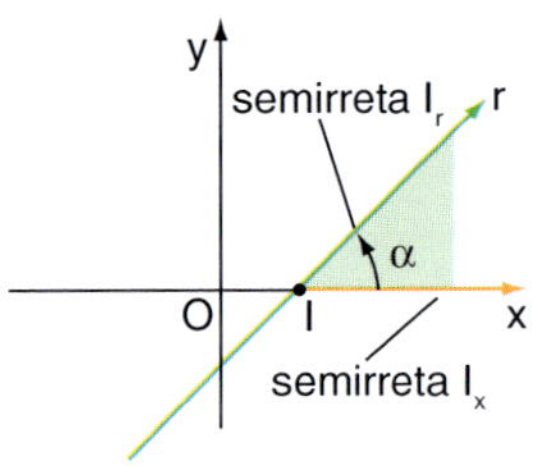

Observe os casos possíveis:

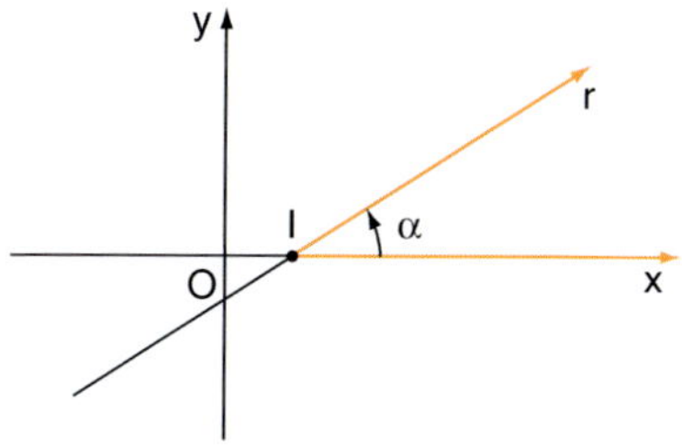

$0° < \alpha < 90°$

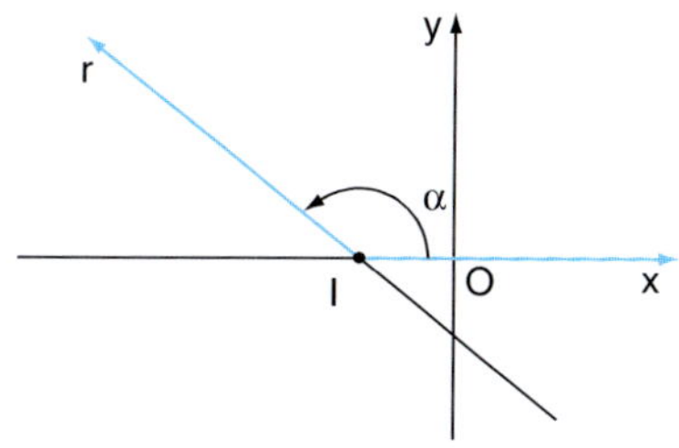

$90° < \alpha < 180°$

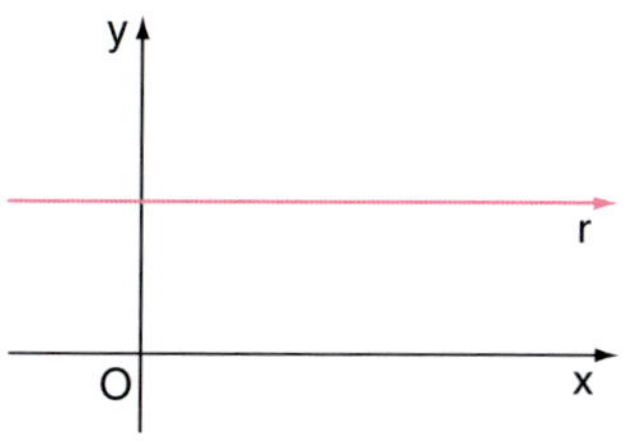

$\alpha = 0°$

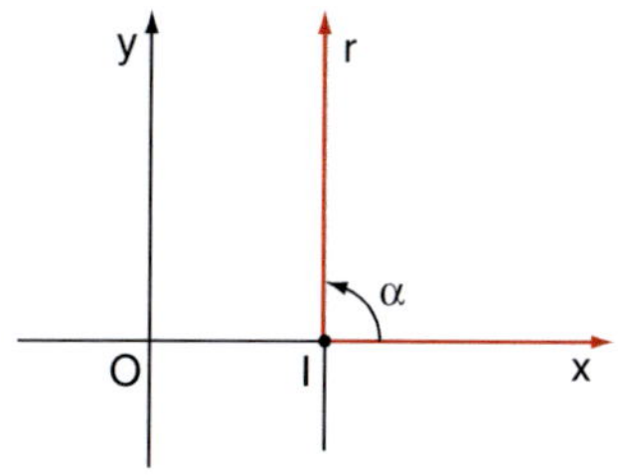

$\alpha = 90°$

Coeficiente angular

Coeficiente angular ou **declividade** de uma reta *r* é o número real *m* definido por

$$m = \text{tg}\ \alpha$$

sendo α a medida do ângulo de inclinação de *r*. Temos as seguintes possibilidades:

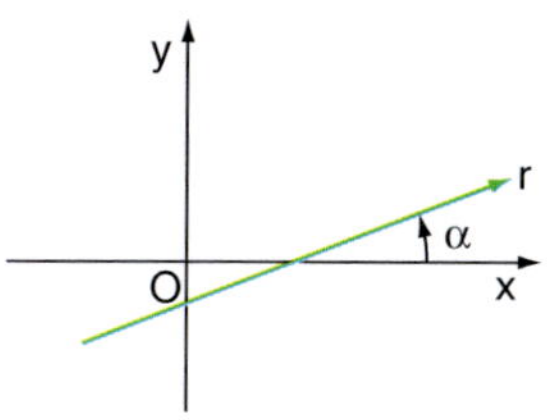

α é agudo.
$m = \text{tg}\ \alpha > 0$

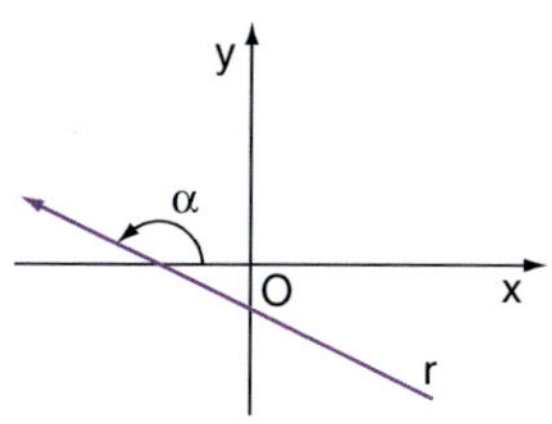

α é obtuso.
$m = \text{tg}\ \alpha < 0$

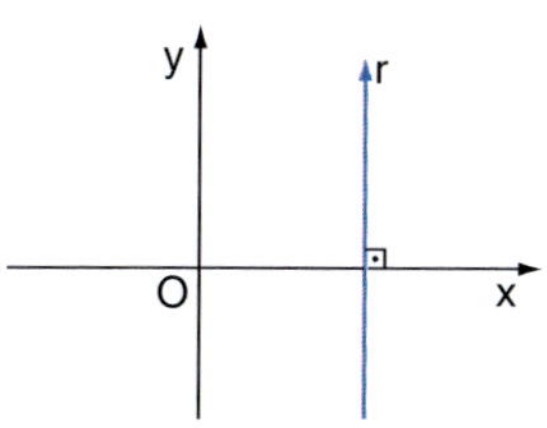

α é reto.
Como não existe tg 90°, não é possível definir o coeficiente angular de *r*.

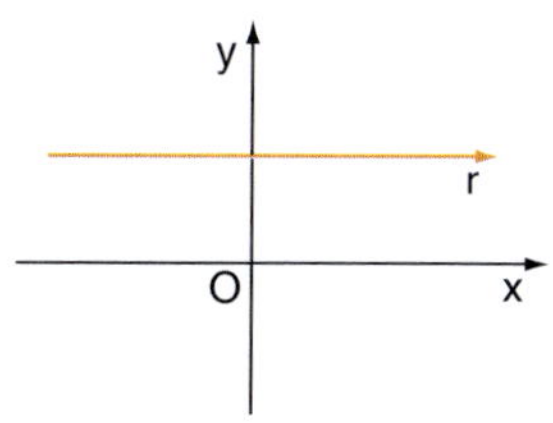

$\alpha = 0°$
$m = \text{tg}\ 0° = 0$

Exemplo 7

A reta r: $x - y = 0$, correspondente à bissetriz dos quadrantes ímpares, tem declividade $m = \text{tg}\ 45° = 1$; já a reta s: $x + y = 0$, correspondente à bissetriz dos quadrantes pares, tem coeficiente angular $m = \text{tg}\ 135° = -1$.

$$m_r = \text{tg}\ 45° = 1$$
$$m_s = \text{tg}\ 135° = -1$$

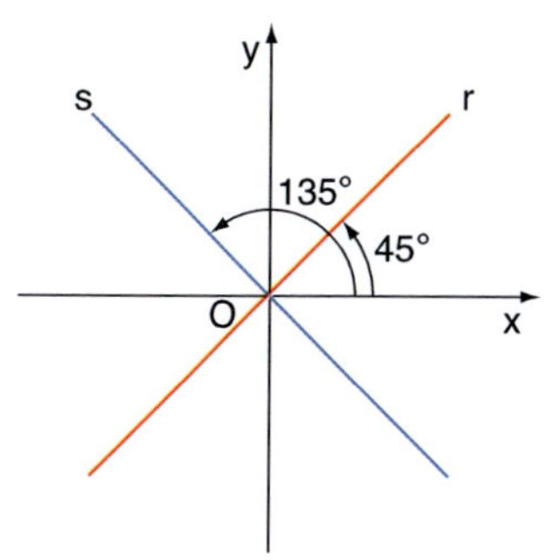

Cálculo do coeficiente angular de uma reta a partir de dois de seus pontos

Seja *r* a reta determinada pelos pontos $A(x_A, y_A)$ e $B(x_B, y_B)$. Vamos considerar dois casos:

- $0 < \alpha < 90°$

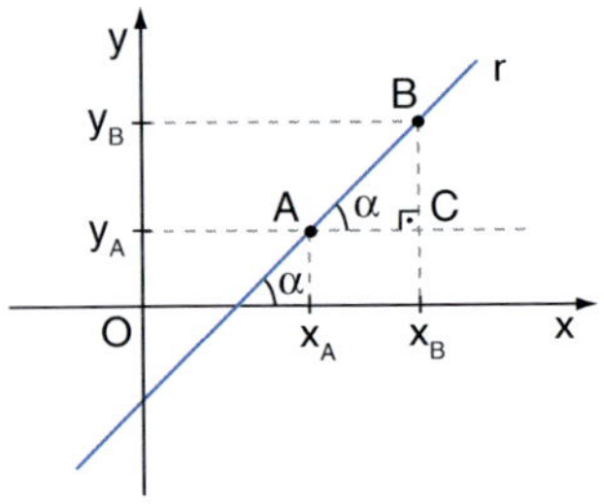

No triângulo ACB, temos: $\text{tg}\ \alpha = \dfrac{BC}{AC} = \dfrac{y_B - y_A}{x_B - x_A}$

Assim, o coeficiente angular de *r* é:

$$m = \text{tg}\ \alpha = \frac{y_B - y_A}{x_B - x_A}$$

- $90° < \alpha < 180°$

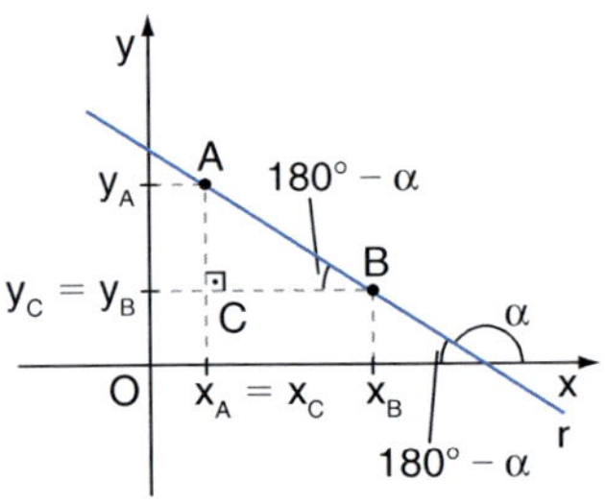

No triângulo ACB, temos:

$\text{tg}\ (180° - \alpha) = \dfrac{AC}{BC} = \dfrac{y_A - y_B}{x_B - x_A}$

Da trigonometria, sabemos que $\text{tg}\ (180° - \alpha) = -\text{tg}\ \alpha$. Daí, vem:

$$-\text{tg}\ \alpha = \frac{y_A - y_B}{x_B - x_A} \Rightarrow \text{tg}\ \alpha = \frac{y_B - y_A}{x_B - x_A}$$

Assim, o coeficiente angular de *r* é:

$$m = \text{tg}\ \alpha = \frac{y_B - y_A}{x_B - x_A}$$

Em qualquer um dos casos, podemos calcular o coeficiente angular da reta que passa por $A(x_A, y_A)$ e por $B(x_B, y_B)$ por meio da relação:

$$m = \frac{y_B - y_A}{x_B - x_A}$$

Como $\dfrac{y_B - y_A}{x_B - x_A} = \dfrac{-(y_A - y_B)}{-(x_A - x_B)} = \dfrac{y_A - y_B}{x_A - x_B}$, podemos simplesmente escrever:

$$m = \frac{\Delta y}{\Delta x}$$

em que Δy é a diferença entre as ordenadas de A e de B, e Δx, a diferença entre as abscissas de A e de B, ambas calculadas no mesmo "sentido".

Exemplo 8

Vamos calcular o coeficiente angular da reta que passa por $A(-5, 4)$ e $B(3, 2)$.

Temos:

$$m = \frac{\Delta y}{\Delta x} = \frac{4 - 2}{-5 - 3} = \frac{2}{-8} = -\frac{1}{4}$$ (Calculamos a diferença de "A para B".)

Observe que poderíamos também fazer:

$$m = \frac{\Delta y}{\Delta x} = \frac{2 - 4}{3 - (-5)} = \frac{-2}{8} = -\frac{1}{4}$$ (Calculamos a diferença de "B para A".)

EQUAÇÃO REDUZIDA DE UMA RETA

Sejam *r* a reta cuja medida do ângulo de inclinação é α e P(x, y) um ponto genérico de *r*. A reta *r* intercepta o eixo das ordenadas em um ponto Q cuja abscissa é nula, isto é, Q(0, n).

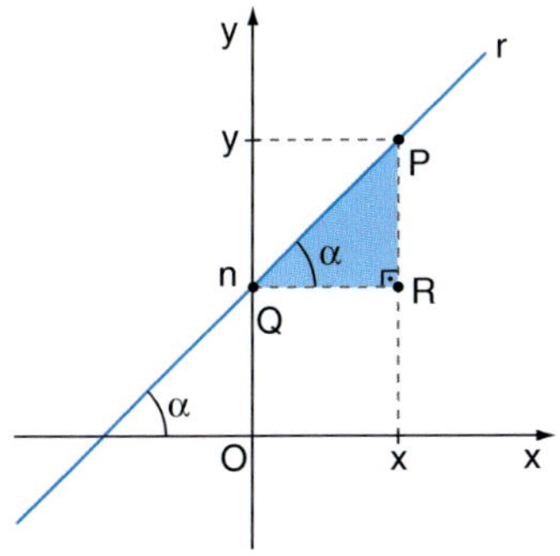

Como vimos, o coeficiente angular da reta *r* que passa por Q(0, n) e P(x, y) é dado por $m = \frac{\Delta y}{\Delta x} = \frac{y - n}{x - 0}$, isto é, $m = \frac{y - n}{x} \Rightarrow$ $y = mx + n$

Essa última expressão é chamada **forma reduzida da equação da reta *r***, ou simplesmente **equação reduzida da reta *r***, na qual m, n $\in \mathbb{R}$ e:

- *m* é o **coeficiente angular** de *r*;
- *n* é a ordenada do ponto em que *r* corta o eixo das ordenadas e é chamado **coeficiente linear** de *r*;
- *x* e *y* são as coordenadas de um ponto qualquer da reta *r*.

Observações

- Se a reta *r* é horizontal, ela forma ângulo nulo com o eixo das abscissas; assim, m = tg 0° = 0 e a equação reduzida da reta torna-se simplesmente y = n.

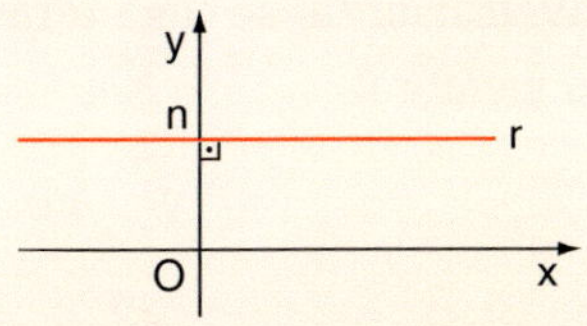

- Se a reta *r* é vertical, ela forma ângulo reto com o eixo das abscissas; como não existe tg 90°, não se define o coeficiente angular de *r* e, assim, é impossível escrever a forma reduzida da equação de qualquer reta vertical.

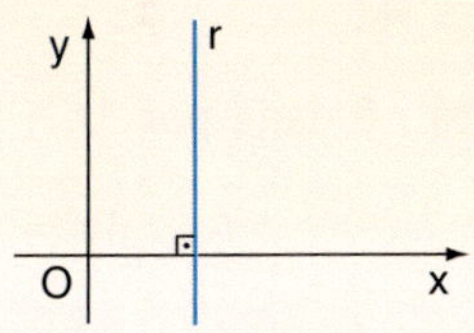

Exemplo 9

Na figura, a medida do ângulo de inclinação de *r* é 60°, e *r* intercepta o eixo das ordenadas em (0, 2).

Podemos concluir que:

$$m = \text{tg } 60° = \sqrt{3} \text{ e } n = 2$$

Assim, r: $y = \sqrt{3}x + 2$ é a forma reduzida da equação da reta *r*.

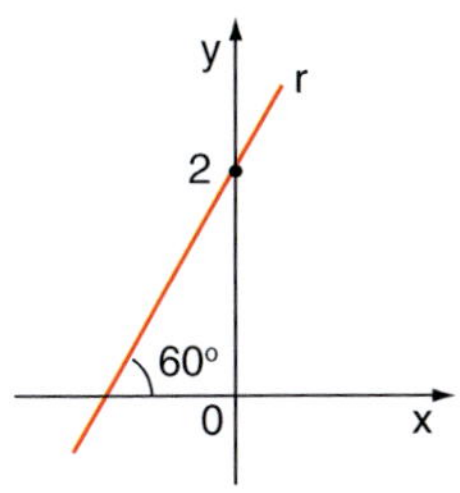

Exemplo 10

A reta *s* passa pelos pontos A(1, 2) e B(−2, 5).

Vamos encontrar a equação reduzida de *s*.

O coeficiente angular de *s* pode ser obtido fazendo-se:

$$m = \frac{\Delta y}{\Delta x} = \frac{5 - 2}{-2 - 1} = \frac{3}{-3} = -1$$

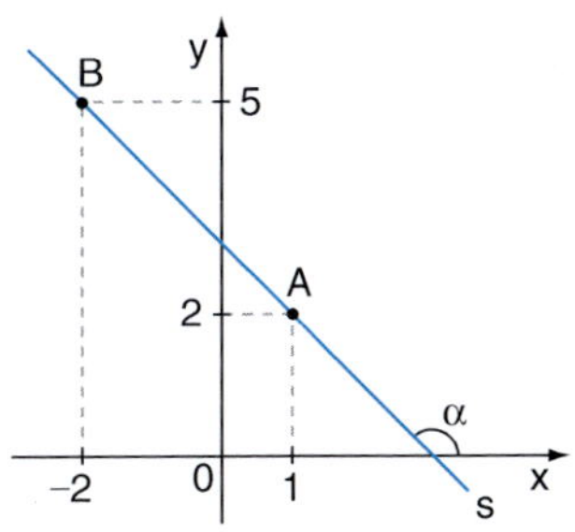

A equação reduzida de *s* é escrita provisoriamente como:

$$s: y = -1 \cdot x + n$$

Como não sabemos qual é o ponto em que *s* intercepta o eixo *y*, podemos substituir *x* e *y* pelas coordenadas de um ponto que pertença a *r* (por exemplo, o ponto A), a fim de determinar o valor de *n*:

$$2 = -1 \cdot 1 + n \Rightarrow 2 = -1 + n \Rightarrow n = 3$$

Assim, a equação reduzida de *s* é s: y = −x + 3.

Observação

Se uma reta não é vertical, é possível transformar sua equação geral em reduzida e vice-versa:

$$ax + by + c = 0 \Rightarrow by = -ax - c \Rightarrow y = -\frac{a}{b}x - \frac{c}{b}$$

Nesse caso, o coeficiente angular dessa reta é $m = -\frac{a}{b}$ e seu coeficiente linear é $n = -\frac{c}{b}$.

Inversamente, se uma reta é dada em sua forma reduzida, basta agrupar todos os seus termos em um único membro:

$$y = mx + n \Rightarrow mx - y + n = 0 \text{ é a equação geral dessa reta.}$$

Exemplo 11

Se a reta *r* é dada por 3x + 6y + 7 = 0, isolando *y*, obtemos:

$$6y = -3x - 7 \text{ e } y = -\frac{x}{2} - \frac{7}{6}, \text{ que é sua forma reduzida.}$$

Inversamente, dada a equação de uma reta *s* em sua forma reduzida y = 3x − 5, colocando todos os termos em um único membro, obtemos 3x − y − 5 = 0, que é sua forma geral.

EXERCÍCIO RESOLVIDO

4. Na figura, ABCD é um quadrado cujo lado mede 2. Escrever as equações reduzidas das retas $\overleftrightarrow{AB}$ e $\overleftrightarrow{BC}$.

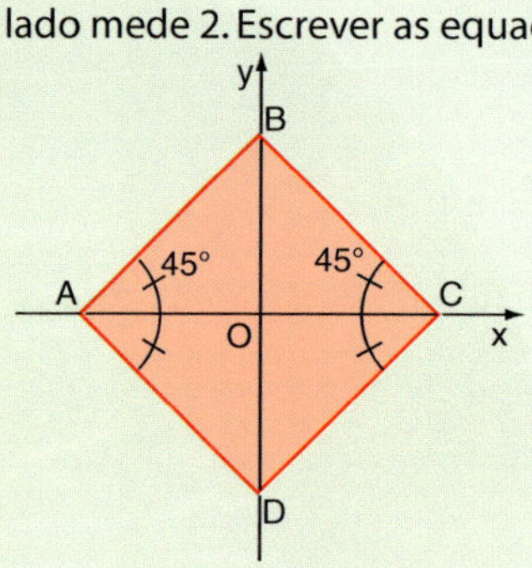

Solução:

Se o lado do quadrado mede 2, sua diagonal $\overline{AC}$ (ou $\overline{BD}$) mede $2\sqrt{2}$, e as coordenadas de seus vértices são: $A(-\sqrt{2}, 0)$, $C(\sqrt{2}, 0)$, $B(0, \sqrt{2})$ e $D(0, -\sqrt{2})$.

A reta $\overleftrightarrow{AB}$ possui declividade dada por m = tg 45° = 1, e seu coeficiente linear é $\sqrt{2}$; a equação reduzida de $\overleftrightarrow{AB}$ é $y = x + \sqrt{2}$.

A reta $\overleftrightarrow{BC}$ tem declividade m = tg 135° = −1, e seu coeficiente linear também é $\sqrt{2}$; sua equação reduzida é $\overleftrightarrow{BC}: y = -x + \sqrt{2}$.

EXERCÍCIOS

27. Determine, em cada caso, a medida do ângulo de inclinação de *r*.

a) 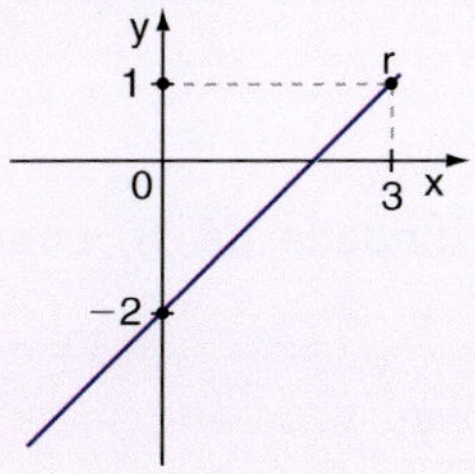

b) 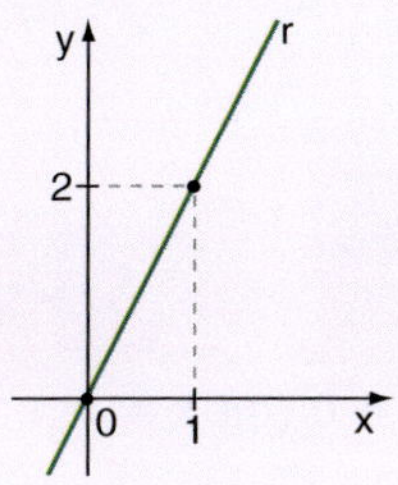

c) 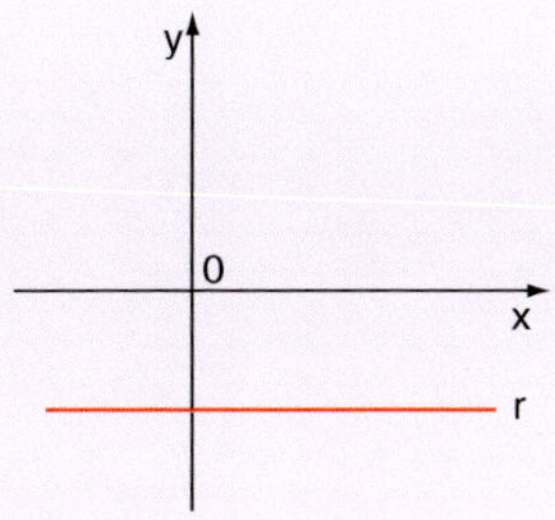

28. Escreva a equação reduzida de cada reta representada abaixo.

a) 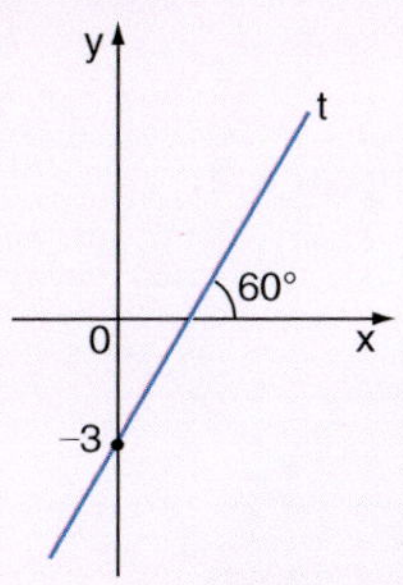

c) 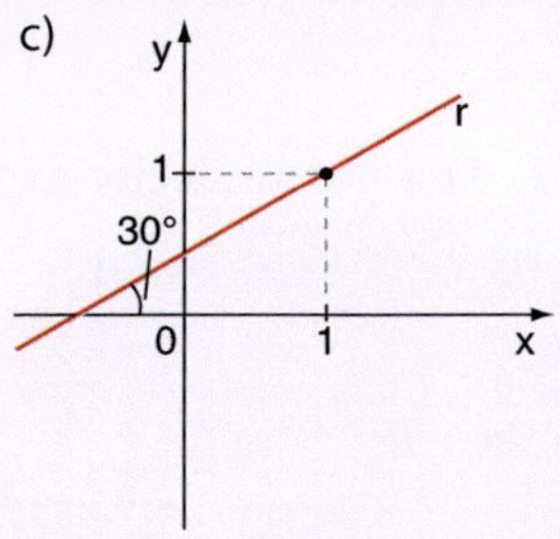

b) 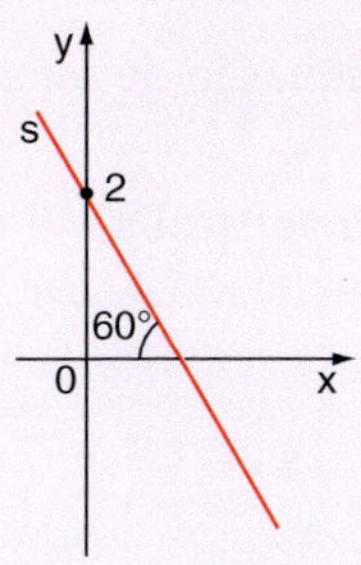

d) 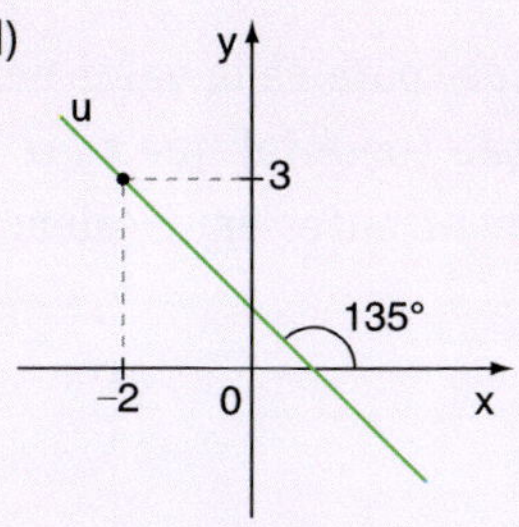

29. Determine o coeficiente angular da reta que passa pelos pontos A(4, −1) e B(−3, 1). A seguir, encontre sua equação na forma reduzida.

30. Encontre a equação reduzida da reta que passa pelos pontos:

a) (1, 2) e (2, 5)

b) (−1, 2) e (−2, 1)

c) (0, 3) e (−1, 4)

d) (−3, −2) e (2, −3)

31. Em cada caso, determine o coeficiente angular de *r*.

a) $r: x - 2y + 6 = 0$

b) $r: y = -\frac{x}{3} + 5$

c) *r* passa por A(−3, 0) e B(−5, 4).

d) *r* passa por C(0, 0) e D(−1, −3).

e) *r* passa por E(−2, 5) e F(3, 5).

f) *r* passa pela origem e pelo ponto médio de $\overline{GH}$, sendo G(−1, 1) e H(3, 5).

32. Obtenha a forma reduzida da equação da reta *r*, que possui os coeficientes linear e angular iguais a 2 e 3, respectivamente. P(−1, 1) é ponto de *r*?

33. O ponto P dista 2 do eixo das ordenadas e 5 do eixo das abscissas. Qual é a equação reduzida da reta que passa por P e pela origem dos eixos coordenados?

34. Na figura, o triângulo ABC é isósceles de base $\overline{AC}$. Sabendo que AB = 5 e AC = 6, obtenha:

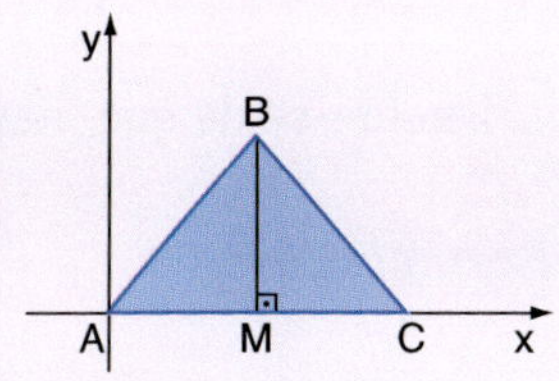

a) a equação geral da reta $\overleftrightarrow{AB}$;

b) a equação reduzida da reta $\overleftrightarrow{BC}$;

c) a equação geral da reta $\overleftrightarrow{BM}$.

35. Na figura, o triângulo ABC é equilátero e seu lado mede 3. Determine as equações reduzidas das retas suportes $\overleftrightarrow{AB}$, $\overleftrightarrow{BC}$ e $\overleftrightarrow{AC}$.

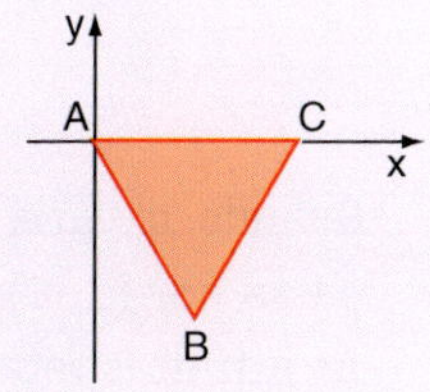

36. Na figura, ABCD é um retângulo. O lado $\overline{CD}$ mede 6 e a diagonal $\overline{BD}$ mede $4\sqrt{3}$.

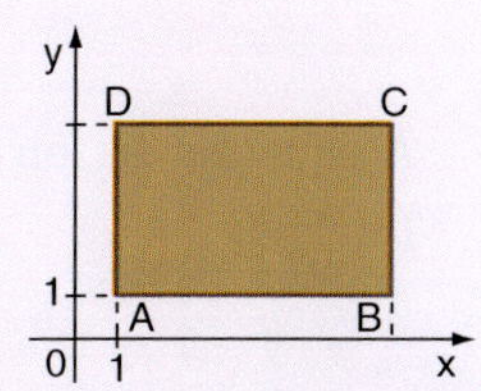

Determine:

a) o coeficiente angular da reta que passa por A e C;

b) a equação reduzida da reta que passa por B e D.

EQUAÇÃO DE UMA RETA PASSANDO POR P(X_0, Y_0) COM DECLIVIDADE CONHECIDA

Quando conhecemos a direção de uma reta, dada pela sua inclinação, e um ponto pelo qual ela passa, podemos obter sua equação.

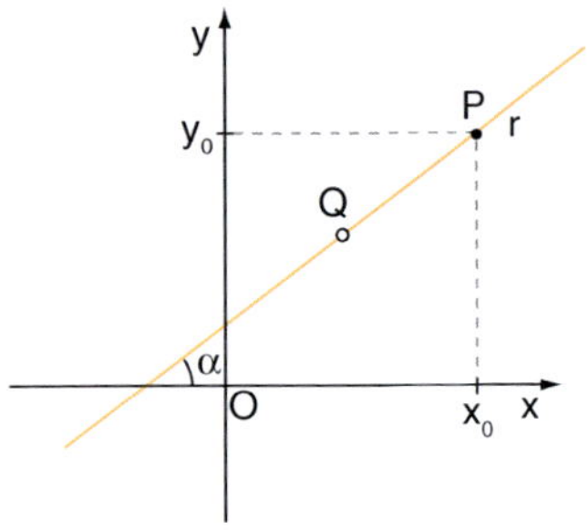

Dados P(x_0, y_0) e m = tg α (a declividade de *r*), consideremos Q(x, y) um ponto qualquer de *r*.

Temos:

$$m = \frac{\Delta y}{\Delta x} = \frac{y - y_0}{x - x_0}$$

do que segue a equação:

$$y - y_0 = m \cdot (x - x_0)$$

No caso de *r* ser paralela ao eixo *y*, isto é, *r* ser vertical, sua equação é: $x - x_0 = 0$ (ou $x = x_0$).

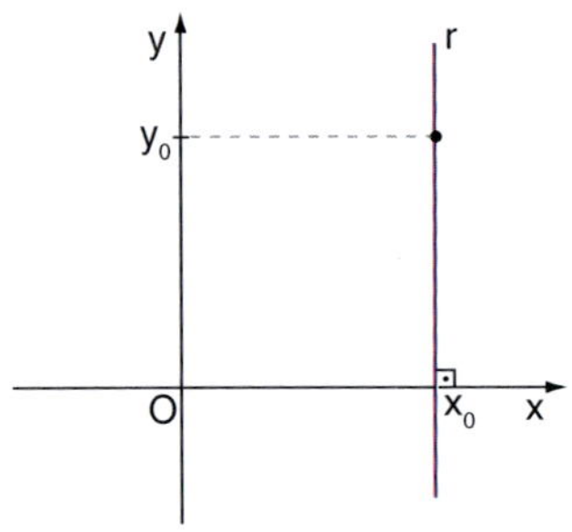

Lembre-se de que, nesse caso, não é possível escrever *r* na forma reduzida.

Exemplo 12

Escreva a equação reduzida da reta que passa por P(3, 1) e possui declividade igual a 3.

Temos: $\begin{cases} m = \text{tg } \alpha = 3 \\ P(\underbrace{3}_{x_0}, \underbrace{1}_{y_0}) \end{cases} \Rightarrow \begin{array}{l} y - 1 = 3 \cdot (x - 3) \\ y - 1 = 3x - 9 \Rightarrow y = 3x - 8 \end{array}$

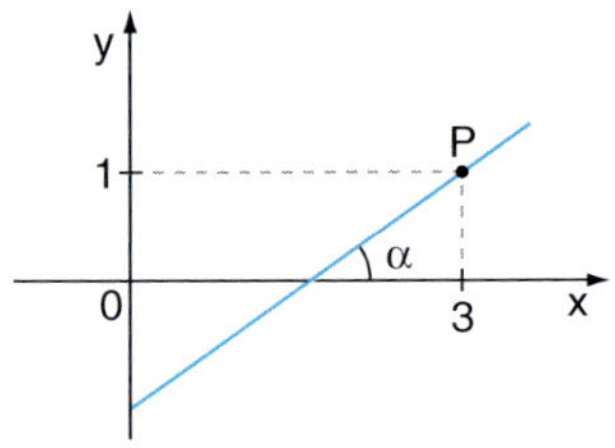

Quando *m* varia em ℝ, em y − 1 = m · (x − 3), temos, para cada valor de *m*, a equação de uma reta que passa por (3, 1) e cuja medida do ângulo de inclinação (α) é tal que tg α = m.

As infinitas retas obtidas formam o feixe de retas concorrentes em P (além da reta vertical x − 3 = 0, para a qual não se define o coeficiente angular).

A equação do feixe de retas que passam por (3, 1) é:

$$y - 1 = m \cdot (x - 3) \text{ ou } x - 3 = 0$$

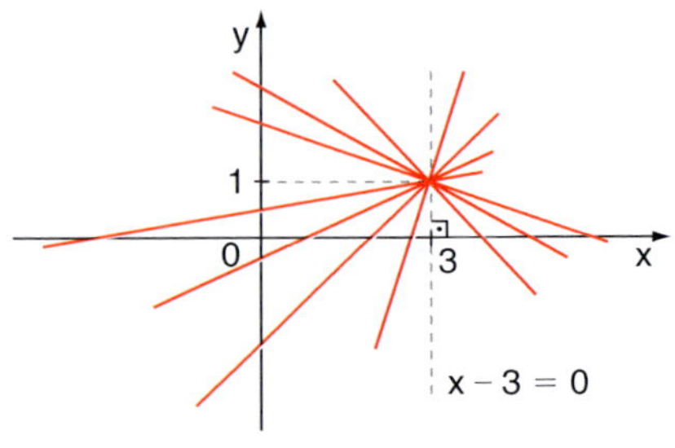

EXERCÍCIOS

37. Uma reta passa pelo ponto (−2, 1) e tem coeficiente angular igual a $\frac{1}{3}$. Escreva sua equação geral.

38. Em cada caso, determine a equação reduzida da reta que passa por P e tem inclinação α em relação ao eixo das abscissas.

a) P(3, −1) e $\alpha = 45°$

b) P(−3, −2) e $\alpha = 135°$

c) P(0, 3) e $\alpha = 60°$

d) $P\left(\frac{1}{5}, -\frac{1}{3}\right)$ e $\alpha = 0°$

39. Escreva a equação do feixe de retas concorrentes no ponto (−1, 2).

40. Escreva a equação do feixe de retas que passam por P(−1, 3) e, a seguir, obtenha a equação da reta desse feixe que:

a) passa também por (2, −1);

b) possui declividade igual a −3;

c) forma com os dois eixos coordenados ângulos congruentes;

d) forma ângulo de 60° com o sentido positivo do eixo das abscissas.

41. Do feixe de retas que passam pelo ponto F(3, −4), somente uma passa pela origem. Forneça sua equação reduzida.

FUNÇÃO AFIM E A EQUAÇÃO REDUZIDA DA RETA

Do estudo da função afim (ou função do 1º grau) sabemos que f: ℝ → ℝ é chamada função afim quando sua lei é do tipo $f(x) = ax + b$, com $a \in \mathbb{R}^*$ e $b \in \mathbb{R}$.

Vamos comparar a função afim e a equação da reta:

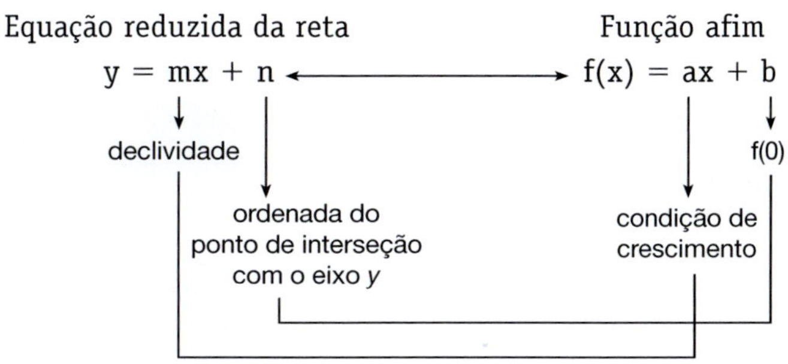

Representação gráfica da equação da reta *r*

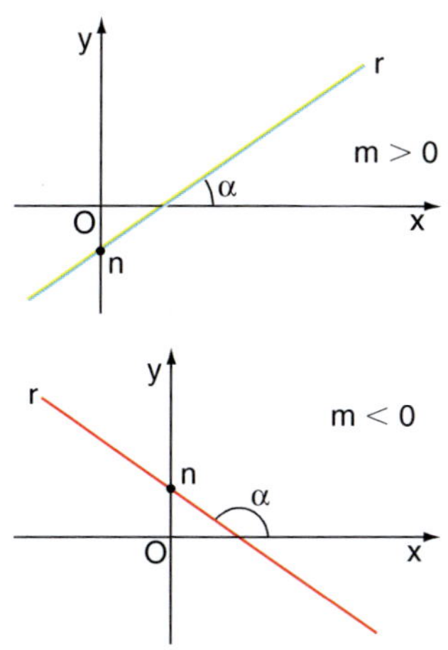

Gráfico da função *f*

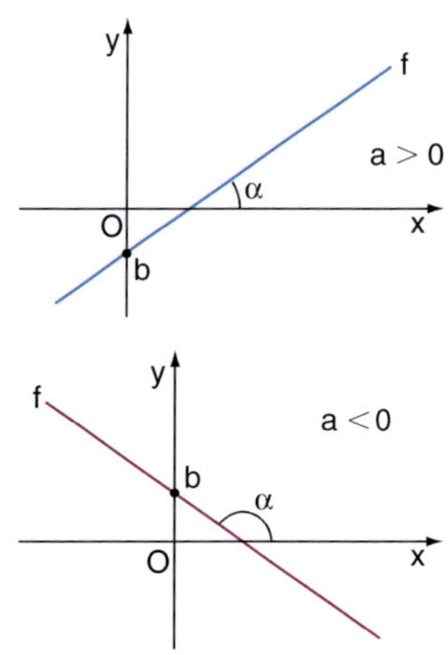

Podemos concluir que a equação reduzida de uma reta $y = mx + n$ representa outra maneira de expressar a lei de uma função afim $y = ax + b$.

Exemplo 13

A reta de equação reduzida r: $y = 3x + 2$ e a função afim f: $\mathbb{R} \rightarrow \mathbb{R}$ definida por $f(x) = 3x + 2$ possuem a mesma representação gráfica:

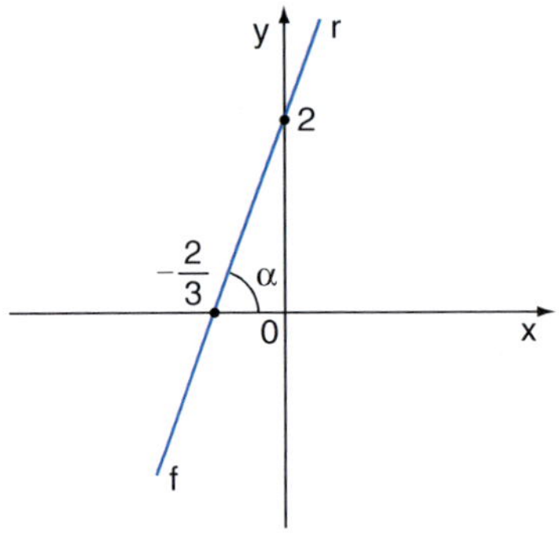

x	y
0	2 (coeficiente linear)
$-\frac{2}{3}$ (raiz)	0
x	f(x)

À medida que x varia em $\mathbb{R}$, obtêm-se, em correspondência, os demais valores de y (ou os demais valores de $f(x)$). Nesse caso, a declividade m da reta é positiva ($0 < \alpha < 90°$) e a função afim é crescente ($a > 0$).

EXERCÍCIOS

42. Seja f: $\mathbb{R} \rightarrow \mathbb{R}$ uma função afim tal que $f(-2) = 3$ e $f(1) = -3$.

a) Represente graficamente a função.

b) Determine o coeficiente angular e o coeficiente linear da reta obtida.

43. Um vendedor possui salário fixo de R$ 300,00 mais comissão de 4% sobre o total de vendas do mês. Represente graficamente o salário (y) do vendedor em função do total de vendas (x) realizadas no mês. Qual é a equação geral da reta obtida?

44. A equação reduzida de uma reta é $y = -3x + 7$. Essa reta é a representação gráfica de uma função afim *f*. Qual é o valor de $f(2)$ e de $f(-1)$?

45. A figura representa o gráfico de uma função afim *f*.

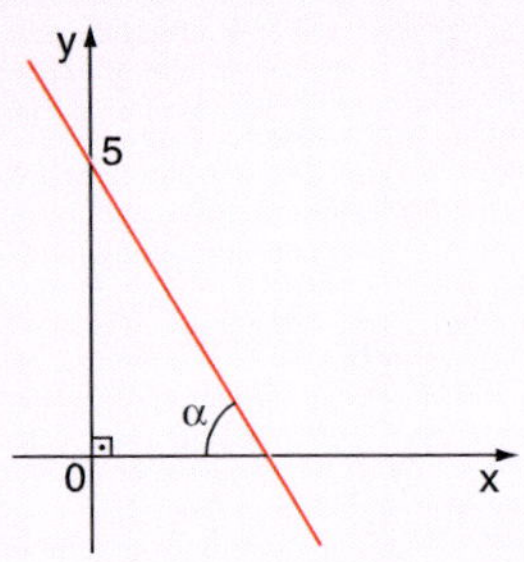

Sabendo que $\text{tg}\ \alpha = 3$, determine a lei que define *f*.

46. Uma locadora de automóveis oferece a seus clientes dois planos: o plano alfa não cobra diária e o valor do quilômetro rodado é R$ 1,80; o plano beta cobra diária de *d* reais e um adicional de R$ 0,60 por quilômetro rodado.

Thinkstock/Getty Images

No gráfico seguinte, é possível comparar o preço dos dois planos:

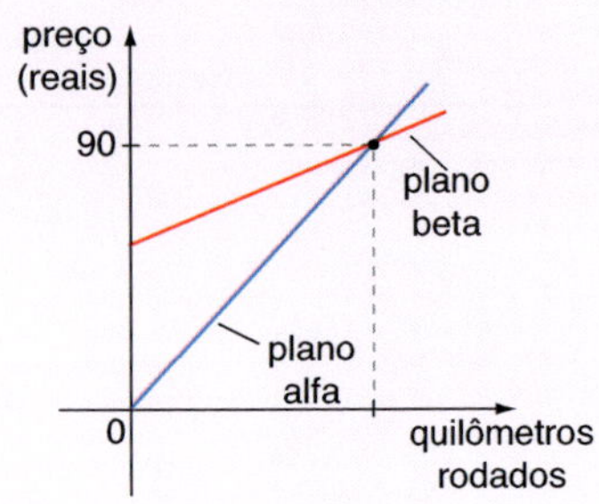

Determine:

a) o valor de *d*;

b) a abscissa do ponto de interseção das retas;

c) as equações gerais das duas retas representadas.

PARALELISMO

Duas retas paralelas formam com o eixo das abscissas ângulos congruentes; assim, se ambas possuem coeficientes angulares, estes são iguais.

Observe a figura, que mostra duas retas paralelas não verticais.

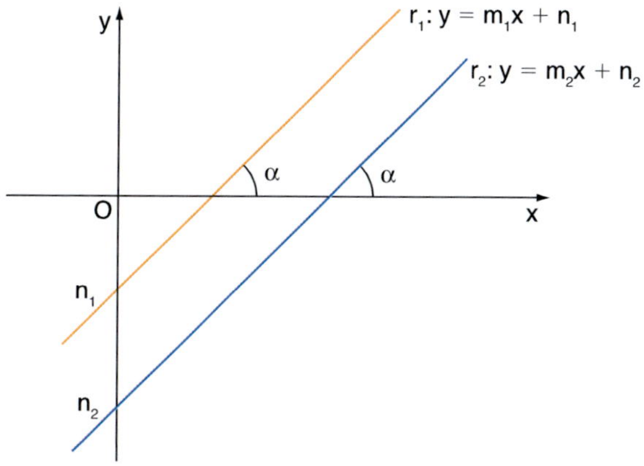

Temos:

$$r_1 // r_2 \Leftrightarrow \text{tg } \alpha = m_1 = m_2 = m$$

No caso de r_1 e r_2 serem verticais, evidentemente $r_1 // r_2$, embora não existam m_1 e m_2.

Veja a figura ao lado.

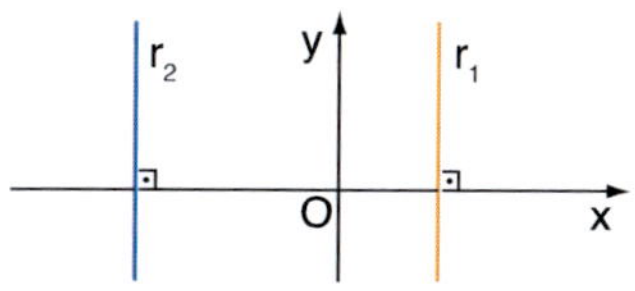

Exemplo 14

Para determinar a posição relativa entre as retas *r* e *s*, de equações r: $y = 3x - 2$ e s: $6x - 2y + 5 = 0$, basta comparar suas declividades. Vamos usar a forma reduzida de cada uma delas.

$$r: y = 3x - 2 \Rightarrow m_r = 3$$

$$s: 6x - 2y + 5 = 0 \Rightarrow 2y = 6x + 5 \Rightarrow y = 3x + \frac{5}{2} \Rightarrow m_s = 3$$

Portanto, $m_r = m_s = 3 \Rightarrow$ *r* e *s* são paralelas.

Como $n_r = -2 \neq \frac{5}{2} = n_s$, as retas *r* e *s* são paralelas distintas.

Exemplo 15

Observe a equação geral das retas *r* e *s*:

$$r: 3x - y + 7 = 0$$

$$s: 6x - 2y + 14 = 0$$

Podemos afirmar que *r* e *s* são (paralelas) coincidentes.

$m_r = -\frac{a}{b} = 3$; $m_s = -\frac{a}{b} = \frac{-6}{-2} = 3$. Logo, $m_r = m_s$.

$n_r = -\frac{c}{b} = \frac{-7}{-1} = 7$; $n_s = -\frac{c}{b} = \frac{-14}{-2} = 7$. Assim, $n_r = n_s$.

Veja a proporcionalidade entre os coeficientes das equações gerais de *r* e *s*:

$$\frac{3}{6} = \frac{-1}{-2} = \frac{7}{14}$$

Os exemplos anteriores mostram que, quando queremos saber se duas retas de um plano são ou não paralelas, comparando-se seus coeficientes angulares, é possível usar tanto a equação reduzida como a geral.

EXERCÍCIOS RESOLVIDOS

5. Seja a reta r: y = 2x − 1. Obter a equação de uma reta *s* paralela à reta *r* que passa pelo ponto P(1, 4).

Solução:

Inicialmente, observe que $P \notin r$: $4 = 2 \cdot 1 - 1$ (falso).

Para que s // r, é preciso que $m_s = m_r$. Como $m_r = 2$, devemos ter $m_s = 2$ e, provisoriamente, temos s: y = 2x + n.

Como $P \in s$, temos $4 = 2 \cdot 1 + n \Rightarrow n = 2$ e, finalmente, s: y = 2x + 2 é a equação da reta paralela a *r* traçada por P.

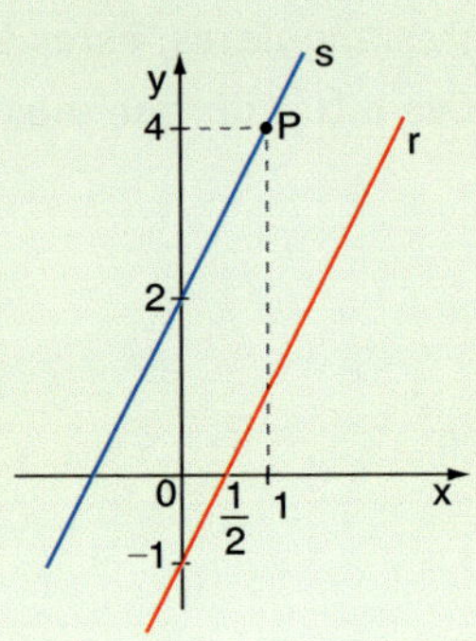

6. Para que valores reais de *k* as retas r: 3x − 2y + 5 = 0 e s: kx − y + 1 = 0 são concorrentes?

Solução:

A condição $m_r = m_s$ garante o paralelismo entre as retas *r* e *s*. Quando $m_r \neq m_s$, as retas *r* e *s* são concorrentes.

$$r: 3x - 2y + 5 = 0 \Rightarrow 3x + 5 = 2y \Rightarrow y = \frac{3}{2}x + \frac{5}{2} \Rightarrow m_r = \frac{3}{2}$$

$$s: kx - y + 1 = 0 \Rightarrow y = kx + 1 \Rightarrow m_s = k$$

Assim, para que *r* e *s* sejam concorrentes, devemos ter $k \neq \frac{3}{2}$.

7. Os pontos M, N, P e Q são os vértices de um paralelogramo situado no primeiro quadrante. Sendo M(3, 5), N(1, 2) e P(5, 1), determinar as equações das retas suportes dos lados desse paralelogramo.

Solução:

Observe inicialmente que:

- o coeficiente angular da reta que passa por M e N é $m_1 = \frac{\Delta y}{\Delta x} = \frac{5-2}{3-1} = \frac{3}{2}$
- o coeficiente angular da reta que passa por N e P é $m_2 = \frac{\Delta y}{\Delta x} = \frac{1-2}{5-1} = -\frac{1}{4}$

  Como $m_1 \neq m_2$, $\overleftrightarrow{MN}$ e $\overleftrightarrow{NP}$ são concorrentes.

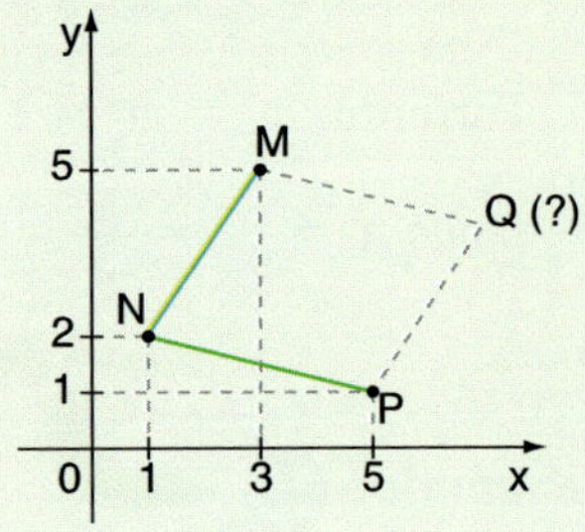

- $\overleftrightarrow{NP}: \begin{cases} m = -\frac{1}{4} \\ N(1, 2) \in \overleftrightarrow{NP} \end{cases} \Rightarrow \overleftrightarrow{NP}: y - 2 = -\frac{1}{4} \cdot (x - 1) \Rightarrow \overleftrightarrow{NP}: y = -\frac{1}{4}x + \frac{9}{4}$
- $\overleftrightarrow{MQ}$: Como $\overleftrightarrow{NP} // \overleftrightarrow{MQ}$, o coeficiente angular de $\overleftrightarrow{MQ}$ é $-\frac{1}{4}$

  Como $M(3, 5) \in \overleftrightarrow{MQ}$, vem: $\overleftrightarrow{MQ}: y - 5 = -\frac{1}{4} \cdot (x - 3) \Rightarrow \overleftrightarrow{MQ}: y = -\frac{1}{4}x + \frac{23}{4}$
- $\overleftrightarrow{NM}: \begin{cases} m = \frac{3}{2} \\ N(1, 2) \in \overleftrightarrow{NM} \end{cases} \Rightarrow \overleftrightarrow{NM}: y - 2 = \frac{3}{2} \cdot (x - 1) \Rightarrow y = \frac{3}{2}x + \frac{1}{2}$
- $\overleftrightarrow{PQ}$: Como $\overleftrightarrow{NM} // \overleftrightarrow{PQ}$, o coeficiente angular de $\overleftrightarrow{PQ}$ é $\frac{3}{2}$

  Como $P(5, 1) \in \overleftrightarrow{PQ}$, temos: $\overleftrightarrow{PQ}: y - 1 = \frac{3}{2} \cdot (x - 5) \Rightarrow \overleftrightarrow{PQ}: y = \frac{3}{2}x - \frac{13}{2}$

Base média de um triângulo

Vamos mostrar, por meio da Geometria Analítica, uma importante propriedade da Geometria Plana.

Teorema da base média de um triângulo

O segmento que une os pontos médios de dois lados de um triângulo é paralelo ao terceiro lado, e sua medida é igual à metade da medida do terceiro lado.

Seja o triângulo ABC representado abaixo, com $A(x_A, y_A)$, $B(x_B, y_B)$ e $C(x_C, y_C)$.

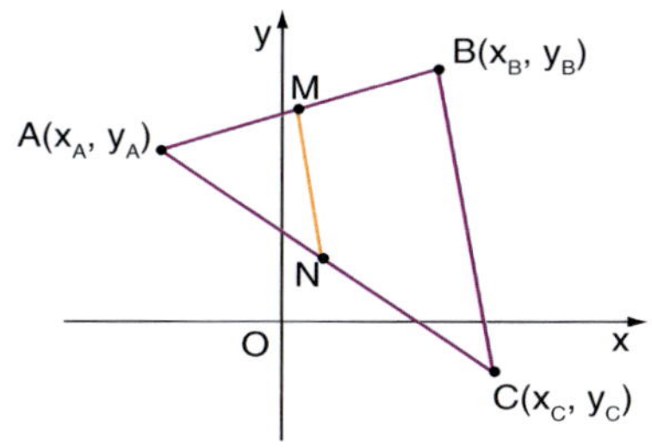

Sejam M e N, respectivamente, os pontos médios de $\overline{AB}$ e $\overline{AC}$.

Vamos mostrar que $\overline{MN} \,//\, \overline{BC}$ e $MN = \frac{BC}{2}$.

1ª parte: $\overline{MN} \,//\, \overline{BC}$

- O coeficiente angular da reta suporte do lado $\overline{BC}$ pode ser calculado por $\frac{\Delta y}{\Delta x} = \frac{y_C - y_B}{x_C - x_B}$. (1)

- Como M é ponto médio de $\overline{AB}$, temos: $x_M = \frac{x_A + x_B}{2}$ e $y_M = \frac{y_A + y_B}{2}$. Analogamente, como N é ponto médio de $\overline{AC}$, temos: $x_N = \frac{x_A + x_C}{2}$ e $y_N = \frac{y_A + y_C}{2}$.

O coeficiente angular da reta que passa por M e N é:

$$\frac{\Delta y}{\Delta x} = \frac{y_M - y_N}{x_M - x_N} = \frac{\left(\frac{y_A + y_B}{2}\right) - \left(\frac{y_A + y_C}{2}\right)}{\left(\frac{x_A + x_B}{2}\right) - \left(\frac{x_A + x_C}{2}\right)} = \frac{\frac{y_B - y_C}{2}}{\frac{x_B - x_C}{2}} = \frac{y_B - y_C}{x_B - x_C} = \frac{y_C - y_B}{x_C - x_B} \quad (2)$$

Como (1) = (2), concluímos que os segmentos $\overline{BC}$ e $\overline{MN}$ são paralelos.

2ª parte: $MN = \frac{BC}{2}$

- $BC = d_{BC} = \sqrt{(x_B - x_C)^2 + (y_B - y_C)^2}$

- $MN = d_{MN} = \sqrt{\left[\left(\frac{x_A + x_B}{2}\right) - \left(\frac{x_A + x_C}{2}\right)\right]^2 + \left[\left(\frac{y_A + y_B}{2}\right) - \left(\frac{y_A + y_C}{2}\right)\right]^2} = \sqrt{\left(\frac{x_B - x_C}{2}\right)^2 + \left(\frac{y_B - y_C}{2}\right)^2} =$

$$= \sqrt{\frac{(x_B - x_C)^2 + (y_B - y_C)^2}{4}} = \frac{\sqrt{(x_B - x_C)^2 + (y_B - y_C)^2}}{2} = \frac{d_{BC}}{2}.$$

Assim, $MN = \frac{BC}{2}$.

EXERCÍCIOS

47. Ache a posição relativa entre as retas de equações:

a) $y = 4x - 1$ e $8x - 2y + 1 = 0$

b) $5x - y + 6 = 0$ e $6x + y - 5 = 0$

c) $y = -\frac{3x}{2} + 2$ e $6x + 4y - 8 = 0$

d) $y = -\frac{3x}{4} - \frac{1}{4}$ e $6x + 8y + 4 = 0$

48. Qual é a equação reduzida da reta que passa pela origem e é paralela a $r: y = -3x - 2$?

49. Para que valores de *k* as retas $3x + 2y - 1 = 0$ e $kx - 3y + 2 = 0$ são:

a) paralelas?

b) concorrentes?

c) coincidentes?

50. Ache a equação geral da reta *s* que é paralela a *r* e passa por P, sendo:

a) $r: y = 3x - 4$ e $P(0, 1)$

b) $r: 2x + 5y - 4 = 0$ e $P(-1, 2)$

c) $r: y = -x + 2$ e $P(-2, -2)$

d) $r: y - 3 = 0$ e $P(2, 5)$

51. Forneça o valor de *k* para que sejam paralelas as retas de equações:

a) $y = 2x - 1$ e $6x + ky + 4 = 0$

b) $y = 2x + k$ e $kx - y + 1 = 0$

52. Determine a equação geral de uma reta que passa por (2, 5) e é paralela à bissetriz dos quadrantes pares.

53. Mostre que o quadrilátero de vértices $A\left(-\frac{4}{5}, \frac{13}{5}\right)$, $B\left(-\frac{1}{2}, \frac{7}{2}\right)$, $C(1, 2)$ e $D\left(\frac{2}{5}, \frac{1}{5}\right)$ é um trapézio.

54. As retas suportes de três lados de um paralelogramo são $r: 3x + 2y - 12 = 0$, $s: y = \frac{x}{2} - 1$ e $t: x - 2y + 6 = 0$. Sendo o ponto (2, 0) um dos vértices do paralelogramo, determine os outros três.

55. Considere o triângulo ABC, com A(1, 1), B(5, 3) e C(3, 8); sejam M e N, respectivamente, os pontos médios de $\overline{AC}$ e $\overline{BC}$.

a) Escreva a equação da reta suporte que contém $\overline{MN}$.

b) Determine a medida do segmento $\overline{MN}$.

56. Na figura, a equação da reta que passa por A e B é $5x - 3y - 15 = 0$. Sabendo que C é ponto médio de $\overline{OA}$ e D é ponto médio de $\overline{OB}$, determine o perímetro do triângulo COD.

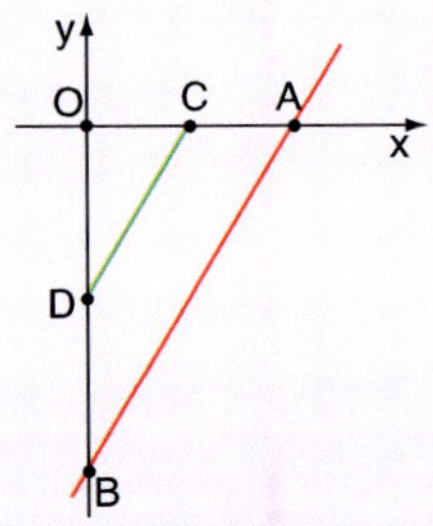

57. $\overline{AB}$ e $\overline{CD}$ são lados opostos do retângulo ABCD. Sendo A(1, 1) e B(4, 5), determine a equação geral da reta suporte de $\overline{CD}$.

58. De um losango ABCD são conhecidos os vértices (1, 3), (−3, 5) e (0, 6), não necessariamente consecutivos. Determine:

a) as coordenadas do quarto vértice;

b) o perímetro do losango;

c) os coeficientes angulares das retas suportes dos lados do losango.

59. Na figura, o hexágono OPQRST é regular e seu lado mede 4. Obtenha a equação da reta suporte do lado:

a) $\overline{OP}$ b) $\overline{RS}$ c) $\overline{PQ}$

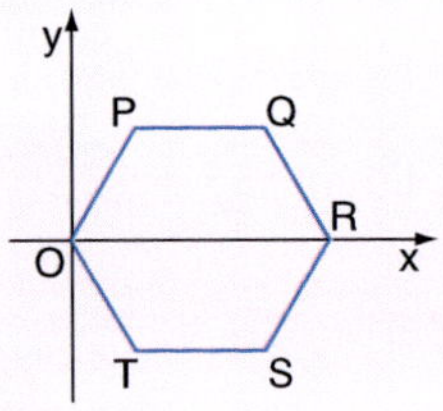

PERPENDICULARIDADE

Na figura a seguir, as retas *r*, de inclinação α_r ($m_r = \text{tg}\ \alpha_r$) e *s*, de inclinação α_s ($m_s = \text{tg}\ \alpha_s$), são perpendiculares.

Vamos procurar uma relação entre seus coeficientes angulares.

Sejam as equações r: $y = m_r x + n_r$ e s: $y = m_s x + n_s$, e o ângulo α_s externo ao triângulo.

$\alpha_s = \alpha_r + 90°$

$\text{tg } \alpha_s = \text{tg } (\alpha_r + 90°)$

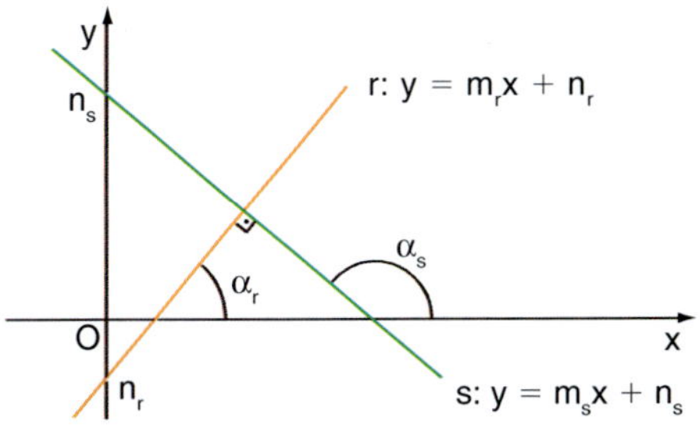

$$\text{tg } \alpha_s = \frac{\text{sen } (\alpha_r + 90°)}{\cos (\alpha_r + 90°)} = \frac{\cos \alpha_r}{-\text{sen } \alpha_r} = -\text{cotg } \alpha_r$$

Assim:

$$\text{tg } \alpha_s = -\text{cotg } \alpha_r = -\frac{1}{\text{tg } \alpha_r}, \text{ isto é, } m_s = -\frac{1}{m_r} \Leftrightarrow m_r \cdot m_s = -1$$

Observe que essa relação só pode ser aplicada se *r* e *s* forem oblíquas ao eixo *x*, pois não é definida a declividade no caso de uma delas ser vertical. Nesse caso, uma perpendicular a ela é horizontal e vice-versa.

Assim, verificamos que:

> Se *r* e *s* são perpendiculares entre si, então $m_r \cdot m_s = -1$.

Um procedimento análogo mostra a recíproca dessa propriedade, isto é, se *r* e *s* são duas retas tais que $m_r \cdot m_s = -1$, então *r* e *s* são perpendiculares.

Exemplo 16

As retas r: $2x - 4y + 5 = 0$ e s: $y = -2x + 3$ são perpendiculares, pois:

$$m_r = -\frac{a}{b} = \frac{-2}{-4} = \frac{1}{2}$$

$$m_s = -2$$

$$m_r \cdot m_s = \frac{1}{2} \cdot (-2) = -1$$

Exemplo 17

As retas r: $y = 3x$ e s: $y = \frac{1}{3}x + 5$ não são perpendiculares, pois $m_r = 3$, $m_s = \frac{1}{3}$ e $m_r \cdot m_s = 1 \neq -1$.

Nesse caso, *r* e *s* concorrem, mas não perpendicularmente.

Exemplo 18

As retas r: $x - 3 = 0$ e s: $y + 2 = 0$ são perpendiculares, pois *r* é vertical e *s* é horizontal.

No entanto, a relação $m_r \cdot m_s = -1$ não pode ser aplicada, pois não se define m_r.

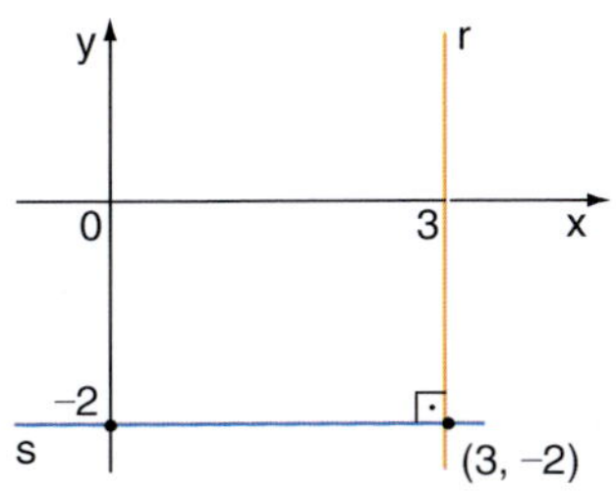

EXERCÍCIOS RESOLVIDOS

8. Determinar a equação da reta *s*, perpendicular a $r: y = 3x + 1$, traçada pelo ponto P(4, 0).

Solução:

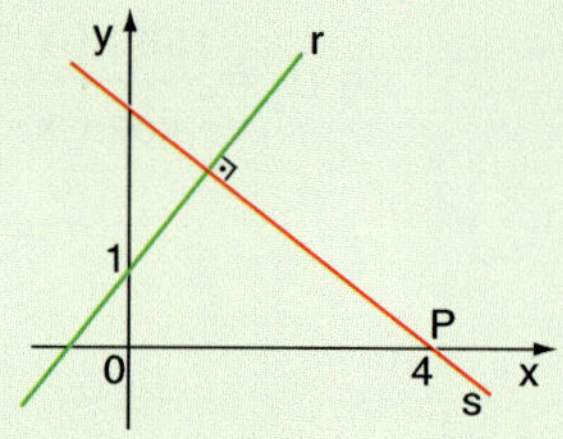

Como $r \perp s$, devemos ter $m_r \cdot m_s = -1$.

Como $m_r = 3$, $m_s = -\dfrac{1}{m_r} = -\dfrac{1}{3}$

s passa por P(4, 0) e $m_s = -\dfrac{1}{3}$. Sua equação pode ser obtida fazendo:

$$y - y_0 = m \cdot (x - x_0) \Rightarrow y - 0 = -\frac{1}{3} \cdot (x - 4) \Rightarrow y = -\frac{1}{3}x + \frac{4}{3}$$

9. Determinar a equação da mediatriz do segmento cujas extremidades são A(0, 0) e B(2, 3).

Solução:

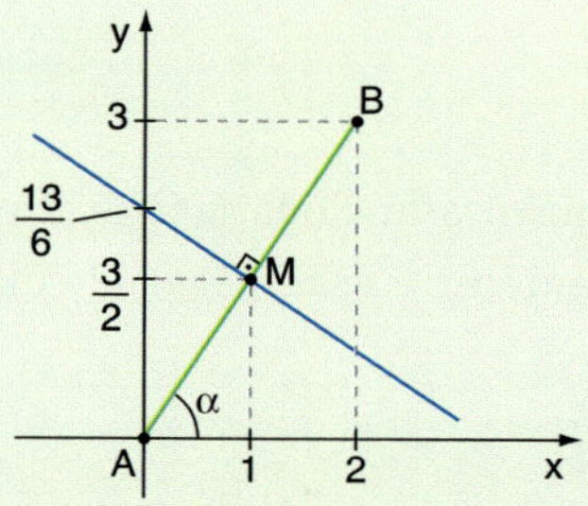

Lembremos que a mediatriz de um segmento é a reta perpendicular ao segmento, traçada pelo seu ponto médio.

O ponto médio M de $\overline{AB}$ é $M\left(\dfrac{0+2}{2}, \dfrac{0+3}{2}\right) \Rightarrow M\left(1, \dfrac{3}{2}\right)$.

O coeficiente angular da reta que passa por A e B é:

$m = \dfrac{\Delta y}{\Delta x} = \dfrac{3-0}{2-0} = \dfrac{3}{2}$ $\left(\text{observe que } \operatorname{tg} \alpha = \dfrac{3}{2}\right)$.

A mediatriz é, portanto, uma reta com declividade $-\dfrac{2}{3}\left(\text{pois } \dfrac{3}{2} \cdot \left(-\dfrac{2}{3}\right) = -1\right)$, que passa pelo ponto $M\left(1, \dfrac{3}{2}\right)$.

Sua equação reduzida é $y = -\dfrac{2}{3}x + n$. Substituindo as coordenadas de M, temos:

$$\frac{3}{2} = -\frac{2}{3} \cdot 1 + n \Rightarrow n = \frac{3}{2} + \frac{2}{3} = \frac{13}{6}$$

Logo, a equação pedida é $y = -\dfrac{2}{3}x + \dfrac{13}{6}$.

10. Determinar o pé da perpendicular baixada do ponto P(−7, 15) sobre a reta $r: y = \dfrac{3}{2}x$.

Solução:

O pé da perpendicular baixada de um ponto P sobre uma reta *r* é a projeção ortogonal do ponto sobre a reta, como mostra a figura seguinte.

$P' = \text{proj}_r P$: pé da perpendicular baixada de P sobre *r*; é a interseção de *r* com $\overleftrightarrow{PP'}$.

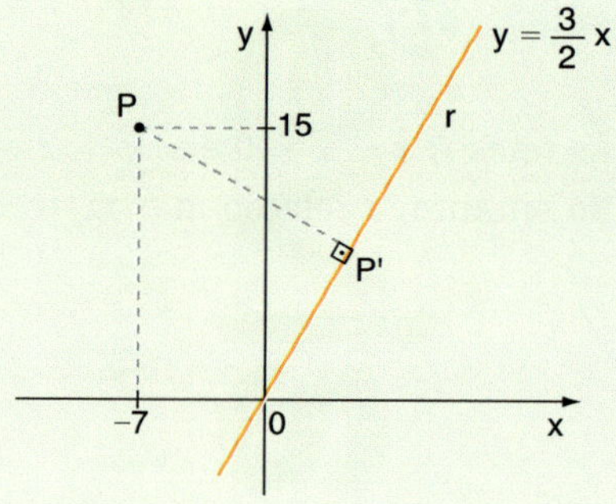

Usando os dados do problema, temos:

- O coeficiente angular (m) da reta $\overleftrightarrow{PP'}$ é tal que $m \cdot m_r = -1 \Rightarrow$ $\Rightarrow m \cdot \dfrac{3}{2} = -1 \Rightarrow m = -\dfrac{2}{3}$.
- A equação de $\overleftrightarrow{PP'}$ é $y - 15 = -\dfrac{2}{3} \cdot (x + 7) \Rightarrow 2x + 3y - 31 = 0$.
- Determinemos P', o ponto comum entre *r* e $\overleftrightarrow{PP'}$:

$$\begin{cases} y = \dfrac{3}{2}x \\ 2x + 3y - 31 = 0 \end{cases} \Rightarrow 2x + \frac{9x}{2} - 31 = 0 \Rightarrow x = \frac{62}{13} \text{ e } y = \frac{93}{13}$$

Assim, o pé da perpendicular é $\left(\dfrac{62}{13}, \dfrac{93}{13}\right)$.

EXERCÍCIOS

60. Mostre quais das retas abaixo são perpendiculares entre si.

$r: y = 2x + 3$ $\qquad$ $t: x + 2y - 6 = 0$

$s: x - 4y + 4 = 0$ $\qquad$ $u: y = -2x - 1$

61. Obtenha a equação reduzida da reta que passa por P(2, −3) e é perpendicular a:

a) $y = 3x - 1$ $\qquad$ b) $2x - 5y - 11 = 0$

62. Determine m para que as retas $r: 3x + 5y - 7 = 0$ e $s: mx - 6y + 1 = 0$ sejam perpendiculares.

63. Determine, em cada caso, a posição relativa entre as retas r e s:

a) $r: x - 3y = 0$ $\qquad$ $s: y = 3x + 2$

b) $r: 2x - y + 1 = 0$ $\qquad$ $s: y = -\frac{1}{2}x - 3$

c) $r: x + 3 = 0$ $\qquad$ $s: x - 1 = 0$

d) $r: x + 3 = 0$ $\qquad$ $s: y + 3 = 0$

e) $r: 2x - 3y + 4 = 0$ $\qquad$ $s: y = \frac{2x}{3}$

64. Encontre a mediatriz do segmento $\overline{AB}$, sendo:

a) A(4, 5) e B(−2, 1) $\qquad$ b) A(2, −1) e B(−3, 1)

65. Encontre a equação da mediatriz do segmento $\overline{PQ}$, sendo P(1, 2) e Q(−3, 4). Em seguida, escolha um ponto qualquer dessa mediatriz e mostre que ele equidista de P e Q.

66. Dados P(2, −4) e $r: 2x - 3y + 6 = 0$:

a) obtenha as coordenadas do ponto Q, interseção de r com a perpendicular a r por P;

b) determine o simétrico de P em relação à reta r.

67. ABCD é um quadrado e A(1, 2) e B(3, 5) são vértices consecutivos. Determine as equações das retas suportes dos lados $\overline{AC}$ e $\overline{BD}$.

68. As retas r e s, de equações $r: 2x - y + 3 = 0$ e $s: y = mx + n$, interceptam-se, perpendicularmente, no ponto (−2, −1). Quais são os valores de m e n?

69. Determine os valores reais de k para os quais as retas $r: y = -\frac{k}{3}x + 1$ e $s: y = \frac{k+1}{2}x - 4$ não são perpendiculares.

70. Sejam os pontos A(2, 2), B(4, −1), C(−2, −5) e D(−4, −2).

a) Mostre que o triângulo ABC é retângulo em $\hat{B}$. Quanto mede sua hipotenusa?

b) Mostre que o quadrilátero ABCD é um retângulo. Quanto mede sua diagonal?

71. Seja ABC o triângulo de vértices A(0, −3), B(−4, 0) e C(2, 1). Determine a equação da altura relativa ao lado $\overline{BC}$.

72. Utilizando a figura seguinte, mostre que o quadrilátero MNPQ é um losango.
Sugestão: uma das formas é mostrar que seus lados são, dois a dois, paralelos e suas diagonais são perpendiculares.

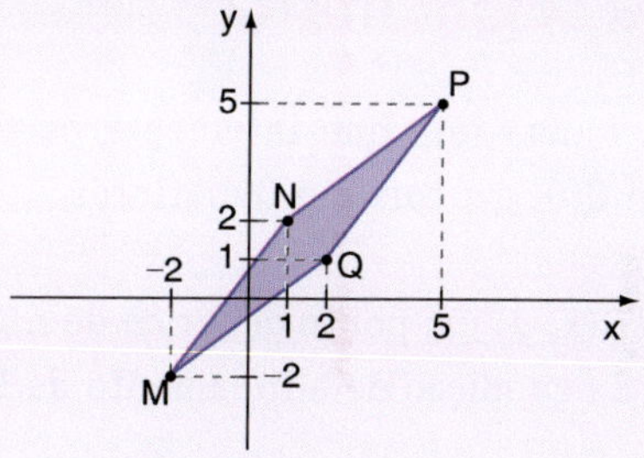

73. Um casal de namorados, Júlia e Jonas, costuma se encontrar depois do trabalho em uma sorveteria localizada na esquina de uma praça retangular.

Robert Glenn/Getty Images

Representando a praça em um sistema de coordenadas retangulares, observamos que Júlia trabalha em uma loja, representada pela origem do sistema, e Jonas trabalha em um *cyber*, representado pelo vértice do retângulo oposto à origem; a sorveteria encontra-se no ponto P(5, 3). Ambos caminham, em linha reta, de seus locais de trabalho à sorveteria pontualmente às 18 h. Sabendo que a unidade de medida utilizada é o metro e a escala é de 1:20, identifique como verdadeiras (V) ou falsas (F) as afirmações seguintes. Use a aproximação $\sqrt{34} = 5{,}8$.

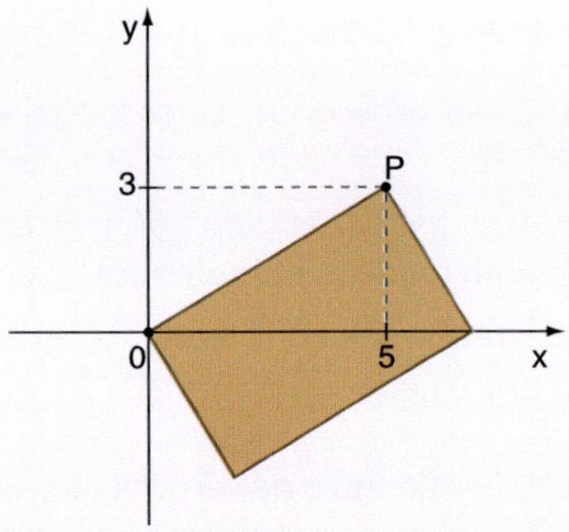

a) A distância entre a loja onde Júlia trabalha e o ponto de encontro é maior que 100 metros.

b) O *cyber* onde Jonas trabalha está representado por um ponto de abscissa $\frac{34}{5}$.

c) Se Júlia caminha à velocidade constante de 2 km/h, então ela chega à sorveteria antes das 18h03min.

d) Para dar uma volta completa ao redor da praça, um atleta, correndo à velocidade constante de 5 km/h, leva menos de 4 minutos.

OUTROS MODOS DE ESCREVER A EQUAÇÃO DE UMA RETA

Forma segmentária

Seja *r* uma reta que intercepta os eixos coordenados nos pontos P(p, 0) e Q(0, q), com P e Q distintos.

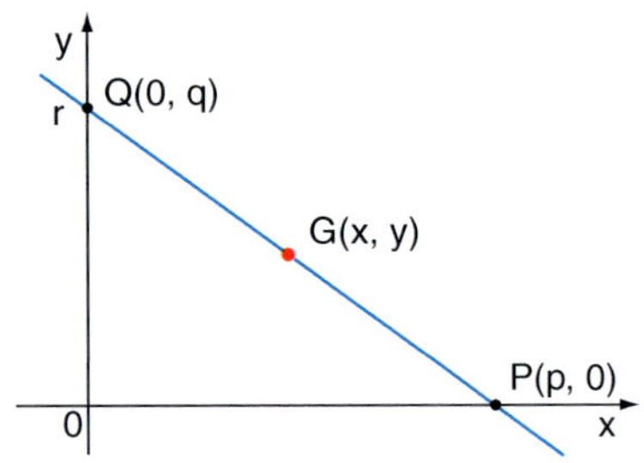

Seja G(x, y) um ponto genérico de *r*. A equação de *r* pode ser obtida a partir da condição de alinhamento de P, Q e G:

$$\begin{vmatrix} x & y & 1 \\ p & 0 & 1 \\ 0 & q & 1 \end{vmatrix} = 0 \Rightarrow pq - xq - yp = 0 \Rightarrow qx + py = pq$$

Como *p* e *q* não são nulos (senão P e Q coincidiriam), podemos dividir os dois membros por p · q:

$$\frac{qx}{pq} + \frac{py}{pq} = \frac{pq}{pq} \Rightarrow \boxed{\frac{x}{p} + \frac{y}{q} = 1}$$

Esta última é chamada **equação segmentária** da reta *r*. Notemos que os denominadores de *x* e *y* são as respectivas coordenadas *x* e *y* dos pontos em que *r* intercepta os eixos coordenados; além disso, o segundo membro é unitário.

Exemplo 19

Observe que *r* intercepta o eixo *x* em P(4, 0) e o eixo *y* em (0, 3).
A equação segmentária de *r* é, portanto:

$$\frac{x}{4} + \frac{y}{3} = 1$$

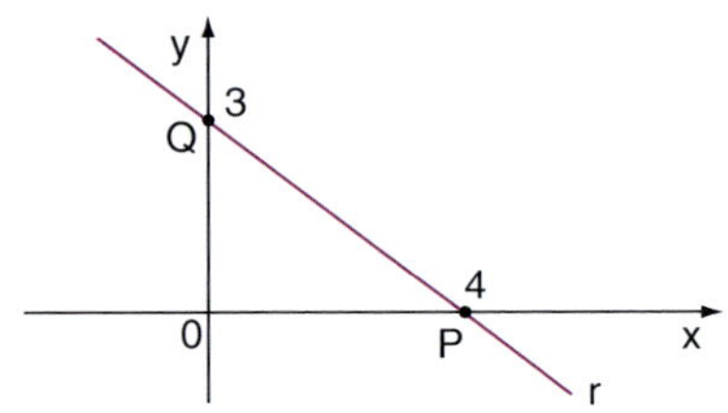

A partir da forma segmentária, podemos obter as equações geral e reduzida:

$$\frac{x}{4} + \frac{y}{3} = 1 \Rightarrow 3x + 4y = 12 \Rightarrow \begin{cases} 3x + 4y - 12 = 0 \text{ (geral)} \\ y = -\frac{3}{4}x + 3 \quad \text{(reduzida)} \end{cases}$$

Forma paramétrica

As equações geral, reduzida e segmentária relacionam diretamente entre si as coordenadas (x, y) de um ponto genérico da reta. Há outra alternativa de estabelecer a equação de uma reta *r*, que é expressando cada uma das coordenadas (*x* e *y*) dos pontos de *r* em função de uma terceira variável, denominada **parâmetro.**

Exemplo 20

Os pontos de uma reta *r* satisfazem as equações $x = 1 + t$ e $y = 3 - 2t$, com $t \in \mathbb{R}$. Vamos desenhar a reta *r* e obter sua equação geral.

Façamos o parâmetro *t* variar em $\mathbb{R}$, a fim de obter alguns pontos de *r*:

t	x	y	ponto
−1	0	5	(0, 5)
1	2	1	(2, 1)
2	3	−1	(3, −1)
0	1	3	(1, 3)
⋮	⋮	⋮	⋮

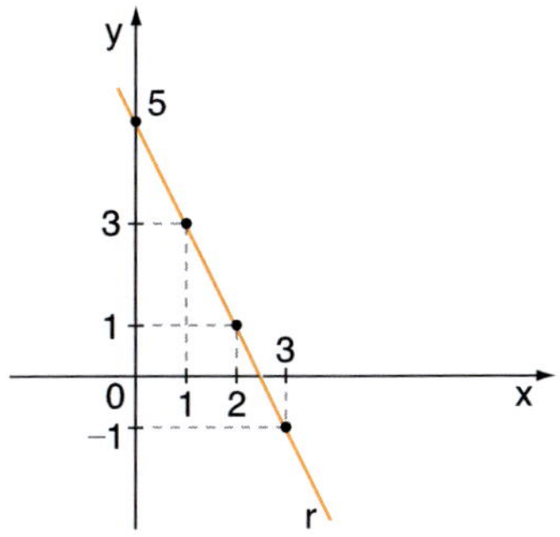

A equação geral de *r* pode ser obtida tomando-se dois pontos quaisquer acima e estabelecendo a condição de alinhamento.

Também é possível isolar *t* em uma das equações e substituí-lo na outra:

$$x = 1 + t \Rightarrow t = x - 1$$

Substituindo em $y = 3 - 2t$, vem:

$$y = 3 - 2 \cdot (x - 1) \Rightarrow y = 3 - 2x + 2 \Rightarrow 2x + y - 5 = 0$$

As equações $x = 1 + t$ e $y = 3 - 2t$ são exemplos de **equações paramétricas** da reta *r*.

EXERCÍCIO RESOLVIDO

11. Seja *r* a reta cuja equação geral é $6x + y - 3 = 0$. Escrever a equação reduzida, a segmentária e um par de equações paramétricas de *r*.

Solução:

- Equação reduzida: basta isolar *y* em $6x + y - 3 = 0 \Rightarrow y = -6x + 3$.
- Equação segmentária: $6x + y - 3 = 0 \Rightarrow 6x + y = 3$; dividimos os dois membros dessa última equação por 3:

$$\frac{6x + y}{3} = \frac{3}{3} \Rightarrow 2x + \frac{y}{3} = 1 \Rightarrow \frac{x}{\frac{1}{2}} + \frac{y}{3} = 1$$

Note que *r* intercepta o eixo *x* em $\left(\frac{1}{2}, 0\right)$ e o eixo *y* em (0, 3).

- Equação paramétrica:

Fazendo, por exemplo, $t = 3x$, temos: $x = \frac{t}{3}$ e, assim, podemos determinar *y* em função de *t*:

$$6x + y - 3 = 0 \Rightarrow 6 \cdot \frac{t}{3} + y - 3 = 0 \Rightarrow 2t + y - 3 = 0 \Rightarrow y = 3 - 2t$$

Um par de equações paramétricas de *r* é $\begin{cases} x = \frac{t}{3} \\ y = 3 - 2t \end{cases}; t \in \mathbb{R}$.

EXERCÍCIOS

74. Seja *r* a reta representada no gráfico. Determine:

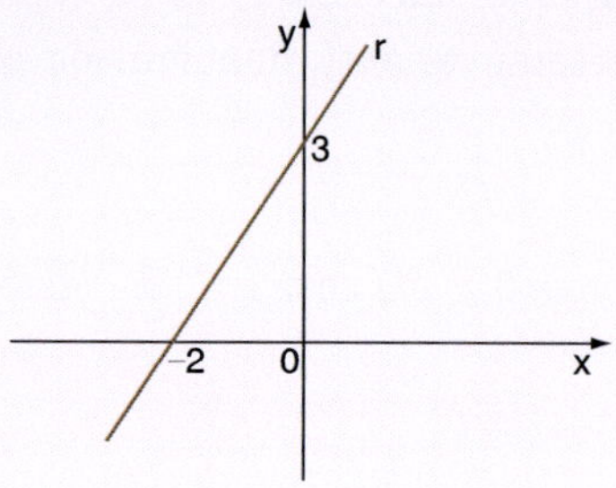

a) a equação segmentária de *r*;

b) a equação geral de *r*.

75. Escreva a forma geral, a reduzida e a segmentária da reta dada por $x = 2t - 1$ e $y = 2 - 3t$.

76. Qual é a forma segmentária da equação da reta *r* dada por $y = 2x - 8$?

77. A reta $s: \frac{x}{5} + y = 1$ determina com os eixos coordenados um triângulo retângulo. Determine:

a) o perímetro do triângulo;

b) a área do triângulo.

78. Forneça um par de equações paramétricas da reta $r: 2x - 3y + 6 = 0$.

79. Determine as coordenadas do ponto médio da hipotenusa do triângulo XOY, sendo O a origem e X e Y os pontos em que a reta $x - 2y - 4 = 0$ intercepta os eixos coordenados.

80. Verifique se a reta de equação $\frac{x}{\frac{2}{3}} + \frac{y}{-1} = 1$ passa:

a) pela origem;

b) por (4, 5);

c) por $\left(\frac{2}{3}, -1\right)$;

d) pelo ponto em que a reta $y = 2x - 3$ intercepta o eixo das ordenadas.

81. Obtenha, em cada caso, a posição relativa entre as retas *r* e *s*:

a) $r: \begin{cases} x = t + 2 \\ y = t - 2 \end{cases}$ $s: 2x - y - 4 = 0$

b) $r: \frac{x}{3} + \frac{y}{4} = 1$ $s: y = -\frac{4x}{3} + 1$

82. Determine a equação de uma reta *r* que passa por $(-2, -4)$ e é perpendicular à reta $s: \begin{cases} x = 2t - 1 \\ y = 3 - t \end{cases}; t \in \mathbb{R}$.

83. Ache as coordenadas do ponto de interseção das retas $r: \begin{cases} x = 3t + 1 \\ y = -2t + 5 \end{cases}; t \in \mathbb{R}$ e $s: \begin{cases} x = 2u - 2 \\ y = 7 + u \end{cases}; u \in \mathbb{R}$.

DISTÂNCIA ENTRE PONTO E RETA

Já sabemos que a distância entre um ponto e uma reta é a distância do ponto ao pé da perpendicular à reta dada, traçada pelo ponto.

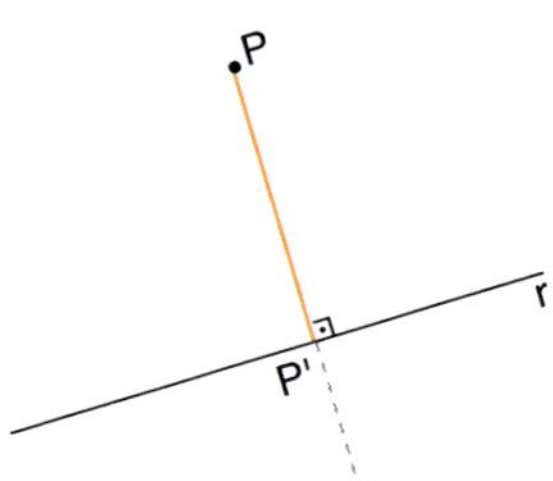

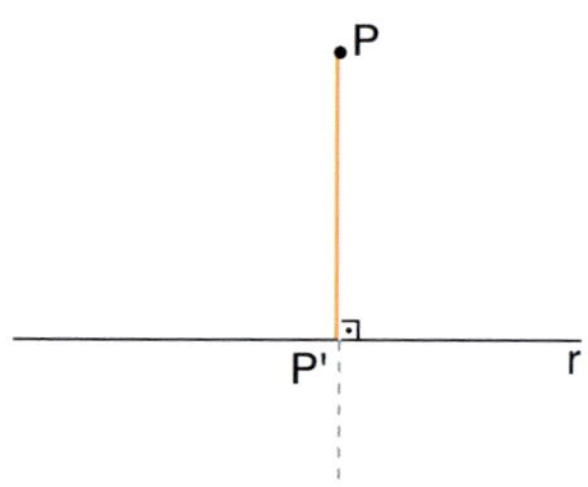

Em ambos os casos acima, a distância entre P e *r* (indica-se por $d_{P,r}$) é a distância entre P e P', sendo P' o pé da perpendicular a *r*, conduzida por P.

P' também é chamado **projeção ortogonal** de P sobre *r*.

- Quando $P \in r$, naturalmente, $d_{P,r} = 0$.
- Se $P \notin r$, temos $d_{P,r} > 0$.

Exemplo 21

Vamos agora obter, analiticamente, a distância entre P(2, 3) e a reta r: $x + 2y - 2 = 0$.

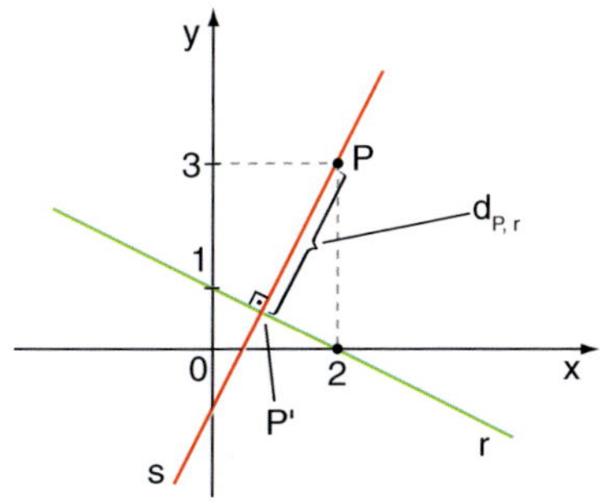

1º) Seja *s* a reta perpendicular a *r*, traçada por P. Vamos obter sua equação.

Temos: $m_r = -\dfrac{a}{b} = -\dfrac{1}{2}$; como $m_r \cdot m_s = -1$, temos $m_s = -\dfrac{1}{m_r} = 2$.

Como *s* passa por P(2, 3), podemos escrever:

$$y - 3 = 2 \cdot (x - 2) \Rightarrow y = 2x - 1 \text{ é a equação de } s.$$

2º) Determinemos P', interseção de *r* com *s*. Para isso, basta resolver o sistema formado pelas equações de *r* e *s*:

$$\begin{cases} r\text{: } x + 2y - 2 = 0 \\ s\text{: } y = 2x - 1 \end{cases} \Rightarrow \begin{cases} x + 2y = 2 \\ -2x + y = -1 \end{cases} \Rightarrow y = \frac{3}{5} \text{ e } x = \frac{4}{5}$$

Daí, $P'\left(\dfrac{4}{5}, \dfrac{3}{5}\right)$.

3º) A distância de P a *r* é a distância entre os pontos P(2, 3) e $P'\left(\dfrac{4}{5}, \dfrac{3}{5}\right)$:

$$d_{P,r} = d_{PP'} = \sqrt{(\Delta x)^2 + (\Delta y)^2} = \sqrt{\left(2 - \frac{4}{5}\right)^2 + \left(3 - \frac{3}{5}\right)^2} = \sqrt{\left(\frac{6}{5}\right)^2 + \left(\frac{12}{5}\right)^2} = \sqrt{\frac{180}{25}} = \frac{6\sqrt{5}}{5}$$

Podemos generalizar o procedimento descrito no Exemplo 21 para calcular a distância *d* entre um ponto $P(x_0, y_0)$ e uma reta r: $ax + by + c = 0$.

Obtemos a expressão:

$$d = \frac{|a \cdot x_0 + b \cdot y_0 + c|}{\sqrt{a^2 + b^2}}$$

A demonstração dessa propriedade encontra-se no Apêndice, página 71.

Exemplo 22

Vamos aplicar a fórmula para confirmar o resultado obtido no Exemplo 21.

$$\left.\begin{array}{r} P(2, 3)\ (x_0 = 2,\ y_0 = 3) \\ r\text{: } x + 2y - 2 = 0 \\ (a = 1,\ b = 2,\ c = -2) \end{array}\right\} \Rightarrow d = \frac{|1 \cdot 2 + 2 \cdot 3 - 2|}{\sqrt{1^2 + 2^2}} = \frac{|6|}{\sqrt{5}} = \frac{6\sqrt{5}}{5}$$

Observação

A distância de um ponto P a uma reta *r*, vertical ou horizontal, pode ser encontrada de maneira mais rápida e sem a necessidade de fórmula. Acompanhe este exemplo, em que P(2, 3), a reta *r* é horizontal: r: y − 5 = 0 e a reta *s* é vertical: s: x − 6 = 0.

A distância de P a *r* é: $d_{P,\,r} = 5 - 3 = 2$.

A distância de P a *s* é: $d_{P,\,s} = 6 - 2 = 4$.

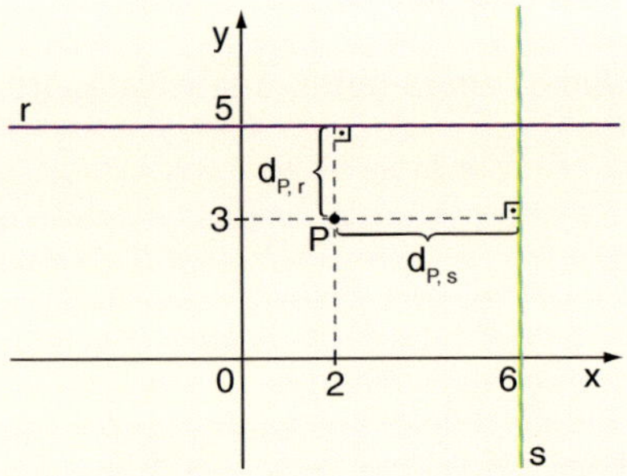

EXERCÍCIOS RESOLVIDOS

12. Os vértices de um triângulo ABC são A(−2, −4), B(1, −2) e C(2, 5). Determinar a medida da altura relativa ao lado $\overline{AB}$.

Solução:

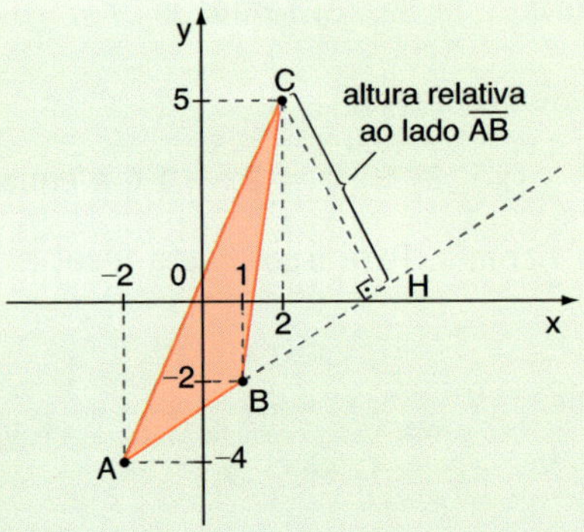

Para determinar o comprimento da altura $\overline{CH}$, primeiramente encontramos a equação de $\overleftrightarrow{AB}$:

$$\overleftrightarrow{AB}: \begin{vmatrix} -2 & -4 & 1 \\ 1 & -2 & 1 \\ x & y & 1 \end{vmatrix} = 0 \Rightarrow 2x - 3y - 8 = 0$$

Agora, basta encontrar a distância entre C(2, 5) e $\overleftrightarrow{AB}$:

$$d_{C,\,\overleftrightarrow{AB}} = \frac{|2 \cdot 2 - 3 \cdot 5 - 8|}{\sqrt{2^2 + (-3)^2}} = \frac{|-19|}{\sqrt{13}} = \frac{19}{\sqrt{13}} \Rightarrow h_C = \frac{19\sqrt{13}}{13}$$

13. Determinar a distância entre as retas r: x + 2y + 5 = 0 e s: x + 2y − 3 = 0.

Solução:

É importante observar, de início, que *r* e *s* são paralelas, pois possuem o mesmo coeficiente angular $\left(m_r = m_s = -\frac{1}{2}\right)$.

A distância entre duas retas paralelas é a distância entre um ponto qualquer de uma delas à outra reta.

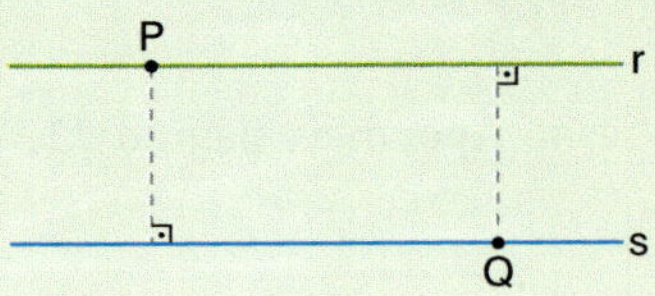

$$d_{r,\,s} = d_{P,\,s} = d_{Q,\,r} = \ldots$$

Desse modo, é preciso escolher um ponto arbitrário de uma das retas e calcular a distância desse ponto à outra reta.

Tomamos um ponto P em *r*:

Escolhemos, arbitrariamente, x = −1 ⇒ −1 + 2y + 5 = 0 ⇒ 2y + 4 = 0 ⇒ y = −2; P(−1, −2) ∈ r.

Calculamos a distância de P a *s*:

$$d = \frac{|1 \cdot (-1) + 2 \cdot (-2) - 3|}{\sqrt{1^2 + 2^2}} = \frac{|-8|}{\sqrt{5}} = \frac{8\sqrt{5}}{5}$$

EXERCÍCIOS

84. Encontre a distância entre o ponto P e a reta *r*, sendo:

a) $P(-1, -3)$ e $r: 3x - y + 5 = 0$

b) $P(0, 2)$ e $r: 4x - 3y - 11 = 0$

c) $P(-2, 5)$ e $r: 5x + 2y + 29 = 0$

d) $P(1, -1)$ e $r: 3x + 4y + 11 = 0$

85. Dados os pontos $A(-1, -1)$, $B(6, -3)$ e $C(4, -10)$, encontre a medida da altura relativa ao lado $\overline{AC}$ do triângulo ABC.

86. Determine a distância entre as retas de equações $y = 3x - 1$ e $6x - 2y + 15 = 0$.

87. Considere os pontos $P(10, -1)$, $Q(0, 3)$ e $R(5, 1)$.

a) Qual é o ponto mais distante da reta $r: 2x + 5y - 1 = 0$?

b) O que se pode afirmar a respeito da posição relativa entre *r* e a reta que passa por P e Q?

88. Dadas as retas de equações $r: y = 2x - 31$, $s: 2x - y - 7 = 0$ e $t: 2x - y - 17 = 0$:

a) obtenha a equação de uma reta que seja paralela a *r* e diste $\sqrt{5}$ do ponto $P(6, 0)$;

b) ache a distância entre as retas *s* e *t*.

89. Determine o perímetro e a área do quadrado OPQR.

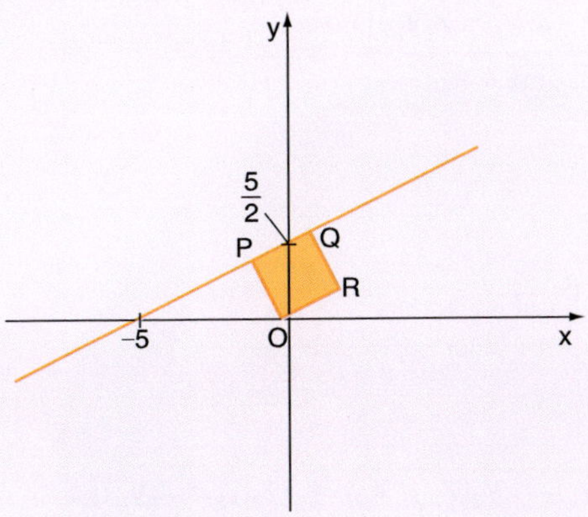

90. Para ir ao trabalho, José atravessa, a pé, uma longa avenida retilínea que corta parte da pequena cidade onde vive. De vários pontos da avenida, ele consegue avistar a casa de Vânia, sua namorada. O sistema de coordenadas retangulares seguinte mostra parte do mapa da cidade. A casa de Vânia está representada pelo ponto V e a origem do sistema corresponde ao marco zero da cidade.

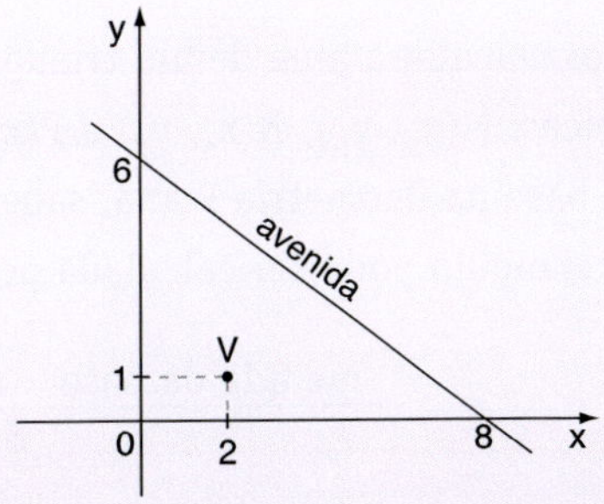

Sabendo que a unidade de medida utilizada é o metro e que a escala é de 1:100, determine:

a) a distância do marco zero da cidade à casa de Vânia;

b) a distância do marco zero da cidade à avenida;

c) as coordenadas do ponto da avenida na qual José fica mais próximo da casa de Vânia;

d) a distância entre José e a casa de Vânia, considerando o item anterior.

91. Obtenha uma reta paralela a $r: x - y + 7 = 0$ e distante $\sqrt{2}$ do ponto $(2, 2)$.

92. Para a construção de um anel viário, a prefeitura de uma cidade planejada pretende desapropriar alguns estabelecimentos comerciais que estão localizados ao longo da avenida Brasil.

Thinkstock/Getty Images

Os comerciantes instalados nessa avenida serão transferidos para uma futura rua comercial para pedestres, paralela à avenida Brasil e distante 6 km dela, como mostra o gráfico seguinte, em que a unidade de medida considerada é o quilômetro:

Zapt

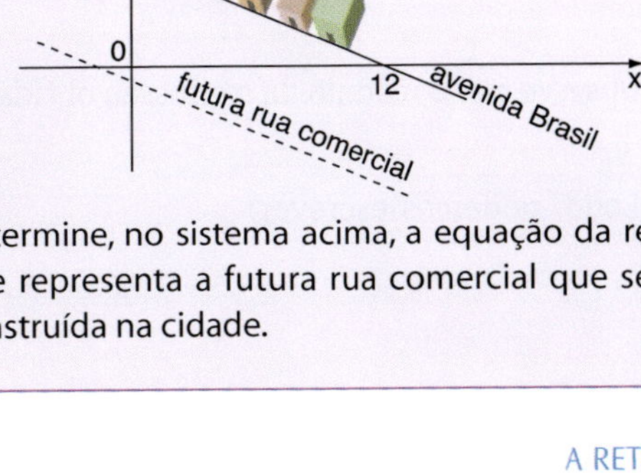

Determine, no sistema acima, a equação da reta que representa a futura rua comercial que será construída na cidade.

ÁREA DO TRIÂNGULO

Vamos calcular a área de um triângulo MNP a partir das coordenadas dos três vértices: $M(x_M, y_M)$, $N(x_N, y_N)$ e $P(x_P, y_P)$.

Com base na Geometria Plana, sabemos que a área da superfície limitada por um triângulo pode ser calculada pela expressão:

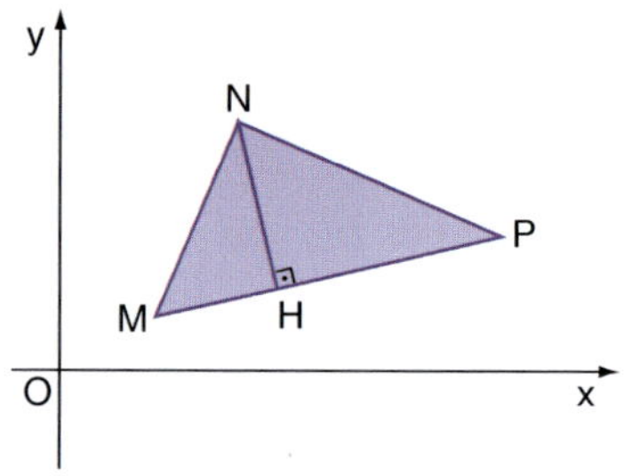

$$\frac{\text{medida da base} \cdot \text{medida da altura}}{2}$$

- Tomando o lado $\overline{MP}$ como base, sua medida é a distância entre os pontos M e P, a saber:

$$d_{MP} = \sqrt{(x_M - x_P)^2 + (y_M - y_P)^2} \quad ①$$

- A medida da altura $\overline{NH}$ é a distância entre o ponto N e a reta suporte do lado $\overline{MP}$. Para calcular essa distância, vamos inicialmente obter a equação de $\overleftrightarrow{MP}$:

$$\begin{vmatrix} x_M & y_M & 1 \\ x_P & y_P & 1 \\ x & y & 1 \end{vmatrix} = 0 \text{ (}x\text{ e }y\text{ são as coordenadas de um ponto qualquer de } \overleftrightarrow{MP}\text{.)}$$

$$x_M y_P + x y_M + y x_P - x y_P - y x_M - x_P y_M = 0$$

$$x(y_M - y_P) + y(x_P - x_M) + (x_M y_P - x_P y_M) = 0 \quad ②$$

- Vamos usar a expressão da distância entre ponto e reta para calcular a distância entre N e a reta suporte de $\overline{MP}$.

$$\begin{cases} N\ (x_N, y_N) \\ \overleftrightarrow{MP}: x(y_M - y_P) + y(x_P - x_M) + (x_M y_P - x_P y_M) = 0 \end{cases}$$

$$d_{N, \overleftrightarrow{MP}} = \frac{|x_N(y_M - y_P) + y_N(x_P - x_M) + (x_M y_P - x_P y_M)|}{\sqrt{(y_M - y_P)^2 + (x_P - x_M)^2}} \quad ③$$

- Por fim, a área (A) do triângulo é:

$$A = \frac{1}{2} \cdot d_{MP} \cdot d_{N, \overleftrightarrow{MP}}$$

Usando ① e ③, vem:

$$A = \frac{1}{2} \cdot \sqrt{(x_M - x_P)^2 + (y_M - y_P)^2} \cdot \frac{|x_N(y_M - y_P) + y_N(x_P - x_M) + (x_M y_P - x_P y_M)|}{\sqrt{(y_M - y_P)^2 + (x_P - x_M)^2}}$$

Observe que o módulo da expressão obtida coincide com ② quando *x* e *y* são substituídos, respectivamente, por x_N e y_N.

Logo, podemos escrever:

$$A = \frac{1}{2} \cdot |D|, \text{ em que } D = \begin{vmatrix} x_M & y_M & 1 \\ x_P & y_P & 1 \\ x_N & y_N & 1 \end{vmatrix}$$

Assim, mostramos que:

A área da superfície limitada pelo triângulo MNP, em que $M(x_M, y_M)$, $N(x_N, y_N)$ e $P(x_P, y_P)$, é dada por:

$$A = \frac{1}{2} \cdot |D|, \text{ em que } D = \begin{vmatrix} x_M & y_M & 1 \\ x_N & y_N & 1 \\ x_P & y_P & 1 \end{vmatrix}$$

Exemplo 23

Para achar a área do triângulo de vértices A(2, 3), B(1, 8) e C(−5, 2), iniciamos pelo cálculo do determinante D:

$$\begin{vmatrix} 2 & 3 & 1 \\ 1 & 8 & 1 \\ -5 & 2 & 1 \end{vmatrix} = 16 - 15 + 2 + 40 - 3 - 4 = 36$$

Assim, $A_{\triangle ABC} = \frac{1}{2} \cdot |36| = \frac{1}{2} \cdot 36 = 18$.

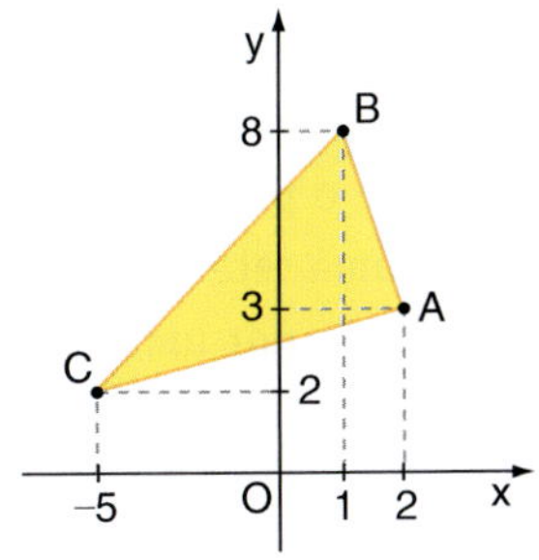

EXERCÍCIOS

93. Determine a área do triângulo de vértices:

a) A(2, 3), B(5, 4) e C(6, −3)

b) A(4, 1), B(−3, 1) e C(−1, −2)

c) $A\left(-2, \frac{1}{2}\right)$, $B\left(\frac{1}{2}, 2\right)$ e C(2, −1)

d) A(0, 0), B(3, 4) e C(−2, 11)

94. Obtenha a área do quadrilátero ABCD.

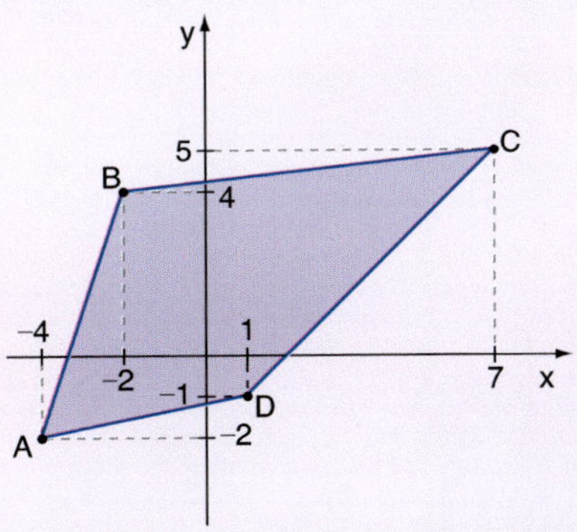

95. Encontre a área do trapézio com vértices nos pontos (0, 0), (5, 5), (2, 3) e (3, 4).

96. A reta r: 2x + y − 6 = 0 determina com os eixos coordenados um triângulo retângulo. Qual é a área desse triângulo?

97. Determine a área do triângulo PQR seguinte.

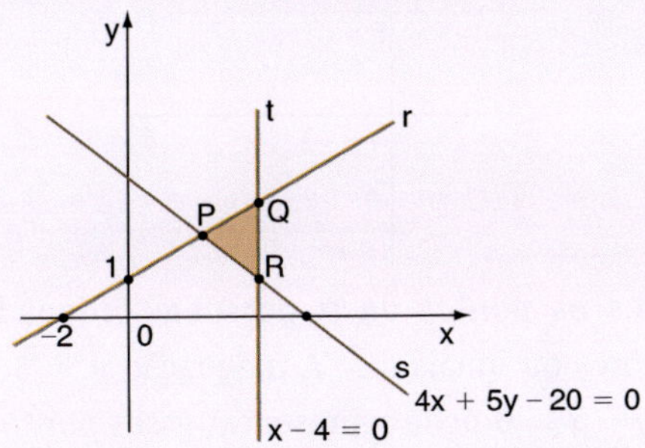

98. Na figura, temos o triângulo AOB em que AO = = 2 · OB. Obtenha a equação da reta *r*, sabendo que a área do triângulo é igual a 16.

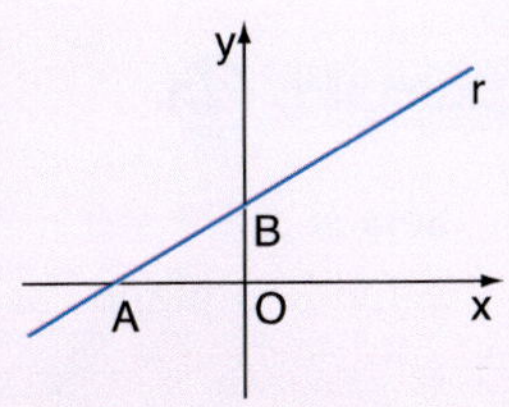

99. Determine a área do triângulo ABC.

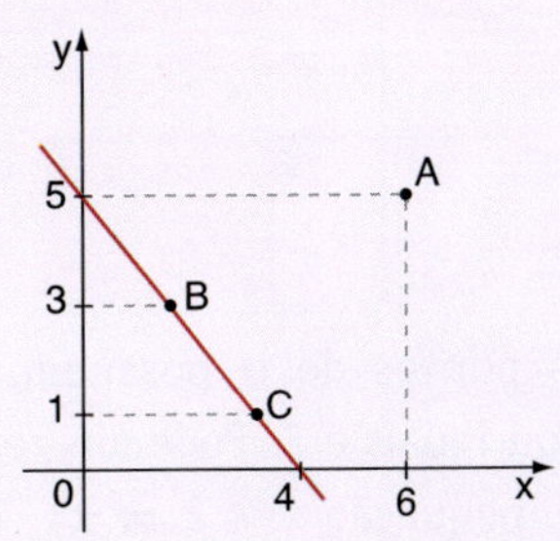

INEQUAÇÕES DO 1º GRAU – RESOLUÇÃO GRÁFICA

Sabemos, com base na Geometria Espacial de posição, que uma reta *r* contida em um plano divide-o em dois semiplanos, ambos com origem na própria reta.

Observe a figura a seguir.

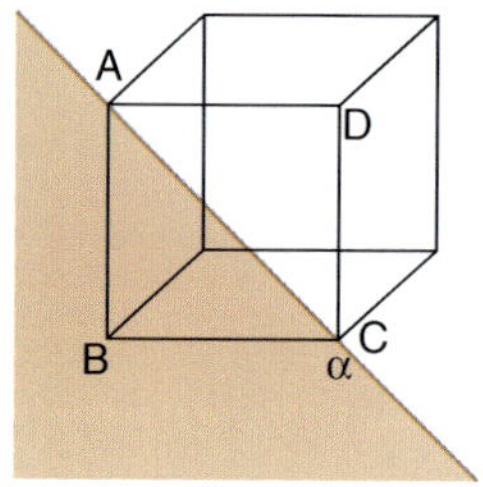

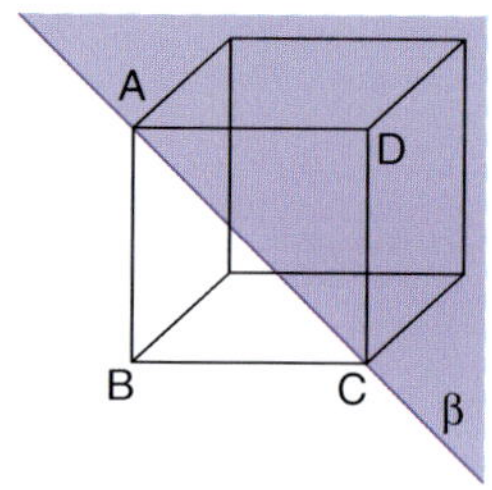

A reta $\overleftrightarrow{AC}$ divide o plano que contém a face ABCD em dois semiplanos α e β, sendo $\overleftrightarrow{AC}$ a origem de ambos.

Consideremos uma reta *r* do plano cartesiano que o divide em dois semiplanos. Cada um desses semiplanos pode ser representado por uma inequação de 1º grau (com uma ou duas incógnitas).

1º caso: A reta *r* é paralela a um dos eixos coordenados.

Exemplo 24

Seja r: $y - 5 = 0$.

r divide o plano cartesiano em dois semiplanos:

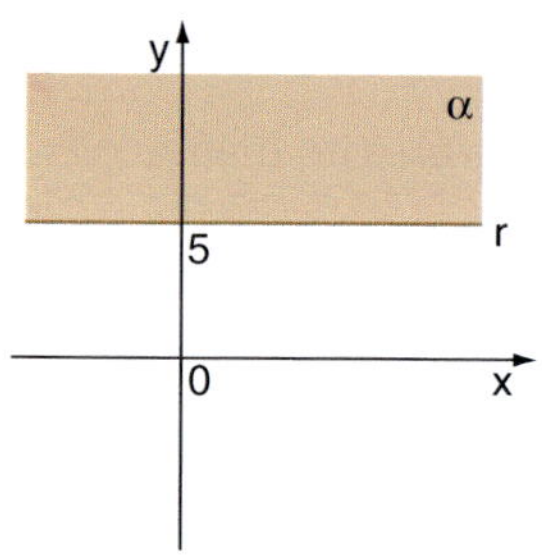

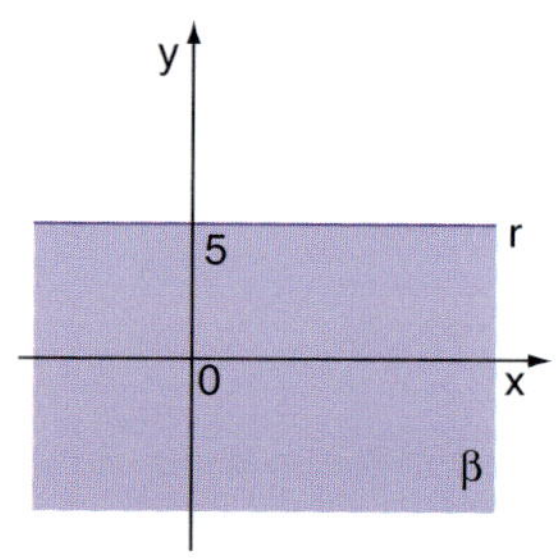

Todos os pontos de α possuem ordenadas maiores ou iguais a 5. A inequação $y \geqslant 5 \Leftrightarrow$ $\Leftrightarrow y - 5 \geqslant 0$ pode representar esses pontos.

Todos os pontos de β possuem ordenadas menores ou iguais a 5. A inequação $y \leqslant 5 \Leftrightarrow$ $\Leftrightarrow y - 5 \leqslant 0$ pode representar esses pontos.

Exemplo 25

Seja s: $x - 2 = 0$.

s divide o plano cartesiano em dois semiplanos:

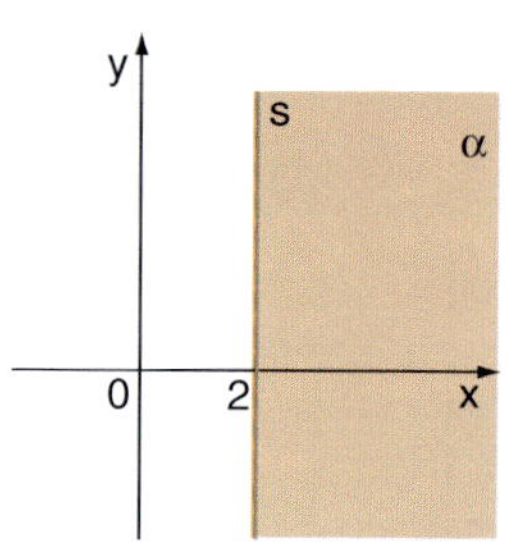

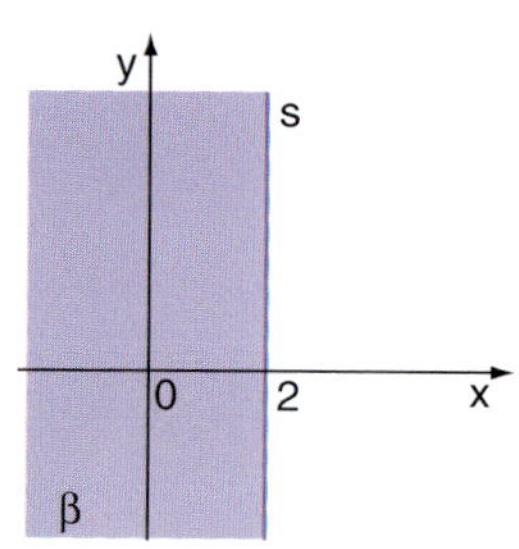

Todos os pontos de α possuem abscissas maiores ou iguais a 2. Podemos representá-los pela inequação $x \geqslant 2 \Leftrightarrow x - 2 \geqslant 0$.

Todos os pontos de β possuem abscissas menores ou iguais a 2. Podemos representá-los pela inequação $x \leqslant 2 \Leftrightarrow x - 2 \leqslant 0$.

2º caso: A reta r não é paralela a nenhum dos eixos coordenados.

Exemplo 26

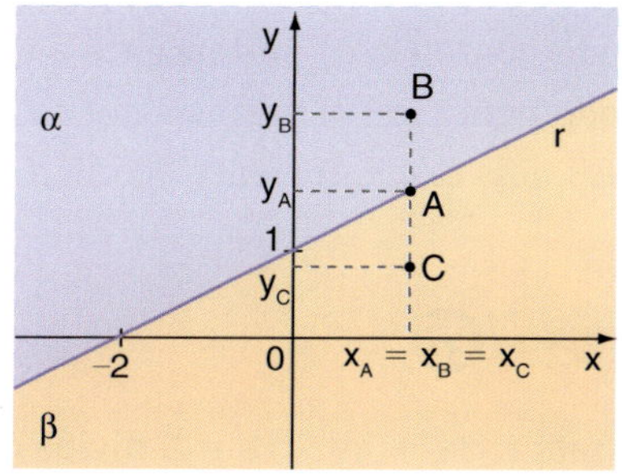

Seja r: $x - 2y + 2 = 0$.

Tomemos um ponto qualquer $A(x_A, y_A)$ em r.

Temos: $x_A - 2y_A + 2 = 0 \Leftrightarrow y_A = \frac{x_A}{2} + 1$

Seja B um ponto na mesma vertical de $A(x_B = x_A)$, acima de r, isto é, $y_B > y_A$, ou melhor:

$$y_B > \frac{x_A}{2} + 1$$

Como $x_A = x_B$, temos:

$$y_B > \frac{x_B}{2} + 1 \Rightarrow 2y_B > x_B + 2 \Rightarrow x_B - 2y_B + 2 < 0 \quad (1)$$

Seja C um ponto na mesma vertical de $A(x_A = x_C)$, abaixo de r, isto é, $y_C < y_A \Rightarrow y_C < \frac{x_A}{2} + 1$.

Como $x_A = x_C$, escrevemos:

$$y_C < \frac{x_C}{2} + 1 \Rightarrow x_C - 2y_C + 2 > 0 \quad (2)$$

Assim, temos que:

- todo ponto do semiplano α, situado acima de r: $x - 2y + 2 = 0$, satisfaz a inequação $x - 2y + 2 < 0$, como em (1).
- todo ponto do semiplano β, situado abaixo de r: $x - 2y + 2 = 0$, satisfaz a inequação $x - 2y + 2 > 0$, como em (2).

Exemplo 27

Seja r: $3x + 2y - 6 = 0$.

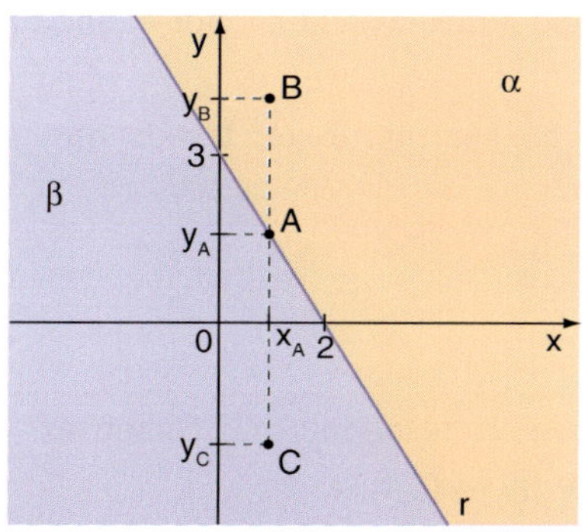

- $A \in r \Rightarrow 3x_A + 2y_A - 6 = 0 \Leftrightarrow y_A = -\frac{3}{2}x_A + 3$
- B acima de r $(x_B = x_A, y_B > y_A) \Rightarrow y_B > -\frac{3}{2}x_B + 3 \Leftrightarrow 3x_B + 2y_B - 6 > 0 \quad (1)$
- C abaixo de r $(x_C = x_A, y_C < y_A) \Rightarrow y_C < -\frac{3}{2}x_C + 3 \Leftrightarrow 3x_C + 2y_C - 6 < 0 \quad (2)$

Temos que:

- todo ponto do semiplano α, localizado acima de r, satisfaz a inequação $3x + 2y - 6 > 0$, como em (1).
- todo ponto do semiplano β, localizado abaixo de r, satisfaz a inequação $3x + 2y - 6 < 0$, como em (2).

Observação

Os exemplos 26 e 27 sugerem que, quando uma reta *r* qualquer (não paralela a nenhum dos eixos), de equação r: ax + by + c = 0, divide o plano cartesiano em dois semiplanos de mesma origem *r*, temos:

- todo ponto (x, y) pertencente a um dos semiplanos satisfaz a inequação $ax + by + c \geq 0$;
- todo ponto (x, y) pertencente ao outro semiplano satisfaz a inequação $ax + by + c \leq 0$.

Nos dois casos, somente ocorre a igualdade quando o ponto pertence à reta.

Exemplo 28

A reta r: $3x + 4y - 12 = 0$ divide o plano cartesiano nos semiplanos α e β. Vamos determinar a inequação que descreve os pontos de α.

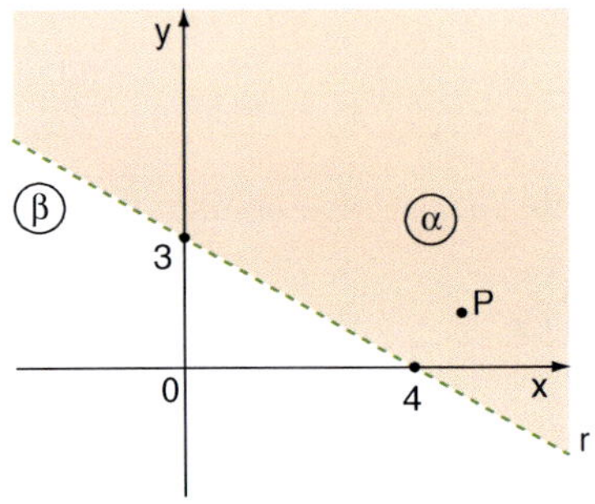

Consideramos um ponto qualquer do plano cartesiano, não pertencente a *r*, por exemplo, a origem O(0, 0). Substituindo pelas coordenadas de O, obtemos, no primeiro membro da equação de r: $3 \cdot 0 + 4 \cdot 0 - 12 = -12 < 0$.

Isso mostra que os pontos do semiplano β, que contém O, satisfazem a inequação $3x + 4y - 12 < 0$.

Dessa forma, todos os pontos do semiplano α, que não contém O, satisfazem a inequação $3x + 4y - 12 > 0$.

Observação

Se tivéssemos escolhido outro ponto qualquer, por exemplo, P(5, 2), chegaríamos à mesma conclusão: $3 \cdot 5 + 4 \cdot 2 - 12 = 11 > 0$.

Como o ponto P pertence ao semiplano α, temos que os pontos de α podem ser descritos por $3x + 4y - 12 > 0$.

Exemplo 29

A inequação $2x + 3y \leq 0$ pode ser resolvida graficamente.

Seja *s* a reta de equação $2x + 3y = 0$.

Tomemos dois pontos de *s*:

x	y	(x, y)
−3	2	A(−3, 2)
3	−2	B(3, −2)

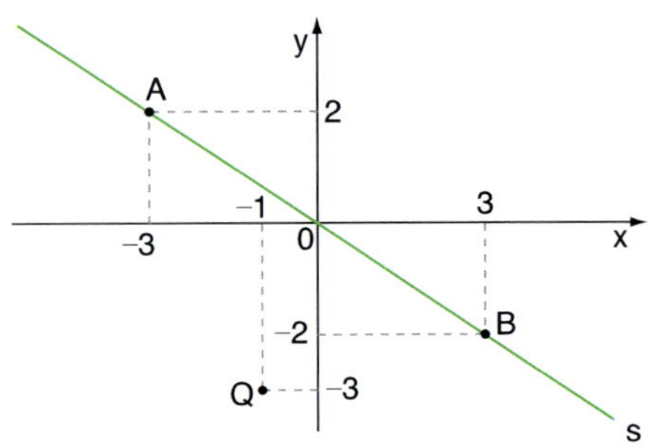

Na equação de *s*, devemos substituir as variáveis pelas coordenadas de um ponto fora de *s* para determinarmos a região que corresponde à solução gráfica da inequação.

Como a origem não satisfaz a condição, tomemos, por exemplo, o ponto Q(−1, −3):

$$2 \cdot (-1) + 3 \cdot (-3) = -11 \leqslant 0$$

Note que esse valor numérico satisfaz a inequação inicial; portanto, o ponto Q (e todos os outros do mesmo semiplano α) satisfaz a condição, e a sua solução gráfica corresponde à região amarela e à reta s da figura ao lado.
No caso, a região é abaixo de s (veja o sinal $\leqslant$).

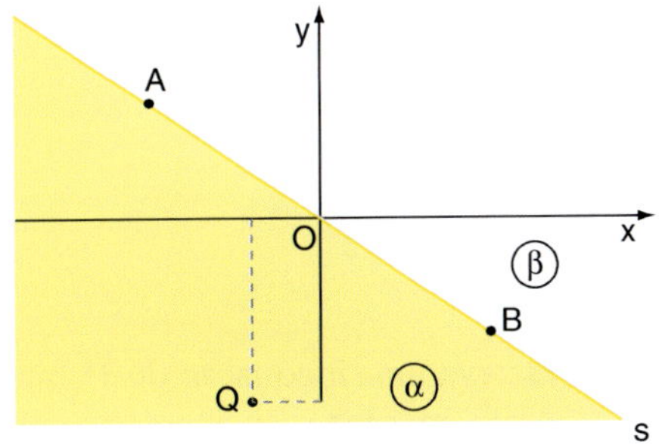

Podemos apresentar como solução para a inequação dada: "semiplano sα (incluindo s)".

EXERCÍCIO RESOLVIDO

14. As coordenadas dos pontos de uma região do plano cartesiano satisfazem simultaneamente as inequações:

$$\begin{cases} x > 0 \\ y < 0 \\ 2x - 5y - 10 \leqslant 0 \end{cases}$$

Determinar a área dessa região.

Solução:

As duas primeiras inequações são satisfeitas pelos pontos pertencentes ao 4º quadrante. (1)

Para resolver graficamente a terceira inequação, devemos inicialmente construir a reta s: $2x - 5y - 10 = 0$.

x	y
0	−2
5	0

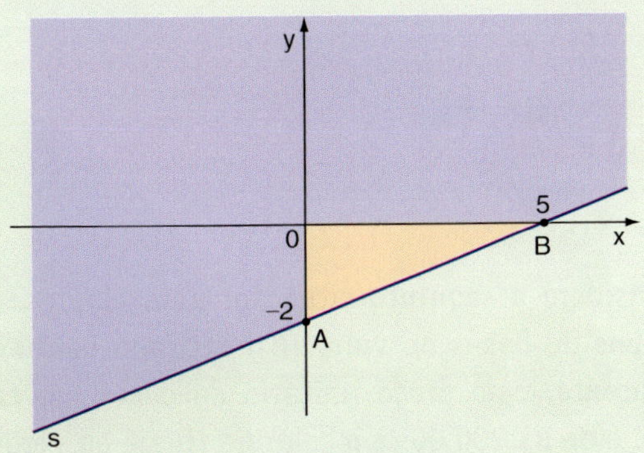

Tomando a origem O (O $\notin$ s) e substituindo suas coordenadas no 1º membro de s, vem:

$$2 \cdot 0 - 5 \cdot 0 - 10 = -10 < 0$$

Assim, o semiplano a ser considerado deve conter a origem, isto é, o semiplano acima de s, incluindo s. (2)
A interseção dos pontos de (1) e (2) é o interior do triângulo OAB mostrado no gráfico. Sua área é:

$$\frac{5 \cdot 2}{2} = 5 \text{ unidades de área}$$

EXERCÍCIOS

100. Resolva graficamente as inequações:

a) $x + 1 \leqslant 0$

b) $y + 3 > 0$

c) $x - 3y \leqslant 2$

d) $2x - 6y > 0$

e) $4x + y \geqslant 3$

101. Escreva uma inequação de 1º grau que represente, em cada caso, a região sombreada:

a)

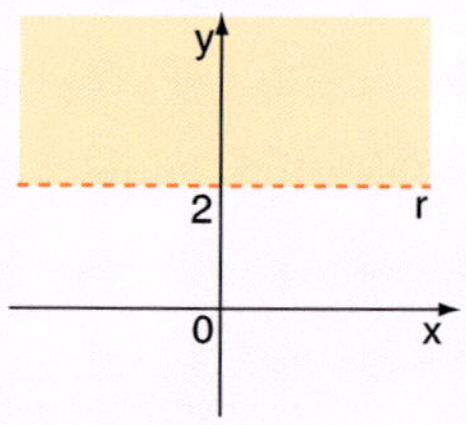

b)

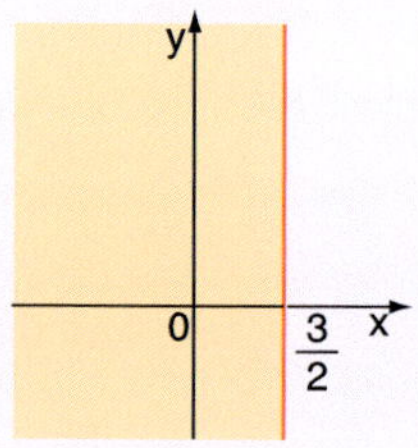

c)

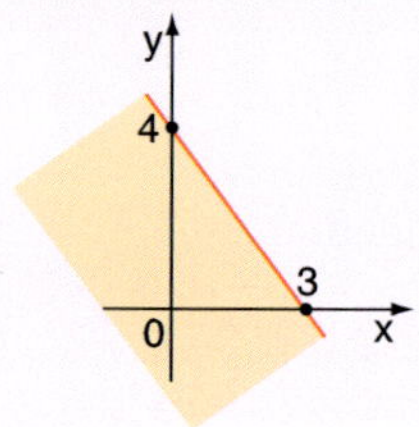

d)

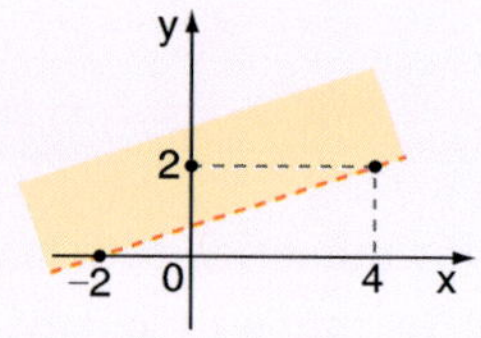

e)

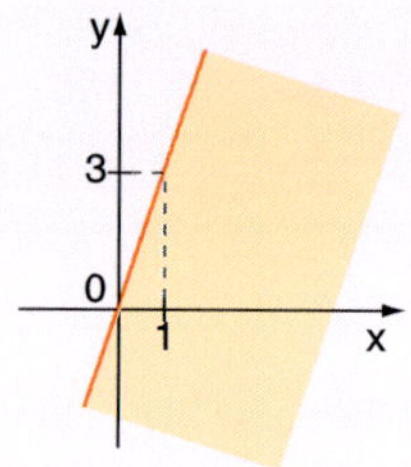

102. Seja R uma região do plano cujos pontos têm coordenadas que satisfazem simultaneamente as condições: $-2 \leqslant x \leqslant 2$ e $-1 \leqslant y \leqslant 3$.

a) Represente graficamente R.

b) Determine a área de R.

103. As coordenadas dos pontos pertencentes a determinada região do plano satisfazem simultaneamente as inequações:

$$\begin{cases} x + y \leqslant 0 \\ y - 1 \geqslant 0 \\ x + 4 \geqslant 0 \end{cases}$$

Determine o perímetro dessa região.

104. Represente graficamente os pontos do plano cartesiano que satisfazem simultaneamente as inequações $x - 3y \leqslant 2$ e $3x + y \geqslant 4$.

APLICAÇÕES

Uma introdução à programação linear

Considere a seguinte situação: uma empresa fabrica dois tipos de boxes de vidro (8 mm) para banheiros – o transparente, cujo preço unitário de custo, no tamanho padrão, é de R$ 200,00, e o colorido (fumê ou verde), cujo preço unitário de custo, no tamanho padrão, é R$ 300,00.

As restrições financeiras da empresa permitem que ela gaste, semanalmente, no máximo R$ 9000,00 para fabricar os boxes. Sua capacidade produtiva é de até 32 boxes por semana.

Os boxes são vendidos aos preços unitários de R$ 280,00 (o transparente) e R$ 360,00 (o colorido). Quantos boxes de cada tipo devem ser fabricados e vendidos, durante uma semana, a fim de maximizar a receita da empresa?

Ilustra Cartoon

Vamos representar por *x* o número de boxes transparentes e por *y* o número de boxes coloridos que serão produzidos e vendidos.

Como a empresa pode gastar, no máximo, R$ 9 000,00, podemos escrever:

$$200x + 300y \leqslant 9\,000$$

Como a empresa consegue fabricar, no máximo, 32 boxes por semana, temos: $x + y \leqslant 32$.

Lembrando que *x* e *y* devem ser números positivos e levando em conta as duas desigualdades acima, temos o seguinte conjunto de inequações, que devem ser simultaneamente satisfeitas:

$$\begin{cases} x > 0 \quad (1) \\ y > 0 \quad (2) \\ 200x + 300y \leqslant 9\,000 \quad (3) \\ x + y \leqslant 32 \quad (4) \end{cases}$$

Observe que (1) e (2) representam os pontos pertencentes ao primeiro quadrante.

As retas de equações $200x + 300y = 9\,000$ e $x + y = 32$ interceptam-se no ponto Q(6, 26).

O conjunto dos pontos do plano que satisfazem simultaneamente as quatro inequações anteriores está indicado abaixo; é o quadrilátero OPQR, reunido com o seu interior.

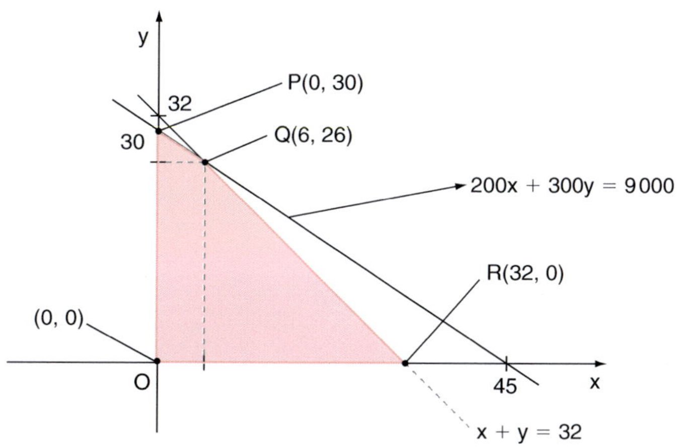

A receita (R) da empresa pode ser expressa pela lei $R = 280x + 360y$; trata-se de uma função de duas variáveis, uma vez que R depende de *x* e *y*. Escrevemos: $R(x, y) = 280x + 360y$.

Por meio de argumentos de cálculo diferencial e integral, não estudados no Ensino Médio, é possível mostrar que a função R(x, y) assume seu valor máximo quando *x* e *y* são substituídos pelas coordenadas de um dos vértices do quadrilátero OPQR. Sendo assim, é preciso verificar para qual dos vértices R é máximo:

vértice O $\rightarrow$ $O(0, 0) = 280 \cdot 0 + 360 \cdot 0 = 0$

vértice P $\rightarrow$ $P(0, 30) = 280 \cdot 0 + 360 \cdot 30 = 10\,800$

vértice Q $\rightarrow$ $Q(6, 26) = 280 \cdot 6 + 360 \cdot 26 = 11\,040$

vértice R $\rightarrow$ $R(32, 0) = 280 \cdot 32 + 360 \cdot 0 = 8\,960$

Desse modo, quando são produzidos e vendidos 6 boxes transparentes e 26 boxes coloridos, a empresa obtém sua receita máxima.

O problema que acabamos de resolver é um exemplo simples de problemas estudados pela programação linear.

Programação linear é uma técnica de planejamento em pesquisa operacional presente em vários ramos da atividade humana. Em linhas gerais, trata de problemas de otimização: como distribuir recursos limitados para atender um objetivo específico, que, em geral, é a maximização da receita ou do lucro de uma empresa.

Veja alguns exemplos de aplicações de programação linear:

- formulação da composição de alimentos, rações e adubo para melhor rendimento, em negócios agropecuários;
- composição de tabelas de escala de horários dos funcionários em uma empresa para gerar mais receita com o menor custo possível;
- seleção de rotas e elaboração da logística que permitam a uma empresa a redução de custos na realização de transportes de cargas e encomendas, com qualidade e segurança.

Para saber mais, pesquise em:

- www.agais.com (Acesso em: 23 jul. 2014.)
- Hazzan, Samuel e outros. ***Cálculo – funções de uma e várias variáveis.*** São Paulo: Saraiva, 2003.

ÂNGULO ENTRE RETAS

Sejam r_1 e r_2 duas retas concorrentes e não perpendiculares. Elas determinam quatro ângulos, dois a dois, opostos pelo vértice e congruentes:

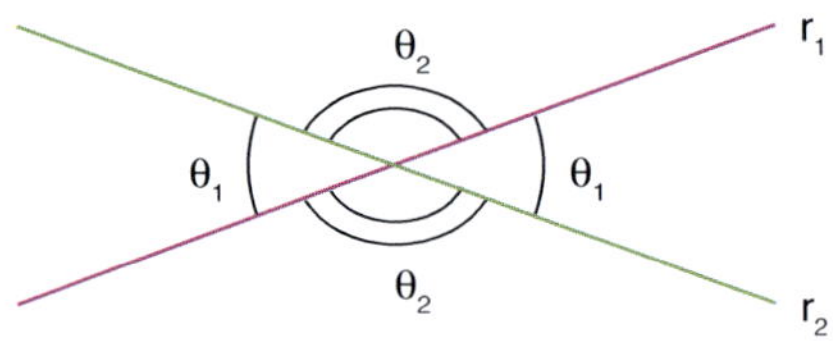

θ_1 é agudo; θ_2 é obtuso.

Lembre-se de que $\theta_1 + \theta_2 = 180°$.

Vamos determinar a medida do ângulo agudo θ_1 formado por r_1 e r_2.

1º caso: Nenhuma das retas é vertical.

Na figura, as inclinações de r_1 e r_2 são, respectivamente, α_1 e α_2. O ângulo α_2 é externo ao triângulo:

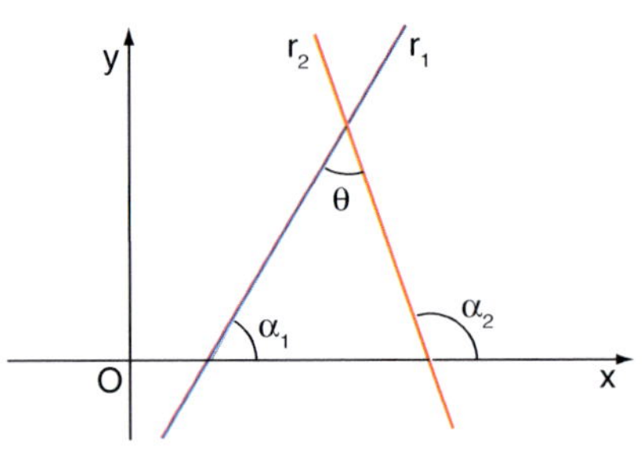

$$\alpha_2 = \alpha_1 + \theta \Rightarrow \theta = \alpha_2 - \alpha_1$$

Daí:

$$\text{tg } \theta = \text{tg } (\alpha_2 - \alpha_1)$$

Lembrando que $\text{tg } (a - b) = \dfrac{\text{tg } a - \text{tg } b}{1 + \text{tg } a \cdot \text{tg } b}$, temos:

$$\text{tg } \theta = \frac{\text{tg } \alpha_2 - \text{tg } \alpha_1}{1 + \text{tg } \alpha_2 \cdot \text{tg } \alpha_1}$$

Como os coeficientes angulares de r_1 e r_2 são, respectivamente, $m_1 = \text{tg } \alpha_1$ e $m_2 = \text{tg } \alpha_2$, vem:

$$\text{tg } \theta = \frac{m_2 - m_1}{1 + m_1 \cdot m_2} \quad (1)$$

Na expressão acima, se obtivermos $\text{tg } \theta > 0$, teremos calculado $\text{tg } \theta_1$, em que θ_1 é a medida do ângulo agudo formado por r_1 e r_2.

Caso tenhamos obtido $\text{tg}\ \theta < 0$, teremos calculado $\text{tg}\ \theta_2$, em que θ_2 é a medida do ângulo obtuso formado por r_1 e r_2.

Como estamos interessados em calcular a medida do ângulo agudo formado por duas retas concorrentes e não perpendiculares, podemos considerar o módulo da expressão obtida em (1).

Assim, a medida θ do ângulo agudo formado por r_1 e r_2 é tal que:

$$\text{tg}\ \theta = \left| \frac{m_1 - m_2}{1 + m_1 \cdot m_2} \right|$$

em que m_1 e m_2 são, respectivamente, os coeficientes angulares de r_1 e r_2.

Exemplo 30

Sejam as retas r: y = 3x + 4 e s: y = −2x + 8. Vamos determinar a medida θ do ângulo agudo formado por *r* e *s*.

Temos: $m_r = 3$ e $m_s = -2$.

$$\text{tg}\ \theta = \left| \frac{m_r - m_s}{1 + m_r \cdot m_s} \right| = \left| \frac{3 - (-2)}{1 + 3 \cdot (-2)} \right| = \left| \frac{5}{-5} \right| = |-1| = 1$$

Como $\text{tg}\ \theta = 1$, concluímos que $\theta = 45°$.

Observação

Se uma das retas (por exemplo, r_1) for paralela ao eixo *x*, temos $m_1 = 0$, e a expressão se reduz a $\text{tg}\ \theta = |m_2|$, em que m_2 é o coeficiente angular de r_2. Faça uma figura para compreender essa situação.

2º caso: Uma das retas é vertical, isto é, paralela ao eixo *y*.

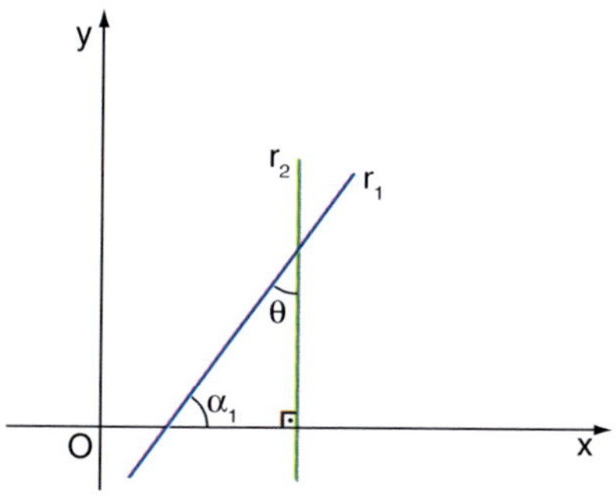

$$\begin{cases} m_1 = \text{tg}\ \alpha_1 > 0 \\ r_2 \text{ é vertical} \end{cases}$$

Temos:

$\theta = 90° - \alpha_1 \Rightarrow \text{tg}\ \theta = \text{tg}\ (90° - \alpha_1) \Rightarrow \text{tg}\ \theta = \dfrac{\text{sen}\ (90° - \alpha_1)}{\cos\ (90° - \alpha_1)} = \dfrac{\cos \alpha_1}{\text{sen}\ \alpha_1} = \text{cotg}\ \alpha_1 = \dfrac{1}{\text{tg}\ \alpha_1}$ e, portanto,

$\text{tg}\ \theta = \dfrac{1}{m_1}$ (1)

Se tivéssemos $m_1 = \text{tg}\ \alpha_1 < 0$, teríamos:

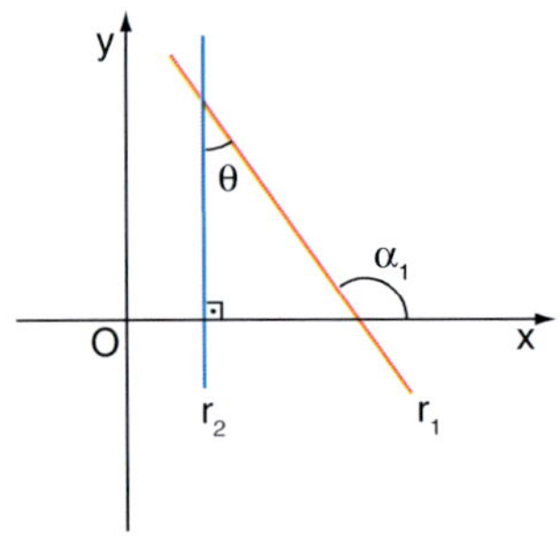

$\theta = \alpha_1 - 90°$ e, por raciocínio análogo, concluiríamos que $\text{tg}\ \theta = -\dfrac{1}{m_1}$ (2)

De (1) e (2), concluímos que a medida θ do ângulo agudo formado por r_1 e r_2 é tal que:

$$\text{tg}\ \theta = \left|\frac{1}{m_1}\right|$$

Exemplo 31

Sejam as retas r: $2x - y + 3 = 0$ e s: $x - 2 = 0$. Vamos determinar a medida θ do ângulo agudo formado por *r* e *s*.

Temos: $\begin{cases} m_r = -\dfrac{a}{b} = -\dfrac{2}{(-1)} = 2 \\ s \text{ é vertical e não se define } m_s \end{cases}$

Daí: $\text{tg}\ \theta = \left|\dfrac{1}{m_r}\right| = \left|\dfrac{1}{2}\right| = \dfrac{1}{2}$.

Costuma-se escrever $\theta = \text{arc tg}\ \dfrac{1}{2}$, isto é, θ é a medida de um ângulo cuja tangente vale $\dfrac{1}{2}$. Consultando uma tabela de razões trigonométricas ou usando uma calculadora científica, podemos determinar a medida $\theta \cong 27°$.

EXERCÍCIOS

105. Determine a medida do ângulo agudo formado entre *r* e *s*, sendo:

a) r: $y = 2x + 5$ e s: $y = -3x + 5$

b) r: $2x - y + 3 = 0$ e s: $3x - y + 2 = 0$

106. A reta *r* passa pela origem e pelo ponto de interseção entre s: $2x + 5y - 1 = 0$ e t: $x - y + 3 = 0$. Determine as medidas dos ângulos agudos formados entre *r* e *s* e entre *r* e *t*.

107. Determine a medida θ do ângulo agudo formado pelas retas *r* e *s*:

a) r: $3x - 2y - 6 = 0$
s: $2x - 3 = 0$

b) r: $x + y\sqrt{3} - 12 = 0$
s: $3y - \sqrt{2} = 0$

108. Encontre a tangente do ângulo formado entre as retas de equações $x + 5y - 6 = 0$ e $3x - y - 6 = 0$.

109. Determine a equação geral da reta *r* seguinte:

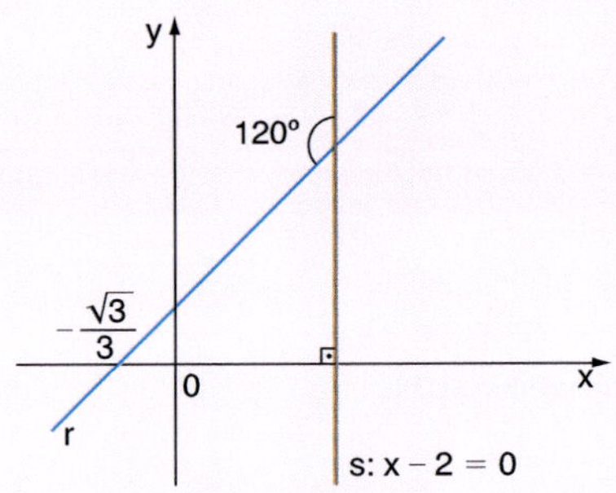

110. Em um sistema de coordenadas ortogonal, são dados os pontos A(3, 0), B(10, 1) e M(6, k). Determine o valor de *k* para o qual o ângulo BÂM mede 45°.

APÊNDICE Demonstração da fórmula da distância de um ponto a uma reta

Vamos determinar *d* (distância de P a *r*).

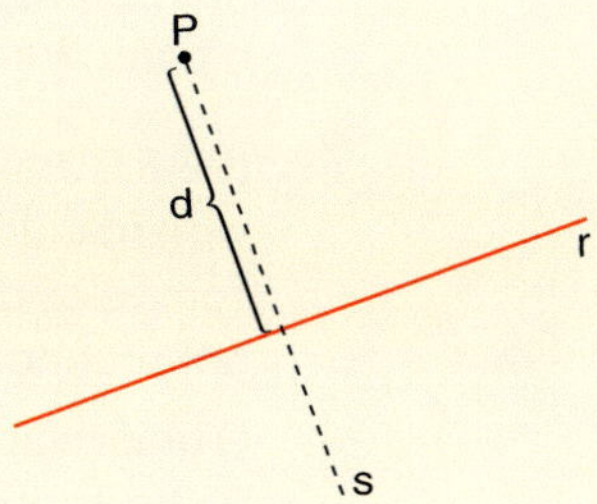

$P(x_0, y_0)$
$r: ax + by + c = 0$

1º) Determinamos a equação da reta perpendicular a *r* por P.

- Como $s \perp r$, $m_s = -\dfrac{1}{m_r} = -\dfrac{1}{\left(-\dfrac{a}{b}\right)} = \dfrac{b}{a}$.
- *s* passa por $P(x_0, y_0) \Rightarrow y - y_0 = \dfrac{b}{a} \cdot (x - x_0) \Rightarrow s: bx - ay + (ay_0 - bx_0) = 0$

2º) Determinamos as coordenadas de P', projeção ortogonal de P sobre *r*. Devemos resolver o sistema, nas incógnitas *x* e *y*, formado pelas equações de *r* e de *s*:

$$\begin{cases} ax + by + c = 0 \\ bx - ay + (ay_0 - bx_0) = 0 \end{cases}$$

Somando a primeira equação multiplicada por *b* com a segunda equação multiplicada por –a, obtemos: $y = \dfrac{a^2y_0 - bc - abx_0}{a^2 + b^2}$. Substituindo esse valor em qualquer uma das equações, obtemos o valor de *x*:

$$x = \frac{b^2x_0 - ac - aby_0}{a^2 + b^2}$$

3º) Calculamos a distância entre P e P'.

A distância de P a *r* é a distância entre $P(x_0, y_0)$ e $P'\left(\dfrac{b^2x_0 - ac - aby_0}{a^2 + b^2}, \dfrac{a^2y_0 - bc - abx_0}{a^2 + b^2}\right)$:

$$d = \sqrt{(\Delta x)^2 + (\Delta y)^2} = \sqrt{\left(\frac{b^2x_0 - ac - aby_0}{a^2 + b^2} - x_0\right)^2 + \left(\frac{a^2y_0 - bc - abx_0}{a^2 + b^2} - y_0\right)^2}$$

$$d = \sqrt{\left[\frac{a \cdot (-ax_0 - by_0 - c)}{a^2 + b^2}\right]^2 + \left[\frac{b \cdot (-ax_0 - by_0 - c)}{a^2 + b^2}\right]^2}$$

Lembrando que $\forall t \in \mathbb{R}$, $(-t)^2 = t^2$, e colocando $(ax_0 + by_0 + c)^2$ em evidência, vem:

$$d = \sqrt{\frac{(ax_0 + by_0 + c)^2 \cdot (a^2 + b^2)}{(a^2 + b^2)^2}} = \sqrt{\frac{(ax_0 + by_0 + c)^2}{a^2 + b^2}}$$

$$d = \frac{|ax_0 + by_0 + c|}{\sqrt{a^2 + b^2}}$$

DESAFIO

(Fund. Carlos Chagas) Se *a* é um número inteiro positivo, define-se uma operação & como $a^{\&} = 3a - 2$. Considere a sequência $(a_1, a_2, a_3, ..., a_n, ...)$ cujo termo geral é $a_n = (n^{\&})^{\&}$, para todo n = 1, 2, 3, ... A soma do terceiro e quinto termos dessa sequência é igual a

a) 42 b) 46 c) 48 d) 52 e) 56

EXERCÍCIOS COMPLEMENTARES

1. (UF-RJ) Um ponto P desloca-se sobre uma reta numerada, e sua posição (em metros) em relação à origem é dada, em função do tempo *t* (em segundos), por $P(t) = 2(1 - t) + 8t$.

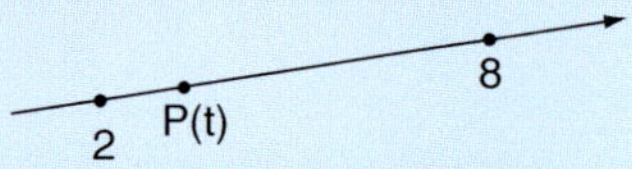

a) Determine a posição de P no instante inicial ($t = 0$).

b) Determine a medida do segmento de reta correspondente ao conjunto dos pontos obtidos pela variação de *t* no intervalo $\left[0, \frac{3}{2}\right]$.

2. As retas suportes dos lados de um triângulo são: $3x - 4y = 0$, $x + y - 7 = 0$ e $4x - 3y = 0$.

a) Mostre que o triângulo é isósceles.

b) Calcule seu perímetro e sua área.

3. Qual é a condição sobre *k* para que as retas de equações $x + y + 1 = 0$, $x + ky - 3 = 0$ e $2x + 4y - 1 = 0$ formem um triângulo?

4. (UF-CE) Um losango do plano cartesiano O_{xy} tem vértices A(0, 0), B(3, 0), C(4, 3) e D(1, 3).

a) Determine a equação da reta que contém a diagonal $\overline{AC}$.

b) Determine a equação da reta que contém a diagonal $\overline{BD}$.

c) Encontre as coordenadas do ponto de interseção das diagonais $\overline{AC}$ e $\overline{BD}$.

5. (UE-RJ) Em uma folha de fórmica retangular ABCD, com 15 dm de comprimento AB por 10 dm de largura AD, um marceneiro traça dois segmentos de reta, $\overline{AE}$ e $\overline{BD}$. No ponto F, onde o marceneiro pretende fixar um prego, ocorre a interseção desses segmentos.

A figura a seguir representa a folha de fórmica no primeiro quadrante de um sistema de eixos coordenados.

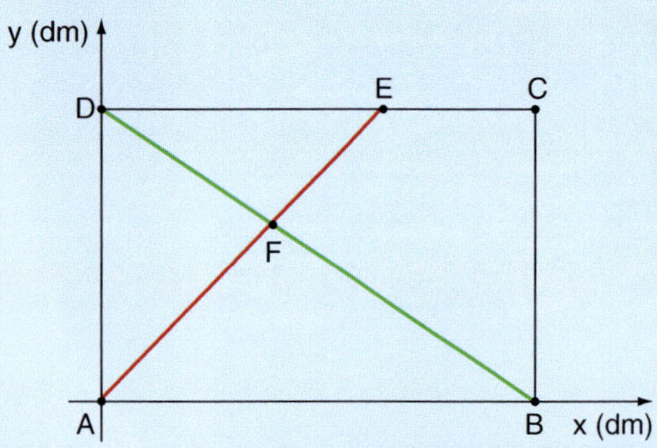

Considerando a medida do segmento $\overline{EC}$ igual a 5 dm, determine as coordenadas do ponto F.

6. (UF-GO) Considere no plano cartesiano duas retas, *r* e *s*, cujas equações são, respectivamente, dadas por $y = x - 5$ e $y = 2x + 12$. Encontre a equação da reta que passa pelo ponto P(1, 3) e intersecta *r* e *s* nos pontos A e B, com $A \in r$ e $B \in s$, de modo que o ponto P seja o ponto médio do segmento $\overline{AB}$.

7. (UE-RJ) Uma partícula parte do ponto A(2; 0), movimentando-se para cima (C) ou para a direita (D), com velocidade de uma unidade de comprimento por segundo no plano cartesiano.

O gráfico abaixo exemplifica uma trajetória dessa partícula, durante 11 segundos, que pode ser descrita pela sequência de movimentos CDCDCCDDDCC.

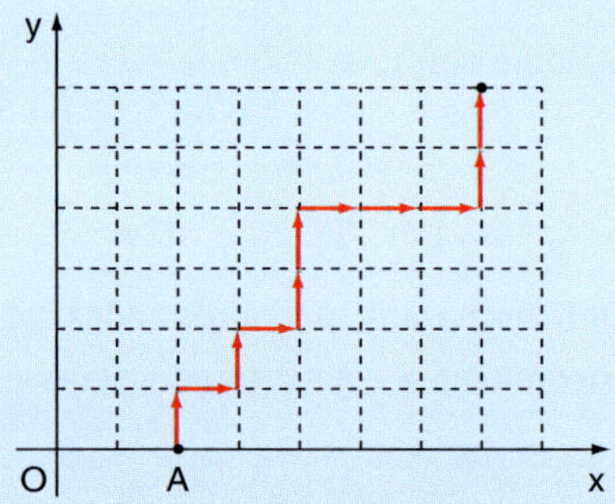

Admita que a partícula faça outra trajetória composta somente pela sequência de movimentos CDD, que se repete durante 5 minutos, partindo de A.

Determine a equação da reta que passa pela origem O(0, 0) e pelo último ponto dessa nova trajetória.

8. (Unifesp-SP)

a) Num sistema cartesiano ortogonal, considere as retas de equações $r: y = \frac{x}{6}$ e $s: y = \frac{3x}{2}$ e o ponto M(2, 1).

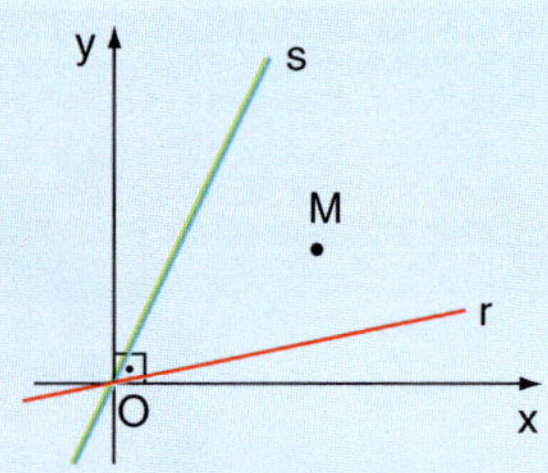

Determine as coordenadas do ponto A, de *r*, e do ponto B, de *s*, tais que M seja o ponto médio do segmento de reta $\overline{AB}$.

b) Considere, agora no plano euclidiano desprovido de um sistema de coordenadas, as retas *r* e *s* e os pontos O, M e P, conforme a figura, com M o ponto médio do segmento $\overline{OP}$. A partir de P, determine os pontos A, de *r*, e B, de *s*, tais que M seja o ponto médio do segmento de reta $\overline{AB}$.

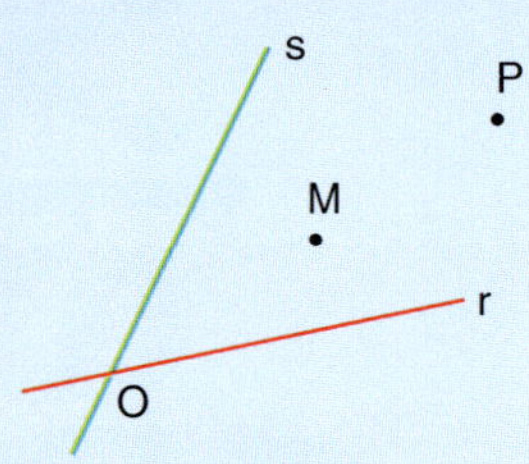

9. (UF-GO) No plano cartesiano, as retas *r* e *s*, de equações $2x - 3y + 3 = 0$ e $x + 3y - 1 = 0$, respectivamente, se intersectam em um ponto C. Considerando o ponto P(0, −4), determine as coordenadas de dois pontos, $A \in r$ e $B \in s$, de modo que o segmento $\overline{CP}$ seja uma mediana do triângulo ABC.

10. (UF-BA) No plano cartesiano, considere a reta *r* que passa pelos pontos P(24, 0) e Q(0, 18) e a reta *s*, perpendicular a *r*, que passa pelo ponto médio de $\overline{PQ}$. Assim sendo, determine a hipotenusa do triângulo cujos vértices são o ponto Q e os pontos de interseção da reta *s* com a reta *r* e com o eixo 0y.

11. (Vunesp-SP) Determine a equação da reta que é paralela à reta $3x + 2y + 6 = 0$ e que passa pelos pontos $(x_1, y_1) = (0, b)$ e $(x_2, y_2) = (-2, 4b)$, com $b \in \mathbb{R}$.

12. (UF-BA) Considere os pontos A(−1, 2), B(1, 4) e C(−2, 5) do plano cartesiano. Sendo D o ponto simétrico de C em relação à reta que passa por A e é perpendicular ao segmento $\overline{AB}$, determine a área do quadrilátero ABCD.

13. (UF-PE) Seja (a, b) o ortocentro do triângulo com vértices nos pontos com coordenadas (5, 1), (7, 2) e (1, 3). Calcule $4a - 2b$.

14. (UF-MG) No plano cartesiano, o ponto A = (1, 11) é vértice de quadrado ABCD, cuja diagonal BD está sobre a reta de equação $y = \frac{1}{2}x + 3$.

Considerando essas informações, determine:

a) as coordenadas do centro M do quadrado;

b) as coordenadas do vértice C;

c) as coordenadas dos vértices B e D.

15. De um paralelogramo ABCD, são dados os vértices A(2, −5) e B(6, 1), e a reta suporte de $\overline{CD}$: $3x - 2y - 2 = 0$. Determine a área do paralelogramo.

16. (UF-CE) Em um sistema cartesiano de origem O, seja P o ponto de coordenadas (1, 2) e *r* uma reta que passa por P e intersecta os semieixos positivos das abscissas e ordenadas, respectivamente, nos pontos A e B. Calcule o menor valor possível para a área do triângulo AOB.

17. (UF-RJ) Fixado um sistema de coordenadas retangulares no plano, sejam T o triângulo cujos vértices são os pontos (−2, 0), (2, 0) e (0, 3), e R o retângulo de vértices (−x, 0), (x, 0), $0 < x < 2$, e cujos outros dois vértices também estão sobre os lados de T.

Determine o valor de *x* para o qual a área de R é máxima. Justifique sua resposta.

18. (UF-PR) Calcule a área do quadrilátero $P_1P_2P_3P_4$, cujas coordenadas cartesianas são dadas na figura abaixo.

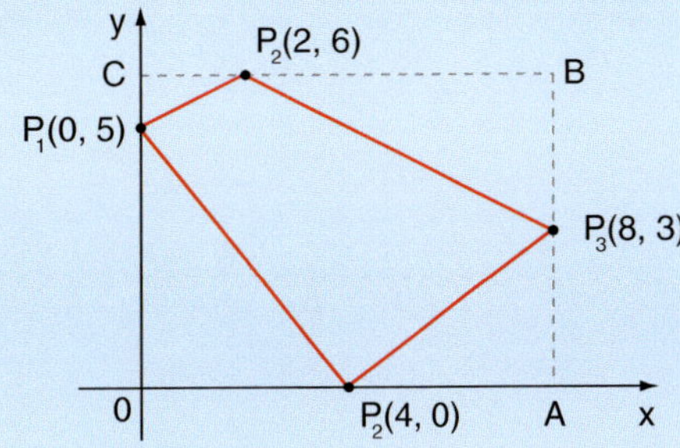

19. (UF-MG) Considere as retas *r*, *s* e *t* de equações, respectivamente, $y = 2x - 4$, $y = -x + 11$ e $y = \frac{x + 7}{5}$.

a) Trace, no plano cartesiano abaixo, os gráficos dessas três retas.

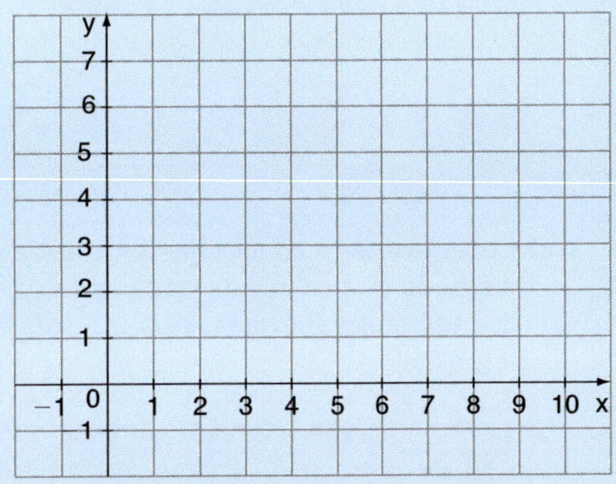

b) Calcule as coordenadas dos pontos de interseção A de *r* e *s*, B de *r* e *t* e C de *s* e *t*.

c) Determine a área do triângulo ABC.

20. (UF-PE) Na ilustração a seguir, os vértices do triângulo PQR são as interseções, duas a duas, das três retas esboçadas. O ponto P tem coordenadas (1, −1), a reta contendo Q e R tem equação $x - 3y + 6 = 0$, a reta contendo P e R tem equação $x - y - 2 = 0$, e o ponto Q está no eixo das ordenadas. Determine a área do triângulo PQR.

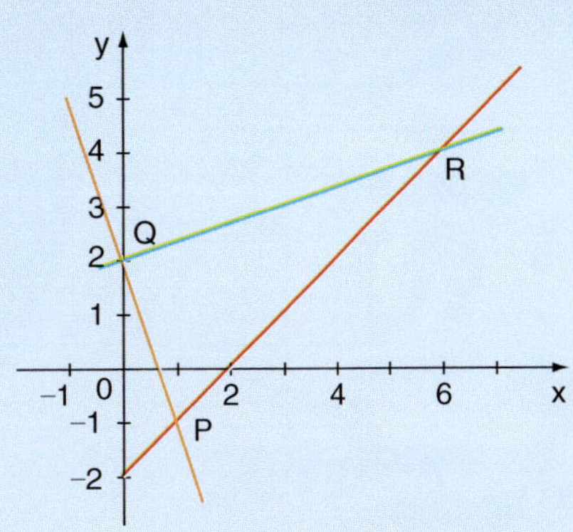

21. (UFR-RJ) No gráfico a seguir, o ponto P é equidistante da origem e da reta *r*.

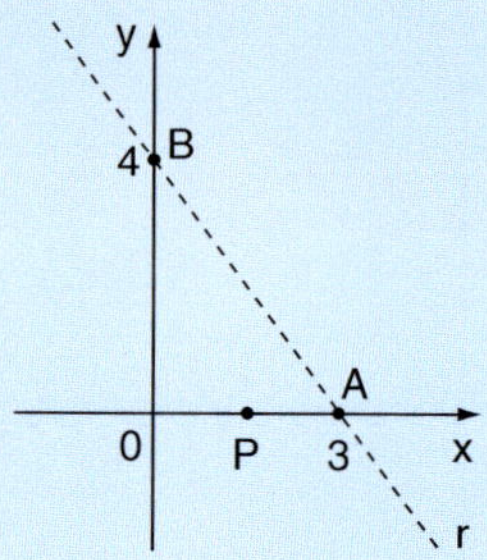

Determine as coordenadas de P.

22. (UF-PR) Considere as retas *r* e *s* representadas no plano cartesiano abaixo.

a) Escreva a equação da reta *r*.

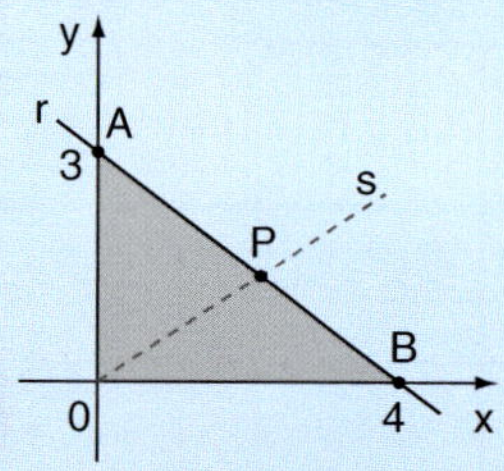

b) Qual deve ser o coeficiente angular da reta *s*, de modo que ela divida o triângulo cinza em dois triângulos com áreas iguais? Justifique sua resposta.

23. No plano cartesiano, o conjunto de pontos (x, y) tal que $\begin{cases} 0 \leqslant x \leqslant 1 \\ y \geqslant 0 \\ x + y \leqslant 2 \end{cases}$ determina um polígono. Determine:

a) o perímetro do polígono;

b) a área do polígono.

24. A região de alcance de transmissão do sinal de uma operadora de telefonia celular, em um pequeno município, está representada no mapa pelo interior do quadrilátero ABCD. A origem do sistema de coordenadas cartesianas coincide com o local onde está instalada a torre da operadora. A unidade de medida considerada é o quilômetro.

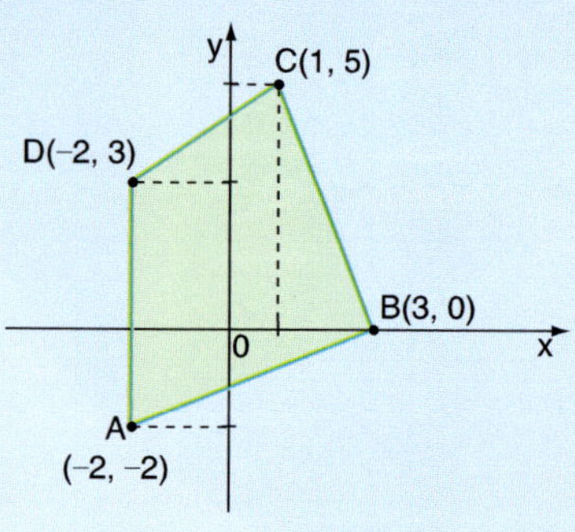

a) Qual é, em km², a área da região do município que recebe o sinal da operadora?

b) A casa de Juca está localizada em um ponto do 1º quadrante, equidistante de B e C e representada, no mapa, sobre a reta de equação $2x - y = 0$. A família de Juca recebe o sinal? A que distância da torre se encontra sua casa?

c) Sabe-se que, no mapa, o município encontra-se no interior da região limitada pelas retas horizontais $y - 5 = 0$ e $y + 4 = 0$ e pelas retas verticais $x - 5 = 0$ e $x + 3 = 0$. Escolhendo-se, ao acaso, um ponto qualquer do município, qual é a probabilidade de que ele receba o sinal da operadora?

25. (Unicamp-SP) As retas de equações $y = ax + b$ e $y = cx$ são ilustradas na figura abaixo.

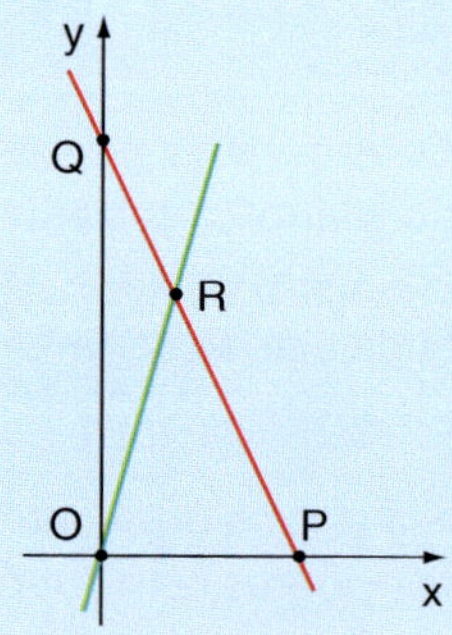

Sabendo que o coeficiente *b* é igual à média aritmética dos coeficientes *a* e *c*,

a) expresse as coordenadas dos pontos P, Q e R em termos dos coeficientes *a* e *b*;

b) determine *a*, *b* e *c* sabendo que a área do triângulo POR é o dobro da área do triângulo ORQ e que o triângulo OPQ tem área 1.

26. (Vunesp-SP) Determine as equações das retas que formam um ângulo de 135° com o eixo *x* e estão à distância $\sqrt{2}$ do ponto (–4, 3).

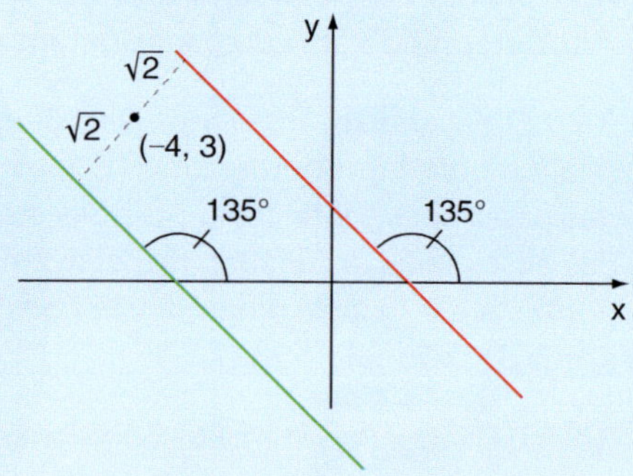

27. (UF-BA) Considere, no plano cartesiano, os pontos A(0, 2), B(–2, 4), C(0, 6), A'(0, 0), B'($6\sqrt{2}$, 0) e um ponto C' que tem coordenadas positivas.

Sabendo que $B\hat{A}C = B'\hat{A}'C'$ e $A\hat{C}B = A'\hat{C}'B'$, determine o produto das coordenadas do ponto C'.

28. (Unicamp-SP) Seja dada a reta $x - 3y + 6 = 0$ no plano xy.

a) Se P é um ponto qualquer desse plano, quantas retas do plano passam por P e formam um ângulo de 45° com a reta dada acima?

b) Para o ponto P com coordenadas (2, 5), determine as equações das retas mencionadas no item *a*.

29. (Fuvest-SP) Na figura abaixo, a reta *r* tem equação $y = 2\sqrt{2}x + 1$ no plano cartesiano Oxy. Além disso, os pontos B_0, B_1, B_2, B_3 estão na reta *r*, sendo $B_0 = (0, 1)$. Os pontos A_0, A_1, A_2, A_3 estão no eixo Ox, com $A_0 = O = (0, 0)$. O ponto D_i pertence ao segmento $\overline{A_iB_i}$ para $1 \leqslant i \leqslant 3$. Os segmentos $\overline{A_1B_1}, \overline{A_2B_2}, \overline{A_3B_3}$ são paralelos ao eixo Oy, os segmentos $\overline{B_0D_1}, \overline{B_1D_2}, \overline{B_2D_3}$ são paralelos ao eixo Ox, e a distância entre B_i e B_{i+1} é igual a 9, para $0 \leqslant i \leqslant 2$.

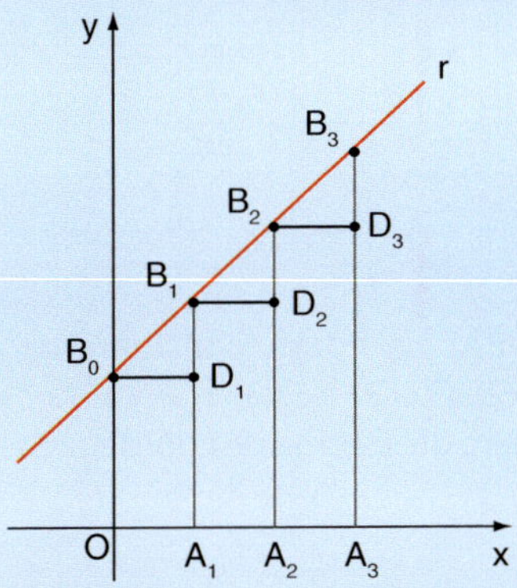

Nessas condições:

a) Determine as abscissas de A_1, A_2, A_3.

b) Sendo R_i o retângulo de base $\overline{A_iA_{i+1}}$ e altura $\overline{A_{i+1}D_{i+1}}$, para $0 \leqslant i \leqslant 2$, calcule a soma das áreas dos retângulos R_0, R_1 e R_2.

30. (UE-GO) Em uma chácara há um pasto que é utilizado para criar vacas e bezerros. Esse pasto tem área de dois hectares, sendo que cada um corresponde a um quadrado de 100 metros de lado. Observações técnicas indicam que cada vaca deverá ocupar uma área de, no mínimo, 1 000 m^2 e cada bezerro de, no mínimo, 400 m^2.

a) De acordo com as observações técnicas, esse pasto comportará 15 vacas e 15 bezerros? Justifique sua resposta.

b) Represente algébrica e graficamente as condições dessa situação, respeitando as observações técnicas.

31. (UF-BA) Considerem-se em um sistema de coordenadas cartesianas — tendo o metro como unidade de medida para os eixos Ox e Oy — duas partículas P_1 e P_2.

Sabendo que, no instante $t = 0$, a partícula P_1 parte da origem, na direção positiva do eixo Oy, com velocidade constante 2 m/s, e a partícula P_2 parte do ponto (10, 0) em direção à origem dos eixos com velocidade constante 1 m/s, escreva uma equação da reta que passa pelos pontos que determinam a posição das duas partículas no instante em que o quadrado da distância entre elas é mínimo.

32. (U. F. São Carlos-SP) Admita os pontos A(2, 2) e B(−3, 4) como sendo vértices opostos de um losango ACBD.

a) Determine a equação geral de cada uma das retas suportes das diagonais do losango ACBD.

b) Calcule o comprimento do lado do losango ACBD admitindo-se que um de seus vértices esteja no eixo das abscissas.

33. (Fuvest-SP) A reta *s* passa pela origem O e pelo ponto A do primeiro quadrante. A reta *r* é perpendicular à reta *s*, no ponto A, e intercepta o eixo *x* no ponto B e o eixo *y* no ponto C. Determine o coeficiente angular de *s* se a área do triângulo OBC for o triplo da área do triângulo OAB.

TESTES

1. (FGV-SP) O gráfico de uma função polinomial do primeiro grau passa pelos pontos de coordenadas (x, y) dados abaixo:

0	5
m	8
6	14
7	*k*

Podemos concluir que o valor de k + m é:

a) 15,5
b) 16,5
c) 17,5
d) 18,5
e) 19,5

2. (Mackenzie-SP) Considerando o esboço do gráfico da função f(x) = cos x, entre 0 e 2π, a reta que passa pelos pontos P e Q define com os eixos coordenados um triângulo de área:

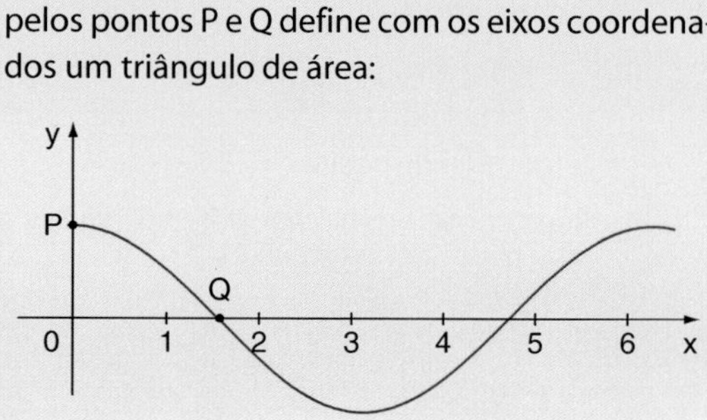

a) $\frac{\pi}{2}$ b) $\frac{\pi}{4}$ c) π d) $\frac{\pi}{8}$ e) $\frac{\pi}{6}$

3. (UF-CE) Os vértices do quadrado ABCD no plano cartesiano são A(−1, 3), B(1, 1), C(3, 3) e D(x, y). Então, os valores de *x* e *y* são:

a) x = 1 e y = 5

b) x = 5 e y = 1

c) $x = 1 + \sqrt{5}$ e $y = 1 + \sqrt{5}$

d) $x = 1 - \sqrt{5}$ e y = 1

e) x = 1 e $y = 1 - \sqrt{5}$

4. (UF-RN) Três amigos – André (A), Bernardo (B) e Carlos (C) – saíram para caminhar, seguindo trilhas diferentes. Cada um levou um GPS – instrumento que permite à pessoa determinar suas coordenadas. Em dado momento, os amigos entraram em contato uns com os outros, para informarem suas respectivas posições e combinaram que se encontrariam no ponto equidistante das posições informadas.

As posições informadas foram: $A(1, \sqrt{5})$, B(6, 0) e C(3, −3).

Com base nesses dados, conclui-se que os três amigos se encontrariam no ponto:

a) (1, −3) c) $(3, \sqrt{5})$

b) (3, 0) d) (−6, 0)

5. (UF-MT) No gráfico abaixo, o ponto A tem coordenadas (3, 0), os pontos B e C estão, respectivamente, sobre a reta y = 2 e y = 4 e o ponto A pertence à reta que passa por B e C.

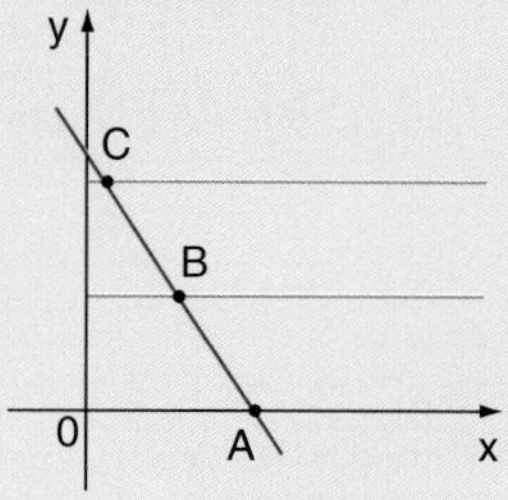

A partir dessas informações, pode-se afirmar que as coordenadas dos pontos B e C, tais que a soma dos quadrados das medidas dos segmentos $\overline{OB}$ e $\overline{BC}$ seja mínima, são, respectivamente:

a) $\left(-\frac{3}{2}, 2\right)$ e (−1, 4) d) (2, 2) e (1, 4)

b) $\left(\frac{2}{3}, 2\right)$ e (0, 4) e) (1, 2) e (−1, 4)

c) $\left(\frac{3}{2}, 2\right)$ e (0, 4)

6. (PUC-RJ) O retângulo ABCD tem um lado sobre o eixo *x* e um lado sobre o eixo *y*, como mostra a figura. A área do retângulo ABCD é 15, e a medida do lado $\overline{AB}$ é 5. A equação da reta que passa por A e por C é:

a) y = 3x

b) y = −3x

c) y = 5x

d) $y = \frac{3}{5}x$

e) $y = \frac{5}{3}x$

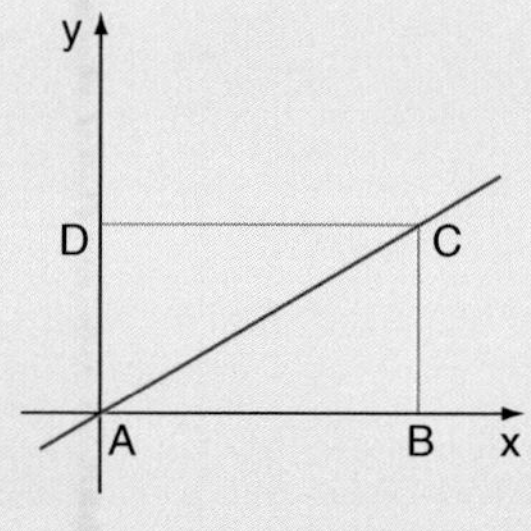

7. (UF-BA) Na figura, considere os pontos A(4, 0), B(4, 2), C(4, 3) e D(3, 3) e a reta *r* que passa pela origem do sistema de coordenadas e pelo ponto B.

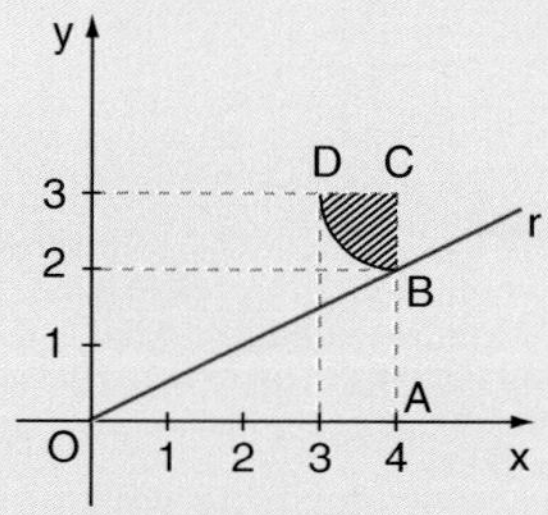

Com base nessas informações, pode-se afirmar:

(01) O triângulo BCD é equilátero.

(02) A área do setor circular hachurado é igual a $\frac{\pi}{4}$ u.a.

(04) A equação $y = \frac{x}{2}$ representa a reta *r*.

(08) O ângulo entre o eixo Ox, no sentido positivo, e a reta *r* mede 30°.

(16) A imagem do ponto C pela reflexão em relação à reta *r* é o ponto de coordenadas (4, 1).

(32) A imagem do triângulo OAB pela homotetia de razão $\frac{1}{3}$ é um triângulo de área $\frac{4}{3}$ u.a.

(64) A imagem do ponto D pela rotação de 45° em torno da origem do sistema, no sentido positivo, é o ponto de coordenadas (0, 3).

Indique a soma dos itens corretos.

8. (FGV-SP) No plano cartesiano, M(3, 3), N(7, 3) e P(4, 0) são os pontos médios respectivamente dos lados $\overline{AB}$, $\overline{BC}$ e $\overline{AC}$ de um triângulo ABC. A abscissa do vértice C é:

a) 6 b) 7 c) 8 d) 9 e) 0

9. (Vunesp-SP) Num sistema cartesiano ortogonal Oxy, considere o triângulo ABC de vértices A = (3, 5), B = (1, 1) e C = (5, −9) e seja M o ponto médio do lado $\overline{AB}$. A equação da reta suporte da mediana $\overline{CM}$ é:

a) $2x + y - 1 = 0$
b) $5x + 2y - 7 = 0$
c) $4x + 2y - 2 = 0$
d) $4x + y - 11 = 0$
e) $2x - y - 19 = 0$

10. (Mackenzie-SP) No triângulo da figura, se AC = BC, a equação da reta suporte da mediana $\overline{CM}$ é:

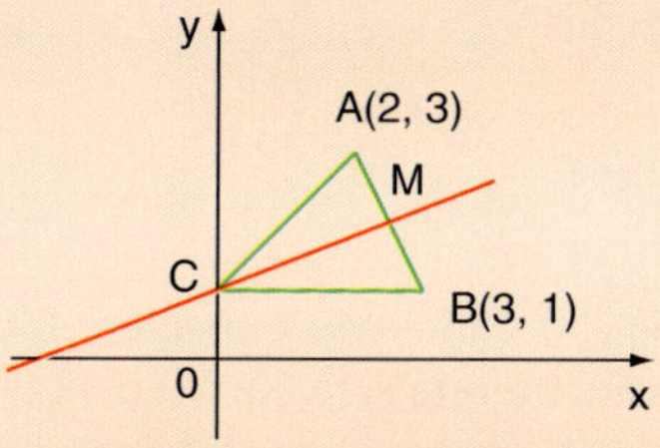

a) $12x - 25y + 20 = 0$
b) $6x - 10y + 5 = 0$
c) $14x - 25y + 15 = 0$
d) $2x - 4y + 3 = 0$
e) $7x - 9y + 5 = 0$

11. (UF-PR) Na figura abaixo estão representados, em um sistema cartesiano de coordenadas, um quadrado cinza de área 4 unidades, um quadrado hachurado de área 9 unidades e a reta *r* que passa por um vértice de cada quadrado. Nessas condições, a equação da reta *r* é:

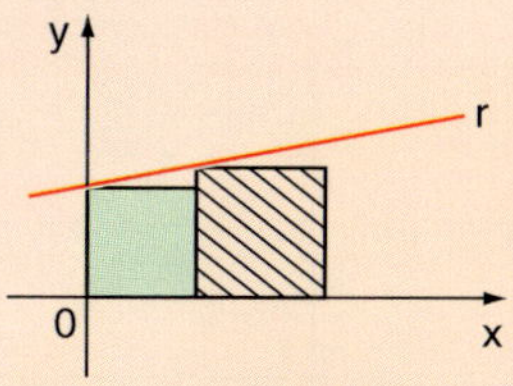

a) $x - 2y = -4$
b) $4x - 9y = 0$
c) $2x + 3y = -1$
d) $x + y = 3$
e) $2x - y = 3$

12. (UE-CE) As funções do primeiro grau $f(x) = mx + n$ e $g(x) = px + q$ são funções de $\mathbb{R}$ em $\mathbb{R}$ tais que o gráfico de *f* passa pela origem do sistema de coordenadas e intercepta o gráfico de *g* no ponto de abscissa igual a 3. Se o gráfico de *g* intercepta os eixos *x* e *y*, respectivamente, nos pontos (7, 0) e (0, 5), então o valor de $m + n + p + q$ é um número localizado entre:

a) 5,20 e 5,25
b) 5,25 e 5,30
c) 5,30 e 5,35
d) 5,35 e 5,40

13. (UE-CE) Considere os pontos P = (0, 0), Q = (a, 0) e S = (b, c), com c ≠ 0. Sabendo que os segmentos $\overline{PQ}$ e $\overline{PS}$ são lados de um paralelogramo PQRS, é correto afirmar que a interseção das diagonais deste mesmo paralelogramo é o ponto:

a) (a, c)
b) (b − a, c − a)
c) (a − b, c)
d) $\left(\dfrac{b-a}{2}, \dfrac{c}{2}\right)$
e) $\left(\dfrac{a+b}{2}, \dfrac{c}{2}\right)$

14. (UFF-RJ) A adição do biodiesel ao óleo diesel promove pequenas modificações nas propriedades do combustível, as quais, apesar de causarem redução na quantidade de energia fornecida ao motor, promovem um aumento na eficiência com que esta energia é convertida em potência de saída.
O gráfico a seguir, representado por um segmento de reta que une o ponto (30, −8) à origem (0, 0), apresenta a variação V da energia fornecida ao motor com relação ao padrão diesel (em %) como função da proporção P de adição de biodiesel na mistura (em %).

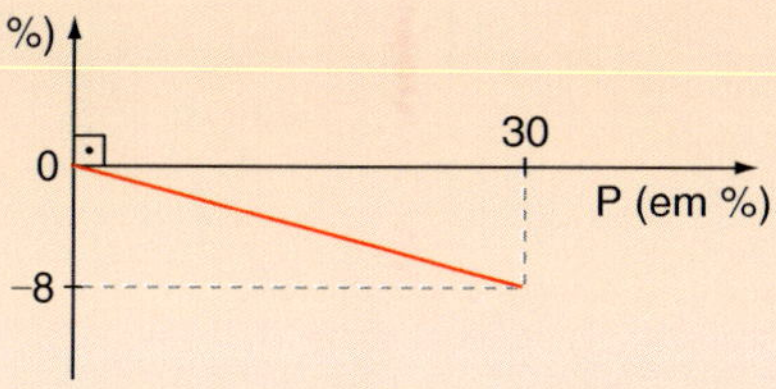

Fonte: Adaptado de *Scientific American*, ano 5, n. 53, out. 2006.

Assinale a única opção correta:

a) $V(2^2) = [V(2)]^2$
b) $V(2) < V(8)$
c) $V(8) = 4V(2)$
d) $\dfrac{V(8) - V(2)}{8 - 2} = -\dfrac{15}{4}$
e) $V(8) = V(2) \cdot V(4)$

15. (FEI-SP) A figura representa a reta *r* que intercepta o eixo *y* no ponto P = (0, 3), formando com esse eixo um ângulo de 30°.

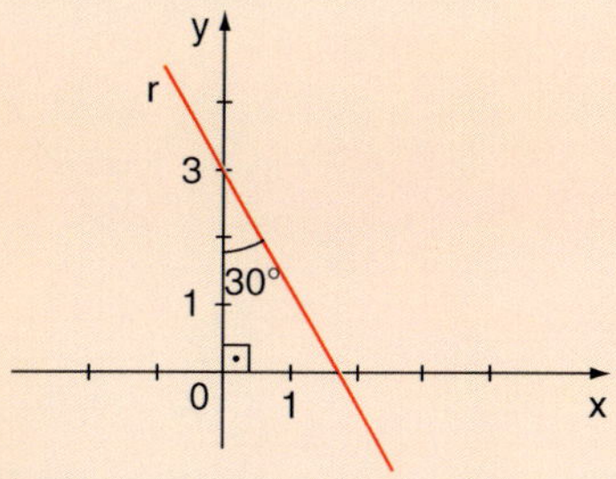

A equação de *r* é dada por:

a) $y = \sqrt{3}x + 3$
b) $y = -\sqrt{3}x - 3$
c) $y = -\sqrt{3}x + 3$
d) $y = \dfrac{\sqrt{3}}{3}x + 3$
e) $y = -\dfrac{\sqrt{3}}{3}x + 3$

16. (UF-PR) Sabe-se que a reta r passa pelos pontos $A = (-2, 0)$ e $P = (0, 1)$ e que a reta s é paralela ao eixo das ordenadas e passa pelo ponto $Q = (4, 2)$. Se B é o ponto em que a reta s intercepta o eixo das abscissas e C é o ponto de interseção das retas r e s, então o perímetro do triângulo ABC é:

a) $3(3 + \sqrt{5})$ c) $5(3 + \sqrt{5})$ e) $5(5 + \sqrt{3})$

b) $3(5 + \sqrt{3})$ d) $3(3 + \sqrt{3})$

17. (PUC-RS) Para completar a viagem, nosso amigo foi para a Grécia conhecer um pouco mais do famoso Tales de Mileto. Foi-lhe proposto o seguinte problema:

Duas retas de equações $y = x$ e $y = 2x - 4$ são interceptadas por duas transversais paralelas, conforme a figura. O valor de c é:

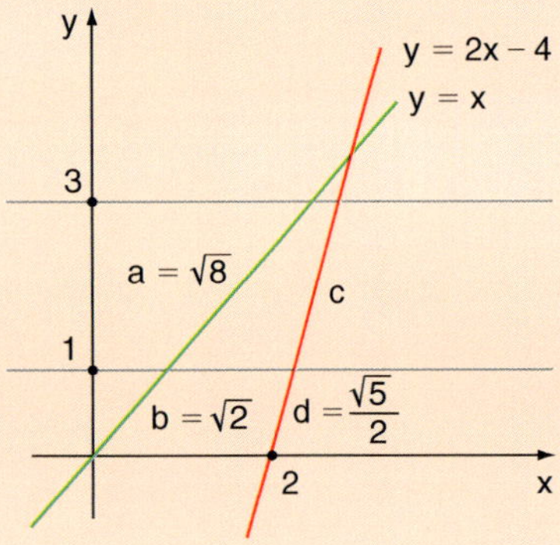

a) $4\sqrt{5}$ c) $\sqrt{5}$ e) $\frac{\sqrt{26}}{2}$

b) $2\sqrt{5}$ d) $\frac{\sqrt{5}}{2}$

18. (UF-MG) Nesta figura, está representado um quadrado de vértices ABCD:

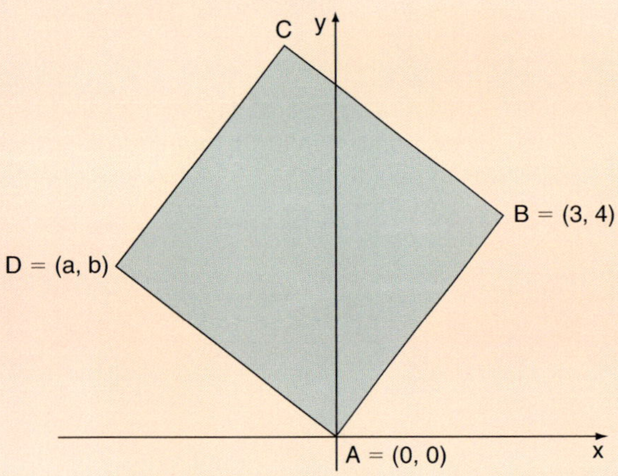

Sabe-se que as coordenadas cartesianas dos pontos A e B são $A = (0,0)$ e $B = (3,4)$.

Então, é correto afirmar que a soma das coordenadas do vértice D é:

a) -2 b) -1 c) $-\frac{1}{2}$ d) $-\frac{3}{2}$

19. (UE-CE) O ponto $(2, 1)$ é o centro de um quadrado no qual um dos vértices é o ponto $(5, 5)$. A soma das coordenadas dos outros 3 vértices deste quadrado é:

a) 12 b) 8 c) 4 d) 2

20. (U. F. São Carlos-SP) Seja Q a projeção ortogonal do ponto $P(1, 0)$ sobre a reta de equação $x - y + 2 = 0$ no plano cartesiano. A soma das coordenadas de Q vale:

a) $\frac{1}{2}$ b) 1 c) $\frac{3}{2}$ d) 2 e) $\frac{5}{2}$

21. (UF-AM) Sejam $A(-4, 2)$, $B(-8, -8)$, $C(0, 2)$ e $D(4, 12)$ vértices consecutivos de um paralelogramo. A altura relativa ao lado $\overline{BC}$ deste paralelogramo é igual a:

a) $2\sqrt{29}$ c) $\frac{12}{\sqrt{41}}$ e) $\frac{20}{\sqrt{41}}$

b) $2\sqrt{41}$ d) $\frac{20}{\sqrt{29}}$

22. (U. F. São Carlos-SP) Considere P um ponto pertencente à reta r de equação $3x + 5y - 10 = 0$ e equidistante dos eixos coordenados. A equação da reta que passa por P e é perpendicular a r é:

a) $10x - 6y - 5 = 0$ d) $5x + 3y - 10 = 0$

b) $6x - 10y + 5 = 0$ e) $15x - 3y - 4 = 0$

c) $15x - 9y - 16 = 0$

23. (Mackenzie-SP) Na figura, se r e s são retas perpendiculares, a abscissa de P é:

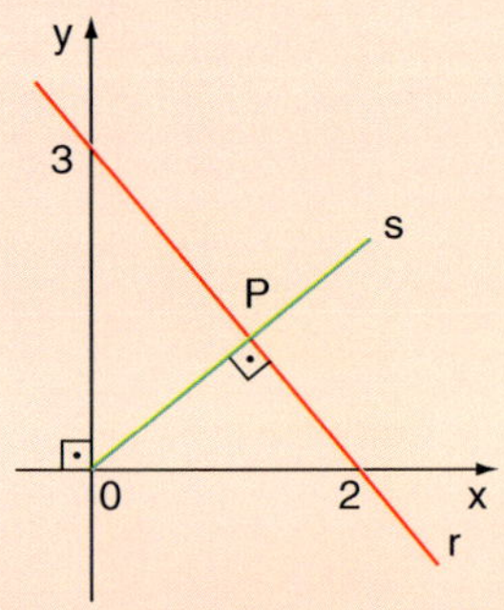

a) 4 b) $\frac{6}{13}$ c) $\frac{18}{13}$ d) $\frac{2}{7}$ e) $\frac{6}{7}$

24. (FEI-SP) Em relação ao sistema de coordenadas cartesianas, são dados os pontos $A = (1, 3)$ e $B = (-3, -5)$. A equação da reta mediatriz do segmento $\overline{AB}$ é dada por:

a) $x + 2y + 1 = 0$

b) $2x - y + 1 = 0$

c) $x + 2y - 3 = 0$

d) $2x + y + 1 = 0$

e) $x + 2y + 3 = 0$

25. (UF-MS) Sabendo-se que um quadrado tem um de seus vértices na origem do sistema cartesiano e que as equações das retas suportes de dois de seus lados são $3x - y = 0$ e $3x - y + 10 = 0$, então a medida de sua diagonal é igual a:

a) $2\sqrt{5}$ c) $5\sqrt{5}$ e) $\sqrt{2}$
b) $2\sqrt{2}$ d) $5\sqrt{2}$

26. (PUC-RJ) Considere o triângulo de vértices (0, 0), (3, 0) e (0, 7). Alguns pontos de coordenadas inteiras estão nos lados do triângulo, por exemplo, (2, 0); alguns estão no interior, como o ponto (1, 1). Quantos pontos de coordenadas inteiras estão no interior do triângulo?

a) 6 b) 7 c) 10 d) 12 e) 21

27. (UF-PE) Qual a menor distância possível entre um ponto da reta com equação $y = -\frac{3x}{4} + 6$, esboçada abaixo, e a origem do sistema cartesiano?

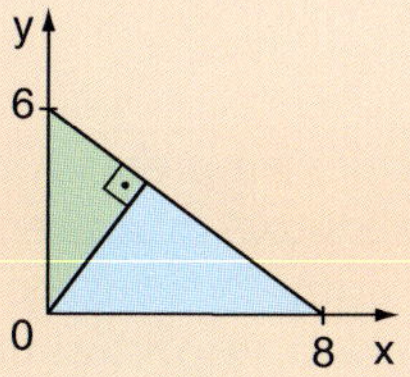

a) 4,4 b) 4,5 c) 4,6 d) 4,7 e) 4,8

28. (UF-PI) Duas retas *r* e *s* do plano se interceptam no ponto (–1, 6) e formam, com o eixo das abscissas, ângulos agudos α e β, respectivamente. Se tg (α) = 3 e tg (β) = 2, uma possibilidade para a medida da área do triângulo formado por *r* e *s* e o eixo das abscissas é:

a) 1 unidade de área
b) 2 unidades de área
c) 3 unidades de área
d) 4 unidades de área
e) 5 unidades de área

29. (ITA-SP) Considere no plano cartesiano xy o triângulo delimitado pelas retas $2x = y$, $x = 2y$ e $x = -2y + 10$. A área desse triângulo é:

a) $\frac{15}{2}$ b) $\frac{13}{4}$ c) $\frac{11}{6}$ d) $\frac{9}{4}$ e) $\frac{7}{2}$

30. (Vunesp-SP) Um triângulo tem vértices P = (2, 1), Q = (2, 5) e R = $(x_0, 4)$, com $x_0 > 0$. Sabendo-se que a área do triângulo é 20, a abscissa x_0 do ponto R é:

a) 8 b) 9 c) 10 d) 11 e) 12

31. (PUC-RJ) Considere o triângulo cujos lados estão sobre as retas $y = 0$, $x + 2y = 6$ e $x - y = 2$.

Qual é a área do triângulo?

a) $\frac{1}{3}$ b) 1 c) $\frac{8}{3}$ d) 3 e) $\frac{10}{3}$

32. (FGV-SP) Uma reta vertical divide o triângulo de vértices (0, 0), (1, 1) e (9, 1), definido no plano ortogonal (x, y), em duas regiões de mesma área. A equação dessa reta é:

a) $x - \frac{5}{2} = 0$ c) $x - \frac{7}{2} = 0$ e) $x + \frac{5}{2} = 0$
b) $x - 3 = 0$ d) $x - 4 = 0$

33. (PUC-MG) A área do triângulo limitado pelas retas $4x + 5y - 20 = 0$, $y = 0$ e $x = 0$, é:

a) 4 b) 5 c) 10 d) 16

34. (Unicamp-SP) A área do triângulo OAB esboçado na figura abaixo é:

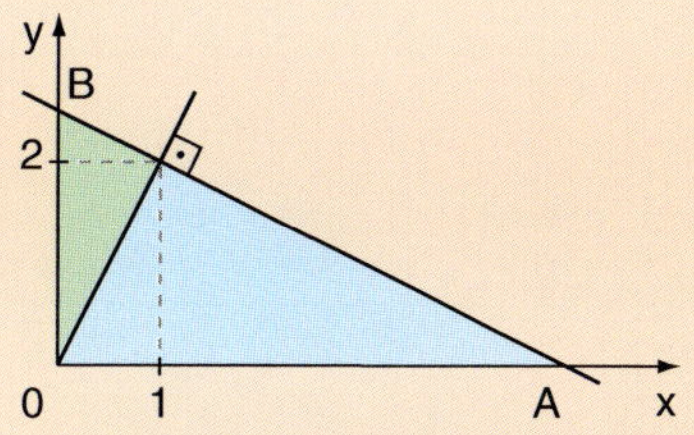

a) $\frac{21}{4}$ b) $\frac{23}{4}$ c) $\frac{25}{4}$ d) $\frac{27}{4}$

35. (Fatec-SP) No plano cartesiano representado a seguir, o coeficiente angular da reta $\overleftrightarrow{OA}$ é 1, e a área do losango ABCO é $8\sqrt{2}$. Portanto, o valor de *p* é:

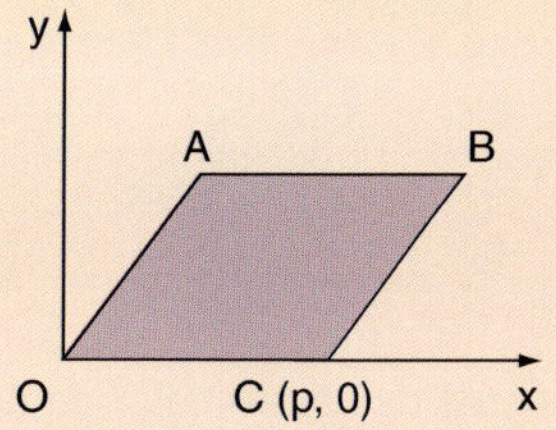

a) 2 b) 4 c) 6 d) 8 e) 10

36. (ITA-SP) A área do quadrilátero definido pelos eixos coordenados e as retas r: $x - 3y + 3 = 0$ e s: $3x + y - 21 = 0$, em unidades de área, é igual a:

a) $\frac{19}{2}$ b) 10 c) $\frac{25}{2}$ d) $\frac{27}{2}$ e) $\frac{29}{2}$

37. (UF-RJ) Os lados do quadrilátero da figura abaixo são segmentos das retas $y = x + 2$, $y = -x - 2$, $y = -2x + 2$ e $y = 2x - 2$.

A área desse quadrilátero é:

a) 18
b) 19
c) 20
d) 21
e) 22

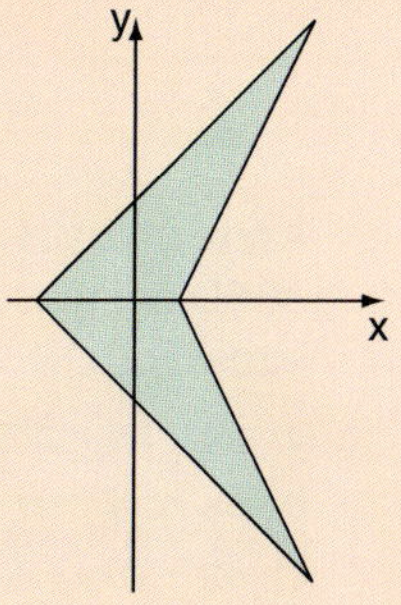

38. (Unifesp-SP) Num sistema cartesiano ortogonal, considerados os pontos e a reta exibidos na figura, o valor de *t* para o qual a área do polígono OABC é igual a quatro vezes a área do polígono ADEB é:

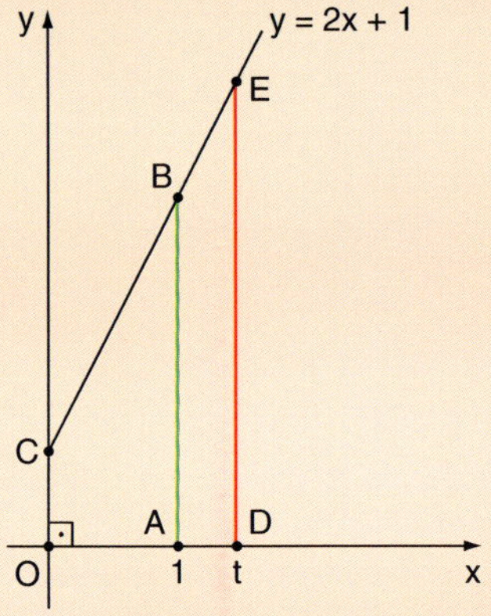

a) $-1 + \sqrt{30}$

b) $1 + \sqrt{5}$

c) $\sqrt{10}$

d) 3

e) $\dfrac{(-1 + \sqrt{11})}{2}$

39. (UF-PE) As retas com equações $y = -\dfrac{4x}{5} + 4$ e $y = -\dfrac{3x}{4} + 6$ têm parte de seus gráficos esboçados a seguir.

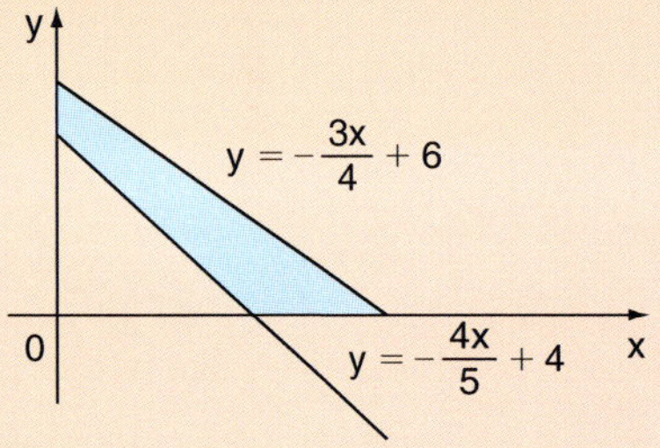

Qual a área da região colorida na figura, que está no primeiro quadrante e é limitada pelos eixos coordenados e pelas duas retas?

a) 12 b) 13 c) 14 d) 15 e) 16

40. (Unifesp-SP) Num sistema cartesiano ortogonal, são dados os pontos A(1, 1), B(5, 1), C(6, 3) e D(2, 3), vértices de um paralelogramo, e a reta *r*, de equação r: $3x - 5y - 11 = 0$.

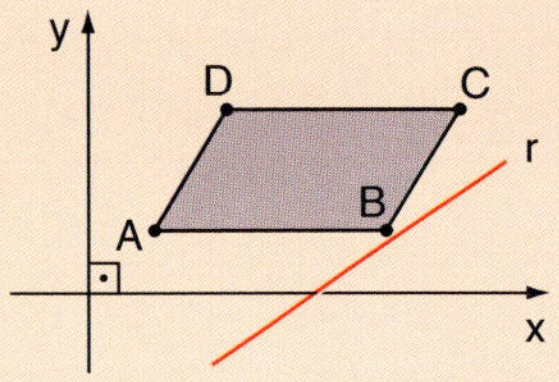

A reta *s*, paralela à reta *r*, que divide o paralelogramo ABCD em dois polígonos de mesma área terá por equação:

a) $3x - 5y - 5 = 0$

b) $3x - 5y = 0$

c) $6x - 10y - 1 = 0$

d) $9x - 15y - 2 = 0$

e) $12x - 20y - 1 = 0$

41. (PUC-SP) Em um sistema cartesiano ortogonal, em que a unidade de medida nos eixos é o centímetro, considere:

- a reta *r*, traçada pelo ponto (2, 3) e paralela à bissetriz dos quadrantes ímpares;
- a reta *s*, traçada pelo ponto (2, 5) e perpendicular a *r*;
- o segmento $\overline{OA}$ em que O é a origem do sistema e A é a interseção de *r* e *s*.

Um ponto M é tomado sobre o segmento $\overline{OA}$ de modo que OM e MA correspondam às medidas da hipotenusa e de um dos catetos de um triângulo retângulo △. Se o outro cateto do △ mede 3 cm, a área de sua superfície, em centímetros quadrados, é:

a) 1,8

b) 2,4

c) 3,5

d) 4,2

e) 5,1

42. (UF-GO) Duas empresas A e B comercializam o mesmo produto. A relação entre o patrimônio (*y*) e o tempo de atividade em anos (*x*) de cada empresa é representada, respectivamente, por:

$$A: x - 2y + 6 = 0 \text{ e } B: x - 3y + 15 = 0$$

Considerando essas relações, o patrimônio da empresa A será superior ao patrimônio da empresa B a partir de quantos anos?

a) 3

b) 5

c) 9

d) 12

e) 15

43. (FGV-SP) Dionísio possui R$ 600,00, que é o máximo que pode gastar consumindo dois produtos A e B em quantidades *x* e *y*, respectivamente.

O preço por unidade de A é R$ 20,00 e o de B é R$ 30,00. Admite-se que as quantidades *x* e *y* sejam representadas por números reais não negativos e sabe-se que ele pretende gastar no máximo R$ 300,00 com o produto A. Nessas condições, o conjunto dos pares (x, y) possíveis, representados no plano cartesiano, determinam uma região cuja área é:

a) 195

b) 205

c) 215

d) 225

e) 235

3 A CIRCUNFERÊNCIA

A EQUAÇÃO REDUZIDA DA CIRCUNFERÊNCIA

Uma circunferência λ com centro $C(x_C, y_C)$ e raio de medida *r* é o conjunto de todos os pontos $P(x, y)$ do plano que distam *r* de C:

$$d_{PC} = \sqrt{(x - x_C)^2 + (y - y_C)^2} = r$$

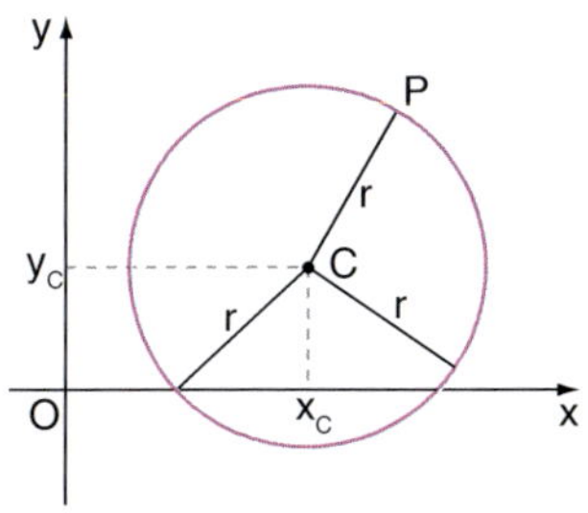

Elevando membro a membro ao quadrado, temos:

$$(x - x_C)^2 + (y - y_C)^2 = r^2$$

chamada **equação reduzida da circunferência**, em que:

- x_C e y_C são **coordenadas do centro C** da circunferência;
- *r* é a medida do **raio** da circunferência;
- *x* e *y* são as **coordenadas do ponto genérico P** – um ponto que pode ocupar o lugar de qualquer ponto da circunferência, sempre distando *r* de C.

Exemplo 1

A equação reduzida da circunferência de centro C(0, 0) e raio 3 é $(x - 0)^2 + (y - 0)^2 = 3^2$, isto é, $x^2 + y^2 = 9$.

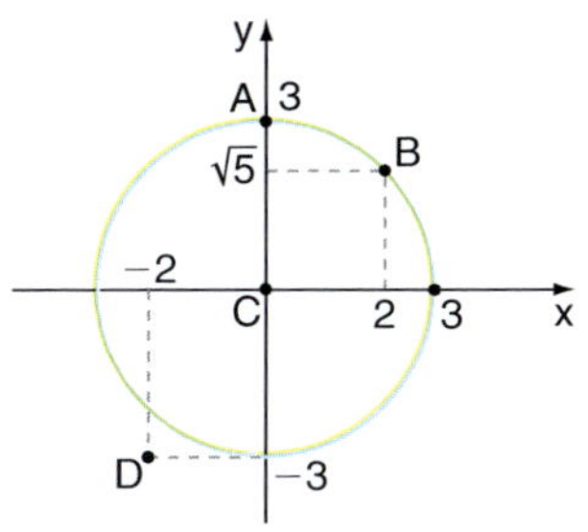

Note que o ponto A(0, 3) pertence a essa circunferência, pois $(0 - 0)^2 + (3 - 0)^2 = 9$.

Da mesma forma, o ponto $B(2, \sqrt{5})$ também pertence, pois $2^2 + (\sqrt{5})^2 = 9$.

Já o ponto D(−2, −3) não pertence à circunferência, pois $(-2)^2 + (-3)^2 = 13 \neq 9$.

Exemplo 2

A equação reduzida da circunferência de centro C(3, 4) e raio 5 é $(x - 3)^2 + (y - 4)^2 = 25$.

Note que os pontos A(0, 0) e B(3, −1) pertencem a essa circunferência, pois:

$$(0 - 3)^2 + (0 - 4)^2 = 25$$

e

$$(3 - 3)^2 + (-1 - 4)^2 = 25$$

O ponto D(4, 3) não pertence, pois $(4 - 3)^2 + (3 - 4)^2 \neq 25$.

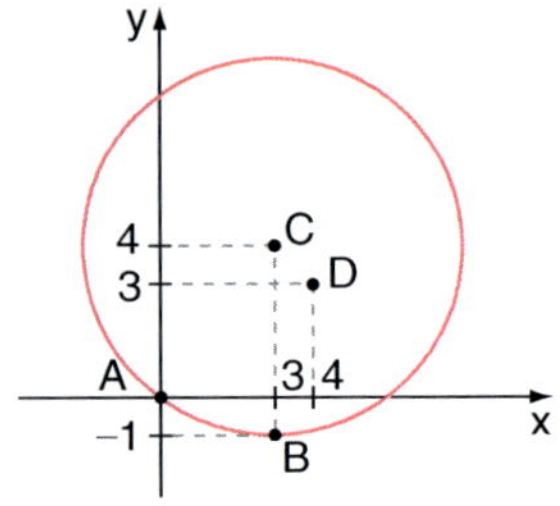

EXERCÍCIOS RESOLVIDOS

1. Qual é a equação reduzida da circunferência em que as extremidades de um diâmetro são A(4, 0) e B(0, 4)?

Solução:

O ponto médio de $\overline{AB}$ é o centro C da circunferência; então:

$$x_C = \frac{x_A + x_B}{2} = \frac{4 + 0}{2} = 2 \text{ e } y_C = \frac{y_A + y_B}{2} = \frac{0 + 4}{2} = 2$$

Portanto, C é (2, 2).

O raio *r* é a metade da distância entre A e B:

$$r = \frac{1}{2} d_{AB} = \frac{1}{2}\sqrt{(4 - 0)^2 + (0 - 4)^2} = \frac{1}{2}\sqrt{32} = 2\sqrt{2}$$

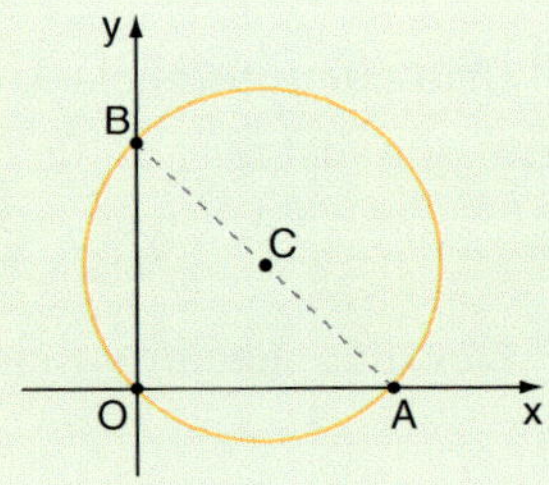

A equação reduzida da circunferência é:

$$(x - 2)^2 + (y - 2)^2 = \left(2\sqrt{2}\right)^2$$

$$(x - 2)^2 + (y - 2)^2 = 8$$

2. Qual é a equação reduzida da circunferência que tem raio 3, tangencia o eixo das abscissas no ponto A(4, 0) e está contida no quarto quadrante?

Solução:

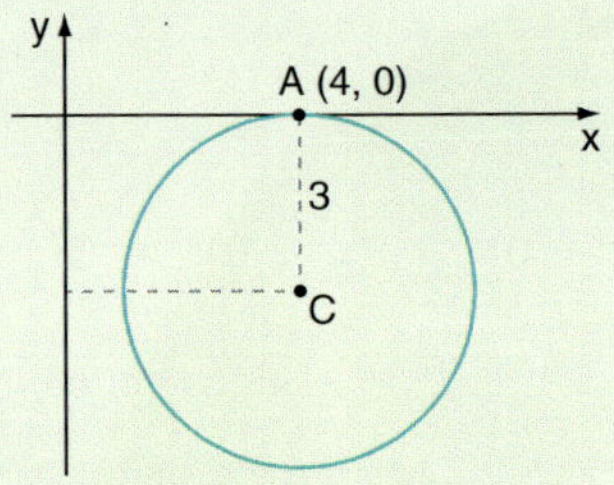

O centro da circunferência é C(4, −3), e o raio é 3. Então, a equação reduzida é:

$$(x - 4)^2 + (y + 3)^2 = 9$$

3. Obter a equação reduzida da circunferência que passa pelos pontos A(−3, 0), B(2, 5) e D(1, 6).

Solução 1:

A equação reduzida é da forma $(x - x_C)^2 + (y - y_C)^2 = r^2$, em que precisamos determinar x_C, y_C e *r*.

Como A, B e D estão na circunferência, suas coordenadas devem satisfazer a equação; então:

$$\begin{cases} (1)\ (-3 - x_C)^2 + (0 - y_C)^2 = r^2 \Rightarrow 9 + 6x_C + x_C^2 + y_C^2 = r^2 \\ (2)\ (2 - x_C)^2 + (5 - y_C)^2 = r^2 \Rightarrow 4 - 4x_C + x_C^2 + 25 - 10y_C + y_C^2 = r^2 \\ (3)\ (1 - x_C)^2 + (6 - y_C)^2 = r^2 \Rightarrow 1 - 2x_C + x_C^2 + 36 - 12y_C + y_C^2 = r^2 \end{cases}$$

Fazendo (1) − (2), obtemos $x_C + y_C - 2 = 0$. (4)

Fazendo ② − ③, obtemos $-x_C + y_C - 4 = 0$. ⑤

Resolvendo o sistema formado por ④ e ⑤, vem: $x_C = -1$ e $y_C = 3$.

Substituindo x_C e y_C por seus valores em ①, vem:

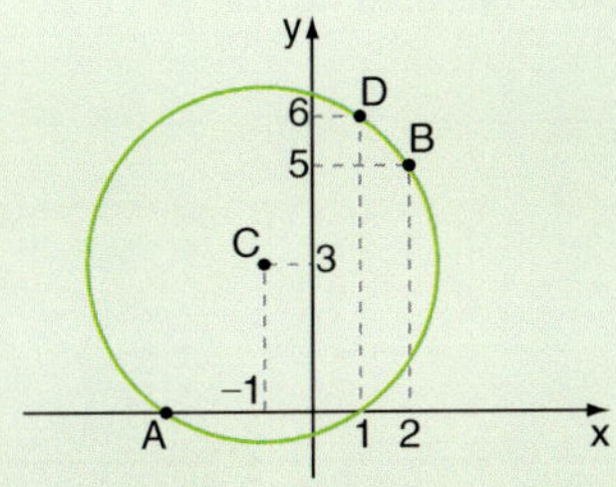

$$(-3 + 1)^2 + (0 - 3)^2 = r^2 \Rightarrow r^2 = 13$$

A equação reduzida dessa circunferência é:

$$(x + 1)^2 + (y - 3)^2 = 13$$

Solução 2:

O centro $C(x_C, y_C)$ dista igualmente de A e B, portanto pertence à mediatriz *r* de $\overline{AB}$, reta perpendicular a $\overline{AB}$ no seu ponto médio M. Então:

$$x_M = \frac{x_A + x_B}{2} = \frac{-3 + 2}{2} = -\frac{1}{2},\ y_M = \frac{y_A + y_B}{2} = \frac{0 + 5}{2} = \frac{5}{2}$$

$$m_{AB} = \frac{\Delta y}{\Delta x} = \frac{5 - 0}{2 + 3} = 1 \Rightarrow m_r = -\frac{1}{m_{AB}} = -1$$

$$r: y - \frac{5}{2} = -1 \cdot \left(x + \frac{1}{2}\right) \Rightarrow x + y - 2 = 0 \quad ①$$

Analogamente, o centro C pertence à mediatriz *s* de $\overline{BD}$, reta perpendicular a $\overline{BD}$ no seu ponto médio N. Então:

$$x_N = \frac{x_B + x_D}{2} = \frac{2 + 1}{2} = \frac{3}{2},\ y_N = \frac{y_B + y_D}{2} = \frac{5 + 6}{2} = \frac{11}{2}$$

$$m_{BD} = \frac{\Delta y}{\Delta x} = \frac{6 - 5}{1 - 2} = -1 \Rightarrow m_s = -\frac{1}{m_{BD}} = 1$$

$$s: y - \frac{11}{2} = 1 \cdot \left(x - \frac{3}{2}\right) \Rightarrow x - y + 4 = 0 \quad ②$$

Resolvendo o sistema de equações ① e ②, encontramos $x_C = -1$ e $y_C = 3$. Então, C(−1, 3).

$$\text{raio} = CA = \sqrt{(-1 + 3)^2 + (3 - 0)^2} = \sqrt{13}$$

A equação reduzida dessa circunferência é $(x + 1)^2 + (y - 3)^2 = 13$.

EXERCÍCIOS

1. Encontre a equação reduzida de cada circunferência descrita abaixo:

a) centro na origem e raio 4;

b) centro C(−2, 5) e raio 3;

c) centro C(3, −2) e raio $\sqrt{7}$;

d) com diâmetro $\overline{AB}$, sendo A(2, −2) e B(6, 2).

2. Escreva a equação reduzida de cada circunferência de centro C a seguir:

a)

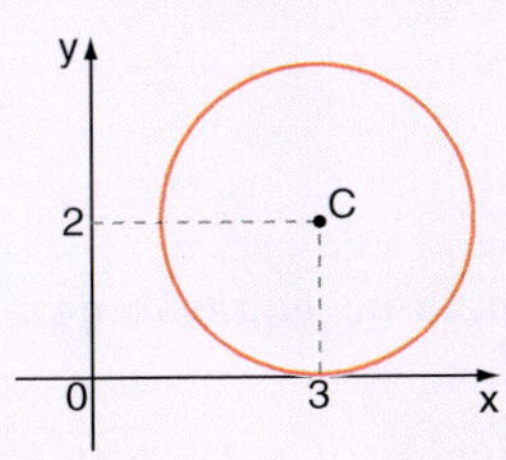

b)

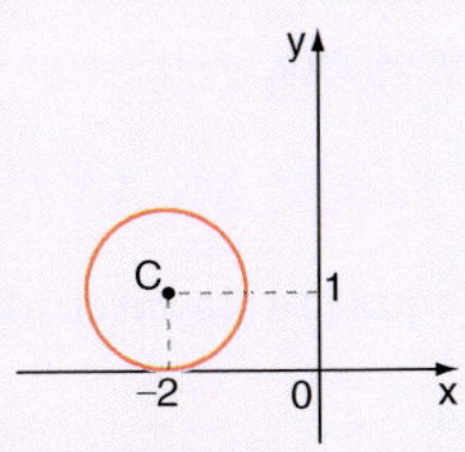

c)

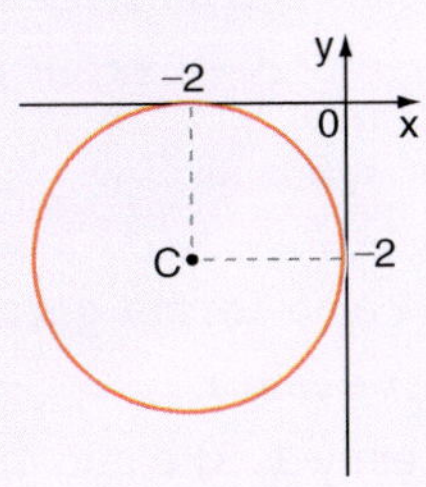

d)

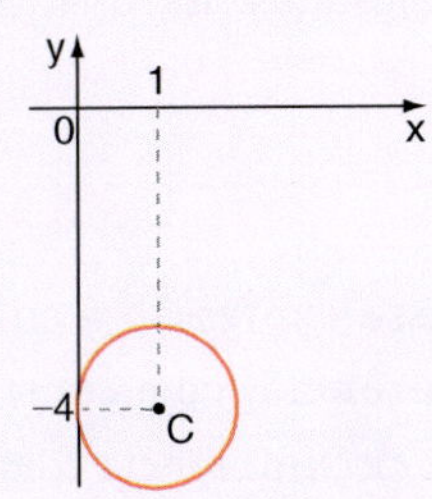

3. Observe esta figura:

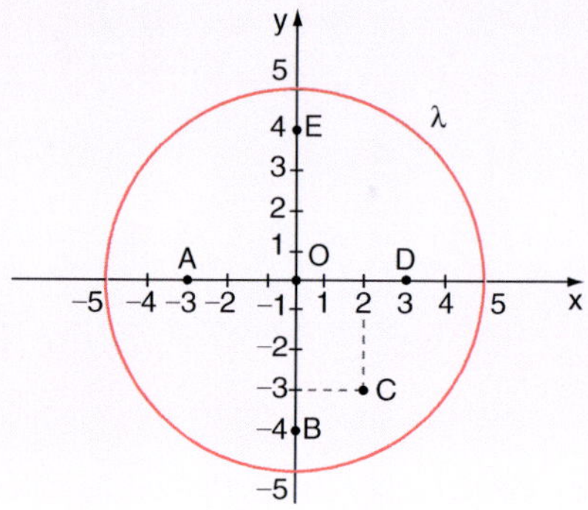

Determine a equação reduzida da circunferência que:

a) tem centro A e passa por O;

b) é concêntrica com λ e passa por A;

c) tem diâmetro $\overline{BC}$;

d) tem centro D e passa por E.

4. Há quatro circunferências que tangenciam os eixos coordenados e possuem raio unitário.

a) Quais são suas equações reduzidas?

b) Determine a área do quadrilátero que possui os vértices nos centros dessas circunferências.

5. Uma circunferência passa pela origem e tem centro em (–4, –3). Determine sua equação reduzida.

6. A circunferência λ encontra-se no 2º quadrante e, tendo raio 3, tangencia os eixos coordenados.

a) Qual é a sua equação reduzida?

b) λ passa por (–2, 5)?

7. Sendo A(–2, –6) e B(2, 4), escreva a equação reduzida:

a) da circunferência de diâmetro $\overline{AB}$;

b) de outra circunferência que passa por A e B.

8. Determine os valores de *k* de modo que a circunferência de equação $(x - k)^2 + (y - 4)^2 = 25$ passe pelo ponto (2k, 0).

9. As retas r: y = 2x – 1 e s: 3x + 2y – 5 = 0 cruzam-se em um ponto P da circunferência λ, de centro (2, 4). Qual é o ponto diametralmente oposto a P?

10. Uma circunferência λ tem equação reduzida $(x - 5)^2 + (y - 1)^2 = 4$. Determine:

a) o ponto de λ mais afastado do eixo das abscissas;

b) o ponto de λ mais afastado do eixo das ordenadas.

11. Seja λ a circunferência de equação $(x - 3)^2 + y^2 = 5$ e seja P(a + 1, a – 1) um ponto de λ.

a) Calcule *a*.

b) Para o valor de a > 0 encontrado, calcule o coeficiente angular da reta que passa por P e pelo centro de λ.

12. Determine a área de um quadrado circunscrito à circunferência de equação $(x - a)^2 + (y - b)^2 = 16$, em que *a* e *b* são números reais quaisquer.

13. Qual é o ponto da circunferência $(x - 3)^2 + y^2 = 4$ que fica mais distante do eixo *y*?

14. Ache a equação reduzida da circunferência que passa pelos pontos (3, 0), (–6, –3) e (1, 4).

15. Verifique, em cada caso, se os pontos A, B e C estão alinhados. A seguir, se possível, escreva a equação reduzida da circunferência que passa por eles:

a) A(–1, 3), B(3, –1) e C(1, 5)

b) A(2, 6), B(–1, 0) e C(–3, –4)

16. Existe uma única circunferência que passa por (–3, 2), (1, 0), (–2, 3) e (0, 3). Represente-a graficamente no caderno e forneça sua equação reduzida.

A EQUAÇÃO GERAL DA CIRCUNFERÊNCIA

Retomemos a forma reduzida da equação de uma circunferência $(x - x_C)^2 + (y - y_C)^2 = r^2$ e desenvolvamos os quadrados. Agrupando os termos convenientemente, temos:

$$x^2 - 2xx_C + x_C^2 + y^2 - 2yy_C + y_C^2 = r^2 \text{ e}$$

$$x^2 + y^2 - 2x_Cx - 2y_Cy + (x_C^2 + y_C^2 - r^2) = 0$$

Essa expressão é conhecida como **forma geral da equação da circunferência** ou **equação geral da circunferência**, com centro (x_C, y_C) e raio *r*.

A circunferência com centro em (–1, 3) e raio 4, por exemplo, tem equação reduzida $(x + 1)^2 + (y - 3)^2 = 16$; pode ser escrita como $x^2 + y^2 + 2x - 6y - 6 = 0$ na forma geral.

Completando os quadrados

Inversamente, para sabermos qual é a circunferência representada pela equação $x^2 + y^2 - 6x - 4y - 23 = 0$, por exemplo (ou mesmo se a equação representa, de fato, uma circunferência), utilizamos um processo prático que consiste em completar os quadrados para podermos escrever a equação na sua forma reduzida.

Agrupando os termos em *x* e em *y* e isolando o termo livre ($x^2 - 6x + ... + y^2 - 4y + ... = 23$), notamos que faltam no primeiro membro dois números reais que completariam dois quadrados perfeitos. Seriam os números 9 e 4, que deveriam também ser adicionados ao segundo membro da equação para não alterá-la. Assim, teríamos:

$$x^2 - 6x \underbrace{+\ 9} + y^2 - 4y \underbrace{+\ 4} = 23 \underbrace{+\ 9} \underbrace{+\ 4} \text{ e}$$

$$(x - 3)^2 + (y - 2)^2 = 36$$

que é a equação que representa uma circunferência de centro (3, 2) e raio 6.

Analisando os coeficientes

Nem sempre, porém, uma equação da forma $Ax^2 + By^2 + Cxy + Dx + Ey + F = 0$, com coeficientes reais, representa uma circunferência. Vamos analisar as condições que os coeficientes dessa equação devem satisfazer para que ela represente uma circunferência. Inicialmente vamos dividir a equação por $A \neq 0$:

$$x^2 + \frac{B}{A}y^2 + \frac{C}{A}xy + \frac{D}{A}x + \frac{E}{A}y + \frac{F}{A} = 0$$

Comparando com a equação geral da circunferência, $x^2 + y^2 - 2x_Cx - 2y_Cy + (x_C^2 + y_C^2 - r^2) = 0$, obtemos as relações:

- $\frac{B}{A} = 1 \Rightarrow A = B \neq 0$ (os coeficientes de x^2 e y^2 devem ser iguais, mas não nulos)
- $\frac{C}{A} = 0 \Rightarrow C = 0$ (não pode haver termo em xy)
- $\frac{D}{A} = -2x_C \Rightarrow x_C = \frac{-D}{2A}$
- $\frac{E}{A} = -2y_C \Rightarrow y_C = \frac{-E}{2A}$
- $\frac{F}{A} = x_C^2 + y_C^2 - r^2 \Rightarrow r^2 = x_C^2 + y_C^2 - \frac{F}{A} \Rightarrow r^2 = \frac{D^2}{4A^2} + \frac{E^2}{4A^2} - \frac{4AF}{4A^2} \Rightarrow r = \sqrt{\frac{D^2 + E^2 - 4AF}{4A^2}}$ com $D^2 + E^2 - 4AF > 0$.

São essas as relações que servirão para determinar se uma equação é realmente a equação de uma circunferência. Em caso afirmativo, servirão também para determinar as coordenadas do centro e a medida do raio.

Exemplo 3

Para verificar se a equação $x^2 + y^2 + 8x - 6y - 11 = 0$ representa uma circunferência e qual é ela, devemos testar as cinco condições:

- $A = B = 1 \neq 0$
- $C = 0$ (não há termo em xy)
- $x_C = \frac{-D}{2A} = \frac{-8}{2} = -4$
- $y_C = \frac{-E}{2A} = \frac{6}{2} = 3$

centro C(−4, 3)

- $r = \sqrt{\frac{D^2 + E^2 - 4AF}{4A^2}} = \sqrt{\frac{8^2 + (-6)^2 - 4 \cdot 1 \cdot (-11)}{4 \cdot 1^2}} = \sqrt{\frac{144}{4}} = 6$ (o raio mede 6)

Para conferir, vamos agora usar o método de completamento de quadrados:

$$x^2 + 8x + ... + y^2 - 6y + ... = 11 + ... + ...$$

$$x^2 + 8x + 16 + y^2 - 6y + 9 = 11 + 16 + 9$$

Então, $(x + 4)^2 + (y - 3)^2 = 36$ é a equação reduzida da circunferência de centro $(-4, 3)$ e raio 6.

Como vimos, os dois métodos sempre conduzem às mesmas conclusões.

Exemplo 4

No estudo das cinco condições a respeito da equação $x^2 + y^2 - 4x + 10y + 31 = 0$, temos:

- $A = B = 1 \neq 0$
- $C = 0$
- $\frac{-D}{2A} = \frac{4}{2} = 2$
- $\frac{-E}{2A} = \frac{-10}{2} = -5$
- $D^2 + E^2 - 4AF = (-4)^2 + 10^2 - 4 \cdot 1 \cdot 31 = 16 + 100 - 124 = -8 < 0$

Como não se verifica a quinta condição, não se trata de equação de circunferência. Conferindo, agora pelo método de completamento dos quadrados:

$$x^2 - 4x + ... + y^2 + 10y + ... = -31 + ... + ...$$

$$x^2 - 4x + 4 + y^2 + 10y + 25 = -31 + 4 + 25$$

$$(x - 2)^2 + (y + 5)^2 = -2$$

o que é impossível, pois o primeiro membro é uma soma de quadrados de números reais.

Assim, a equação $x^2 + y^2 - 4x + 10y + 31 = 0$ representa o conjunto vazio.

EXERCÍCIOS

17. Verifique se as equações abaixo representam circunferências. Em caso afirmativo, forneça o centro e o raio da circunferência que cada uma representa.

a) $x^2 + y^2 - 10x - 2y + 17 = 0$

b) $x^2 + y^2 + 12x - 12y + 73 = 0$

c) $x^2 + y^2 + 2x + 6y = 0$

d) $x^2 + 2y^2 + 4x + 18y - 100 = 0$

e) $x^2 + 3y^2 - 4 = 0$

f) $x^2 + y^2 + 4x - 4y - 17 = 0$

g) $x^2 + y^2 - 20x + 99 = 0$

h) $(x - 1)^2 + (y + 3)^2 + 3 = 0$

18. Apresente as coordenadas do centro e o raio de cada circunferência:

a) $(x - 1)^2 + (y - 2)^2 = 6$

b) $x^2 + y^2 + 2x + 4y - 1 = 0$

c) $x^2 + y^2 - 4x + 6y + 4 = 0$

d) $2x^2 + 2y^2 + 16x - 32y + 134 = 0$

19. Transforme, conforme o caso, a forma geral da equação da circunferência em reduzida (ou vice-versa):

a) $2x^2 + 2y^2 + 4x - 8y + 9 = 0$

b) $(x - 4)^2 + (y + 2)^2 = 9$

c) $x^2 + y^2 - 5x - 9y + \frac{3}{2} = 0$

d) $(x + 1)^2 + (y + 2)^2 = \frac{1}{4}$

20. Ache a equação geral da circunferência que passa:

a) pela origem e tem centro $C(-1, -4)$;

b) por $(-1, -4)$ e tem centro na origem.

21. Calcule a distância entre o ponto $P(4, 6)$ e o centro da circunferência de equação $x^2 + y^2 - 2x - 4y - 3 = 0$.

22. Encontre os valores de *k* que tornam $x^2 + y^2 - 2x + 10y - k + 28 = 0$ uma equação de circunferência.

23. Determine o maior valor inteiro de *k* para que a equação $x^2 + y^2 + 6x + 14y + k = 0$ seja de uma circunferência.

24. Determine a equação geral da reta que passa pelos centros das circunferências de equações $(x + 2)^2 + (y - 1)^2 = 19$ e $x^2 + y^2 - (x + y + 1) = 0$.

25. Qual é a distância entre os centros das circunferências de equações $(x - 3)^2 + y^2 = 11$ e $x^2 + y^2 + 2x - 6y - 12 = 0$?

26. Determine o único valor de *p* que faz com que as circunferências $\lambda_1: x^2 + y^2 + px - 6y - 17 = 0$ e $\lambda_2: x^2 + y^2 + 4x - (p + 2)y - 10 = 0$ sejam concêntricas.

27. A partir da figura abaixo, calcule a distância entre o centro da circunferência que passa por P, Q e R e a reta que passa por A e B.

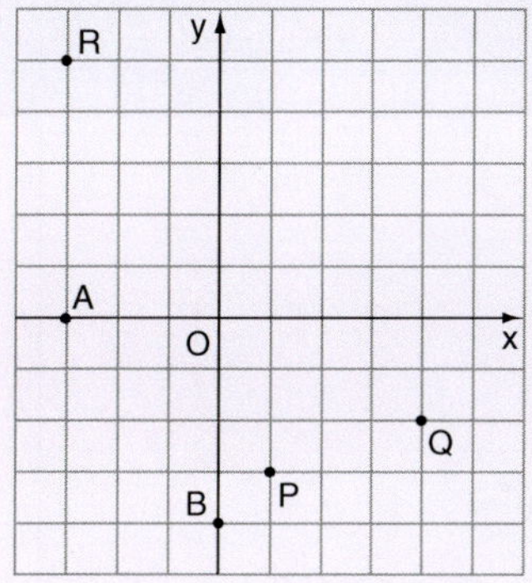

28. Dadas as circunferências $\lambda_1: x^2 + y^2 - 8x + 4y + 11 = 0$ e $\lambda_2: x^2 + y^2 + 6x - 4y + 12 = 0$, encontre as coordenadas:

a) do ponto de maior abscissa de λ_1;

b) do ponto de menor ordenada de λ_2.

29. Determine o perímetro do quadrado inscrito na circunferência de equação:

$$(x - 1)^2 + (y - 3)^2 = 32$$

POSIÇÕES RELATIVAS ENTRE PONTO E CIRCUNFERÊNCIA

Todos os pontos de uma circunferência distam igualmente do centro e mantêm dele distância igual ao raio. Isso significa que, dada uma circunferência de centro C e raio *r*, se um ponto não dista exatamente *r* de C, ele é externo ou interno à circunferência.

Exemplo 5

A circunferência $\lambda: (x - 3)^2 + (y - 1)^2 = 25$, de centro C(3, 1) e raio 5, passa por P(−1, −2), pois $(-1 - 3)^2 + (-2 - 1)^2 = 25$, e também por Q(7, 4), pois $(7 - 3)^2 + (4 - 1)^2 = 25$.

Mas λ não passa pela origem O, pois $(0 - 3)^2 + (0 - 1)^2 \neq 25$. O ponto R(9, 2) também não pertence a λ, já que $(9 - 3)^2 + (2 - 1)^2 \neq 25$.

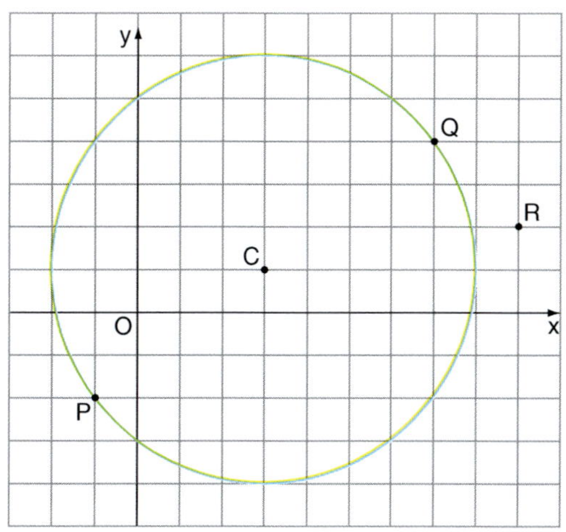

Observe que:

- $d_{OC} = \sqrt{(3 - 0)^2 + (1 - 0)^2} = \sqrt{10} < 5 = r$, e O é interno a λ.
- $d_{RC} = \sqrt{(9 - 3)^2 + (2 - 1)^2} = \sqrt{37} > 5 = r$, e R é externo a λ.

Trata-se, portanto, de uma simples comparação de distâncias.

Para uma circunferência λ de centro $C(x_C, y_C)$, raio *r* e um ponto P qualquer, distinto de C, compararemos d_{PC} com *r*.

Há três possibilidades:

Se $d_{PC} = r$, então P pertence à circunferência.	**Se $d_{PC} > r$, então P é externo à circunferência.**	**Se $d_{PC} < r$, então P é interno à circunferência.**
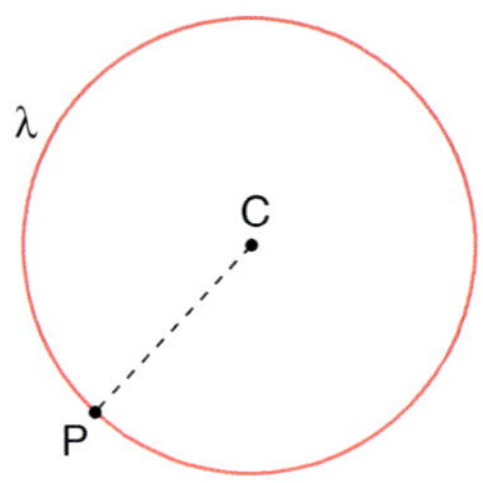 $d_{PC} = r \Rightarrow P \in \lambda$	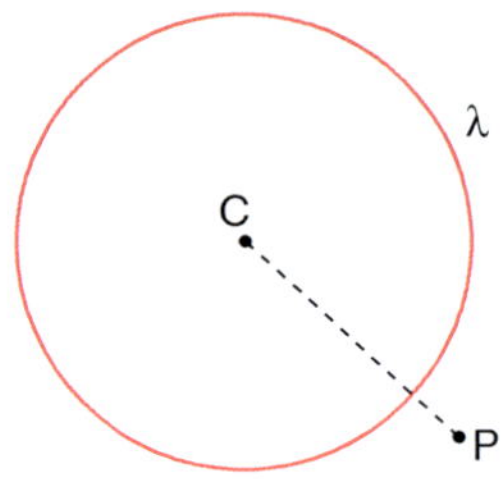 $d_{PC} > r \Rightarrow$ P é externo a λ	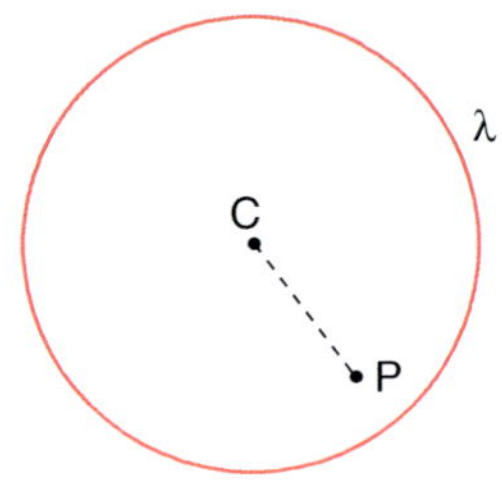 $d_{PC} < r \Rightarrow$ P é interno a λ

No Exemplo 5, em que foi dada a equação reduzida da circunferência, determinamos a posição de um ponto dado em relação à circunferência calculando a distância entre o centro e o ponto em questão e comparando-a com o raio.

De modo geral, dados um ponto $P(x_0, y_0)$ e uma circunferência λ de equação $(x - x_C)^2 + (y - y_C)^2 = r^2$, temos:

- $P \in \lambda \Leftrightarrow d_{CP}^2 = r^2 \Leftrightarrow (x_0 - x_C)^2 + (y_0 - y_C)^2 = r^2 \Leftrightarrow (x_0 - x_C)^2 + (y_0 - y_C)^2 - r^2 = 0$
- P externo $\lambda \Leftrightarrow d_{CP}^2 > r^2 \Leftrightarrow (x_0 - x_C)^2 + (y_0 - y_C)^2 > r^2 \Leftrightarrow (x_0 - x_C)^2 + (y_0 - y_C)^2 - r^2 > 0$
- P interno $\lambda \Leftrightarrow d_{CP}^2 < r^2 \Leftrightarrow (x_0 - x_C)^2 + (y_0 - y_C)^2 < r^2 \Leftrightarrow (x_0 - x_C)^2 + (y_0 - y_C)^2 - r^2 < 0$

Exemplo 6

Para determinar a posição relativa entre a circunferência de equação $x^2 + y^2 - 6x - 2y + 6 = 0$ e o ponto P(2, 1), podemos fazer:

$$2^2 + 1^2 - 6 \cdot 2 - 2 \cdot 1 + 6 = -3 < 0$$

concluindo que o ponto P é interno à circunferência.

Já o ponto Q(5, 1) pertence à circunferência, pois:

$$5^2 + 1^2 - 6 \cdot 5 - 2 \cdot 1 + 6 = 0$$

E o ponto R(6, 2) é externo a ela, pois:

$$6^2 + 2^2 - 6 \cdot 6 - 2 \cdot 2 + 6 = 6 > 0$$

Resumindo, dados um ponto $P(x_0, y_0)$ e a equação geral $Ax^2 + By^2 + Dx + Ey + F = 0$, com $A > 0$ e com todas as condições satisfeitas para que ela represente uma circunferência, basta substituirmos na equação as coordenadas do ponto dado e obtermos o valor numérico $M(x_0, y_0)$ da expressão do primeiro membro da equação.

- Se $M(x_0, y_0) = 0$, então P é ponto da circunferência.
- Se $M(x_0, y_0) < 0$, então P é interno à circunferência.
- Se $M(x_0, y_0) > 0$, então P é externo à circunferência.

EXERCÍCIOS

30. Em relação à circunferência $\lambda: (x + 2)^2 + (y + 1)^2 = 9$, dê a posição dos pontos A(−2, 2), B(−5, 1), D(−1, 2), E(0, 1) e F(−5, −1).

31. Dê a posição dos pontos A(−1, 2), B(3, 6), O(0, 0), D(−1, −4) e E(3, 0) em relação à circunferência $\lambda: x^2 + y^2 - 6x + 8y = 0$.

32. O ponto (3, −3) pertence à circunferência de equação $x^2 + y^2 - 2x - 4y + k = 0$. Determine o valor de *k*.

33. A circunferência de equação $x^2 + y^2 - 2x + 6y - 55 = 0$ passa por (−6, −k). Determine *k*.

34. A circunferência de equação $x^2 + y^2 + 12x + 4y + 15 = 0$ contém o ponto (−3, k). Determine os valores de *k*.

35. Forneça o intervalo de variação do real *p* para que o ponto (−3, p) seja interno à circunferência de equação $x^2 + y^2 + 2x - 6y + 5 = 0$.

36. Qual é o intervalo de variação do real *p*, tal que o ponto (−1, p) não seja interno à circunferência de equação $x^2 + y^2 - 7x + 2y - 11 = 0$?

37. Para que valores reais de *m* o ponto (m, 0) é externo à circunferência de equação $x^2 + y^2 - 4x + 5y - 5 = 0$?

INEQUAÇÕES DO 2º GRAU COM DUAS INCÓGNITAS

A principal consequência do estudo que acabamos de fazer sobre as posições relativas entre um ponto e uma circunferência é conhecer um método para resolver inequações do 2º grau da forma $f(x, y) > 0$ ou $f(x, y) < 0$, em que $f(x, y) = 0$ é a equação de uma circunferência com coeficiente de x^2 positivo.

Dada a circunferência λ de equação $f(x, y) = (x - a)^2 + (y - b)^2 - r^2 = 0$, o plano cartesiano fica dividido em três subconjuntos:

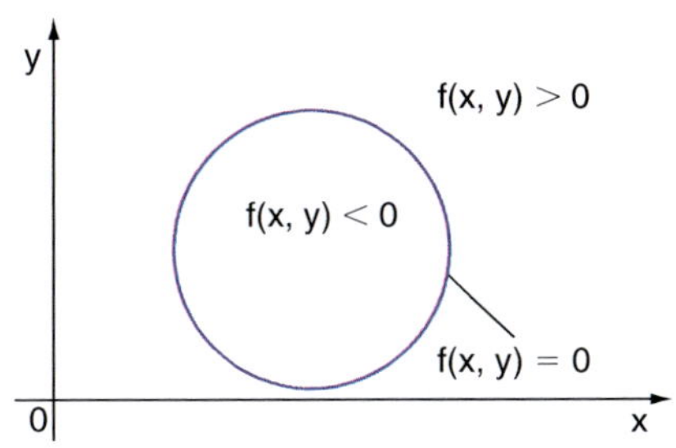

- subconjunto dos pontos (x, y) exteriores a λ, para os quais $(x - a)^2 + (y - b)^2 - r^2 > 0$, isto é, a solução para $f(x, y) > 0$.
- subconjunto dos pontos (x, y) pertencentes a λ, para os quais $(x - a)^2 + (y - b)^2 - r^2 = 0$, isto é, a solução para $f(x, y) = 0$.
- subconjunto dos pontos (x, y) interiores a λ, para os quais $(x - a)^2 + (y - b)^2 - r^2 < 0$, isto é, a solução para $f(x, y) < 0$.

Nos exercícios resolvidos a seguir, veremos como resolver graficamente inequações de 2º grau com duas incógnitas.

EXERCÍCIOS RESOLVIDOS

4. Resolver a inequação $x^2 + y^2 < 4$.

Solução:

Temos $f(x, y) = x^2 + y^2 - 4$, e $f(x, y) = 0$ é a equação da circunferência λ de centro (0, 0) e raio 2.

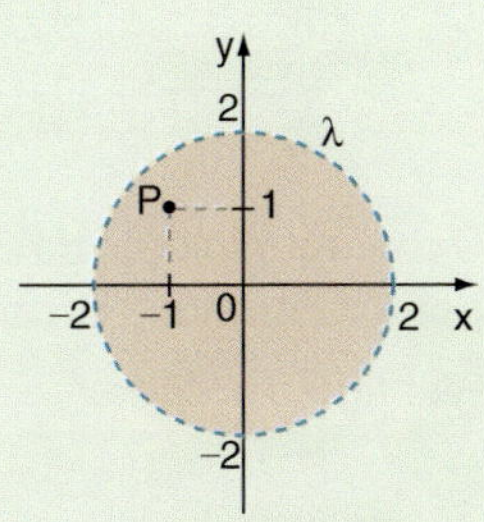

O conjunto de pontos que tornam $f(x, y) < 0$ é o conjunto dos pontos internos a λ.

Veja, por exemplo, o ponto P(−1, 1). Suas coordenadas acarretam $f(x, y) < 0$:

$$(-1)^2 + 1^2 - 4 = -2 < 0$$

5. Qual é a solução de $x^2 + y^2 - 2x + 6y + 6 \leqslant 0$?

Solução:

Fazemos:

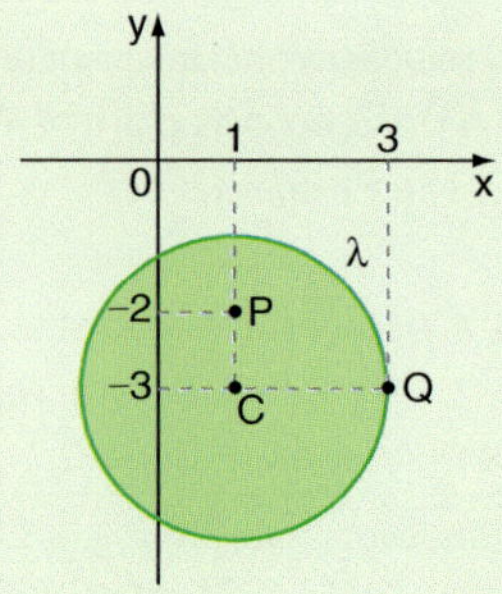

$$\begin{aligned} f(x, y) &= x^2 + y^2 - 2x + 6y + 6 = \\ &= (x-1)^2 - 1 + (y+3)^2 - 9 + 6 = \\ &= (x-1)^2 + (y+3)^2 - 4 \end{aligned}$$

e $f(x, y) = 0$ é a equação da circunferência λ de centro $C(1, -3)$ e raio 2.

O conjunto dos pontos que tornam $f(x, y) \leqslant 0$ é o conjunto dos pontos interiores a λ, reunidos com os pontos de λ.

Veja, por exemplo, o ponto $P(1, -2)$. Suas coordenadas satisfazem $f(x, y) < 0$:

$$f(1, -2) = 1^2 + (-2)^2 - 2 \cdot 1 + 6 \cdot (-2) + 6 = -3 < 0$$

Já o ponto $Q(3, -3)$ pertence à circunferência, e suas coordenadas acarretam $f(x, y) = 0$:

$$3^2 + (-3)^2 - 2 \cdot 3 + 6 \cdot (-3) + 6 = 9 + 9 - 6 - 18 + 6 = 0.$$

6. Que pontos do plano satisfazem a condição $x^2 + y^2 + 2x - 2y - 2 \geqslant 0$?

Solução:

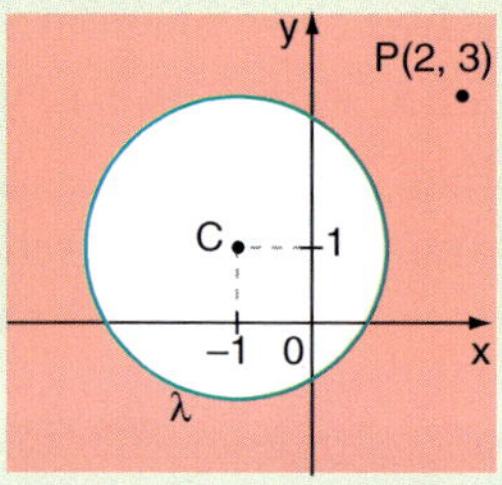

Fazendo:

$$\begin{aligned} f(x, y) &= x^2 + y^2 + 2x - 2y - 2 = \\ &= (x+1)^2 - 1 + (y-1)^2 - 1 - 2 = \\ &= (x+1)^2 + (y-1)^2 - 4 \end{aligned}$$

$f(x, y) = 0$ representa a circunferência λ de centro $C(-1, 1)$ e raio 2.

O conjunto solução de $f(x, y) \geqslant 0$ é o conjunto de todos os pontos do plano, exceto os pontos internos a λ. Veja, por exemplo, o ponto $P(2, 3)$. Suas coordenadas satisfazem $f(x, y) > 0$, pois $2^2 + 3^2 + 2 \cdot 2 - 2 \cdot 3 - 2 = 9 > 0$.

7. Que pontos do plano satisfazem o sistema $\begin{cases} x^2 + y^2 \geqslant 1 \\ x^2 + y^2 < 4 \end{cases}$?

Solução:

O conjunto solução da inequação $x^2 + y^2 - 1 \geqslant 0$ é o conjunto dos pontos do plano cartesiano menos o conjunto dos pontos interiores à circunferência de centro na origem e raio 1. (Ver figura abaixo.)

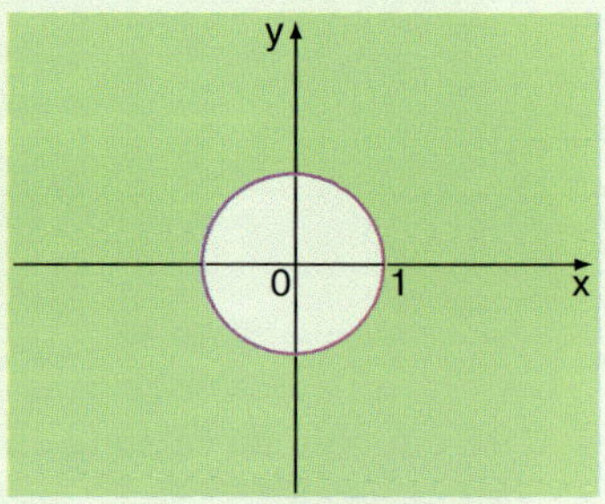

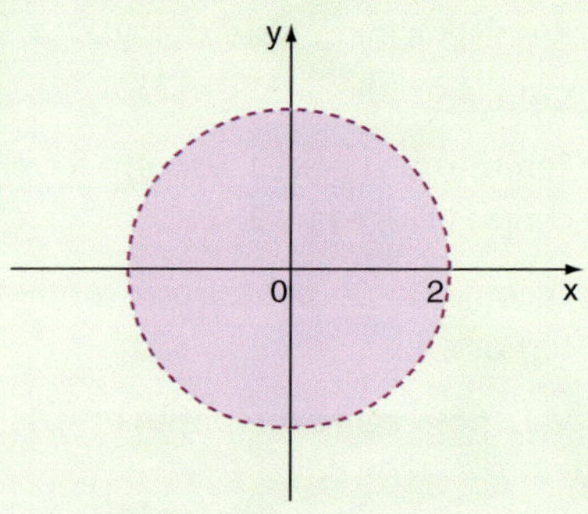

O conjunto solução da inequação $x^2 + y^2 - 4 < 0$ é o conjunto dos pontos internos à circunferência com centro na origem e raio 2. (Ver figura ao lado.)

Como as duas inequações devem ser simultaneamente satisfeitas, basta fazer a interseção dos dois conjuntos obtidos. A solução do sistema é a coroa circular colorida da figura abaixo.

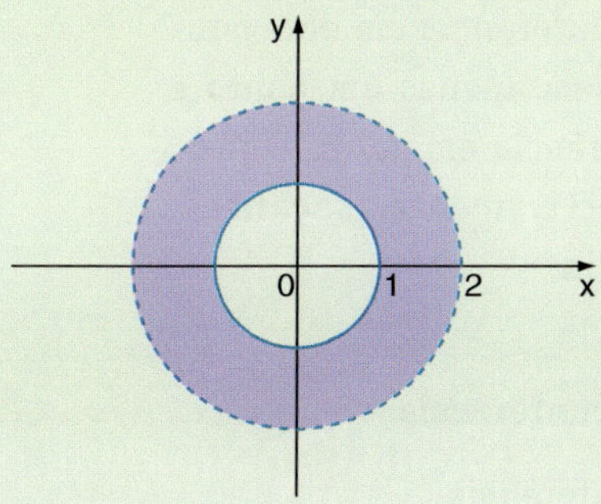

EXERCÍCIOS

38. Resolva graficamente as seguintes inequações:

a) $x^2 + y^2 \leqslant 1$

b) $x^2 + y^2 < 1$

c) $x^2 + y^2 \geqslant 1$

d) $x^2 + y^2 > 1$

39. Resolva graficamente as inequações:

a) $x^2 + y^2 + 4x - 2y + 1 > 0$

b) $x^2 + y^2 - 2x + 4y + 1 \leqslant 0$

c) $x^2 + y^2 + 2x - 4y + 1 \leqslant 0$

d) $x^2 + y^2 - 4x - 2y + 1 > 0$

40. Resolva graficamente os sistemas de inequações:

a) $\begin{cases} x^2 + y^2 > 4 \\ x^2 + y^2 \leqslant 9 \end{cases}$

b) $\begin{cases} x^2 + y^2 \geqslant 2 \\ x^2 + y^2 < 4 \end{cases}$

41. Apresente a solução gráfica do sistema:

$$\begin{cases} (x-1)^2 + y^2 < 4 \\ x^2 + (y-1)^2 \geqslant 4 \end{cases}$$

42. É dada a sentença "$x^2 + y^2 > 16$ ou $x^2 + y^2 < 20$". Qual é a sua representação gráfica no plano cartesiano?

43. Em cada caso, caracterize, por meio de duas desigualdades, o conjunto sombreado:

a)

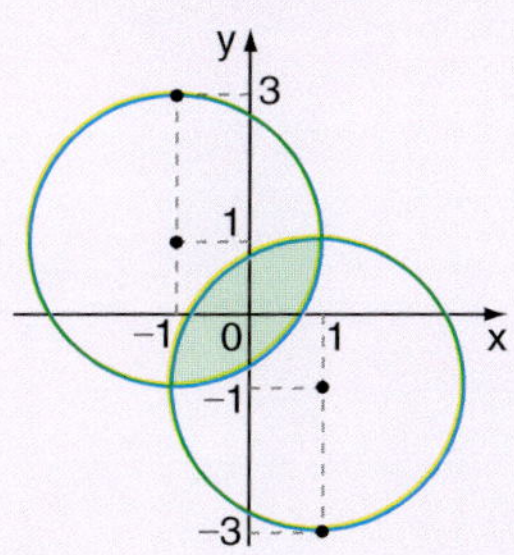

b)

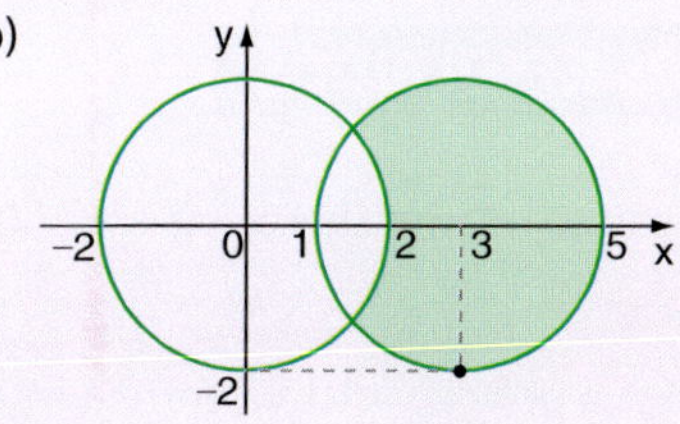

c)

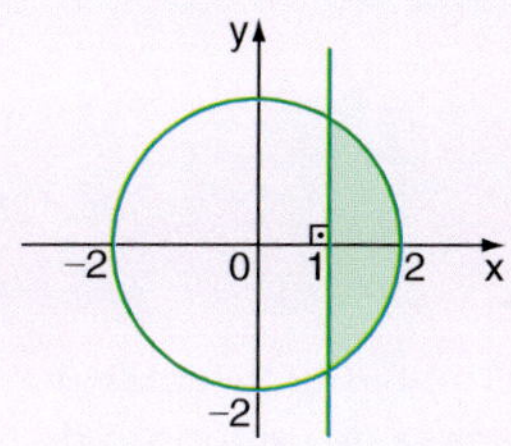

d)

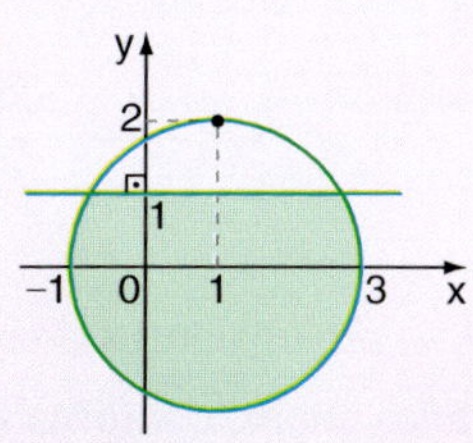

44. Resolva graficamente o sistema:

$$\begin{cases} 3x - y - 2 \leqslant 0 \\ x^2 + y^2 \leqslant 1 \end{cases}$$

45. Ache, no plano cartesiano, a região de pontos P cujas coordenadas (x, y) satisfazem as condições:

a) $x + y \leqslant 2$ e $x^2 + y^2 \leqslant 4$

b) $x + y \geqslant 2$ e $x^2 + y^2 \leqslant 4$

POSIÇÃO RELATIVA DE RETA E CIRCUNFERÊNCIA

Seja uma circunferência λ de centro $C(x_C, y_C)$ e raio r. No plano existem retas que cortam a circunferência em dois pontos, retas que tocam a circunferência em apenas um ponto e outras que não interceptam a circunferência em ponto algum.

Essas retas são chamadas, respectivamente, **secantes**, **tangentes** e **externas à circunferência**.

Na figura:

- $s \cap \lambda = \{S_1, S_2\}$, e s é secante à circunferência.
- $t \cap \lambda = \{T\}$, e t é tangente à circunferência.
- $u \cap \lambda = \emptyset$, e u é externa à circunferência.

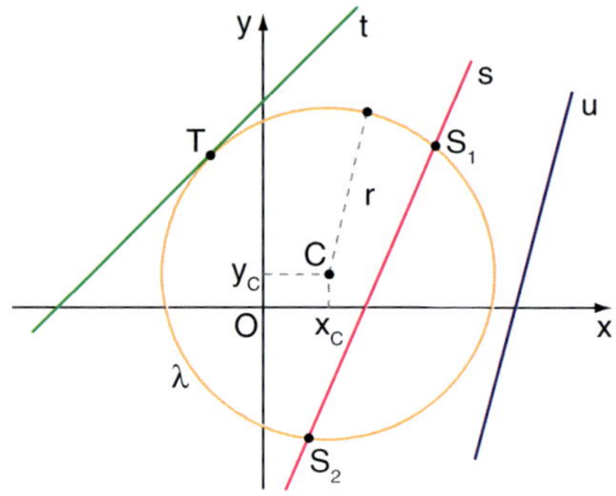

Vejamos, por meio de exercícios resolvidos, como trabalhar com essas posições relativas.

EXERCÍCIOS RESOLVIDOS

8. Qual é a posição relativa de $r: x - y + 4 = 0$ e $\lambda: x^2 + y^2 - 2x - 4y - 4 = 0$?

Solução:

Examinemos a posição relativa entre a reta r e a circunferência λ, buscando os eventuais pontos de interseção entre elas.

Inicialmente, podemos fazer $y = x + 4$ na equação da reta; substituindo esse valor na equação da circunferência, temos:

$$x^2 + (x + 4)^2 - 2x - 4(x + 4) - 4 = 0$$
$$x^2 + x^2 + 8x + 16 - 2x - 4x - 16 - 4 = 0$$
$$x^2 + x - 2 = 0$$

Calculando o discriminante da equação $\Delta = 1 + 8 = 9$, vemos que ela possui duas raízes reais distintas. Cada uma delas é a abscissa de um ponto de interseção entre r e λ. Assim, a reta é secante à circunferência.

Temos, então:

$$x = \frac{-1 \pm \sqrt{9}}{2} \Rightarrow \begin{cases} x = 1 \Rightarrow y = x + 4 = 1 + 4 = 5 \\ \text{ou} \\ x = -2 \Rightarrow y = x + 4 = -2 + 4 = 2 \end{cases}$$

Assim, $I_1(1, 5)$ e $I_2(-2, 2)$ são os pontos de interseção entre r e λ.

A representação gráfica abaixo confirma a resolução algébrica apresentada.

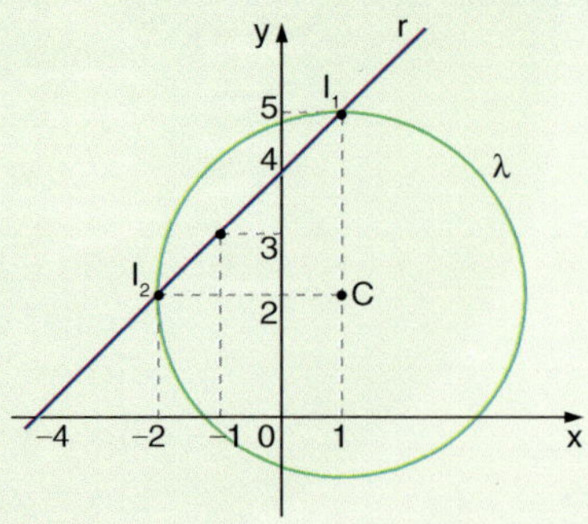

9. Qual é a posição relativa de r: $2x + y + 2 = 0$ e $\lambda: (x-1)^2 + (y-1)^2 = 5$?

Solução:

No estudo da posição relativa entre a reta *r* e a circunferência λ podemos repetir o raciocínio do exercício resolvido 8;

$y = -2x - 2$ na equação da reta, que substituímos na equação de λ:

$$(x-1)^2 + (-2x-2-1)^2 = 5$$
$$(x-1)^2 + (2x+3)^2 = 5$$
$$x^2 - 2x + 1 + 4x^2 + 12x + 9 = 5$$
$$x^2 + 2x + 1 = 0, \text{com } \Delta = 4 - 4 = 0$$

A equação possui apenas uma raiz real, que é a abscissa do único ponto comum a *r* e λ. Assim, a reta é tangente à circunferência.

Temos, então:

$$x^2 + 2x + 1 = 0 \Rightarrow x = \frac{-2}{2} = -1$$

Assim, $y = -2x - 2 = -2(-1) - 2 = 0$.

Logo, I(−1, 0) é o ponto de tangência entre *r* e λ, como mostra o gráfico abaixo.

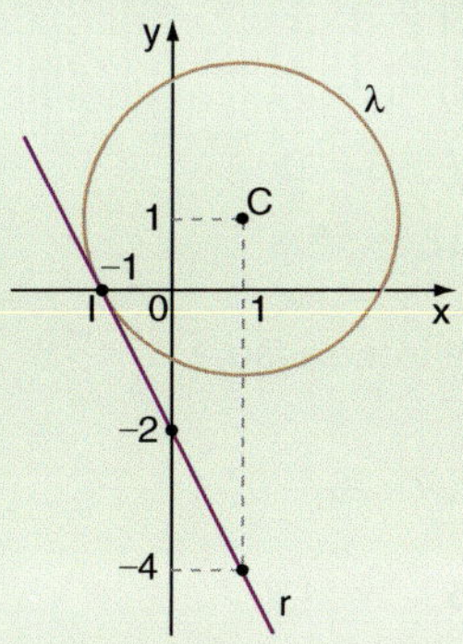

10. Qual é a posição relativa de r: $x - y - 3 = 0$ e $\lambda: x^2 + (y-1)^2 = 4$?

Solução:

Para estudar a posição relativa entre elas, podemos isolar *y* na equação da reta e substituir esse valor na equação da circunferência, chegando a uma equação do 2º grau.

Substituindo $y = x - 3$, temos:

$$x^2 + (x-3-1)^2 = 4$$
$$x^2 + (x-4)^2 = 4$$
$$x^2 + x^2 - 8x + 16 - 4 = 0$$
$$x^2 - 4x + 6 = 0$$

Essa equação, por possuir discriminante negativo ($\Delta = -8 < 0$), não possui raízes reais. Assim, não há pontos de interseção entre *r* e λ, ou seja, a reta é externa à circunferência, como mostra o gráfico abaixo.

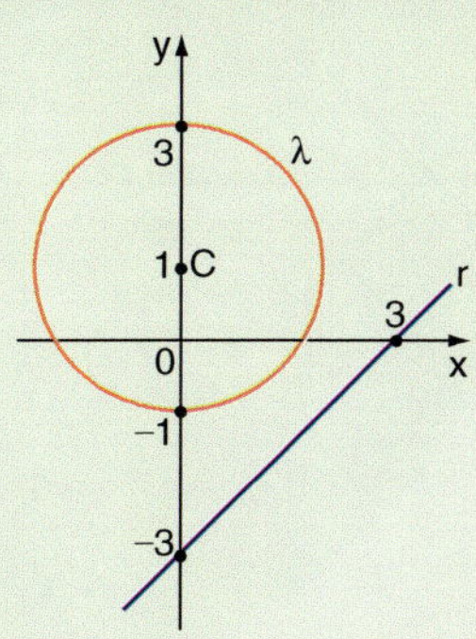

O quadro a seguir apresenta um resumo de como obter a posição relativa entre uma reta e uma circunferência.

Se substituirmos o valor de uma das variáveis (isolada na equação da reta) na equação da circunferência, obteremos uma equação do 2º grau (na outra variável).
Calculando o discriminante da equação obtida, poderemos ter:

- $\Delta > 0 \Rightarrow$ a reta e a circunferência são secantes (há dois pontos de interseção).
- $\Delta = 0 \Rightarrow$ a reta e a circunferência são tangentes (há um único ponto de interseção).
- $\Delta < 0 \Rightarrow$ a reta é externa à circunferência (não há ponto de interseção).

Para encontrar os eventuais pontos comuns, basta prosseguir na resolução da equação.

EXERCÍCIOS

46. Em cada caso, isole uma das variáveis na equação da reta *r* e, substituindo esse valor na equação da circunferência λ, dê a posição relativa entre *r* e λ:

a) $r: x - y = 0$ e $\lambda: x^2 + y^2 + 2x - 2y + 1 = 0$

b) $r: x - y + 1 = 0$ e $\lambda: (x + 1)^2 + (y - 2)^2 = 5$

c) $r: x + y - 2 = 0$ e $\lambda: x^2 + y^2 - 4x - 4y + 6 = 0$

d) $r: 2x - y - 1 = 0$ e $\lambda: (x - 3)^2 + (y + 1)^2 = 16$

47. Obtenha, em cada caso, os pontos de interseção entre a reta *r* e a circunferência λ:

a) $r: 3x + 4y - 35 = 0$ e $\lambda: x^2 + y^2 - 4x - 2y - 20 = 0$

b) $r: y = -\frac{x}{2} + \frac{3}{2}$ e $\lambda: x^2 + y^2 - 4x - 6y - 12 = 0$

c) $r: \begin{cases} x = 1 + t \\ y = 1 - t \end{cases}$ e $\lambda: x^2 + y^2 - 8x - 6y + 24 = 0$, em que $t \in \mathbb{R}$.

48. Sabendo que a reta *r* passa por (1, 0), verifique a posição de *r* em relação à circunferência de equação $x^2 + y^2 - 4x - 6y - 12 = 0$.

49. Determine os valores de *p* para que a reta de equação $2x - y + p = 0$ seja tangente à circunferência de equação $x^2 + y^2 - 4 = 0$.

50. Determine os valores de *k* de modo que a reta de equação $x + y + k = 0$ em relação à circunferência de equação $x^2 + y^2 - 4x - 6y - 5 = 0$ seja:

a) tangente; b) secante; c) externa.

51. Qual é o comprimento da corda cujas extremidades são os pontos de interseção de $r: 2x - y = 0$ com $\lambda: x^2 + y^2 = 4$?

Método alternativo

Existe outro processo, geralmente menos trabalhoso, para determinar a posição relativa de uma reta e uma circunferência. Por meio desse processo, uma vez conhecidos o centro e o raio da circunferência, bem como a equação da reta, calcula-se a distância entre o centro da circunferência e a reta, comparando-a, a seguir, com o raio.

Observemos a figura:

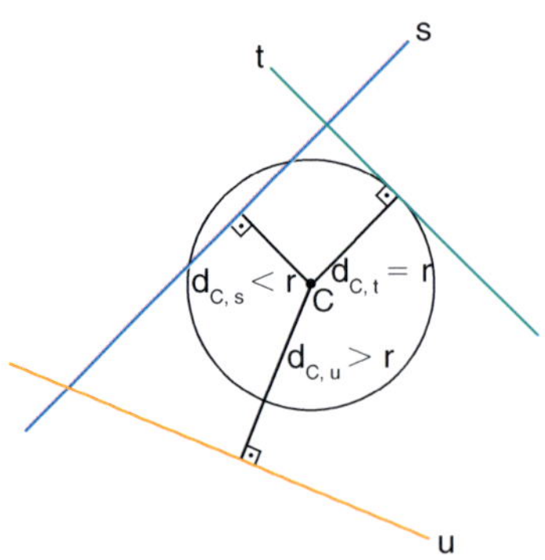

- $d_{C,s} < r \Leftrightarrow$ *s* é secante a λ.
- $d_{C,t} = r \Leftrightarrow$ *t* é tangente a λ.
- $d_{C,u} > r \Leftrightarrow$ *u* é externa a λ.

EXERCÍCIOS RESOLVIDOS

11. Seja a circunferência $\lambda: x^2 + y^2 - 4x - 2y = 20$.

Completando os quadrados da equação da circunferência λ, encontramos $C(2, 1)$ e $R = 5$.

Dadas as retas $r: 4x + 3y - 36 = 0$, $s: 3x - y + 5 = 0$ e $t: x + y + 5 = 0$, verificar suas posições em relação a λ, calculando a distância entre cada uma delas e o centro C de λ.

Solução:

- Quanto à reta *r*:

$$d_1 = d_{C,r} = \frac{|4 \cdot 2 + 3 \cdot 1 - 36|}{\sqrt{4^2 + 3^2}} = \frac{25}{5} = 5 = R$$

r é tangente à circunferência.

- Quanto à reta *s*:

$$d_2 = d_{C,s} = \frac{|3 \cdot 2 - 1 \cdot 1 + 5|}{\sqrt{3^2 + 1^2}} = \frac{10}{\sqrt{10}} = \sqrt{10} < 5 = R$$

s é secante à circunferência.

- Quanto à reta *t*:

$$d_3 = d_{C,t} = \frac{|2 \cdot 1 + 1 \cdot 1 + 5|}{\sqrt{1^2 + 1^2}} = \frac{8}{\sqrt{2}} = 4\sqrt{2} > 5 = R$$

t é externa à circunferência.

Observe no gráfico abaixo a posição da circunferência e das três retas:

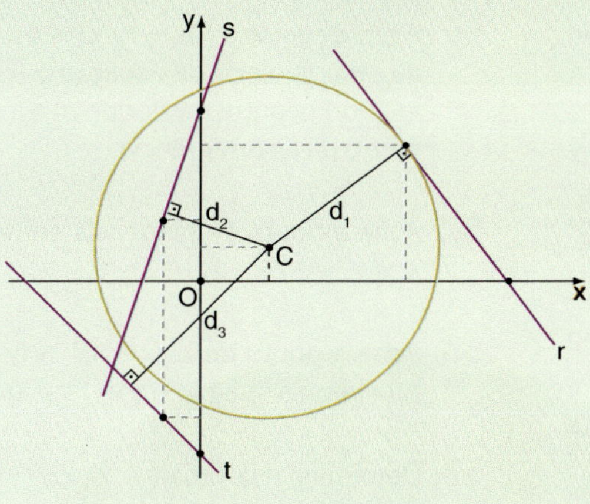

$\lambda: \begin{cases} C(2, 1) \\ R = 5 \end{cases}$

r:

x	y
6	4
9	0

s:

x	y
0	5
–1	2

t:

x	y
0	–5
–1	–4

12. Seja o feixe de retas paralelas dado por $r: 2x + y + c = 0, c \in \mathbb{R}$, e a circunferência $\lambda: x^2 + y^2 - 2x - 10y + 21 = 0$ (centro $C(1, 5)$ e raio $\sqrt{5}$). Qual é a posição de *r* e λ?

Solução:

Conforme os valores de *c*, as retas do feixe assumem diferentes posições em relação à circunferência.

Vamos calcular a distância *d* do centro C a uma reta genérica do feixe:

$$d = \frac{|2 \cdot 1 + 1 \cdot 5 + c|}{\sqrt{2^2 + 1^2}} = \frac{|7 + c|}{\sqrt{5}}$$

Há três possibilidades comparando-se essa distância com o raio $\sqrt{5}$ de λ:

- Para que a reta seja tangente à circunferência:

$$\frac{|7 + c|}{\sqrt{5}} = \sqrt{5} \Rightarrow |7 + c| = 5 \Rightarrow 7 + c = \pm 5 \Rightarrow c = -2 \text{ ou } c = -12$$

- Para que a reta seja secante à circunferência:

$$\frac{|7+c|}{\sqrt{5}} < \sqrt{5} \Rightarrow |7+c| < 5 \Rightarrow -5 < 7 + c < 5 \Rightarrow -12 < c < -2$$

- Para que a reta seja externa à circunferência:

$$\frac{|7+c|}{\sqrt{5}} > \sqrt{5} \Rightarrow |7+c| > 5 \Rightarrow \begin{cases} 7 + c > 5 \Rightarrow c > -2 \quad \text{ou} \\ 7 + c < -5 \Rightarrow c < -12 \end{cases}$$

Veja como a circunferência e as retas do feixe ficam representadas no gráfico:

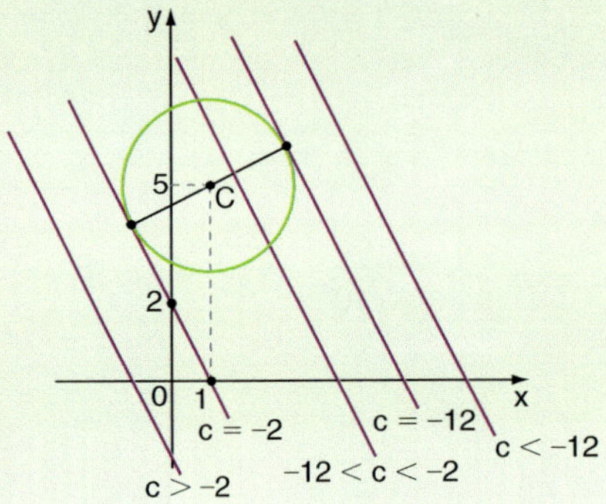

EXERCÍCIOS

52. Em cada caso, através do cálculo da distância entre o centro da circunferência λ e a reta *r*, apresente a posição de *r* em relação a λ.

a) r: $x + 2y + 3 = 0$ e λ: $x^2 + y^2 - 6x - 4y - 7 = 0$

b) r: $x - 2y - 3 = 0$ e λ: $\left(x + \frac{1}{2}\right)^2 + \left(y - \frac{1}{2}\right)^2 = \frac{5}{2}$

c) r: $3x + y - 4 = 0$ e λ: $(x - 3)^2 + (y - 5)^2 = 10$

d) r: $4x - 3y - 24 = 0$ e λ: $x^2 + y^2 - 24x + 4y + 99 = 0$

53. Determine a posição relativa entre a reta *r* e a circunferência λ de cada caso.

a) r: $x - 2 = 0$ e λ: $4x^2 + 4y^2 - 25 = 0$

b) r: $2x + 3y - 3 = 0$ e λ: $x^2 + y^2 - 4x - 8y + 7 = 0$

c) r: $x + y - 5 = 0$ e λ: $(x + 1)^2 + (y + 1)^2 = 18$

d) r: $2x + 4y - 1 = 0$ e λ: $(x - 5)^2 + (y - 2)^2 = 16$

54. Em cada caso, determine o comprimento da corda determinada pela reta *r* sobre a circunferência λ.

a) r: $x + y - 5 = 0$ e λ: $(x + 1)^2 + (y - 2)^2 = 16$

b) r: $3x - y = 0$ e λ: $(x - 3)^2 + (y - 4)^2 = 25$

55. Determine os valores de *k* de modo que a reta r: $3x - 4y - 18 = 0$ em relação à circunferência λ: $x^2 + y^2 - 2x + k = 0$ seja:

a) tangente; b) externa; c) secante.

56. A reta de equação $2x + 3y - 1 = 0$ passa pelo centro da circunferência de equação $(x + m)^2 + (y - 1)^2 = 200$. Encontre o valor de *m* e a medida do diâmetro da circunferência.

57. Ache o ponto de tangência entre r: $x + y = 0$ e λ: $x^2 + y^2 - 6x - 2y + 2 = 0$.

58. Ache o ponto de λ: $(x - 4)^2 + (y - 2)^2 = 9$ mais próximo da reta r: $x + y + 11 = 0$.

59. Determine o ponto de λ: $x^2 + y^2 - 6x - 2y + 9 = 0$ mais distante de (5, 3).

60. Sejam *r* a reta de equação $y = x + 2$ e C a circunferência de equação $x^2 + y^2 - 4x - 2y + a = 0$, em que *a* é uma constante real. Determine o maior valor de *a* de modo que ocorra interseção entre *r* e C.

61. (UF-BA) Determine uma equação da circunferência de centro (1, 2), sabendo que a equação $3x + y - 9 = 0$ representa uma reta tangente a essa circunferência.

62. Dê o valor de *k* para que a equação $x^2 + y^2 + 5x + 4y + k = 0$ seja a equação de uma circunferência e determine no eixo das abscissas uma corda de comprimento 3.

TANGÊNCIA

Já reunimos elementos para tratar de problemas de tangência entre reta e circunferência.

Uma reta é tangente a uma circunferência quando a intercepta unicamente em um ponto. Nesse ponto, a reta é perpendicular ao raio, e a distância do centro da circunferência à reta tangente é igual à medida do raio.

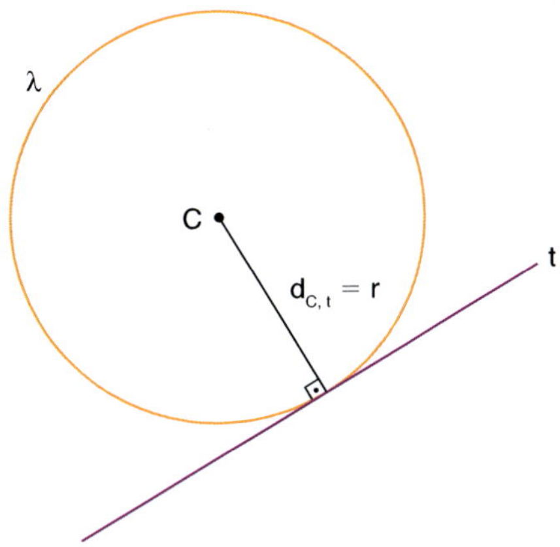

Vamos apresentar dois problemas típicos de tangência, os quais serão ilustrados por meio de exercícios resolvidos.

Problema 1: dada uma circunferência, conduzir as tangentes em determinada direção.

EXERCÍCIOS RESOLVIDOS

13. Obter as equações das tangentes à circunferência $\lambda: x^2 + y^2 = 4$ que sejam paralelas à reta $s: 2x - y + 1 = 0$.

Solução:

As retas paralelas a *s* possuem equação da forma $t: 2x - y + c = 0$, bastando, para determinar cada uma delas, encontrar o valor de *c*.

As tangentes a λ distam $r = 2$ do centro da circunferência, que é a origem do sistema.

$$d_{O,t} = \frac{|2 \cdot 0 - 1 \cdot 0 + c|}{\sqrt{2^2 + 1}} = \frac{|c|}{\sqrt{5}} = 2 \text{ (raio)}$$

Daí, $|c| = 2\sqrt{5}$ e $c = \pm 2\sqrt{5}$.

Portanto, $t_1: 2x - y + 2\sqrt{5} = 0$ e $t_2: 2x - y - 2\sqrt{5} = 0$ são as equações procuradas.

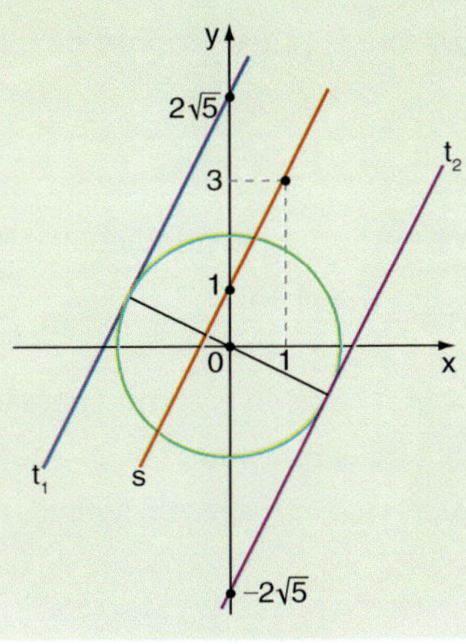

s:

x	y
1	3
0	1

14. Determinar as equações das retas tangentes à circunferência λ: $(x - 1)^2 + y^2 = 9$, que tem centro C(1, 0) e raio r = 3, perpendiculares à reta s: $4x + 3y - 6 = 0$.

Solução:

Isolando *y* na equação de *s*:

$$3y = -4x + 6 \Rightarrow y = -\frac{4}{3}x + 2 \quad \text{e} \quad m_s = -\frac{4}{3}$$

As tangentes a λ possuem, então, coeficiente angular igual a $\frac{3}{4}$ e, portanto, têm equação da forma t: $3x - 4y + c = 0$.

Para encontrar os valores de *c*, fazemos:

$$d_{C,t} = \frac{|3 \cdot 1 - 4 \cdot 0 + c|}{\sqrt{3^2 + 4^2}} = \frac{|3 + c|}{5} = 3 \text{ (raio)}$$

Daí, $|3 + c| = 15$ e $3 + c = \pm 15$, e resulta $c = -3 \pm 15$, ou seja, $c = 12$ ou $c = -18$.

Assim, $t_1: 3x - 4y + 12 = 0$ e $t_2: 3x - 4y - 18 = 0$ são as equações procuradas.

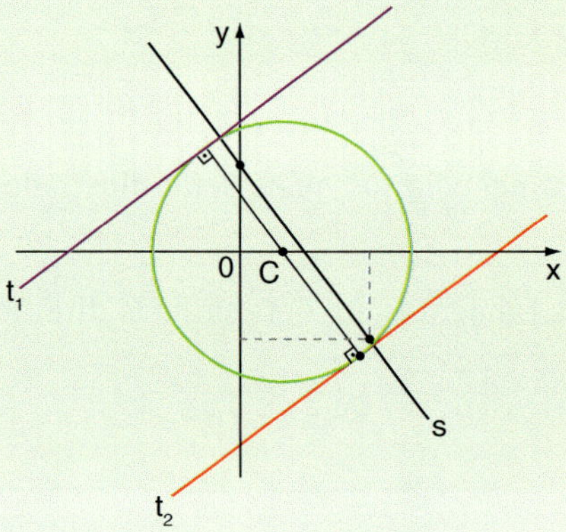

s:

x	y
3	−2
0	2

Problema 2: conduzir, por um ponto dado, as retas tangentes a uma circunferência dada.

EXERCÍCIOS RESOLVIDOS

15. Determinar as equações das tangentes a λ: $(x - 3)^2 + (y - 1)^2 = 65$, traçadas por P(−5, 0).

Solução:

λ tem centro em (3, 1) e raio $\sqrt{65}$.

Devemos inicialmente verificar a posição de P em relação a λ:

$$d_{P,C} = \sqrt{(-5 - 3)^2 + (0 - 1)^2} = \sqrt{65}$$

Assim, P é ponto de λ e há somente uma tangente a λ por P, que é o ponto de tangência.

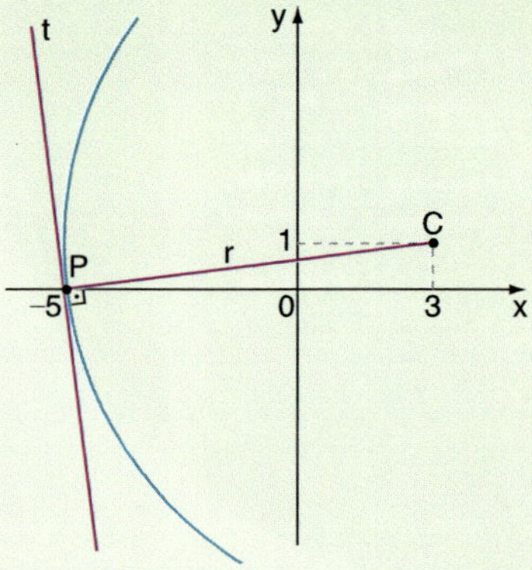

A reta *t*, então, é a perpendicular a $\overline{PC}$ (raio), pelo ponto P.

Temos $m_{\overline{PC}} = \frac{1 - 0}{3 - (-5)} = \frac{1}{8} \Rightarrow m_t = -8$.

Logo, t: $y = -8x + n$ e, como *t* passa por P(−5, 0), temos:

$0 = 40 + n \Rightarrow n = -40$.

Daí, t: $y = -8x - 40$, isto é, t: $8x + y + 40 = 0$.

16. Obter as equações das tangentes à circunferência λ: $(x-1)^2 + (y+3)^2 = 4$, traçadas pelo ponto P(4, 0).

Solução:

λ tem centro em C(1, −3) e raio 2.

Inicialmente devemos verificar a posição de P em relação a λ:

$$d_{P,C} = \sqrt{(4-1)^2 + (0+3)^2} \Rightarrow d_{P,C} = 3\sqrt{2} > 2 = r$$

Portanto, P é externo a λ.

Assim, o problema apresenta duas soluções, que são retas *t* de equações $y - 0 = m(x - 4)$, isto é, $mx - y - 4m = 0$ (*), pois passam por P(4, 0) e não são verticais.

Como as retas *t* são tangentes a λ e, por isso, distam r = 2 do centro C(1, −3), temos:

$$d_{C,t} = \frac{|m \cdot 1 - 1 \cdot (-3) + (-4m)|}{\sqrt{m^2 + (-1)^2}} = 2$$

$$\frac{3\,|1-m|}{\sqrt{m^2+1}} = 2$$

$$3|1-m| = 2\sqrt{m^2+1}$$

$$9(1 - 2m + m^2) = 4(m^2 + 1)$$

$$5m^2 - 18m + 5 = 0$$

$$m = \frac{9 \pm 2\sqrt{14}}{5}$$

Logo, a equação das tangentes a λ, a partir de (*), é:

$$\frac{9 \pm 2\sqrt{14}}{5}x - y - 4 \cdot \frac{9 \pm 2\sqrt{14}}{5} = 0$$

ou:

$$t_1: (9 + 2\sqrt{14})x - 5y - 4(9 + 2\sqrt{14}) = 0 \text{ e } t_2: (9 - 2\sqrt{14})x - 5y - 4(9 - 2\sqrt{14}) = 0$$

Veja como fica no gráfico:

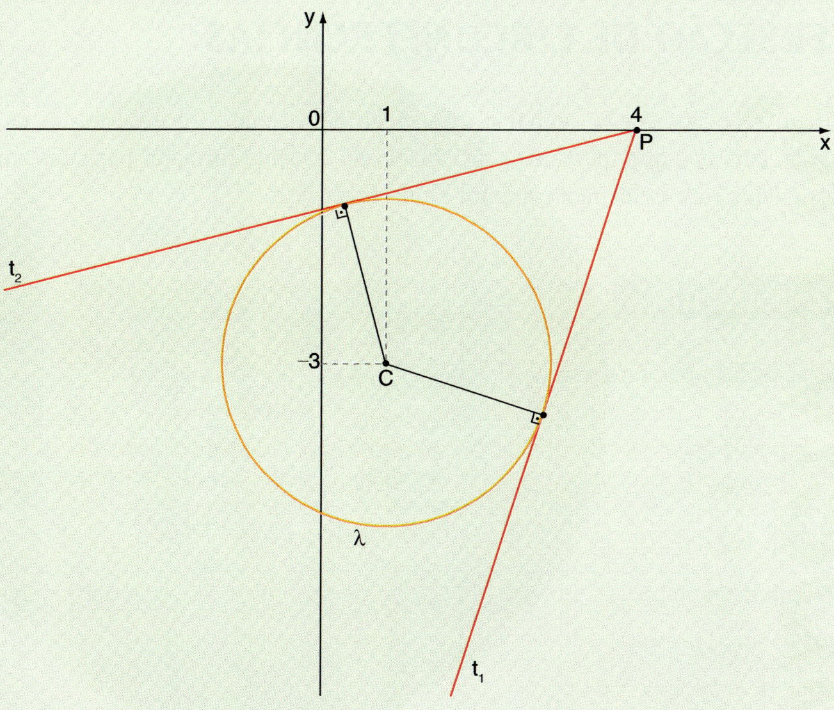

EXERCÍCIOS

63. Determine, em cada caso, as equações das retas tangentes a λ que são paralelas a *r*:

a) $\lambda: (x-1)^2 + (y-2)^2 = 9$ e $r: x - 3y + 3 = 0$

b) $\lambda: x^2 + (y-1)^2 = 1$ e $r: 3x - 2y = 0$

c) $\lambda: x^2 + y^2 - 2y - 3 = 0$ e $r: 2x - y - 1 = 0$

64. Determine as equações das tangentes a $\lambda: x^2 + y^2 - 4x - 6y - 12 = 0$ que são:

a) horizontais;

b) verticais;

c) perpendiculares a $r: 3x - 4y = 0$.

65. Qual é a distância entre as retas tangentes à circunferência $\lambda: 4x^2 + 4y^2 - 4x - 20y - 15 = 0$ que são paralelas a $r: 6x - 8y + 15 = 0$?

66. Determine as equações das tangentes à circunferência $\lambda: (x-3)^2 + (y-4)^2 = 1$ que são perpendiculares à reta $r: 3x + y + 1 = 0$.

67. Determine, em cada caso, as equações das tangentes a λ traçadas por P.

a) $\lambda: x^2 + y^2 = 1$ e $P(\sqrt{2}, 0)$

b) $\lambda: x^2 + y^2 - 2x + 4y + 1 = 0$ e $P(5, -4)$

c) $\lambda: (x+2)^2 + (y-3)^2 = 9$ e $P(1, 6)$

d) $\lambda: x^2 + y^2 - 6x - 8y = 0$ e $P(0, 0)$

e) $\lambda: x^2 + y^2 - 6x + 5 = 0$ e $P(2, 1)$

68. Qual é a equação reduzida da circunferência de centro $(-3, 1)$ e tangente a $5x - 2y - 8 = 0$?

69. Ache a equação reduzida da circunferência que passa por $(3, 0)$ e $(5, 0)$ e é tangente a $y + 10 = 0$.

70. Encontre as equações das retas que tangenciam a circunferência $x^2 + y^2 - 4x - 12 = 0$ e formam ângulo de 60° com o eixo das abscissas, no seu sentido positivo.

71. Seja λ uma circunferência com centro sobre a reta $y = 3x$. Sendo λ tangente à reta de equação $y = x$ no ponto de ordenada 4, determine a equação de λ.

72. Uma circunferência λ é tangente, simultaneamente, às retas de equação $x + 2y + 1 = 0$ e $x + 2y - 3 = 0$. Forneça a equação de uma reta que passa pelo centro de λ.
Sugestão: sendo $C(x_C, y_C)$ o centro da circunferência, procure a relação entre *x* e *y*.

73. O ponto $P(\alpha, \beta)$ pertence à circunferência λ, de centro na origem. Qual é a equação da tangente a λ, traçada por P?

INTERSEÇÃO DE CIRCUNFERÊNCIAS

Dadas duas circunferências λ_1 e λ_2, achar a interseção de λ_1 com λ_2 é determinar os pontos P(x, y) que pertencem a ambas as curvas e que, portanto, satisfazem ao sistema formado por suas equações.

Por meio de exercícios resolvidos mostraremos como fazer isso.

EXERCÍCIOS RESOLVIDOS

17. Obter a interseção das circunferências $\lambda_1: x^2 + (y-2)^2 = 4$ e $\lambda_2: (x-1)^2 + y^2 = 1$.

Solução:

Vamos resolver o sistema:

$$\begin{cases} x^2 + (y-2)^2 = 4 & (1) \\ (x-1)^2 + y^2 = 1 & (2) \end{cases}$$

Efetuando, membro a membro, a subtração (1) − (2), obtemos: $-4y + 2x = 0$ e, daí: $x = 2y$ (3).

Substituindo (3) em (1), resulta:

$(2y)^2 + (y-2)^2 = 4 \Rightarrow 5y^2 - 4y = 0$

Daí, vem:

$$\begin{cases} y = 0 \Rightarrow x = 0 \\ \quad \text{ou} \\ y = \dfrac{4}{5} \Rightarrow x = \dfrac{8}{5} \end{cases}$$

Concluímos que as circunferências têm dois pontos comuns: P(0, 0) e $Q\left(\dfrac{8}{5}, \dfrac{4}{5}\right)$.

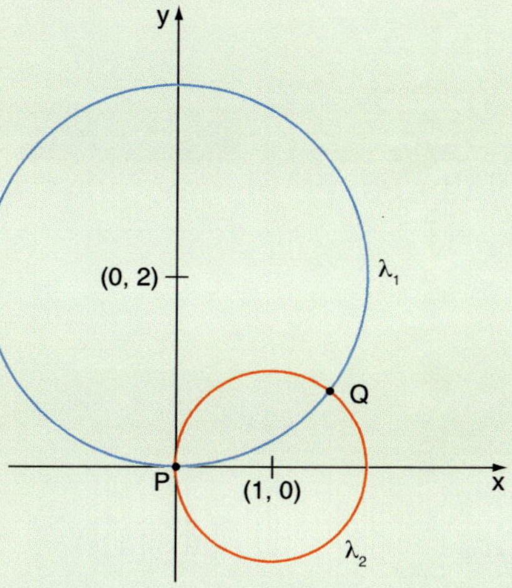

$$\lambda_1 \cap \lambda_2 = \left\{(0, 0), \left(\dfrac{8}{5}, \dfrac{4}{5}\right)\right\}$$

18. Obter a interseção das circunferências $\lambda_1: x^2 + y^2 = 49$ e $\lambda_2: x^2 + y^2 - 6x - 8y + 21 = 0$.

Solução:

Vamos resolver o sistema:

$$\begin{cases} x^2 + y^2 = 49 & \textcircled{1} \\ x^2 + y^2 - 6x - 8y + 21 = 0 & \textcircled{2} \end{cases}$$

Efetuando, membro a membro, a subtração ① − ②, obtemos:

$$6x + 8y - 21 = 49 \Rightarrow x = \dfrac{70 - 8y}{6} \quad \textcircled{3}$$

Substituindo ③ em ①, resulta:

$$\left(\dfrac{70 - 8y}{6}\right)^2 + y^2 = 49 \Rightarrow 100y^2 - 1120y + 3136 = 0 \Rightarrow y = \dfrac{28}{5} \Rightarrow x = \dfrac{21}{5}$$

Concluímos que essas circunferências têm um único ponto comum: $P\left(\dfrac{21}{5}, \dfrac{28}{5}\right)$.

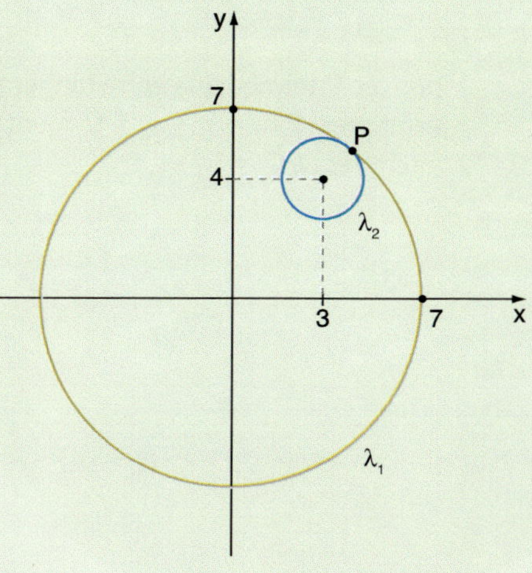

$$\lambda_1 \cap \lambda_2 = \left\{\left(\dfrac{21}{5}, \dfrac{28}{5}\right)\right\}$$

POSIÇÕES RELATIVAS DE DUAS CIRCUNFERÊNCIAS

A posição relativa das circunferências λ_1(com centro C_1 e raio r_1)e λ_2(com centro C_2 e raio r_2) pode ser determinada comparando-se a distância C_1C_2 entre os centros com a soma $r_1 + r_2$ ou com a diferença $|r_1 - r_2|$ dos raios.

De acordo com a Geometria Plana, são possíveis cinco casos distintos, conforme ilustrado a seguir:

- 1º caso: λ_1 e λ_2 exteriores

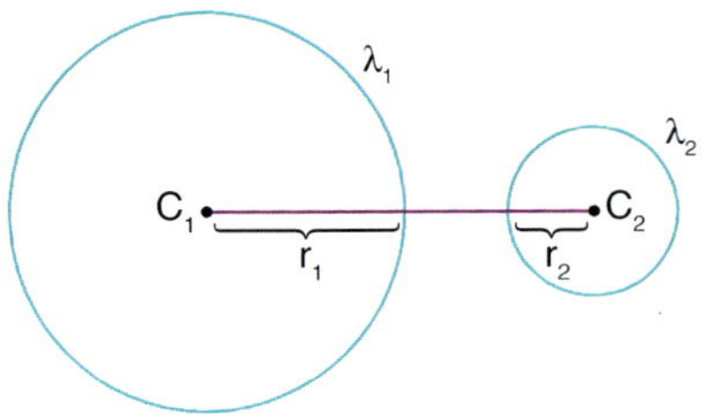

$$C_1C_2 > r_1 + r_2$$

- 2º caso: λ_1 e λ_2 tangentes exteriores

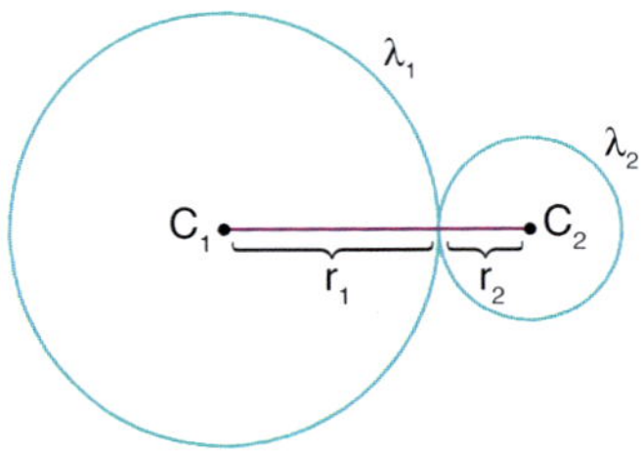

$$C_1C_2 = r_1 + r_2$$

- 3º caso: λ_1 e λ_2 tangentes interiores

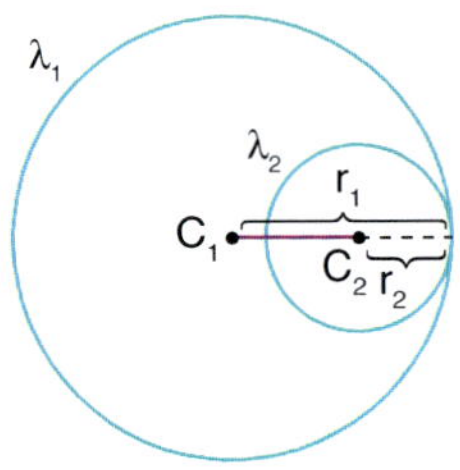

$$C_1C_2 = |r_1 - r_2|$$

- 4º caso: λ_1 e λ_2 secantes

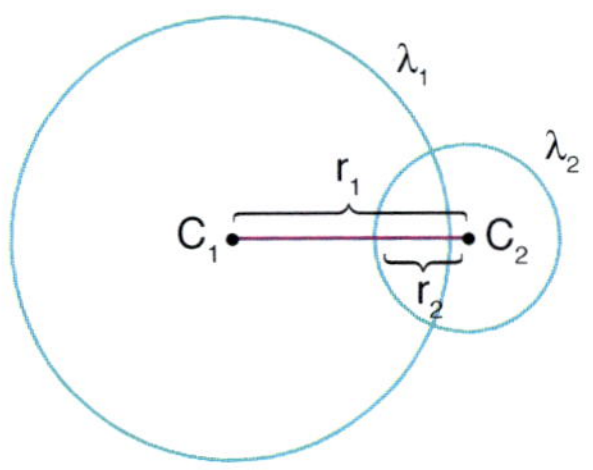

$$|r_1 - r_2| < C_1C_2 < r_1 + r_2$$

posição intermediária entre tangentes exteriores ($C_1C_2 = r_1 + r_2$) e tangentes interiores ($C_1C_2 = |r_1 - r_2|$)

- 5º caso: λ_1 e λ_2 uma interna à outra

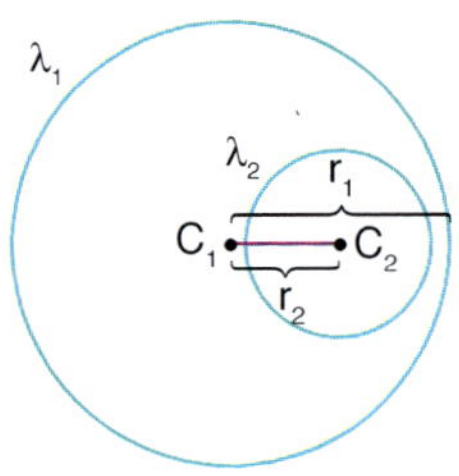

$$0 \leq C_1C_2 < |r_1 - r_2|$$

EXERCÍCIO RESOLVIDO

19. Qual é a posição das circunferências $\lambda_1: x^2 + y^2 = 49$ e $\lambda_2: x^2 + y^2 - 6x - 8y - 11 = 0$?

Solução:

λ_1 tem centro $C_1(0, 0)$ e raio $r_1 = 7$ e λ_2 tem centro $C_2(3, 4)$ e raio $r_2 = 6$.

$C_1C_2 = \sqrt{(0-3)^2 + (0-4)^2} = 5$

Comparemos C_1C_2 com a soma dos raios: $C_1C_2 = 5$ e $r_1 + r_2 = 13$. Notamos que $C_1C_2 < r_1 + r_2$ e concluímos que λ_1 e λ_2 não podem ser exteriores, nem tangentes exteriormente.

Comparemos C_1C_2 com o módulo da diferença dos raios: $C_1C_2 = 5$ e $|r_1 - r_2| = r_1 - r_2 = 1$. Notamos que $C_1C_2 > |r_1 - r_2|$ e concluímos que λ_1 e λ_2 não podem ser uma interna à outra, nem tangentes interiormente. Então, por exclusão, λ_1 e λ_2 são secantes.

EXERCÍCIOS

74. Obtenha a interseção das circunferências $\lambda_1: x^2 + y^2 = 100$ e $\lambda_2: x^2 + y^2 - 12x - 12y + 68 = 0$.

75. Dadas as circunferências $\lambda_1: x^2 + y^2 - 2x - 3 = 0$ e $\lambda_2: x^2 + y^2 + 2x - 4y + 1 = 0$, ache seus pontos de interseção.

76. Determine, em cada caso, a posição relativa de λ_1 e de λ_2.

a) $\lambda_1: x^2 + y^2 = 16$ e $\lambda_2: x^2 + y^2 + 6x - 4y + 4 = 0$

b) $\lambda_1: x^2 + y^2 = 18$ e $\lambda_2: x^2 + y^2 + 20x - 10y + 124 = 0$

c) $\lambda_1: x^2 + y^2 - 4x - 6y + 12 = 0$ e
$\lambda_2: x^2 + y^2 + 4x - 12y + 24 = 0$

d) $\lambda_1: x^2 + y^2 = 81$ e $\lambda_2: x^2 + y^2 - 6x + 8y + 9 = 0$

77. Em um treinamento militar, um míssil vai ser lançado de uma base B para atingir o alvo A. A figura a seguir ilustra essa situação em um plano cartesiano na escala 1:200. A unidade de medida é o metro.

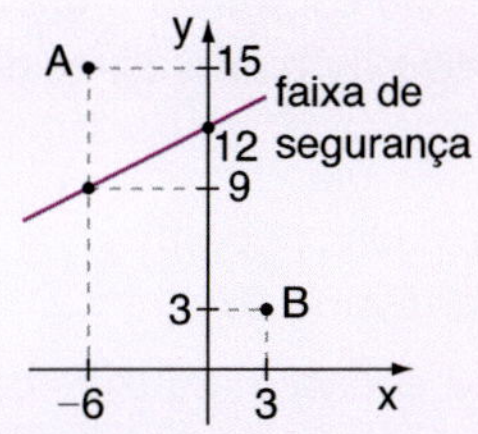

a) Qual é a distância real entre a base B e o alvo A?

b) Sabendo que os efeitos de destruição do míssil podem ser sentidos até 200 m do alvo, qual é a relação que deve ser satisfeita pelas coordenadas de um ponto P(x, y) desse plano para que esses efeitos sejam sentidos em P?

c) Qual é a área real da região afetada pelo míssil?

d) A região em que se sentem os efeitos destrutivos do míssil não é habitada. Uma longa faixa de segurança retilínea isola essa região das áreas em que há população. No plano cartesiano, essa faixa pode ser representada pela reta que passa pelos pontos $(-6, 9)$ e $(0, 12)$. Qual é o ponto dessa faixa mais próximo do alvo? A que distância real do alvo ele se encontra?
Use a aproximação $\sqrt{5} = 2{,}24$ e indique o número inteiro mais próximo.

DESAFIO

Depois de ser advertido por seu médico sobre as perigosas consequências da alta taxa de colesterol no sangue, Lafaiete decidiu caminhar todos os dias.

Num domingo à noite, viu em seu relógio digital que estava começando a caminhada exatamente às 19 horas e 42 minutos, conforme é possível observar na figura abaixo.

19 : 42 : 00

Calcule a distância percorrida por Lafaiete, em metros, sabendo que sua velocidade média era 7,6 km/h e que, no momento em que encerrou sua caminhada, todos os algarismos dos números que apareciam no mostrador do relógio, correspondentes às horas, aos minutos e aos segundos, alteraram-se simultaneamente pela primeira vez.

a) 2170 b) 2185 c) 2210 d) 2225 e) 2250

EXERCÍCIOS COMPLEMENTARES

1. Uma circunferência λ tem equação $x^2 + y^2 - 6x - 6y + 12 = 0$. Determine:

a) o ponto de λ mais próximo da origem;

b) o ponto de λ mais afastado da origem.

2. Dadas a circunferência $x^2 + y^2 - 3y - 1 = 0$ e a reta $3x + 2y - 508 = 0$, determine a área de um triângulo inscrito na circunferência e com lados paralelos aos eixos cartesianos e à reta dada.

3. A equação $36x^2 + 36y^2 + 24x - 36y + k = 0$ representa uma circunferência de raio r = 1 cm e centro no ponto C.

a) Determine o valor de *k*.

b) Se A e B são os pontos onde a circunferência corta o eixo Oy, qual é a área do triângulo ABC em cm^2?

4. (UF-PR) São dados os pontos A = (0, 0) e B = (6, 8) no plano cartesiano Oxy.

a) Escreva a equação reduzida da circunferência que tem centro no ponto médio do segmento $\overline{AB}$ e contém os pontos A e B.

b) Encontre as coordenadas do ponto P, distinto de A, no qual a circunferência intercepta o eixo *y*.

5. (Unifesp-SP) Em um plano cartesiano, seja T o triângulo que delimita a região definida pelas inequações $y \leq 2$, $x \geq 0$ e $x - y \leq 2$.

a) Obtenha as equações de todas as retas que são equidistantes dos três vértices do triângulo T.

b) Obtenha a equação da circunferência circunscrita ao triângulo T, destacando o centro e o raio.

6. (ITA-SP) Determine uma equação da circunferência inscrita no triângulo cujos vértices são A = (1, 1), B = (1, 7) e C = (5, 4) no plano xOy.

7. (Unifesp-SP) Considere $a_1, a_2, a_3, b_1, b_2, b_3$ números reais estritamente positivos, tais que os pontos (a_1, b_1), (a_2, b_2) e (a_3, b_3) pertençam à reta $y = 2x$.

a) Sabendo-se que $\dfrac{a_1x^2 + a_2x + a_3}{b_1x^2 + b_2x + b_3}$ (com $b_1x^2 + b_2x + b_3 \neq 0$) independe de *x*, pede-se determinar seu valor.

b) Na figura, se os pontos A, B e C são vértices de um triângulo isósceles e o segmento $\overline{AC}$ é um dos diâmetros da circunferência convenientemente centrada na origem do sistema ortogonal, pede-se determinar a medida do segmento $\overline{AB}$ em função de a_1.

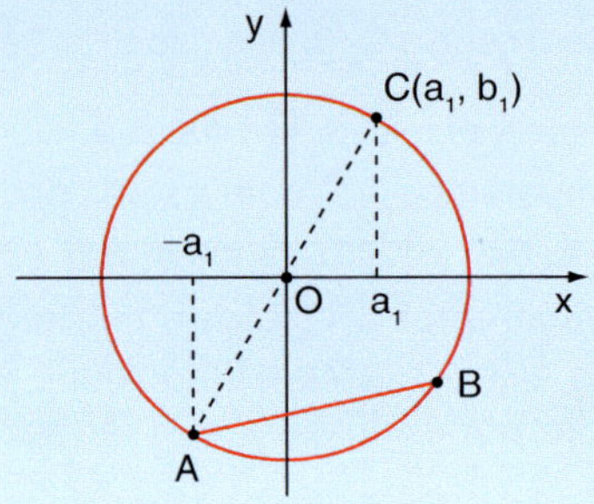

8. (UF-BA) Considere

- a curva C obtida da circunferência de equação $x^2 + y^2 + 2x - 4y - 4 = 0$ por uma rotação, no sentido anti-horário, em torno da origem do sistema cartesiano, segundo um ângulo de $\dfrac{\pi}{2}$ radianos;
- a reta *r* que passa pelo centro de C e faz, com o eixo coordenado Ox, um ângulo α tal que $\alpha \in \left[\dfrac{\pi}{2}, \pi\right[$ e $\text{tg}\left(2\alpha + \dfrac{\pi}{3}\right) = 0$.

Determine uma equação de *r*.

9. (Unicamp-SP) Considere a família de retas no plano cartesiano descrita pela equação $(2 - p)x + (2p + 1)y + 8p + 4 = 0$, nas variáveis *x* e *y*, em que *p* é um parâmetro real.

a) Determine o valor do parâmetro *p* para que a reta correspondente intercepte perpendicularmente o eixo *y*. Encontre o ponto de interseção neste caso.

b) Considere a reta $x + 3y + 12 = 0$ dessa família para p = 1. Denote por A o seu ponto de interseção como eixo *x* e por O a origem do plano cartesiano. Exiba a equação da circunferência em que o segmento $\overline{OA}$ é um diâmetro.

10. (UF-PE) Em um sistema de coordenadas ortogonais xOy, um triângulo tem vértices nos pontos de interseção das retas com equações $y = x$, $y = -x + 12$ e $y = \dfrac{x}{5}$ (ilustradas abaixo). Se a equação da circunferência circunscrita ao triângulo é $x^2 + y^2 + ax + by + c = 0$, indique o valor de $(a + b + c)^2$.

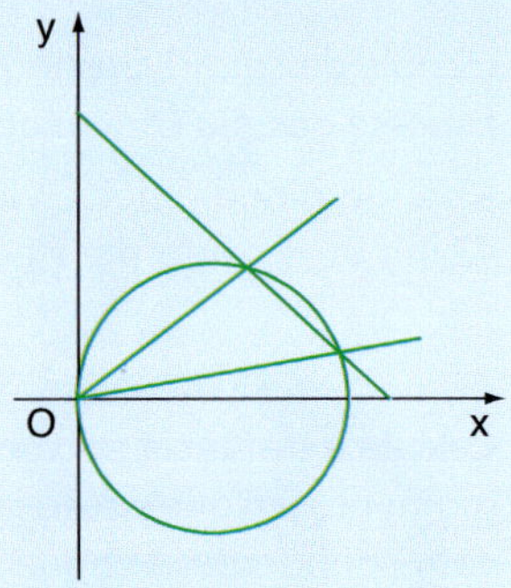

11. O governo de um país pretende construir armazéns com o intuito de estocar parte da produção da safra de grãos, de modo que não haja desperdícios por situações adversas. A seção transversal da cobertura de um desses armazéns tem a forma de um arco de circunferência $\overline{CD}$ apoiado em colunas de sustentação que estão sobre uma viga. O comprimento dessa viga é de 24 m e o comprimento da maior coluna de sustentação é de 8 m, conforme a figura a seguir.

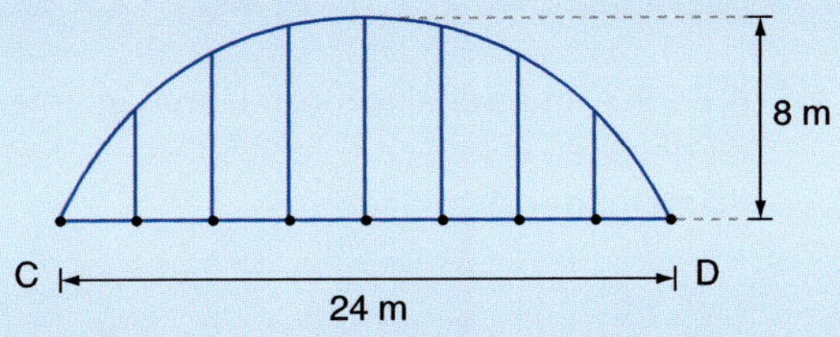

Considerando um sistema cartesiano de eixos ortogonais xy, com origem no ponto C, de modo que o semieixo *x* positivo esteja na direção $\overline{CD}$ e o semieixo *y* positivo apontando para cima, qual é a equação da circunferência que contém o arco $\overline{CD}$ em relação ao sistema de eixos xy?

12. (UF-BA) Considerem-se, no plano cartesiano, os subconjuntos $A = \{(x, y) \in \mathbb{R}^2; x^2 + y^2 \leq 4\}$, $B = \{(x, y) \in \mathbb{R}^2; y \leq \sqrt{3}|x|\}$ e $C = \{(x, y) \in \mathbb{R}^2; y \geq -\sqrt{2}\}$. Calcule a área da região definida por $A \cap B \cap C$.

13. Qual é a área da região do plano cartesiano formada pelos pontos (x, y) tais que $x^2 - 2x + y^2 - 2y \geq 0$ e $x^2 - 4x + y^2 - 4y \leq 0$?

14. (UF-PE) Na ilustração a seguir, temos a circunferência com equação $x^2 + y^2 + 6x + 8y = 75$ e a reta passando pela origem e pelo centro da circunferência. Determine o ponto da circunferência mais distante da origem e indique esta distância.

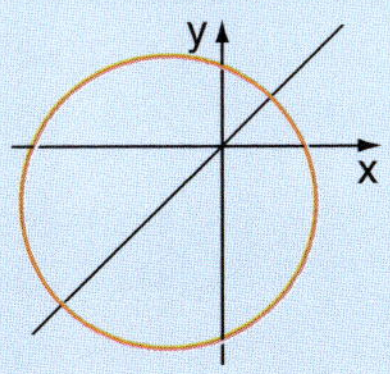

15. (U. F. Juiz de Fora-MG) No plano cartesiano, seja λ a circunferência de centro C = (3, 5) e raio 4 e seja *r* a reta de equação $y = -x + 6$.

a) Determine todos os valores de *x* para os quais o ponto P = (x, y) pertence à reta *r* e está no interior da circunferência λ.

b) Encontre a equação cartesiana da circunferência λ_1 concêntrica à circunferência λ e tangente à reta *r*.

16. (UF-CE) Dada a circunferência $C: x^2 - 2x + y^2 = 24$ no plano cartesiano xy.

a) Verifique se o ponto P(4, 4) pertence a essa circunferência.

b) Determine a equação da reta tangente à circunferência no ponto P(4, 4).

17. No plano cartesiano Oxy, a reta de equação $x + y = 2$ é tangente à circunferência C no ponto (0, 2). Além disso, o ponto (1, 0) pertence a C. Calcule o raio de C.

18. (UF-GO) Dadas as circunferências de equações $x^2 + y^2 - 4y = 0$ e $x^2 + y^2 - 4x - 2y + 4 = 0$, em um sistema de coordenadas cartesianas,

a) esboce os seus gráficos;

b) determine as coordenadas do ponto de interseção das retas tangentes comuns às circunferências.

19. (UF-MS) Desenhando-se uma determinada circunferência no sistema cartesiano ortogonal, ela tangencia o eixo das abscissas Ox em $x = \sqrt{147}$ e também tangencia a reta $y = \sqrt{3}x$. Sabendo-se que nenhum ponto da circunferência tem coordenadas negativas, qual é o raio dessa circunferência?

20. (UF-ES) São dadas três retas *r*, *s* e *t* no plano cartesiano. A reta *r* intersecta o eixo *x* no ponto de abscissa 7 e intersecta o eixo *y* no ponto de ordenada 14. A reta *s* é perpendicular a *r* e intersecta o eixo *x* no ponto de abscissa 3. A reta *t* é paralela a *s* e intersecta o eixo *y* no ponto de ordenada 5. Determine:

a) as equações das retas *r*, *s* e *t*;

b) a equação da circunferência que é tangente à reta *s*, que tem centro sobre a reta *t* e que possui um diâmetro contido na reta *r*.

21. (Vunesp-SP) Escreva as equações das retas que sejam, ao mesmo tempo, perpendiculares à reta x = y e tangentes à circunferência $(x - 1)^2 + (y - 1)^2 = 2$.

22. (ITA-SP) Considere, no plano cartesiano xy, duas circunferências C_1 e C_2, que se tangenciam exteriormente em P = (5, 10). O ponto Q = (10, 12) é o centro de C_1. Determine o raio da circunferência C_2, sabendo que ela tangencia a reta definida pela equação x = y.

23. (UE-RJ) Em cada ponto (x, y) do plano cartesiano, o valor T é definido pela seguinte equação:

$$T = \frac{200}{x^2 + y^2 - 4x + 8}$$

Calcule a área da região que corresponde ao conjunto dos pontos do plano cartesiano para os quais $T \geq 20$.

24. (Fuvest-SP) No plano cartesiano Oxy, a circunferência C tem centro no ponto A = (–5, 1) e é tangente à reta *t* de equação $4x - 3y - 2 = 0$ em um ponto P. Seja ainda Q o ponto de interseção da reta *t* com o eixo Ox.
Assim:

a) determine as coordenadas do ponto P;

b) escreva uma equação para a circunferência C;

c) calcule a área do triângulo APQ.

25. (UF-GO) Considere duas circunferências no plano cartesiano descritas pelas equações $x^2 + y^2 = 10$ e $(x - x_0)^2 + (y - y_0)^2 = 1$. Determine o ponto $P(x_0, y_0)$ para que as duas circunferências sejam tangentes externas no ponto A(3, 1).

26. (U. F. Uberlândia-MG) No plano cartesiano, considere o círculo S descrito pela equação cartesiana $x^2 + y^2 = 5$ e a reta *r* descrita pela equação cartesiana $y = 2x$. Assim, *r* intersecta S nos pontos A e B. Considerando uma nova reta *h*, descrita pela equação cartesiana $y = x + 1$, esta reta intersecta S nos pontos A e C.

a) Determine os pontos A, B e C.

b) Determine a área do triângulo de vértices A, B e C.

27. (ITA-SP) Dadas a circunferência C: $(x - 3)^2 + (y - 1)^2 = 20$ e a reta r: $3x - y + 5 = 0$, considere a reta *t* que tangencia C, forma um ângulo de 45° com *r* e cuja distância à origem $\frac{3\sqrt{5}}{5}$. Determine uma equação da reta *t*.

28. (Unicamp-SP) Um círculo de raio 2 foi apoiado sobre as retas $y = 2x$ e $y = -\frac{x}{2}$, conforme mostra a figura abaixo.

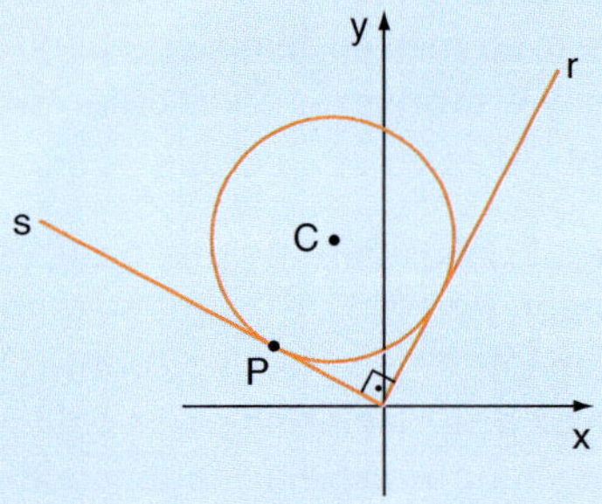

a) Determine as coordenadas do ponto de tangência entre o círculo e a reta $y = -\frac{x}{2}$.

b) Determine a equação da reta que passa pela origem e pelo ponto C, centro do círculo.

29. (UE-RJ) Um objeto de dimensões desprezíveis, preso por um fio inextensível, gira no sentido anti-horário em torno de um ponto O. Esse objeto percorre a trajetória T, cuja equação é $x^2 + y^2 = 25$.

Observe a figura:

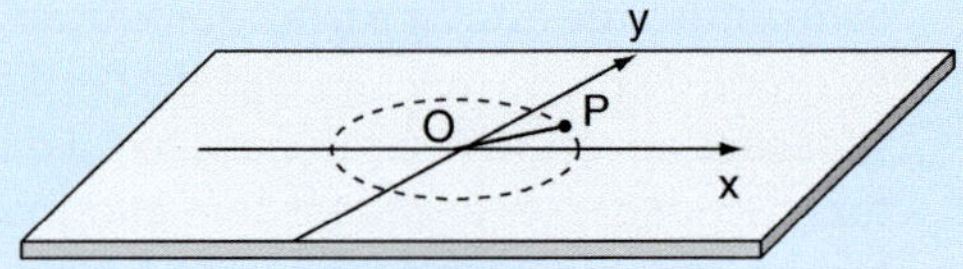

Admita que o fio arrebente no instante em que o objeto se encontra no ponto P (4, 3). A partir desse instante, o objeto segue na direção da reta tangente a T no ponto P.
Determine a equação dessa reta.

30. (UF-PR) A figura abaixo mostra uma circunferência tangente ao eixo *y*, com centro C sobre o eixo *x* e diâmetro de 10 unidades.

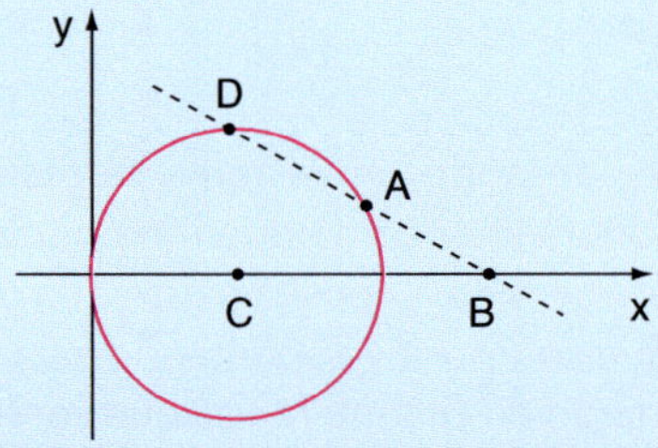

a) Sabendo que A = (8, 4) e que r: $3y + x = 20$ é a reta que passa por A e B, calcule a área do triângulo CAB.

b) Encontre as coordenadas do ponto D, indicado na figura acima, no qual a reta *r* intercepta a circunferência.

31. (UF-PR) A projeção estereográfica é um método de projetar pontos de um círculo sobre uma reta que pode ser utilizado na confecção de mapas (situação em que os círculos são os meridianos do globo terrestre). Suponha que λ é o círculo de raio 1 centrado na origem do plano xy, N = (0, 1) é um ponto fixado e P = (a, b) é um ponto qualquer do círculo λ distinto de N. A projeção estereográfica do ponto P é a interseção da reta *r* determinada por N e P com o eixo *x*, representada pelo ponto Q na figura abaixo. Nessas condições:

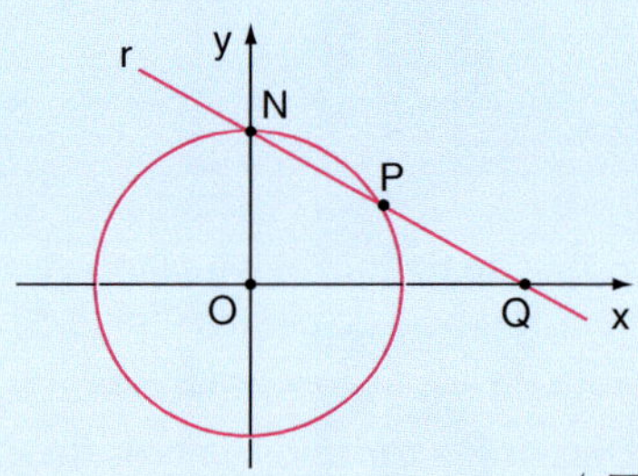

a) Encontre a projeção Q do ponto $P = \left(\frac{\sqrt{2}}{2}, \frac{\sqrt{2}}{2}\right)$.

b) Encontre as coordenadas do ponto P, pertencente ao círculo λ, cuja projeção é o ponto Q = (3, 0).

32. (UF-PB) O para-raios, inventado por Benjamin Franklin, consiste de uma haste metálica pontiaguda, colocada a certa altura do chão e ligada com cabos elétricos a outra haste metálica, aterrada ao chão. A região, em terra plana, protegida por esse tipo de para-raios tem formato circular.

Admita que uma região plana seja representada pelo plano cartesiano e que as circunferências cujas equações são $x^2 + y^2 + 4x - 21 = 0$ e $x^2 + y^2 - 12x = 0$ delimitam as regiões circulares R_1 e R_2, áreas protegidas pelos para-raios P_1 e P_2, respectivamente. Considerando as regiões de proteção de cada um dos para-raios, identifique as afirmativas corretas:

I. Uma pessoa localizada no ponto $A_1 = (-3, 2)$ está protegida pelo para-raios P_1.

II. Uma pessoa localizada no ponto $A_2 = (3, 3)$ está protegida pelo para-raios P_2.

III. Uma pessoa localizada no ponto $A_3 = (1, 5)$ está protegida pelos dois para-raios.

IV. Uma pessoa localizada no ponto $A_4 = (2, 2)$ não está protegida por nenhum dos dois para-raios.

V. A área da região protegida pelo para-raios P_2 é maior do que a área da região protegida pelo para-raios P_1.

33. (Unicamp-SP) A circunferência de centro (2, 0) e tangente ao eixo *y* é interceptada pela circunferência C, definida pela equação $x^2 + y^2 = 4$ e pela semirreta que parte da origem e faz ângulo de 30° com o eixo *x*, conforme a figura a seguir.

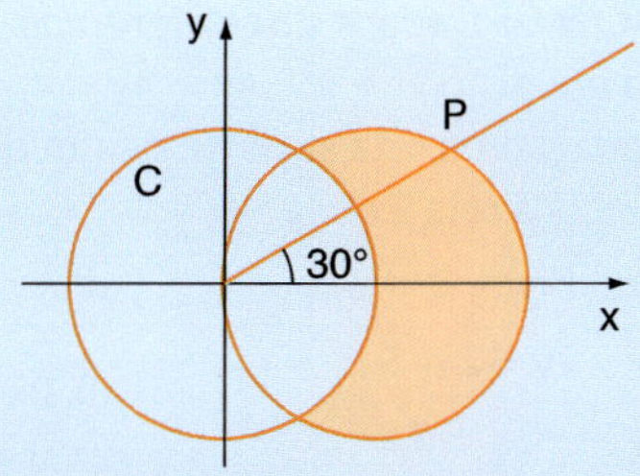

a) Determine as coordenadas do ponto P.

b) Calcule a área da região sombreada.

34. (UF-GO) Na figura abaixo, as circunferências C_1 e C_2 são tangentes entre si e ambas tangentes às retas de equações $y = \frac{\sqrt{3}}{3}x$ e $y = -\frac{\sqrt{3}}{3}x$.

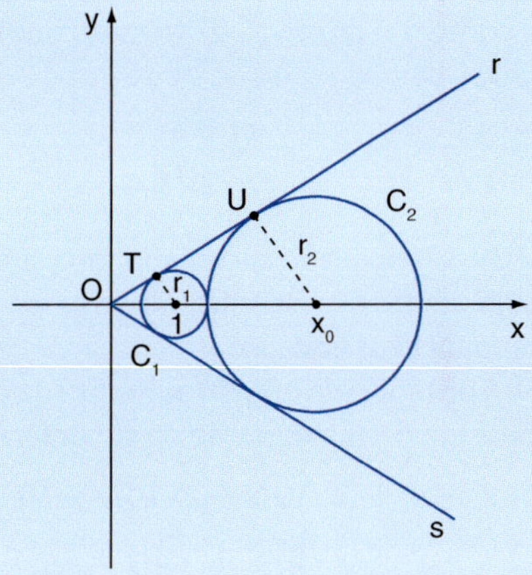

Determine a equação da circunferência C_2, sabendo que o ponto (1, 0) é o centro da circunferência C_1.

35. (ITA-SP) Determine a área da figura plana situada no primeiro quadrante e delimitada pelas curvas $(y - x - 2)(y + \frac{x}{2} - 2) = 0$ e $x^2 - 2x + y^2 - 8 = 0$.

TESTES

1. (FGV-SP) Dada a circunferência de equação $x^2 + y^2 - 6x - 10y + 30 = 0$, seja P seu ponto de ordenada máxima. A soma das coordenadas de P é:

a) 10
b) 10,5
c) 11
d) 11,5
e) 1

2. (FEI-SP) Considere os pontos A(3,4) e B(−1,6) dados em relação ao sistema cartesiano ortogonal xOy. A equação da circunferência com centro no ponto médio do segmento $\overline{AB}$ e raio 2 é:

a) $(x + 1)^2 + (y + 5)^2 = 2$
b) $(x + 1)^2 + (y + 5)^2 = 4$
c) $x^2 + y^2 - 2x - 10y + 22 = 0$
d) $x^2 + y^2 - 2x - 10y + 24 = 0$
e) $(x - 1)^2 + (y - 5)^2 = 2$

3. (FGV-SP) Dada a equação $x^2 + y^2 = 14x + 6y + 6$, se *p* é o maior valor possível de *x*, e *q* é o maior valor possível de *y*, então, 3p + 4q é igual a:

a) 73
b) 76
c) 85
d) 89
e) 92

4. (Uneb-BA) Se (m, n) são as coordenadas do centro da circunferência $x^2 + 2\sqrt{3x} + y^2 - 6y + 7 = 0$, então $(-3m + \sqrt{3n})$ é igual a:

a) $6\sqrt{3}$
b) 1
c) 0
d) $-\sqrt{3}$
e) −3

5. (PUC-MG) Dada a circunferência representada pela equação $x^2 + y^2 - 4x + 4y + 4 = 0$, determine a equação da reta suporte de um diâmetro que é paralela à reta $2x + y - 6 = 0$.

a) $2x + y + 2 = 0$
b) $x - 2y - 2 = 0$
c) $y = -2x + 2$
d) $y = \frac{1}{2}x + 2$
e) $2x + y - 4 = 0$

6. (UF-RS) Os pontos de interseção do círculo de equação $(x - 4)^2 + (y - 3)^2 = 25$ com os eixos coordenados são vértices de um triângulo. A área desse triângulo é:

a) 22
b) 24
c) 25
d) 26
e) 28

7. (Fuvest-SP) No plano cartesiano Oxy, a circunferência C é tangente ao eixo Ox no ponto de abscissa 5 e contém o ponto (1, 2). Nessas condições, o raio de C vale:

a) $\sqrt{5}$
b) $2\sqrt{5}$
c) 5
d) $3\sqrt{5}$
e) 10

8. (FGV-SP) No plano cartesiano, uma circunferência, cujo centro se encontra no segundo quadrante, tangencia os eixos *x* e *y*.
Se a distância da origem ao centro da circunferência é igual a 4, a equação da circunferência é:

a) $x^2 + y^2 + (2\sqrt{10})x - (2\sqrt{10})y + 10 = 0$
b) $x^2 + y^2 + (2\sqrt{8})x - (2\sqrt{8})y + 8 = 0$
c) $x^2 + y^2 - (2\sqrt{10})x + (2\sqrt{10})y + 10 = 0$
d) $x^2 + y^2 - (2\sqrt{8})x + (2\sqrt{8})y + 8 = 0$
e) $x^2 + y^2 - 4x + 4y + 4 = 0$

9. (U. F. Santa Maria-RS) A massa utilizada para fazer pastéis folheados, depois de esticada, é recortada em círculos (discos) de igual tamanho. Sabendo que a equação matemática da circunferência que limita o círculo é $x^2 + y^2 - 4x - 6y - 36 = 0$ e adotando $\pi = 3{,}14$, o diâmetro de cada disco e a área da massa utilizada para confeccionar cada pastel são, respectivamente:

a) 7 e 113,04
b) 7 e 153,86
c) 12 e 113,04
d) 14 e 113,04
e) 14 e 153,86

10. (ITA-SP) Sejam *m* e *n* inteiros tais que $\frac{m}{n} = -\frac{2}{3}$ e a equação $36x^2 + 36y^2 + mx + ny - 23 = 0$ representa uma circunferência de raio = 1 cm e centro C localizado no segundo quadrante. Se A e B são os pontos onde a circunferência cruza o eixo Oy, a área do triângulo ABC, em cm², é igual a:

a) $\frac{8\sqrt{2}}{3}$
b) $\frac{4\sqrt{2}}{3}$
c) $\frac{2\sqrt{2}}{3}$
d) $\frac{2\sqrt{2}}{9}$
e) $\frac{\sqrt{2}}{9}$

11. (UF-AM) A equação da reta *r* que passa pelo centro da circunferência de equação $x^2 + y^2 + 4x - 2y + 1 = 0$ e é perpendicular à reta *s* de equação $\begin{cases} x = 2 - 3t \\ y = 1 + 2t \end{cases}, t \in \mathbb{R}$ é:

a) $y = \frac{2}{3}x + 4$
b) $y = \frac{3}{2}x - 4$
c) $y = -\frac{3}{2} + 4$
d) $y = \frac{3}{2}x + 4$
e) $y = -\frac{2}{3}x + 4$

12. (UF-PR) Considere o hexágono retangular inscrito na circunferência de raio 2 centrada na origem do sistema de coordenadas cartesianas, conforme representado na figura abaixo.

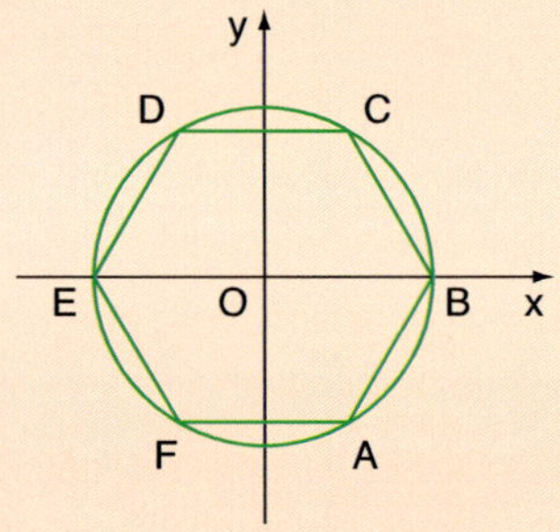

Nessas condições, é incorreto afirmar:

a) A equação da circunferência é $x^2 + y^2 = 4$.
b) O triângulo com vértices nos pontos B, D e F é equilátero.
c) A distância entre os pontos A e D é 4.
d) A equação da reta que passa pelos pontos A e C pode ser escrita na forma $px + qy = r$, com $r = 0$.
e) A equação da reta que passa pelos pontos B e D pode ser escrita na forma $y = px + q$, com $p < 0$ e $0 < q < 2$.

13. (UF-BA) Considerando-se a circunferência C_1 e a reta *r* de equações $(x + 1)^2 + (y - 2)^2 = 16$ e $3x + 4y + 10 = 0$, respectivamente, pode-se afirmar:

(01) Uma equação de uma reta pararela a *r* e tangente a C_1 é $3x + 4y - 20 = 0$.
(02) A reta de equação $4x - 3y + 10 = 0$ passa pelo centro C_1 perpendicularmente a *r*.
(04) A reta *r* faz com o eixo Oy um ângulo θ tal que $\text{tg}\,\theta = \frac{3}{4}$.
(08) A ordenada de um ponto P(−1, a), interior à C_1, pertence ao intervalo $]-2, 6[$.
(16) Todo quadrado inscrito em C_1 tem área igual a 32 u.a.

(32) Se a circunferência C_2 tem raio $3\sqrt{2}$ u.c. e é concêntrica à circunferência C_1, então a área da coroa circular determinada por C_1 e C_2 tem 7π u.a.

(64) Um cubo de base circunscrita a C_1 tem volume igual a 512 u.v.

Indique a soma dos itens corretos.

14. (UF-SE) Considere que A(5, 3) e B(3, −1) são pontos de um sistema de eixos cartesianos ortogonais de origem no ponto O. Se a unidade de medida nos eixos é *u*, classifique cada uma das afirmações seguintes em VERDADEIRA ou FALSA.

(0-0) A reta traçada por A é pararela à reta suporte de $\overline{OB}$ e intercepta o eixo das abscissas no ponto (14, 0).

(1-1) A equação da circunferência de centro em B e tangente ao eixo das ordenadas é $x^2 + y^2 - 6x + 2y - 1 = 0$.

(2-2) A equação da mediatriz do segmento $\overline{AB}$ é $x + 2y - 6 = 0$.

(3-3) A área do triângulo AOB é 14 u^2.

(4-4) Se A é vértice de um quadrado que tem como centro o ponto O, então os demais vértices do quadrado são os pontos (−3, 5), (3, −5) e (−5, −3).

15. (UE-CE) No sistema usual de coordenadas cartesianas, a equação da circunferência inscrita no quadrado representado pela equação $|x| + |y| = 1$ é:

a) $2x^2 + 2y^2 + 1 = 0$
b) $x^2 + y^2 - 1 = 0$
c) $2x^2 + 2y^2 - 1 = 0$
d) $x^2 + y^2 - 2 = 0$

16. (Fatec-SP) A área do quadrilátero determinado pelos pontos de interseção da circunferência de equação $(x + 3)^2 + (y - 3)^2 = 10$ com os eixos coordenados, em unidade de área, é igual a:

a) 4
b) 6
c) 8
d) 10
e) 12

17. (FGV-SP) Seja (x, y) um par ordenado de números reais que satisfaz a equação $(x - 3)^2 + (y - 3)^2 = 6$.

O maior valor possível de $\frac{y}{x}$ é:

a) $2 + \sqrt{3}$
b) $3\sqrt{3}$
c) $3 + 2\sqrt{2}$
d) 6
e) $6 + 2\sqrt{3}$

18. (UF-TO) Considere as equações das circunferências:

C_1: $x^2 - 2x + y^2 - 2y = 0$

C_2: $x^2 - 4x + y^2 - 4y = 0$

cujos gráficos estão representados a seguir:

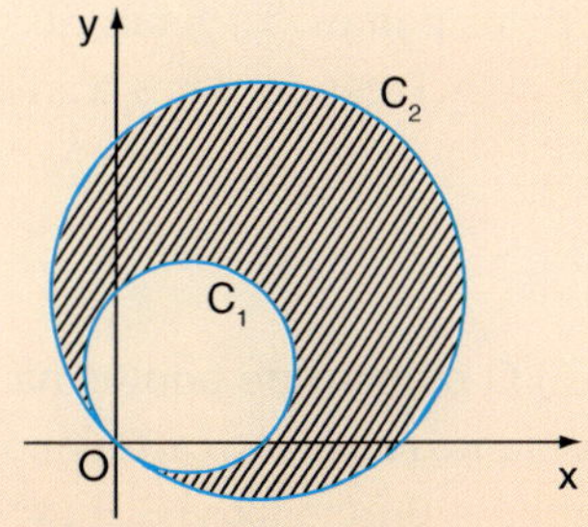

A área da região hachurada é:

a) 3π unidades de área.
b) π unidades de área.
c) 5π unidades de área.
d) 6π unidades de área.
e) $\frac{\pi}{2}$ unidades de área.

19. (Unicamp-SP) A figura abaixo apresenta parte do mapa de uma cidade, no qual estão identificadas a catedral, a prefeitura e a câmara de vereadores. Observe que o quadriculado não representa os quarteirões da cidade, servindo apenas para a localização dos pontos e retas no plano cartesiano. Nessa cidade, a Avenida Brasil é formada pelos pontos equidistantes da catedral e da prefeitura, enquanto a Avenida Juscelino Kubitschek (não mostrada no mapa) é formada pelos pontos equidistantes da prefeitura e da câmara de vereadores.

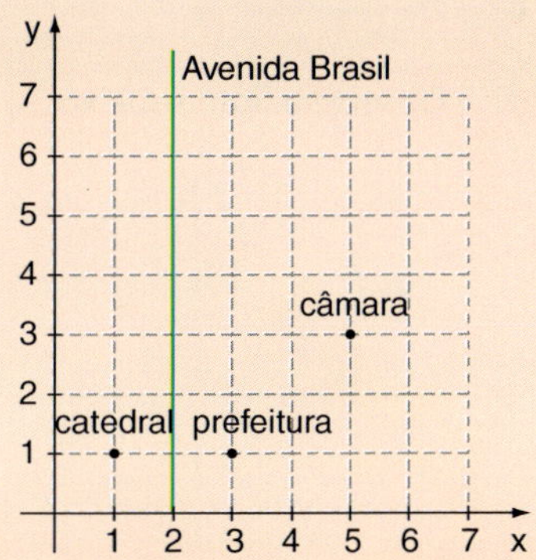

Sabendo que a distância real entre a catedral e a prefeitura é de 500 m, podemos concluir que a distância real, em linha reta, entre a catedral e a câmara de vereadores é de:

a) 1 500 m
b) $500\sqrt{5}$ m
c) $1000\sqrt{2}$ m
d) $500 + 500\sqrt{2}$ m

20. (Unicamp-SP) O ponto de interseção das avenidas Brasil e Juscelino Kubitschek pertence à região definida por:

a) $(x - 2)^2 + (y - 6)^2 \leq 1$
b) $(x - 1)^2 + (y - 5)^2 \leq 2$
c) $x \in]1, 3[, y \in]4, 6[$
d) $x = 2, y \in [5, 7]$

21. (Mackenzie-SP) Considere a região do plano dada pelos pontos (x , y) tais que $x^2 + y^2 \leqslant 2x$ e $x^2 + y^2 \leqslant 2y$. Fazendo $\pi = 3$, a área dessa região é

a) 1
b) 0,5
c) 2
d) 1,5
e) 2,5

22. (UF-CE) O número de pontos na interseção dos subconjuntos do plano cartesiano $r = \{(x, y) \in \mathbb{R}^2;$ $-x + y + 1 = 0\}$ e $c = \{(x, y) \in \mathbb{R}^2; x^2 + y^2 + 2x - 4y +$ $+ 1 = 0\}$ é:

a) 0
b) 1
c) 2
d) 3
e) 4

23. (PUC-RS) A figura abaixo representa as curvas $y = x$ e $x^2 + y^2 = 4$. A área da região assinalada é:

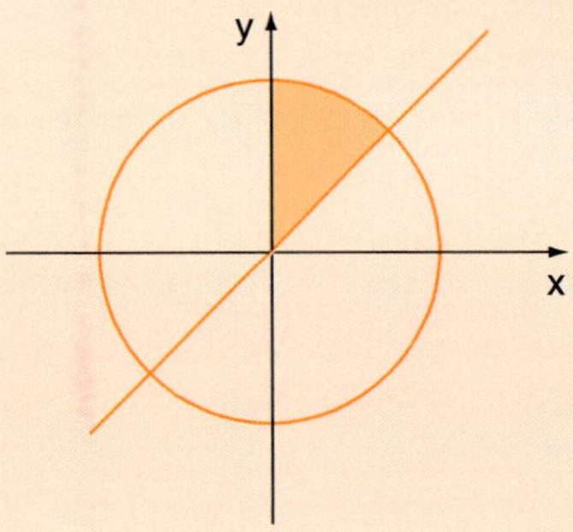

a) $\frac{\pi}{8}$
b) $\frac{\pi}{4}$
c) $\frac{\pi}{2}$
d) 2π
e) 4π

24. (UF-GO) Observe a figura abaixo:

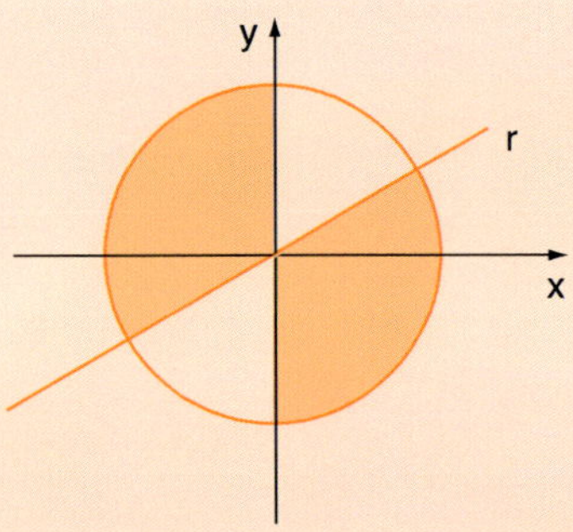

Para que, na figura apresentada, a área da região sombreada seja o dobro da área da região não sombreada, a equação cartesiana da reta *r* deve ser:

a) $y = \frac{\sqrt{3}}{3}x$
b) $y = \frac{\sqrt{2}}{2}x$
c) $y = \frac{1}{2}x$
d) $y = \frac{\sqrt{3}}{2}x$
e) $y = \frac{1}{3}x$

25. (Vunesp-SP) Dentre as regiões sombreadas, aquela que representa no plano cartesiano o conjunto $U = \{(x, y) \in \mathbb{R}^2 \mid y \geqslant 2x + 1 \text{ e } x^2 + y^2 \leqslant 4\}$ é:

a)

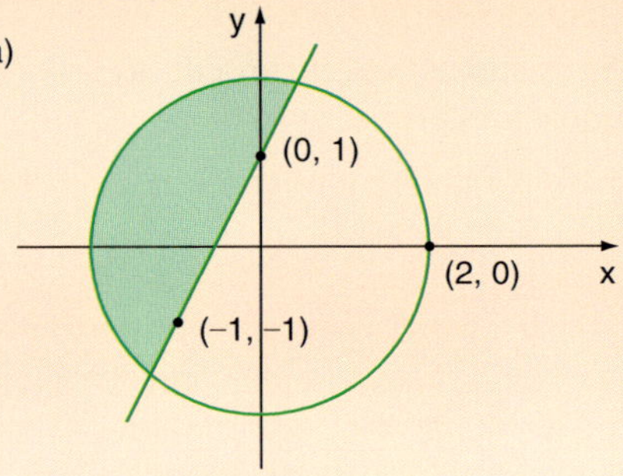

b)

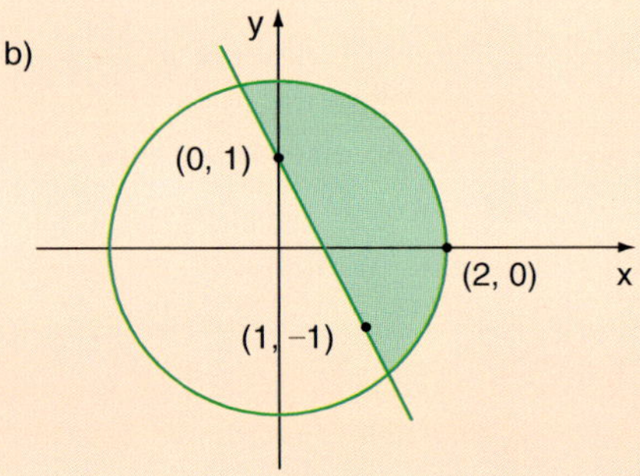

c)

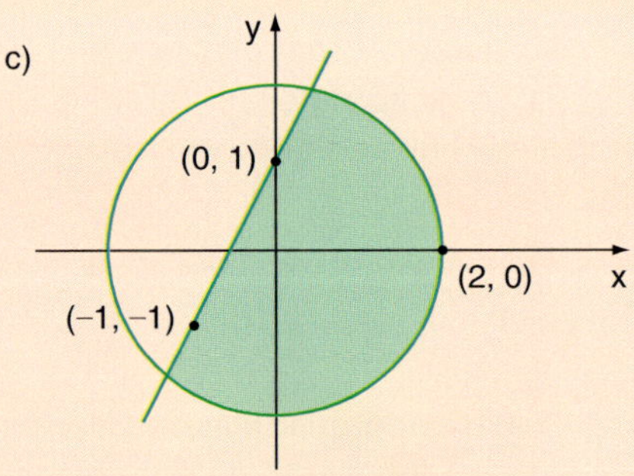

d)

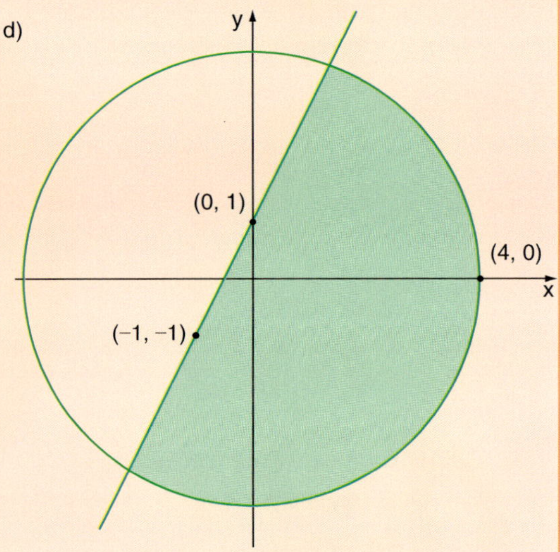

e)

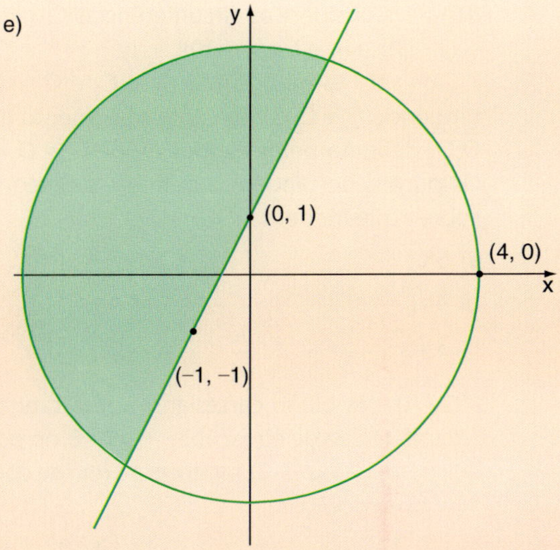

26. (ITA-SP) Um triângulo equilátero tem os vértices nos pontos A, B e C do plano xOy, sendo B = (2, 1) e C = (5, 5). Das seguintes afirmações:

I. A se encontra sobre a reta $y = -\frac{3}{4}x + \frac{11}{2}$;

II. A está na interseção da reta $y = -\frac{3}{4}x + \frac{45}{8}$ com a circunferência $(x - 2)^2 + (y - 1)^2 = 25$;

III. A pertence às circunferências $(x - 5)^2 + (y - 5)^2 = 25$ e $\left(x - \frac{7}{2}\right)^2 + (y - 3)^2 = \frac{75}{4}$;

é(são) verdadeira(s) apenas:

a) I
b) II
c) III
d) I e II
e) II e III

27. (UF-PR) Para cada valor positivo de R, a equação $(x - 2)^2 + (y + 2)^2 = R^2$ representa uma circunferência no plano cartesiano. Acerca disso, considere as afirmativas a seguir:

1. Quando R = 2, a circunferência tangencia os eixos coordenados.
2. Se a origem pertence à circunferência, então $R = 2\sqrt{2}$.
3. A reta de equação 4y + 3x = 0 intersecta a circunferência, qualquer que seja o valor atribuído a R.

Assinale a altemativa correta.

a) Somente a afirmativa 3 é verdadeira.
b) Somente as afirmativas 2 e 3 são verdadeiras.
c) Somente as afirmativas 1 e 2 são verdadeiras.
d) Somente a afirmativa 1 é verdadeira.
e) Somente a afirmativa 2 é verdadeira.

28. (UF-AL) A figura a seguir ilustra os gráficos da circunferência com equação $x^2 + y^2 - 6x + 2y - 17 = 0$, da reta com equação $x - y + 2 = 0$ e da circunferência que tem um diâmetro com extremos nas interseções da reta e da circunferência anteriores. Qual das alternativas a seguir é uma equação da circunferência, em tracejado na ilustração, que tem um diâmetro com extremos nas interseções da reta e da circunferência dadas?

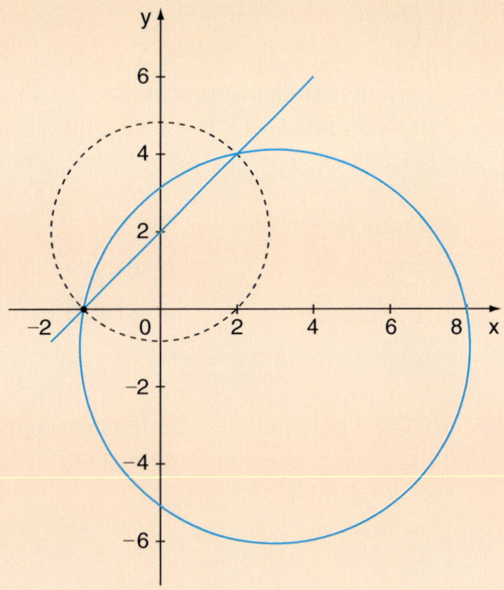

a) $x^2 + y^2 - 4y + 5 = 0$
b) $x^2 + y^2 - 4y - 5 = 0$
c) $x^2 + y^2 + 4y + 5 = 0$
d) $x^2 + y^2 + 4y - 5 = 0$
e) $x^2 + y^2 - 5y + 4 = 0$

29. (UFF-RJ) A interseção do círculo definido pela equação $x^2 + y^2 = 25$, com a reta definida por x + y = 7, é o conjunto formado por:

a) apenas um ponto no primeiro quadrante.
b) dois pontos no primeiro quadrante.
c) um ponto no segundo quadrante e outro no quarto quadrante.
d) um ponto no primeiro quadrante e outro no terceiro quadrante.
e) dois pontos no terceiro quadrante.

30. (UE-CE) A reta y = mx + n intercepta a circunferência $x^2 + y^2 = 1$ no ponto (–1,0) e em um segundo ponto localizado no primeiro ou no quarto quadrante. Os valores possíveis de *m* situam-se, exatamente, entre

a) – 0,5 e 0,5.
b) –1,0 e 0,0.
c) 0,0 e 1,0.
d) –1,0 e 1,0.

31. (FGV-SP) No plano cartesiano, o ponto P de coordenadas (7, 1) pertence à circunferência de equação $x^2 + y^2 - 6x - 8y = 0$. A reta tangente à circunferência, passando por P, intercepta o eixo das abscissas no ponto

a) $\left(\frac{25}{4}, 0\right)$
b) (6, 0)
c) $\left(\frac{23}{4}, 0\right)$
d) $\left(\frac{22}{4}, 0\right)$
e) $\left(\frac{21}{4}, 0\right)$

32. (Fuvest-SP) São dados, no plano cartesiano, o ponto P de coordenadas (3, 6) e a circunferência C de equação $(x - 1)^2 + (y - 2)^2 = 1$. Uma reta *t* passa por P e é tangente a C em um ponto Q. Então a distância de P a Q é

a) $\sqrt{15}$
b) $\sqrt{17}$
c) $\sqrt{18}$
d) $\sqrt{19}$
e) $\sqrt{20}$

33. (UF-CE) A equação da circunferência com centro no ponto (2, 3) e tangente à reta de equação $x + 2y - 3 = 0$ é:

a) $(x - 3)^2 + (y - 2)^2 = 13$
b) $(x - 2)^2 + (y - 3)^2 = 13$
c) $x^2 + y^2 = 13$
d) $(x - 2)^2 + (y - 3)^2 = 5$
e) $(x - 3)^2 + (y - 2)^2 = 5$

34. (Fuvest-SP) No plano cartesiano Oxy, a reta de equação $x + y = 2$ é tangente à circunferência C no ponto (0, 2). Além disso, o ponto (1, 0) pertence a C. Então, o raio de C é igual a:

a) $\frac{3\sqrt{2}}{2}$
b) $\frac{5\sqrt{2}}{2}$
c) $\frac{7\sqrt{2}}{2}$
d) $\frac{9\sqrt{2}}{2}$
e) $\frac{11\sqrt{2}}{2}$

35. (UF-CE) Em um sistema cartesiano de coordenadas, o valor positivo de *b* tal que a reta $y = x + b$ é tangente ao círculo de equação $x^2 + y^2 = 1$ é:

a) 2
b) 1
c) $\sqrt{2}$
d) $\frac{1}{\sqrt{2}}$
e) 3

36. (ITA-SP) Considere as circunferências C_1: $(x - 4)^2 + (y - 3)^2 = 4$ e C_2: $(x - 10)^2 + (y - 11)^2 = 9$. Seja *r* uma reta tangente interna a C_1 e C_2, isto é, *r* tangencia C_1 e C_2 e intercepta o segmento de reta $\overline{O_1O_2}$ definido pelos centros O_1 de C_1 e O_2 de C_2. Os pontos de tangência definem um segmento sobre *r* que mede:

a) $5\sqrt{3}$
b) $4\sqrt{5}$
c) $3\sqrt{6}$
d) $\frac{25}{3}$
e) 9

37. (FGV-RJ) No plano cartesiano, a reta tangente à circunferência de equação $x^2 + y^2 = 8$, no ponto P de coordenadas (2, 2), intercepta a reta de equação $y = 2x$ no ponto:

a) $\left(\frac{7}{6}, \frac{14}{6}\right)$
b) $\left(\frac{6}{5}, \frac{12}{5}\right)$
c) $\left(\frac{5}{4}, \frac{10}{4}\right)$
d) $\left(\frac{4}{3}, \frac{8}{3}\right)$
e) $\left(\frac{3}{2}, 3\right)$

38. (UF-BA) Sendo *r* a reta no plano cartesiano representada pela equação $2x + 3y = 5$, é correto afirmar:

(01) A reta paralela à reta *r* que passa pelo ponto (–3, 0) pode ser representada pela equação $2x + 3y = -6$.

(02) A reta perpendicular à reta *r* que passa pela origem pode ser representada pela equação $-3x + 2y = 0$.

(04) Para cada $c \in \mathbb{R} - \left\{\frac{5}{2}\right\}$, existe uma única circunferência com centro (c, 0) que é tangente à reta *r*.

(08) O triângulo cujos vértices são a origem e os pontos de interseção da reta *r* com os eixos coordenados tem área igual a $\frac{25}{12}$ unidades de área.

(16) A imagem da reta *r* pela rotação de ângulo de 60°, em torno do ponto $\left(\frac{5}{2}, 0\right)$, no sentido anti-horário, coincide com o eixo das abscissas.

(32) Dado um ponto $(a, b) \notin r$, existem infinitas circunferências de centro (a, b) que interceptam *r*.

39. (UF-RS) Considere o círculo de centro O e de equação $x^2 + y^2 = 4$ e a reta que passa pelo ponto A = (0, 6) e é tangente ao círculo em um ponto B do primeiro quadrante. A área do triângulo AOB é:

a) $4\sqrt{2}$
b) 6
c) $6\sqrt{2}$
d) 8
e) $8\sqrt{2}$

4 AS CÔNICAS

INTRODUÇÃO

Consideremos duas retas *e* e *g* concorrentes em V e não perpendiculares.

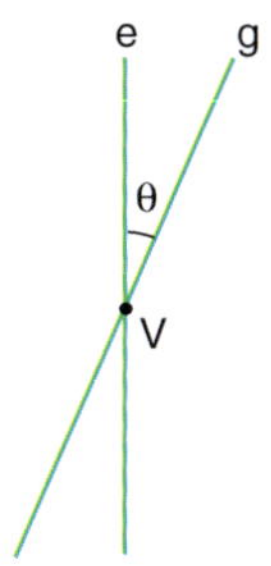

Com a reta *e* fixa pelo ponto V façamos *g* girar 360° em torno de *e*, mantendo constante o ângulo θ formado por elas. A reta *g* gera uma superfície denominada **superfície cônica de duas folhas**. A reta *g* é chamada **geratriz** dessa superfície.

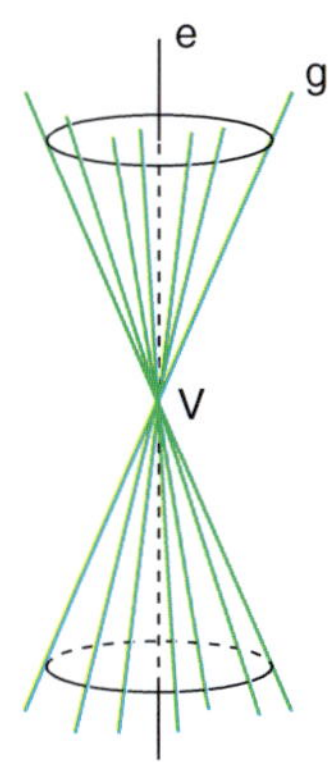

Apolônio de Perga (c. 200 a.C.) iniciou o estudo das curvas obtidas quando se seciona uma superfície cônica por um plano α. Dependendo da posição desse plano α, diferentes seções podem ser obtidas.

Sheila Terry/SPL/Latinstock/Coleção particular

Apolônio de Perga demonstrando suas teorias matemáticas em Alexandria.

Se o plano α é perpendicular à reta *e*, a seção obtida é uma **circunferência.** Em particular, se α passa por V, a seção obtida é um ponto.

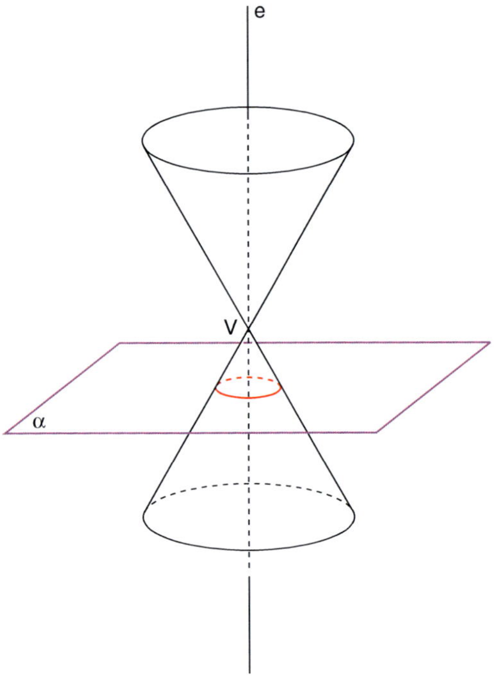

Se o plano α é oblíquo à reta *e*, mas corta apenas uma das folhas da superfície cônica, a seção obtida é uma **elipse.**

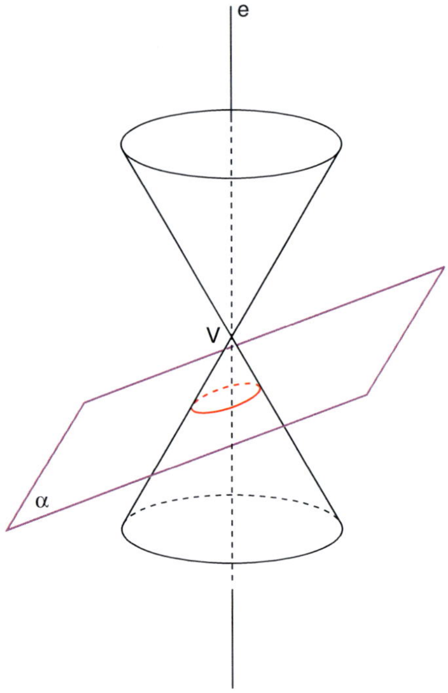

Se o plano α é paralelo a uma geratriz *g* da superfície cônica, a seção obtida é uma **parábola.**

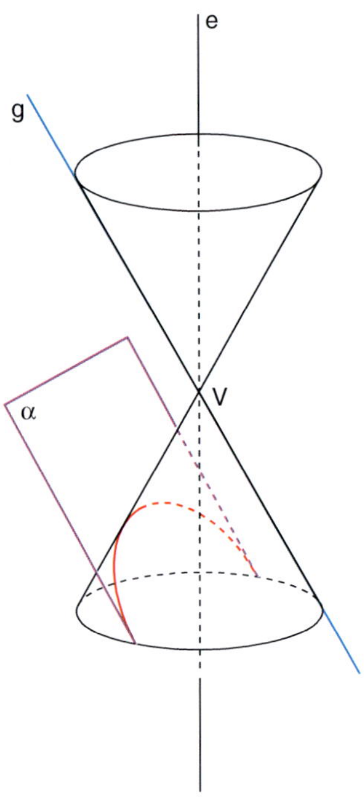

Se o plano α é oblíquo à reta *e* e corta as duas folhas da superfície cônica, a seção obtida é uma **hipérbole.**

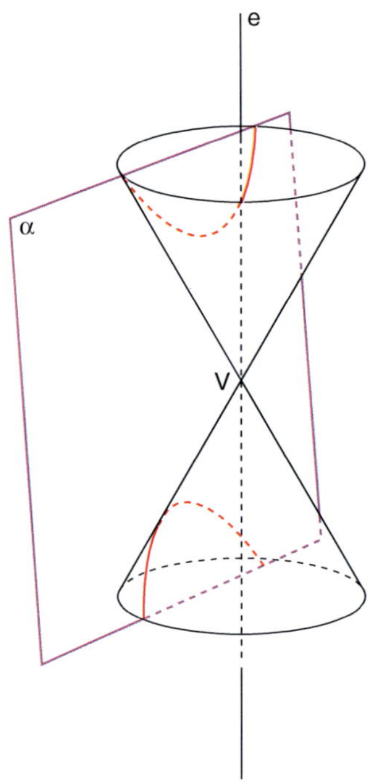

Neste capítulo faremos um estudo inicial da elipse, da hipérbole e da parábola, as quais denominamos **seções cônicas** ou, simplesmente, **cônicas.**

ELIPSE

Introdução

Observe as fotos abaixo:

Thinkstock/Getty Images

Peter Mukherjee/ E+/Getty Images

Imagem (I). Parque *The Ellipse* (A Elipse), na cidade de Washington, EUA.

Imagem (II). O contorno destacado da cuba de louça nos remete a uma elipse.

A imagem (I) mostra um importante marco da cidade de Washington, capital dos Estados Unidos: um parque chamado ***The Ellipse*** (A Elipse).

A imagem (II) mostra uma cuba de louça usada em banheiros.

Seus contornos lembram a cônica que passaremos a estudar: a elipse.

O que é elipse?

Dados dois pontos distintos F_1 e F_2, pertencentes a um plano α, seja 2c a distância entre eles e O o ponto médio de $\overline{F_1F_2}$. **Elipse** é o conjunto dos pontos de α cuja soma das distâncias a F_1 e F_2 é a constante 2a (2a > 2c).

$$\text{elipse} = \{P \in \alpha \mid PF_1 + PF_2 = 2a\}$$

Assim, temos:

$$QF_1 + QF_2 = 2a$$
$$RF_1 + RF_2 = 2a$$
$$SF_1 + SF_2 = 2a$$
$$A_1F_1 + A_1F_2 = 2a$$
$$B_1F_1 + B_1F_2 = 2a$$
$$A_2F_1 + A_2F_2 = 2a$$
$$B_2F_1 + B_2F_2 = 2a$$

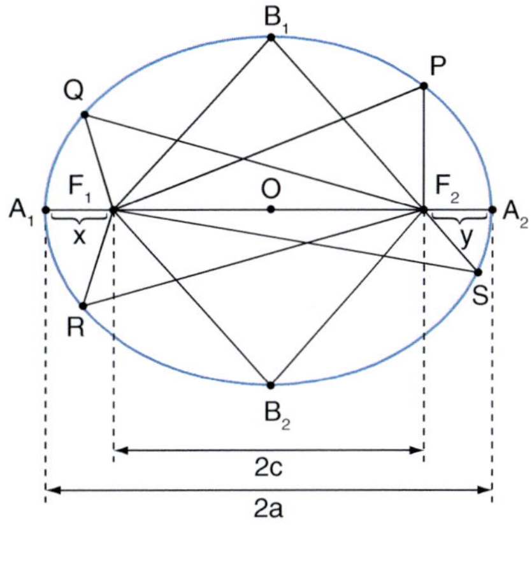

Notemos que $A_1A_2 = 2a$, pois:

$$A_1F_1 + A_1F_2 = A_2F_2 + A_2F_1$$

então:

$$x + (x + 2c) = y + (y + 2c)$$

portanto, $x = y$.

$$A_1A_2 = A_1F_1 + F_1F_2 + F_2A_2 = x + 2c + y = 2(x + c) = 2a$$

Observe a figura a seguir para compreender o que é uma elipse.

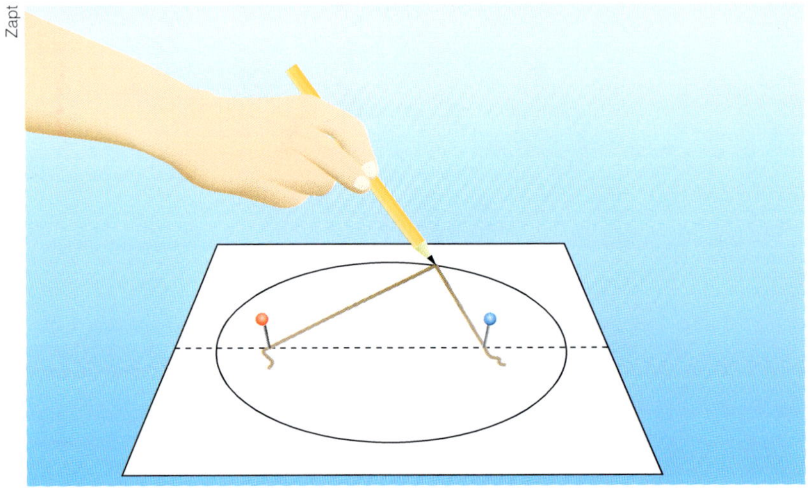

Um barbante de comprimento 2a é fixado em dois pregos distantes 2c um do outro (observe que $2a > 2c$). Mantendo o barbante esticado, desloca-se a ponta do lápis. A curva que ele descreverá será uma elipse.

Elementos principais

F_1 e F_2: focos

O: centro

$\overline{A_1A_2}$: eixo maior

$\overline{B_1B_2}$: eixo menor

2c: distância focal

2a: medida do eixo maior

2b: medida do eixo menor

$\frac{c}{a}$: excentricidade (*)

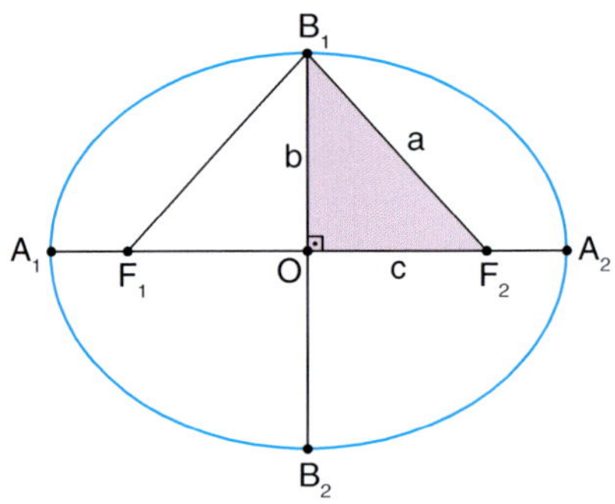

(*) Veja, na seção Aplicações das páginas 120 e 121, o infográfico "As órbitas de planetas e cometas".

Numa elipse, a medida do semieixo maior (a), a medida do semieixo menor (b) e a metade da distância focal (c) verificam a relação:

$$a^2 = b^2 + c^2$$

que decorre do teorema de Pitágoras aplicado ao $\triangle OF_2B_1$.

Equação reduzida (I)

Tomemos um sistema cartesiano ortogonal tal que:

$$\overline{A_1A_2} \subset x \text{ e } \overline{B_1B_2} \subset y$$

É notório que os focos são os pontos:

$$F_1(-c, 0) \text{ e } F_2(c, 0)$$

Chama-se **equação reduzida da elipse** a equação que o ponto genérico da curva, P(x, y), verifica.

$$P \in \text{elipse} \Leftrightarrow PF_1 + PF_2 = 2a$$

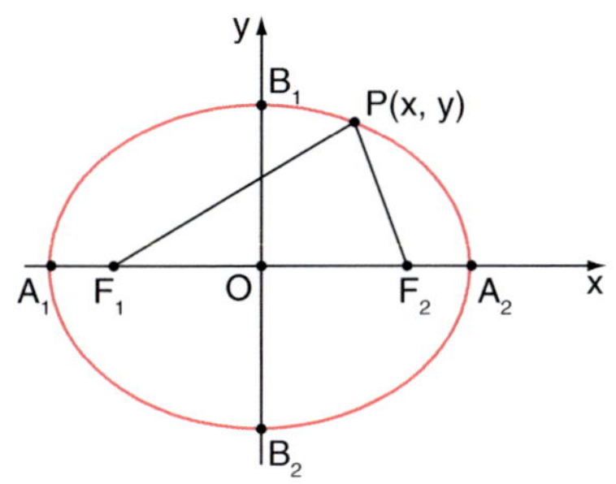

Vamos deduzi-la.

$$\sqrt{(x + c)^2 + (y - 0)^2} + \sqrt{(x - c)^2 + (y - 0)^2} = 2a$$

$$\sqrt{(x + c)^2 + y^2} = 2a - \sqrt{(x - c)^2 + y^2}$$

Quadrando e desenvolvendo, vem:

$$(x + c)^2 + y^2 = 4a^2 - 4a\sqrt{(x - c)^2 + y^2} + (x - c)^2 + y^2$$

$$x^2 + 2cx + c^2 + y^2 = 4a^2 - 4a\sqrt{(x - c)^2 + y^2} + x^2 - 2cx + c^2 + y^2$$

$$4cx - 4a^2 = -4a\sqrt{(x - c)^2 + y^2}$$

$$a\sqrt{(x - c)^2 + y^2} = a^2 - cx$$

Quadrando novamente, temos:

$$a^2(x - c)^2 + a^2y^2 = (a^2 - cx)^2$$

$$a^2x^2 - 2a^2cx + a^2c^2 + a^2y^2 = a^4 - 2a^2cx + c^2x^2$$

$$a^2x^2 - c^2x^2 + a^2y^2 = a^4 - a^2c^2$$

$$(a^2 - c^2)x^2 + a^2y^2 = a^2(a^2 - c^2)$$

$$b^2x^2 + a^2y^2 = a^2b^2$$

e, dividindo por a^2b^2, resulta:

$$\frac{x^2}{a^2} + \frac{y^2}{b^2} = 1$$

Equação reduzida (II)

Analogamente, se a elipse apresenta $\overline{A_1A_2} \subset y$ e $\overline{B_1B_2} \subset x$, temos:

$$PF_1 + PF_2 = 2a$$

$$\sqrt{(x-0)^2 + (y+c)^2} + \sqrt{(x-0)^2 + (y-c)^2} = 2a$$

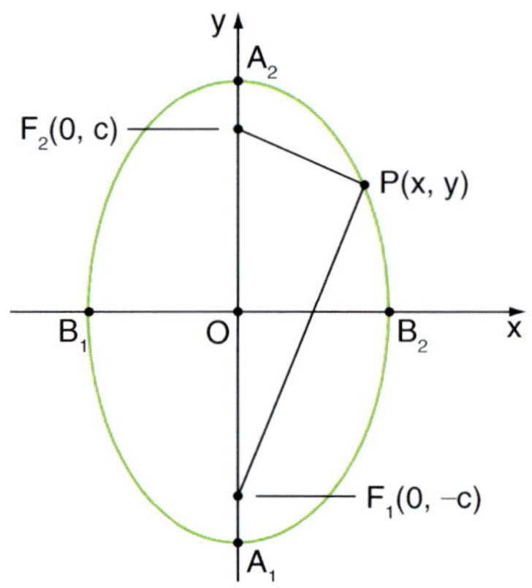

e, repetindo o raciocínio anterior, decorre novamente a equação da elipse:

$$\frac{y^2}{a^2} + \frac{x^2}{b^2} = 1$$

Exemplo 1

Uma elipse com eixo maior 8 e distância focal 6 apresenta:

$$\left.\begin{matrix} a = 4 \\ c = 3 \end{matrix}\right\} \Rightarrow b^2 = a^2 - c^2 = 16 - 9 = 7 \Rightarrow b = \sqrt{7}$$

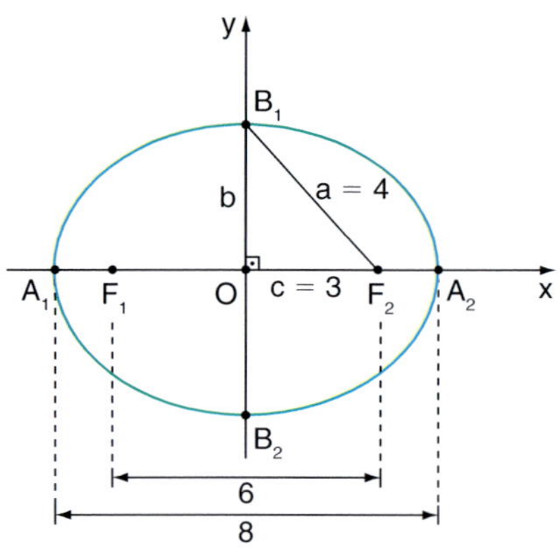

Se a posição da elipse é a indicada na figura, isto é:

$$\overline{A_1A_2} \subset x \quad e \quad \overline{B_1B_2} \subset y$$

então sua equação é:

$$\frac{x^2}{16} + \frac{y^2}{7} = 1$$

Exemplo 2

Uma elipse com eixo maior 8 e eixo menor $2\sqrt{7}$, na posição indicada na figura, isto é, $\overline{A_1A_2} \subset y$ e $\overline{B_1B_2} \subset x$, tem equação:

$$\frac{y^2}{16} + \frac{x^2}{7} = 1$$

ou ainda:

$$\frac{x^2}{7} + \frac{y^2}{16} = 1$$

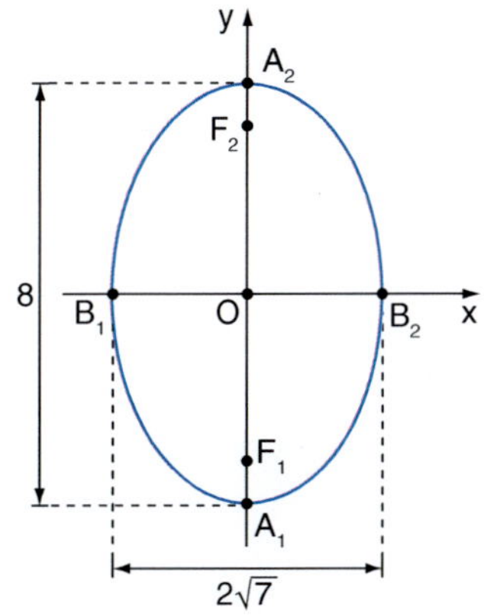

EXERCÍCIOS

1. Determine as equações das elipses seguintes.

a)

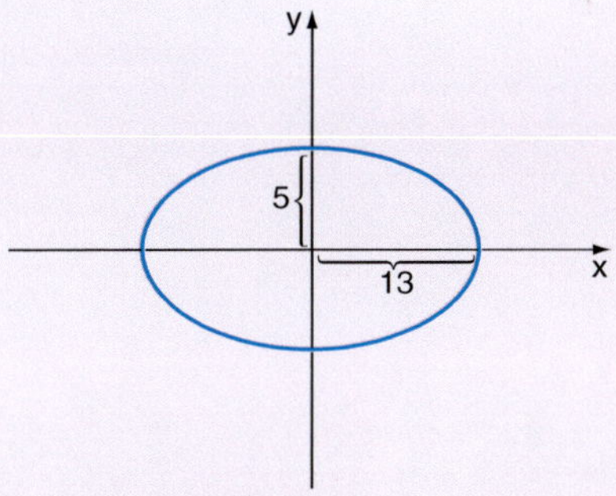

b)

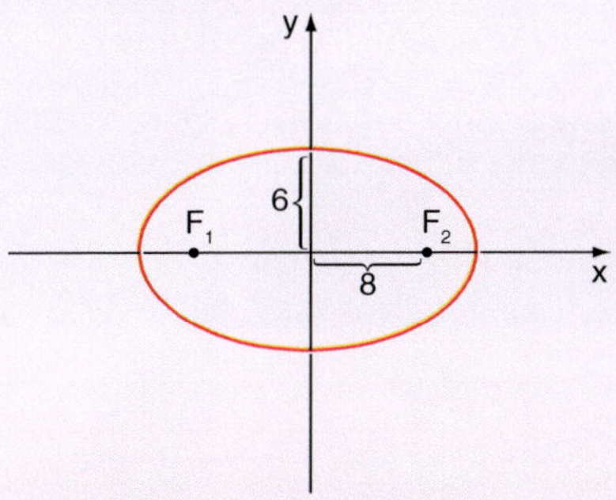

c)

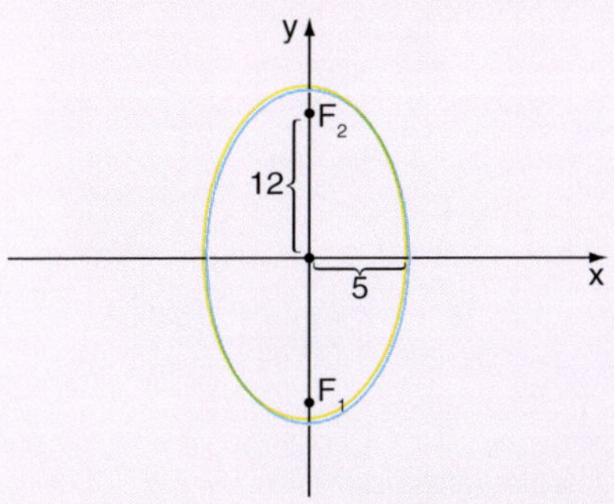

2. Determine as coordenadas dos focos de cada elipse do exercício anterior.

3. Determine a equação da elipse cujos focos são $F_1(-12, 0)$ e $F_2(12, 0)$ e que contém o ponto $P\left(12, \frac{27}{5}\right)$.

4. Calcule a distância focal e a excentricidade da elipse $\lambda: x^2 + 3y^2 = 6$.

5. Determine a equação da elipse com centro na origem, que passa pelo ponto $P(1, \sqrt{6})$ e tem um foco $F_1(0, -2)$.

6. Determine a equação da elipse cujos focos são os pontos $F_1(2, 0)$ e $F_2(-2, 0)$, sendo 6 cm a medida de seu eixo menor.

7. Ache as coordenadas dos focos da elipse de equação $9x^2 + 16y^2 = 4$.

8. Construa o gráfico da elipse cuja equação é $x^2 + 2y^2 = 4$ e obtenha as coordenadas dos focos.

9. Qual é a equação do conjunto dos pontos $P(x, y)$ cuja soma das distâncias a $F_1(0, -1)$ e $F_2(0, 1)$ é 8?

10. Os pontos $A(3, 0)$ e $B(x, y)$ estão sobre uma elipse cujos focos são $F_1(-2, 0)$ e $F_2(2, 0)$. Calcule o perímetro do triângulo BF_1F_2.

As órbitas dos planetas

O Modelo Heliocêntrico

O movimento dos planetas e a configuração do Sistema Solar podem ser relacionados por um **Modelo Heliocêntrico**, proposto inicialmente pelo astrônomo Aristarco de Samos (310 a.C.-230 a.C.) e retomado pelo astrônomo polonês Nicolau Copérnico (1473-1543). Copérnico era um astrônomo com grande inclinação para a Matemática e, dentre outras realizações, formulou a hipótese de que quanto mais próximo o planeta está do Sol, mais velozmente ele se movimenta, supondo que as órbitas dos planetas em torno do Sol eram **circulares**. Essa suposição impedia Copérnico de prever com precisão a posição dos planetas.

O astrônomo polonês Nicolau Copérnico e a sua representação do Modelo Heliocêntrico, em que as órbitas dos planetas em torno do Sol são ***circulares****.*

Jean-Leon Huens.Copernicus theorised that the Earth was the center of the universe,1974 National Geographic Society/Corbis/Latinstock/Coleção Particular

O Sol

- Ocupa posição teoricamente fixa, correspondente a um dos focos das órbitas elípticas dos planetas.
- Para termos uma ideia do seu tamanho, seriam necessários 1 300 000 planetas com o mesmo diâmetro da Terra para preencher o interior do Sol.
- A temperatura em sua superfície é de aproximadamente 6 000 °C.

Mercúrio

- Período de revolução (intervalo de tempo para que o planeta dê uma volta completa em torno do Sol): 88 dias terrestres.
- Diâmetro: 4 878 km.
- Excentricidade de sua órbita: **0,206 (20,6%)**.

Vênus

- Período de revolução: 225 dias terrestres.
- Diâmetro: 12 000 km.
- Excentricidade de sua órbita: **0,0068 (0,68%)**.

Terra

- Período de revolução: 365 dias e 4 horas.
- Diâmetro: 12 800 km (pouco maior que o diâmetro de Vênus).
- A atmosfera terrestre nos protege contra pequenos corpos celestes externos (meteoros, por exemplo), que, em sua maioria, se queimam por meio do atrito com o ar antes de colidirem com a superfície terrestre **(assista à reportagem no item 2 do "Para saber mais")**.
- Excentricidade de sua órbita: **0,0167 (1,67%)**.

A excentricidade

As órbitas elípticas ocupam diferentes planos no espaço e têm diferentes tamanhos e formas. Para entender o aspecto dessas órbitas, é necessário entender o conceito de **excentricidade.**

Conforme vimos, se uma elipse tem eixo maior 2a e distância focal 2c, sua excentricidade (ou achatamento) é dada por:

$$e = \frac{2c}{2a} = \frac{c}{a}$$

Como $c < a$, vemos que *e* é sempre um número do intervalo]0, 1[, isto é, $0 < e < 1$. Elipses que têm excentricidade próxima de 0 são pouco achatadas e têm forma muito próxima à de uma circunferência. Elipses que têm excentricidade próxima de 1 são bem achatadas.

Observe, na ilustração ao lado, as seis elipses, de diferentes excentricidades, tendo todas um eixo maior que 2 cm.

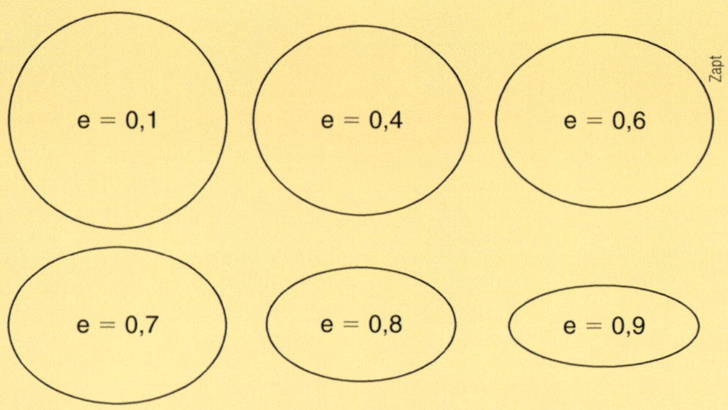

Com base em medições, os astrônomos calcularam as excentricidades das órbitas dos planetas, mostradas neste infográfico.

Marte

- Período de revolução: 690 dias terrestres.
- Diâmetro: 6 800 km.
- Excentricidade de sua órbita: **0,093 (9,3%)**.
- Marte e os planetas mais próximos do Sol (Terra, Vênus e Mercúrio) são chamados de **planetas sólidos**.

As órbitas elípticas

Em 1546 (três anos após a morte de Copérnico), nasceu o astrônomo Tycho Brahe, que, usando instrumentos projetados e fabricados por ele mesmo, registrou as posições de planetas e estrelas com precisão admirável para a época (em que não existiam os telescópios). Brahe contratou em 1600 um matemático alemão chamado Johannes Kepler (na época com 29 anos) para ajudá-lo na análise das informações coletadas. Com a morte de Brahe em 1601, Kepler deu continuidade à análise dos dados e determinou que a trajetória dos planetas em relação ao Sol não eram circunferências e sim **elipses**. No ano de 1609, Kepler enuncia a Lei das Órbitas Elípticas: "A órbita de cada planeta é uma elipse, com o Sol posicionado em um dos focos". Uma consequência dessa lei é que a distância do Sol a um planeta varia ao longo do seu movimento orbital (sendo mínima quando o planeta ocupa a posição A e máxima quando ocupa a posição A').

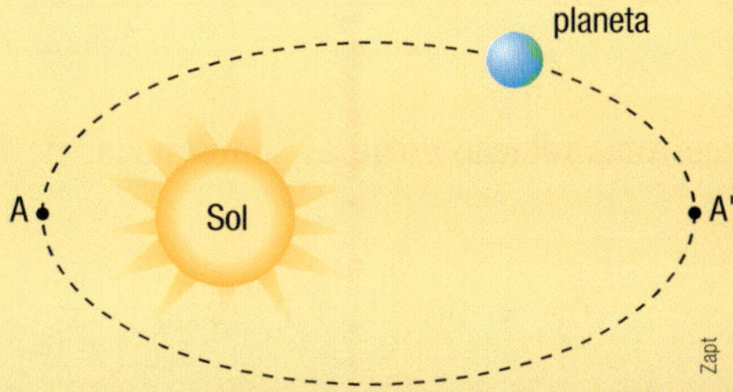

Zapt

Sheila Terry/SPL/Latinstock

Neste quadro, observamos Johannes Kepler (à esquerda) e Tycho Brahe trabalhando com base nos dados das posições dos planetas levantados por Brahe.

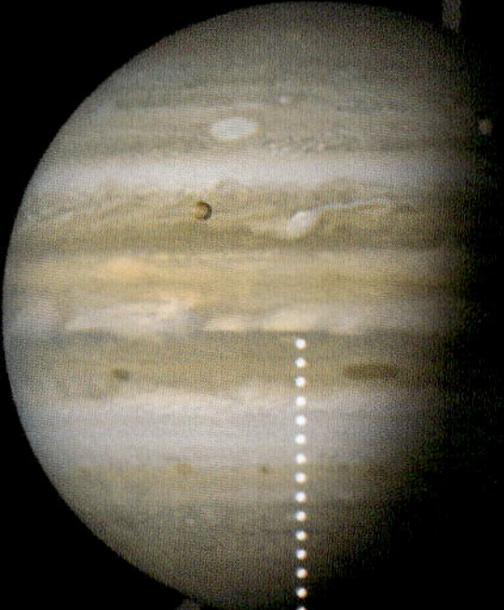

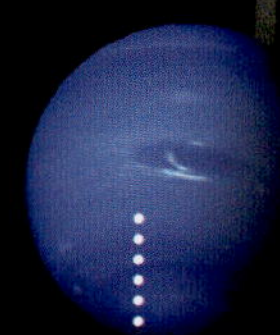

Júpiter

- É o maior planeta do Sistema Solar (diâmetro da ordem de 142 984 km).
- Período de revolução: 12 anos terrestres.
- Júpiter e os planetas mais distantes do Sol (Saturno, Urano e Netuno) são chamados de **planetas gasosos**.
- Excentricidade de sua órbita: **0,048 (4,8%)**.

Saturno

- Esse planeta é visivelmente achatado nos polos. Dessa forma, o seu diâmetro (medido na Linha do Equador) é da ordem de 119 300 km.
- Período de revolução: 29 anos e 6 meses terrestres.
- O sistema de anéis faz de Saturno um objeto celeste singular no Sistema Solar. Esses anéis são formados por poeira e água na forma sólida.
- Excentricidade de sua órbita: **0,056 (5,6%)**.

NASA/JPL/Space Science Institute/SPL/Latinstock

Urano

- Diâmetro: 51 800 km.
- Período de revolução: 84 anos terrestres.
- Excentricidade de sua órbita: **0,0461 (4,61%)**.

Netuno

- Se Netuno fosse um planeta oco poderia conter, em seu interior, aproximadamente 60 planetas com o mesmo diâmetro da Terra.
- Diâmetro: 49 500 km.
- Período de revolução: 165 anos terrestres.
- Excentricidade de sua órbita: **0,0097 (0,97%)**.

Para saber mais, pesquise em:

1) A gravitação e os diferentes modelos de Sistema Solar: <http://objetoseducacionais2.mec.gov.br/handle/mec/14357>.

2) Meteoro queimando na medida em que se aproxima da superfície terrestre (Rússia em 15/2/2013): <http://globotv.globo.com/rede-globo/jornal-da-globo/v/meteoro-deixa-quase-mil-pessoas-feridas-e-causa-destruicao-na-russia/2409665>.

Translação de sistema

Sejam $P(x, y)$ e $O'(x_0, y_0)$ dois pontos referidos a um sistema cartesiano xOy.

Se $x'O'y'$ é um sistema tal que $x'//x$, $y'//y$ e x', y' têm respectivamente o mesmo sentido positivo de *x*, *y*, dizemos que $x'O'y'$ foi obtido por uma translação de xOy.

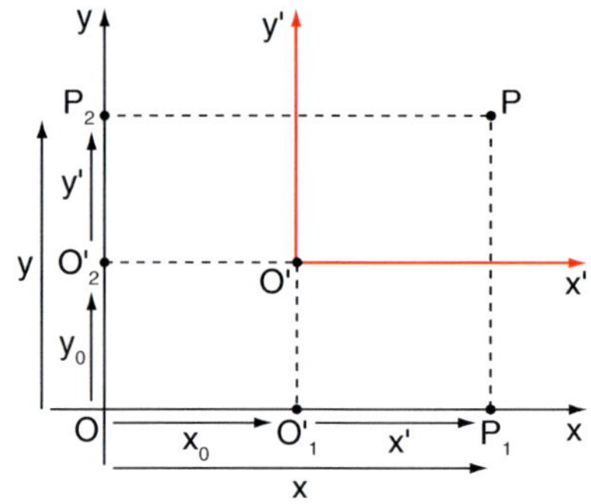

Nosso problema é estabelecer uma relação entre as coordenadas de P nos sistemas $x'O'y'$ e xOy.

No eixo dos *x*, temos:

$$OP_1 = OO'_1 + O'_1P_1 \Rightarrow \boxed{x = x_0 + x'}$$

No eixo dos *y*, temos:

$$OP_2 = OO'_2 + O'_2P_2 \Rightarrow \boxed{y = y_0 + y'}$$

Exemplo 3

Consideremos a reta de equação $x + y - 8 = 0$. Eis alguns pontos que pertencem a essa reta:

$$A(1, 7), B(2, 6), C(3, 5), D(4, 4), E(5, 3), F(6, 2)$$

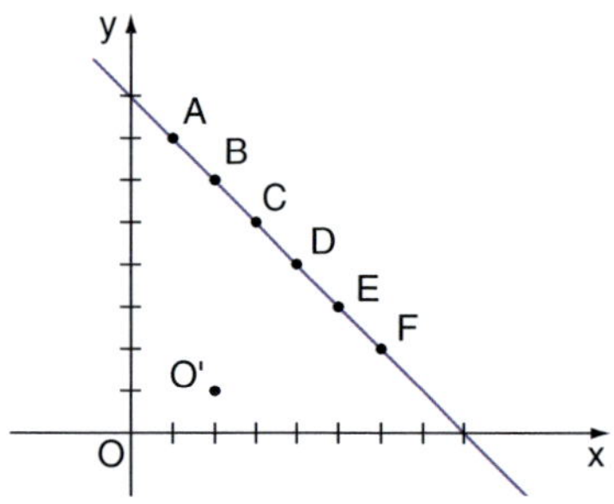

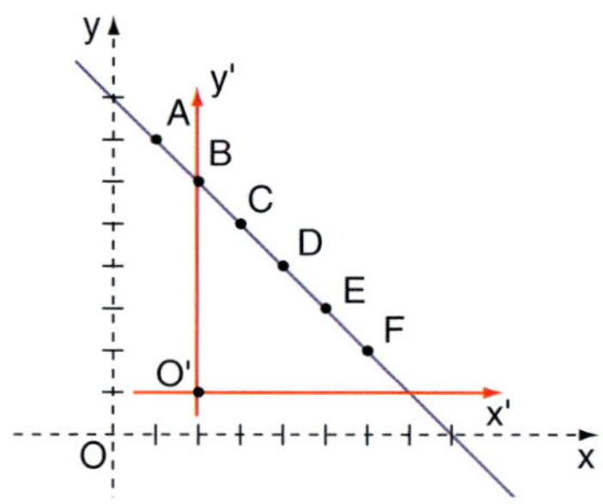

Se é dada uma translação no sistema xOy, de modo que a nova origem seja $O'(2, 1)$, todos os pontos citados mudam de coordenadas, obedecendo à lei:

x'	=	x	−	2
(nova)		(antiga)		(origem O')
y'	=	y	−	1

Em relação ao sistema $x'O'y'$ temos as novas coordenadas para os pontos A a F:

$$A(-1, 6), B(0, 5), C(1, 4), D(2, 3), E(3, 2), F(4, 1)$$

A equação da reta no sistema $x'O'y'$ é obtida a partir de $x + y - 8 = 0$, fazendo $x = x' + 2$ e $y = y' + 1$. Assim:

$$x + y - 8 = 0 \Rightarrow (x' + 2) + (y' + 1) - 8 = 0 \Rightarrow x' + y' - 5 = 0$$

Exemplo 4

Consideremos a circunferência $x^2 + y^2 = 4$. Seu centro no sistema xOy é (0, 0) e seu raio é 2.

Se é dada uma translação no sistema xOy, de modo que a nova origem seja O'(−4, −3), todos os pontos mudam de coordenadas, obedecendo à lei:

$$\underset{\text{(nova)}}{x'} = \underset{\text{(antiga)}}{x} + 4 \quad \text{e} \quad \underset{\text{(nova)}}{y'} = \underset{\text{(antiga)}}{y} + 3$$

A equação da circunferência em relação ao sistema x'O'y' pode ser obtida a partir de $x^2 + y^2 = 4$.

Assim:

$$x^2 + y^2 = 4$$
$$(x' - 4)^2 + (y' - 3)^2 = 4$$

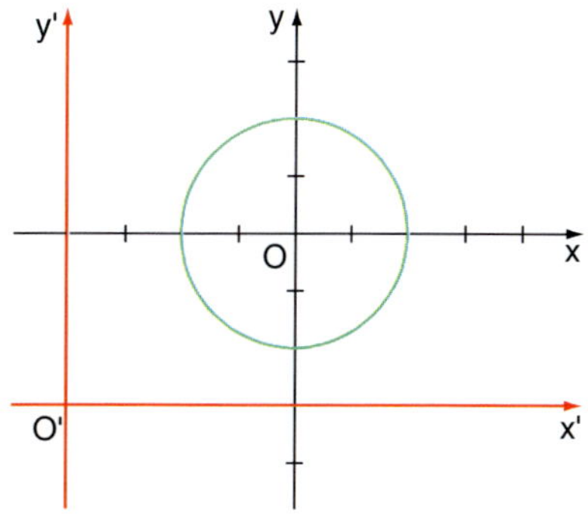

Elipses com centro fora da origem

Se uma elipse tem centro no ponto $O'(x_0, y_0)$ e $\overline{A_1A_2} // x$, sua equação em relação ao sistema auxiliar x'O'y' é:

$$\frac{(x')^2}{a^2} + \frac{(y')^2}{b^2} = 1$$

Portanto, de acordo com as fórmulas da translação já vistas, sua equação relativamente ao sistema xOy é:

$$\frac{(x - x_0)^2}{a^2} + \frac{(y - y_0)^2}{b^2} = 1$$

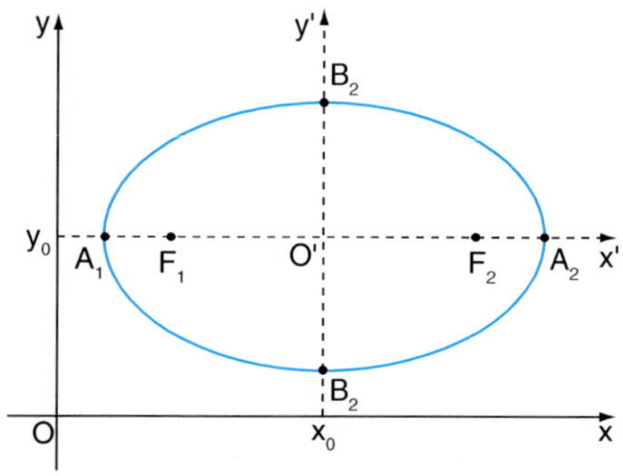

Analogamente, se uma elipse tem centro no ponto $O'(x_0, y_0)$ e $\overline{A_1A_2} // y$, sua equação relativamente ao sistema xOy é:

$$\frac{(y - y_0)^2}{a^2} + \frac{(x - x_0)^2}{b^2} = 1$$

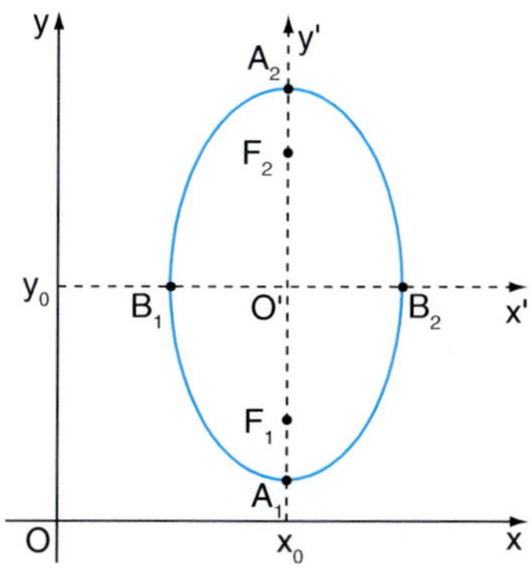

Exemplo 5

Uma elipse que tem centro no ponto O'(3, 5), semieixo maior a = 2 e semieixo menor b = 1 apresenta a equação:

$$\frac{(x - 3)^2}{4} + \frac{(y - 5)^2}{1} = 1 \text{ (se o eixo maior é paralelo ao eixo } x\text{)}$$

ou:

$$\frac{(x - 3)^2}{1} + \frac{(y - 5)^2}{4} = 1 \text{ (se o eixo maior é paralelo ao eixo } y\text{)}$$

EXERCÍCIOS

11. Determine as equações das elipses seguintes:

a)

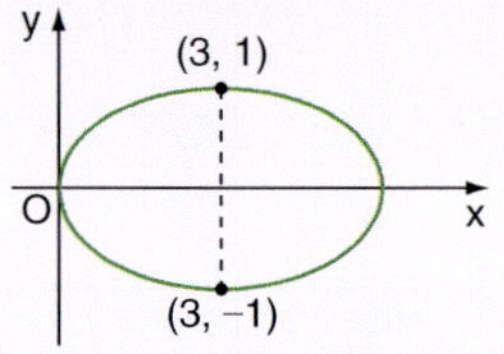

b)

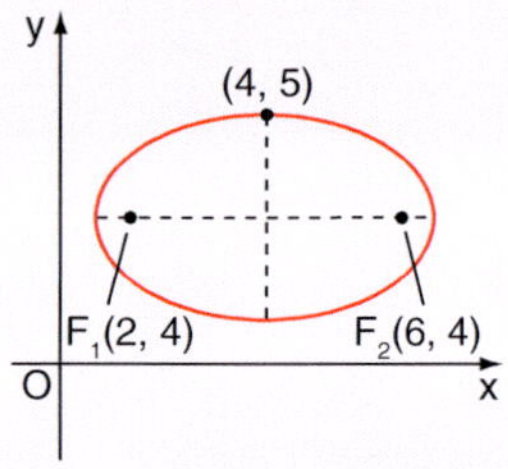

c)

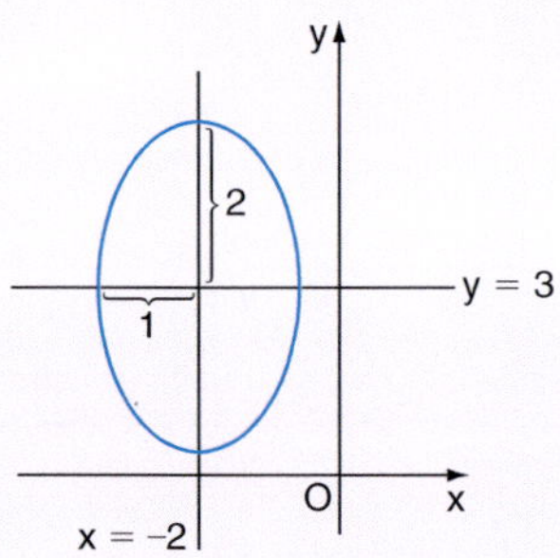

12. Determine as coordenadas dos focos de cada elipse nos itens *a* e *c* do exercício anterior.

13. O ponto C(–3, –2) é o centro de uma elipse tangente aos eixos coordenados. Sendo os eixos de simetria da elipse paralelos aos eixos coordenados, escreva a equação da elipse.

14. Determine a equação da elipse cujo centro é C(–2, –1), a qual passa pelos pontos A(–1, –1) e B(–2, –3), tendo os seus eixos paralelos aos eixos coordenados.

15. As metades do eixo maior e da distância focal de uma elipse medem, respectivamente, 5 cm e 4 cm, e o centro dela é o ponto (2, 1). Se o eixo menor é paralelo ao eixo coordenado Ox, escreva a equação reduzida dessa elipse.

16. Determine os focos da cônica de equação

$$\frac{(x-3)^2}{169} + \frac{(y-2)^2}{144} = 1.$$

HIPÉRBOLE

Introdução

Você já deve ter observado o que acontece quando se acende um abajur em um ambiente escuro: na parede, é possível visualizar duas regiões iluminadas. Seus contornos têm a forma da cônica que passaremos a estudar: a hipérbole.

Misha Gordon/Alamy/Other Images

Veja agora a foto ao lado, que mostra a Catedral Metropolitana de Brasília.

Catedral Metropolitana de Brasília-DF, em 2011.

Projetada por Oscar Niemeyer, ela apresenta dezesseis pilares dispostos em círculos. Os contornos desses pilares lembram uma hipérbole.

O que é hipérbole?

Dados dois pontos distintos F_1 e F_2, pertencentes a um plano α, seja 2c a distância entre eles e O o ponto médio do segmento $\overline{F_1F_2}$. **Hipérbole** é o conjunto dos pontos de α cuja diferença (em valor absoluto) das distâncias a F_1 e F_2 é a constante 2a $(0 < 2a < 2c)$.

$$\text{hipérbole} = \{P \in \alpha \mid |PF_1 - PF_2| = 2a\}$$

Assim, temos:

$$QF_2 - QF_1 = 2a$$
$$RF_2 - RF_1 = 2a$$
$$SF_1 - SF_2 = 2a$$
$$A_1F_2 - A_1F_1 = 2a$$
$$A_2F_1 - A_2F_2 = 2a$$

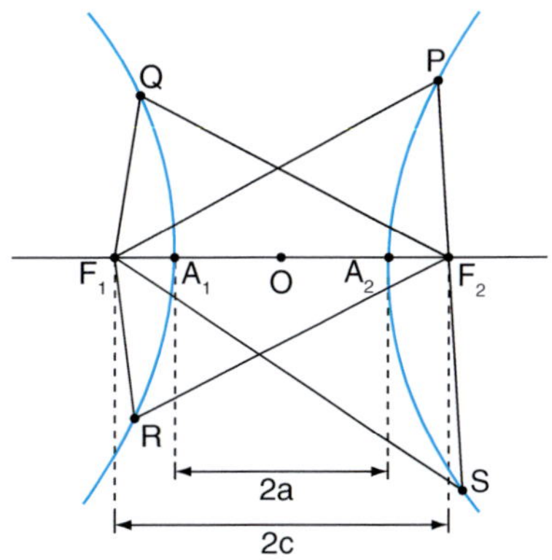

Note que o módulo pode ser eliminado desde que façamos a diferença entre a maior e a menor distância.

Dado um ponto X, pertencente a hipérbole,

- se $XF_1 > XF_2$, temos: $XF_1 - XF_2 = 2a$
- se $XF_2 > XF_1$, temos: $XF_2 - XF_1 = 2a$

Observe na figura ao lado que m = n.

De fato:

$$A_2F_1 - A_2F_2 = 2a$$
$$(2c - n) - n = 2a$$

então: $c = a + n$ (1)

$$A_1F_2 - A_1F_1 = 2a$$
$$(2c - m) - m = 2a$$

então: $c = a + m$ (2)

De (1) e (2), resulta m = n.

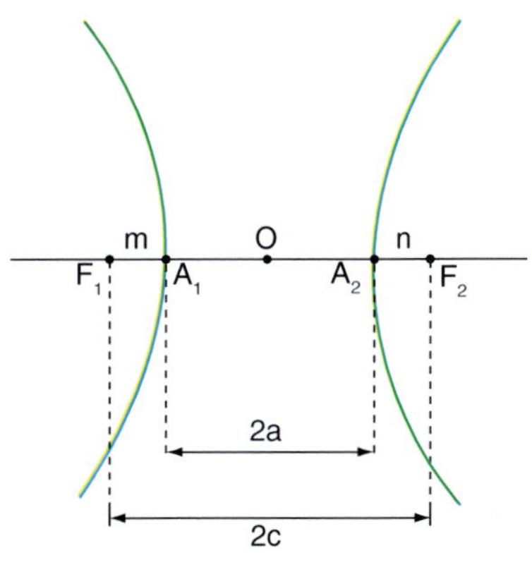

Elementos principais

F_1 e F_2: focos

0: centro

$\overleftrightarrow{A_1A_2}$: eixo real ou transverso

2c: distância focal, em que $c = 0F_1 = 0F_2$

2a: medida do eixo real, em que $a = 0A_1 = 0A_2$

$\frac{c}{a}$: excentricidade

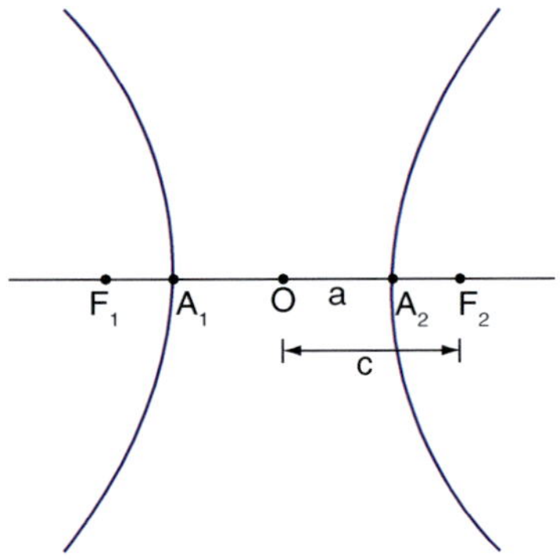

Equação reduzida (I)

Tomemos um sistema cartesiano ortogonal tal que $\overline{F_1F_2}$ esteja contido no eixo *x* e a perpendicular a esse segmento, passando por 0 (ponto médio de $\overline{F_1F_2}$), seja o eixo *y*. 0 eixo real é $\overline{A_1A_2}$ e sua medida é 2a. Os focos são os pontos $F_1(-c, 0)$ e $F_2(c, 0)$.

$$P \in \text{hipérbole} \Leftrightarrow |PF_1 - PF_2| = 2a$$

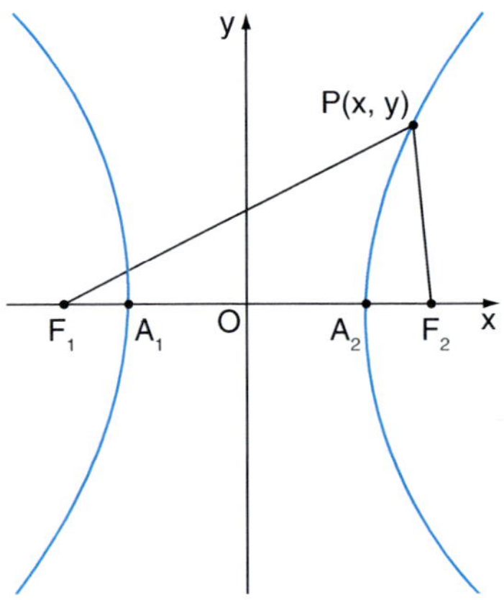

Chama-se **equação reduzida da hipérbole** a equação que o ponto genérico da hipérbole, P(x, y), verifica. Vamos deduzi-la:

$$\sqrt{(x + c)^2 + (y - 0)^2} - \sqrt{(x - c)^2 + (y - 0)^2} = \pm 2a$$

$$\sqrt{(x + c)^2 + y^2} = \sqrt{(x - c)^2 + y^2} \pm 2a$$

Quadrando e desenvolvendo, temos:

$$(x + c)^2 + y^2 = (x - c)^2 + y^2 \pm 4a\sqrt{(x - c)^2 + y^2} + 4a^2$$

$$\underset{\smile}{4}cx - \underset{\smile}{4}a^2 = \pm \underset{\smile}{4a}\sqrt{(x - c)^2 + y^2}$$

$$cx - a^2 = \pm a\sqrt{(x - c)^2 + y^2}$$

Quadrando novamente, vem:

$$(cx - a^2)^2 = a^2 \cdot (x - c)^2 + a^2y^2$$

$$c^2x^2 - \underbrace{2a^2cx} + a^4 = a^2x^2 - \underbrace{2a^2cx} + a^2c^2 + a^2y^2$$

$$(c^2 - a^2)x^2 - a^2y^2 = a^2(c^2 - a^2)$$

Chamando $c^2 - a^2 = b^2$ (observe que $a < c \Rightarrow c^2 - a^2 > 0$), vem:

$$b^2x^2 - a^2y^2 = a^2b^2$$

Dividindo por a^2b^2, resulta:

$$\frac{x^2}{a^2} - \frac{y^2}{b^2} = 1$$

Observe que, se $x = 0$, vem $\frac{0}{a^2} - \frac{y^2}{b^2} = 1$ e daí $\frac{y^2}{b^2} = -1$; portanto, $y \notin \mathbb{R}$. Desse modo, não há pontos em comum entre a hipérbole e o eixo *y*. Os pontos $B_1(0, b)$ e $B_2(0, -b)$ não pertencem à hipérbole, mas determinam o segmento $\overline{B_1B_2}$ de medida 2b, que é chamado **eixo imaginário da hipérbole.**

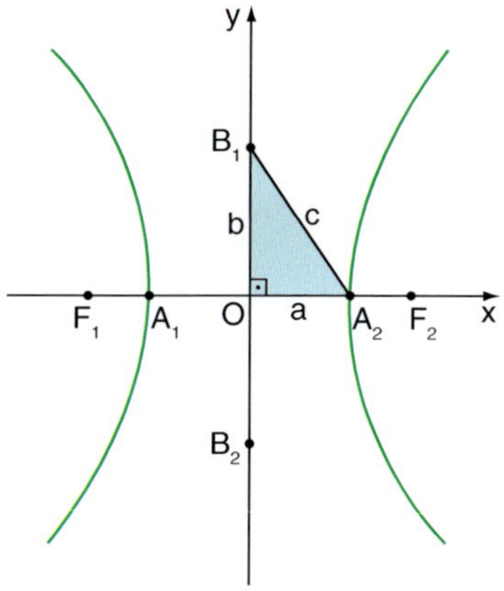

$\overline{B_1B_2}$: eixo imaginário

$B_1B_2 = 2b$: medida do eixo imaginário

relação notável: $c^2 = a^2 + b^2$

Traçando por A_1 e A_2 retas verticais e traçando por B_1 e B_2 retas horizontais, obtemos o retângulo CDEF.

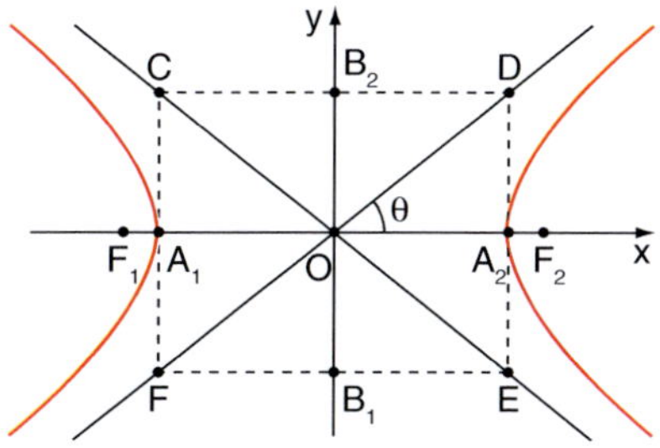

A reta suporte da diagonal $\overline{DF}$ passa por O(0, 0) e tem coeficiente angular igual a $\text{tg}\ \theta = \frac{b}{a}$.

Sua equação reduzida é $y = \frac{b}{a}x$.

Analogamente, a equação da reta suporte da diagonal $\overline{CE}$ é $y = -\frac{b}{a}x$.

As retas de equações $y = \pm\frac{b}{a}x$ são chamadas **assíntotas** da hipérbole.

As assíntotas não interceptam a hipérbole, mas, na medida em que tomamos pontos da hipérbole muito afastados do centro O (para a esquerda de O ou à direita de O), o traçado da hipérbole "aproxima-se" das assíntotas.

Equação reduzida (II)

Analogamente ao que vimos, se a hipérbole apresenta $\overline{A_1A_2} \subset y$ e $\overline{B_1B_2} \subset x$, temos:

$$PF_1 - PF_2 = \pm 2a$$

$$\sqrt{(x-0)^2 + (y+c)^2} - \sqrt{(x-0)^2 + (y-c)^2} = \pm 2a$$

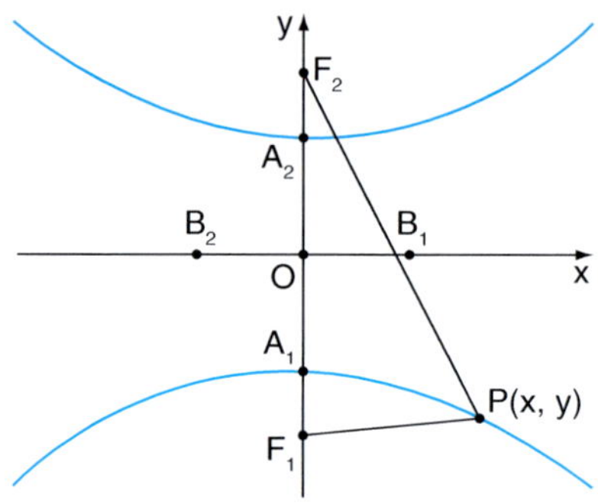

Daí decorre a equação da hipérbole:

$$\frac{y^2}{a^2} - \frac{x^2}{b^2} = 1$$

As assíntotas têm equações $y = \pm\frac{a}{b}x$.

Hipérbole equilátera

Uma hipérbole é equilátera quando apresenta $a = b$.

Para entender a importância da hipérbole equilátera, leia o item "Hipérboles e funções recíprocas", na página 131.

Exemplo 6

Uma hipérbole com eixo real 8 e distância focal 10 apresenta:

$$b^2 = c^2 - a^2 = 25 - 16 = 9$$

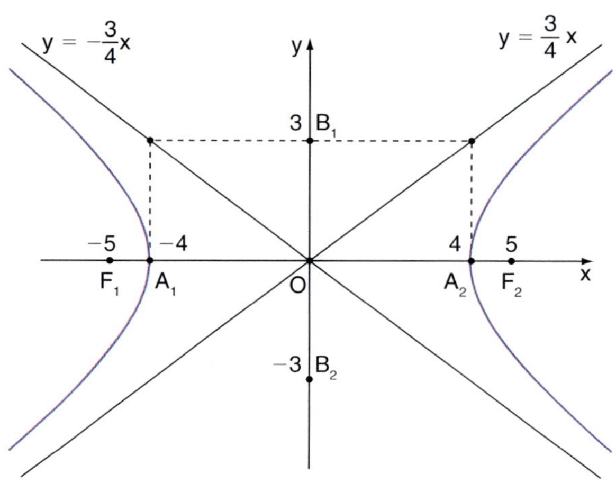

Se a posição da hipérbole é a indicada na figura, isto é, $\overline{A_1A_2} \subset x$ e $\overline{B_1B_2} \subset y$, então sua equação é:

$$\frac{x^2}{16} - \frac{y^2}{9} = 1$$

As assíntotas dessa hipérbole têm equações $y = \pm\frac{3}{4}x$.

Exemplo 7

Uma hipérbole com eixo real 8 e distância focal 10, na posição indicada na figura, isto é, $\overline{A_1A_2} \subset y$ e $\overline{B_1B_2} \subset x$, tem equação:

$$\frac{y^2}{16} - \frac{x^2}{9} = 1$$

que evidentemente não é equivalente a:

$$\frac{x^2}{16} - \frac{y^2}{9} = 1$$

As assíntotas dessa hipérbole têm equações $y = \pm\frac{4}{3}x$.

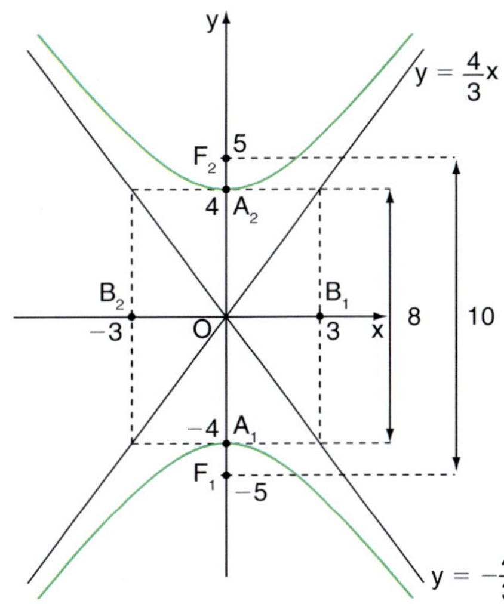

EXERCÍCIOS

17. Determine as equações das hipérboles seguintes e de suas assíntotas:

a)

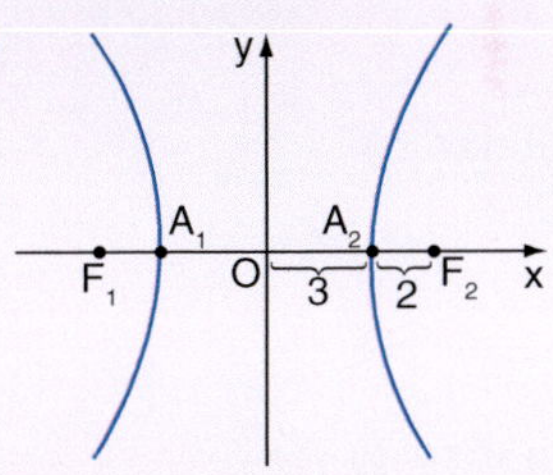

b)

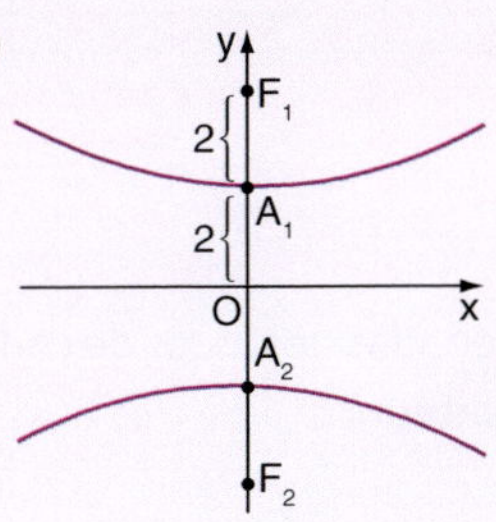

18. Determine as coordenadas dos focos de cada hipérbole do exercício anterior.

19. Obtenha a distância focal da hipérbole cuja equação é $\frac{x^2}{2} - \frac{y^2}{7} = 1$. Quais são as equações das assíntotas?

20. Calcule a excentricidade da hipérbole cuja equação é $\frac{y^2}{12} - \frac{x^2}{4} = 1$.

21. Construa os gráficos das cônicas λ: $x^2 - y^2 = 1$ e λ': $y^2 - x^2 = 1$. Esses gráficos são coincidentes?

22. Determine as coordenadas dos focos da hipérbole cuja equação é $3x^2 - y^2 = 300$.

Hipérboles com centro fora da origem

Se uma hipérbole tem centro no ponto $0'(x_0, y_0)$ e $\overline{A_1A_2}//x$, sua equação em relação ao sistema auxiliar x'0'y' é:

$$\frac{(x')^2}{a^2} - \frac{(y')^2}{b^2} = 1$$

Portanto, sua equação relativamente ao sistema x0y é:

$$\frac{(x - x_0)^2}{a^2} - \frac{(y - y_0)^2}{b^2} = 1$$

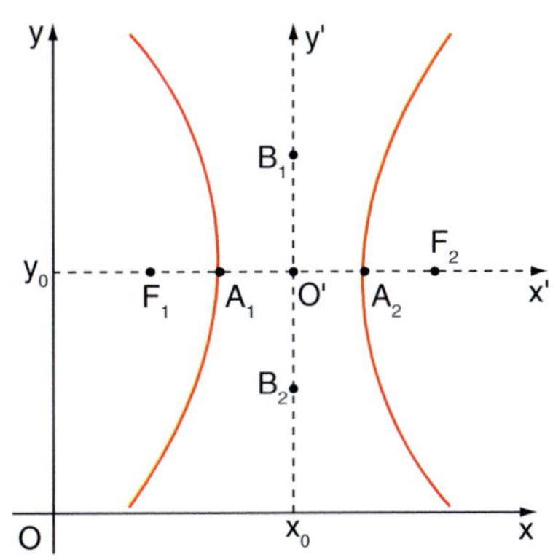

Observe o gráfico da hibérbole a seguir, que tem centro no ponto $0'(x_0, y_0)$ e $\overline{A_1A_2}//y$.

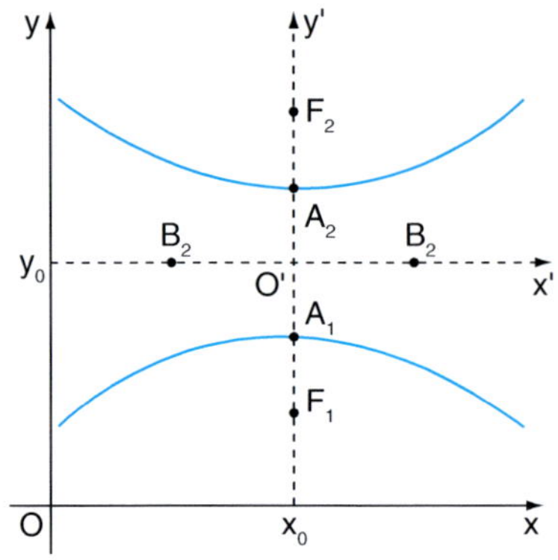

Analogamente, sua equação relativamente ao sistema x0y é:

$$\frac{(y - y_0)^2}{a^2} - \frac{(x - x_0)^2}{b^2} = 1$$

Exemplo 8

Uma hipérbole que tem centro no ponto $0'(-2, -3)$, semieixo real $a = 5$ e semieixo imaginário $b = 6$ apresenta equação:

$$\frac{(x + 2)^2}{25} - \frac{(y + 3)^2}{36} = 1 \text{ (se o eixo real é paralelo ao eixo } x\text{)}$$

ou:

$$\frac{(y + 3)^2}{25} - \frac{(x + 2)^2}{36} = 1 \text{ (se o eixo real é paralelo ao eixo } y\text{)}$$

EXERCÍCIOS

23. Determine as equações das hipérboles abaixo:

a)

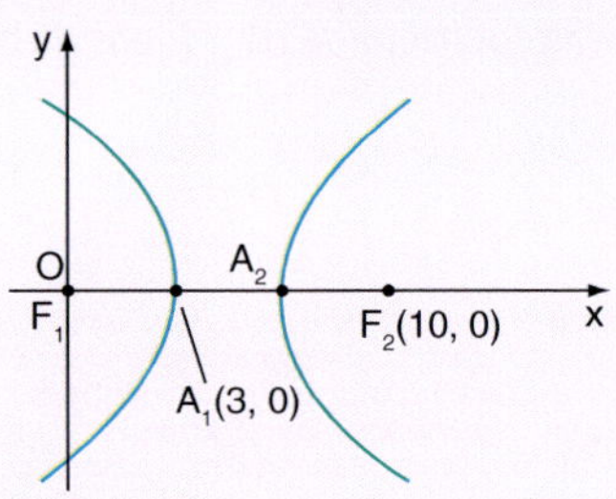

b)

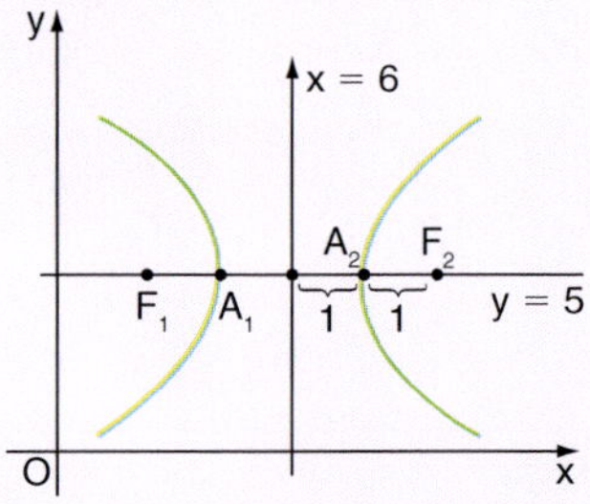

24. Quais são as coordenadas dos focos de cada hipérbole do exercício anterior?

25. Obtenha os focos da hipérbole cuja equação é

$$\frac{(x + 1)^2}{13} - \frac{(y + 2)^2}{3} = 1.$$

26. Qual é a distância focal da hipérbole cuja equação é $\frac{(y - 7)^2}{2} - \frac{(x + 9)^2}{47} = 1$?

27. Qual é a excentricidade da hipérbole cuja equação é $\frac{(x - 2)^2}{16} - \frac{y^2}{20} = 1$?

Hipérboles e funções recíprocas

Vamos determinar a equação de uma hipérbole especial com as seguintes características:

- focos $F_1(-m, -m)$ e $F_2(m, m)$, com $m \in \mathbb{R}^*$, ambos na bissetriz dos quadrantes ímpares;
- hipérbole equilátera, ou seja, com $a = b$.

Sabemos que a distância focal vai ser $2c = F_1F_2 = \sqrt{(m + m)^2 + (m + m)^2} = 2m\sqrt{2}$.

Como $c^2 = a^2 + b^2$ e $a = b$, temos:

$$\left(m\sqrt{2}\right)^2 = a^2 + a^2 \Rightarrow 2m^2 = 2a^2 \Rightarrow a = m \text{ (medida do semieixo real)}$$

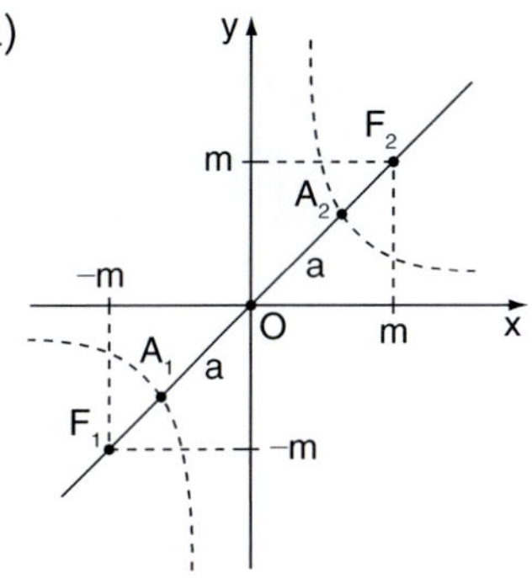

Um ponto P(x, y) pertencente a essa hipérbole deve verificar a condição:

$$|PF_1 - PF_2| = 2a$$

Então:

$$\sqrt{(x + m)^2 + (y + m)^2} - \sqrt{(x - m)^2 + (y - m)^2} = \pm 2m$$

$$\sqrt{(x + m)^2 + (y + m)^2} = \pm 2m + \sqrt{(x - m)^2 + (y - m)^2}$$

Quadrando os dois membros, temos:

$$(x + m)^2 + (y + m)^2 = 4m^2 \pm 4m\sqrt{(x - m)^2 + (y - m)^2} + (x - m)^2 + (y - m)^2$$

$$4xm + 4ym = 4m^2 \pm 4m\sqrt{(x - m)^2 + (y - m)^2}$$

Simplificando, obtemos:

$$x + y - m = \pm\sqrt{(x - m)^2 + (y - m)^2}$$

Quadrando novamente e fazendo as simplificações, chegamos finalmente a:

$$xy = \frac{m^2}{2}$$

que é a equação da hipérbole.

Se chamarmos a constante $\frac{m^2}{2}$ de *k*, a equação da hipérbole fica sendo $xy = k$. Observe que essa equação pode ser vista como $y = \frac{k}{x}$, portanto, a hipérbole é simplesmente o gráfico dessa função recíproca.

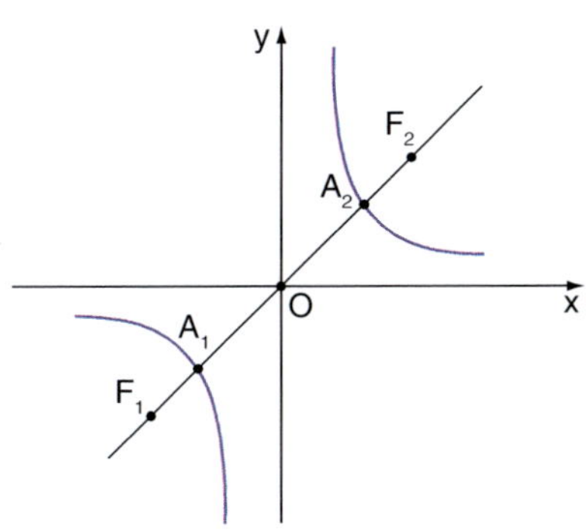

Do estudo de funções temos que o gráfico de uma função recíproca $y = \frac{k}{x}$ (com $k \neq 0$) é uma hipérbole. Agora, temos a comprovação disso.

Quando duas grandezas *x* e *y* são inversamente proporcionais, isto é, quando $x \cdot y = k$, o gráfico da função que relaciona os valores de *x* com os valores de *y* são os pontos de uma hipérbole.

PARÁBOLA

Introdução

A curva que descreve, por exemplo, o movimento de uma bala lançada por um canhão é chamada parábola.

O movimento com trajetória parabólica já era estudado por Galileu Galilei no século XVI. Observe abaixo uma ilustração elaborada por esse cientista.

Conchi Gil. Recursos da Matemática, s/d./Coleção Particular

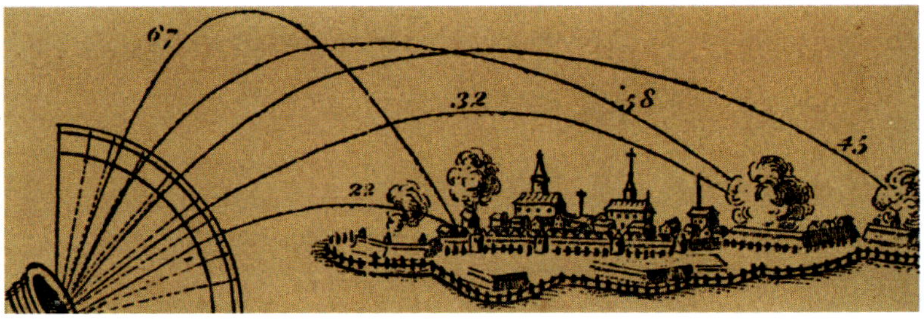

Gravura que mostra trajetórias parabólicas de balas de canhão. Os números, próximos a cada parábola, indicam a inclinação do canhão em relação à direção horizontal.

As fotos seguintes mostram cartões-postais de duas cidades brasileiras. Na primeira, vemos as fontes de água do parque do Ibirapuera, em São Paulo. Na segunda, a ponte Juscelino Kubitschek, em Brasília.

Israel Antunes/Folhapress

Lago do parque do Ibirapuera, São Paulo-SP, em 2009.

Ponte Juscelino Kubitschek, Brasília-DF, em 2010.

Paulo Fridman/Pulsar Imagens

As imagens que acabamos de ver nos remetem a formas que se assemelham a parábolas. O gráfico de uma função de 2º grau é uma parábola. Façamos agora o estudo detalhado dessa cônica.

O que é parábola?

Dados um ponto F e uma reta *d*, pertencentes a um plano α, com $F \notin d$, seja *p* a distância entre o ponto F e a reta *d*. **Parábola** é o conjunto dos pontos de α que estão à mesma distância de F e de *d*.

$$\text{parábola} = \{P \in \alpha \mid PF = PP'\}$$

Assim, temos:

$$VF = VV'$$
$$PF = PP'$$
$$QF = QQ'$$
$$RF = RR'$$
$$SF = SS'$$

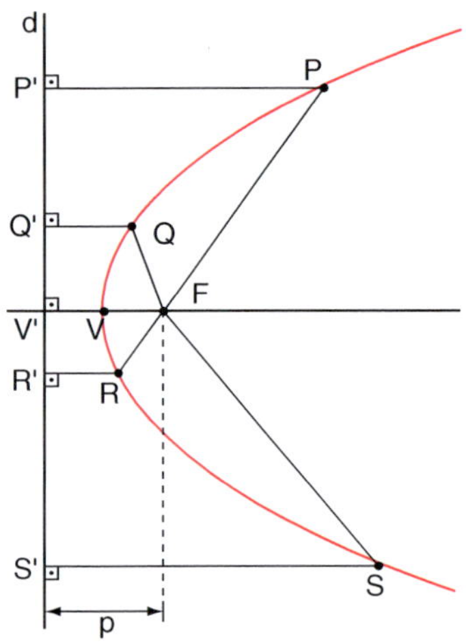

Elementos principais

F: foco

d: diretriz

p: parâmetro

V: vértice

reta $\overleftrightarrow{VF}$: eixo de simetria (é a reta que passa por F e é perpendicular à diretriz)

relação notável: $VF = \dfrac{p}{2}$, pois VF = VV'.

Equação reduzida (I)

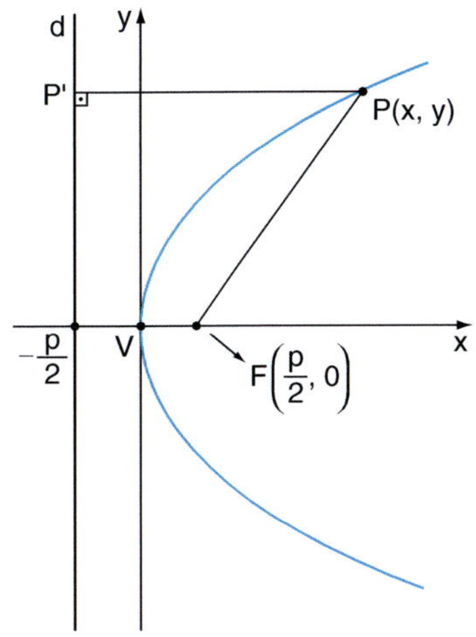

Tomemos um sistema cartesiano ortogonal com origem no vértice da parábola e eixo das abscissas passando pelo foco. É evidente que o foco é $F\left(\frac{p}{2}, 0\right)$, e a diretriz *d* tem equação:

$$x = -\frac{p}{2}$$

Nessas condições, chama-se **equação reduzida da parábola** a equação que o ponto genérico da curva, P(x, y), vai verificar. Vamos deduzi-la.

$$P \in \text{parábola} \Leftrightarrow PF = PP'$$

Então:

$$\sqrt{\left(x - \frac{p}{2}\right)^2 + (y - 0)^2} = \sqrt{\left(x + \frac{p}{2}\right)^2 + (y - y)^2}$$

Quadrando e desenvolvendo, vem:

$$\left(x - \frac{p}{2}\right)^2 + y^2 = \left(x + \frac{p}{2}\right)^2 \Rightarrow x^2 - px + \frac{p^2}{4} + y^2 = x^2 + px + \frac{p^2}{4}$$

Simplificando, resulta:

$$y^2 = 2px$$

Equação reduzida (II)

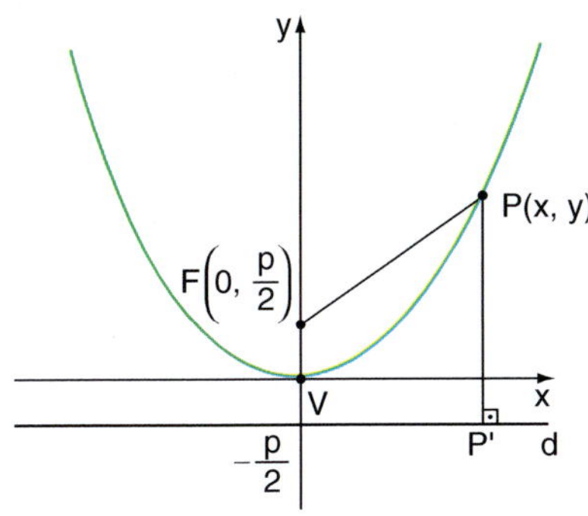

Analogamente ao que já vimos, se a parábola apresentar vértice na origem e foco no eixo das ordenadas, temos:

$$PF = PP'$$

$$\sqrt{(x - 0)^2 + \left(y - \frac{p}{2}\right)^2} = \sqrt{(x - x)^2 + \left(y + \frac{p}{2}\right)^2}$$

Daí, decorre a equação da parábola:

$$x^2 = 2py$$

Exemplo 9

Uma parábola com parâmetro p = 3, vértice V na origem e foco F no eixo *x* tem equação:

$y^2 = 6x$, se F está à direita de V ou $y^2 = -6x$, se F está à esquerda de V

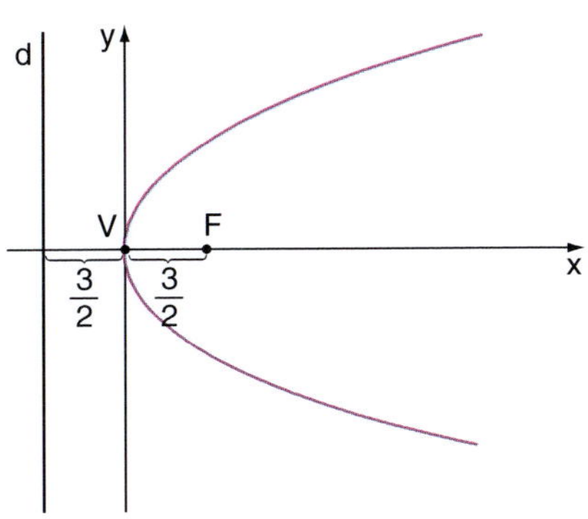

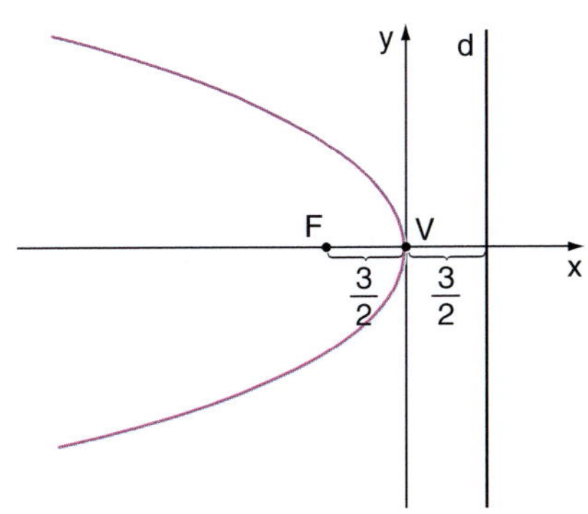

Exemplo 10

Uma parábola com parâmetro $p = 3$, vértice V na origem e foco F no eixo *y* tem equação:

$x^2 = 6y$, se F está acima de V ou $x^2 = -6y$, se F está abaixo de V

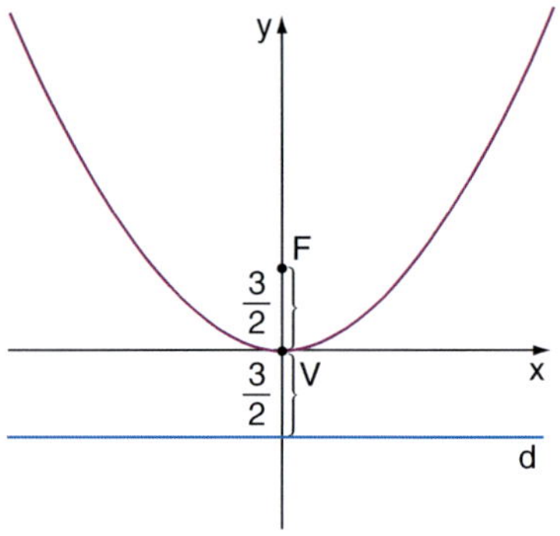

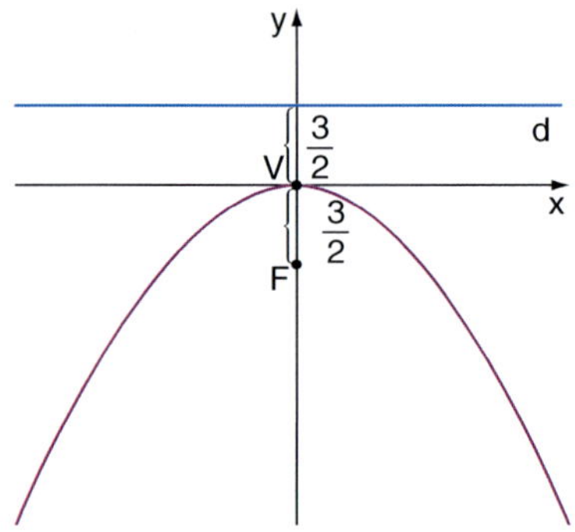

EXERCÍCIOS

28. Determine as equações das parábolas seguintes:

a)

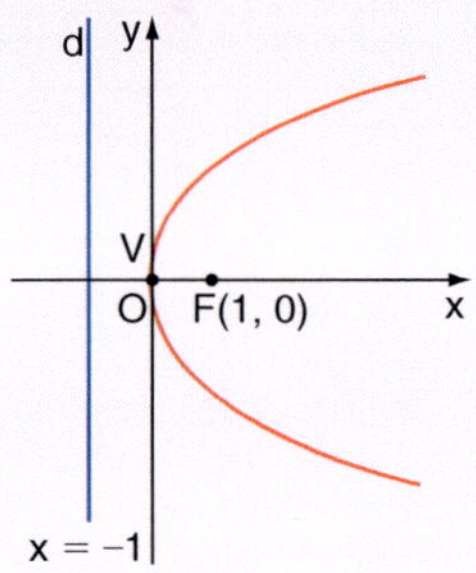

b)

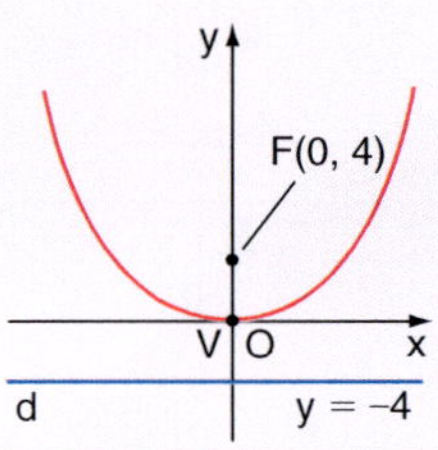

c)

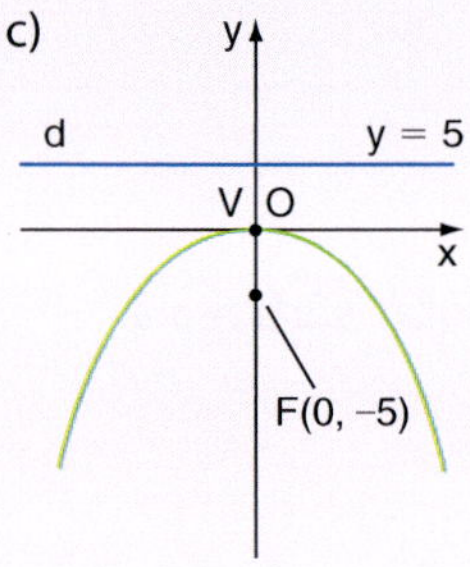

29. Qual é a equação da diretriz da parábola de equação $2x^2 - 7y = 0$?

30. Ache as coordenadas do foco F e a equação da diretriz da parábola de equação $y^2 - 16x = 0$.

31. Qual é a equação do conjunto dos pontos P(x, y) que são equidistantes do ponto F(5,0) e da reta (d) $y = 2$?

32. Uma parábola tem vértice na origem, eixo de simetria coincidente com o eixo *x* e passa pelo ponto P(4, –7). Qual é sua equação?

Parábolas com vértice fora da origem

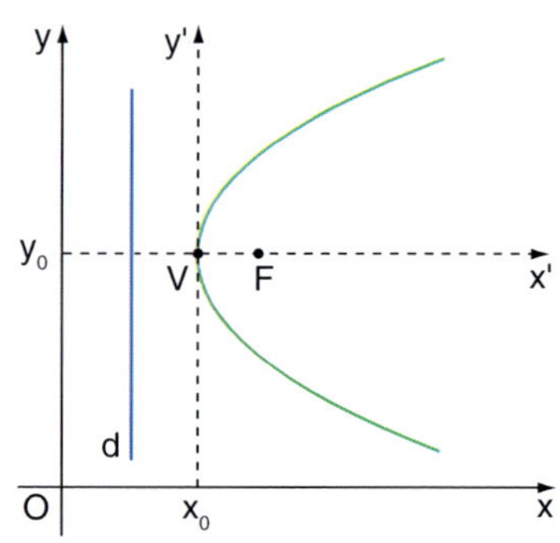

Se uma parábola tem vértice no ponto $V(x_0, y_0)$ e $\overrightarrow{VF} // x$, sua equação em relação ao sistema auxiliar x'Vy' é:

$$(y')^2 = 2px'$$

Portanto, sua equação relativamente ao sistema xOy é:

$$(y - y_0)^2 = 2p(x - x_0)$$

Analogamente, se uma parábola tem vértice no ponto $V(x_0, y_0)$ e $\overleftrightarrow{VF}//y$, sua equação relativamente ao sistema xOy é:

$$(x - x_0)^2 = 2p(y - y_0)$$

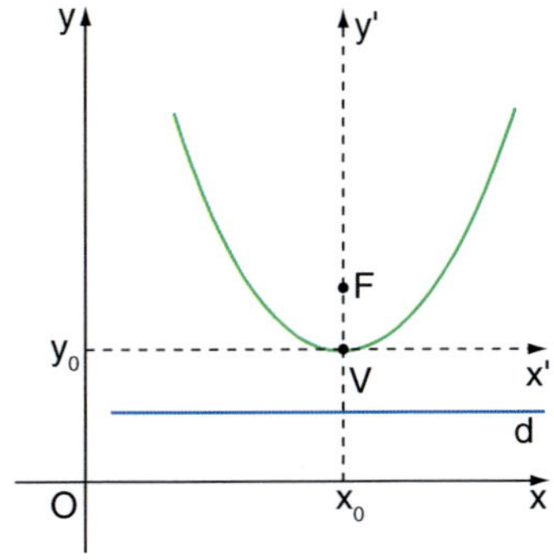

Exemplo 11

Uma parábola de parâmetro p = 2, vértice V(4, 2) e eixo $\overleftrightarrow{VF}$ paralelo ao eixo *x* tem equação:

$(y - 2)^2 = 4(x - 4)$ se F está à direita de V ou $(y - 2)^2 = -4(x - 4)$ se F está à esquerda de V

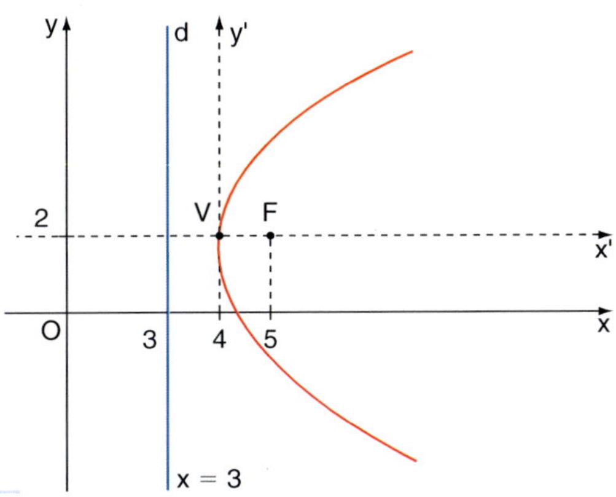

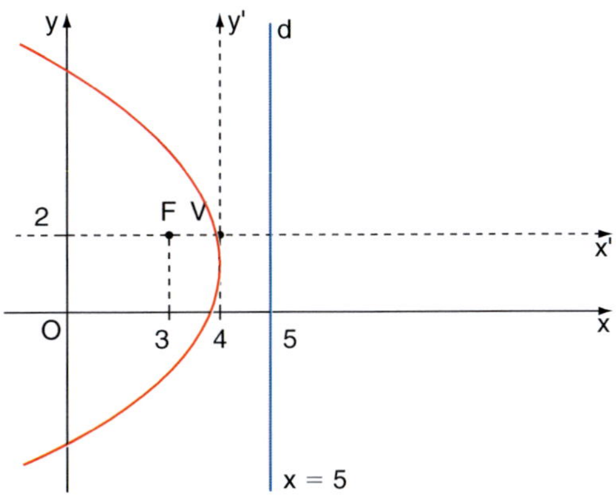

Exemplo 12

Uma parábola de parâmetro p = 5, vértice V(3, 1) e eixo $\overleftrightarrow{VF}$ paralelo ao eixo *y* tem equação:

$(x - 3)^2 = 10(y - 1)$ se F está acima de V ou $(x - 3)^2 = -10(y - 1)$ se F está abaixo de V

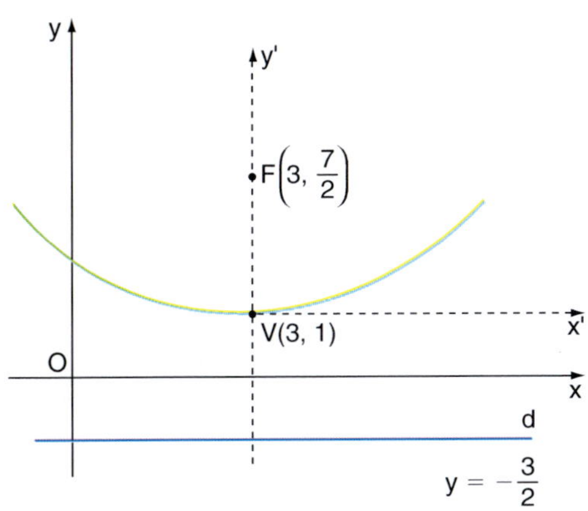

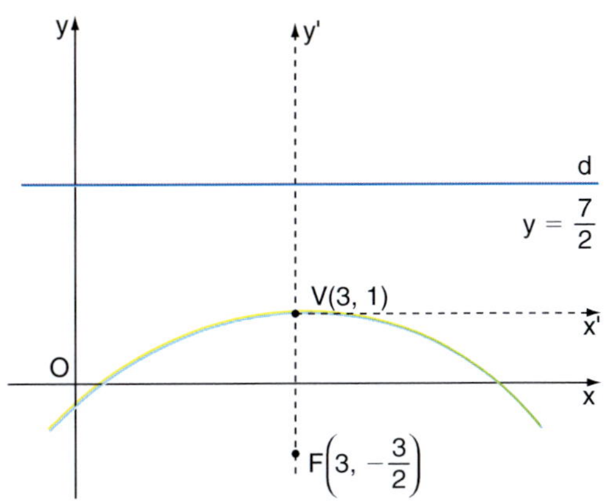

EXERCÍCIOS

33. Determine a equação de cada parábola representada abaixo:

a)

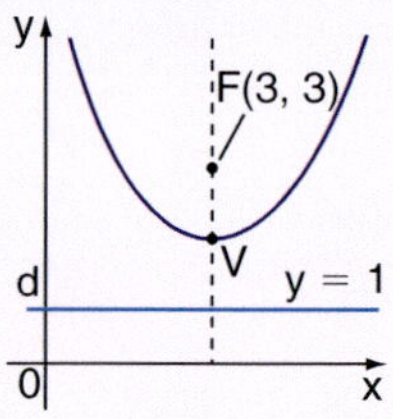

c)

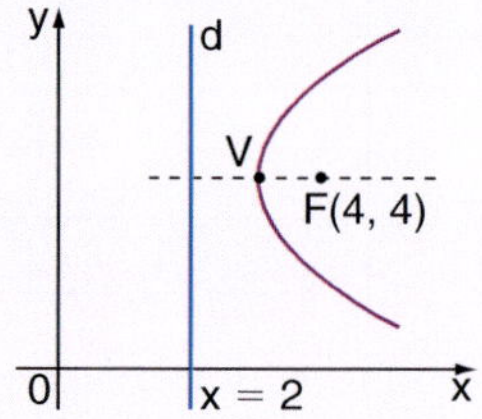

b)

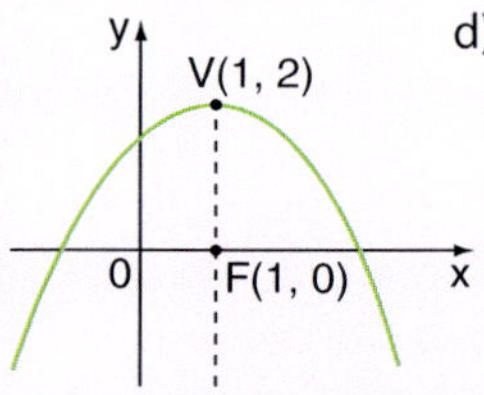

d)

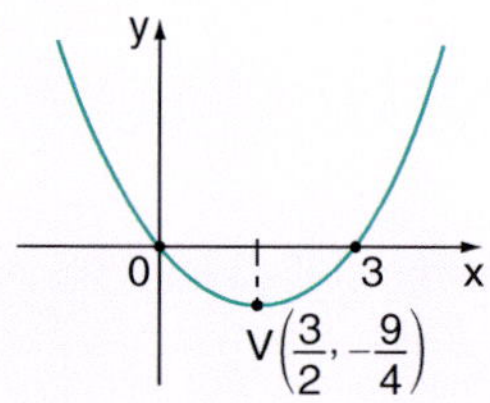

34. Determine o foco e o vértice da parábola λ: $(y + 3)^2 = 12(x - 2)$.

35. Ache a equação da diretriz da parábola representada pela equação $y = -(x + 5)^2$.

36. Determine as coordenadas do vértice da parábola cuja equação é $y^2 - 7x - 6y + 9 = 0$.

37. Ache a equação da parábola que tem eixo de simetria vertical e passa pelos pontos A(0, 0), B(3, 3) e C(−6, 30).

38. Obtenha a equação da parábola cuja diretriz é d: x = −2 e cujo foco é F(6, 0).

39. Qual é a equação do conjunto dos pontos P(x, y) que são equidistantes da reta d: y = 3 e do ponto F(−2, −3)?

40. Ache a distância do ponto P(0, −4) à reta determinada pelos pontos de interseção das curvas $x^2 + y^2 = 2$ e $y = x^2$.

41. Dê a equação da parábola simétrica relativamente ao eixo *y* e que passa pelos pontos de interseção da reta de equação x + y = 0 com a circunferência de equação $x^2 + y^2 + 8y = 0$.

Parábolas e funções quadráticas

Note que uma parábola com equação $x^2 = 2py$ tem eixo de simetria vertical. Então, para cada valor atribuído a *x* existe em correspondência um único valor de *y*. Assim, a lei $y = \frac{1}{2p}x^2$ define uma função cujo gráfico é precisamente a parábola. Isso já foi visto no estudo de funções e agora é comprovado. Por exemplo, as funções $y = x^2 \left(\text{em que } p = \frac{1}{2}\right)$, $y = 3x^2 \left(\text{em que } p = \frac{1}{6}\right)$ e $y = -4x^2 \left(\text{em que } p = \frac{1}{8}\right)$ têm gráficos que são parábolas.

Observe que uma parábola de equação $(x - x_0)^2 = 2p(y - y_0)$, isto é, $x^2 - 2x_0x + x_0^2 = 2py - 2py_0$, é também o gráfico da função quadrática $y = \frac{1}{2p}x^2 - \frac{x_0}{p} \cdot x + \frac{x_0^2 + 2py_0}{2p}$.

No estudo de funções, vimos que a função quadrática $y = ax^2 + bx + c$ (com $a \neq 0$) tem por gráfico uma parábola, o que agora comprovamos, bastando verificar que: $a = \frac{1}{2p}$, $b = -\frac{x_0}{p}$ e $c = \frac{x_0^2 + 2py_0}{2p}$.

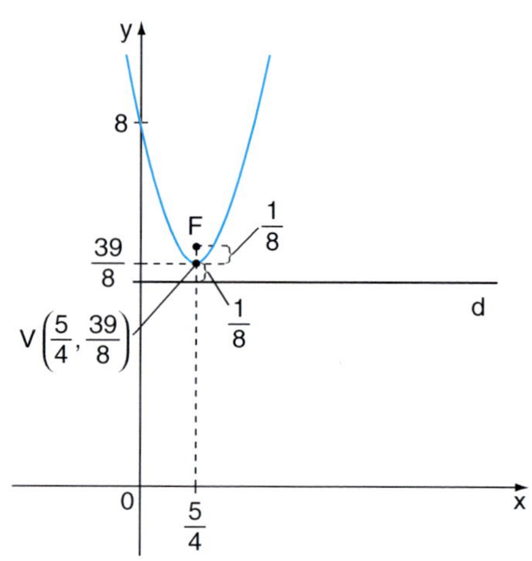

Por exemplo, a função $y = 2x^2 - 5x + 8$ tem por gráfico uma parábola com $2 = \frac{1}{2p}$, $-5 = -\frac{x_0}{p}$ e $8 = \frac{x_0^2 + 2py_0}{2p}$, ou seja, $p = \frac{1}{4}$, $x_0 = \frac{5}{4}$ e $y_0 = \frac{39}{8}$.

RECONHECIMENTO DE UMA CÔNICA PELA EQUAÇÃO

Elipses

Comparemos as equações das elipses:

$\dfrac{(x - x_0)^2}{a^2} + \dfrac{(y - y_0)^2}{b^2} = 1$ (elipse com eixo maior horizontal)	$\dfrac{(y - y_0)^2}{a^2} + \dfrac{(x - x_0)^2}{b^2} = 1$ (elipse com eixo maior vertical)

Concluímos que:

- uma equação do 2º grau nas incógnitas *x* e *y* representa uma elipse com eixo maior paralelo a 0x ou 0y quando for redutível à forma:

$$\frac{(x - x_0)^2}{k_1} + \frac{(y - y_0)^2}{k_2} = 1, \text{ com } k_1 > 0,\ k_2 > 0 \text{ e } k_1 \neq k_2$$

- quando $k_1 > k_2$, $k_1 = a^2$ e $k_2 = b^2$, o eixo maior é horizontal.
- quando $k_1 < k_2$, $k_1 = b^2$ e $k_2 = a^2$, o eixo maior é vertical.
- (x_0, y_0) é o centro da elipse.

EXERCÍCIOS RESOLVIDOS

1. Caracterizar a cônica representada pela equação $4x^2 + 9y^2 = 36$ e esboçar seu gráfico.

Solução:

Dividindo os dois membros da equação por 36, temos:

$$\frac{4x^2}{36} + \frac{9y^2}{36} = \frac{36}{36} \Rightarrow \frac{x^2}{9} + \frac{y^2}{4} = 1$$

Portanto, a cônica é uma elipse com centro na origem e eixo maior horizontal tal que:

$$\left.\begin{array}{l} a^2 = 9 \\ b^2 = 4 \end{array}\right\} \Rightarrow c = \sqrt{a^2 - b^2} = \sqrt{5}$$

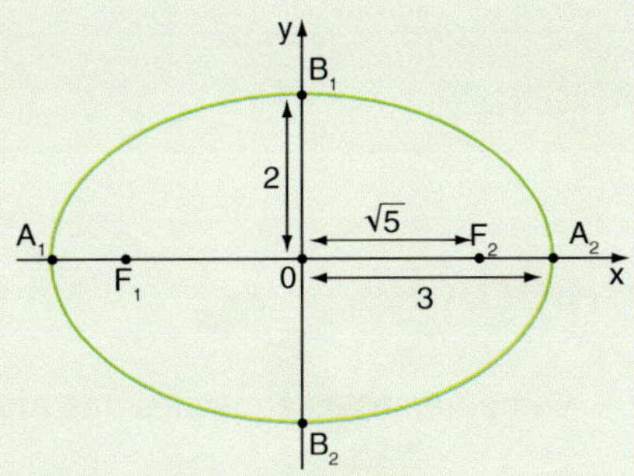

2. Qual é a distância entre os focos da cônica cuja equação é $9x^2 + 4y^2 = 36$?

Solução:

Temos:

$$9x^2 + 4y^2 = 36 \Rightarrow \frac{x^2}{4} + \frac{y^2}{9} = 1$$

A cônica é uma elipse com centro (0, 0) e eixo maior vertical tal que:

$$\left.\begin{array}{l} a^2 = 9 \\ b^2 = 4 \end{array}\right\} \Rightarrow c = \sqrt{a^2 - b^2} = \sqrt{5}$$

Portanto, os focos são:

$$F_1(0, -\sqrt{5}) \text{ e } F_2(0, \sqrt{5})$$

e a distância entre eles é $2c = 2\sqrt{5}$.

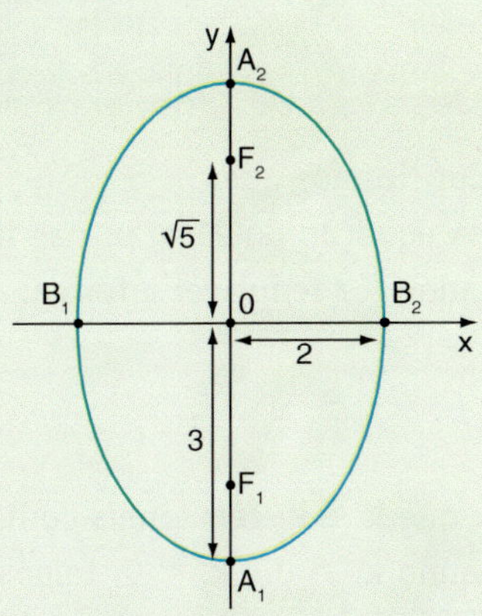

3. Qual é a cônica representada pela equação $9x^2 + 16y^2 - 90x - 160y + 481 = 0$? Esboçar seu gráfico.

Solução:

1º modo:

Vamos identificar a cônica com a equação teórica $\frac{(x - x_0)^2}{k_1} + \frac{(y - y_0)^2}{k_2} = 1$, isto é:

$$k_2x^2 + k_1y^2 - 2k_2x_0x - 2k_1y_0y + (k_2x_0^2 + k_1y_0^2 - k_1k_2) = 0$$

Temos coeficientes respectivamente iguais aos da equação dada, portanto:

$$k_2 = 9,\ k_1 = 16,\ 2k_2x_0 = 90,\ 2k_1y_0 = 160,\ k_2x_0^2 + k_1y_0^2 - k_1k_2 = 481$$

Daí, vem:

$$k_2 = 9, k_1 = 16, x_0 = 5, y_0 = 5$$

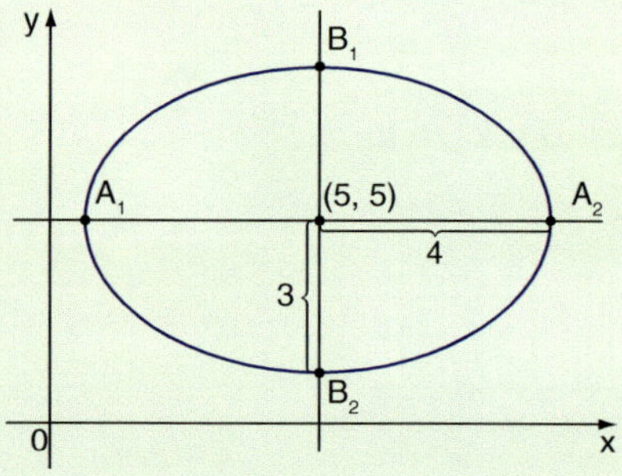

Como $k_1 > k_2 > 0$, a equação representa uma elipse com eixo maior horizontal e centro (5, 5), sendo $a^2 = 16$ e $b^2 = 9$.

A equação reduzida dessa elipse é:

$$\frac{(x - 5)^2}{16} + \frac{(y - 5)^2}{9} = 1$$

2º modo:

Vamos completar quadrados:

$9x^2 - 90x + 16y^2 - 160y + 481 = 0$

$9(x^2 - 10x + ...) + 16(y^2 - 10y + ...) + 481 = 0$

$9 \cdot (x^2 - 10x + 25) + 16 \cdot (y^2 - 10y + 25) + 481 = 0 + 9 \cdot 25 + 16 \cdot 25$

$9 \cdot (x - 5)^2 + 16 \cdot (y - 5)^2 = 144$

$\frac{(x - 5)^2}{16} + \frac{(y - 5)^2}{9} = 1$

Hipérboles

Comparemos as equações das hipérboles:

$$\frac{(x - x_0)^2}{a^2} + \frac{(y - y_0)^2}{-b^2} = 1$$
(hipérbole com eixo real horizontal)

$$\frac{(x - x_0)^2}{-b^2} + \frac{(y - y_0)^2}{a^2} = 1$$
(hipérbole com eixo real vertical)

Concluímos que:

- uma equação do 2º grau nas incógnitas *x* e *y* representa uma hipérbole com eixo real paralelo a 0x ou 0y quando for redutível à forma:

$$\frac{(x - x_0)^2}{k_1} + \frac{(y - y_0)^2}{k_2} = 1$$

em que k_1 e k_2 têm sinais contrários.

- quando $k_1 > 0$ e $k_2 < 0$, temos $k_1 = a^2$ e $k_2 = -b^2$; portanto o eixo real é horizontal.
- quando $k_1 < 0$ e $k_2 > 0$, temos $k_1 = -b^2$ e $k_2 = a^2$; portanto o eixo real é vertical.
- (x_0, y_0) é o centro da hipérbole.

EXERCÍCIOS RESOLVIDOS

4. Caracterizar a cônica representada pela equação $4x^2 - 9y^2 = 36$ e esboçar seu gráfico.

Solução:

Temos:

$$4x^2 - 9y^2 = 36 \Rightarrow \frac{x^2}{9} - \frac{y^2}{4} = 1$$

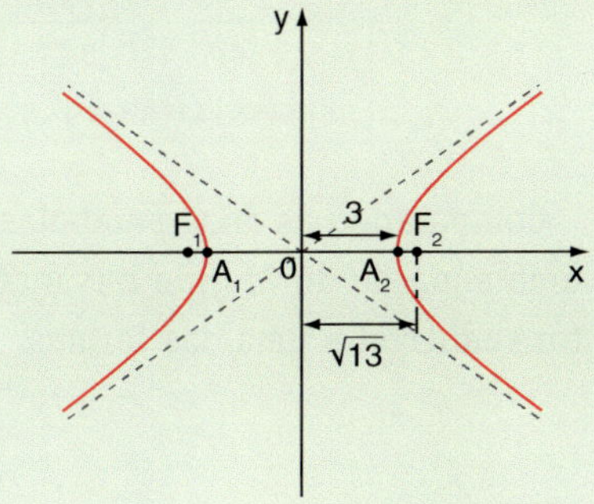

Portanto, a cônica é uma hipérbole com centro (0, 0) e eixo real horizontal, pois a diferença é feita de x^2 para y^2 e:

$$\left.\begin{array}{l} a^2 = 9 \Rightarrow a = 3 \\ b^2 = 4 \Rightarrow b = 2 \end{array}\right\} \Rightarrow c = \sqrt{13}$$

Seus focos são:

$$F_1(-\sqrt{13}, 0) \text{ e } F_2(\sqrt{13}, 0)$$

5. Quais são os focos da cônica cuja equação é $x^2 - y^2 = 1$?

Solução:

A partir da equação, temos:

$$x^2 - y^2 = 1 \Rightarrow \frac{x^2}{1} - \frac{y^2}{1} = 1$$

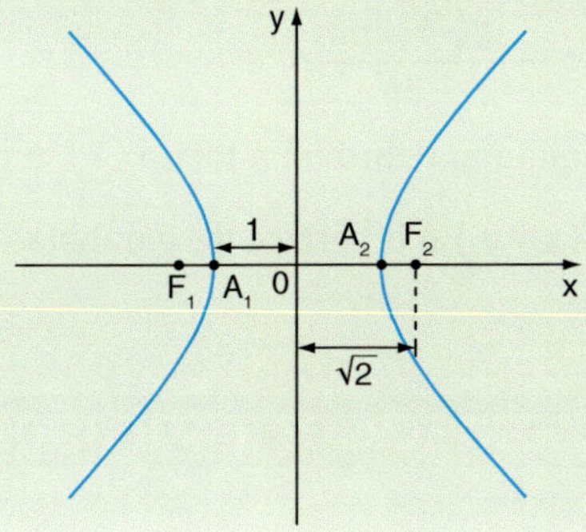

A cônica é uma hipérbole com centro (0, 0) e eixo real horizontal tal que:

$$\left.\begin{array}{l} a^2 = 1 \\ b^2 = 1 \end{array}\right\} \Rightarrow c = \sqrt{a^2 + b^2} = \sqrt{2}$$

Portanto, os focos são:

$$F_1(-\sqrt{2}, 0) \text{ e } F_2(\sqrt{2}, 0)$$

6. Qual é a cônica representada pela equação $4x^2 - y^2 - 32x + 8y + 52 = 0$?

Solução:

1º modo:

Tendo os termos x^2 e y^2, é evidente que a equação só pode representar elipse ou hipérbole.

Se identificarmos a equação dada com a teórica $\frac{(x - x_0)^2}{k_1} + \frac{(y - y_0)^2}{k_2} = 1$, obteremos:

$$k_1 = -1, k_2 = 4, x_0 = 4, y_0 = 4$$

Como $k_1 < 0$ e $k_2 > 0$, a equação representa uma hipérbole com eixo real vertical e centro (4, 4), sendo $a^2 = 4$ e $b^2 = 1$.

A equação reduzida é:

$$\frac{(y - 4)^2}{4} - \frac{(x - 4)^2}{1} = 1$$

2º modo:

Vamos completar os quadrados:

$4(x^2 - 8x + ...) - (y^2 - 8y + ...) = -52$

$4 \cdot (x^2 - 8x + 16) - (y^2 - 8y + 16) = -52 + 4 \cdot 16 + (-16)$

$4 \cdot (x - 4)^2 - (y - 4)^2 = -4$

Dividindo os dois membros por −4, vem:

$$\frac{(y - 4)^2}{4} - \frac{(x - 4)^2}{1} = 1$$

Parábolas

Desenvolvendo as equações das parábolas $(y - y_0)^2 = 2p(x - x_0)$ e $(x - x_0)^2 = 2p(y - y_0)$, obtemos:

$$x = \frac{1}{2p} \cdot y^2 - \frac{y_0}{p} \cdot y + \frac{y_0^2 + 2px_0}{2p}$$

(parábola com eixo de simetria horizontal)

$$y = \frac{1}{2p} \cdot x^2 - \frac{x_0}{p} \cdot x + \frac{x_0^2 + 2py_0}{2p}$$

(parábola com eixo de simetria vertical)

Comparando as duas parábolas, concluímos que:

- uma equação do 2º grau nas incógnitas *x* e *y* representa uma parábola com eixo paralelo a 0x ou 0y quando for redutível a uma das formas:

$$x = ay^2 + by + c \ (a \neq 0) \quad ①$$

ou

$$y = ax^2 + bx + c \ (a \neq 0) \quad ②$$

- quando redutível à forma ①, a parábola tem eixo de simetria horizontal e $a = \frac{1}{2p}$, $b = -\frac{y_0}{p}$ e $c = \frac{y_0^2 + 2px_0}{2p}$.
- quando redutível à forma ②, a parábola tem eixo de simetria vertical e $a = \frac{1}{2p}$, $b = -\frac{x_0}{p}$ e $c = \frac{x_0^2 + 2py_0}{2p}$.
- (x_0, y_0) é o vértice da parábola.

EXERCÍCIOS RESOLVIDOS

7. Qual é a cônica representada pela equação $y^2 = 6x$? Esboçar seu gráfico.

Solução:

Temos:

$$y^2 = 6x \Rightarrow y^2 = 2 \cdot 3 \cdot x$$

Portanto, a cônica é uma parábola com vértice na origem, eixo de simetria horizontal e parâmetro $p = 3$.

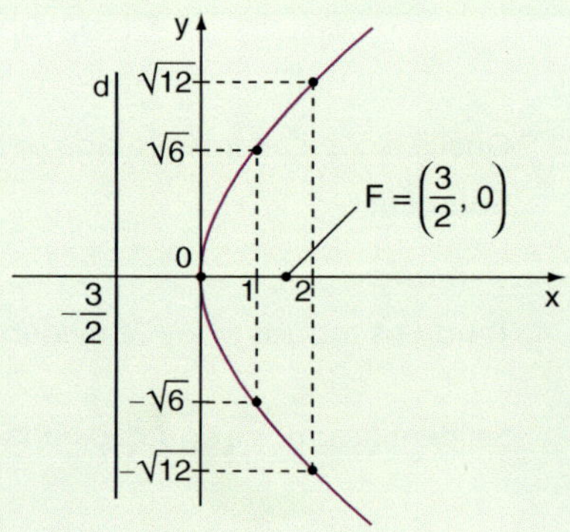

8. Caracterizar a cônica representada pela equação $x = \frac{1}{4}y^2 - \frac{1}{2}y + \frac{5}{4}$ e esboçar seu gráfico.

Solução:

1º modo:

A equação representa uma parábola com eixo de simetria horizontal.

Identificando-a com a equação teórica

$x = \frac{1}{2p} \cdot y^2 - \frac{y_0}{p} \cdot y + \frac{y_0^2 + 2px_0}{2p}$, decorre:

$$\frac{1}{2p} = \frac{1}{4}, \frac{y_0}{p} = \frac{1}{2}, \frac{y_0^2 + 2px_0}{2p} = \frac{5}{4}$$

Daí, tiramos:

$$p = 2, y_0 = 1, x_0 = 1$$

Assim, a parábola tem vértice (1, 1) e parâmetro $p = 2$.

A equação reduzida dessa parábola é:

$$(y - 1)^2 = 4 \cdot (x - 1)$$

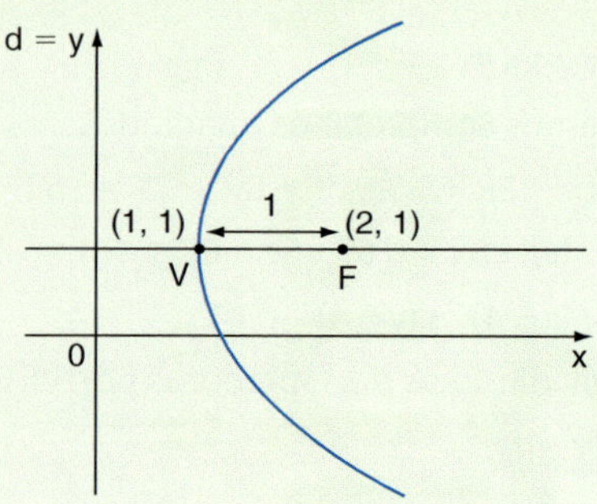

2º modo:

Completando quadrados temos:

$$x = \frac{1}{4}y^2 - \frac{1}{2}y + \frac{5}{4}$$

$$x = \frac{1}{4} \cdot (y^2 - 2y + ...) + \frac{5}{4}$$

$$x = \frac{1}{4} \cdot (y^2 - 2y + 1) + \frac{5}{4} - \frac{1}{4} \cdot 1$$

$$x - 1 = \frac{1}{4} \cdot (y - 1)^2 \Leftrightarrow (y - 1)^2 = 4 \cdot (x - 1)$$

EXERCÍCIOS

Nos exercícios 42 a 47, caracterize a cônica representada pela equação.

42. $5x^2 + 8y^2 = 10$

43. $9x^2 + 25y^2 - 36x + 50y - 164 = 0$

44. $5x^2 - 4y^2 + 30x + 16y + 49 = 0$

45. $y^2 - 4x - 6y + 13 = 0$

46. $x^2 - 4x - 12y = 32$

47. $289x^2 - 17183 = 2(256y - 289x - 32y^2)$

Interseções de cônicas

É regra geral na Geometria Analítica que, dadas duas curvas $f(x, y) = 0$ e $g(x, y) = 0$, a interseção delas é o conjunto dos pontos que satisfazem o sistema:

$$\begin{cases} f(x, y) = 0 \\ g(x, y) = 0 \end{cases}$$

Já aplicamos esse conceito para achar a interseção de duas retas, de uma reta e uma circunferência e de duas circunferências. O mesmo conceito se aplica para obter a interseção de uma reta e uma cônica, de uma circunferência e uma cônica, de duas cônicas etc.

Exemplo 13

Vamos achar os pontos comuns à reta r: $x - y = 0$ e à parábola λ: $y = x^2$.

Para isso, devemos resolver o sistema de equações:

$$\begin{cases} x = y \quad (1) \\ y = x^2 \quad (2) \end{cases}$$

Substituindo (1) em (2), resulta:

$$y = (y)^2 \Rightarrow y^2 - y = 0 \Rightarrow \begin{cases} y = 0 \Rightarrow x = 0 \\ \text{ou} \\ y = 1 \Rightarrow x = 1 \end{cases}$$

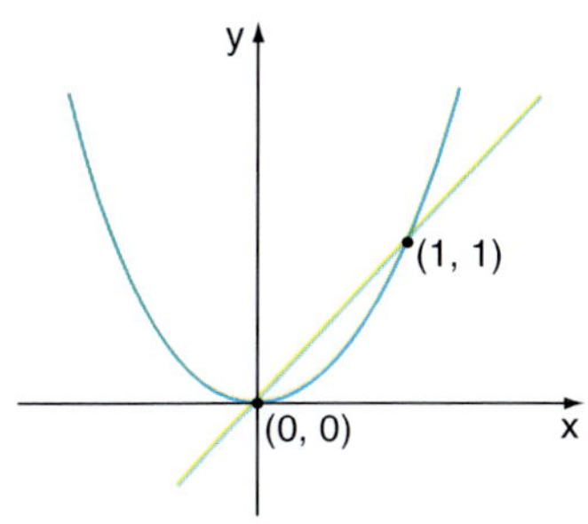

Assim, temos: $r \cap \lambda = \{(0, 0), (1, 1)\}$.

EXERCÍCIOS

48. Obtenha a interseção da parábola $\lambda: y^2 = x$ com a elipse $\lambda': x^2 + 5y^2 = 6$.

49. (UF-RJ) Determine o comprimento do segmento cujas extremidades são os pontos de interseção da reta de equação $y = x + 1$ com a parábola de equação $y = x^2$.

50. Qual é o número de interseções das curvas de equações $y = x^2$ e $y = x^{\frac{3}{2}}$?

51. (UF-BA) Determine os valores de *p* para os quais a parábola e a reta, representadas pelas equações $y = 2x^2 - x + 3$ e $y = px - 1$, interceptam-se em dois pontos distintos.

52. Determine o conjunto dos pontos em que a hipérbole de equação $4y^2 - x^2 = 1$ intercepta a circunferência $x^2 + y^2 = 9$.

53. Quantos pontos comuns têm a circunferência de equação $x^2 + y^2 - 2x - 4 = 0$ e a parábola de equação $2x^2 - 4x - y + 2 = 0$?

54. Calcule o comprimento da corda que a reta $r: y = x$ define na elipse $\lambda: 9x^2 + 25y^2 = 225$.

55. Calcule a distância entre os pontos de interseção das curvas de equações $x^2 + y = 10$ e $x + y = 10$.

56. (UF-MG) Considere a parábola de equação $y = 8x - 2x^2$ e a reta que contém os pontos (4, 0) e (0, 8). Sejam A e B os pontos de interseção entre a reta e a parábola. Determine a equação da mediatriz do segmento $\overline{AB}$.

57. Determine *m* de modo que a reta de equação $y = x + m$ intercepte a elipse $\frac{x^2}{4} + y^2 = 1$.

58. (UF-MG) Determine:

a) a equação da elipse que tem focos $F_1(-\sqrt{15}, 0)$ e $F_2(\sqrt{15}, 0)$ e eixo maior 8;

b) os valores de *r* para os quais a interseção da circunferência de centro (1, 0) e raio *r* com a elipse do item *a* é não vazia.

59. Calcule o valor do coeficiente angular *m* para que a reta de equação $y = mx + 2$ e a parábola de equação $y^2 = 4x$ tenham interseção não vazia.

DESAFIO

(TRT-4ª Região) No quadriculado seguinte os números foram colocados nas células obedecendo a um determinado padrão.

16	34	27	X
13	19	28	42
29	15	55	66

Seguindo esse padrão, o número X deve ser tal que:

a) $X > 100$

b) $90 < X < 100$

c) $80 < X < 90$

d) $70 < X < 80$

e) $X < 70$

EXERCÍCIOS COMPLEMENTARES

1. Os focos de uma elipse são $F_1(0, -6)$ e $F_2(0, 6)$. Os pontos A(0, 9) e B(x, 3), com $x > 0$, estão na elipse. Qual é a área do triângulo com vértices B, F_1 e F_2?

2. Deseja-se construir uma elipse que tenha os dois focos situados no eixo Ox. Um desses focos deve ser o ponto (3, 0). Essa elipse deve passar pelos pontos (0, 2) e (7, −2). Quantas elipses assim podem ser construídas?

3. A secretaria de infraestrutura de um município contratou um arquiteto para fazer o projeto de uma praça. Na figura abaixo, está o esboço do projeto proposto pelo arquiteto: uma praça de formato retangular medindo 80 m × 120 m, onde deverá ser construído um jardim em forma de elipse na parte central.

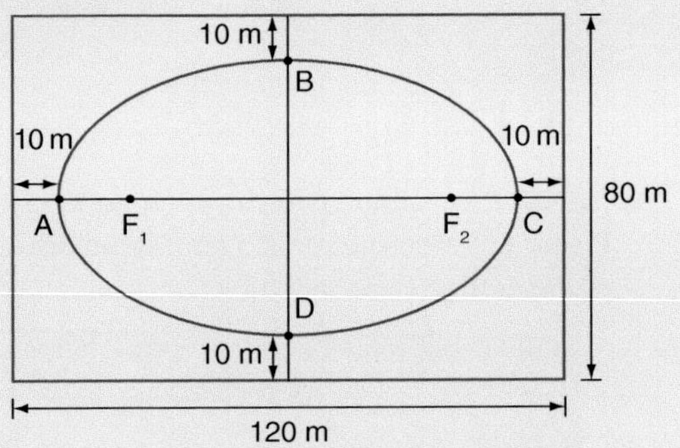

Estão destacados na figura os segmentos $\overline{AC}$ e $\overline{BD}$, que são, respectivamente, o eixo maior e o menor da elipse, bem como os pontos F_1 e F_2, que são os focos da elipse onde deverão ser colocados dois postes de iluminação.

Com base nessas informações, qual é aproximadamente a distância em metros entre os postes de iluminação?

4. A figura abaixo mostra a representação de algumas ruas de nossas cidades. Essas ruas possuem calçadas de 1,5 m de largura, separadas por uma pista de 7 m de largura. Vamos admitir que:

I. os postes de iluminação projetam sobre a rua uma área iluminada na forma de uma elipse de excentricidade 0,943;

II. o centro dessa elipse encontra-se verticalmente abaixo da lâmpada, no meio da rua;

III. o eixo menor da elipse, perpendicular à calçada, tem exatamente a largura da rua (calçada e pista).

Dado: $0{,}943^2 \cong 0{,}889$ e $\sqrt{0{,}111} \cong 0{,}333$.

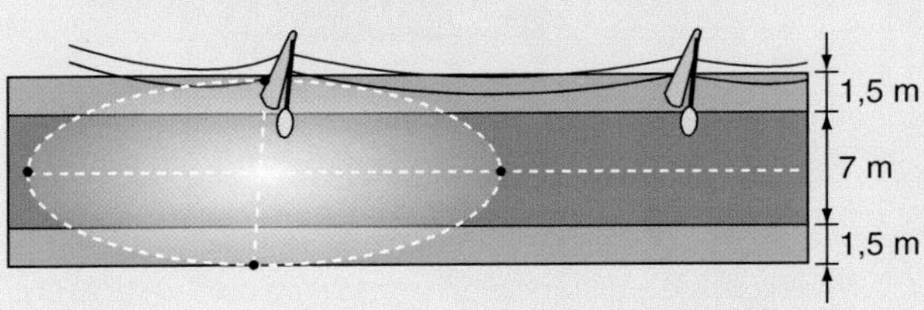

Se desejarmos que as elipses de luz se tangenciem nas extremidades dos eixos maiores, qual deverá ser aproximadamente a distância, em metros, entre dois postes consecutivos?

5. (UF-CE) No plano cartesiano, a hipérbole $xy = 1$ intersecta uma circunferência λ com centro na origem em quatro pontos distintos A, B, C e D. Calcule o produto das abscissas dos pontos A, B, C e D.

6. (UF-RS) Determine a equação da parábola que passa pelo ponto $P_1 = (0, a)$ e é tangente ao eixo *x* no ponto $P_2 = (a, 0)$, sabendo que a distância de P_1 a P_2 é igual a 4.

7. (UF-RS) Qual é a figura geométrica que se obtém ligando os pontos de interseção das curvas $x^2 + y^2 - 8x = 0$ e $y = \frac{x^2}{4} - 2x$?

8. (UF-BA) Dados os pontos P(−1, 2) e Q(1, 2), determine o par de coordenadas cartesianas de cada ponto S da parábola $y = 2x^2$, de abscissa $x \neq \pm 1$, de modo que as retas $\overleftrightarrow{SP}$ e $\overleftrightarrow{SQ}$ sejam perpendiculares.

9. (ITA-SP) Considere a parábola de equação $y = ax^2 + bx + c$, que passa pelos pontos (2, 5), (−1, 2) e tal que *a*, *b*, *c* formam, nesta ordem, uma progressão aritmética. Determine a distância do vértice da parábola à reta tangente à parábola no ponto (2, 5).

10. Considere a função $f: \mathbb{R} \rightarrow \mathbb{R}$, tal que $f(x) = a \cdot (x^2 - x)$, $a \in \mathbb{R}$, $a \geq 0$, e P um ponto que percorre seu gráfico. Se a distância mínima de P à reta de equação $y = -2$ é igual a $\frac{1}{8}$, qual é o valor de *a*?

11. (ITA-SP) Qual é a distância entre o vértice e o foco da parábola de equação $2x^2 - 4x - 4y + 3 = 0$?

12. (UE-CE) Se a reta *r*, tangente à circunferência $x^2 + y^2 = 1$ no ponto $\left(\frac{\sqrt{2}}{2}, \frac{\sqrt{2}}{2}\right)$, intercepta a parábola $y = x^2 + 1$ nos pontos (x_1, y_1) e (x_2, y_2), qual é o valor do produto $x_1 \cdot x_2$?

13. (Fuvest-SP) No plano cartesiano Oxy, considere a parábola P de equação $y = -4x^2 + 8x + 12$ e a reta *r* de equação $y = 3x + 6$. Determine:

a) Os pontos A e B, de interseção da parábola P com o eixo coordenado Ox, bem como o vértice V da parábola P.

b) O ponto C de abscissa positiva, que pertence à interseção de P com a reta *r*.

c) A área do quadrilátero de vértices A, B, C e V.

14. (UF-ES) Em uma competição de tiro, um alvo é lançado a partir do ponto B e percorre uma trajetória parabólica. Um competidor situado no ponto A atira na direção da reta *r* e acerta o alvo no ponto P, conforme a figura plana esboçada abaixo.

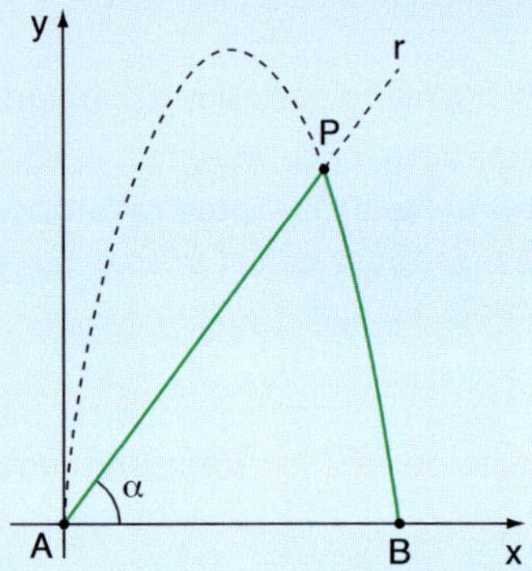

a) Sabendo que a distância do competidor ao local de lançamento do alvo é de 24 m e que a altura máxima da trajetória do alvo é de 16 m, determine a equação da parábola que descreve a trajetória do alvo.

b) Sabendo que o competidor atirou formando um ângulo $\alpha = 30°$ com a horizontal, determine as coordenadas cartesianas do ponto P.

15. (UF-BA) Sendo $f: \mathbb{R} \rightarrow \mathbb{R}$, $g: \mathbb{R} \rightarrow \mathbb{R}$, $h: \mathbb{R} \rightarrow]0, +\infty[$ e $q:]0, +\infty[\rightarrow \mathbb{R}$ as funções definidas por $f(x) = x^2 - 5x$, $g(x) = 3x - 1$, $h(x) = 2^x$ e $q(x) = -\log_2 x$, é correto afirmar:

(01) A função *h* é a inversa da função $-q$.

(02) A função *q* é crescente.

(04) O conjunto imagem da função $g \circ h$ é $]-\infty, 1[$.

(08) Os gráficos das funções *f* e *g* se intersectam em exatamente dois pontos.

(16) Para qualquer $x > 5$, tem $q(f(x)) = q(x) + q(x - 5)$.

(32) O perímetro do triângulo cujos vértices são a origem do plano cartesiano e os pontos de interseção do gráfico da função *g* com os eixos coordenados é igual a $\frac{\sqrt{10} + 4}{3}$ u.c.

Indique a soma dos itens corretos.

16. (UF-PR) Alguns telescópios usam espelhos parabólicos, pois essa forma geométrica reflete a luz que entra para um único ponto, chamado foco. O gráfico de $y = x^2$, por exemplo, tem a forma de uma parábola. A luz que vem verticalmente, de cima para baixo (paralelamente ao eixo *y*), encontra a parábola e é refletida segundo a lei de que o ângulo de incidência é igual ao ângulo de reflexão. Essa lei implica que os raios

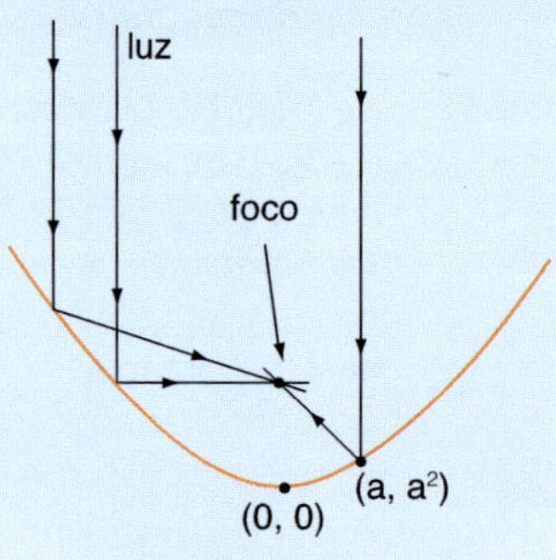

de luz verticais, encontrando a parábola no ponto (a, a^2), serão refletidos na direção da reta $4ay + (1 - 4a^2)x = a$.

Sendo assim, calcule o ponto em que os raios de luz verticais refletidos em (1, 1) e (2, 4) se encontrarão.

17. (UF-PE) Na ilustração abaixo temos parte dos gráficos da parábola com equação $y = -x^2 + 6x - 5$ e da reta não vertical que passa pelo ponto com coordenadas (2, 3) e que intercepta a parábola em um único ponto. Qual é a equação da reta?

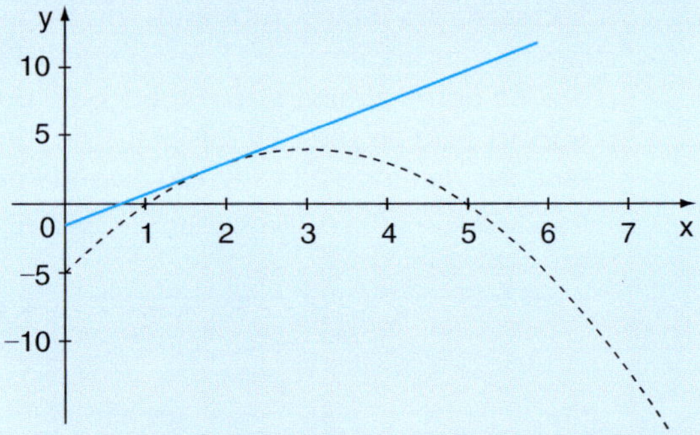

18. (UE-RJ) A foto abaixo mostra um túnel cuja entrada forma um arco parabólico com base AB = 8 m e altura central OC = 5,6 m.

Heinz-Dieter/Keystone

Observe, na foto, um sistema de coordenadas cartesianas ortogonais, cujo eixo horizontal Ox é tangente ao solo e o vertical Oy representa o eixo de simetria da parábola.

Ao entrar no túnel, um caminhão com altura AP = 2,45 m, como ilustrado abaixo, toca sua extremidade P em um determinado ponto do arco parabólico.

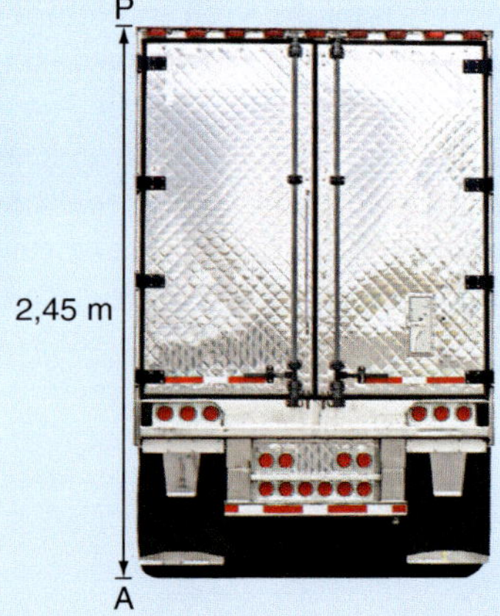

Doug Berry/E+/Getty Images

Calcule a distância do ponto P ao eixo vertical Oy.

TESTES

1. (UF-AM) A equação que melhor representa o gráfico da elipse abaixo é:

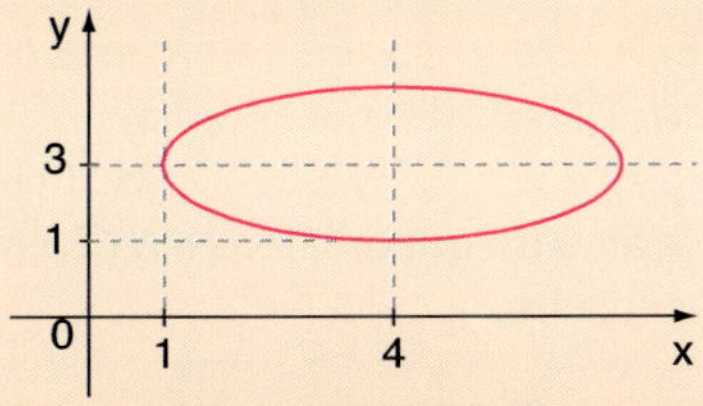

a) $4x^2 + 9y^2 - 32x - 54y + 109 = 0$
b) $4x^2 + 9y^2 - 54x - 32y + 109 = 0$
c) $9x^2 + 4y^2 - 54x - 32y + 144 = 0$
d) $9x^2 + 4y^2 - 32x - 54y + 144 = 0$
e) $4x^2 + 9y^2 - 24x - 72y + 144 = 0$

2. (ITA-SP) Os focos de uma elipse são $F_1(0, -6)$ e $F_2(0, 6)$. Os pontos $A(0, 9)$ e $B(x, 3)$, $x > 0$, estão na elipse. A área do triângulo com vértices em B, F_1 e F_2 é igual a:

a) $22\sqrt{10}$ c) $15\sqrt{10}$ e) $6\sqrt{10}$
b) $18\sqrt{10}$ d) $12\sqrt{10}$

3. (UF-TO) Considere $\mathbb{R}$ o conjunto dos números reais e $b \in \mathbb{R}$. Encontre os valores de *b*, tais que no plano cartesiano xy a reta $y = x + b$ intercepta a elipse $\frac{x^2}{4} + y^2 = 1$ em um único ponto. A soma dos valores de *b* é:

a) 0 c) $2\sqrt{5}$ e) $-2\sqrt{5}$
b) 2 d) $\sqrt{5}$

4. (Vunesp-SP) Suponha que um planeta P descreva uma órbita elíptica em torno de uma estrela O, de modo que, considerando um sistema de coordenadas cartesianas ortogonais, sendo a estrela O a origem do sistema, a órbita possa ser descrita aproximadamente pela equação $\frac{x^2}{100} + \frac{y^2}{25} = 1$, com *x* e *y* em milhões de quilômetros. A figura representa a estrela O, a órbita descrita pelo planeta e sua posição no instante em que o ângulo $P\hat{O}A$ mede $\frac{\pi}{4}$.

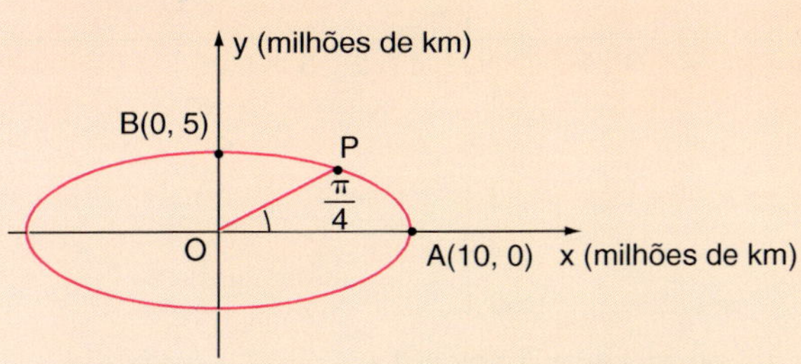

A distância, em milhões de km, do planeta P à estrela O, no instante representado na figura, é:

a) $2\sqrt{5}$ c) $5\sqrt{2}$ e) $5\sqrt{10}$
b) $2\sqrt{10}$ d) $10\sqrt{2}$

5. (FGV-SP) A equação de uma hipérbole equilátera cujas assíntotas são paralelas aos eixos *x* e *y* pode ser expressa na forma: $(x - h)(y - k) = C$, em que (h, k) é o centro da hipérbole, e as retas $x = h$ e $y = k$ são as assíntotas.
As assíntotas vertical e horizontal da hipérbole de equação $xy + x - 3y - 2 = 0$ são, respectivamente:

a) $x = -1$ e $y = 3$ d) $x = -3$ e $y = 1$
b) $x = -3$ e $y = -1$ e) $x = 3$ e $y = 1$
c) $x = 3$ e $y = -1$

6. (ITA-SP) Dada a cônica $\lambda: x^2 - y^2 = 1$, qual das retas abaixo é perpendicular à tangente λ no ponto $P = (2, \sqrt{3})$?

a) $y = \sqrt{3}(x - 1)$ d) $y = \frac{-\sqrt{3}}{5}(x - 7)$
b) $y = \frac{\sqrt{3}}{2}x$ e) $y = \frac{-\sqrt{3}}{2}(x - 4)$
c) $y = \frac{\sqrt{3}}{3}(x + 1)$

7. (UF-PB) Em certo sistema marítimo de navegação, duas estações de rádio, localizadas na costa, nos pontos A e B, transmitem simultaneamente sinais de rádio para qualquer ponto onde está localizada uma embarcação que recebe esses sinais, o computador de bordo da embarcação calcula a diferença, $PA - PB$, das distâncias da embarcação a cada uma das estações.
Um navio que estava ancorado no mar recebeu o sinal da estação localizada em B e, 120 microssegundos (μs) depois, recebeu o sinal da estação localizada em A, conforme a figura a seguir.
A velocidade do sinal de rádio é de 300 000 km/s.

Dawidson França

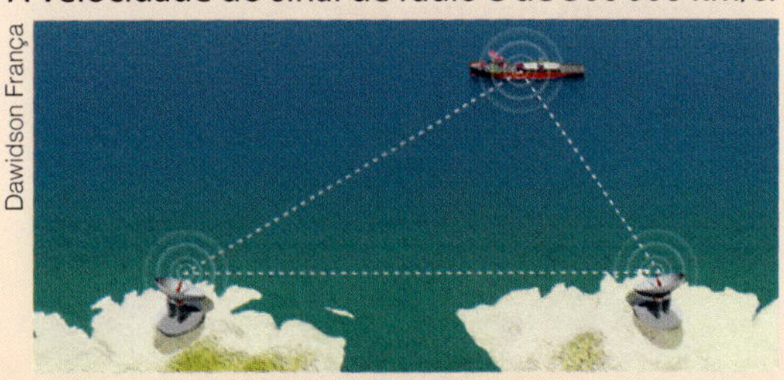

Considere as estações de rádio e o ponto P onde esse navio estava ancorado como pontos de um plano cartesiano, onde a unidade de comprimento é o quilômetro e $A(-30, 0)$ e $B(30, 0)$. Nesse contexto, é correto afirmar que a hipérbole com focos nos pontos A e B e que contém o ponto P tem como equação a expressão:

a) $\frac{x^2}{324} - \frac{y^2}{576} = 1$ d) $\frac{x^2}{676} - \frac{y^2}{361} = 1$
b) $\frac{x^2}{361} - \frac{y^2}{676} = 1$ e) $\frac{x^2}{289} - \frac{y^2}{625} = 1$
c) $\frac{x^2}{576} - \frac{y^2}{324} = 1$

Dados: $1\ s = 10^6\ \mu s$

8. (U. F. Pelotas-RS) o gráfico abaixo representa a função: $f(x) = x^2 - 5x + 6$.

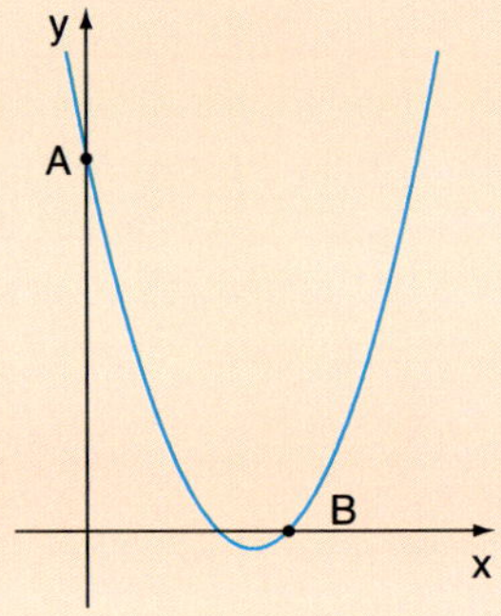

Com base nessas informações é correto afirmar que a equação da circunferência que passa em B e tem centro em A é:

a) $(x-6)^2 + y^2 = 45$
b) $x^2 + (y-6)^2 = 9$
c) $x^2 + (y-6)^2 = 45$
d) $(x-6)^2 + y^2 = 9$
e) $x^2 + (y-3)^2 = 9$

9. (Mackenzie-SP) Os pontos A e B pertencem, respectivamente, às curvas $y_1 = x^2 + 1$ e $y_2 = -x^2 + 3x - 2$. O menor comprimento possível do segmento $\overline{AB}$, paralelo ao eixo *y*, é:

a) $\frac{13}{8}$ b) $\frac{14}{8}$ c) $\frac{15}{8}$ d) $\frac{16}{8}$ e) $\frac{17}{8}$

10. (PUC-RS) Os pontos $A(-1, y_1)$ e $B(2, y_2)$ pertencem ao gráfico da parábola dada por $y = x^2$. A equação da reta que passa por A e B é

a) $x - y + 2 = 0$
b) $x - y - 2 = 0$
c) $3x - y + 4 = 0$
d) $3x - y - 4 = 0$
e) $3x + y - 10 = 0$

11. (ITA-SP) A distância entre o vértice e o foco da parábola de equação $2x^2 - 4x - 4y + 3 = 0$ é igual a:

a) 2 b) $\frac{3}{2}$ c) 1 d) $\frac{3}{4}$ e) $\frac{1}{2}$

12. (UF-RS) Considere os gráficos das funções *f* e *g*, definidas por $f(x) = x^2 + x - 2$ e $g(x) = 6 - x$, representadas no mesmo sistema de coordenadas cartesianas, e os pontos A e B, interseção dos gráficos das funções *f* e *g*, como na figura ao lado.

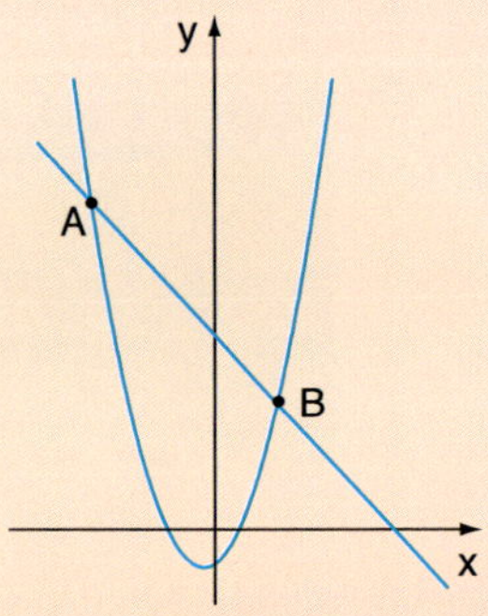

A distância entre os pontos A e B é

a) $2\sqrt{2}$
b) $3\sqrt{2}$
c) $4\sqrt{2}$
d) $5\sqrt{2}$
e) $6\sqrt{2}$

13. (PUC-SP) Relativamente à função quadrática *f*, dada por $f(x) = ax^2 + bx + c$, em que *a*, *b* e *c* são constantes reais, sabe-se que o valor mínimo é -4; seu gráfico tem o eixo das ordenadas como eixo de simetria e a distância entre as raízes é 8. Assim sendo, a equação da reta que contém o ponto (a; c) e tem inclinação de 135º é:

a) $2x + 2y + 15 = 0$
b) $2x - 2y - 15 = 0$
c) $4x + 4y + 15 = 0$
d) $4x - 4y - 3 = 0$
e) $4x + 4y + 3 = 0$

14. (UE-CE) A reta $y = x + 2$ intercepta o gráfico da função $f: \mathbb{R} \to \mathbb{R}$, definida por $f(x) = x^2$, nos pontos $X = (x_1, y_1)$ e $W = (x_2, y_2)$. Se $Y = (x_2, 0)$ e $Z = (x_1, 0)$, então a área do quadrilátero XWYZ, em unidades de área (u.a.), é:

a) $\frac{11}{2}$ b) $\frac{13}{2}$ c) $\frac{15}{2}$ d) $\frac{17}{2}$

15. (Unifesp-SP) Considere a função $f: \mathbb{R} \to \mathbb{R}$, $f(x) = a \cdot (x^2 - x)$, $a \in \mathbb{R}$, $a > 0$, e P um ponto que percorre seu gráfico. Se a distância mínima de P à reta de equação $y = -2$ é igual a $\frac{1}{8}$, conclui-se que *a* vale:

a) $\frac{3}{2}$ b) 2 c) $\frac{5}{2}$ d) $\frac{15}{2}$ e) 8

16. (PUC-RJ) A reta $x + y = 0$ corta a parábola $y = x^2 - 8$ em dois pontos (x_0, y_0) e (x_1, y_1). Quanto vale $y_0 + y_1$?

a) -8 b) -1 c) 0 d) 1 e) 8

17. (Fatec-SP) As interseções das curvas de equações $x^2 + y^2 - 7x - 9 = 0$ e $y^2 = x + 2$ são vértices de um polígono. A equação da reta traçada pela interseção das diagonais desse polígono, e paralela à reta de equação $2x - y + 3 = 0$, é:

a) $x + 2y - 2 = 0$
b) $x + 2y + 2 = 0$
c) $x - y + 4 = 0$
d) $2x - y - 2 = 0$
e) $2x - y + 2 = 0$

18. (UF-RS) Considere, na figura abaixo, a região sombreada limitada por uma reta e pelo gráfico de uma função quadrática.
As coordenadas dos pontos (x, y) dessa região verificam as desigualdades:

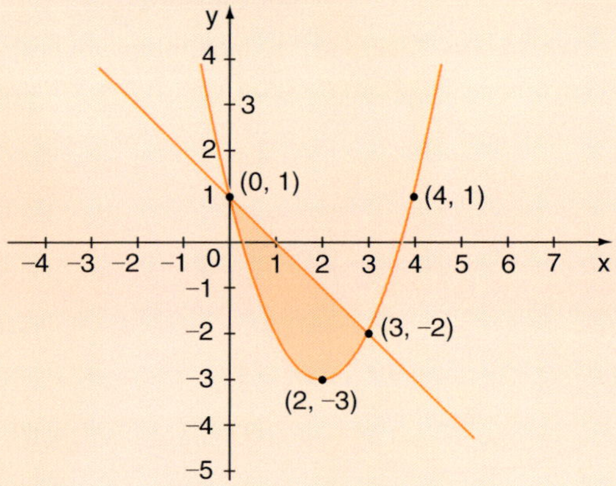

a) $x^2 - 4x + 1 \leqslant y \leqslant 1 - x$
b) $x^2 - x + 4 \geqslant y \geqslant 1 - x$
c) $x^2 - 2x + 1 \leqslant y \leqslant 1 - x$
d) $x^2 - 4x - 1 \geqslant y \geqslant 1 - x$
e) $x^2 - 2x + 1 \geqslant y \geqslant 1 - x$

19. (UF-GO) A região do plano cartesiano, destacada na figura abaixo, é determinada por uma parábola com vértice na origem, e duas retas.

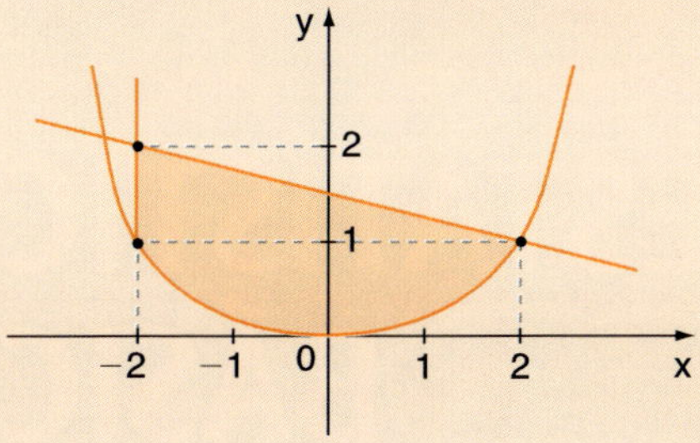

Esta região pode ser descrita como o conjunto dos pares ordenados $(x, y) \in \mathbb{R} \times \mathbb{R}$, satisfazendo:

a) $-2 \leq x \leq 2$ e $\dfrac{x^2}{4} \leq y \leq \dfrac{x}{4} + \dfrac{3}{2}$

b) $-2 \leq x \leq 2$ e $-\dfrac{x^2}{4} \leq y \leq \dfrac{x}{4} + \dfrac{3}{2}$

c) $-2 \leq x \leq 2$ e $4x^2 \leq y \leq -\dfrac{x}{4} + \dfrac{3}{2}$

d) $\dfrac{x^2}{4} \leq y \leq -\dfrac{x}{4} + \dfrac{3}{2}$

20. (UF-AM) Seja a reta *r* de equação $y = \dfrac{3}{4}x + 5$. A distância do vértice da parábola $y = (x-3) \cdot (x-7)$ à reta *r* é:

a) $\dfrac{51}{25}$ b) $\dfrac{51}{5}$ c) $\dfrac{23}{25}$ d) 19 e) 23

21. (UF-PE) Na ilustração abaixo, temos parte dos gráficos da parábola com equação $y = -x^2 + 6x - 5$ e da reta não vertical que passa pelo ponto com coordenadas (2, 3) e que intercepta a parábola em um único ponto. Qual das seguintes é uma equação da reta?

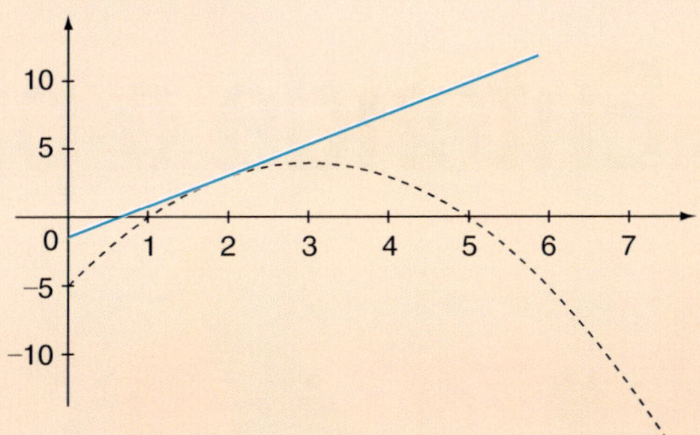

a) $y = 2x - 1$
b) $y = 3x - 3$
c) $y = 4x - 5$
d) $y = x + 1$
e) $y = -x + 5$

22. (FGV-SP) Na parte sombreada da figura a seguir, as extremidades dos segmentos de reta paralelos ao eixo *y* são pontos das representações gráficas das funções definidas por $f(x) = x^2$ e $g(x) = x + 6$, conforme indicado.

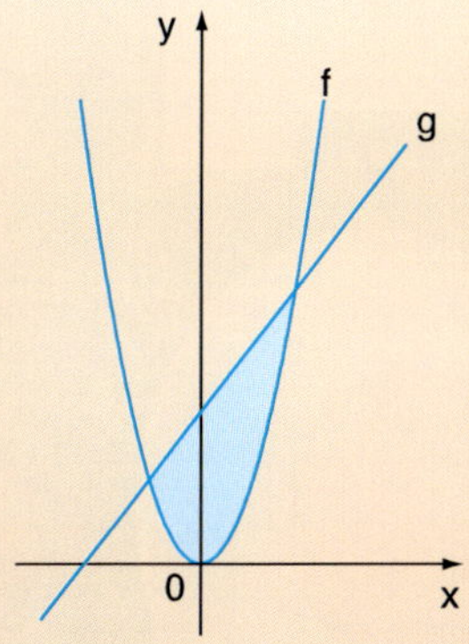

A medida do comprimento do maior desses segmentos localizado na região indicada na figura é:

a) 6
b) 6,25
c) 6,5
d) 6,75
e) 7

23. (UF-MS) Um projétil é lançado a partir de uma altura de 11 metros, e sua trajetória tem a forma de uma parábola de equação $h(x) = c + bx - x^2$, que determina sua altura *h* (na vertical, em metros) em função de sua distância *x* do ponto inicial O no solo (na horizontal, em metros). No mesmo instante e lugar do lançamento do projétil, uma bala é lançada em linha reta cuja equação é dada por $H(x) = mx + n$, que determina sua altura H (na vertical, em metros) em função de sua distância *x* do ponto inicial O no solo (na horizontal, em metros). A bala alcança o projétil num ponto P a 35 metros na vertical e 6 metros na horizontal, como na figura a seguir.

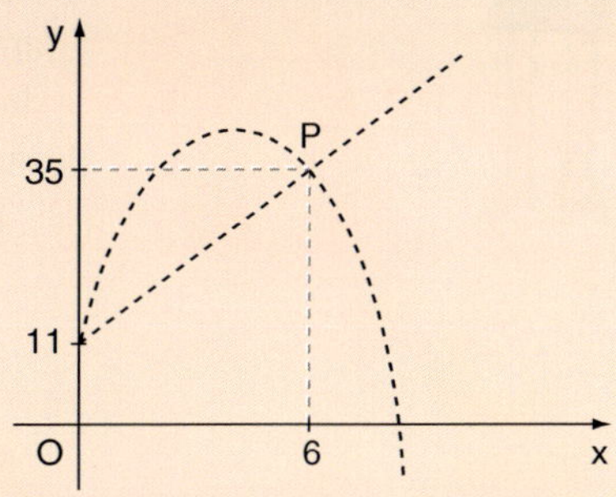

A partir dos dados fornecidos, assinale a(s) afirmação(ões) correta(s).

(01) O valor de $(b + c)$ é igual a 20.

(02) O coeficiente angular da reta que define a trajetória da bala é igual a 4.

(04) O coeficiente linear da reta que define a trajetória da bala é igual a 11.

(08) A altura máxima, atingida pelo projétil na vertical, é de 40 metros.

(16) Supondo que a bala não fosse lançada, então a distância do ponto de partida, na horizontal, que o projétil atingiria o solo seria de $x = 11$ metros.

Indique a soma dos itens corretos.

5 ESTATÍSTICA BÁSICA

Uma empresa farmacêutica quer lançar um novo desodorante feminino no mercado.

Com esse objetivo, a empresa encomendou uma pesquisa a um instituto especializado para levantar hábitos, preferências e tendências das mulheres brasileiras (adultas) com relação ao uso de desodorante.

Entenda o pape

Por fim, o instituto de pesquisa fez a análise confirmatória dos dados, isto é, verificou com que margem de erros os resultados da amostra podem representar os hábitos e preferências de toda a população. Levantar tendências e fazer previsões por meio de modelos matemáticos é fundamental para a empresa farmacêutica tomar decisões e definir investimentos e estratégias de propaganda.

Nessa pesquisa é inviável coletar informações de todas as mulheres brasileiras adultas devido ao elevado custo operacional e ao longo tempo necessário. Por isso, o instituto contratado teve que selecionar uma pequena parcela dessa população para realizar a pesquisa de campo. A essa parcela (parte ou subconjunto) da população damos o nome de **amostra**. A escolha de uma amostra é complexa, pois ela deve representar, com o máximo de fidelidade possível, as tendências de todos os elementos da população correspondente.

O que o instituto teve de fazer para conduzir a pesquisa de modo adequado?

Em uma pesquisa, é importante que se estabeleça, inicialmente, o conjunto de pessoas ou objetos (elementos, em geral) que podem oferecer as informações que estão sendo investigadas. Esse conjunto é chamado de **universo estatístico** ou **população**.

3

- ✓ Todas as regiões brasileiras devem ser contempladas na amostra, sendo que o número de entrevistadas de cada região deve ser proporcional ao número total de mulheres adultas que vivem na região.
- ✓ As várias classes socioeconômicas devem ser contempladas na amostra, sendo que o número de mulheres entrevistadas de cada classe deve ser proporcional ao número total de mulheres adultas pertencentes à classe.

da Estatística

4

Depois de coletadas as informações da amostra, os profissionais do instituto tiveram que organizar os dados brutos de maneira que a diretoria da empresa farmacêutica contratante pudesse ter uma visão, simples, objetiva e esclarecedora dos resultados obtidos.

Surge, então, a necessidade de organizar os dados brutos em tabelas e gráficos, por meio de *softwares*. Outra forma de conhecer as informações obtidas é calcular medidas (por exemplo, médias) que resumam quantitativamente o conjunto de dados.

Os levantamentos estatísticos de uma pesquisa costumam ser amplamente divulgados nos meios de comunicação, como TV, jornais, internet, revistas etc., e quase sempre têm relação direta com o cotidiano das pessoas, pois envolvem temas como hábitos de consumo, eleições, comportamento, saúde, desenvolvimento humano, economia, entre outros.

Podemos enumerar diversas situações em que se faz presente um planejamento estatístico:

VStock/Alamy/Other Images

A análise estatística do mercado consumidor é fundamental para o lançamento de produtos.

- Um jornal de circulação na Bahia encomenda uma pesquisa a um instituto especializado a fim de conhecer a intenção de voto do baiano na próxima eleição para governador do estado. Observe que, nesse caso, a população (ou universo estatístico) da qual será escolhida a amostra é o conjunto de todos os eleitores que votam no estado da Bahia.
- A Secretaria de Saúde da prefeitura de Belo Horizonte deseja conhecer os hábitos sexuais dos jovens de 12 a 17 anos, visando criar campanhas de prevenção à aids e a outras doenças sexualmente transmissíveis. Para isso, encomenda uma pesquisa a um órgão especializado. Nesse caso, a população é formada por todos os jovens de 12 a 17 anos que residem em Belo Horizonte e dela será escolhida a amostra.
- Uma indústria fabricante de circuitos elétricos para computadores realiza testes de controle de qualidade para verificar a eficiência dos circuitos que produz. Para isso, testa semanalmente, através de uma amostra, a ocorrência ou não de defeitos nos circuitos. Observe que, nessa situação, o universo estatístico é formado por todos os circuitos elétricos produzidos pela empresa em uma semana.

Considerando as etapas gerais dos procedimentos em uma pesquisa estatística, vamos, nesta coleção, enfocar a análise descritiva e quantitativa de um conjunto de dados, representando-os em forma de gráficos ou tabelas e associando a eles algumas medidas.

O estudo mais detalhado das etapas de seleção da amostra (amostragem) e a análise confirmatória dos dados obtidos na pesquisa (inferência) não fazem parte dos objetivos desta coleção.

VARIÁVEL

Retomemos a situação apresentada no início deste capítulo.

Suponha que cada entrevistada da amostra selecionada pelo instituto teve de responder às seguintes questões:

1) Qual é a sua idade?
2) Qual é o seu estado civil?
3) Qual é a sua renda mensal?
4) Que tipo de desodorante você prefere: aerossol, *roll-on* ou creme?
5) Quantas vezes por dia você aplica o desodorante?
6) Você pratica alguma atividade física? (São oferecidas três opções de respostas.)
   ( ) nunca ( ) às vezes ( ) sempre
7) Quanto custa o desodorante que você usa atualmente?
8) Você testaria uma nova marca de desodorante?

Cada um dos itens investigados pela pesquisa, em todos os elementos da amostra — os quais permitirão fazer a análise desejada —, é denominado **variável.**

Variáveis como "estado civil", "tipo de desodorante", "prática de atividade física" e "possibilidade de troca da marca" apresentam como resposta um **atributo**, **qualidade**, **característica** ou **preferência** do entrevistado. Variáveis desse tipo são classificadas como **qualitativas.** Considerando, por exemplo, a variável "estado civil" e suas possíveis respostas, dizemos que "solteira", "casada", "divorciada" e "viúva" são as realizações ou "valores" assumidos por essa variável.

Já as variáveis "renda mensal", "idade", "número de vezes de aplicação do desodorante" e "preço do desodorante atual" apresentam como resposta um número obtido por contagem ou mensuração. As variáveis desse tipo são classificadas como **quantitativas.**

Na tabela abaixo estão os dados de 25 questionários dessa pesquisa, já organizados a partir dos dados brutos da amostra.

Estado civil	Idade (arredondada para o inteiro mais próximo)	Renda mensal (em reais)	Tipo de desodorante preferido	Número de aplicações diárias	Pratica atividade física?	Preço do desodorante atual (em reais)	Testaria outra marca?
solteira	27	2 160	*roll-on*	1	sempre	5,60	sim
casada	38	780	*roll-on*	1	nunca	4,50	sim
divorciada	34	1 440	aerossol	2	nunca	12,00	sim
casada	22	2 760	aerossol	2	nunca	6,00	não
solteira	18	1 536	aerossol	1	às vezes	6,50	sim
casada	35	1 152	aerossol	1	nunca	5,50	não
casada	30	2 376	aerossol	2	nunca	5,30	sim
solteira	41	696	creme	2	às vezes	8,00	sim
viúva	52	1 560	aerossol	1	sempre	7,00	sim
solteira	28	564	*roll-on*	1	às vezes	4,60	não
casada	29	2 640	*roll-on*	2	às vezes	5,20	não
solteira	35	1 140	creme	1	nunca	14,20	sim
casada	31	1 860	*roll-on*	2	às vezes	3,50	não
divorciada	32	960	aerossol	1	nunca	6,40	sim
solteira	20	1 056	*roll-on*	1	às vezes	9,40	sim
casada	22	1 320	aerossol	1	às vezes	5,80	não
casada	38	804	aerossol	1	às vezes	7,20	sim
casada	34	1 944	creme	1	às vezes	13,60	não
solteira	21	1 740	*roll-on*	2	nunca	4,80	não
divorciada	25	1 104	*roll-on*	2	às vezes	4,10	sim

Estado civil	Idade (arredondada para o inteiro mais próximo)	Renda mensal (em reais)	Tipo de desodorante preferido	Número de aplicações diárias	Pratica atividade física?	Preço do desodorante atual (em reais)	Testaria outra marca?
casada	28	1 008	aerossol	1	sempre	3,90	sim
casada	32	708	aerossol	1	nunca	4,50	não
viúva	42	900	creme	2	às vezes	7,90	não
solteira	51	648	aerossol	2	às vezes	5,80	sim
casada	28	3 240	*roll-on*	3	nunca	8,20	sim

TABELAS DE FREQUÊNCIA

A organização dos dados em tabelas possibilita uma leitura rápida e resumida dos resultados obtidos em uma pesquisa.

Para cada variável estudada, contamos o número de vezes que cada um de seus valores (realizações) ocorre. O número obtido é chamado **frequência absoluta** e pode ser indicado por Fa.

Exemplo 1

Considerando as realizações (ou, mais informalmente, as "respostas") da variável "estado civil", vamos obter suas respectivas frequências absolutas:

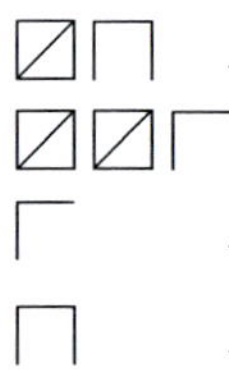

solteira: → Fa = 8

casada: → Fa = 12

viúva: → Fa = 2

divorciada: → Fa = 3

Observe que a soma das frequências absolutas deve ser igual ao número total de dados disponíveis. De fato, $8 + 12 + 2 + 3 = 25$.

Em geral, quando os resultados de uma pesquisa são divulgados em jornais e revistas, os valores correspondentes às frequências absolutas são acompanhados do número total de dados obtidos, a fim de tornar a análise dos dados mais significativa. Por exemplo, em uma pesquisa eleitoral, a informação "2 705 pessoas vão votar no candidato X" só tem consistência se conhecermos o número total de pessoas entrevistadas. Outro exemplo: o instituto poderia repetir a pesquisa sobre o uso de desodorante algum tempo depois e construir uma amostra com um número maior de entrevistadas. Para comparar os resultados obtidos nas duas amostras, seria preciso levar em consideração que elas têm "tamanhos" diferentes.

Definimos, desse modo, para cada realização ou "valor assumido" por uma variável, a **frequência relativa** (indicaremos por Fr) como a razão entre a frequência absoluta (Fa) e o número total de dados (n), isto é:

$$Fr = \frac{Fa}{n}$$

Observe que, para cada "valor assumido" pela variável, $0 \leq Fa \leq n$.

Desse modo, temos que $0 \leq Fr \leq 1$. Por esse motivo, é comum expressar a frequência relativa em porcentagem.

Exemplo 2

Vamos construir a tabela de frequência completa para a variável "estado civil".

Estado civil	Frequência absoluta (Fa)	Frequência relativa (Fr)	Porcentagem (%)
solteira	8	$\frac{8}{25} = 0{,}32$	32
casada	12	$\frac{12}{25} = 0{,}48$	48
viúva	2	$\frac{2}{25} = 0{,}08$	8
divorciada	3	$\frac{3}{25} = 0{,}12$	12
Total	25	1,00	100

Na construção das tabelas de frequência para as variáveis "tipo de desodorante preferido", "número de vezes de aplicação", "frequência de prática de atividade física" e "possibilidade de testar outra marca" adota-se o mesmo procedimento.

Para as demais variáveis quantitativas, no entanto, é possível perceber que, praticamente, não há repetição de valores. Por exemplo, quando observamos os valores assumidos pela variável "renda mensal", notamos que eles variam de 564 a 3 240 reais. Construir uma tabela usando os 25 valores, cada um ocorrendo uma única vez, seria impensável, pois não resumiria os dados colhidos. A ideia, nesse caso, será agrupar os dados em **classes** ou **intervalos de valores.**

Vejamos, no exemplo seguinte, um procedimento comum para a construção das classes (ou intervalos). Para isso, definiremos para uma variável quantitativa a **amplitude da amostra**, que é a diferença entre o maior e o menor valor coletado.

Exemplo 3

Vamos determinar os intervalos para a distribuição dos salários que constam na amostra, a fim de construirmos uma tabela de frequência que resuma os dados obtidos.

- Calculamos a amplitude da amostra = R$ 3 240,00 − R$ 564,00 = R$ 2 676,00.
- Escolhemos o número de intervalos que serão usados; nesse exemplo, vamos usar 5 intervalos para distribuir os salários.
- Dividimos a amplitude da amostra por 5:
  R$ 2 676,00 ÷ 5 = R$ 535,20, que será arredondado para R$ 536,00 — esse valor representará o **comprimento** ou **amplitude de cada intervalo.**
- Desse modo, o primeiro intervalo "começa" em R$ 564,00 (menor valor) e "vai" até R$ 564,00 + R$ 536,00 = = R$ 1 100,00. Convencionaremos que esse intervalo é fechado à esquerda e aberto à direita, isto é, trata-se do intervalo real [564, 1 100[, que será representado pela notação: 564 ⊢ 1 100.
- O segundo intervalo "vai" de 1 100 reais até 1 100 + 536 = 1 636 reais; representaremos por [1 100, 1 636[.
- Analogamente, o terceiro intervalo é [1 636, 2 172[, o quarto intervalo é [2 172, 2 708[e o quinto e último intervalo é [2 708, 3 244[.

Observe a tabela de frequência obtida:

Renda mensal (em reais)	Frequência absoluta (Fa)	Frequência relativa (Fr)	Porcentagem (%)
$564 \vdash 1\,100$	10	$\frac{10}{25} = 0{,}40$	40
$1\,100 \vdash 1\,636$	7	$\frac{7}{25} = 0{,}28$	28
$1\,636 \vdash 2\,172$	4	$\frac{4}{25} = 0{,}16$	16
$2\,172 \vdash 2\,708$	2	$\frac{2}{25} = 0{,}08$	8
$2\,708 \vdash 3\,244$	2	$\frac{2}{25} = 0{,}08$	8
Total	25	1,00	100

Ao ver essa tabela, um leitor que não tem acesso aos dados brutos originais não sabe como se distribuem os salários dentro de cada um desses intervalos. Mais adiante, faremos a suposição de que, dentro de cada intervalo, todos os valores encontrados "equivalem" ao ponto médio do intervalo. Por exemplo, iremos supor que os dez valores do primeiro intervalo são iguais a $\frac{564 + 1\,100}{2} = 832$. Tal suposição é necessária para o cálculo da média salarial, por exemplo.

Observação

Dependendo da natureza dos dados, podemos ter um número maior ou menor de intervalos (ou classes). É importante, entretanto, evitar intervalos de amplitude muito grande ou muito pequena, a fim de que não haja comprometimento na análise.

EXERCÍCIOS

1. A direção de um parque contratou uma equipe de pesquisadores para coletar algumas informações sobre seus frequentadores. Os 100 entrevistados responderam a questões sobre bairro onde moram, idade, número de vezes por semana que vão ao parque, período de visita (manhã, tarde, começo da noite), tempo de permanência e quantia gasta nas dependências do parque. Cada um desses objetos de estudo corresponde a uma variável. Classifique as variáveis quanto ao tipo (qualitativa ou quantitativa).

2. Ao se inscreverem em certo cursinho pré-vestibular, os estudantes responderam a um questionário do qual constavam, entre outras, as seguintes perguntas:

1. Qual é a área de carreira universitária pretendida?
2. Você cursou o ensino médio em escola particular, municipal ou estadual?
3. Qual é a renda mensal familiar?
4. Quantos irmãos você tem?
5. Qual é a sua disciplina favorita?
6. Quantas vezes você já fez cursinho?
7. Você é usuário da internet?
8. Qual é, aproximadamente, a distância de sua casa ao cursinho?

Cada uma das questões anteriores define uma variável.

a) Quantas questões definem variáveis qualitativas?

b) Em relação aos itens 1, 5 e 6, dê exemplos de possíveis valores assumidos pela variável em questão, isto é, possíveis respostas às perguntas.

3. Os governos dos estados de RJ e ES pretendem lançar uma campanha conjunta de prevenção à dengue em áreas rurais. Para isso, pretende-se conhecer, previamente, os hábitos de prevenção dos moradores. Decidiu-se, então, através de uma pesquisa de campo, visitar um certo número de domicílios dessas áreas e coletar as informações desejadas.

a) Qual é o universo estatístico nessa pesquisa?

b) Cite ao menos uma variável que poderá ser investigada nessa pesquisa.

4. Em certa cidade, haverá 2º turno para eleições municipais. A cidade possui 1 764 835 eleitores registrados. Uma pesquisa feita com 2 650 moradores sobre a intenção de voto para prefeito revelou que 1 715 pretendem votar no candidato A, 691 no candidato B, 141 estão indecisos e 103 irão votar em branco ou anular o voto.
a) Qual é a variável investigada na pesquisa? Classifique-a. Quais são as realizações ("respostas") dessa variável?
b) Qual é o tamanho da população e o da amostra?
c) Construa uma tabela de frequência para representar os dados da pesquisa.

Para as questões **5** a **9**, use a tabela das páginas 165 e 166 deste capítulo.

5. Faça uma tabela de frequência para a variável "tipo de desodorante preferido".

6. Faça uma tabela de frequência para a variável "número de aplicações diárias".

7. Considerando a variável "testaria outra marca?", determine:
a) a frequência absoluta correspondente à resposta "sim";
b) a frequência relativa correspondente à resposta "não".

8. Faça uma tabela de frequência para a variável "preço do desodorante atual", agrupando os dados coletados em:
a) seis classes de valores;
b) três classes de valores.
Faça os arredondamentos para trabalhar com uma casa decimal.

9. O sedentarismo está associado à prática eventual (ou ausência) de atividade física. Qual é a frequência relativa de mulheres sedentárias na amostra? E a porcentagem?

10. A tabela seguinte refere-se aos resultados de uma pesquisa, realizada com 400 adolescentes, a respeito de seu lazer preferido.

Thinkstock/Getty Images

Lazer	Frequência absoluta	Frequência relativa	Porcentagem (%)
instrumento musical	a	0,06	b
internet	92	c	d
esporte	e	f	9
sair à noite	180	g	h
outros	i	j	k
Total	400	1,00	100

Quais são os valores de *a, b, c, d, e, f, g, h, i, j* e *k*?

11. Na tabela ao lado, estão representados os resultados de um levantamento realizado com 180 pessoas, na praça de alimentação de um *shopping center*, sobre seus gastos em uma refeição.

Gastos (em reais)	Número de pessoas
5 ⊢ 10	63
10 ⊢ 15	x + 54
15 ⊢ 20	2x
20 ⊢ 25	$\frac{x}{2}$

a) Qual é o valor de *x*?
b) Que porcentagem do total de entrevistados gasta de R$ 20,00 a R$ 25,00 por refeição?
c) Que porcentagem do total de entrevistados gasta menos de R$ 15,00 por refeição?

12. As notas obtidas por 30 alunos de uma turma em uma prova de Inglês estão abaixo relacionadas:

6,5 — 3,2 — 9,3 — 4,2 — 7,4 — 1,2 —
8,6 — 3,5 — 8,0 — 3,8 — 1,7 — 4,2 —
2,1 — 4,8 — 5,4 — 3,3 — 3,2 — 6,4 —
9,1 — 5,3 — 1,9 — 4,5 — 5,5 — 6,1 —
7,0 — 2,1 — 6,2 — 5,6 — 4,8 — 4,7

a) Agrupe as notas em seis classes de intervalo, cada uma com amplitude 1,5, a partir da nota 1,0, e faça uma tabela de frequência.
b) Usando os dados agrupados, determine a porcentagem de alunos com nota maior ou igual a 7.

13. A relação candidato-vaga para algumas carreiras, em um concurso vestibular, está indicada abaixo:

9,00 — 25,00 — 13,70 — 19,65 — 9,83 —
4,23 — 23,80 — 35,87 — 56,93 — 25,75 —
31,15 — 50,65 — 6,74 — 2,80 — 3,83 —
43,92 — 7,10 — 7,90 — 13,69 — 6,88

a) Qual é a amplitude dos dados dessa amostra?
b) Construa uma tabela de frequência para os dados acima, agrupando-os em cinco classes de valores. (Trabalhe com duas casas decimais, fazendo as aproximações necessárias.)

Os censos demográficos

A Estatística também é utilizada para levantar informações sobre uma população inteira, como ocorre, por exemplo, nos censos demográficos.

Até 1872 não eram feitos levantamentos específicos de contagem do número de habitantes no Brasil. Havia apenas relatórios preparados com outras finalidades, como os de temática religiosa feitos pela Igreja, os relatórios dos funcionários da Colônia enviados às autoridades de Portugal ou, ainda, os levantamentos militares realizados pela Coroa Portuguesa visando à defesa do território.

O primeiro censo demográfico nacional, realizado em 1872, foi intitulado Recenseamento da População do Império do Brasil. Outros três ocorreram em 1890, 1900 e 1920.

Em 1935 foi criado o Instituto Brasileiro de Geografia e Estatística (IBGE), que implantou a periodicidade decenal dos censos e ampliou a abrangência temática dos questionários, introduzindo questões de cunho socioeconômico, como emprego, mão de obra, rendimentos, fecundidade etc.

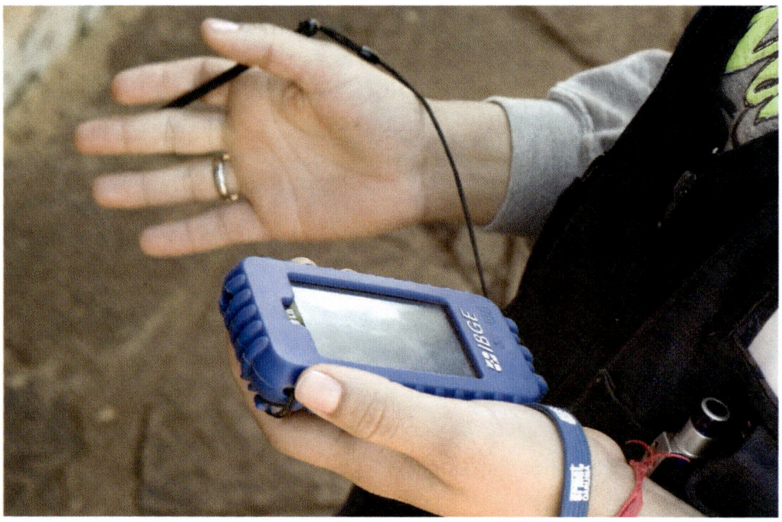

Edson Grandisoli/Pulsar Imagens

Equipamento de trabalho usado pelo agente do censo.

Os censos coletam informações indispensáveis para a definição de políticas públicas estaduais e municipais e para a tomada de decisões de investimentos, tanto no âmbito público como no privado. Entre os principais usos dos resultados censitários, podemos citar:

- acompanhar as taxas de crescimento, a distribuição geográfica e a evolução de características da população;
- identificar áreas que requerem investimentos prioritários em saúde, habitação, energia, educação, transporte, assistência ao idoso etc.;
- identificar áreas carentes de projetos sociais;
- fornecer informações precisas à União para o repasse de verbas para estados e municípios;
- analisar o perfil da mão de obra nos municípios e transmitir essas informações às organizações sindicais e profissionais, favorecendo decisões acertadas de investimentos do setor privado.

A sociedade brasileira cada vez mais necessita de informações detalhadas e geograficamente específicas. Assim, é importante que, no próximo censo, cada cidadão receba bem os entrevistadores do IBGE e responda corretamente aos questionários.

Referência bibliográfica:

- www.ibge.gov.br (Acesso em: 23 jul. 2014)

REPRESENTAÇÕES GRÁFICAS

Observe os gráficos a seguir:

Gráficos: Setup

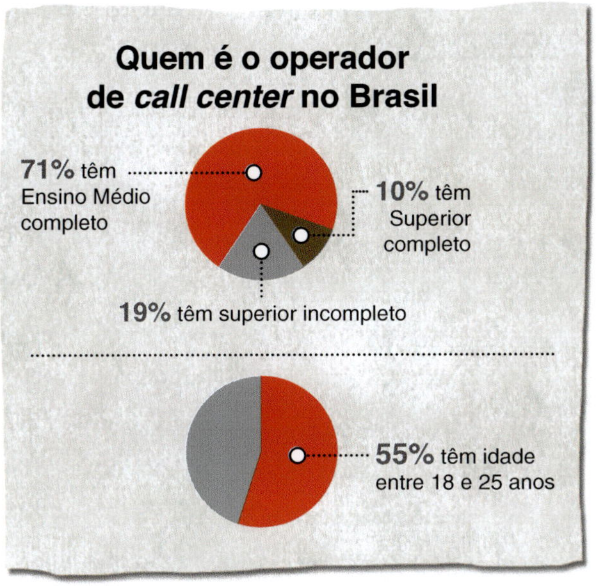

Fonte: *Veja*, 16 nov. 2011.

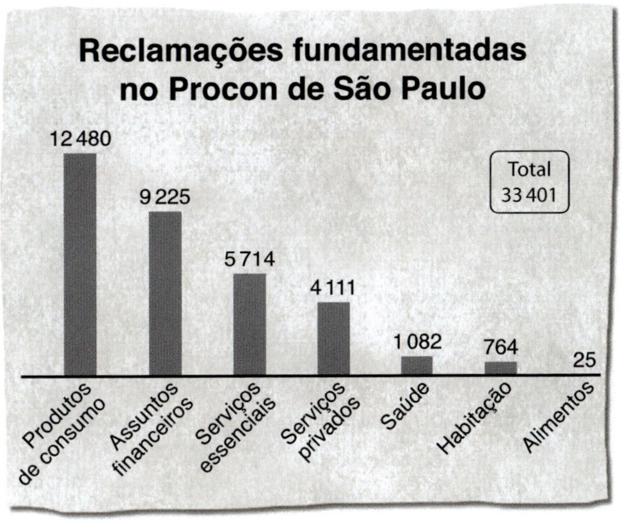

Fonte: *O Estado de S. Paulo*, 16 mar. 2012.

Fonte: *Valor Econômico*, 12 dez. 2011.

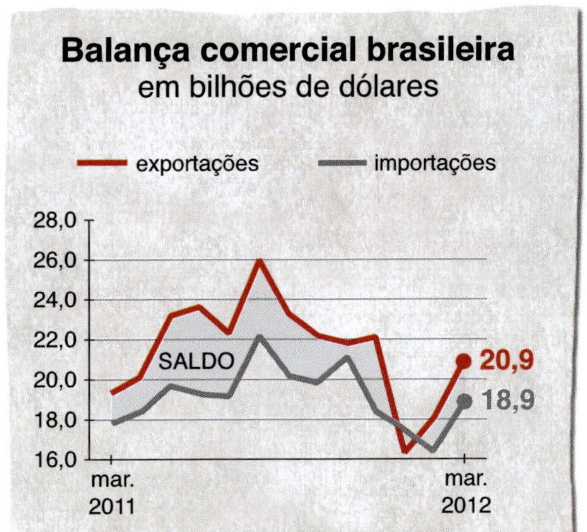

Fonte: *O Estado de S. Paulo*, 3 abr. 2012.

Os vários tipos de representação gráfica constituem um importante recurso para resumo, análise e interpretação de um conjunto de dados.

Os gráficos estão presentes em diversos veículos de comunicação (jornais, revistas, internet), sendo associados aos mais variados assuntos do dia a dia.

Sua importância está ligada sobretudo à facilidade e à rapidez na absorção das informações por parte do leitor. Além disso, o recurso gráfico possibilita aos veículos de comunicação a elaboração de diversas ilustrações, que tornam a leitura mais atraente.

Neste capítulo, estudaremos cinco tipos de representações gráficas: gráfico de barras, histograma, gráfico de setores, gráfico de linhas e pictograma.

Gráfico de barras

Gráficos: Setup

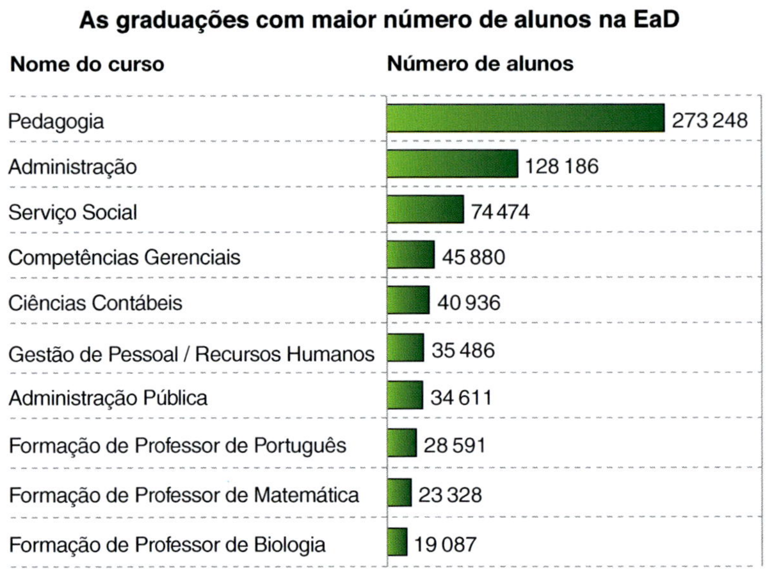

Fonte: *O Estado de S. Paulo*, 28 fev. 2012.

O gráfico acima mostra o número de alunos matriculados em cursos diversos de Ensino a Distância (EaD) em universidades brasileiras. O Ensino Superior a distância é uma modalidade que vem crescendo muito no Brasil e garante o acesso de milhares de brasileiros à universidade.

Para cada curso está representada uma **barra horizontal** cujo comprimento é proporcional ao número de alunos matriculados no curso.

Da observação do gráfico, podemos extrair algumas informações:

- a graduação em Pedagogia em cursos de EaD tem mais que o dobro de alunos matriculados na graduação em Administração, a segunda colocada entre os cursos listados;
- entre os cursos listados, as graduações de formação de professores em áreas específicas concentram o menor número de matrículas.

É comum também a representação gráfica por meio de barras verticais, como mostra o gráfico seguinte:

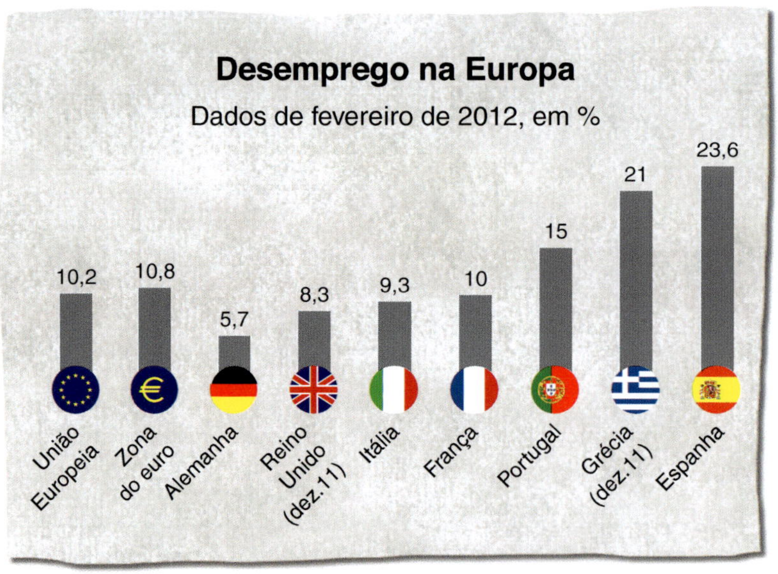

Fonte: *Folha de S.Paulo*, 3 abr. 2012.

O gráfico acima mostra a taxa de desemprego na Europa, no início de 2012, em meio à crise financeira iniciada em 2010 no Velho Continente.

Para cada país (ou bloco) está representada uma **barra vertical** cujo comprimento é proporcional à taxa de desemprego (em porcentagem). Embora a crise tenha se espalhado por toda a Europa, o desemprego atingiu de forma mais aguda as economias de Portugal, Grécia e Espanha, como mostra o gráfico.

Exemplo 4

Vamos construir um gráfico de barras verticais relativo ao tipo de desodorante preferido, considerando o exemplo das páginas 165 e 166, na introdução do capítulo.
Para isso, vamos construir a tabela de frequências para essa variável:

Tipo de desodorante preferido	Frequência absoluta	Frequência relativa	Porcentagem (%)
roll-on	9	0,36	36
aerossol	12	0,48	48
creme	4	0,16	16
Total	25	1,00	100

Vamos usar os valores correspondentes à porcentagem, que serão representados no eixo vertical.

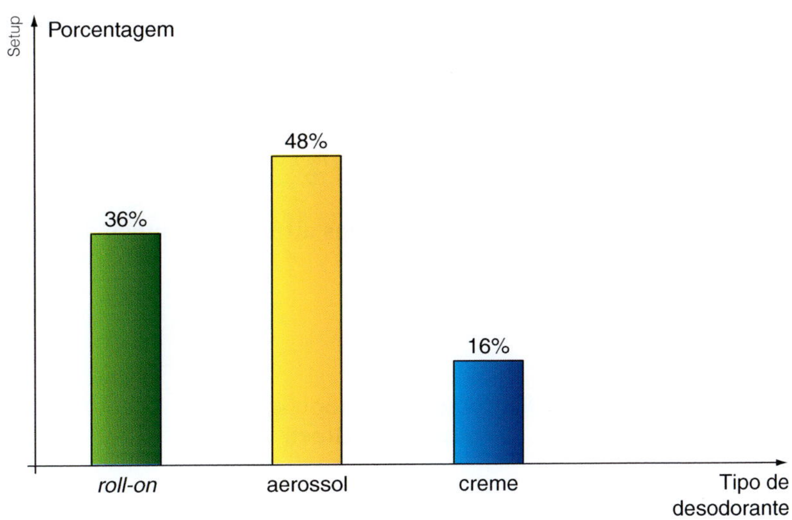

Histograma

O **histograma** é uma representação gráfica muito semelhante ao gráfico de barras verticais. Em geral, ele é usado para representar os valores assumidos por uma variável quantitativa quando estes estão agrupados em classes de intervalos.

O histograma é um gráfico formado por retângulos contíguos, isto é, que estão em contato entre si (os retângulos se "encostam"). A base de cada retângulo corresponde a um segmento cujas extremidades são os limites de cada classe de intervalo, e a altura de cada retângulo é proporcional à frequência (absoluta, relativa ou percentual) da classe correspondente.

Exemplo 5

A altura de 80 alunos de uma escola de Ensino Médio está distribuída de acordo com a tabela abaixo.

Altura (metros)	Frequência absoluta	Frequência relativa	Porcentagem (%)
1,60 ⊢ 1,65	4	0,05	5,0
1,65 ⊢ 1,70	12	0,15	15,0
1,70 ⊢ 1,75	18	0,225	22,5
1,75 ⊢ 1,80	26	0,325	32,5
1,80 ⊢ 1,85	10	0,125	12,5
1,85 ⊢ 1,90	8	0,10	10,0
1,90 ⊢ 1,95	2	0,025	2,5
Total	80	1,000	100,0

Construímos, então, o histograma seguinte:

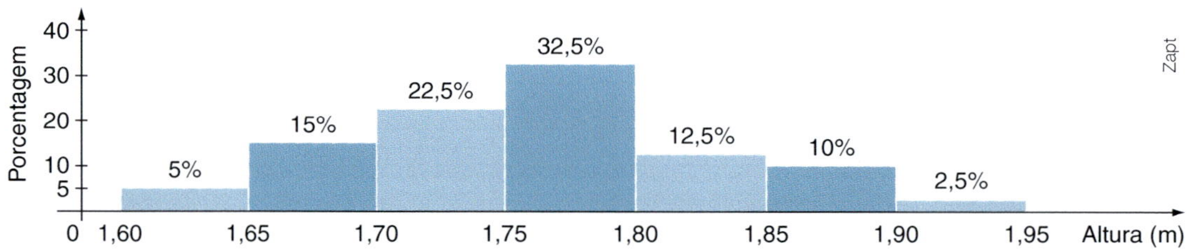

A análise do histograma permite afirmar que:

- a classe que reúne a maior porcentagem de alunos corresponde ao intervalo de 1,75 m a 1,80 m;
- 75% dos alunos dessa escola têm altura até 1,80 m (observe que somamos: 5% + 15% + 22,5% + + 32,5%);
- o intervalo de 1,65 m a 1,90 m concentra 92,5% das alturas dos alunos da escola.

Gráfico de setores

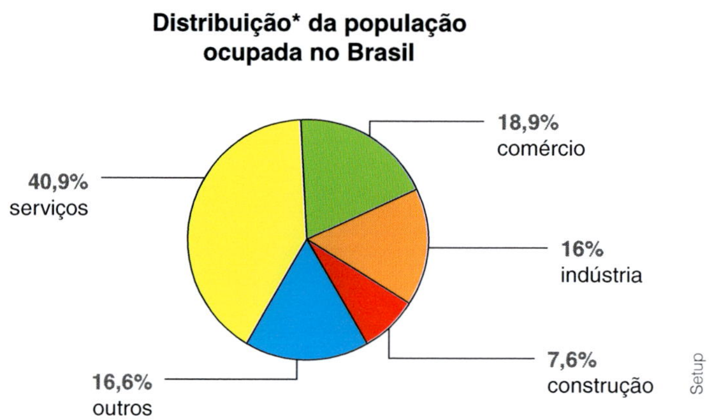

*Dados de fevereiro de 2012.

Fonte: *O Estado de S. Paulo*, 25 mar. 2012.

O gráfico acima mostra a distribuição do emprego no Brasil, no início de 2012, de acordo com os setores da economia, assim divididos: serviços, comércio, indústria, construção e outros.

Esta representação gráfica é conhecida como **gráfico de setores** (ou gráfico de "*pizza*").

Observe que o círculo ficou dividido em cinco partes, ou melhor, em cinco setores circulares, cujas medidas dos ângulos são proporcionais às frequências (no caso, a frequência é dada pela porcentagem) correspondentes a cada setor. Podemos, então, obter tais medidas por meio de regra de três:

Serviços $\begin{cases} 100\% - 360° \\ 40{,}9\% - x \end{cases} \Rightarrow x \cong 147°$ **Comércio** $\begin{cases} 100\% - 360° \\ 18{,}9\% - y \end{cases} \Rightarrow y \cong 68°$ ...

Procedendo de modo análogo, obtemos para os demais setores as seguintes medidas aproximadas:

indústria: 58° construção: 27° outros: 60°

O gráfico de setores pode ser construído com o auxílio de um transferidor ou de um *software* computacional.

Suponhamos que, de modo geral, a variável em estudo apresente k realizações (ou valores) distintas. O processo de construção do gráfico de setores consiste em dividir um círculo em k partes (setores circulares) proporcionais às frequências das realizações observadas. Mais precisamente, as medidas dos ângulos dos setores circulares são proporcionais às porcentagens de ocorrência das realizações da variável.

Exemplo 6

Vamos construir um gráfico de setores para representar a distribuição referente ao tipo de desodorante preferido, considerando os dados do exemplo da introdução do capítulo (veja também o exemplo 4).

Considerando as porcentagens de *roll-on*, aerossol e creme, de 36%, 48% e 16%, respectivamente, podemos estabelecer a regra de três:

roll-on: $\begin{cases} 100\% - 360° \\ 36\% - x \end{cases} \Rightarrow x = 129{,}6° \cong 130°$

aerossol: $\begin{cases} 100\% - 360° \\ 48\% - y \end{cases} \Rightarrow y = 172{,}8° \cong 173°$

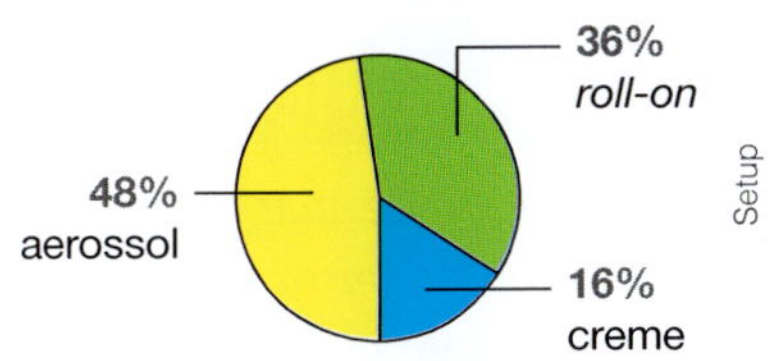

creme: $360° - 130° - 173° = 57°$

Gráfico de linhas

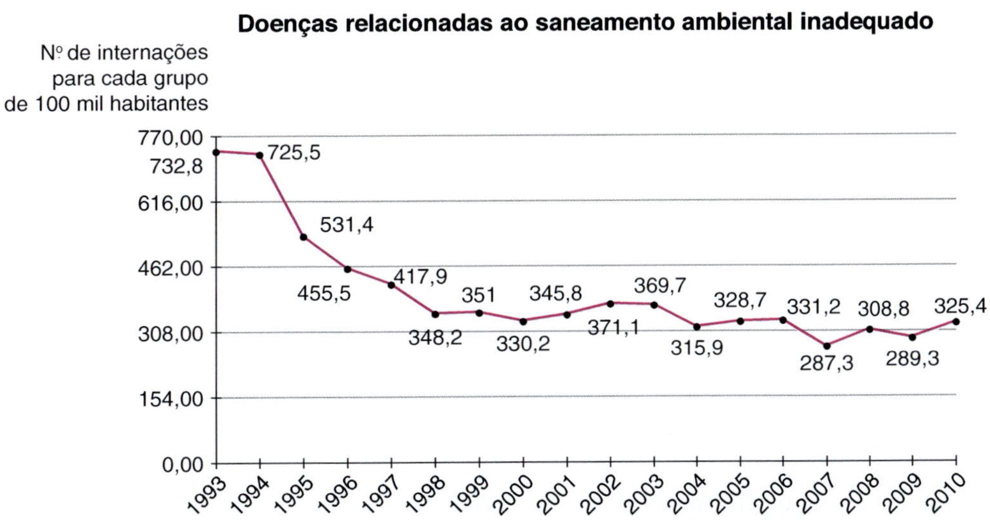

Fonte: Ministério da Saúde, Departamento de Informática do SUS (Datasus), registros de Autorização de Internação Hospitalar (AIH). IBGE, Estudos e Análises da Dinâmica Demográfica. Disponível em: <www.ibge.gov.br>. Acesso em: 23 jul. 2014.

O gráfico mostra a variação do número de internações hospitalares, por grupo de 100 000 habitantes, decorrentes do saneamento ambiental inadequado no Brasil, de 1993 a 2010.

A cada ano do período considerado está associado um número que corresponde à quantidade de internações (por 100 000 habitantes) em hospitais, estabelecendo-se uma função entre essas duas grandezas.

Unindo os pontos obtidos por segmentos de reta consecutivos, obtemos o **gráfico de linhas.** Esse tipo de gráfico foi estudado no volume 1, nos capítulos de funções. O uso do gráfico de linhas é especialmente útil quando se quer representar os valores assumidos por uma variável quantitativa no decorrer do tempo.

A leitura do gráfico anterior nos permite concluir que:

- de 1993 a 2010, a queda na quantidade de internações foi maior que 50%, pois reduziu-se de 732,8 para 325,4, em cada grupo de 100 000 habitantes;
- no ano de 2007 foi registrado o menor número de internações — 287,3 para cada grupo de 100 000 habitantes;
- nos últimos anos do período, o número de internações decorrentes do saneamento inadequado tem oscilado pouco, mantendo-se na faixa de 300 por grupo de 100 000.

Pictograma

Pictograma é uma representação gráfica em que são usadas figuras ou imagens que guardam relação com o assunto que está sendo tratado. As representações pictóricas possuem forte apelo visual, chamando prontamente a atenção e despertando a curiosidade do leitor; por isso, são amplamente utilizadas nos mais variados veículos de comunicação.

Uma empresa de suprimentos de informática pretende divulgar em um jornal o crescimento das vendas de DVDs nos últimos seis anos, como mostra a tabela seguinte:

Ano	2007	2008	2009	2010	2011	2012
Unidades vendidas	400 000	600 000	900 000	1 200 000	1 450 000	1 750 000

O departamento de *marketing* sugeriu que os resultados fossem apresentados em um pictograma a fim de chamar a atenção do leitor.

Observe o pictograma publicado no jornal:

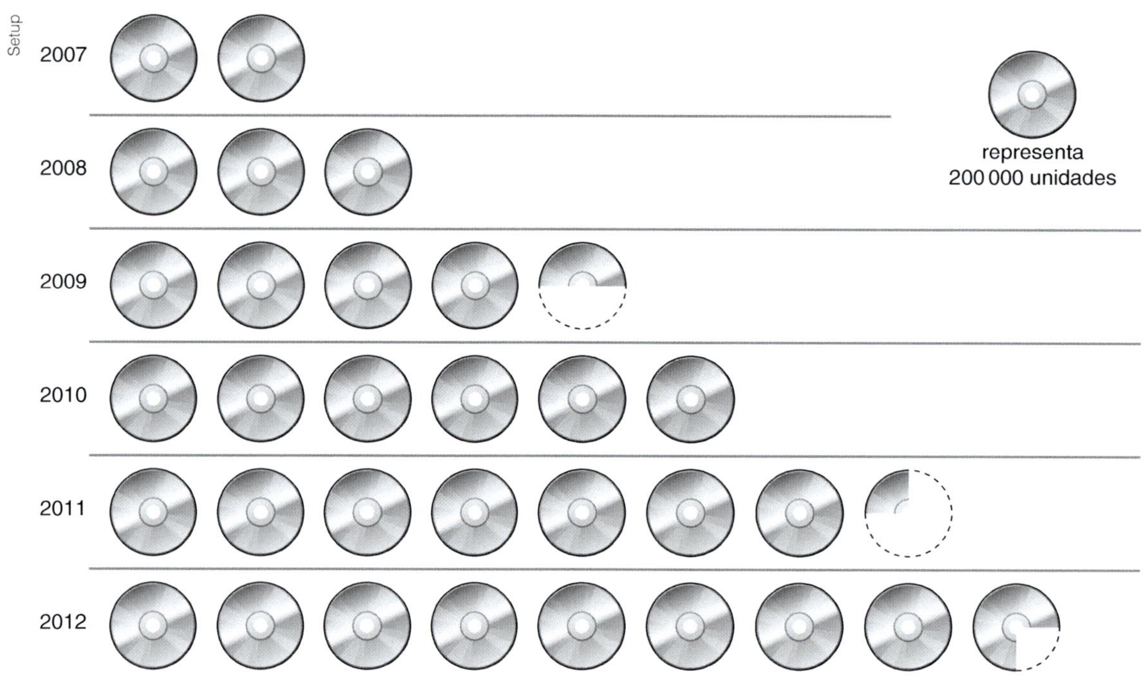

É interessante notar os fracionamentos dos DVDs desse pictograma: o DVD pela metade representa 100 000 unidades (ano de 2009), $\frac{1}{4}$ do DVD representa 50 000 unidades (ano de 2011) e $\frac{3}{4}$ do DVD representa 150 000 unidades (ano de 2012).

EXERCÍCIOS

14. Uma pesquisa realizada às vésperas de uma Olimpíada selecionou 2 750 pessoas, distribuídas, proporcionalmente, por todas as regiões do Brasil. Cada pessoa deveria responder à seguinte pergunta: Qual é o esporte que o(a) sr.(a) não vai deixar de acompanhar pela TV, nessa Olimpíada? O entrevistado deveria dar uma única resposta espontânea. Os resultados obtidos na amostra estão dados na tabela de frequência abaixo:

Esporte	Frequência absoluta
futebol	1 253
vôlei	781
natação	362
basquete	189
judô	92
atletismo	45
outros	28

a) Construa um gráfico de barras verticais para representar os dados obtidos na pesquisa, usando a frequência absoluta.

b) Construindo-se um gráfico de setores para representar os dados obtidos na pesquisa, qual é a medida do ângulo correspondente a vôlei? E a judô?

c) Qual é a porcentagem de entrevistados que responderam "judô"?

15. O gráfico a seguir mostra a evolução do valor negociado para a soja no mercado internacional no período aproximado de um ano. Observe que os valores estão em dólares e referem-se a uma saca de 27,2 kg.

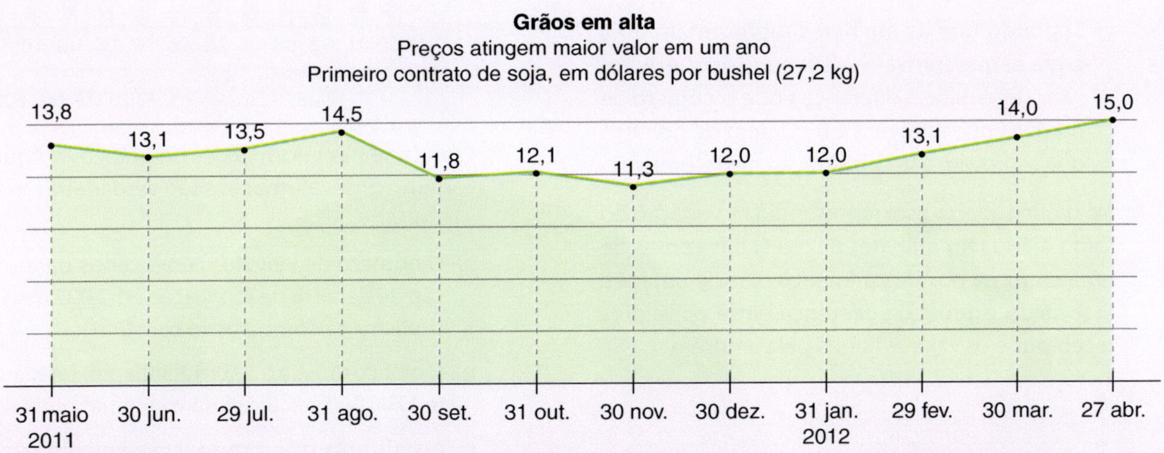

Setup

Fonte: *Folha de S.Paulo*, 28 abr. 2012.

a) Identifique os períodos em que o valor negociado decresceu.

b) Quanto, em dólares, o valor decresceu na cotação de 30 de setembro na comparação com a cotação de 31 de agosto?

c) Qual é o decréscimo percentual na cotação do item *b*?

d) Nas últimas quatro datas relacionadas, a cotação da soja sofreu um acréscimo praticamente linear. Explique o que isso significa.

e) Comparando-se o primeiro e o último valor da cotação, é possível afirmar que o aumento percentual na cotação da soja superou os 10%?

16. Numa escola, os alunos devem optar por um, e somente um, dos três idiomas: inglês, espanhol ou francês.

A distribuição da escolha de 180 alunos está indicada pelo gráfico a seguir.

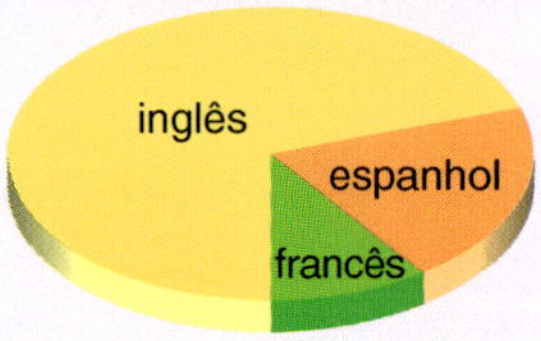

Gráficos: Zapt

Sabendo que o ângulo do setor representado pelos alunos que escolheram inglês mede 252° e que apenas 18 alunos optaram por estudar francês, determine:

a) a medida do ângulo do setor correspondente a francês;

b) o número de alunos que optaram por espanhol e a medida do ângulo correspondente.

17. O gráfico ao lado ilustra o resultado de uma pesquisa sobre a aprovação da administração do prefeito de uma cidade um ano após sua posse. Sabe-se que foram ouvidas 480 pessoas.

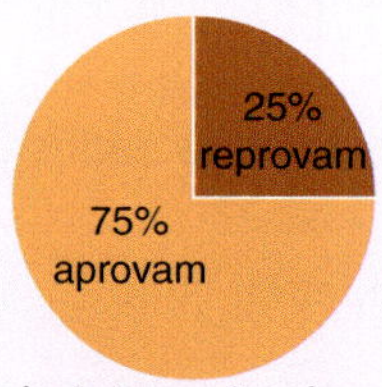

a) Quantas pessoas aprovam a administração do prefeito?

b) Quais as medidas dos ângulos dos setores desse gráfico?

c) Supondo que as mulheres representam 60% entre os que aprovam e 45% entre os que reprovam, determine a diferença entre o número de homens que aprovam e o número de homens que reprovam a administração desse prefeito.

18. No gráfico abaixo está representada a variação do saldo diário (em milhares de reais) das contas de uma empresa nos dez primeiros dias de um mês. Esse saldo expressa a diferença entre os valores recebidos e os valores pagos pela empresa.

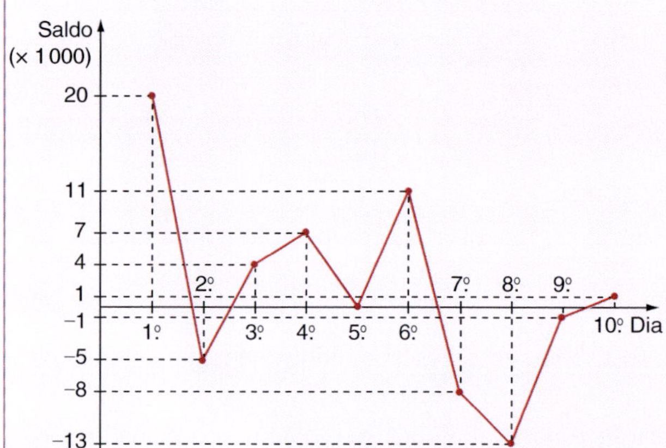

a) Em que dias do mês a empresa operou "no vermelho", isto é, com saldo bancário diário negativo?

b) Identifique os períodos de crescimento e decrescimento do saldo.

c) Se no dia 2 a empresa pagou R$ 17 000,00 de contas, qual foi o valor recebido nesse dia?

d) Se no dia 9 a empresa recebeu R$ 31 000,00, que valor ela gastou nesse dia?

e) Se no dia 10 a empresa gastou R$ 6 000,00, que valor ela recebeu nesse dia?

19. O gráfico de barras a seguir mostra a evolução, no Brasil, do número de veículos (motos e automóveis) encaminhados ao fabricante para correção de defeitos de fábrica (*recall*).

Defeito de fabricação

Em milhões de veículos convocados

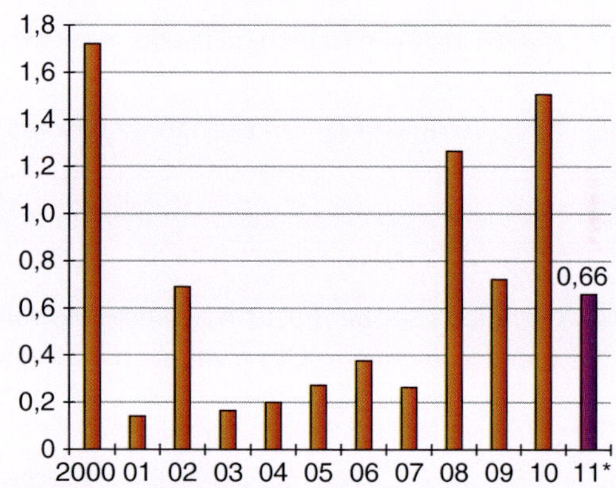

Setup

*Até 16 de novembro.

Fonte: *O Estado de S. Paulo*, 18 dez. 2011.

Com base nas informações do gráfico, indique no caderno quais afirmações são verdadeiras e quais são falsas:

a) O número de veículos convocados para correção de defeitos de fabricação em 2002 mais que triplicou na comparação com 2001.

b) O gráfico mostra que, em 2000, aproximadamente 1 700 000 veículos foram chamados em *recall*.

c) Admitindo que um mesmo veículo não foi convocado duas vezes em *recall*, de 2000 a 2011 (até a data considerada) mais de dez milhões de veículos estiveram envolvidos.

d) Em 2011 (até a data considerada), 660 mil veículos foram convocados em *recall*.

e) Nos últimos sete anos do período considerado, o número de veículos envolvidos em *recall* alternou, sucessivamente, quedas e aumentos.

f) Seria também adequado representar esse conjunto de dados em um gráfico de linhas.

20. No pictograma seguinte está representada a quantidade de gols marcados em uma liga de futebol, durante os anos de 2007 a 2012. Cada bola de futebol representa 60 gols marcados.

Determine:

a) a diferença entre o número de gols marcados em 2008 e em 2011.

b) o número total de gols marcados na liga nesses seis anos.

c) a média do número de gols marcados na liga nesses seis anos.

O enunciado a seguir se refere às questões **21** e **22**.

O Índice de Desenvolvimento Humano (IDH) é um indicativo socioeconômico importante na análise populacional de uma cidade, estado ou país. Para a composição do IDH são considerados expectativa de vida, grau de escolaridade e renda *per capita*. A escala do IDH varia de 0 a 1. Quanto mais próximo de 1, melhor é a qualidade de vida. Na tabela seguinte, estão relacionados os IDHs de todos os estados brasileiros, além do Distrito Federal:

IDH no Brasil

Estado	IDH	Estado	IDH
Acre	0,751	Paraíba	0,718
Alagoas	0,677	Paraná	0,820
Amapá	0,780	Pernambuco	0,718
Amazonas	0,780	Piauí	0,703
Bahia	0,742	R. de Janeiro	0,832
Ceará	0,723	R. Grande do Norte	0,738
Dist. Federal	0,874	R. Grande do Sul	0,832
Esp. Santo	0,802	Rondônia	0,776
Goiás	0,800	Roraima	0,750
Maranhão	0,683	Santa Catarina	0,840
Mato Grosso	0,796	São Paulo	0,833
Mato Grosso do Sul	0,802	Sergipe	0,742
Minas Gerais	0,800	Tocantins	0,756
Pará	0,755		

Fonte: *Almanaque Abril*, 2012.

21. a) Faça o histograma correspondente ao IDH dos estados brasileiros, usando cinco intervalos de mesma amplitude (considere duas casas decimais para o valor da amplitude).

b) Utilizando o gráfico construído no item anterior, determine o número de estados que têm IDH maior que ou igual a 0,757.

22. a) Agrupe os valores do IDH em intervalos de amplitude 0,1, a partir de 0,6, faça uma tabela de frequência e construa um histograma.

b) A partir do item *a*, determine a porcentagem de estados brasileiros (incluindo o Distrito Federal) que têm IDH superior a 0,7.

23. Na tabela abaixo, são apresentadas as temperaturas, hora a hora, em uma cidade da serra gaúcha em um dia de inverno no período de meia-noite (0:00) às 13:00:

Hora	Temperatura
0:00	1 °C
1:00	−2 °C
2:00	−1 °C
3:00	−3 °C
4:00	−5 °C
5:00	−4 °C
6:00	−1 °C
7:00	1 °C
8:00	2 °C
9:00	4 °C
10:00	4 °C
11:00	6 °C
12:00	9 °C
13:00	10 °C

a) Qual é a amplitude térmica registrada nesse período?

b) Qual dos gráficos – setores, barras ou linhas – é mais indicado para representar esse conjunto de dados? Faça a representação gráfica correspondente.

c) Em algum período a temperatura é crescente, assumindo valores estritamente negativos? Identifique-o.

24. Na tabela abaixo estão registrados o número (arredondado) de operações (pousos e decolagens) realizadas por aviões comerciais, nos cinco principais aeroportos de certo país, em determinado período.

Aeroporto	I	II	III	IV	V
Nº de operações	7 500	10 500	13 500	4 500	6 750

A equipe de produção de um jornal pretende mostrar esses dados em um pictograma, usando aviões como imagem (lembre que o avião é uma figura simétrica, sendo facilmente possível representar sua metade).

a) Que sugestão de "escala" você daria a essa equipe, isto é, cada avião no gráfico representaria quantas operações? Desenhe o pictograma correspondente.

b) Se esse conjunto de dados fosse representado em um gráfico de setores, qual seria a medida do ângulo correspondente ao aeroporto II?

25. O gráfico seguinte informa a distribuição, em certo mês, do número de faltas ao trabalho, por funcionário de uma empresa.

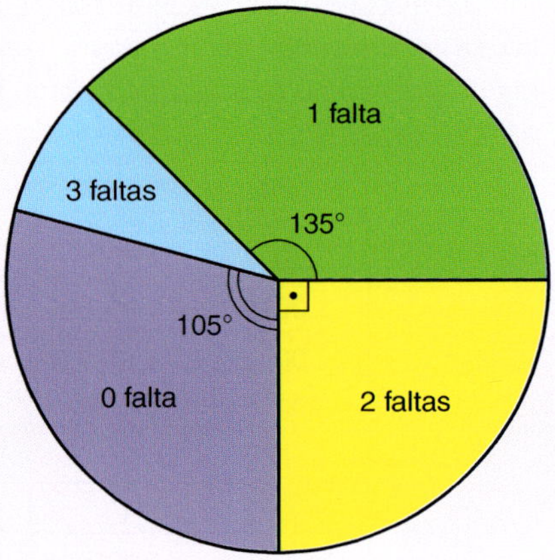

Setup

Se essa empresa possui 2 400 funcionários, determine:

a) o número de funcionários que não faltaram ao trabalho nesse mês;

b) o número de funcionários que tiveram pelo menos duas faltas no mês.

26. O gráfico mostra o desempenho do emprego no Brasil no período de um ano (de novembro de 2010 a novembro de 2011). Esse desempenho é medido pela diferença entre o número de contratações e o número de demissões.

Geração líquida de empregos – Saldo em milhares

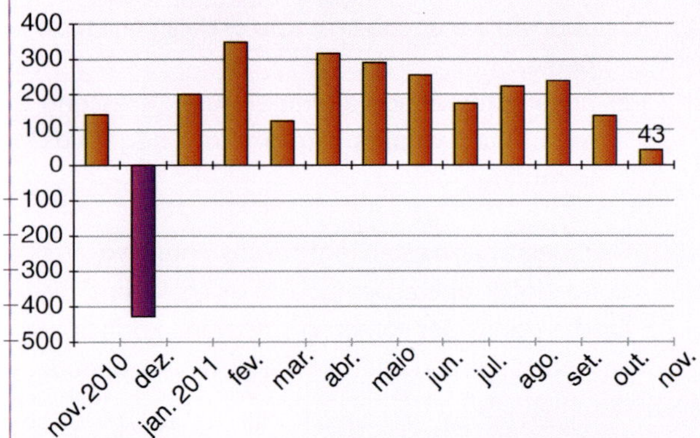

Setup

Fonte: *O Estado de S. Paulo*, 21 dez. 2011.

Com base nas informações contidas no gráfico, verifique quais das proposições seguintes são verdadeiras e quais são falsas. Corrija as falsas em seu caderno.

a) Em 2011, o mês com melhor desempenho do emprego foi fevereiro.

b) Em maio, quase 300 mil pessoas foram contratadas.

c) Em dezembro de 2010, se houve 600 000 contratações, o número de demissões superou 1 milhão.

d) Sabendo que, no último mês do período, 1,62 milhão de pessoas foram contratadas, então mais de 1,5 milhão de pessoas foram demitidas.

e) A média mensal do saldo líquido do emprego nos últimos 5 anos do período superou 100 mil postos de trabalho.

27. Observe o gráfico.

Desemprego

Taxa de desocupação total e entre a população de até 25 anos, em países selecionados

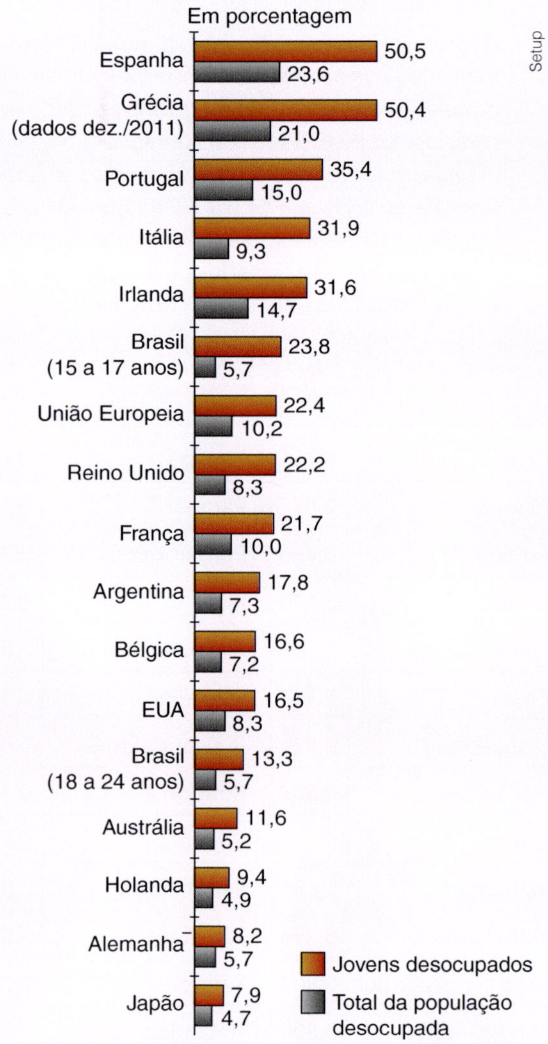

Setup

Obs.: O Brasil divide os jovens nestas duas categorias por idade.

Fonte: *O Estado de S. Paulo*, 3 abr. 2012.

O gráfico compara as taxas de desemprego (entre os jovens de até 25 anos e toda a população) de vários países do mundo no início de 2012.

Com base nele, indique no caderno quais afirmações são verdadeiras e quais são falsas.

a) Todos os países europeus apresentavam taxas de desemprego superiores às taxas brasileiras.

b) Quase um em cada quatro espanhóis não tinha emprego.

c) A taxa de desemprego entre a população de até 25 anos superava, para todos os países, a taxa de desemprego entre a população geral.

d) Na Holanda e no Japão, de cada 100 pessoas, mais de 95 estavam empregadas.

e) Entre os portugueses de até 25 anos, de cada 50 pessoas, menos de 30 estavam empregadas.

28. Observe este pictograma.

No pictograma está representada a queda na área desmatada em uma floresta de certo país, devido à maior fiscalização dos órgãos governamentais, no período de 2009 a 2013. Cada árvore do gráfico representa 25 mil hectares de floresta desmatada. Sabendo que 1 hectare equivale a 10^4 m^2, determine:

a) a área, em km^2, correspondente à superfície de floresta desmatada em 2010 e em 2012.

b) a queda percentual da área desmatada em 2011, na comparação com 2010.

c) a queda percentual da área desmatada em 2013, na comparação com 2009.

d) o número inteiro de campos de futebol equivalente à área de floresta desmatada em 2013, tomando como base um campo de futebol de 100 m de comprimento por 70 m de largura.

29. O gráfico informa a produção e o consumo de arroz registrados no Brasil desde 2000 e suas projeções até o biênio 2020/2021.

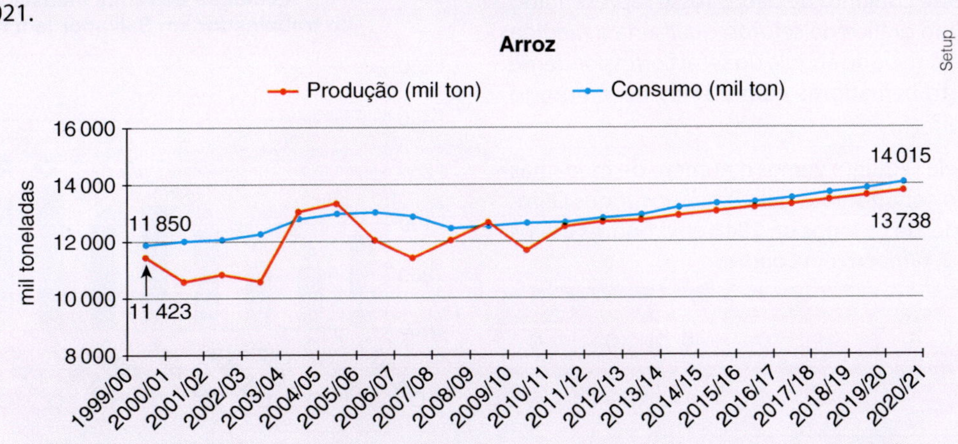

Fonte: Ministério da Agricultura, Pecuária e Abastecimento — Projeções do agronegócio Brasil 2010/11 a 2020/21.

Analise as afirmações seguintes, classificando-as em verdadeiras (V) ou falsas (F) em seu caderno:

a) A projeção para o consumo de arroz no Brasil revela tendência de estabilidade a partir de 2010.

b) As projeções para a produção e o consumo de arroz no Brasil mostram que deverá haver necessidade de importação ou uso de estoques para suprir a demanda interna.

c) Em nenhum período considerado no gráfico a produção supera o consumo de arroz.

d) Do primeiro ao último biênio considerado, a produção de arroz terá crescido mais de 10%.

e) Do primeiro ao último biênio considerado, o consumo de arroz no Brasil terá aumentado em 2165 toneladas.

30. Em uma pesquisa realizada com 150 trabalhadores, foram levantadas várias informações, como o tempo (em anos) que o trabalhador está em seu emprego atual.

Os resultados estão apresentados na tabela de frequências seguinte:

Tempo (em anos)	Frequência absoluta	Frequência relativa	Porcentagem (%)
1	45	d	h
2	48	e	i
3	a	f	20
4	b	g	j
5 ou mais	c	0,16	k
Total	150	1,00	100

Jetta Productions/Iconica

a) Qual é o valor de e + f + g?
b) Quantos funcionários estão há, pelo menos, 3 anos no atual emprego?
c) Qual é o valor de h + k?
d) Se esse conjunto de dados fosse representado em um gráfico de setores, qual seria a medida aproximada do ângulo do setor correspondente aos trabalhadores com 2 anos no emprego atual?

31. Na tabela seguinte vemos o número de medalhas de ouro conquistadas pelo Brasil nos Jogos Olímpicos, desde os jogos de 1948 em Londres até os de 2012, também em Londres:

1948	1952	1956	1960	1964	1968	1972
0	1	1	0	0	0	0

1976	1980	1984	1988	1992	1996	2000
0	2	1	1	2	3	0

2004	2008	2012
5	3	3

Fonte: *Almanaque Abril*, 2012.

a) Considerando a variável "número de medalhas de ouro em Jogos Olímpicos", construa uma tabela de frequências.

b) Represente esse conjunto de dados em um gráfico de barras.

32. Analise o gráfico a seguir.

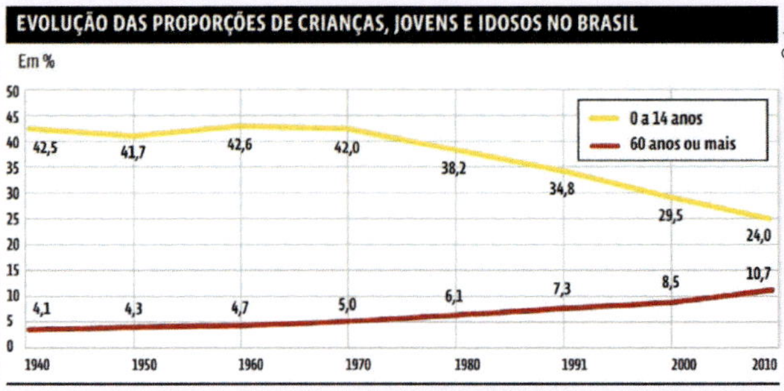

Setup

Fontes: Censo Demográfico 1940/2010/ IBGE, Projeto UNFPA/ Brasil (BRA/98/p08) e Sistema Integrado de Projeções e Estimativas Populacionais e Indicadores Sociodemográficos – *Almanaque Abril*, 2012.

Com base no gráfico, assinale V ou F no caderno:

a) O percentual de jovens de até 14 anos vem caindo desde 1940.

b) A máxima diferença entre os percentuais de jovens de até 14 anos e adultos com 60 anos ou mais foi registrada no Censo de 1960.

c) Se a população brasileira em 2010 era de aproximadamente 190 milhões, então mais de 40 milhões de habitantes tinham até 14 anos.

d) Se o Censo de 2000 indicava uma população de 14 450 000 idosos no Brasil, então a população brasileira ultrapassava a barreira dos 175 milhões de pessoas.

33. Observe o gráfico.

Evolução da renda mensal do trabalhador em Salvador (em reais)

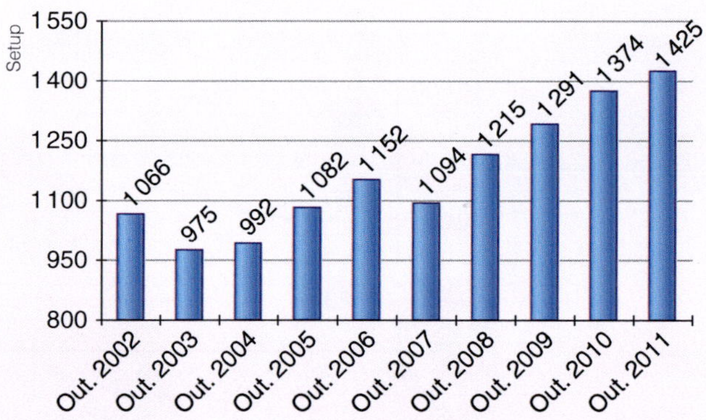

Setup

Fonte: *Valor Econômico*, 28 dez. 2011.

a) Considerando o número total de valores representados no gráfico, obtenha o percentual correspondente aos anos em que o salário mensal ficou abaixo de R$ 1 000,00.

b) Qual é a diferença, em reais, entre o maior e o menor salário neste período? E em termos percentuais, tomando o valor menor como base?

34. Com base nas informações do gráfico, responda às questões a seguir sobre as classes econômicas no Brasil:

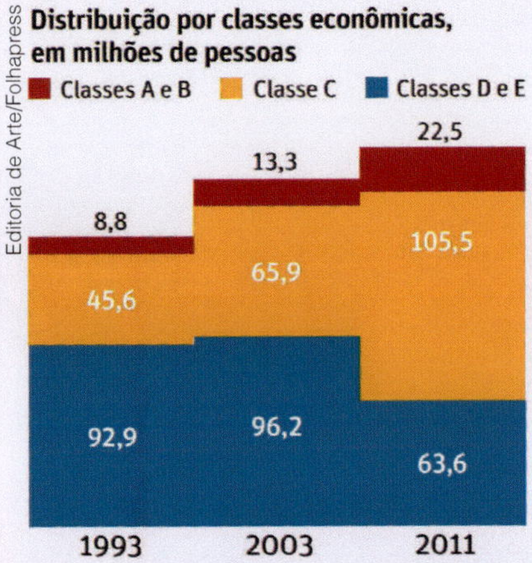

Fonte: *Folha de S.Paulo*, 17 mar. 2012.

a) De quantos milhões de pessoas foi o aumento da população brasileira de 1993 a 2011?

b) Em 2003, a classe C correspondia a que porcentagem da população?

c) Em 2011, as classes A e B correspondiam a mais ou a menos que 10% da população?

d) Que outro título você colocaria nesse gráfico, baseando-se em uma informação relevante que ele traz?

35. Observe os gráficos.

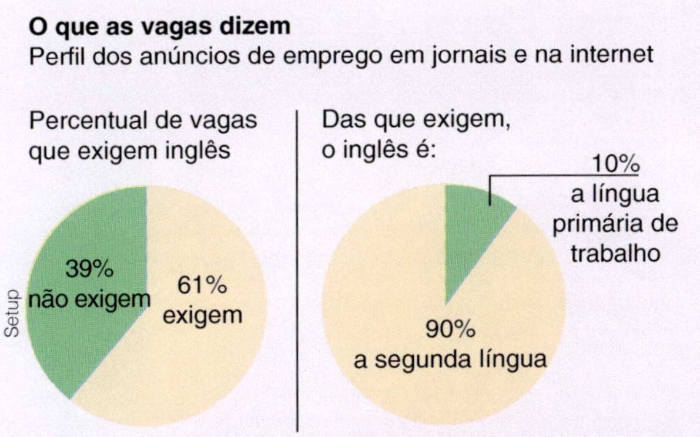

Fonte: <www.vocesa.com.br>. Acesso em: set. 2012.

Com base nos gráficos, responda:

a) qual é a medida aproximada do ângulo do setor correspondente às vagas de emprego que não exigem inglês?

b) qual é o percentual de anúncios em que o inglês é a segunda língua de trabalho, considerando o total de anúncios?

36. O gráfico a seguir informa a distribuição, por grupos de escolaridade, do trabalhador formal brasileiro, expresso como porcentagem da população economicamente ativa (PEA), no período de 2003 a 2010.

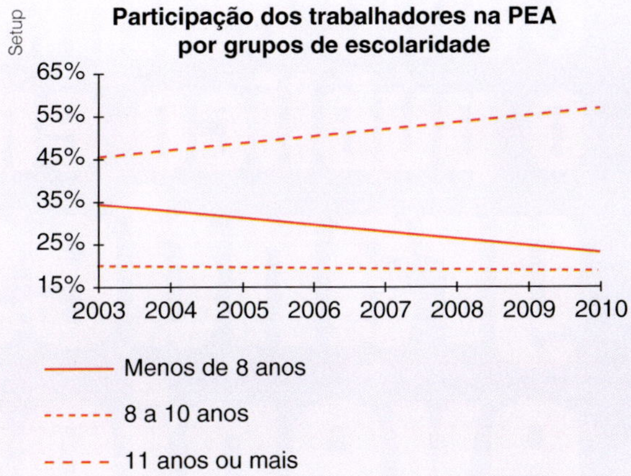

Fonte: <www.ipea.gov.br> – mercado de trabalho. Acesso em: mar. 2012.

Com base no gráfico, classifique no caderno as proposições seguintes como verdadeiras (V) ou falsas (F):

a) O trabalhador brasileiro possui baixo grau de instrução, quando comparado a outros países.

b) O nível de instrução no mercado formal de trabalho vem registrando aumento expressivo nos últimos anos.

c) O grupo de trabalhadores que estudaram de 8 a 10 anos apresentou pouca oscilação no percentual da PEA de 2003 a 2010.

d) Em 2010, mais da metade dos trabalhadores brasileiros do mercado formal tinha, no mínimo, 11 anos de escolaridade.

e) A queda no percentual de trabalhadores com poucos anos de estudo foi insignificante no período considerado.

37. No pictograma seguinte estão representadas as populações das duas maiores regiões metropolitanas de um certo país. Cada  representa 1,5 milhão de habitantes:

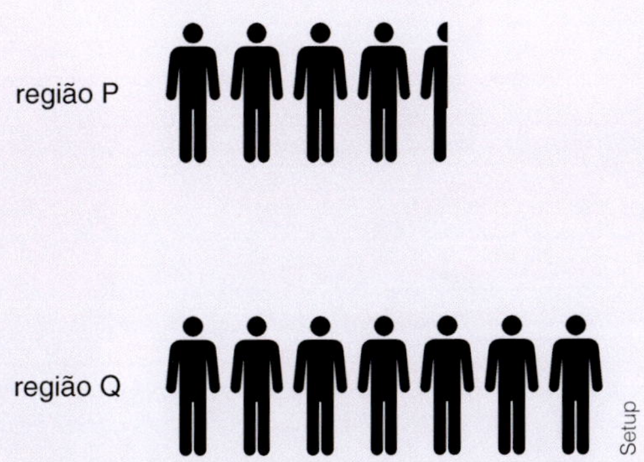

a) Determine as populações das regiões P e Q.

b) Sabendo que a área de P é de 135 000 km^2, obtenha sua densidade demográfica.

Aplicações

[SIC] Comunicação

Como estimar o público em grandes eventos?

Para programar a infraestrutura necessária de um evento (palco, seguranças, barracas com gêneros alimentícios etc.), precisamos fazer estimativas do número de pessoas presentes.

(Os eventos podem ocorrer por categorias ou ser de natureza eclética. Em ambos os casos, a estimativa é feita da mesma maneira, ou seja, a quantidade de indivíduos é estimada sem levar em conta as suas particularidades.)

Vista aérea do *réveillon* na avenida Paulista (madrugada do dia 1º de janeiro de 2013).

Maira Vieira/DPA/Corbis/Latinstock

Como essas estimativas podem ser feitas?

Fazer estimativas sobre médias, proporções e outros parâmetros de uma população é algo frequente em trabalhos estatísticos. Há estimativas que fornecem a ordem de grandeza da quantidade de pessoas presentes em eventos públicos.

Essas estimativas são feitas a partir das dimensões da região ocupada pelo evento (que são previamente conhecidas) e sua área A pode ser calculada. Para o *réveillon* na avenida Paulista, temos as dimensões do evento delimitadas pelo trecho vermelho na ilustração ao lado.

O *réveillon* na avenida Paulista é delimitado pelo trecho vermelho (retângulo) de dimensões 2 km (comprimento da avenida entre as ruas Haddock Lobo e Teixeira da Silva) e 45 m (largura disponível para acomodar as pessoas que participam desse evento). A área A dessa região é dada por:

$$A = (2\,000 \text{ m}) \cdot (45 \text{ m}) \Rightarrow A = 90\,000 \text{ m}^2$$

A

Rubens Cavallari/Folhapress

Em seguida, delimita-se uma parte dessa região cuja área *a* pode ser calculada, de tal forma que o número de pessoas nessa região possa ser estimado. Para tanto, vamos utilizar a ampliação do quadrado destacado na imagem aérea desse evento (foto A) e tomar como referência o vão livre do Museu de Arte de São Paulo (Masp), cuja medida na imagem é de 45 mm. Sabemos que esse vão tem 74 m de extensão (ou comprimento). Cada milímetro nessa imagem corresponde, na realidade, a 1,64 m.

O quadrado com 5 mm de lado foi ampliado na imagem A para que seja possível a contagem das pessoas em seu interior.

O quadrado, no evento, tem 8,2 metros de lado $(5 \cdot 1{,}64)$, o que corresponde a uma área igual a 67,24 m². O número de pessoas em seu interior (*n*) é aproximadamente igual a 120.

Por fim, comparando-se a área a $(= 67{,}24 \text{ m}^2)$ com a área total do evento A $(= 90\,000 \text{ m}^2)$, obtém-se uma razão $\frac{A}{a}$.

$$\frac{A}{a} = \frac{90\,000 \text{ m}^2}{67{,}24 \text{ m}^2} \cong 1\,340$$

Por meio dessa razão, é possível estimar o número total de pessoas presentes ao *réveillon* (N) no momento em que a fotografia foi obtida.

$$N = \left(\frac{A}{a}\right) \cdot n = 1\,340 \cdot 120 \Rightarrow N \cong 160\,000 \text{ pessoas}$$

Credibilidade da estimativa

Todos os números divulgados sobre eventos públicos devem ser aceitos com uma margem de erro, uma vez que, além das incertezas naturais do processo de estimativa, há outros fatores que devem ser considerados:

- o horário em que são feitas as estimativas, já que, em geral, o fluxo de pessoas não é constante durante todo o evento, havendo horários de pico e outros com menor número de pessoas;
- a suposição de que as pessoas estejam uniformemente distribuídas em toda a região do evento, o que nem sempre ocorre (como pode ser observado na foto B);
- as divergências entre os métodos para o cálculo das estimativas usadas pelas autoridades governamentais e pela organização do evento.

B

Cesar Diniz/Pulsar Imagens

Público assistindo a *show* em telão na praça da República durante a Virada Cultural de 2012. São Paulo (SP).

Para saber mais, pesquise em:

Na reportagem *Datafolha desvenda o mistério das multidões paulistanas*, existe uma análise dos métodos de estimativa do público em grandes eventos na cidade de São Paulo. Não deixe de assistir ao vídeo *Capacidade máxima* dessa reportagem. Disponível em: <http://www1.folha.uol.com.br/cotidiano/944890-datafolha-desvenda-o-misterio-das-multidoes-paulistanas.shtml>. Acesso em: 23 jul. 2014.

MEDIDAS DE CENTRALIDADE E DISPERSÃO

Considere um levantamento feito sobre as temperaturas máximas diárias, no mês de janeiro, na cidade de Brasília. Já vimos que os dados referentes aos 31 valores medidos da temperatura podem ser representados em uma tabela de frequência ou através de alguma representação gráfica.

Palê Zuppani/Pulsar Imagens

Ponto de ônibus na Esplanada dos Ministérios, em Brasília, em 2009.

Vamos, agora, estabelecer para esses dados algumas medidas (números reais) que sejam representativas, isto é, que resumam e caracterizem o conjunto de todas as temperaturas máximas registradas.

Há dois tipos de medidas:

- **medidas de centralidade** (ou de **tendência central**): por meio de determinado valor, que revela uma tendência central para as temperaturas máximas, representaremos os 31 valores medidos. Vamos estudar três medidas de centralidade: a **média**, a **mediana** e a **moda.**
- **medidas de dispersão** (ou de **variabilidade**): de modo geral, essas medidas indicam se, em um conjunto de dados, os valores estão concentrados (menos dispersos, menos espalhados) ou não (mais dispersos, mais espalhados) em torno de um valor central (geralmente a média). As medidas de dispersão permitirão comparar dois conjuntos de dados quanto ao grau de homogeneidade, indicando em qual deles há maior (ou menor) variabilidade.

Vamos estudar quatro medidas de dispersão: a **amplitude**, a **variância**, o **desvio padrão** e o **desvio médio absoluto.**

Para simplificar um pouco a notação que será usada neste capítulo, vamos introduzir um importante símbolo da linguagem matemática: o somatório, indicado pela letra grega Σ (lê-se: "sigma"). Ele representa aqui a soma de um número finito de parcelas que têm alguma característica comum. Acompanhe os exemplos seguintes:

- O símbolo $\sum_{i=1}^{4} i^2$ (lê-se: "somatório (ou soma) de i^2, para *i* variando de 1 até 4") significa que devemos atribuir para *i*, sucessivamente, os valores 1, 2, 3 e 4, calcular os respectivos valores numéricos da expressão i^2 e somar os resultados encontrados, isto é:

$$\sum_{i=1}^{4} i^2 = \underbrace{1^2}_{i=1} + \underbrace{2^2}_{i=2} + \underbrace{3^2}_{i=3} + \underbrace{4^2}_{i=4} = 1 + 4 + 9 + 16 = 30$$

- Para calcularmos o valor de $\sum_{n=0}^{2}\left(\frac{1}{n+1}\right)$ é preciso atribuir para *n* os valores 0, 1 e 2:

$$n = 0 \rightarrow \frac{1}{0+1} = 1$$

$$n = 1 \rightarrow \frac{1}{1+1} = \frac{1}{2}$$

$$n = 2 \rightarrow \frac{1}{2+1} = \frac{1}{3}$$

$$\sum_{n=0}^{2}\left(\frac{1}{n+1}\right) = 1 + \frac{1}{2} + \frac{1}{3} = \frac{11}{6}$$

MEDIDAS DE CENTRALIDADE

Média aritmética

Observe a imagem a seguir: nela estão representados seis suportes para copos descartáveis, distribuídos em um centro de convenções, onde será realizado um evento. A quantidade de copos em cada suporte está indicada abaixo:

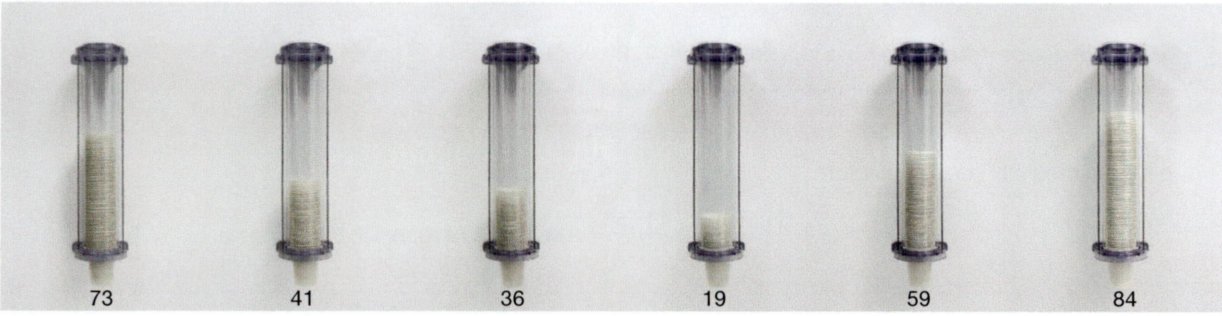

Fernando Favoretto/Criar Imagem

Se todos os copos fossem retirados dos suportes e distribuídos igualmente entre o número de suportes, qual seria a quantidade de copos descartáveis em cada um?

- Devemos, inicialmente, somar a quantidade de copos:

$$73 + 41 + 36 + 19 + 59 + 84 = 312$$

- Dividimos o valor encontrado da soma pela quantidade de suportes (seis):

$$312 \div 6 = 52$$

O valor encontrado (52 copos) representa a **média aritmética** entre os números 73, 41, 36, 19, 59 e 84.

Definição

Seja $x_1, x_2, ..., x_n$ a relação dos valores assumidos por uma determinada variável quantitativa *x*. Definimos **média aritmética** (indica-se por $\overline{x}$) como a razão entre a soma de todos esses valores e o número total de valores:

$$\overline{x} = \frac{x_1 + x_2 + ... + x_n}{n}$$

Usando o símbolo de somatório para representar o numerador dessa expressão, escrevemos:

$$\overline{x} = \frac{1}{n} \cdot \sum_{i=1}^{n} x_i$$

Exemplo 7

Os valores seguintes referem-se às notas obtidas por um aluno em oito disciplinas do Ensino Médio em um certo bimestre do ano letivo:

$$7{,}5 — 6{,}0 — 4{,}2 — 3{,}9 — 4{,}8 — 6{,}2 — 8{,}0 — 5{,}4$$

Vamos calcular a média aritmética desses valores:

$$\overline{x} = \frac{\sum_{i=1}^{8} x_i}{8} = \frac{7{,}5 + 6{,}0 + 4{,}2 + 3{,}9 + 4{,}8 + 6{,}2 + 8{,}0 + 5{,}4}{8} = \frac{46}{8} = 5{,}75$$

Qual é o significado desse valor?

Caso o aluno apresentasse a mesma nota (desempenho) em todas as disciplinas, ela deveria ser 5,75 a fim de que fosse obtida a pontuação total de 46 pontos, equivalente à soma dos pontos efetivamente obtidos nessas oito disciplinas.

Observe que em nenhuma disciplina o aluno obteve a nota média, que é 5,75. Isso indica que a média aritmética de um conjunto de valores é um valor teórico e não coincide, necessariamente, com algum desses valores.

EXERCÍCIO RESOLVIDO

1. A média dos salários de quinze funcionários de uma loja de autopeças é R$ 680,00. Se forem contratados mais dois funcionários, com salários de R$ 650,00 e R$ 880,00, qual será a nova média salarial da loja?

Solução:

A média inicial ($\overline{x}$) de salários é 680. Temos:

$$680 = \frac{\sum \text{salários}}{15} \Rightarrow \sum \text{salários} = 680 \cdot 15 = 10\,200 \Rightarrow \sum \text{salários} = 10\,200 \text{ reais, isto é, antes das contratações,}$$

a soma de todos os salários dessa loja era de R$ 10 200,00.

A soma dos salários após a admissão dos dois funcionários será:

$$\sum' = 10\,200 + 650 + 880 = 11\,730 \Rightarrow 11\,730 \text{ reais}$$

e a nova média ($\overline{x'}$) de salários será:

$$\overline{x'} = \frac{\sum' \text{salários}}{17} = \frac{11\,730}{17} = 690 \Rightarrow 690 \text{ reais}$$

Média aritmética ponderada

Considere o seguinte problema:

Em um dia de pesca nos rios do Pantanal, uma equipe de pescadores anotou a quantidade de peixes capturada de cada espécie e o preço pelo qual eram vendidos a um supermercado em Cuiabá:

Tipo de peixe	Peixe pescado (kg)	Preço por quilograma
peixe A	18	R$ 6,00
peixe B	10	R$ 8,00
peixe C	6	R$ 12,00

Palê Zuppani/Pulsar Imagens

Pescadores em lagoa na região de Barão de Melgaço, no Pantanal, MT.

Vamos determinar o preço médio do quilograma do peixe vendido pelos pescadores ao supermercado.

Considerando que a variável em estudo é o preço do quilograma do peixe e com base na leitura da tabela, concluímos que foram pescados 18 quilogramas de peixe A e vendidos ao valor de R$ 6,00 o quilograma, 10 quilogramas de peixe B ao valor de R$ 8,00 o quilograma e 6 quilogramas de peixe C ao valor de R$ 12,00 o quilograma.

O preço médio ($\overline{p}$) por quilograma é dado por:

$$\overline{p} = \frac{\overbrace{6{,}00 + 6{,}00 + \ldots + 6{,}00}^{18 \text{ vezes}} + \overbrace{8{,}00 + 8{,}00 + \ldots + 8{,}00}^{10 \text{ vezes}} + \overbrace{12{,}00 + 12{,}00 + \ldots + 12{,}00}^{6 \text{ vezes}}}{18 + 10 + 6}$$

$$\overline{p} = \frac{18 \times 6 + 10 \times 8 + 6 \times 12}{34} = \frac{260}{34} \cong 7{,}65 \Rightarrow \overline{p} = 7{,}65 \text{ reais}$$

A média obtida para o quilograma do peixe, nesse problema, é chamada **média aritmética ponderada** dos valores R$ 6,00, R$ 8,00 e R$ 12,00, em que o fator de ponderação (também chamado de peso) corresponde à quantidade, em quilogramas, pescada de cada espécie.

De modo geral, consideremos uma relação de valores formada pelos elementos $x_1, x_2, \ldots, x_k$, com frequências absolutas respectivamente iguais a $n_1, n_2, \ldots, n_k$.

A média aritmética ponderada desses valores é:

$$\overline{x} = \frac{x_1 \cdot n_1 + x_2 \cdot n_2 + \ldots + x_k \cdot n_k}{n_1 + n_2 + \ldots + n_k} = \frac{\sum_{i=1}^{k} x_i \cdot n_i}{n_1 + n_2 + \ldots + n_k}$$

Podemos também expressar $\overline{x}$ em termos de frequência relativa de cada x_i ($i = 1, 2, ..., k$), a saber, $f_i = \dfrac{n_i}{n_1 + n_2 + ... + n_k}$.

Vamos escrever, convenientemente, a expressão obtida para $\overline{x}$:

$$\overline{x} = x_1 \underbrace{\frac{n_1}{n_1 + n_2 + ... + n_k}}_{= f_1} + x_2 \underbrace{\frac{n_2}{n_1 + n_2 + ... + n_k}}_{= f_2} + ... + x_k \underbrace{\frac{n_k}{n_1 + n_2 + ... + n_k}}_{= f_k}$$

Assim, obtemos:

$$\overline{x} = x_1 \cdot f_1 + x_2 \cdot f_2 + ... + x_k \cdot f_k = \sum_{i=1}^{k} x_i \cdot f_i$$

Exemplo 8

Foi realizada uma pesquisa socioeconômica com duzentas pessoas de uma cidade para investigar alguns itens de conforto presentes na residência de cada entrevistado. Na tabela de frequências seguinte, constam os resultados referentes ao número de aparelhos de TV por domicílio:

Número de aparelhos de TV	Frequência absoluta	Frequência relativa	Porcentagem
0	9	$\frac{9}{200} = 0{,}045$	4,5%
1	93	$\frac{93}{200} = 0{,}465$	46,5%
2	60	$\frac{60}{200} = 0{,}30$	30%
3	22	$\frac{22}{200} = 0{,}11$	11%
4	16	$\frac{16}{200} = 0{,}08$	8%
Total	200	1,00	100%

Qual é o número médio de TVs por domicílio?

Podemos calcular a média ponderada entre 0, 1, 2, 3 e 4 usando como pesos:

- **a frequência absoluta:**

Nesse caso, $\overline{x} = \dfrac{0 \cdot 9 + 1 \cdot 93 + 2 \cdot 60 + 3 \cdot 22 + 4 \cdot 16}{9 + 93 + 60 + 22 + 16} \Rightarrow \overline{x} = \dfrac{93 + 120 + 66 + 64}{200} = 1{,}715$

- **a frequência relativa:**

Nesse caso, $\overline{x} = \dfrac{0 \cdot 0{,}045 + 1 \cdot 0{,}465 + 2 \cdot 0{,}30 + 3 \cdot 0{,}11 + 4 \cdot 0{,}08}{\underbrace{0{,}045 + 0{,}465 + 0{,}30 + 0{,}11 + 0{,}08}_{= 1}}$

isto é, $\overline{x} = 0 + 0{,}465 + 0{,}60 + 0{,}33 + 0{,}32 = 1{,}715$

- **a porcentagem:**

Nesse caso, $\overline{x} = \dfrac{0 \cdot 4{,}5 + 1 \cdot 46{,}5 + 2 \cdot 30 + 3 \cdot 11 + 4 \cdot 8}{\underbrace{4{,}5 + 46{,}5 + 30 + 11 + 8}_{= 100}}$

isto é, $\overline{x} = \dfrac{46{,}5 + 60 + 33 + 32}{100} = 1{,}715$

Observe, novamente, que a média aritmética é um valor teórico, não correspondendo, neste exemplo, a um valor pertencente ao conjunto de valores assumidos pela variável em estudo.

EXERCÍCIOS

38. Em cada caso, calcule a média aritmética dos valores:

a) 23 — 20 — 22 — 21 — 28 — 20

b) 7 — 9 — 9 — 9 — 7 — 8 — 8 — 9 — 9 — 9

c) 0,1 — 0,1 — 0,1 — 0,1 — 0,2 — 0,2

d) 4 — 4,5 — 4,5 — 5,0 — 5,0 — 5,5 — 6,5 — 5,0

e) 3 — 3 — 3 — 3 — 3 — 3 — 3

39. Em um edifício residencial com 54 apartamentos, 36 condôminos pagam taxa de condomínio de R$ 180,00; para os demais, essa taxa é de R$ 240,00. Qual é o valor da taxa média de condomínio nesse edifício?

40. A média aritmética entre *a*, 8, 2a, 9 e a + 1 é 6,8. Qual é o valor de *a*?

41. Um grupo A de 20 recém-nascidos tem "peso" médio de 2,8 kg; um grupo B de 30 recém-nascidos tem "peso" médio de 2,6 kg. Juntando os recém-nascidos dos grupos A e B, qual é o valor esperado para a média de "pesos"?

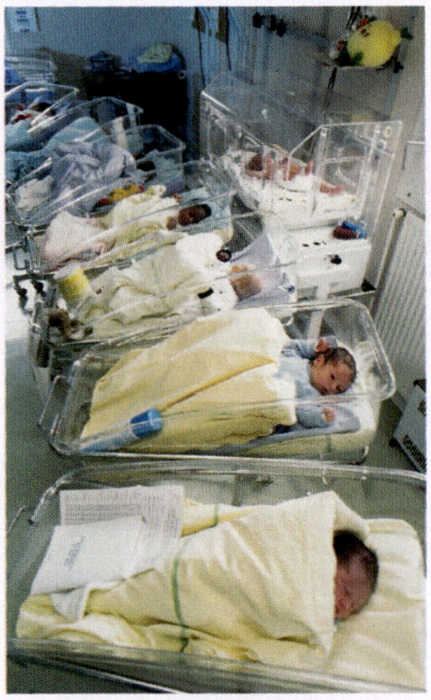

BSIP/Diomedia

42. A média aritmética de um conjunto formado por vinte números é 12. Qual será a nova média se:

a) acrescentarmos o número 33 a esse conjunto?

b) retirarmos o número 50 desse conjunto?

c) acrescentarmos o número 63 a esse conjunto e retirarmos o 51?

43. Em uma fábrica, a média salarial das mulheres é R$ 880,00; para os homens a média salarial é R$ 1 020,00. Sabe-se, também, que a média geral de salários nessa fábrica é R$ 922,00.

a) Sem fazer cálculos, responda: há mais homens ou mulheres trabalhando na fábrica?

b) Determine a quantidade de homens e a de mulheres, sabendo que a diferença entre as duas é de 32.

44. A tabela seguinte informa a quantidade de cartões amarelos distribuídos por um árbitro em uma partida de futebol nos jogos por ele apitados durante uma temporada:

Número de cartões amarelos	0	1	2	3	4
Frequência absoluta	30	18	7	3	2

a) Quantos jogos o árbitro apitou na temporada?

b) Qual é o número médio de cartões amarelos distribuídos por partida?

45. Em um concurso público foram aprovados 80 candidatos, cuja média de notas foi 74,5 (em 100 pontos possíveis). A média das 40 menores notas dos candidatos aprovados foi 67,0. Qual foi a média das 40 maiores notas dos aprovados?

46. A hipertensão, ou, mais informalmente, a pressão alta, dos brasileiros preocupa os órgãos de saúde. O gráfico abaixo mostra a evolução do percentual de hipertensos adultos no Brasil, de 2006 a 2011.

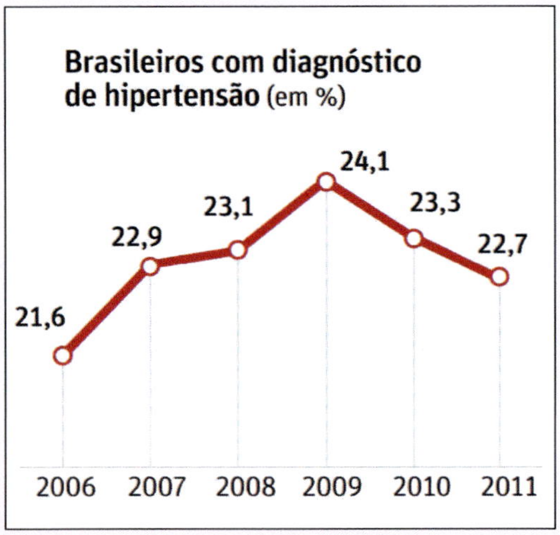

Editoria de Arte/Folhapress

Fonte: *Folha de S.Paulo*, 27 abr. 2012.

a) Calcule a média dos percentuais no período considerado.

b) Em quantos anos do período considerado o percentual de hipertensos ficou abaixo da média?

c) Estudos realizados apontam que o brasileiro ingere, em média, no mínimo 12 g de sal por dia, enquanto a quantidade recomendada é de 5 g por dia. Assim, o consumo médio de sal do brasileiro é x% maior do que o recomendado. Qual é o valor de *x*?

47. Um professor calculou a média aritmética das notas dos quarenta alunos que submeteu a uma prova e obteve como resultado o valor 5,5. Na hora de devolver as provas, verificou que havia cometido erro em duas delas. Na primeira, a nota correta era 9,5 em vez de 6,5 e, na segunda, a nota correta era 5,5 em vez de 3,5. Qual o valor correto que o professor deveria ter obtido?

48. Em um concurso, para o cálculo da nota final do candidato, adotam-se pesos nas provas, como mostra a tabela abaixo:

Prova	Peso
Redação	4
Matemática	3
Conhecimentos Gerais	2

A nota final mínima para aprovação nesse concurso é 8,5.

a) Um candidato X obteve 7,5, 9,0 e 9,5 nas provas de Redação, Matemática e Conhecimentos Gerais, respectivamente. Ele foi aprovado?

b) O candidato Y obteve 8,3 na Redação e 7,5 em Conhecimentos Gerais. Qual é a nota mínima que ele deveria obter em Matemática, a fim de que fosse aprovado no concurso? Sabe-se que as notas do concurso são atribuídas de 0,1 em 0,1.

49. Realizou-se uma pesquisa entre as mulheres de uma cidade para levantar informações sobre o número de filhos. Foram entrevistadas 400 mulheres, e os dados obtidos estão representados no gráfico de setores abaixo.

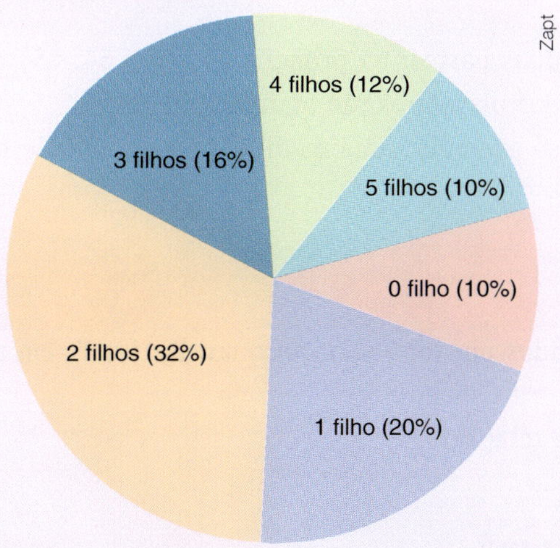

a) Quantas mulheres da amostra têm três ou mais filhos?

b) Qual é a média de filhos das mulheres dessa amostra?

50. O gráfico abaixo mostra a frequência relativa dos salários dos 40 funcionários (em salários mínimos) de uma pequena empresa:

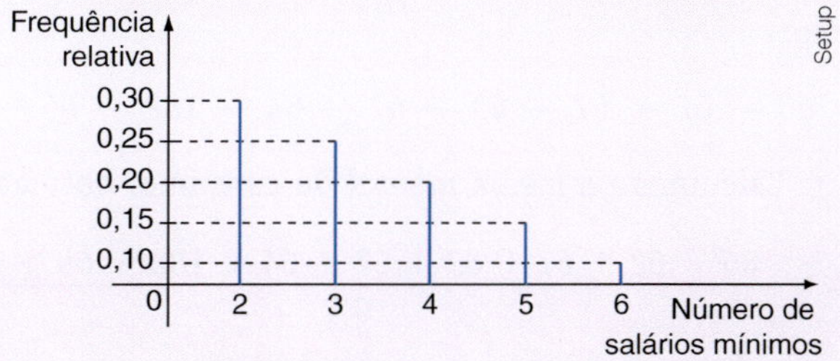

Sabendo que, no segundo semestre de 2012, o salário mínimo no Brasil era de R$ 622,00, verifique se são verdadeiras ou falsas as afirmações seguintes, justificando.

a) O salário médio nessa empresa é de 3,5 salários mínimos.

b) A folha de pagamento dos salários dessa empresa é maior que R$ 85 000,00.

c) Se cada funcionário recebesse um aumento de R$ 100,00 no salário, a média de salários dos funcionários dessa empresa ultrapassaria R$ 2 200,00.

d) Se todos os funcionários que recebem dois salários mínimos passassem a receber três salários mínimos, o salário médio da empresa passaria a ser maior do que R$ 2 400,00.

51. Os resultados de um levantamento, realizado por uma administradora de condomínios, referente ao número de funcionários que trabalham nos edifícios de um bairro residencial, estão apresentados na tabela seguinte:

Número de funcionários por edifício	Porcentagem
3	12%
4	36%
5	32%
6	14%
7	6%

a) Determine a média do número de funcionários por edifício.

b) Sabendo que a administradora pesquisou os dados de 150 edifícios, determine quantos edifícios possuem ao menos cinco funcionários.

52. A média aritmética de cinquenta números reais, x_1, x_2, x_3, ..., x_{49}, x_{50}, é igual a 120.

Qual é a média aritmética dos números reais $x_1 + 1$, $x_2 + 2$, $x_3 + 3$, ..., $x_{49} + 49$ e $x_{50} + 50$?

Mediana

Considere o consumo mensal de água, em metros cúbicos, de uma residência nos nove primeiros meses de um ano:

66 — 62 — 67 — 63 — 67 — 64 — 182 — 65 — 68

Calculando a média mensal de consumo, obtemos:

$$\overline{x} = \frac{66 + 62 + 67 + 63 + 67 + 64 + 182 + 65 + 68}{9} =$$

$$= \frac{704}{9} = 78{,}22 \text{ m}^3$$

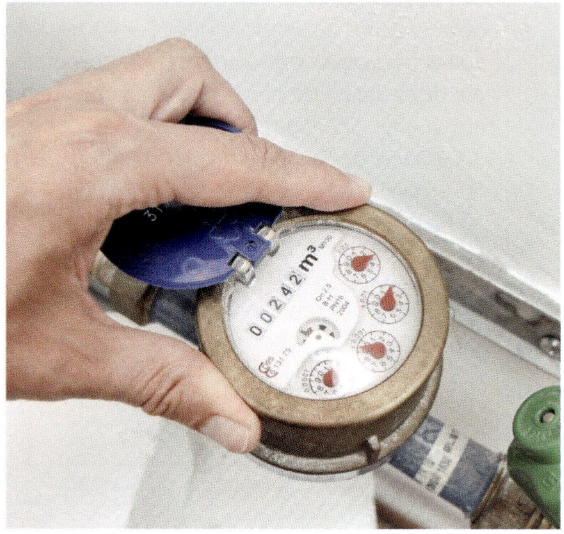

Ulrich Niehoff/Imagebroker RM/Diomedia

Hidrômetro, aparelho que mede o consumo de água nos imóveis.

O valor encontrado para a média (78,22 m³) não representa, com fidelidade, uma medida de tendência central: o consumo mensal dessa residência aponta para um valor entre 60 e 70 metros cúbicos; além disso, dos 9 valores registrados, 8 são menores que a média e "distantes", ao menos, dez unidades dela e apenas 1 valor é maior que a média, estando muito distante dela.

Nessa situação, a média foi afetada por um valor muito discrepante, que destoa dos demais: o valor de 182 m³ registrado em um mês pode ser explicado por um vazamento de água em alguma válvula ou torneira ou esse consumo atípico pode ser devido a uma hospedagem temporária na casa (parentes de outra cidade, por exemplo).

Desse modo, é importante conhecermos outra medida de centralidade, além da média, a fim de que façamos uma análise mais completa para interpretar e caracterizar o conjunto de dados. Essa outra medida de centralidade é a **mediana.**

Colocando em ordem crescente os valores de consumo da relação anterior, obtemos:

4 valores menores — 4 valores maiores

62 — 63 — 64 — 65 — **66** — 67 — 67 — 68 — 182

O valor destacado (66) separa o conjunto de dados em duas partes: na primeira {62, 63, 64, 65} todos os valores são menores que 66 e na outra {67, 67, 68, 182} todos os valores são maiores que 66.

O valor 66 m³ é chamado de mediana e representa, nesse exemplo, uma medida de centralidade mais fiel ao conjunto de dados.

Definição

Sejam $x_1 \leq x_2 \leq \ldots \leq x_n$ os *n* valores ordenados assumidos por uma variável quantitativa X, em um conjunto de observações.

Define-se a **mediana** (indicaremos por Me) por meio da relação:

$$\text{Me} = \begin{cases} x_{\left(\frac{n+1}{2}\right)}, & \text{se } n \text{ for ímpar} \\ \dfrac{x_{\left(\frac{n}{2}\right)} + x_{\left(\frac{n}{2}+1\right)}}{2}, & \text{se } n \text{ for par} \end{cases}$$

A definição garante que a mediana seja um valor central que divide o conjunto de dados em dois subconjuntos com o mesmo número de elementos. Em um subconjunto, todos os elementos são menores do que a mediana ou iguais a ela; no outro subconjunto, todos os elementos são maiores do que a mediana ou iguais a ela.

Exemplo 9

O controle de qualidade de uma indústria forneceu o seguinte número de peças defeituosas (por lote de 100 unidades):

6 — 4 — 9 — 6 — 3 — 8 — 1 — 4 — 5 — 6

Vamos determinar a mediana do número de peças defeituosas. Para isso, ordenamos esses valores:

1 — 3 — 4 — 4 — [5 — 6] — 6 — 6 — 8 — 9 (*)

Como n = 10 é par, pela definição a mediana será dada pela média aritmética entre o 5º e o 6º valores de (*), isto é:

$$Me = \frac{x_5 + x_6}{2} = \frac{5 + 6}{2} = 5,5$$

Note que, em (*), temos cinco valores menores que 5,5 (1 — 3 — 4 — 4 — 5) e cinco valores maiores que 5,5 (6 — 6 — 6 — 8 — 9).

Moda

Após fazer um levantamento das idades dos alunos de uma de suas turmas do 3º ano do Ensino Médio, uma professora construiu a seguinte tabela de frequência:

Idade	Número de alunos
16	4
17	28
18	7
19	5

Entre os valores assumidos pela variável "idade" (16, 17, 18 ou 19), constatamos que o valor 17 ocorreu mais vezes: 28 dos 44 alunos têm 17 anos.

Dizemos, então, que a **moda** das idades nesse conjunto de dados é igual a 17.

A moda de uma relação de valores (indica-se Mo) é o valor que ocorre mais vezes na relação, isto é, aquele que possui maior frequência absoluta.

Exemplo 10

Vamos encontrar a moda dos seguintes conjuntos de valores:

a) 5 — 8 — 11 — 8 — 3 — 4 — 8
   A moda é Mo = 8, pois há três valores iguais a 8.

b) 2 — 3 — 9 — 3 — 4 — 2 — 6
   Há duas modas: 2 e 3. Dizemos, então, que se trata de uma **distribuição de frequências bimodal.**

c) 1 — 3 — 4 — 6 — 9 — 11 — 2
   Nesse caso, todos os valores aparecem com a mesma frequência unitária. Assim, não há moda nessa distribuição.

Observações

Média, mediana e moda são as três medidas de tendência central mais usuais que podem ser associadas a um conjunto de dados. Cada uma delas possui, como vimos, interpretação e significado próprios. Dependendo da natureza dos dados, uma ou outra dessas medidas pode ser mais adequada para representá-los quantitativamente. Entretanto, a análise dos dados se torna mais completa quando conhecemos os valores das três medidas.

EXERCÍCIO RESOLVIDO

2. Na tabela ao lado, constam as previsões de temperatura máxima para as nove capitais nordestinas, para um dia de setembro de 2012.

Calcular as três medidas de centralidade associadas a esse conjunto de dados, interpretando-as.

Capital	Máxima
Aracaju	28 °C
Fortaleza	29 °C
João Pessoa	30 °C
Maceió	28 °C
Natal	30 °C
Recife	28 °C
Salvador	28 °C
São Luís	31 °C
Teresina	37 °C

Fonte: *O Estado de S. Paulo*, 15 set. 2012.

Solução:

- média aritmética $= \frac{28 + 29 + 30 + 28 + 30 + 28 + 28 + 31 + 37}{9} =$

  $= \frac{269}{9} \cong 29{,}9$ °C

  O valor encontrado para a média (29,9 °C) indica a temperatura máxima teórica em cada capital, caso todas as capitais tivessem a mesma temperatura máxima.

- moda = 28 °C (o valor 28 °C foi registrado quatro vezes)

  O valor encontrado para a moda (28 °C) significa que qualquer outra temperatura máxima registrada se repete menos vezes que 28 °C.

- mediana

  É preciso colocar as temperaturas em ordem crescente:

  28 °C — 28 °C — 28 °C — 28 °C — **29 °C** — 30 °C — 30 °C — 31 °C — 37 °C

  Como o número de valores é ímpar, a mediana corresponde ao valor da quinta posição da relação acima, isto é,

  Me = 29 °C (temperatura de Fortaleza)

  O significado é: das 9 capitais nordestinas, 4 terão temperatura máxima inferior a 29 °C, 4 terão temperatura máxima superior a 29 °C e 1 (Fortaleza) terá temperatura máxima de 29 °C.

EXERCÍCIOS

53. Calcule a média ($\overline{x}$), a mediana (Me) e a moda (Mo) para cada conjunto de valores:

a) 2 — 2 — 3 — 3 — 3 — 4 — 4 — 4 — 4

b) 16 — 18 — 18 — 17 — 19 — 18

c) 1 — 5 — 3 — 2 — 4

d) 11 — 8 — 15 — 19 — 6 — 15 — 13 — 21

e) 44 — 43 — 42 — 43 — 45 — 44 — 40 — 41 — 49 — 46

54. Os dados ordenados abaixo referem-se ao tempo de espera (em minutos) de 10 pessoas que foram atendidas em um posto de saúde durante uma manhã:

1 — 5 — 8 — 9 — x — 16

18 — y — 23 — 26

Sabendo que o tempo médio de espera foi de 14 minutos e o tempo mediano foi de 15 minutos, determine os valores de *x* e de *y*.

55. Na tabela seguinte constam os valores dos dez maiores PIBs das Américas.

PIB na América em 2010	
País	PIB (em bilhões de dólares)
Estados Unidos	14 582,40
Brasil	2 087,90
Canadá	1 574,00
México	1 039,70
Venezuela	387,90
Argentina	368,70
Colômbia	288,20
Chile	203,40
Peru	153,80
Cuba	114,10

Dados: Banco Mundial.
Fonte: *Almanaque Abril*, 2012.

a) Calcule a média e a mediana dos dados apresentados. Por que a média é bem maior que a mediana?

b) Em que condição a média ficaria mais próxima da mediana? Faça os cálculos necessários.

56. Uma pesquisa realizada com 3 000 pessoas de certa região pretende levantar alguns aspectos socioeconômicos. Um dos itens do questionário é: qual é o número de banheiros em sua residência? Os resultados encontram-se na tabela seguinte:

Número de banheiros	Porcentagem
1	42%
2	37%
3	16%
4	5%

a) Qual é o número de entrevistados cuja residência possui até dois banheiros?

b) Calcule a média, a moda e a mediana para os dados coletados.

57. A tabela seguinte fornece a quantidade de faltas registradas pelos funcionários de uma pequena empresa, durante um mês:

Número de faltas	Frequência absoluta
0	30
1	18
2	7
3	3
4	2

a) Quantos funcionários tem essa empresa?

b) Determine os valores das medidas centrais associadas ao número de faltas.

c) Faça um gráfico de barras para representar a situação descrita na tabela.

58. Uma empresa paga, anualmente, um bônus para seus funcionários. Nesse ano, a empresa já pagou bônus a 40 dos seus 50 funcionários, como mostra a tabela abaixo:

Número de funcionários	Valor do bônus (em reais)
8	300
14	600
18	1 000

a) Qual é a mediana dos valores já pagos de bônus pela empresa?

b) Sabe-se que os dez funcionários restantes receberão bônus de 600 ou 1 000 reais. Qual é o número de funcionários que devem receber bônus de R$ 600,00 para que a mediana dos 50 valores seja R$ 800,00?

59. Um corretor de imóveis relacionou, ao longo de dois anos de trabalho, a quantidade de imóveis comercializados (venda ou locação) mensalmente. Os resultados encontram-se na tabela seguinte:

Imóveis comercializados por mês	Nº de meses
0	8
1	4
2	11
3	1

a) Quais são os valores da média, da mediana e da moda da variável em questão?

b) Se nos próximos cinco meses não for comercializado imóvel algum, qual será a mediana dos 29 valores?

MEDIDAS DE DISPERSÃO (OU VARIABILIDADE)

Procurando uma companhia aérea para as viagens de negócios dos funcionários de sua pequena empresa, um empresário obteve, na internet, os percentuais mensais de pontualidade dos voos de duas companhias aéreas, A e B, no período de sete meses anteriores à data de sua pesquisa. Os resultados encontram-se na tabela seguinte:

Companhia	Mês 1	Mês 2	Mês 3	Mês 4	Mês 5	Mês 6	Mês 7
A	86%	92%	91%	95%	90%	89%	94%
B	93%	92%	90%	91%	90%	93%	88%

Inicialmente, ele calculou a média dos percentuais de pontualidade das duas companhias:

- companhia A: $\dfrac{86 + 92 + 91 + 95 + 90 + 89 + 94}{7} = \dfrac{637}{7} = 91\%$

- companhia B: $\dfrac{93 + 92 + 90 + 91 + 90 + 93 + 88}{7} = \dfrac{637}{7} = 91\%$

Conhecendo apenas o valor das médias das duas companhias, ele sabia que seria difícil optar por alguma. Surgiu, então, a ideia de saber qual companhia aérea apresentava desempenho mais regular, isto é, aquela cujos índices de pontualidade variassem menos.

Observando os valores da tabela, o empresário concluiu, sem muita convicção, que a companhia B era a mais regular.

A situação descrita mostra a necessidade de conhecermos as **medidas de dispersão** (ou variabilidade), que permitem quantificar a variabilidade de um conjunto de dados.

Vamos estabelecer quatro medidas de dispersão: a **amplitude**, a **variância**, o **desvio padrão** e o **desvio médio absoluto**.

Amplitude

A **amplitude** de um conjunto de dados é o número real dado pela diferença entre o maior e o menor valores registrados (nesta ordem).

No exemplo das companhias aéreas, temos:

- companhia A: A amplitude é igual a 95% − 86% = 9%
- companhia B: A amplitude é igual a 93% − 88% = 5%

Como a amplitude dos dados mensais da companhia B é menor que a amplitude dos dados mensais da companhia A, conclui-se que a companhia B é a mais regular, isto é, seus índices oscilaram menos do que os da outra companhia.

Observação

A amplitude de um conjunto de dados é uma medida de variabilidade fácil de ser calculada e, em geral, eficaz na análise da dispersão dos dados e na comparação da variabilidade de dois conjuntos de valores.

Definiremos agora três medidas de variabilidade que quantificam a dispersão (espalhamento) dos dados em relação à média.

Variância

Seja $x_1, x_2, ..., x_n$ a relação de valores assumidos por uma variável quantitativa X e $\overline{x}$ a média aritmética desses valores.

Para cada x_i (i = 1, 2, ..., n), calculamos o quadrado da diferença entre esse valor e a média: $(x_i - \overline{x})^2$, que é o desvio quadrático.

A **variância** — indica-se por Var X ou σ^2 (lê-se: sigma ao quadrado) — é a média aritmética dos desvios quadráticos, isto é:

$$\sigma^2 = \frac{(x_1 - \overline{x})^2 + (x_2 - \overline{x})^2 + ... + (x_n - \overline{x})^2}{n}$$

Usando a notação de somatória, escrevemos:

$$\sigma^2 = \frac{\sum_{i=1}^{n} (x_i - \overline{x})^2}{n}$$

Observe que, em qualquer situação, σ^2 é um número real não negativo, pois o numerador da expressão é uma soma de quadrados em $\mathbb{R}$.

Vamos calcular a variância dos dados referentes aos percentuais mensais de pontualidade das duas companhias (para facilitar, omitiremos nos cálculos os símbolos de %):

Companhia A

Mês	x_i	$(x_i - \overline{x})^2$
1	86	$(86 - 91)^2$
2	92	$(92 - 91)^2$
3	91	$(91 - 91)^2$
4	95	$(95 - 91)^2$
5	90	$(90 - 91)^2$
6	89	$(89 - 91)^2$
7	94	$(94 - 91)^2$

$$\sigma_A^2 = \frac{(86 - 91)^2 + (92 - 91)^2 + ... + (94 - 91)^2}{7}$$

$$\sigma_A^2 = \frac{(-5)^2 + 1^2 + 0^2 + 4^2 + (-1)^2 + (-2)^2 + 3^2}{7} =$$

$$= \frac{25 + 1 + 16 + 1 + 4 + 9}{7} = \frac{56}{7} = 8$$

Companhia B

Mês	x_i	$(x_i - \overline{x})^2$
1	93	$(93 - 91)^2$
2	92	$(92 - 91)^2$
3	90	$(90 - 91)^2$
4	91	$(91 - 91)^2$
5	90	$(90 - 91)^2$
6	93	$(93 - 91)^2$
7	88	$(88 - 91)^2$

$$\sigma_B^2 = \frac{(93 - 91)^2 + (92 - 91)^2 + ... + (88 - 91)^2}{7}$$

$$\sigma_B^2 = \frac{2^2 + 1^2 + (-1)^2 + 0^2 + (-1)^2 + 2^2 + (-3)^2}{7} =$$

$$= \frac{4 + 1 + 1 + 1 + 4 + 9}{7} = \frac{20}{7} \cong 2,86$$

Como a variância em B é menor que a variância em A ($\sigma_B^2 = 2{,}86 < \sigma_A^2 = 8$), concluímos que a companhia B é mais regular, isto é, os percentuais mensais de pontualidade de B estão menos dispersos em relação à média do que os percentuais mensais de A.

Observações

A variância é definida como uma soma de quadrados (média dos desvios quadráticos), sendo, portanto, uma medida cuja unidade é quadrática. Por exemplo, se estivéssemos estudando a altura dos alunos de uma turma, a altura média seria expressa em metro (m), porém a variância seria expressa em metro ao quadrado (m^2), o que geraria uma incompatibilidade em relação às unidades, pois *m* é unidade de comprimento e m^2 é unidade de área. Para uniformizá-las, definiremos o desvio padrão.

Desvio padrão

Seja $x_1, x_2, ..., x_n$ a relação dos valores assumidos por uma variável X. Chamamos **desvio padrão** de X — indicamos por DP(X) ou σ — a raiz quadrada da variância de X:

$$\sigma = \sqrt{\frac{(x_1 - \bar{x})^2 + (x_2 - \bar{x})^2 + ... + (x_n - \bar{x})^2}{n}}$$

Vamos calcular o desvio padrão dos percentuais de pontualidade das companhias aéreas:

- companhia A: $\sigma_A^2 = 8 \Rightarrow \sigma_A = \sqrt{8} \cong 2{,}82$
- companhia B: $\sigma_B^2 = 2{,}86 \Rightarrow \sigma_B = \sqrt{2{,}86} \cong 1{,}69$

EXERCÍCIO RESOLVIDO

3. Num levantamento realizado em 100 jogos de futebol de um torneio, foram colhidos os seguintes dados:

Gols por partida	0	1	2	3	4	5
Frequência de jogos	28	26	31	9	4	2

Calcular o desvio padrão do número de gols marcados por partida.

Solução:

É importante lembrar que a variável em estudo é "número de gols marcados por partida", e ela assume os valores 0, 1, 2, 3, 4 e 5 com frequências absolutas respectivamente iguais a 28, 26, 31, 9, 4 e 2.

Calculemos a média ($\bar{x}$) desses valores. Temos:

$$\bar{x} = \frac{0 \cdot 28 + 1 \cdot 26 + 2 \cdot 31 + 3 \cdot 9 + 4 \cdot 4 + 5 \cdot 2}{28 + 26 + 31 + 9 + 4 + 2} = \frac{141}{100} = 1{,}41 \text{ gol/partida}$$

Calculemos, agora, os desvios quadráticos de cada valor que a variável assume com relação à média:

$$\underbrace{(0-1{,}41)^2}_{1{,}9881};\ \underbrace{(1-1{,}41)^2}_{0{,}1681};\ \underbrace{(2-1{,}41)^2}_{0{,}3481};\ \underbrace{(3-1{,}41)^2}_{2{,}5281};\ \underbrace{(4-1{,}41)^2}_{6{,}7081} \text{ e } \underbrace{(5-1{,}41)^2}_{12{,}8881}$$

Levando em conta as frequências absolutas, temos que a variância (σ^2) é dada por:

$$\sigma^2 = \frac{28 \cdot 1{,}9881 + 26 \cdot 0{,}1681 + 31 \cdot 0{,}3481 + 9 \cdot 2{,}5281 + 4 \cdot 6{,}7081 + 2 \cdot 12{,}8881}{100}$$

$$\sigma^2 \cong \frac{55{,}67 + 4{,}37 + 10{,}79 + 22{,}75 + 26{,}83 + 25{,}77}{100} = \frac{146{,}18}{100} = 1{,}4618$$

Daí, o desvio padrão é $\sigma = \sqrt{1{,}4618} \cong 1{,}21$ gol/partida.

EXERCÍCIOS

60. Para cada conjunto de valores, calcule a amplitude (a), a variância (σ^2) e o desvio padrão (σ):

a) 3 — 3 — 4 — 4 — 4 — 6
b) 1 — 2 — 3 — 4 — 5
c) 15 — 22 — 18 — 20 — 21 — 23 — 14
d) 31 — 31 — 31 — 31 — 31 — 31 — 31 — 31
e) 5 — 6 — 6 — 7 — 7 — 7 — 8 — 8 — 8 — 8

61. Um grupo de 12 estudantes passou um dia de verão em um parque aquático. Seus gastos com alimentação são dados a seguir (valores em reais):

12,00 — 8,00 — 15,00 — 10,00 — 14,00 — 15,00 — 10,00 — 20,00 — 9,00 — 8,00 — 15,00 — 8,00

Obtenha:

a) a variância dos valores relacionados;
b) o desvio padrão dos valores relacionados;
c) a amplitude dos valores relacionados.

62. A quantidade de erros de digitação por página encontrados em uma pesquisa escolar com quarenta páginas é dada na tabela seguinte:

Erro por página	Número de páginas
0	28
1	8
2	4

a) Determine as medidas de centralidade (média, mediana e moda) correspondentes à quantidade de erros.
b) Determine as medidas de dispersão variância e desvio padrão correspondentes.
c) Você acha que seria adequado usar apenas a amplitude dos dados como medida de dispersão para caracterizar a variabilidade desse conjunto de dados?

63. Um professor de inglês está interessado em comparar o desempenho de suas quatro turmas de um mesmo curso. Para isso, considerou a média final dos cinco alunos de cada turma:

Turma A	3	5	7	5	5
Turma B	6	6	4	4	5
Turma C	9	1	6	5	4
Turma D	7	8	5	2	3

a) Calcule a amplitude das notas de cada turma e use os valores calculados para ordená-las, da mais regular à menos regular.
b) Compare os desvios padrões das turmas C e D, indicando aquela com aproveitamento mais regular dos alunos.
c) Use o desvio padrão para comparar as turmas A e B quanto à regularidade das notas finais dos alunos.

64. Nas tabelas a seguir estão representadas as taxas de mortalidade infantil (por mil) dos estados das regiões Sul e Sudeste em 2009:

Região Sul	
Paraná	17,3
Santa Catarina	15
Rio Grande do Sul	12,7

Região Sudeste	
São Paulo	14,5
Rio de Janeiro	18,3
Minas Gerais	19,1
Espírito Santo	17,7

Fonte: *Almanaque Abril*, 2012.

Qual região apresenta o conjunto de valores mais homogêneo? Calcule o desvio padrão da mortalidade infantil nas duas regiões para comprovar sua resposta.

65. Na tabela abaixo constam as notas que Pedro e Paulo tiraram nas cinco avaliações que fizeram em um curso de informática.

Pedro	7,0	4,5	5,5	5,0	3,0
Paulo	5,0	5,5	3,0	4,0	7,5

Calcule a variância das notas de cada aluno, indicando qual deles obteve desempenho mais homogêneo.

66. Os salários dos 20 funcionários que trabalham em um hotel estão apresentados na tabela:

Salários (em reais)	Número de funcionários
750,00	10
880,00	6
1 000,00	4

a) Calcule a média ($\overline{x}$) e o desvio padrão (σ) dos salários.
b) Suponha que sejam contratados cinco funcionários, cada um com salário de R$ 850,00. O desvio padrão dos 25 salários será igual, menor ou maior que o encontrado no item *a*?
c) Faça o cálculo que comprove a resposta do item anterior.

67. Os valores seguintes representam os resultados obtidos por 12 estudantes em um experimento cujo objetivo era calcular, em milímetros, uma determinada distância:

8,7 — 8,5 — 9,2 — 8,8 — 8,9 — 8,6 — 8,7 — 8,6 — 8,4 — 8,7 — 8,6 — 8,7

O professor considerou aceitáveis os resultados pertencentes ao intervalo $[\bar{x} - \sigma, \bar{x} + \sigma]$, em que $\bar{x}$ é a média e σ o desvio padrão dos dados acima.

Quantos alunos não tiveram seu resultado considerado aceitável?

68. Reduzir os índices de violência nas cidades ainda é um grande desafio da nossa sociedade. Veja, por exemplo, este levantamento, feito no mês de março de 2012, sobre os bairros da cidade de São Paulo onde foram registrados os maiores índices de homicídios dolosos (com intenção de assassinar):

Bairros	Nº de ocorrências
Perus	5
Parelheiros	4
Jardim Miriam	4
Jardim Herculano	4
Nossa S. do Ó	3
Campo Limpo	3
Capão Redondo	3
Parque São Rafael	3
Vila Jacuí	3
Teotônio Vilela	3
Jardim Mirna	3
Parque Santo Antônio	3
Sé	2
Brás	2
Guaianazes	2
Parque do Carmo	2
Lajeado	2
Sapopemba	2
Jardim Arpoador	2
Vila Joaniza	2
Vila Pereira Barreto	2
Americanópolis	2
Jardim das Imbuias	2

Fonte: *Folha de S.Paulo*, 26 abr. 2012.

a) Calcule a média ($\bar{x}$), a mediana (Me) e a moda (Mo) dos dados apresentados.

b) Obtenha o desvio padrão aproximado dos dados apresentados.

c) Se os bairros que apresentaram duas ocorrências reduzissem em 50% o número de ocorrências no mês seguinte, qual seria o percentual de redução da média? E da mediana? Admita que não haja outras alterações.

Desvio médio

Outra medida de dispersão, menos usual que a variância (e o desvio padrão), é o **desvio médio absoluto**, ou, simplesmente, **desvio médio**.

Sejam $x_1, x_2, ..., x_n$ os valores assumidos por uma variável quantitativa X e $\bar{x}$ a média aritmética desses valores. O desvio médio (indicaremos por DM) é definido por:

$$DM = \frac{|x_1 - \bar{x}| + |x_2 - \bar{x}| + ... + |x_n - \bar{x}|}{n} = \frac{1}{n} \cdot \sum_{i=1}^{n} |x_i - \bar{x}|$$

Observe que DM representa a média aritmética dos desvios entre x_i ($i = 1, 2, ..., n$) e $\bar{x}$, expressos pelo módulo da diferença entre o valor observado (x_i) e a média ($\bar{x}$).

Exemplo 11

Na tabela ao lado estão representadas as temperaturas mínimas diárias de duas cidades da serra catarinense, em uma mesma semana de inverno.

	Segunda	Terça	Quarta	Quinta	Sexta
Cidade A	−1 °C	0 °C	2 °C	−1 °C	−3 °C
Cidade B	−1 °C	−2 °C	1 °C	1 °C	−2 °C

Vamos usar o desvio médio para decidir em qual cidade as temperaturas oscilaram menos em relação à média semanal.

- Para a cidade A, temos:

$$\overline{x} = \frac{-1 + 0 + 2 + (-1) + (-3)}{5} = -\frac{3}{5} = -0,6\ °C$$

$$DM = \frac{|-1 - (-0,6)| + |0 - (-0,6)| + |2 - (-0,6)| + |-1 - (-0,6)| + |-3 - (-0,6)|}{5}$$

$$DM = \frac{|-0,4| + |0,6| + |2,6| + |-0,4| + |-2,4|}{5} = \frac{0,4 + 0,6 + 2,6 + 0,4 + 2,4}{5} = 1,28$$

- Para a cidade B, temos:

$$\overline{x} = \frac{-1 + (-2) + 1 + 1 + (-2)}{5} = -\frac{3}{5} = -0,6\ °C$$

$$DM = \frac{|-1 - (-0,6)| + |-2 - (-0,6)| + |1 - (-0,6)| + |1 - (-0,6)| + |-2 - (-0,6)|}{5}$$

$$DM = \frac{|-0,4| + |-1,4| + |1,6| + |1,6| + |-1,4|}{5} = \frac{0,4 + 1,4 + 1,6 + 1,6 + 1,4}{5} = 1,28$$

Coincidentemente, as duas cidades apresentaram igual temperatura mínima média e igual desvio médio, o que nos mostra que não houve diferença na dispersão das temperaturas em torno da média, considerando o desvio médio como medida.

Para "desempatar", poderíamos, por exemplo, calcular a amplitude das temperaturas nas duas cidades: cidade A: $2 - (-3) = 5$; cidade B: $1 - (-2) = 3$. Concluiríamos, desse modo, que em B os dados estão menos dispersos, formando um conjunto mais homogêneo.

EXERCÍCIOS

69. Calcule o desvio médio para cada um dos seguintes conjuntos de dados:

a) 2 — 4 — 6

b) 2 — 3 — 5 — 4 — 8 — 8

c) 20 — 25 — 15 — 35 — 30

70. Um país hipotético é formado por duas regiões, A e B, cada uma com cinco cidades de mesma população. Foi feito um levantamento para saber o grau de satisfação da população de cada cidade, em relação à respectiva administração municipal. Na tabela, constam notas de 0 a 10, adotadas para medir a satisfação dos habitantes:

Região A	7,0	4,5	5,5	5,0	3,0
Região B	5,0	8,5	3,0	1,0	7,5

Calcule o desvio médio absoluto para cada região, determinando em qual delas as opiniões são menos divergentes.

71. Na tabela seguinte, encontram-se os valores de uma gratificação dada aos funcionários de uma pequena empresa no final do ano:

Gratificação (em reais)	Número de funcionários
200,00	8
450,00	12
800,00	5
1 500,00	3
2 500,00	2

Calcule o desvio médio das gratificações recebidas, arredondando os valores obtidos para o número inteiro mais próximo.

MEDIDAS DE CENTRALIDADE E DISPERSÃO PARA DADOS AGRUPADOS

Introdução

Os salários dos 23 funcionários de um estabelecimento comercial estão representados na tabela seguinte:

Salários (em reais)	Número de funcionários
400 ⊢ 1 000	4
1 000 ⊢ 1 600	12
1 600 ⊢ 2 200	7

Qual é a média salarial dos funcionários deste estabelecimento?

Quando a variável em estudo apresenta seus valores agrupados em classes ou intervalos, não dispomos de informações para saber como esses valores estão distribuídos em cada faixa.

Para que se possa calcular a média (e outras medidas de centralidade e dispersão) desses valores, costuma-se fazer a suposição de que, em cada intervalo, os valores estão distribuídos de forma simétrica em relação ao **ponto médio** (indicado por x_i) do intervalo. Ao considerar, por exemplo, o primeiro intervalo (400 ⊢ 1 000), uma possível distribuição simétrica dos quatro salários é dada a seguir:

Salários: R$ 450,00; R$ 600,00; R$ 800,00; e R$ 950,00

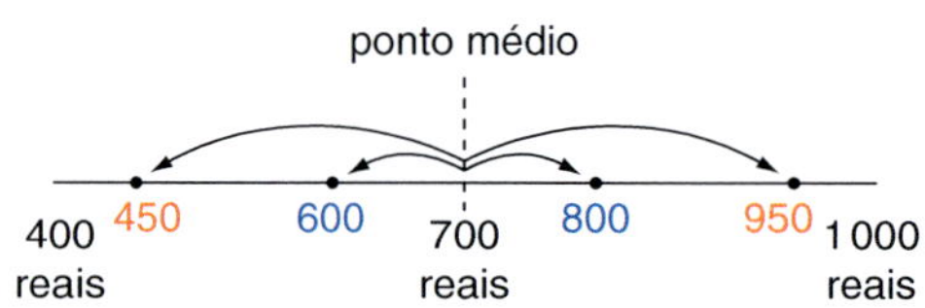

Observe que há uma compensação entre valores equidistantes dos extremos do intervalo (400 e 1 000), de modo que a média de cada par desses valores coincide com o ponto médio x_i. Senão, vejamos: 450 e 950 são equidistantes dos extremos do intervalo; a média entre eles é $\frac{450 + 950}{2} = 700 = x_i$.

O mesmo raciocínio se aplica ao par de valores 600 e 800.

Na prática, essa suposição é equivalente a admitir que todos os quatro salários desse intervalo são iguais a R$ 700,00, que é o ponto médio.

Estendendo esse raciocínio aos demais intervalos, é possível calcular a média salarial dos funcionários deste estabelecimento:

Salários (em reais)	Ponto médio do intervalo	Número de funcionários
400 ⊢ 1 000	700	4
1 000 ⊢ 1 600	1 300	12
1 600 ⊢ 2 200	1 900	7

$$\overline{x} = \frac{700 \cdot 4 + 1\,300 \cdot 12 + 1\,900 \cdot 7}{4 + 12 + 7} = \frac{31\,700}{23} \cong 1\,378{,}26$$

Assim, a média salarial é, aproximadamente, R$ 1 378,00.

Cálculo do desvio padrão

O cálculo das medidas de dispersão (variância e desvio padrão) em relação à média está apoiado na mesma suposição: dentro de cada intervalo, os valores distribuem-se de forma simétrica em torno do ponto médio (x_i). Na prática, admitimos que todos os valores do intervalo coincidem com x_i.

Salários (em reais)	Ponto médio do intervalo (x_i)	Desvio quadrático $(x_i - \overline{x})^2$	Número de funcionários
400 ⊢ 1000	700	$(700 - 1378)^2$	4
1000 ⊢ 1600	1300	$(1300 - 1378)^2$	12
1600 ⊢ 2200	1900	$(1900 - 1378)^2$	7

A variância (σ^2), como sabemos, é a média aritmética desses desvios, ponderada pelas respectivas frequências absolutas (número de funcionários) de cada intervalo:

$$\sigma^2 = \frac{4 \cdot (700 - 1378)^2 + 12 \cdot (1300 - 1378)^2 + 7 \cdot (1900 - 1378)^2}{23}$$

$$\sigma^2 = \frac{1838736 + 73008 + 1907388}{23} = \frac{3819132}{23} \cong 166049 \text{ (reais)}^2$$

Desse modo, o desvio padrão dos salários é: $\sigma = \sqrt{166049 \text{ (reais)}^2} \cong 407{,}50$ reais

Determinação da classe modal

Definimos **classe modal** como a classe que apresenta maior frequência absoluta. No exemplo, a classe modal é 1000 ⊢ 1600, pois há 12 valores pertencentes a esse intervalo (as outras frequências são menores: 4 e 7).

Cálculo da mediana

Lembremos, inicialmente, que a mediana de um conjunto de valores é um valor que separa esse conjunto em duas partes com o mesmo número de valores, isto é, 50% dos valores são menores do que (ou iguais) a mediana e 50% dos valores são maiores do que (ou iguais) a mediana.

Observe, no histograma seguinte, as porcentagens aproximadas de cada intervalo:

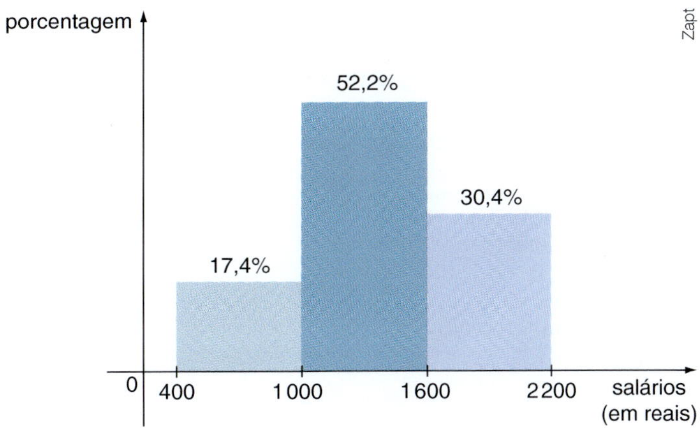

Da leitura do gráfico, notamos que:

- ao final do primeiro intervalo encontram-se 17,4% do total de valores;
- ao final dos dois primeiros intervalos, encontram-se acumulados 17,4% + 52,2% = 69,6% do total de valores.

Com base nas observações anteriores, concluímos que a mediana encontra-se no segundo intervalo. De seu limite inferior (1000) até a mediana concentram-se 50% − 17,4% = 32,6% do total de valores.

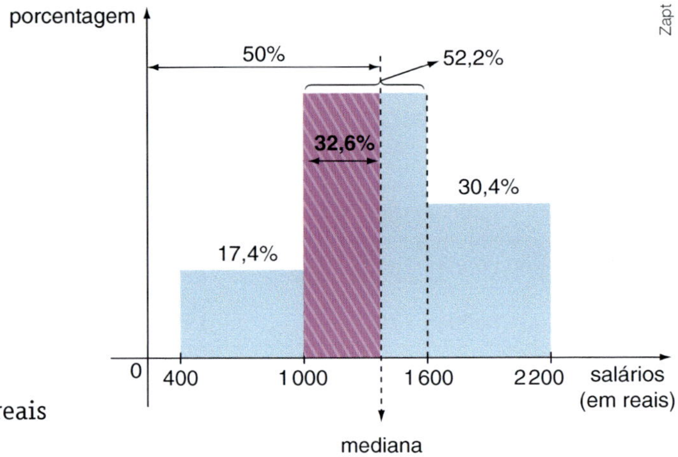

Observando que, no segundo intervalo, o retângulo roxo e o retângulo cinza possuem a mesma altura, temos que a área de cada um desses retângulos (expressa como porcentagem da área total sob o histograma) é diretamente proporcional à medida de sua base, isto é:

$$\frac{Me - 1000}{32{,}6\%} = \frac{1600 - 1000}{52{,}2\%} \Rightarrow Me \cong 1374{,}71 \text{ reais}$$

EXERCÍCIO RESOLVIDO

4. Durante 60 dias, anotou-se o número de cartas entregues, diariamente, em um edifício residencial. Os resultados são mostrados na tabela e no histograma seguintes.

Cartas entregues por dia	Frequência absoluta	Porcentagem (%)
20 ⊢ 30	5	8,3
30 ⊢ 40	9	15
40 ⊢ 50	20	33,3
50 ⊢ 60	18	30
60 ⊢ 70	8	13,3

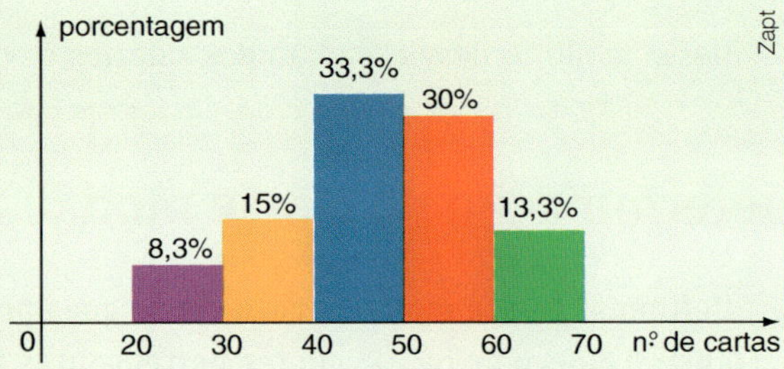

Determinar as três medidas de centralidade correspondentes ao número de cartas diariamente entregues no edifício.

Solução:

- Média ($\bar{x}$)

  Usando os pontos médios de cada intervalo, vem:

$$\bar{x} = \frac{25 \cdot 5 + 35 \cdot 9 + 45 \cdot 20 + 55 \cdot 18 + 65 \cdot 8}{5 + 9 + 20 + 18 + 8} = \frac{2850}{60} = 47{,}5$$

- Mediana (Me)

  A mediana encontra-se na 3ª classe (de 40 a 50), pois a porcentagem acumulada ao final das três primeiras classes já ultrapassa 50% (8,3 + 15 + 33,3 = 56,6%). Ao final das duas primeiras classes, a porcentagem de observações acumulada é de 8,3 + 15 = 23,3%. Isso mostra que do valor 40 até a mediana estão concentradas 50 − 23,3 = 26,7% das observações. Podemos então estabelecer a seguinte proporção:

$$\frac{50 - 40}{33{,}3\%} = \frac{Me - 40}{26{,}7\%} \Rightarrow Me \cong 48$$

  33,3%: porcentagem referente ao intervalo 40 ⊢ 50

  26,7%: porcentagem referente ao intervalo 40 ⊢ Me (retângulo colorido)

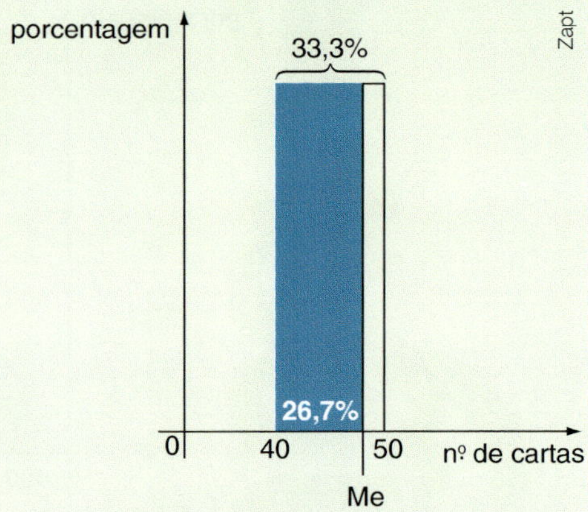

- Classe modal

  A classe modal corresponde ao intervalo que reúne a maior porcentagem de valores. Nesse caso, a classe modal é o intervalo [40; 50[.

EXERCÍCIOS

72. No gráfico seguinte está representada a distribuição de salários em um estabelecimento comercial.

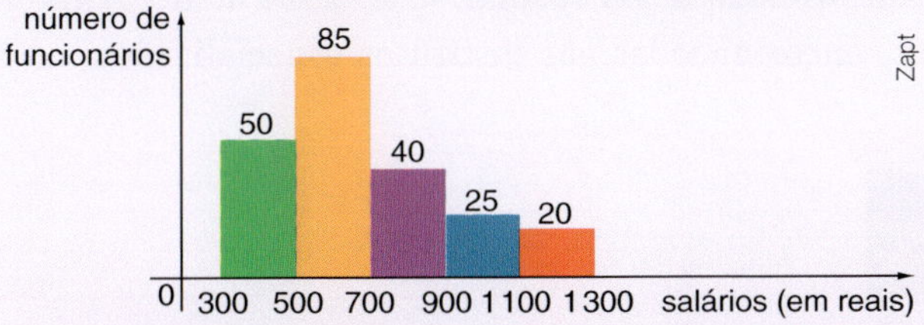

a) Qual é o número de funcionários do estabelecimento?

b) Qual é o valor médio dos salários?

c) Qual é a classe modal dos salários?

73. No histograma abaixo estão representados os "pesos" de 200 clientes que se hospedaram durante uma semana em um *spa*:

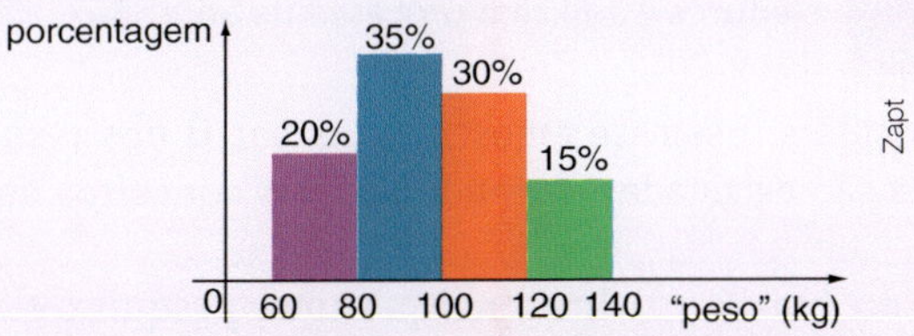

a) Quantos hóspedes tinham menos de 120 kg?

b) Qual o "peso" médio desses clientes?

c) Qual o "peso" mediano desses clientes?

d) Qual o desvio padrão dos "pesos" dessa distribuição?

74. Na tabela seguinte constam os valores doados em um dia, na arrecadação de uma campanha beneficente:

Doações (em reais)	Número de doações
5 a 15	1 250
16 a 26	1 083
27 a 37	762
38 a 48	541
49 a 59	509
60 a 70	321

a) Qual é a menor quantia que pôde ter sido arrecadada nesse dia?

b) Qual é a maior quantia que pôde ter sido arrecadada nesse dia?

75. Uma companhia de ônibus registrou a taxa de ocupação (em %) de suas viagens entre Belo Horizonte e Brasília durante 40 dias. Os resultados são mostrados a seguir:

43 — 66 — 54 — 75 — 78 — 61 — 48 — 50 —
53 — 60 — 60 — 86 — 61 — 60 — 55 — 62 —
45 — 57 — 61 — 40 — 32 — 49 — 52 — 48 —
69 — 70 — 68 — 80 — 82 — 79 — 39 — 48 —
84 — 76 — 36 — 61 — 91 — 81 — 65 — 55

a) Considerando classes de amplitude 10 a partir de 32%, construa um histograma correspondente.

b) Calcule a taxa média, a taxa mediana e a classe modal de ocupação, considerando os dados agrupados.

c) Qual é o desvio padrão da taxa de ocupação, considerando os dados agrupados?

76. As temperaturas máximas diárias registradas no mês de janeiro em uma cidade estão dadas na tabela abaixo:

Temperatura máxima	Número de dias
25 °C ⊢ 28 °C	9
28 °C ⊢ 31 °C	11
31 °C ⊢ 34 °C	7
34 °C ⊢ 37 °C	4
Total	31

Determine:

a) a média, a mediana e a classe modal das temperaturas;

b) a variância e o desvio padrão das temperaturas.

77. Um provedor de internet mediu o tempo (em minutos) de uso diário da rede por seus assinantes, por meio de uma amostragem. Com os dados obtidos na pesquisa construiu-se o seguinte histograma:

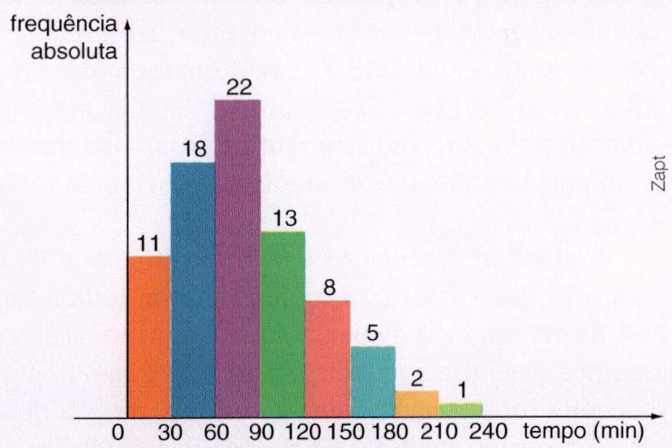

a) Que porcentagem do total de assinantes fica entre meia hora e uma hora e meia na rede?

b) Qual é a média e a mediana do tempo de uso da internet?

c) Com base no histograma anterior, faça um outro histograma agrupando os tempos de hora em hora. Calcule a média, a mediana e o desvio padrão.

DESAFIO

Qual é o resto da divisão de $1 \cdot 2 \cdot 3 \cdot 4 \cdot 5 \cdot \ldots \cdot 2012 + 19$ por 7?

APLICAÇÕES

As pesquisas eleitorais

No Brasil ocorrem eleições a cada dois anos, e em decorrência dessa regularidade, o brasileiro se habituou a acompanhar pela mídia as pesquisas eleitorais, encomendadas aos institutos especializados, no período de eleições.

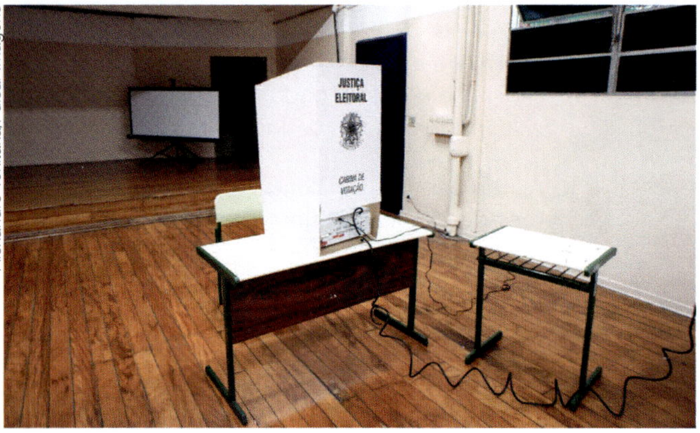

Alexandre Tokitaka/Pulsar Imagens

Cabina de votação com urna eletrônica, dispositivo que armazena as escolhas dos eleitores e agiliza o processo de apuração dos votos.

Como já sabemos, para colher as informações necessárias, usam-se amostras e, a partir dos resultados obtidos na amostra, características de todos os eleitores são estimadas, fazendo uso dos conceitos de **margem de erro** e do **nível de confiança**.

O conceito de margem de erro é mais conhecido do brasileiro. Imagine que uma pesquisa eleitoral aponte que a porcentagem de eleitores que irão votar no candidato X é de 30%, por exemplo. Considerar uma margem de erro de 2,5 pontos percentuais para mais ou para menos significa dizer que o intervalo [30 − 2,5; 30 + 2,5] = [27,5; 32,5] provavelmente contém a verdadeira proporção de eleitores do candidato X em toda a população.

O termo "provavelmente" está relacionado a um conceito bem menos divulgado na mídia e praticamente desconhecido da população brasileira: é o nível de confiança da pesquisa, que está associado aos intervalos de confiança. Em pesquisas eleitorais, costuma-se usar um nível de confiança de 95%. O que isso significa?

Imagine que com outra amostra de mesmo tamanho dessa população fosse realizada outra pesquisa nas mesmas condições que a anterior. Suponha que essa outra pesquisa tenha apontado um percentual de 28,5% para o candidato X; com a margem de erro da pesquisa, construímos o intervalo I_2 = [28,5 − 2,5; 28,5 + 2,5] = [26; 31] que provavelmente contém a verdadeira proporção de eleitores de X na população. Com uma terceira amostra, obteríamos, analogamente, um intervalo I_3 e assim por diante.

Considerando 100 diferentes amostras de mesmo tamanho dessa população, teríamos 100 intervalos: $I_1, I_2, I_3, \ldots, I_{100}$.

O nível de confiança de 95% significa que 95 desses 100 intervalos contêm a verdadeira proporção de eleitores que votam no candidato X, em toda a população.

Assim, quando dispomos de uma informação como "o candidato X atingiu 30% das intenções de voto, em uma pesquisa cuja margem de erro é de 2,5 pontos percentuais, com nível de 95% de confiança", é importante ter em mente que não é 100% certeza que o intervalo [27,5; 32,5] contém o verdadeiro percentual de eleitores do candidato X na população: há 5% de chance de o intervalo não conter o verdadeiro percentual. Abre-se, desse modo, a possibilidade de um erro estatístico, inerente à natureza da pesquisa eleitoral.

Referência bibliográfica:

- Erro em Pesquisa Eleitoral. Disponível em: <http://bd.camara.gov.br>. Acesso em: 23 jul. 2014.
- Bussab, O. Wilton e Morettin, Pedro A. *Métodos quantitativos – Estatística básica.* 3. ed. São Paulo: Atual, 1987.
- Malfeitos nas Pesquisas Políticas – I Simed. Disponível em: <www.simed.estatistico.com/confe.pdf>. Acesso em: 23 jul. 2014.

EXERCÍCIOS COMPLEMENTARES

1. O gráfico representa o resultado de uma pesquisa realizada com 1 200 pessoas sobre intenção de compras no Natal.

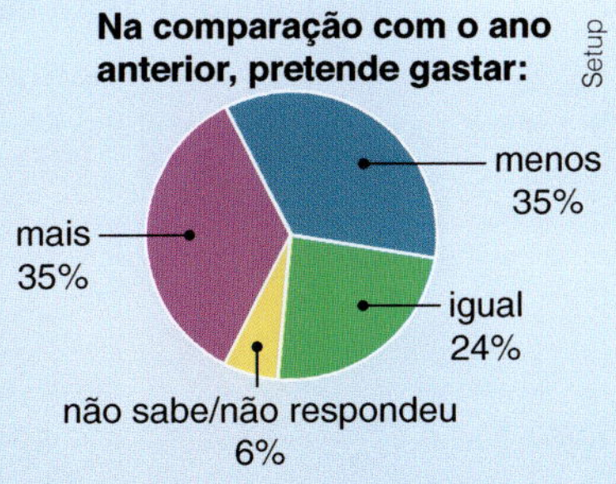

a) Determine as medidas dos ângulos representados.

b) Quantas pessoas pretendiam gastar o mesmo que no ano anterior?

c) Se 3 em cada 4 pessoas que pretendiam gastar o mesmo que no ano anterior resolvessem gastar mais, qual seria a medida do ângulo do setor correspondente a "mais"? Admita que não haja outras mudanças.

2. **Uns perdem, outros transformam**

Quanto mais rico o país, mais lixo se joga fora, mais lixo se recolhe, mais lixo se reaproveita e mais dinheiro se ganha com isso. Compare:

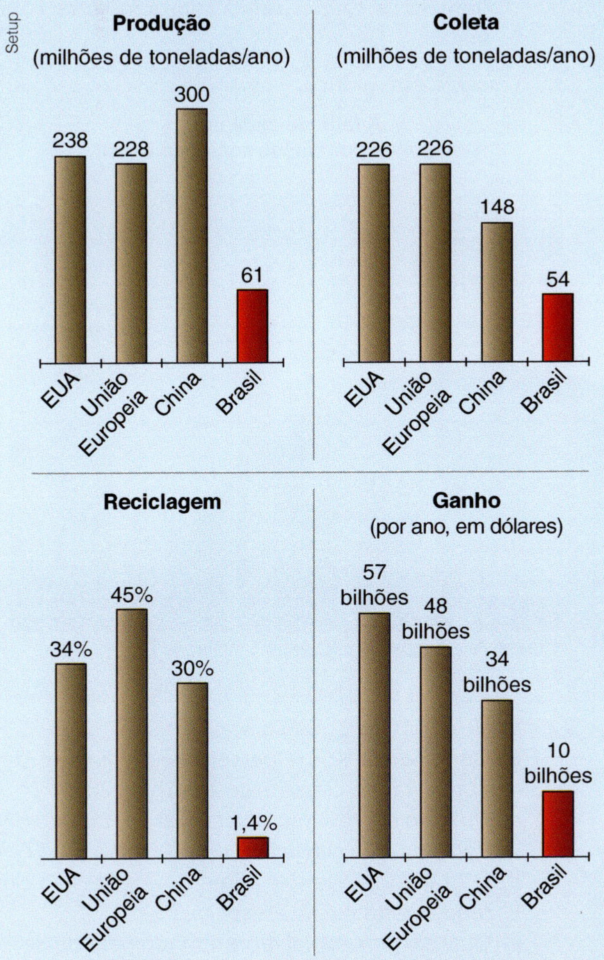

Fonte: *Veja*, edição especial: Sustentabilidade — dez. 2011.

Os gráficos anteriores comparam a produção, a coleta, a reciclagem (em relação ao lixo coletado) e os ganhos, com a reciclagem de lixo, no Brasil com China, União Europeia e Estados Unidos. A análise dos gráficos revela um grande desafio para nossa sociedade: o desenvolvimento sustentável.

Com base nas informações dos gráficos, classifique no caderno em verdadeiras (V) ou falsas (F) as afirmações seguintes:

a) A China coleta menos da metade do lixo produzido.

b) Menos de 1% do lixo produzido na União Europeia deixa de ser coletado.

c) Os Estados Unidos reciclam mais de 90 milhões de toneladas de lixo por ano.

d) O Brasil recicla menos de 1 milhão de tonelada de lixo por ano.

e) Na União Europeia, o ganho apurado, por tonelada de lixo reciclada, é de cerca de trezentos dólares.

f) Embora a União Europeia recicle mais lixo que os Estados Unidos, o país norte-americano consegue gerar uma receita, por tonelada de lixo reciclado, 85% maior que a europeia.

3. Observe as informações a seguir.

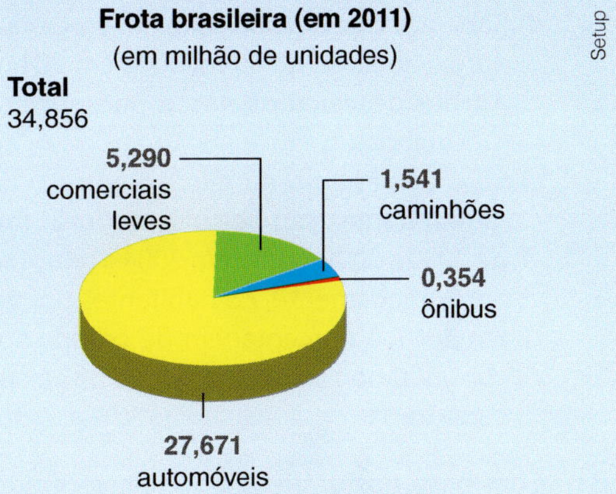

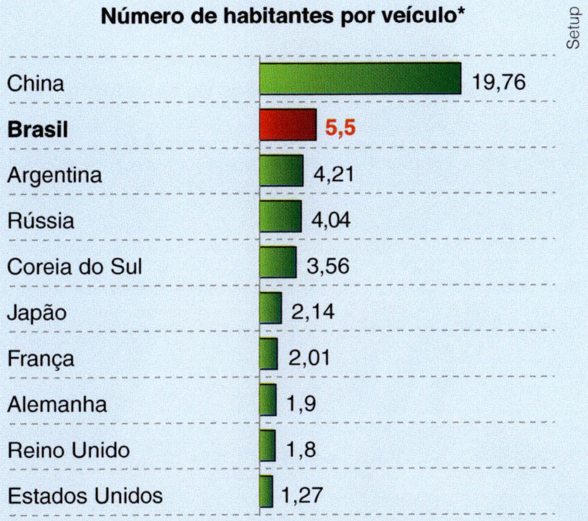

* Inclui automóveis, comerciais leves, caminhões e ônibus.

Número de habitantes por veículo no Brasil

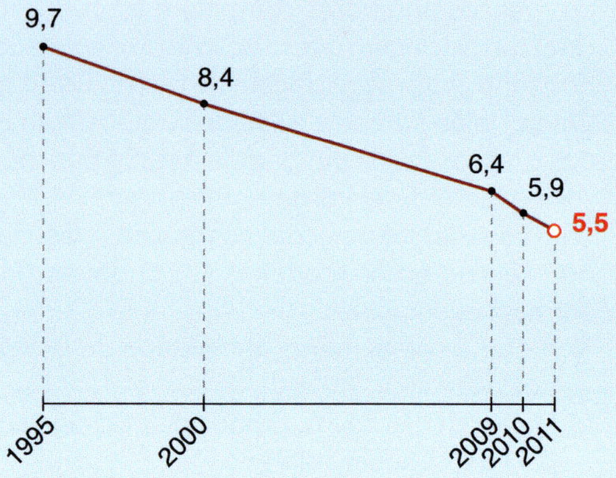

Fonte: *O Estado de S. Paulo*, 15/4/2012.

Com base exclusivamente nas informações dos gráficos, analise as afirmações seguintes, classificando-as em verdadeiras (V) ou falsas (F); corrija em seu caderno as falsas, de modo a torná-las verdadeiras:

a) A Argentina possuía, em 2011, mais veículos que a Rússia.
b) A medida do ângulo do setor circular correspondente a comerciais leves é maior que 60°.
c) A população brasileira, em 2011, era de 191 708 000 habitantes.
d) Sabendo que a população sul-coreana era de aproximadamente 49 milhões em 2011, então a frota de veículos nesse país superava os 150 milhões.
e) Se o decréscimo na relação entre o número de habitantes por veículo no Brasil foi linear de 2000 a 2009, então em 2004 a relação era de, aproximadamente, 7,5 habitantes por veículo.
f) Em 2011, a porcentagem de ônibus no Brasil, considerando-se o total da frota de veículos, era cerca de 1%.

4. Com base nos gráficos a seguir, verifique se as afirmações são verdadeiras ou falsas.

População* – 2011 (em %)
Total mundial: 6,954 bilhões de habitantes

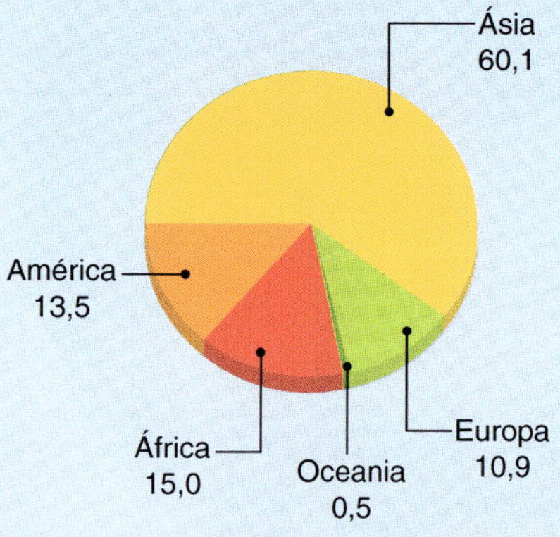

*Distribuição nos continentes

Área* (em %)
Total mundial: 150 milhões de km²

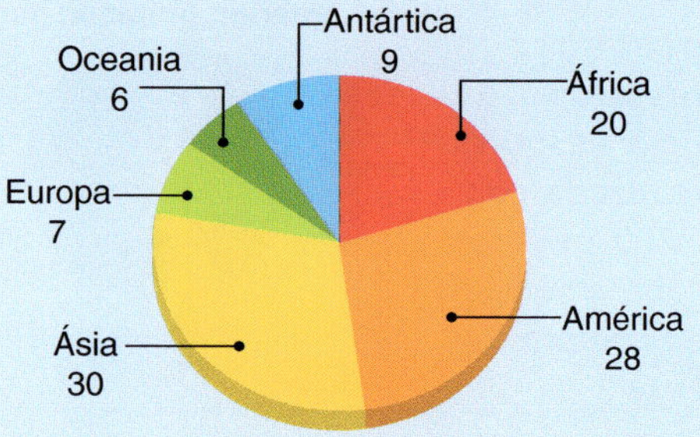

*Distribuição nos continentes

Fonte: *Almanaque Abril*, 2012.

a) Em 2011, de cada 5 pessoas da Terra, 3 moravam na Ásia.
b) A Europa possui uma área inferior a 9 milhões de km^2.
c) As densidades demográficas dos continentes americano e africano praticamente coincidiam em 2011.
d) A densidade demográfica da Oceania em 2011 era inferior a 5 habitantes por km^2.
e) Em 2011, apenas a Ásia possuía população superior a um bilhão de habitantes.
f) Se a população asiática fosse 10% maior, sua densidade demográfica também seria 10% maior.

5. Observe este gráfico.

A fatia de cada um
Domicílios por classe social no Brasil

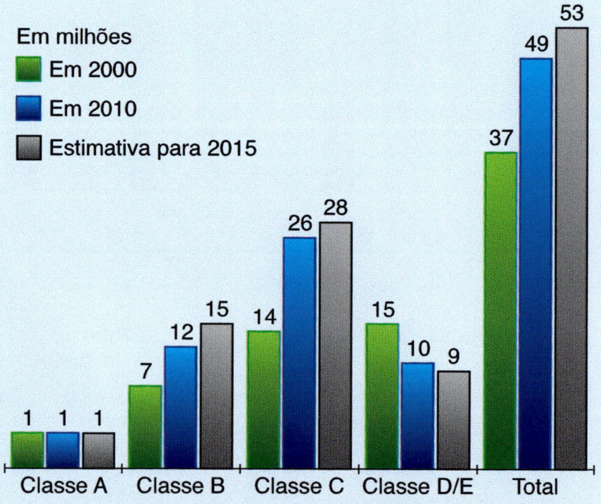

Fonte: *O Estado de S. Paulo*, 25 mar. 2012.

a) De que trata o gráfico acima?
b) Qual é o acréscimo percentual do número de domicílios da classe B, de 2010 para 2015?
c) Qual é o decréscimo percentual do número de domicílios da classe D/E, de 2000 para 2015?
d) O gráfico revela um aumento expressivo de renda de quais classes sociais?
e) Qual é o percentual representado pela classe C em relação ao total de domicílios em 2015?

6. Os resultados de uma pesquisa eleitoral realizada com 3 600 pessoas são dados nos gráficos seguintes.

Setup

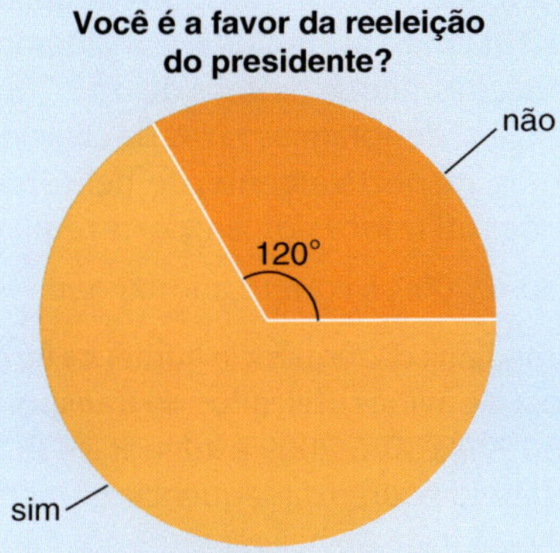

Para os que responderam "sim", foi feita a pergunta:

Setup

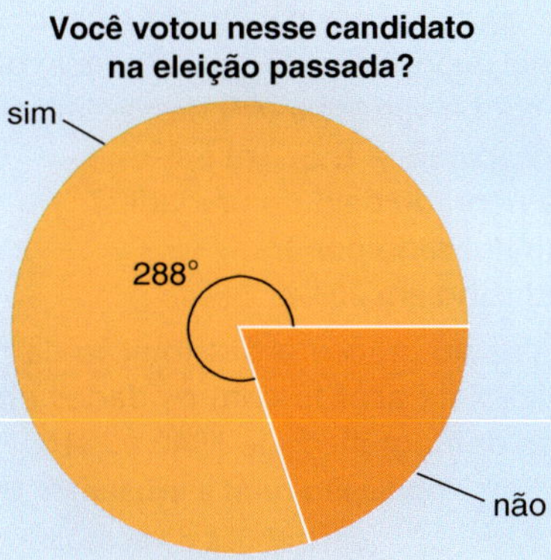

Com base nos gráficos, determine o número de pessoas que são:

a) contra a reeleição do presidente.

b) a favor da reeleição do presidente, mas não votou nele na eleição passada.

7. Ao deixar um hotel *resort* na praia, os hóspedes são convidados a responder um questionário de avaliação do hotel. Ao final do questionário, pede-se uma nota de 0 a 5 (5 corresponde ao máximo de satisfação) para o hotel. Durante o 1º mês de uma temporada, os 2 000 questionários recebidos apontavam uma nota média de 3,9 para o hotel.

Thinkstock/Getty Images

a) Qual é o número mínimo de questionários que deverão ser preenchidos no 2º mês para que a nota média do hotel no bimestre passe a ser de 4,6?

b) É possível que a média do hotel passe a ser de 5,0 no bimestre, considerando os formulários que serão preenchidos no 2º mês? Em caso afirmativo, determine o número mínimo de questionários a serem preenchidos.

8. A tabela seguinte mostra o salário médio dos trabalhadores de duas cidades, A e B, que compõem uma região metropolitana:

Cidade	Salário médio (em reais)
A	840,00
B	980,00

Determine o salário médio na região metropolitana se:

a) A e B têm o mesmo número de trabalhadores.

b) A tem 15 000 trabalhadores e B tem 25 000.

c) A tem o triplo de trabalhadores de B.

d) o número de trabalhadores de B é 30% maior que o de A.

9. Em uma excursão, verificou-se que a média das idades dos participantes era 57,9 anos. A média de idades dos homens era de 55 anos e das mulheres 60 anos.

Determine a porcentagem de homens e de mulheres no grupo.

10. (UF-BA) O quadro a seguir apresenta todas as medalhas ganhas por países da América do Sul durante os Jogos Olímpicos de Atenas, realizados no ano de 2004. Dos 12 países sul-americanos, apenas um não participou do evento.

País	Número de medalhas			
	Ouro	Prata	Bronze	Total
Brasil	5	2	3	10
Argentina	2	0	4	6
Chile	2	0	1	3
Paraguai	0	1	0	1
Venezuela	0	0	2	2
Colômbia	0	0	2	2
Total	9	3	12	24

Com base nas informações apresentadas e considerando-se o quadro de medalhas, é correto afirmar:

a) Do total de medalhas conquistadas, 37,5% foram de ouro.

b) A média do número de medalhas de prata conquistadas pelos seis países do quadro é igual a 0,5.

c) O desvio padrão do número de medalhas de bronze conquistadas pelos seis países do quadro é igual a $\sqrt{\frac{5}{3}}$.

d) A mediana do número de medalhas conquistadas pelos seis países do quadro é igual a 2.

e) Dos países sul-americanos participantes do evento, 50% não ganharam medalha de ouro.

f) Considerando-se que o número de medalhas de bronze conquistadas pelo Brasil, nesse evento, foi 50% menor que o obtido na Olimpíada de 2000, então o Brasil conquistou menos que seis medalhas de bronze na Olimpíada de 2000.

11. Na tabela seguinte, encontramos os valores correspondentes à taxa de mortalidade infantil (número de crianças que morrem no primeiro ano de vida, entre mil nascidas vivas) no ano 2000 em todos os continentes.

Continente	Taxa de mortalidade infantil
África	71
América do Norte	6
América Central	18
América do Sul	20
Ásia	36
Europa	6
Oceania	19

Fonte: *Almanaque Abril*, 2012.

a) Calcule a média dos valores da tabela anterior expressando o resultado com uma casa decimal. O valor encontrado representa a média da mortalidade infantil na Terra? Explique.

b) Use os dados da tabela seguinte para justificar a resposta do item anterior.

Continente	Porcentagem aproximada da população mundial
África	15
América do Norte	6,6
América Central	1,2
América do Sul	5,7
Ásia	60,1
Europa	10,9
Oceania	0,5

Fonte: *Almanaque Abril*, 2012.

c) Agrupe os continentes em três categorias, de modo que em cada categoria haja mais de um continente e o desvio padrão seja o menor possível. Faça os cálculos necessários.

12. (UnB-DF)

Ano	Helicópteros	Aviões
1999	791	435
2000	841	419
2001	897	443
2002	940	440
2003	955	408
2004	981	397
2005	989	416
2006	1 011	432
2007	1 097	464
2008	1 194	524
2009(*)	1 255	554

(*) – até 30/6/2009.

Fonte: Registro Aeronáutico Brasileiro (RAB) – Anac.

A tabela anterior apresenta informações acerca da evolução da frota aérea brasileira de helicópteros e aviões que fizeram transporte regular de 1999 até o 1º semestre de 2009. Considerando essas informações, julgue os itens de *a* a *c*.

a) Se t_1 e t_2 denotam as taxas de crescimento das frotas, respectivamente, de helicópteros e de aviões utilizados no transporte regular de 1999 a 30/6/2009, é correto afirmar que $\frac{t_1}{t_2} > 2$.

b) A mediana da sequência numérica formada pela frota de aviões utilizados no transporte regular de 1999 a 30/6/2009 é inferior a 430.

c) O desvio padrão da sequência numérica formada pela frota de helicópteros nos anos de 2003 a 2005 é superior a 14.

13. Sejam $x_1, x_2, ..., x_n$ os *n* valores assumidos por uma variável quantitativa. O que acontece com a média $(\overline{x})$ e com a variância (σ^2) desses valores quando cada x_i (para $i = 1, 2, ..., n$) é:

a) aumentado de duas unidades?

b) multiplicado por 2?

c) reduzido em 20%?

14. Observe, no gráfico, a distribuição da população brasileira, de acordo com os dados obtidos nos censos demográficos de 1940 a 2010.

Setup

População rural e urbana no Brasil

(em milhões de pessoas)

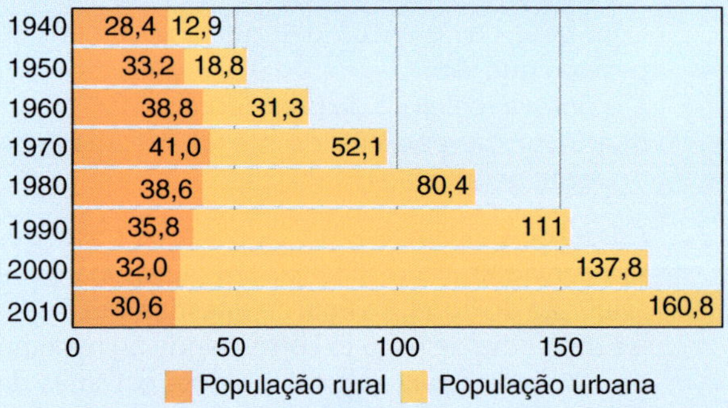

Fonte: Censo 2010.

Verifique se são verdadeiras ou falsas as afirmações seguintes:

a) O gráfico mostra um processo de urbanização crescente no Brasil.

b) Em 1980 a população rural brasileira correspondia a mais de 25% do total da população.

c) Se, em 1970, um brasileiro fosse escolhido ao acaso, a probabilidade de ele viver na zona rural era de 41%.

d) A razão entre a população urbana e a população rural praticamente triplicou de 1980 a 2000.

e) Se os dados referentes ao Censo de 2000 fossem exibidos em um gráfico de setores, a medida do ângulo correspondente à população urbana seria maior que 270°.

f) Considerando a série numérica formada pelos valores da população rural, temos que a média é maior que a mediana.

15. O gráfico de barras a seguir mostra o ritmo da economia brasileira, medido pelo Índice de Atividade Econômica (IBC-BR) e calculado pelo Banco Central (BC) no período de janeiro de 2011 a janeiro de 2012. Esse índice é conhecido como o "PIB do BC"

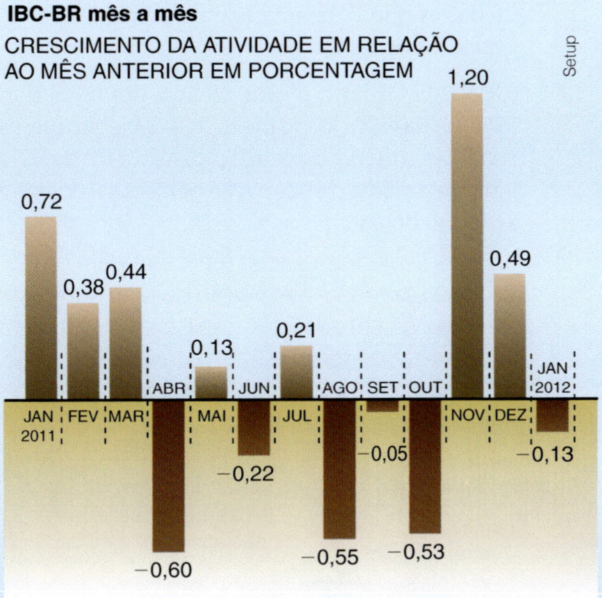

Fonte: Índice de Atividade do Banco Central (IBC-BR) Infográfico/AE
Fonte: *O Estado de S. Paulo*, 27 mar. 2012.

a) Explique o significado do valor 1,20 registrado em novembro de 2011.
b) Explique o significado do valor −0,13 registrado em janeiro de 2012.
c) Comparando os meses de novembro e dezembro de 2011, é possível afirmar que o "PIB do BC" diminuiu em valores absolutos? Explique.

16. Em uma padaria trabalham 12 funcionários cujos cargos e salários estão abaixo descritos:

Cargo	Salário mensal	Número de funcionário
Gerente	R$ 2800,00	1
Atendente	R$ 1 050,00	5
Padeiro	R$ 1 300,00	2
Confeiteiro	R$ 1 000,00	1
Caixa	R$ 1 200,0	3

a) Qual é o valor da folha de pagamento dessa padaria?
b) Qual é a média salarial nessa padaria? E a mediana?
c) O proprietário da padaria quer contratar dois seguranças especializados, mas sabe que a média salarial da padaria não pode ultrapassar R$ 1 300,00. Qual é o maior salário que pode ser oferecido a cada um dos candidatos ao cargo de segurança?

17. Um dado foi lançado 18 vezes consecutivas e os resultados obtidos encontram-se no esquema abaixo:

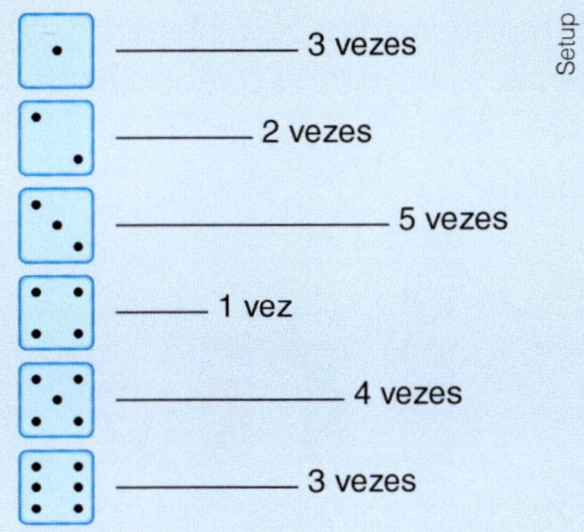

a) Calcule a média, a mediana e a moda da distribuição de frequências.
b) Decidiu-se lançar o dado mais 7 vezes. Sabendo que o 19º, o 20º e o 21º lançamentos do dado resultaram, cada um, na face 4, é possível que a mediana da nova distribuição de frequências, considerando 25 lançamentos, seja 3,5? E 5? Em caso afirmativo, determine as condições para que isso seja possível.

18. Os números 3, 6, 2, 8, 12, 3, 5 e 2 fazem parte de uma relação de onze números inteiros positivos (não obrigatoriamente distintos) menores que 15. Verifique se as afirmações seguintes são verdadeiras ou falsas e justifique em seu caderno:

a) A média máxima possível para a relação dos onze números é menor que 7,5.
b) A média mínima possível para a relação dos onze números é igual a 4.
c) A mediana de todos os valores da relação não pode ser igual a 2.
d) A mediana de todos os valores da relação pode assumir cinco valores distintos.
e) Se a mediana de todos os valores da relação for igual a 6, a média geral não pode ser maior que 5.
f) Se a média de todos os valores da relação for igual a 5 e um dos três números restantes for igual a 10, então a mediana da relação pode ser igual a 3.

19. Observe as seguintes relações de valores:

A: 12 — 8 — 7
B: 9 — 4 — x

Determine os possíveis valores reais de x a fim de que A e B tenham o mesmo desvio padrão.

20. A média aritmética de um conjunto formado por n valores diminui três unidades quando o número 93 é retirado do conjunto. Se for adicionado o número 81 ao conjunto original, a média aumenta uma unidade em relação à média inicial.

a) Qual é o valor de n?
b) Qual é a soma dos elementos originais do conjunto?

21. Um grupo de funcionários de uma empresa foi hospitalizado por causa de uma intoxicação alimentar adquirida no almoço de fim de ano. No gráfico, está representada a porcentagem de funcionários internados de acordo com o número de dias de internação:

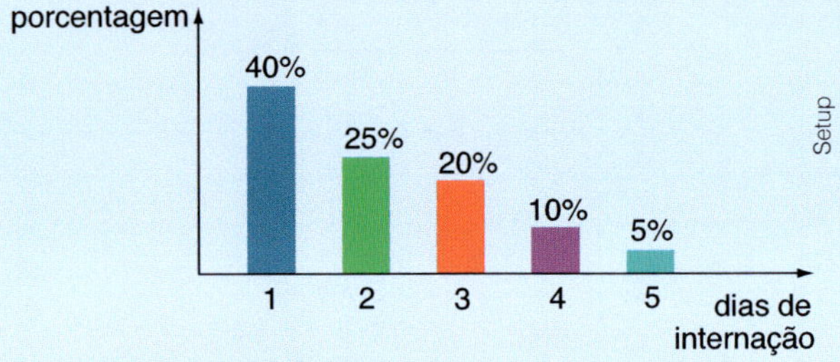

a) Quantos dias, em média, um funcionário ficou internado?

b) Se 2 em cada 5 funcionários foram hospitalizados e 90 funcionários não foram hospitalizados, determine quantos funcionários ficaram internados três dias.

22. (UF-GO) Os gráficos a seguir comparam as vendas de carros, em Góias, em março de 2012 com as vendas do mês anterior e com as vendas de março de 2011.

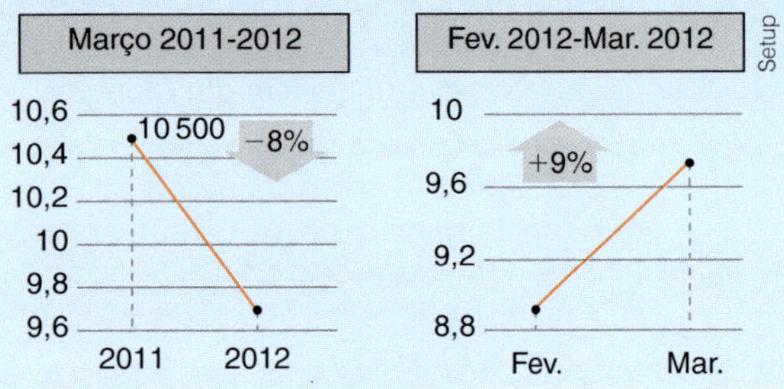

VENDA DE CARROS CAI NO TRIMESTRE. *O Popular*, Goiânia, 6 abr. 2012, p. 13. (Adaptado).

Considerando-se os dados acima, determine a quantidade de carros vendidos em fevereiro de 2012.

23. (UF-GO) Um estudante encontrou um fragmento de jornal que apresentava o resultado da votação na Unesco sobre a admissão da Palestina como Estado-membro. Porém, as quantidades de abstenções e de votos contrários estavam ilegíves, como indica a figura abaixo.

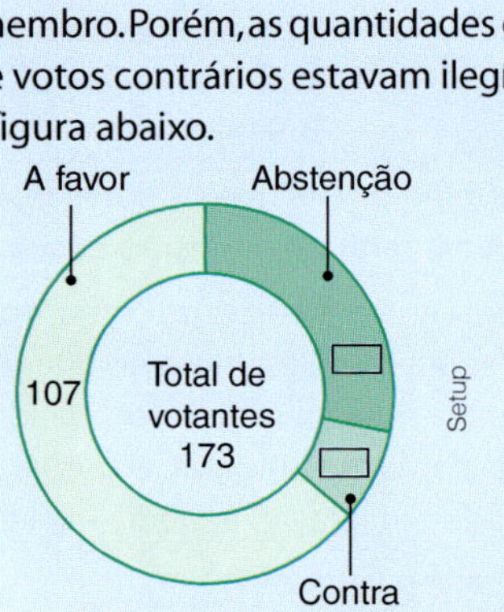

Folha de S. Paulo, São Paulo, 1º nov. 2011. (Adaptado).

Curioso para saber quantos países votaram contra e observando que se trata de um gráfico de setores, o estudante mediu com um transferidor o ângulo do setor circular correspondente aos votos contrários e obteve, aproximadamente, 29°.

Com base nesta informação, determine o número de países que votaram contra a admissão da Palestina na Unesco.

24. (UF-PE) Em quatro meses do ano, um hotel tem 85% de sua capacidade preenchida. Nos oito meses restantes, a média de ocupação do hotel é de 55%. Indique a média de ocupação percentual do hotel ao longo do ano.

25. (UF-GO) O gráfico a seguir representa, em um semicírculo, como foi a evolução do Ideb (Índice de Desenvolvimento da Educação Básica) de 2011 em comparação ao Ideb de 2007, considerando-se as 2 700 escolas públicas brasileiras que obtiveram as menores notas em 2007.

Folha de S. Paulo. Em 4 anos, 15% das piores escolas não se recuperaram. São Paulo, 2 out. 2012, p. C4. (Adaptado).

Pelo gráfico, sabe-se que as escolas que melhoraram, mas não atingiram a média nacional, são representadas pelo setor circular determinado por um ângulo de 140°, e que os setores circulares que indicam as escolas que mantiveram a mesma nota e as que pioraram correspondem a $\frac{2}{35}$ e $\frac{1}{7}$, respectivamente, da área do setor circular que indica as escolas que tiveram melhora, mas não atingiram a média nacional.

Diante do exposto, determine o número das escolas que melhoraram e atingiram a média, das que mantiveram a nota e das que pioraram.

26. (UE-RJ) Na tabela abaixo, estão indicados os preços do rodízio de *pizzas* de um restaurante.

Dias da semana	Valor unitário do rodízio (R$)
segunda-feira, terça-feira, quarta-feira e quinta-feira	18,50
sexta-feira, sábado e domingo	22,00

Considere um cliente que foi a esse restaurante todos os dias de uma mesma semana, pagando um rodízio em cada dia.

Determine o valor médio que esse cliente pagou, em reais, pelo rodízio nessa semana.

27. (Vunesp-SP) A média aritmética dos elementos de um conjunto formado por n valores numéricos diminui quatro unidades quando o número 58 é retirado. Quando o número 57 é adicionado ao conjunto original, a média aritmética dos elementos desse novo conjunto aumenta três unidades em relação à média inicial. Qual o valor da soma dos elementos originais do conjunto?

28. (FGV-SP) Em um depósito há caixas grandes e pequenas. Cada caixa grande pesa 70 kg, e cada caixa pequena pesa 40 kg. Sabe-se que 70% das caixas são grandes e 30% são pequenas.

a) Qual é o peso médio dessas caixas?

b) Se há no depósito 40 caixas distribuídas como descrito acima, e se essas caixas devem ser transportadas por um elevador que pode transportar, no máximo, 360 kg, determine quantas viagens, no mínimo, serão necessárias para transportar todas as caixas. Justifique.

29. (UF-MG) Uma pesquisa em um segmento populacional registrou o número de filhos por mulher. Em uma comunidade, à época da pesquisa, foram consultadas 1 200 mulheres, revelando uma distribuição conforme mostra o gráfico abaixo.

Distribuição de filhos por mulher

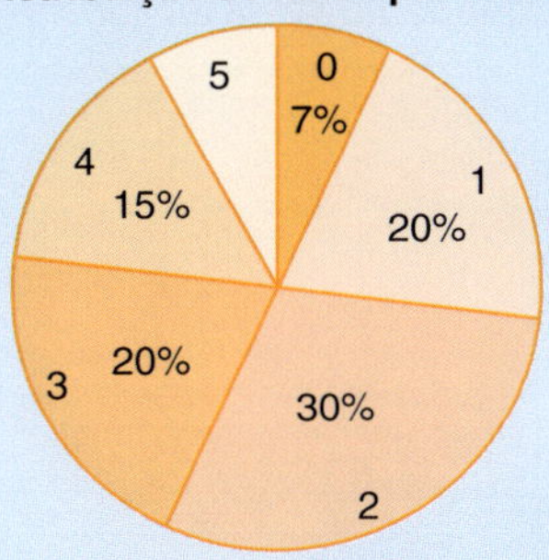

Setup

Observe que o gráfico informa o número de filhos por mulher e a porcentagem correspondente de mulheres com esse número de filhos, exceto na faixa correspondente a 5 filhos.

Com essas informações,

a) determine o número de mulheres entrevistadas com 5 filhos.

b) calcule a média de filhos por mulher.

c) calcule a probabilidade de uma mulher, escolhida ao acaso, ter 3 filhos ou mais.

30. (UF-PB) Em uma cidade, foram instalados 10 termômetros em locais previamente selecionados. A tabela a seguir exibe as temperaturas desses locais, medidas em graus Celsius, observados em 4 momentos diferentes de um determinado dia.

Temperaturas em 10 locais da cidade (medidas em graus Celsius)				
	06:00	12:00	18:00	24:00
Local 1	18,0	24,0	23,0	19,0
Local 2	20,0	26,0	23,0	21,0
Local 3	19,0	24,0	22,0	20,0
Local 4	18,0	23,0	20,0	20,0
Local 5	21,0	27,0	23,0	22,0
Local 6	19,0	26,0	22,0	21,0
Local 7	22,0	27,0	23,0	23,0
Local 8	17,0	23,0	21,0	18,0
Local 9	18,0	24,0	21,0	20,0
Local 10	16,0	21,0	19,0	17,0

Considerando, na tabela, o registro das temperaturas observadas nos 10 locais, em 4 diferentes momentos, identifique as afirmativas corretas:

I. A temperatura média da cidade, às 6 horas da manhã, foi aproximadamente de 18,8 graus Celsius.

II. A mediana das temperaturas indicadas, às 12 horas, foi de 24,0 graus Celsius.

III. A mediana das temperaturas, às 18 horas, foi maior do que a moda dessas temperaturas.

IV. A temperatura média da cidade, às 24 horas, foi maior que a mediana dessas temperaturas.

V. A moda de todas as temperaturas foi de 20 graus Celsius.

31. (UF-SE) A tabela abaixo apresenta a distribuição da arrecadação de certo imposto municipal, num dado mês, em uma cidade com 5 000 contribuintes.

Classe	Valor do imposto, em reais, *per capita*	Número de contribuintes	Valor total arrecadado por classe, em reais
1	$0 \vdash 10$	3 000	21 000
2	$10 \vdash 20$	1 000	15 000
3	$20 \vdash 30$	700	17 500
4	$30 \vdash 40$	300	10 000
Total		5 000	64 000

Use esses dados para analisar as afirmações que seguem. (Classifique em V(verdadeira) ou F(falsa).)

a) Um histograma demonstrativo da relação entre os intervalos de valores do imposto *per capita*, em reais, e os respectivos números de contribuintes é:

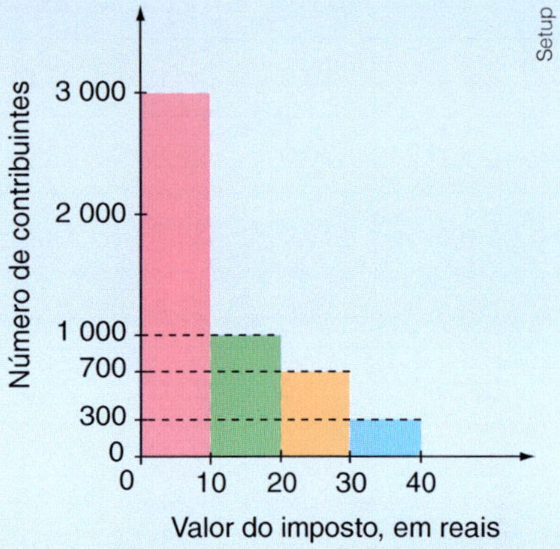

b) Nesse mês, o valor médio do imposto *per capita* localiza-se na classe 3.

c) Na classe 2, o valor médio do imposto pago pelos contribuintes é R$ 12,00.

d) Nesse mês, 20% do total de contribuintes pagaram mais de R$ 20,00 de imposto.

e) Escolhendo-se aleatoriamente um dos contribuintes do município, a probabilidade de que o valor do imposto pago por ele nesse mês seja igual ou menor do que R$ 30,00 é $\frac{47}{50}$.

32. (UF-BA) Sendo a média aritmética de três números inteiros positivos distintos igual a 60, pode-se afirmar (indique a soma das alternativas corretas):

(01) Pelo menos um dos números é menor que 60.

(02) Nenhum dos números é maior que 177.

(04) Se os três números formam uma progressão aritmética, então um dos números é igual a 60.

(08) Se um dos números é igual a 60, então o produto dos três números é menor que 216 000.

(16) Se os três números são primos, então um deles é igual a 2.

(32) Se o máximo divisor comum dos três números é igual a 18, então os números são 36, 54 e 90.

33. (Unicamp-SP) As mensalidades dos planos de saúde são estabelecidas por faixa etária. A tabela abaixo fornece os valores das mensalidades do plano "Geração Saúde". Sabendo que o salário mínimo nacional vale, hoje, R$ 465,00, responda às perguntas a seguir.

Faixa etária	Mensalidades (R$)
até 15 anos	120,00
de 16 a 30 anos	180,00
de 31 a 45 anos	260,00
de 46 a 60 anos	372,00
61 anos ou mais	558,00

a) O gráfico em formato de *pizza* a seguir mostra o comprometimento do rendimento mensal de uma pessoa que recebe 8 salários mínimos por mês e aderiu ao plano de saúde "Geração Saúde". Em cada fatia do gráfico, estão indicados o item referente ao gasto e o ângulo correspondente, em graus. Determine a que faixa etária pertence essa pessoa.

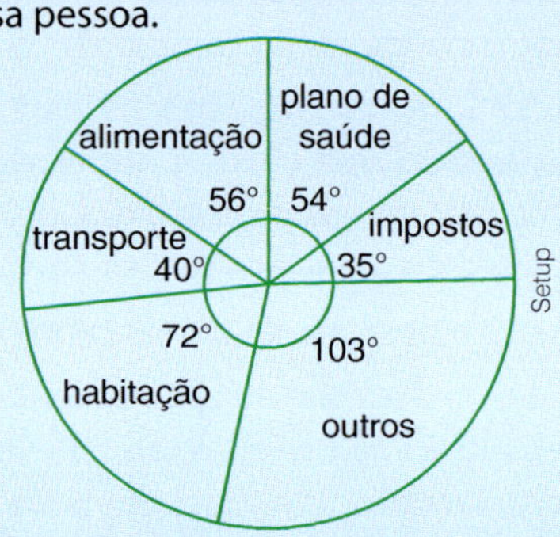

b) O comprometimento do rendimento mensal de uma pessoa com o plano de saúde "Geração Saúde" varia de acordo com o salário que ela recebe. Suponha que *x* seja a quantidade de salários mínimos recebida mensalmente por uma pessoa que tem 56 anos e que C(x) seja a função que fornece o comprometimento salarial, em porcentagem, com o plano de saúde. Note que *x* não precisa ser um número inteiro. Determine a expressão de C(x) para $x \geqslant 1$ e trace a curva correspondente a essa função no gráfico abaixo.

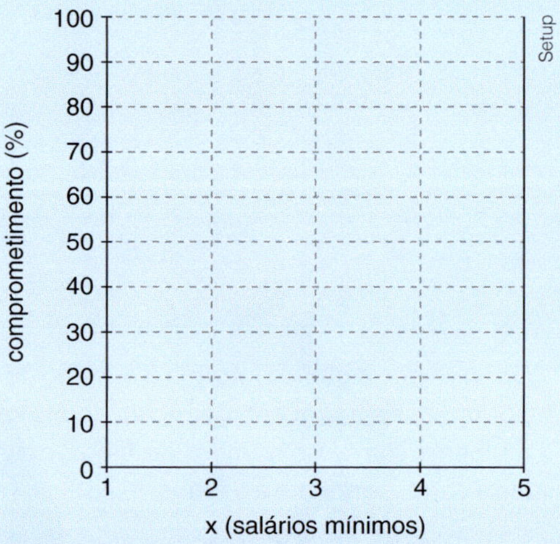

34. (UF-RJ) A altura média de um grupo de quinhentos e três recrutas é de 1,81 m. Sabe-se também que nem todos os recrutas do grupo têm a mesma altura. Diga se cada uma das afirmações a seguir é verdadeira, falsa ou se os dados são insuficientes para uma conclusão. Em cada caso, justifique sua resposta.

a) "Há, no grupo em questão, pelo menos um recruta que mede mais de 1,81 m e pelo menos um que mede menos de 1,81 m."

b) "Há, no grupo em questão, mais de um recruta que mede mais de 1,81 m e mais de um que mede menos de 1,81 m."

TESTES

1. (Enem-MEC) A tabela a seguir mostra a evolução da receita bruta anual nos três últimos anos de cinco microempresas (ME) que se encontram à venda.

ME	2009 (em milhares de reais)	2010 (em milhares de reais)	2011 (em milhares de reais)
Alfinetes V	200	220	240
Balas W	200	230	200
Chocolates X	250	210	215
Pizzaria Y	230	230	230
Tecelagem Z	160	210	245

Um investidor deseja comprar duas das empresas listadas na tabela. Para tal, ele calcula a média da receita bruta anual dos últimos três anos (de 2009 até 2011) e escolhe as duas empresas de maior média anual.

As empresas que este investidor escolhe comprar são

a) Balas W e Pizzaria Y.
b) Chocolates X e Tecelagem Z.
c) Pizzaria Y e Alfinetes V.
d) Pizzaria Y e Chocolates X.
e) Tecelagem Z e Alfinetes V.

2. (Enem-MEC) Uma enquete, realizada em março de 2010, perguntava aos internautas se eles acreditavam que as atividades humanas provocam o aquecimento global. Eram três as alternativas possíveis, e 279 internautas responderam à enquete, como mostra o gráfico.

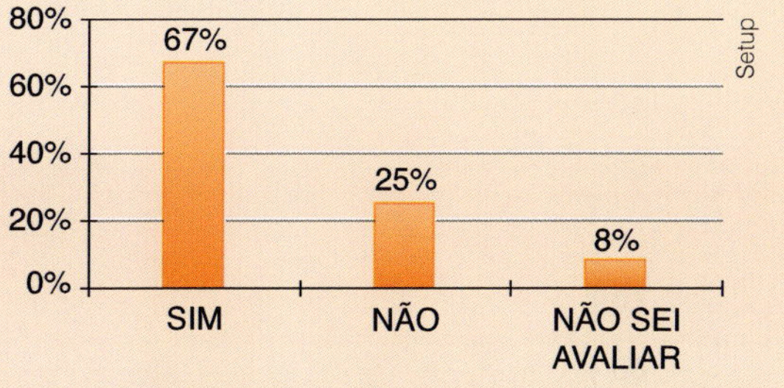

Época. Ed. 619. 29 mar. 2010 (adaptado).

Analisando os dados do gráfico, quantos internautas responderam "não" à enquete?

a) Menos de 23.
b) Mais de 23 e menos de 25.
c) Mais de 50 e menos de 75.
d) Mais de 100 e menos de 190.
e) Mais de 200.

3. (Enem-MEC) A cidade de Guarulhos (SP) tem o 8º PIB municipal do Brasil, além do maior aeroporto da América do Sul. Em proporção, possui a economia que mais cresce em indústrias, conforme mostra o gráfico.

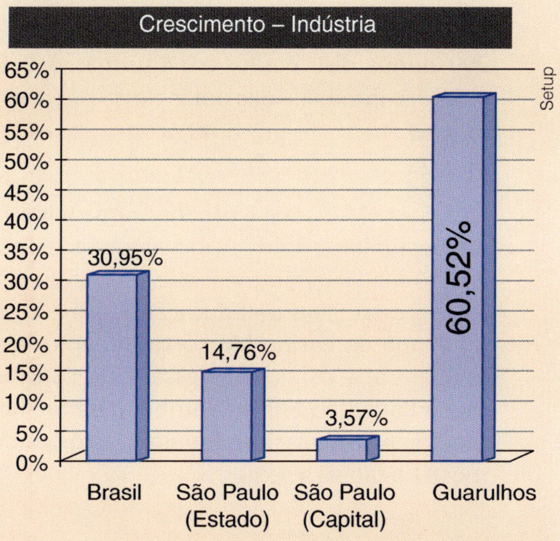

Fonte: IBGE, 2002-2008 (adaptado).

Analisando os dados percentuais do gráfico, qual a diferença entre o maior e o menor centro em crescimento no polo das indústrias?

a) 75,28
b) 64,09
c) 56,95
d) 45,76
e) 30,07

4. (Enem-MEC) O gráfico apresenta o comportamento de emprego formal surgido, segundo o CAGED, no período de janeiro de 2010 a outubro de 2010.

Brasil – Comportamento do Emprego Formal no período de janeiro a outubro de 2010 – CAGED

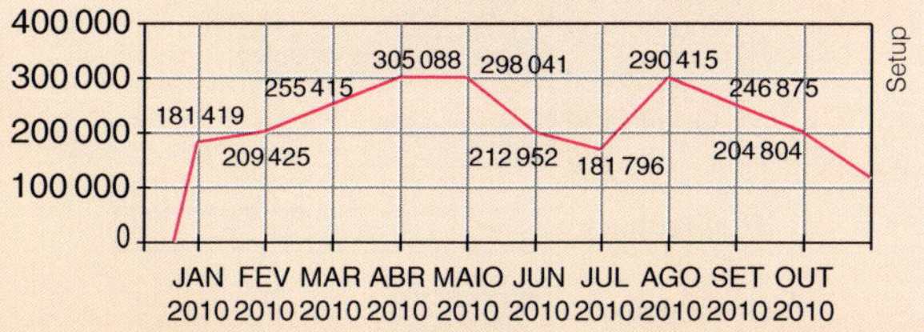

Disponível em: <www.mte.gov.br>. Acesso em: 28 fev. 2012 (adaptado).

Com base no gráfico, o valor da parte inteira da mediana dos empregos formais surgidos no período é

a) 212 952.
b) 229 913.
c) 240 621.
d) 255 496.
e) 298 041.

5. (FGV-SP) A média aritmética de três números supera o menor desses números em 14 unidades, e é 10 unidades menor do que o maior deles. Se a mediana dos três números é 25, então a soma desses números é igual a

a) 60.
b) 61.
c) 63.
d) 64.
e) 66.

6. (Mackenzie-SP)

Turma	N.º de alunos	Médias das notas obtidas
A	60	5,0
B	50	4,0
C	40	7,0
D	50	3,0

A tabela acima se refere a uma prova aplicada a 200 alunos, distribuídos em 4 turmas, A, B, C e D. A média aritmética das notas dessa prova é

a) 4,65 c) 4,45 e) 4,35
b) 4,25 d) 4,55

7. (U.F. Santa Maria-RS) A concorrência mais acirrada em vestibulares tem levado algumas escolas de Ensino Médio a contrariar a legislação e não oferecer a disciplinas de Educação Física aos alunos do 3.º ano do Ensino Médio. No entanto, estudos revelam que os alunos dessa série consideram que a Educação Física contribui para melhorar o rendimento escolar em alguns aspectos, conforme mostra a tabela a seguir.

Aspectos	Porcentagem
Ânimo	3%
Descontração	17%
Relaxamento	29%
Qualidade de vida	23%
Interação social	7%
Desenvolvimento físico	21%

Fonte: <http://www.efdeportes.com>. Revista Digital – Maio 2010 (adaptado).

O gráfico que melhor representa a tabela é o seguinte:

a) 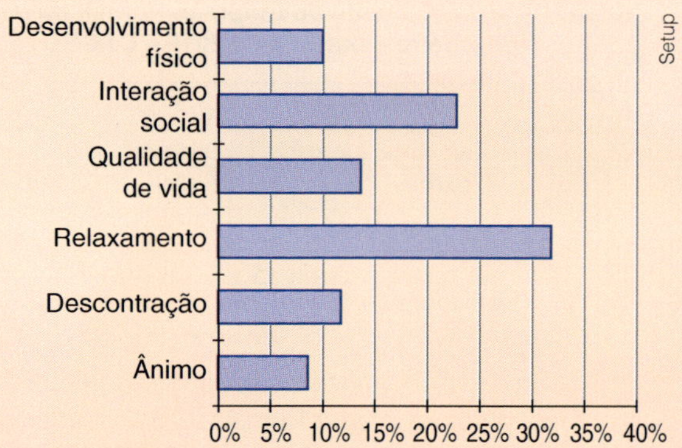

b) 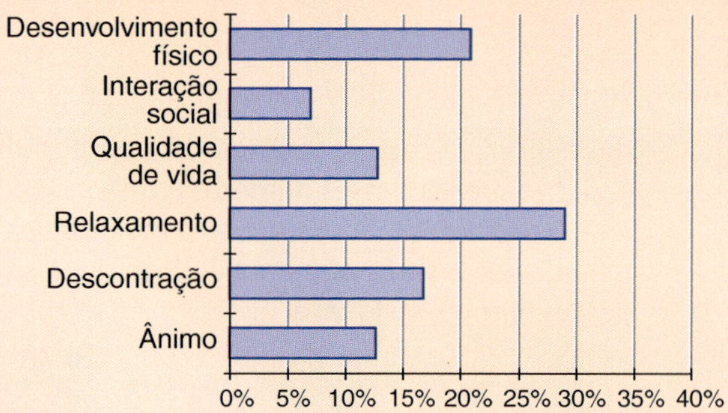

c) 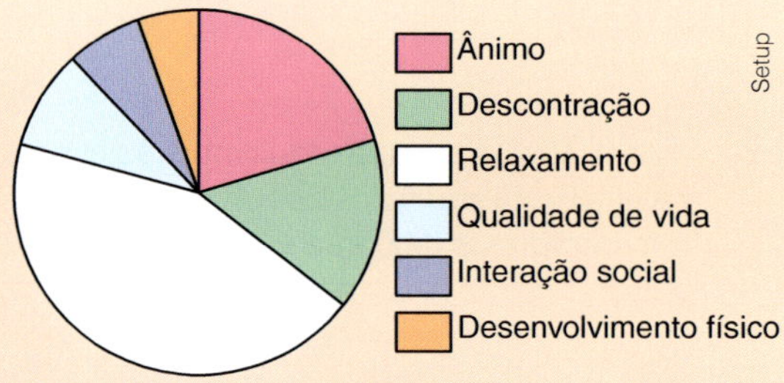

d) 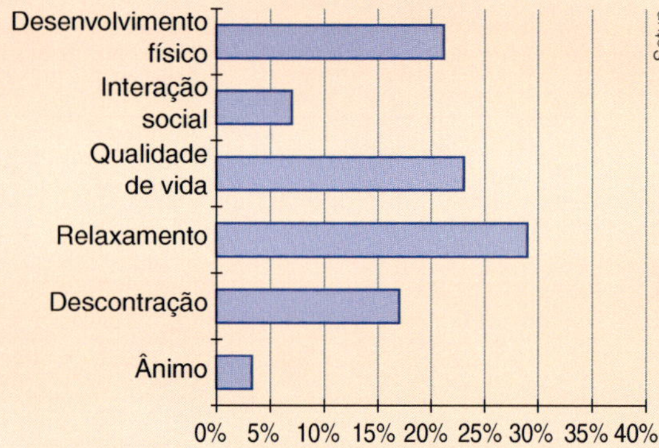

e) 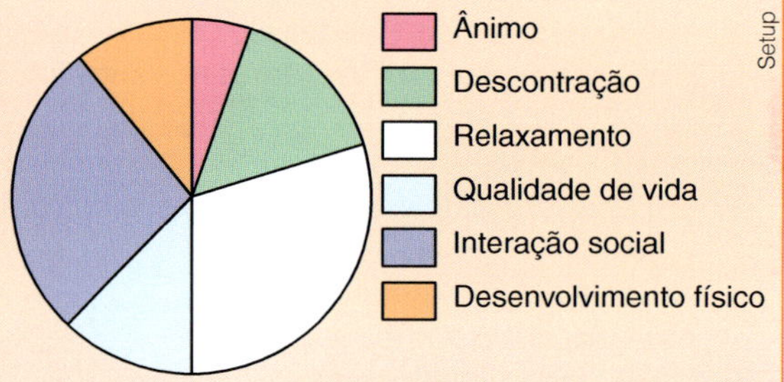

8. (IF-BA) Observando um grupo de 600 estudantes do IF-BA, fez-se um estudo sobre o número de vezes, por mês, que as meninas e os meninos frequentavam a monitoria de Matemática. O gráfico a seguir representa esses dados.

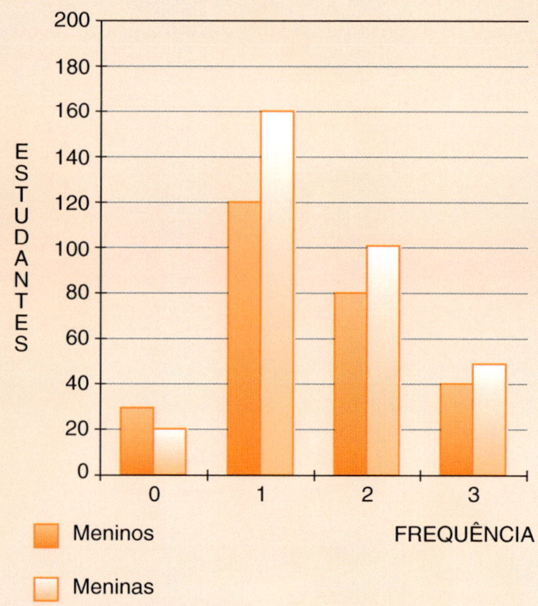

Considerando-se este gráfico, é correto afirmar que o número de meninas que frequentavam as aulas de monitoria de Matemática, pelos menos uma vez por mês, é:

a) 100
b) 200
c) 300
d) 310
e) 350

9. (Ulbra-RS) Preocupada com a sua locadora, Maria aplicou uma pesquisa, com um grupo de 200 clientes escolhidos de forma aleatória, sobre a quantidade de filmes que estes locaram no primeiro semestre de 2011. Os dados coletados estão apresentados na tabela a seguir:

Número de filmes alugados	
Número de filmes	**Frequência**
0	25
1	30
2	55
3	90
Total	200

A média, a moda e a mediana destes dados são, respectivamente, os seguintes:

a) 2,05; 3; 2.
b) 1,5; 2; 3.
c) 1,5; 3; 3.
d) 1,5; 3; 2.
e) 2,05; 2; 3.

10. (FGV-RJ) O gráfico abaixo apresenta as quantidades de vinho tipos 1, 2 e 3 vendidas em dois distribuidores A e B, no mês de outubro:

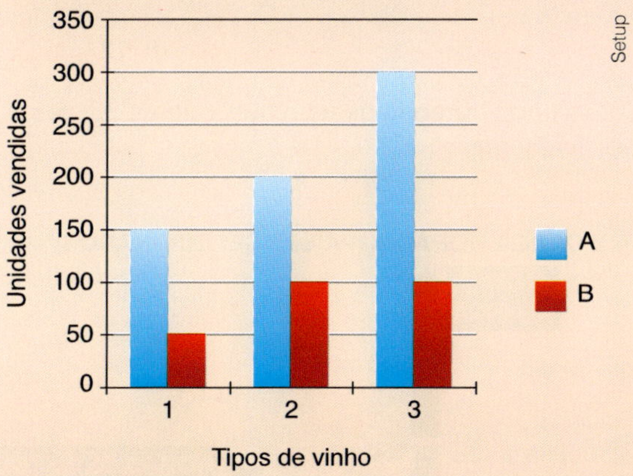

Os preços de venda de cada unidade dos tipos 1, 2 e 3 são respectivamente R$ 50,00, R$ 40,00 e R$ 30,00. Em relação à receita total, a receita do vinho tipo 2 no distribuidor A representa uma porcentagem de aproximadamente:

a) 24%
b) 22%
c) 20%
d) 18%
e) 16%

11. (Insper-SP) A média das idades dos seis jogadores titulares de um time de vôlei é 27 anos e a média das idades dos seis jogadores reservas é 24 anos. Devido a uma contusão, um dos jogadores titulares foi afastado da equipe. Com isso, um dos reservas assumiu seu lugar no sexteto titular, ficando a equipe com apenas cinco reservas. Após a substituição, a média das idades dos titulares caiu para 26 anos, enquanto a dos reservas subiu para 24, 8 anos. A idade do jogador que foi afastado por contusão é

a) 26 anos.
b) 27 anos.
c) 28 anos.
d) 29 anos.
e) 30 anos.

12. (UF-RN) Os gráficos abaixo, vistos por um consumidor em uma revista especializada em Mecânica, correspondem às distribuições de frequência de substituição de uma peça de automóvel fornecida por dois fabricantes, em função do tempo. A curva contínua refere-se à peça feita pelo fabricante A, enquanto a curva tracejada corresponde ao produto do fabricante B.

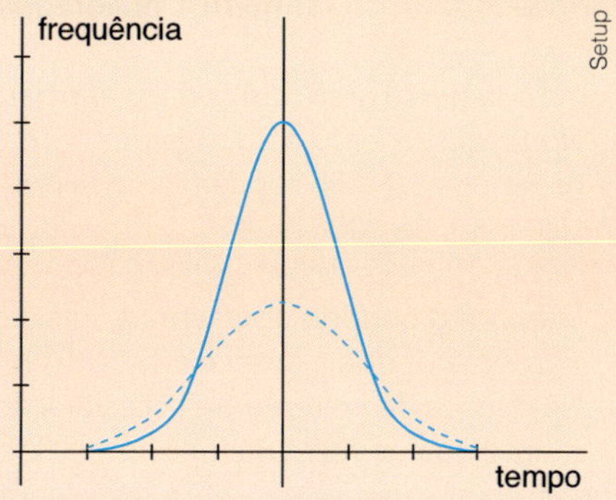

A partir da leitura dos gráficos, o consumidor deve concluir que

a) as peças do fabricante A duram menos.
b) as peças dos dois fabricantes duram, em média, o mesmo tempo, mas a duração do produto do fabricante A varia menos.
c) as peças dos dois fabricantes duram, em média, o mesmo tempo, mas a duração do produto do fabricante B varia menos.
d) as peças do fabricante B duram menos.

13. (UF-PR) Em 2010, uma loja de carros vendeu 270 carros a mais que em 2009. Abaixo temos um gráfico ilustrando as vendas nesses dois anos.

Nessas condições, pode-se concluir que a média aritmética simples das vendas efetuadas por essa loja durante os dois anos foi de:

a) 540 carros.
b) 530 carros.
c) 405 carros.
d) 270 carros.
e) 135 carros.

14. (Unicamp-SP) A figura ao lado mostra a precipitação pluviométrica em milímetros por dia (mm/dia) durante o último verão em Campinas. Se a precipitação ultrapassar 30 mm/dia, há um determinado risco de alagamentos na região. De acordo com o gráfico, quantos dias Campinas teve este risco de alagamento?

a) 2 dias.
b) 4 dias.
c) 6 dias.
d) 10 dias.

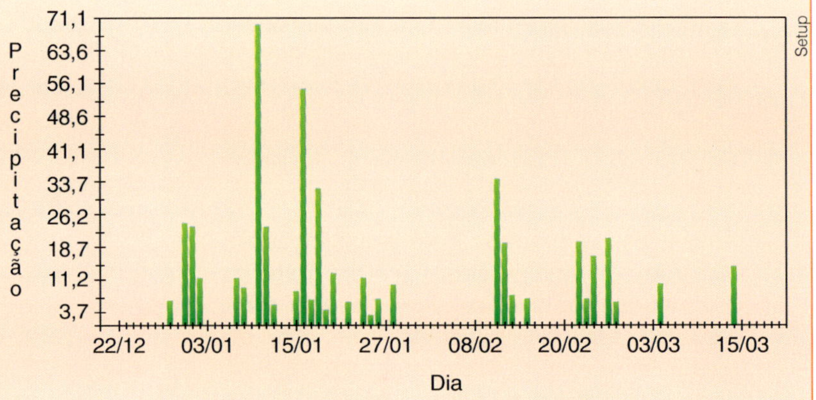

15. (UF-RN) O gráfico ao lado, publicado na revista *Veja* de 13/06/2012, a partir dos dados da Unep, revela uma desaceleração no ritmo de desmatamento das florestas.

Um ritmo menor de desmatamento

Hoje, perdem-se menos matas virgens do que nos anos 90

Variação das florestas (em milhões de hectares por ano – 1 hectare corresponde a 10 000 metros quadrados, o que equivale a um campo de futebol)

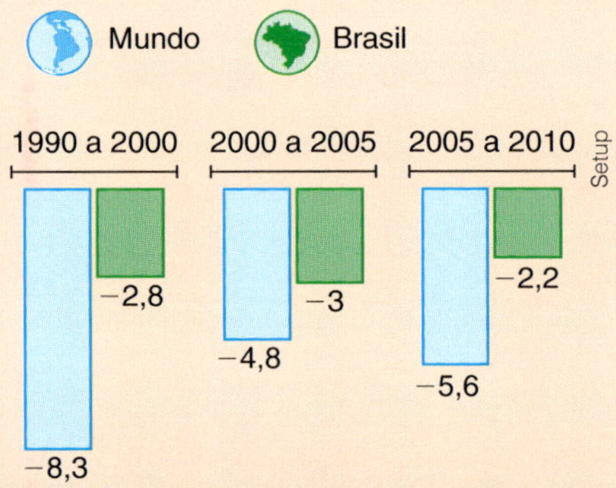

Veja, São Paulo, n. 2 273. p. 99, 13 jun. 2012. (Adaptado.)

Com base nesse gráfico, é correto afirmar:

a) No Brasil, de 2000 a 2010, o ritmo do desmatamento caiu na ordem de 5,2 milhões de hectares por ano.
b) No Brasil, de 2000 a 2010, o ritmo do desmatamento caiu na ordem de 2,6 milhões de hectares por ano.
c) Durante o período apresentado no gráfico, a desaceleração do ritmo do desmatamento no mundo foi três vezes maior que a desaceleração no Brasil.
d) Na década de noventa, a desaceleração do ritmo do desmatamento das florestas no mundo foi aproximadamente quatro vezes maior que a desaceleração no Brasil.

16. (ESPM-SP) A nota final de um concurso é dada pela média aritmética das notas de todas as provas realizadas. Se um candidato conseguiu x notas 8, $x + 1$ notas 6 e $x - 1$ notas 5 e sua nota final foi 6,5, o número de provas que ele realizou foi:

a) 6
b) 9
c) 7
d) 5
e) 12

17. (UE-GO) A professora Maria Paula registrou as notas de sete alunos, obtendo os seguintes valores: 2, 7, 5, 3, 4, 7 e 8. A mediana e a moda das notas desses alunos são, respectivamente:

a) 3 e 7
b) 3 e 8
c) 5 e 7
d) 5 e 8

18. (Enem-MEC) **Uma falsa relação**

O cruzamento da quantidade de horas estudadas com o desempenho no Programa Internacional de Avaliação de Estudantes (Pisa) mostra que mais tempo na escola não é garantia de nota acima da média.

Nova Escola, São Paulo, dez. 2010 (adaptado).

NOTAS NO PISA E CARGA HORÁRIA (PAÍSES SELECIONADOS)*

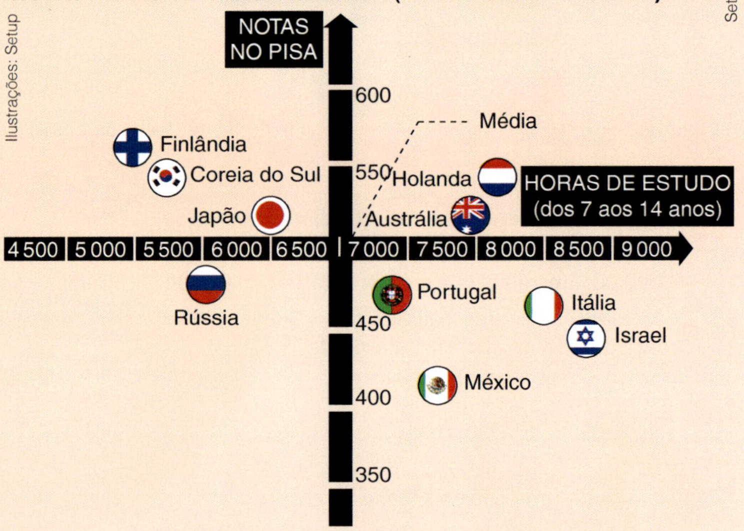

*Considerando as médias de cada país no exame de Matemática.

Dos países com notas abaixo da média nesse exame, aquele que apresenta maior quantidade de horas de estudo é

a) Finlândia.
b) Holanda.
c) Israel.
d) México.
e) Rússia.

19. (UF-PA) Um certo professor da UF-PA, ao saber que seus alunos, às sextas-feiras, eram assíduos frequentadores do forró do Vadião, resolveu fazer uma pesquisa para saber qual a frequência relativa de cada aluno ao forró, durante o semestre letivo. Sabendo que durante o semestre houve doze sextas-feiras úteis no calendário da UF-PA e que, portanto, doze forrós se realizaram, o professor, na pesquisa realizada, que envolveu seus 40 alunos, constatou que 6 alunos não foram a nenhum forró, 5 alunos foram a 2 forrós, 9 alunos foram a 5 forrós, 11 alunos foram a 10 forrós e o restante frequentou todos os forrós.

Com essas informações, o professor resolveu montar um gráfico de setor em formato de *pizza*. Sabendo-se que o ângulo do setor circular (fatia de *pizza*) é dado pelo produto entre a frequência relativa e 360°, qual o ângulo α, aproximadamente, do setor circular (da fatia) que representa o percentual, em relação aos 40 alunos, daqueles que foram ao forró 10 vezes?

a) 103°
b) 105°
c) 101°
d) 99°
e) 104°

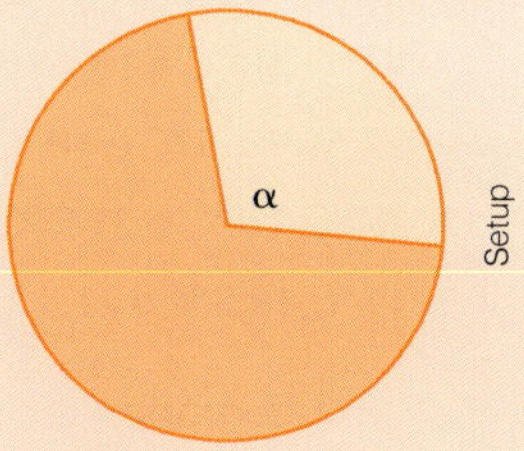

20. (Enem-MEC) As notas de um professor que participou de um processo seletivo, em que a banca avaliadora era composta por cinco membros, são apresentadas no gráfico. Sabe-se que cada membro da banca atribuiu duas notas ao professor, uma relativa aos conhecimentos específicos da área de atuação e outra, aos conhecimentos pedagógicos, e que a média final do professor foi dada pela média aritmética de todas as notas atribuídas pela banca avaliadora.

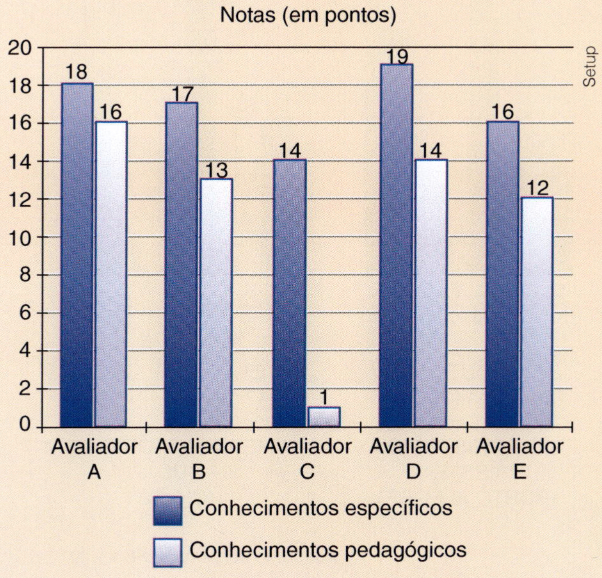

Utilizando um novo critério, essa banca avaliadora resolveu descartar a maior e a menor notas atribuídas ao professor.

A nova média, em relaçao à média anterior, é

a) 0,25 ponto maior.
b) 1,00 ponto maior.
c) 1,00 ponto menor.
d) 1,25 ponto maior.
e) 2,00 pontos menor.

21. (UF-PB) Segundo dados do IBGE, as classes sociais das famílias brasileiras são estabelecidas de acordo com a faixa de renda mensal total da família, conforme a tabela a seguir.

Classe	Faixa de renda
A	Acima de R$ 15 300,00
B	De R$ 7 650,01 até R$ 15 300,00
C	De R$ 3 060,01 até R$ 7 650,00
D	De R$ 1 020,01 até R$ 3 060,00
E	Até R$ 1 020,00

Adaptado de: <http://www.logisticadescomplicada.com/o-brasil-suas-classes-sociais-e-a-implicação-na-economia>. Acesso em: 5 nov. 2010.

Após um levantamento feito com as famílias do município, foram obtidos os resultados expressos no gráfico abaixo.

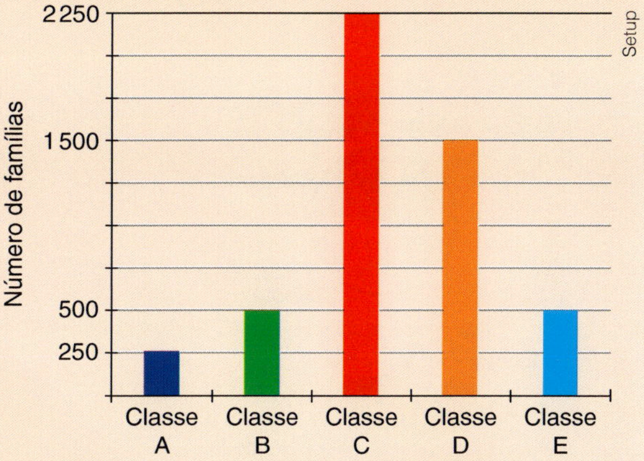

Com base nas informações contidas no gráfico e na tabela, conclui-se que o percentual das famílias que têm renda acima de R$ 3 060,00 é de:

a) 45%
b) 60%
c) 70%
d) 85%
e) 90%

22. (UPE-PE) Os dois conjuntos P e L, de 12 valores cada, representam, respectivamente, as idades das atletas das equipes de vôlei feminino da Seleção Brasileira nos Jogos Olímpicos de Pequim, em 2008, e nos Jogos Olímpicos de Londres, em 2012, respectivamente.

P: 21, 23, 24, 25, 25, 25, 26, 28, 28, 31, 32, 38.

L: 21, 22, 23, 24, 25, 26, 27, 27, 27, 30, 30, 32.

Com base nessas informações, analise as seguintes afirmativas:

I. A moda do conjunto P tem duas unidades a menos que a moda do conjunto L.
II. A mediana do conjunto L é igual a 25,5 anos.
III. Como é de 27 anos a idade média no conjunto P, então o desvio médio desse conjunto é de 3,5 anos.

Está correto o que se afirma, apenas, em

a) I c) III e) I e III
b) II d) I e II

23. (UF-PR) A tabela abaixo mostra como é distribuída a população brasileira por regiões da Federação, com base em dados do censo de 2010. Qual dos gráficos de setores a seguir melhor representa os dados dessa tabela?

Região	População (em milhões)
Norte	15,8
Nordeste	53,0
Sudeste	80,3
Sul	27,3
Centro-Oeste	14,0

Fonte: IBGE

Setup

a) 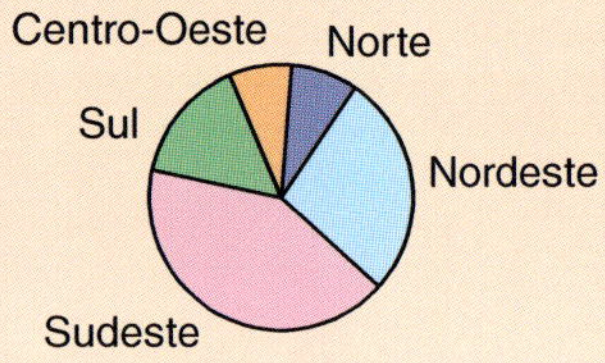

b) 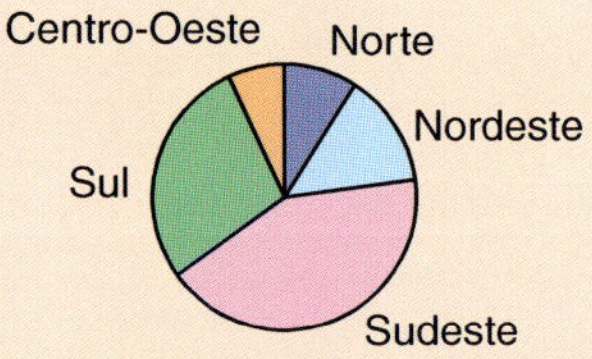

c) 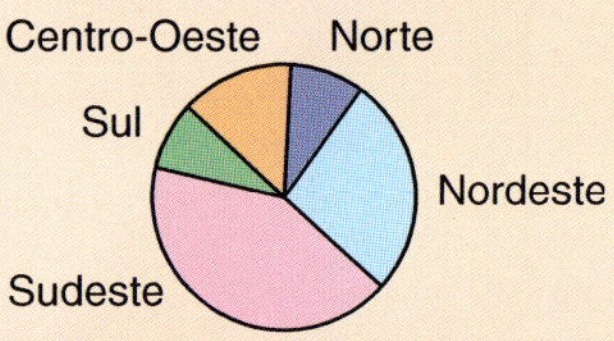

d) 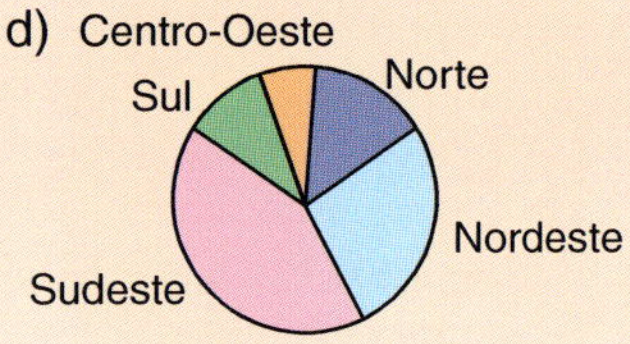

e) 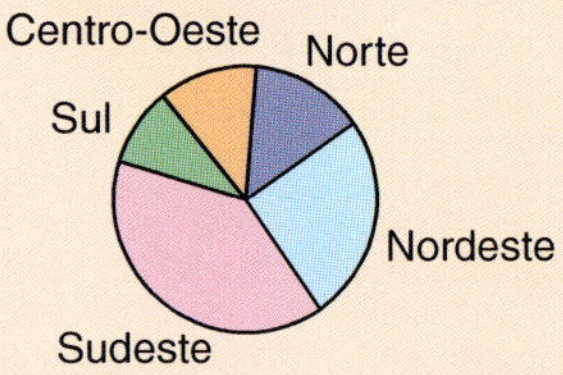

24. (Enem-MEC) Uma equipe de especialistas do centro meteorológico de uma cidade mediu a temperatura do ambiente, sempre no mesmo horário, durante 15 dias intercalados, a partir do primeiro dia de um mês. Esse tipo de procedimento é frequente, uma vez que os dados coletados servem de referência para estudos e verificação de tendências climáticas ao longo dos meses e anos.

As medições ocorridas nesse período estão indicadas no quadro ao lado.

Em relação à temperatura, os valores da média, mediana e moda são, respectivamente, iguais a

a) 17 °C, 17 °C e 13,5 °C
b) 17 °C, 18 °C e 13,5 °C
c) 17 °C, 13,5 °C e 18 °C
d) 17 °C, 18 °C e 21,5 °C
e) 17 °C, 13,5 °C e 21,5 °C

Dia do mês	Temperatura (em °C)
1	15,5
3	14
5	13,5
7	18
9	19,5
11	20
13	13,5
15	13,5
17	18
19	20
21	18,5
23	13,5
25	21,5
27	20
29	16

25. (UF-RS) O gráfico e os dados abaixo mostram a precipitação de chuva que ocorreu nos meses de setembro, outubro e novembro no ano de 2011 e a previsão para os mesmos meses em 2012. Também apresentam a média histórica dessa precipitação, para as regiões leste e sul do Estado do Rio Grande do Sul.

Setup

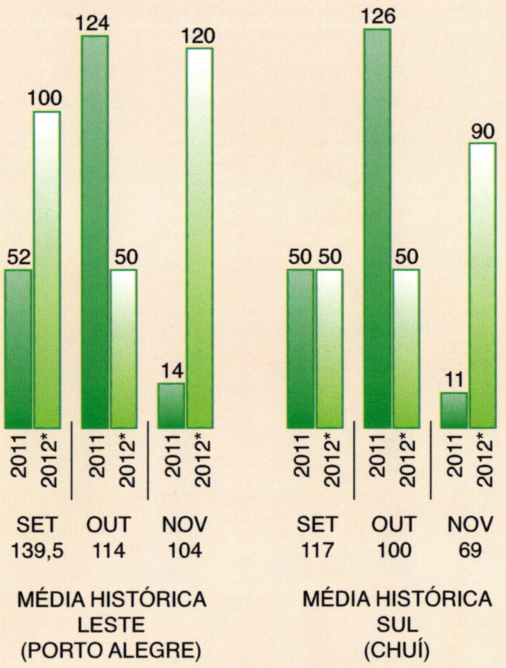

Adaptado de: *Zero Hora*, 8 set. 2012, p. 20.

Com base nesses dados, é correto afirmar que

a) a previsão de chuvas para o mês de novembro de 2012, na região leste, é exatamente 25% superior à média histórica da região.

b) a quantidade de chuvas, na região sul, foi igual à média histórica da região, nos meses de setembro dos anos de 2011 e 2012.

c) a previsão de chuvas para a região leste, no mês de outubro de 2012, é 60% da quantidade de chuvas, na mesma região, no mesmo mês de 2011.

d) a quantidade de chuvas, na região sul, em outubro de 2011, superou a média histórica dessa região em 26%.

e) a quantidade de chuvas prevista para o mês de novembro de 2012, na região leste, supera exatamente em 150% a quantidade de chuvas da região, no mesmo mês, em 2011.

26. (Enem-MEC) Foi realizado um levantamento nos 200 hotéis de uma cidade, no qual foram anotados os valores, em reais, das diárias para um quarto padrão de casal e a quantidade de hotéis para cada valor da diária. Os valores das diárias foram: A = R$ 200,00; B = R$ 300,00; C = R$ 400,00 e D = R$ 600,00. No gráfico, as áreas representam as quantidades de hotéis pesquisados, em porcentagem, para cada valor da diária.

O valor mediano da diária, em reais, para o quarto padrão de casal nessa cidade, é

a) 300,00.
b) 345,00.
c) 350,00.
d) 375,00.
e) 400,00.

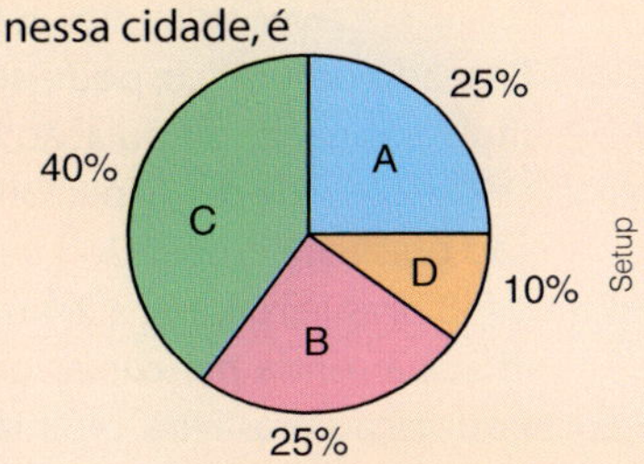

27. (UF-PI) Na rede de padarias Estrela Dalva, a distribuição de frequências de salários de um grupo de 30 funcionários, no mês de dezembro de 2008, é apresentada na tabela abaixo. A média e a mediana do salário pago, nesse mesmo mês, são:

Número da classe	Salário do mês (em reais)	Número de empregados
1	465 ⊢ 665	16
2	665 ⊢ 865	8
3	865 ⊢ 1065	4
4	1065 ⊢ 1265	2

a) R$ 725,00 e R$ 725,00
b) R$ 711,67 e R$ 652,50
c) R$ 865,00 e R$ 525,00
d) R$ 711,67 e R$ 660,00
e) R$ 575,00 e R$ 625,00

28. (FGV-RJ) O gráfico abaixo apresenta os lucros anuais (em milhões de reais) em 2008 e 2009 de três empresas, A, B e C, de um mesmo setor.

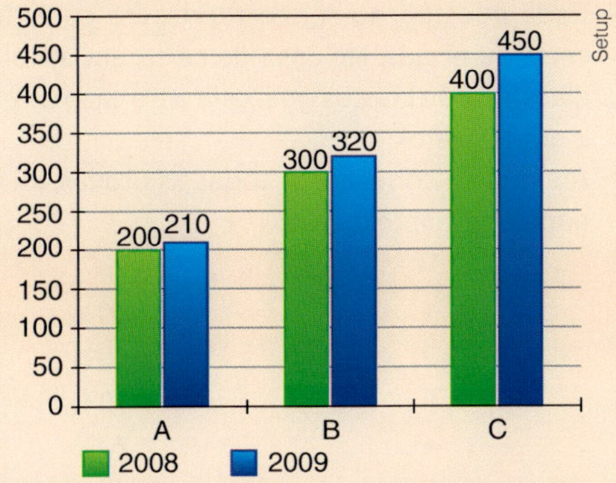

A média aritmética dos crescimentos percentuais dos lucros entre 2008 e 2009 das três empresas foi de aproximadamente:

a) 8,1%
b) 8,5%
c) 8,9%
d) 9,3%
e) 9,7%

29. (UF-PE) Em uma padaria trabalham 4 atendentes e 3 entregadores. Se a média salarial dos sete funcionários é de R$ 520,00 e a média salarial dos atendentes é de R$ 490,00, qual a média salarial dos entregadores?

a) R$ 530,00
b) R$ 540,00
c) R$ 550,00
d) R$ 560,00
e) R$ 570,00

30. (UF-PI) Sejam *x*, *y* e *z* números reais não nulos, um dos quais é a média aritmética dos outros dois. Nessas condições, é correto afirmar que:

a) a média aritmética dos 3 números dados é menor que 1.

b) a média aritmética dos 3 números dados é maior que 2.

c) a média aritmética dos 3 números dados é igual a um deles.

d) a média aritmética dos 3 números dados é igual à média aritmética de dois quaisquer deles.

e) a média aritmética dos 3 números dados é igual à diferença entre o maior e menor desses números.

31. (UF-GO) Em uma turma, originalmente com 18 estudantes, a altura média dos alunos era de 1,61 m. Essa turma recebeu um novo aluno com 1,82 m e uma aluna com 1,60 m. Com isso, a altura média, em metros, dos estudantes dessa turma passou a ser de:

a) 1,68
b) 1,66
c) 1,64
d) 1,62
e) 1,60

32. (EPCAr-MG) As seis questões de uma prova eram tais que as quatro primeiras valiam 1,5 ponto cada, e as duas últimas valiam 2 pontos cada.

Cada questão, ao ser corrigida, era considerada certa ou errada. No caso de certa, era atribuída a ela o total de pontos que valia e, no caso de errada, a nota 0 (zero).

Ao final da correção de todas as provas, foi divulgada a seguinte tabela:

Nº da questão	Percentual de acertos
1	40%
2	50%
3	10%
4	70%
5	5%
6	60%

A média aritmética das notas de todos os que realizaram tal prova é

a) 3,7
b) 3,85
c) 4
d) 4,15

33. (FGV-SP) O gráfico de barras indica como informação principal o número de pessoas atendidas em um pronto-socorro, por faixa etária, em um determinado dia. Outra informação apresentada no gráfico, por meio das linhas verticais, é a frequência acumulada. Em virtude de um rasgo na folha em que o gráfico estava desenhado, as informações referentes à última barra, e apenas elas, foram perdidas, como se vê na figura.

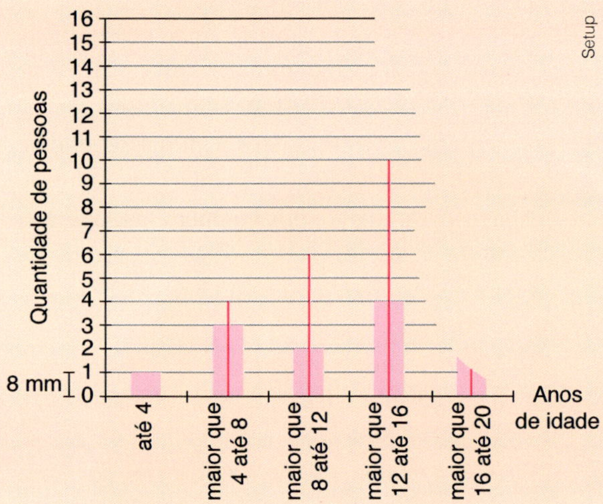

A média de idade do total de pessoas de 0 a 20 anos que frequentou o pronto-socorro nesse dia foi 12,4 anos. Nessas condições, na folha intacta do gráfico original, o comprimento da linha vertical posicionada na última barra, que indica a frequência acumulada até 20 anos de idade, em centímetros, era igual a

a) 8,8
b) 9,6
c) 10,4
d) 11,2
e) 12,0

34. (Enem-MEC) Um produtor de café irrigado em Minas Gerais recebeu um relatório de consultoria estatística, no qual constava, entre outras informações, o desvio padrão das produções de uma safra dos talhões de suas propriedades. Os talhões têm a mesma área de 30 000 m^2 e o valor obtido para o desvio padrão foi de 90 kg/talhão. O produtor deve apresentar as informações sobre a produção e a variância dessas produções em sacas de 60 kg por hectare (10 000 m^2).

A variância das produções dos talhões expressa em $(\text{sacas/hectare})^2$ é

a) 20,25
b) 4,50
c) 0,71
d) 0,50
e) 0,25

35. (Vunesp-SP) O gráfico a seguir representa a distribuição percentual do Produto Interno Bruto (PIB) do Brasil por faixas de renda da população, também em percentagem.

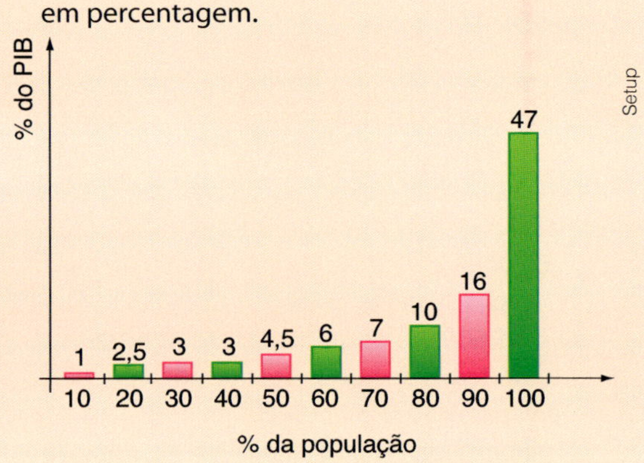

Fonte: IBGE e Atlas da Exclusão Social. (Adaptado.)

Baseado no gráfico, pode-se concluir que os 20% mais pobres da população brasileira detêm 3,5% (1% + 2,5%) da renda nacional. Supondo a população brasileira igual a 200 milhões de habitantes e o PIB brasileiro igual a 2,4 trilhões de reais (Fonte: IBGE), a renda *per capita* dos 20% mais ricos da população brasileira, em reais, é de:

a) 2 100,00
b) 15 600,00
c) 19 800,00
d) 37 800,00
e) 48 000,00

36. (Fuvest-SP) Para que fosse feito um levantamento sobre o número de infrações de trânsito, foram escolhidos 50 motoristas. O número de infrações cometidas por esses motoristas, nos últimos cinco anos, produziu a tabela abaixo. Pode-se então afirmar que a média do número de infrações, por motorista, nos últimos cinco anos, para este grupo, está entre:

Nº de infrações	Nº de motoristas
de 1 a 3	7
de 4 a 6	10
de 7 a 9	15
de 10 a 12	13
de 13 a 15	5
maior ou igual a 16	0

a) 6,9 e 9,0
b) 7,2 e 9,3
c) 7,5 e 9,6
d) 7,8 e 9,9
e) 8,1 e 10,2

37. (UF-PR) Os dados abaixo representam o tempo (em segundos) para carga de um determinado aplicativo, num sistema compartilhado.

Tempo (s)	Número de observações
4,5 ⊢ 5,5	03
5,5 ⊢ 6,5	06
6,5 ⊢ 7,5	13
7,5 ⊢ 8,5	05
8,5 ⊢ 9,5	02
9,5 ⊢ 10,5	01
Total	30

Com base nesses dados, considere as afirmativas a seguir:

1. O tempo médio para carga do aplicativo é de 7,0 segundos.
2. A variância da distribuição é aproximadamente 1,33 segundo ao quadrado.
3. O desvio padrão é a raiz quadrada da variância.
4. Cinquenta por cento dos dados observados estão abaixo de 6,5 segundos.

Assinale a alternativa correta.

a) Somente as afirmativas 1, 2 e 3 são verdadeiras.
b) Somente as afirmativas 1 e 3 são verdadeiras.
c) Somente as afirmativas 2 e 4 são verdadeiras.
d) Somente as afirmativas 2 e 3 são verdadeiras.
e) Somente as afirmativas 1, 3 e 4 são verdadeiras.

38. (U. F. São Carlos-SP) Em uma pesquisa, foram consultados 600 consumidores sobre sua satisfação em relação a uma certa marca de sabão em pó. Cada consumidor deu uma nota de 0 a 10 para o produto, e a média final das notas foi 8,5. O número mínimo de consumidores que devem ser consultados, além dos que já foram, para que essa média passe para 9, é igual a:

a) 250 c) 350 e) 450
b) 300 d) 400

39. (UF-PR) Um professor de Estatística costuma fazer duas avaliações por semestre e calcular a nota final fazendo a média aritmética entre as notas dessas duas avaliações. Porém, devido a um problema de falta de energia elétrica, a segunda prova foi interrompida antes do tempo previsto e vários alunos não conseguiram terminá-la. Como não havia possibilidade de refazer essa avaliação, o professor decidiu alterar os pesos das provas para não prejudicar os alunos. Assim que Amanda e Débora souberam da notícia, correram até o mural para ver suas notas e encontraram os seguintes valores:

Nome	1ª prova	2ª prova	Nota final da disciplina
Amanda	82	52	72,1
Débora	90	40	73,5

Qual foi o peso atribuído à segunda prova?

a) 0,25 c) 0,33 e) 0,40
b) 0,30 d) 0,35

40. (Enem-MEC) Marco e Paulo foram classificados em um concurso. Para classificação no concurso, o candidato deveria obter média aritmética na pontuação igual ou superior a 14. Em caso de empate na média, o desempate seria em favor da pontuação mais regular. No quadro a seguir são apresentados os pontos obtidos nas provas de Matemática, Português e Conhecimentos Gerais, a média, a mediana e o desvio padrão dos dois candidatos.

Dados dos candidatos no concurso

	Marco	Paulo
Matemática	14	8
Português	15	19
Conhecimentos gerais	16	18
Média	15	15
Mediana	15	18
Desvio padrão	0,32	4,97

O candidato com pontuação mais regular, portanto mais bem classificado no concurso, é:

a) Marco, pois a média e a mediana são iguais.
b) Marco, pois obteve menor desvio padrão.
c) Paulo, pois obteve a maior pontuação na tabela, 19 em português.
d) Paulo, pois obteve maior mediana.
e) Paulo, pois obteve maior desvio padrão.

41. (UF-PI) Um professor da disciplina Cálculo I da UF-PI observou que a média das notas da turma estava baixa, por isso resolveu aumentar em 1,0 (um) ponto cada nota dos seus alunos. O que se pode afirmar sobre a nova média e o novo desvio padrão dessa turma?

a) A média e o desvio padrão permaneceram inalterados.
b) Não houve alteração na média, porém o desvio padrão se alterou em 1,0 (um) ponto.
c) A média se alterou em 1,0 (um) ponto e não houve alteração no desvio padrão.
d) Nada se pode afirmar, pois não se sabe o número de alunos da turma.
e) Ambas se alteraram em 1,0 (um) ponto.

42. (Vunesp-SP) O gráfico informa o percentual de variação do PIB brasileiro, em três setores produtivos, quando comparado com o mesmo trimestre do ano anterior, em um período de sete trimestres.

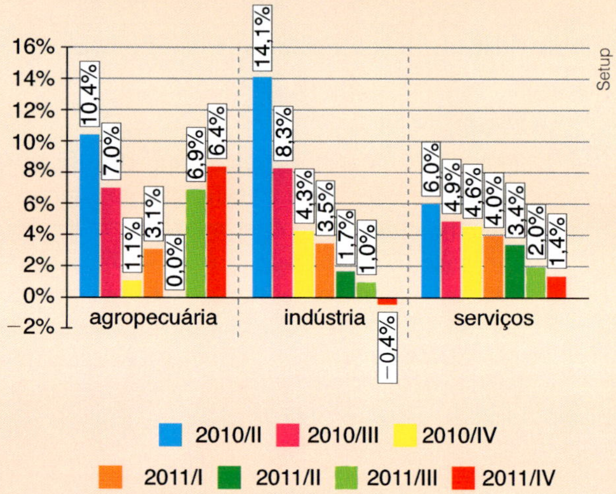

Comparando-se os dados do gráfico, verifica-se que, no 3º trimestre de 2011 (2011/ III), quando comparado ao 3º trimestre de 2010 (2010/ III), o PIB dos setores de agropecuária, indústrias e serviços, respectivamente,

a) caiu 3,4%, 5,8% e 1,1%.
b) avançou 7,0%, 8,3% e 4,9%.
c) avançou 6,9% e caiu 0,7% e 1,4%.
d) caiu 0,1%, 7,3% e 2,9%.
e) avançou 6,9%, 1,0% e 2,0%.

43. (FGV-SP) Ao conjunto {5, 6, 10, 11} inclui-se um número natural *n*, diferente dos quatro números que compõem esse conjunto. Se a média aritmética dos cinco elementos do novo conjunto é igual à sua mediana, então, a soma de todos os possíveis valores de *n* é igual a

a) 20.
b) 22.
c) 23.
d) 24.
e) 26.

44. (U.F. Uberlândia-MG) Uma pesquisa com 27 crianças, realizada por psicólogos em um ambiente hospitalar, avalia a redução dos custos hospitalares mensais individuais em função do bem-estar emocional promovido pela vivência de atividades artísticas.

Redução do custo mensal (por criança) em reais	Número de crianças
700,00	8
900,00	5
1 400,00	1
2 000,00	7
2 400,00	5
3 000,00	1

Com base nos dados descritos na tabela, a soma da média aritmética e da mediana correspondente à distribuição de redução dos custos mencionada é igual a

a) 2 900.
b) 3 400.
c) 3 200.
d) 3 700.

45. (FGV-SP) Uma sala de aula é constituída por 10% de mulheres e 90% de homens. Em uma prova valendo de 0 a 100 pontos, todas as mulheres tiraram a mesma nota, a média aritmética das notas dos homens foi 83 e a média aritmética das notas de toda a classe foi 84. Nessas condições, cada mulher da sala fez um total de pontos igual a

a) 90.
b) 91.
c) 92.
d) 93.
e) 94.

46. (UF-GO) A tabela a seguir mostra como o cultivo de cana-de-açúcar expandiu-se em áreas originalmente utilizadas para outras culturas anuais ou pastagens na região Centro-Sul do Brasil, em dois períodos, de 2002 a 2008. Na tabela, as áreas são dadas em milhares de hectares.

Uso do solo	2002-2006	2007-2008
Expansão da área cultivada com cana-de-açúcar	1030	2184
Proveniente de outras culturas anuais	122	1152
Proveniente de pastagens	793	991

CASTRO, Selma de et al. A expansão da cana-de-açúcar no cerrado e no estado de Goiás: elementos para uma análise espacial do processo. *Boletim Goiano de Geografia*, v. 30, n. 1, 2010. p. 171; 191. (Adaptado.)

Considere que as áreas convertidas em canaviais não explicitadas na tabela sejam provenientes de desmatamento de vegetação nativa. Então,

a) a expansão média anual do cultivo de cana-de-açúcar no segundo período mostrado foi maior que cinco vezes a expansão média anual no primeiro período, estimulada pelos lucros proporcionados pelas indústrias sucroalcooleiras.
b) a área destinada a pastagens na região tem se reduzido em consequência da menor demanda por carne bovina, na última década.
c) a média anual da área convertida de outras culturas anuais para cana-de-açúcar, no biênio 2007-2008, aumentou mais de 20 vezes se comparada à média anual de 2002 a 2006, refletindo a diminuição na demanda por grãos no mercado nacional e internacional.

d) a área de vegetação nativa desmatada para o plantio de cana-de-açúcar de 2007 a 2008 foi maior do que a de 2002 a 2006 por causa do avanço da fronteira agrícola em direção ao noroeste da região.

e) a média anual da área de vegetação nativa desmatada para o plantio de cana-de-açúcar de 2007 a 2008 foi menor do que a de 2002 a 2006 porque nessa região praticamente não há mais vegetação nativa a ser desmatada.

47. (UPE-PE) A revendedora de automóveis Carro Bom iniciou o dia com os seguintes automóveis para venda:

Automóvel	Nº de automóveis	Valor unitário (R$)
Alfa	10	30 000
Beta	10	20 000
Gama	10	10 000

A tabela mostra que, nesse dia, o valor do estoque é de R$ 600 000,00 e o valor médio do automóvel é de R$ 20 000,00. Se, nesse dia, foram vendidos somente cinco automóveis do modelo Gama, então, ao final do dia, em relação ao início do dia

a) o valor do estoque bem como o valor médio do automóvel eram menores.

b) o valor do estoque era menor, e o valor médio do automóvel, igual.

c) o valor do estoque era menor, e o valor médio do automóvel, maior.

d) o valor do estoque bem como o valor médio do automóvel eram maiores.

e) o valor do estoque era maior, e o valor médio do automóvel, menor.

Texto para as questões **48** e **49**:

No aeroporto de uma cidade, embarcaram 100 000 passageiros no mês passado, distribuídos em voos de 3 companhias aéreas: A, B e C. A tabela abaixo relaciona os totais de passageiros e as quantidades de embarques de um mesmo passageiro.

Embarques do mesmo passageiro	Número de pessoas
5	1 000
4	1 500
3	3 000
2	10 000
1	60 000

Já o gráfico que se segue mostra os totais de embarques realizados pelas 3 companhias.

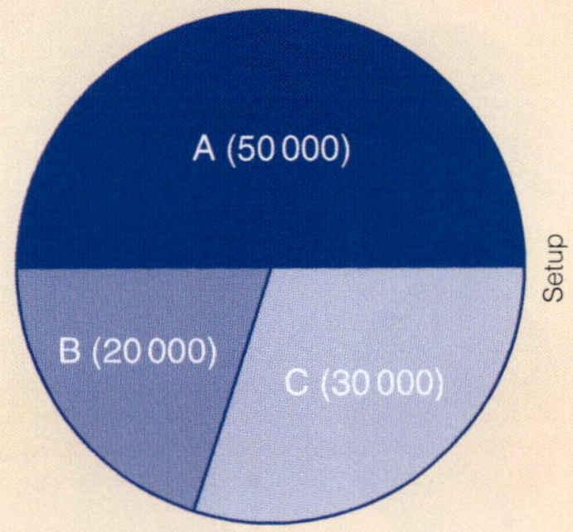

48. (Insper-SP) Considere as afirmações:

I. Pelo menos 10 000 dos embarques da companhia A foram feitos por pessoas que fizeram um único embarque.

II. Pelo menos um embarque da companhia B foi feito por uma pessoa que fez no máximo dois embarques.

III. Pelo menos uma pessoa fez embarques em duas companhias diferentes.

É(São) necessariamente verdadeira(s)

a) apenas I.

b) apenas II.

c) apenas III.

d) I e II.

e) I e III.

49. (Insper-SP) O gráfico mostra os percentuais de passageiros que embarcaram nas três companhias em 3 das 4 semanas do mês passado. O total de passageiros que embarcaram na semana é apresentado na parte superior de cada barra.

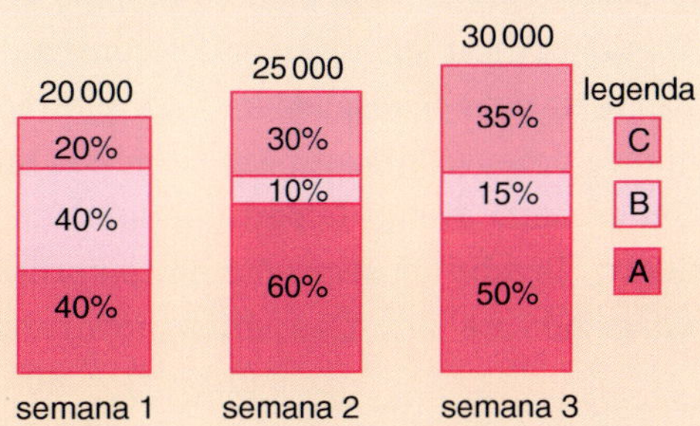

Os percentuais de passageiros que embarcaram nas companhias A, B e C, respectivamente, na quarta semana foram

a) 58%, 20% e 22%.

b) 38%, 30% e 32%.

c) 38%, 20% e 42%.

d) 48%, 30% e 22%.

e) 48%, 20% e 32%.

6 NÚMEROS COMPLEXOS

INTRODUÇÃO

Um pouco de História

Números complexos

Os números complexos são usualmente apresentados a partir de uma equação do 2º grau. Por exemplo, quando resolvemos a equação $x^2 + 2x + 5 = 0$, utilizando a usual fórmula resolutiva, encontramos:

$$x = \frac{-2 \pm \sqrt{2^2 - 4 \cdot 1 \cdot 5}}{2 \cdot 1} = \frac{-2 \pm \sqrt{-16}}{2}$$

Para determinar o valor de x é preciso calcular a raiz quadrada de -16, o que em $\mathbb{R}$ é impossível, pois não existe um número real m tal que $m^2 = -16$. Daí a necessidade de um novo conjunto numérico para se obter a solução para esse tipo de problema.

Primeiro objeto de uma construção abstrata, presente nos vários domínios da Matemática, os **números complexos** foram um grande desafio imposto aos matemáticos.

Como justificar sua existência e constituição?

Das tentativas de responder a essa questão nasceram novos conceitos algébricos e novas teorias, produzindo um grande desenvolvimento das pesquisas matemáticas.

Um primeiro avanço importante foi dado por Girolamo Cardano (1501-1576) ao tentar resolver o seguinte problema: "Dividir um segmento de comprimento 10 em duas partes cujo produto seja 40".

Chamando x e $10 - x$ as partes procuradas, Cardano montou a seguinte equação:

$$x \cdot (10 - x) = 40 \Rightarrow x^2 - 10x + 40 = 0 \Rightarrow x = 5 \pm \sqrt{-15}$$

e, como $\sqrt{-15}$ não é um número real, para Cardano tal problema não teria solução.

Entretanto, ele trabalhou com os resultados obtidos, ou seja, com $x = 5 + \sqrt{-15}$ e $10 - x = 5 - \sqrt{-15}$, constatando que:

$$\begin{cases} \left(5 + \sqrt{-15}\right) + \left(5 - \sqrt{-15}\right) = 10 \\ \text{e} \\ \left(5 + \sqrt{-15}\right) \cdot \left(5 - \sqrt{-15}\right) = 40 \end{cases}$$

Então, mesmo desconhecendo o significado dos números que havia obtido, Cardano pôde concluir que $5 + \sqrt{-15}$ e $5 - \sqrt{-15}$ eram soluções da equação.

Anos depois, o matemático Rafael Bombelli (1526-1572), ao aplicar a fórmula de Cardano para a resolução de equações do 3º grau, obteve para a equação $x^3 - 15x - 4 = 0$ a solução $x = \sqrt[3]{2 + \sqrt{-121}} + \sqrt[3]{2 - \sqrt{-121}}$. (*)

Como sabia que 4 era uma raiz dessa equação, pois a sentença $4^3 - 15 \cdot 4 - 4 = 0$ é verdadeira, Bombelli concluiu que essa raiz poderia ser obtida pela fórmula (*), desde que se calculasse $\sqrt{-121}$.

Esse foi o mais importante passo para que fosse admitida a existência de um número da forma $a + \sqrt{-b}$, em que $a \in \mathbb{R}$ e $b \in \mathbb{R}_+^*$.

Responsáveis pela legitimação de toda teoria estudada nos dias de hoje, Johan Carl Friedrich Gauss (1777-1855) e J. E. Argand (1768-1822) foram os primeiros matemáticos a terem uma ideia mais clara sobre os chamados números imaginários e a perceber as vantagens que os matemáticos do século XIX poderiam obter através do aprendizado de sua representação geométrica.

De fato, o reconhecimento desses números, com base nos estudos de Gauss, propiciou o desenvolvimento de várias teorias matemáticas, tendo sido universalmente adotados ao fim de 1840.

Em 1835, o matemático irlandês William R. Hamilton (1805-1866) elaborou uma teoria aritmética dos números complexos, a qual consistia em considerá-los como pares ordenados de números reais e em definir a soma e o produto de tais pares da maneira mostrada a seguir.

Coleção particular Science Source/LatinStock

O matemático alemão Gauss também trabalhou em áreas como Geometria, Astronomia e Óptica.

CONJUNTO DOS NÚMEROS COMPLEXOS

Definição

Chama-se **conjunto dos números complexos** o conjunto $\mathbb{C}$ de todos os pares ordenados de números reais para os quais valem as seguintes definições:

(I) Igualdade: $(a, b) = (c, d) \Leftrightarrow a = c \text{ e } b = d$

(A) Adição: $(a, b) + (c, d) = (a + c, b + d)$

(M) Multiplicação: $(a, b) \cdot (c, d) = (ac - bd, ad + bc)$

Assim, $z \in \mathbb{C} \Rightarrow z = (a, b)$, em que $a \in \mathbb{R}$ e $b \in \mathbb{R}$.

Exemplo 1

Dados os números complexos $z_1 = (x - 1, y + 2)$ e $z_2 = (-4, 3)$, vamos determinar os números reais *x* e *y* para que se tenha $z_1 = z_2$.

Pela definição (I), temos:

$$z_1 = z_2 \Leftrightarrow (x - 1, y + 2) = (-4, 3) \underset{(I)}{\Leftrightarrow} \begin{cases} x - 1 = -4 \\ \text{e} \\ y + 2 = 3 \end{cases} \Leftrightarrow x = -3 \text{ e } y = 1$$

Exemplo 2

Dados os números complexos $z_1 = (2, 4)$ e $z_2 = (3, -1)$, determinemos os complexos *v* e *w*, tais que $v = z_1 + z_2$ e $w = z_1 \cdot z_2$.

$$v = z_1 + z_2 = (2, 4) + (3, -1) \underset{(A)}{=} (2 + 3, 4 + (-1)) \Rightarrow v = (5, 3)$$

$$w = z_1 \cdot z_2 = (2, 4) \cdot (3, -1) \underset{(M)}{=} (2 \cdot 3 - 4 \cdot (-1), 2 \cdot (-1) + 4 \cdot 3) \Rightarrow w = (10, 10)$$

Exemplo 3

Dados os complexos $z_1 = (1, 2)$ e $z_2 = (3, 4)$, em cada caso vamos determinar o complexo z que satisfaz a condição indicada:

a) $z_2 + z = z_1$ b) $z_2 \cdot z = z_1$

a) Fazendo $z = (x, y)$, em que $x, y \in \mathbb{R}$, temos:

$$z_2 + z = z_1 \Rightarrow (3, 4) + (x, y) = (1, 2) \underset{(A)}{\Rightarrow} (3 + x, 4 + y) = (1, 2) \underset{(I)}{\Rightarrow}$$

$$\underset{(I)}{\Rightarrow} \begin{cases} 3 + x = 1 \\ 4 + y = 2 \end{cases} \Rightarrow \begin{cases} x = 1 - 3 \\ y = 2 - 4 \end{cases}$$

Como $z = (x, y)$, então $z = (-2, -2)$.

Note que, dados os complexos $z_1 = (a, b)$ e $z_2 = (c, d)$, ao determinarmos o complexo $z = (x, y)$ que satisfaz a condição $z_2 + z = z_1$, estamos calculando a diferença entre z_1 e z_2, que é indicada por $z_1 - z_2$.

Assim: $z_1 - z_2 = z \Rightarrow (a, b) - (c, d) = (a - c, b - d)$

b) Fazendo $z = (x, y)$, em que $x, y \in \mathbb{R}$, temos:

$$z_2 \cdot z = z_1 \Rightarrow (3, 4) \cdot (x, y) = (1, 2) \underset{(A)}{\Rightarrow} (3x - 4y, 3y + 4x) = (1, 2) \underset{(I)}{\Rightarrow}$$

$$\underset{(I)}{\Rightarrow} \begin{cases} 3x - 4y = 1 \\ 3y + 4x = 2 \end{cases} \Rightarrow x = \frac{11}{25} \text{ e } y = \frac{2}{25}$$

Como $z = (x, y)$, então $z = \left(\frac{11}{25}, \frac{2}{25}\right)$.

Note que, dados os complexos $z_1 = (a, b)$ e $z_2 = (c, d) \neq (0, 0)$, ao determinarmos o complexo $z = (x, y)$, que satisfaz a condição $z_2 \cdot z = z_1$, estamos calculando o quociente entre z_1 e z_2, que é indicado por $\frac{z_1}{z_2}$.

Observações

- Examinemos o comportamento dos números complexos da forma $z = (x, 0)$, relativamente às definições de igualdade, adição e multiplicação:

  (I) $(x, 0) = (y, 0) \Leftrightarrow x = y$

  (A) $(x, 0) + (y, 0) = (x + y, 0 + 0) = (x + y, 0)$

  (M) $(x, 0) \cdot (y, 0) = (x \cdot y - 0 \cdot 0, x \cdot 0 + 0 \cdot y) = (x \cdot y, 0)$

  Notamos que, relativamente às operações de adição e multiplicação, esses números se comportam como números reais, como mostram os exemplos:

  $$(3, 0) + (5, 0) = (3 + 5, 0 + 0) = (8, 0) \text{ e } 3 + 5 = 8$$

  $$(3, 0) \cdot (5, 0) = (3 \cdot 5 - 0 \cdot 0, 3 \cdot 0 + 0 \cdot 5) = (15, 0) \text{ e } 3 \cdot 5 = 15$$

  Esse fato permite que se faça a identidade $(x, 0) = x$, $\forall x \in \mathbb{R}$, ou seja, todo número real x é um número complexo da forma $(x, 0)$.

  Em particular, o número complexo $(1, 0) = 1$ é chamado **unidade real**.

- Como um número complexo é um par ordenado de números reais, então podemos dizer que existe uma correspondência biunívoca entre os elementos do conjunto $\mathbb{C}$ e o conjunto dos pontos de um plano, isto é, a cada número complexo $z = (a, b)$ corresponde um único ponto M, de coordenadas (a, b), pertencente a um plano e reciprocamente.

  Chamaremos esse ponto M de **imagem** ou **afixo** do número complexo z.

  O plano ao qual M pertence é chamado **Plano de Argand-Gauss**, ou **Plano de Gauss**, e é determinado por dois eixos perpendiculares, denominados eixo real (Re(z)) e eixo imaginário (Im(z)), conforme é mostrado na figura ao lado. Assim, as imagens dos números complexos da forma $(x, 0)$ pertencem ao eixo Re(z) e as imagens dos números complexos da forma $(0, y)$ pertencem ao eixo Im(z).

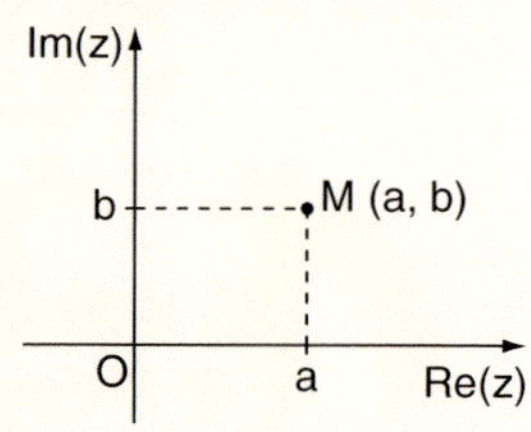

- Os números complexos da forma (0, y) são chamados **imaginários puros**.
  Em particular, chama-se **unidade imaginária** o número complexo $i = (0, 1)$.
  Note que: $i^2 = i \cdot i = (0, 1) \cdot (0, 1) = (0 \cdot 0 - 1 \cdot 1, 0 \cdot 1 + 1 \cdot 0) = (-1, 0) \Rightarrow \mathbf{i^2 = -1}$
- Vamos estabelecer uma regra prática para o cálculo de i^n, em que $i \in \mathbb{N}$.
  Calculemos, por recorrência, o valor de algumas potências naturais de *i*:

$i^0 = 1$; $i^1 = i$; $i^2 = -1$; $i^3 = i^2 \cdot i = (-1) \cdot i = -i$

$i^4 = i^2 \cdot i^2 = 1$; $i^5 = i^{4+1} = i^4 \cdot i^1 = i$; $i^6 = i^{4+2} = i^4 \cdot i^2 = -1$; $i^7 = i^{4+3} = i^4 \cdot i^3 = -i$

$i^8 = 1$; $i^9 = i^{8+1} = i^8 \cdot i^1 = i$; $i^{10} = i^{8+2} = i^8 \cdot i^2 = -1$; $i^{11} = i^{8+3} = i^8 \cdot i^3 = -i$

$\vdots$

De modo geral, $\forall k \in \mathbb{N}$, temos:

$i^{4k} = i^{4k+0} = 1$; $i^{4k+1} = i^{4k} \cdot i^1 = i$; $i^{4k+2} = i^{4k} \cdot i^2 = -1$; $i^{4k+3} = i^{4k} \cdot i^3 = -i$

Como sabemos que na divisão de *n* por 4 os possíveis restos são 0, 1, 2 ou 3, ou seja,

$$\begin{array}{l|l} n & 4 \\ \hline r & k \end{array} \Rightarrow n = 4k + r \text{, em que } r = 0, 1, 2 \text{ ou } 3,$$

temos: $i^n = i^{4k+r} = \underbrace{i^{4k}}_{i^{4k} = 1} \cdot i^r \Rightarrow i^n = i^r$, em que *r* é o resto da divisão de *n* por 4.

Dessa forma, fica estabelecida a seguinte regra para o cálculo das potências naturais de *i*:

Para calcular i^n, em que $n \in \mathbb{N}$, divide-se *n* por 4 e o novo expoente de *i* será o resto dessa divisão.

Note que essa regra pode ser estendida às potências inteiras de *i*, pois $i^{-n} = \dfrac{1}{i^n}$, $\forall n \in \mathbb{Z}$.

Exemplo 4

Vamos calcular i^{107} e i^{2050} aplicando a regra obtida.

$$\begin{array}{r|l} 107 & 4 \\ \hline 27 & 26 \\ (3) & \end{array} \qquad \begin{array}{r|l} 2\,050 & 4 \\ \hline 05 & 512 \\ 10 & \\ (2) & \end{array}$$

Logo, $i^{107} = i^3 = -i$ e $i^{2050} = i^2 = -1$

EXERCÍCIOS

1. Em cada caso, efetue as operações indicadas:

a) $(3, 2) + (0, 1)$

b) $(2, 3) \cdot (-1, 4)$

c) $(2x - y, 6x + 2y) + (x - 2y, x)$

d) $(-1, -1) \cdot (-4, 2)$

e) $(2, -3) - (-1, -2)$

f) $(1, 0) \cdot (x, -y)$

2. Represente no plano de Gauss os pontos M, N, P e Q, respectivas imagens dos números complexos $z_1 = (-2, 1)$, $z_2 = (0, -1)$, $z_1 + z_2$ e $z_1 \cdot z_2$.

3. Dados os números complexos $z_1 = (x, 3)$ e $z_2 = (2 - y, y)$, determine os números reais *x* e *y* de modo que $z_2 - z_1 = (5, -4)$.

4. Calcule:

a) i^{54} c) i^{161} e) i^{1221} g) $i^{13\,335}$

b) i^{95} d) i^{200} f) i^{2022} h) $i^{12\,784}$

5. Efetue:

a) $i^{25} \cdot i^{18}$ c) $\dfrac{i^{79}}{i^{32}}$ e) $\dfrac{i^{-98}}{i^{-34}}$

b) $(-2i)^{11}$ d) $\left[(i^2)^{2^0}\right]^{32}$ f) $\dfrac{i^{132} + i^{61}}{i^{42}}$

6. Se *i* é a unidade imaginária, determine em cada caso o valor de A:

a) $A = i + i^2 + i^3 + ... + i^{49} + i^{50}$

b) $A = i \cdot i^2 \cdot i^3 \cdot ... \cdot i^{19} \cdot i^{20}$

7. (UF-RN) Um quadrado mágico é um quadriculado com n^2 quadrados menores que contêm números de forma que, em cada linha, em cada coluna e nas duas diagonais, a soma desses números seja a mesma.
Para responder às solicitações propostas, considere o número complexo $i = \sqrt{-1}$ e o quadrado a seguir.

i	i^2	i^3	i^4
i^5	i^6	i^7	i^8
i^9	i^{10}	i^{11}	i^{12}
i^{13}	i^{14}	i^{15}	i^{16}

a) Verifique se esse quadrado é mágico.

b) Calcule a soma de todos os números que compõem o quadrado.

FORMA ALGÉBRICA DE *z*

Dado o complexo z = (x, y), observe que:

$$z = (x, y) = (x, 0) + (0, y) = (x, 0) + (y \cdot 0 - 0 \cdot 1, y \cdot 1 + 0 \cdot 0) = (x, 0) + (y, 0) \cdot (0, 1) \ (*)$$

Como já foi visto, $(x, 0) = x \in \mathbb{R}$, $(y, 0) = y \in \mathbb{R}$ e $(0, 1) = i$, então, substituindo esses valores em (*), obtemos uma nova expressão para o complexo z = (x, y), que é chamada **forma algébrica de *z***:

$$z = x + y \cdot i, \text{ em que } x \in \mathbb{R} \text{ e } y \in \mathbb{R}$$

Temos agora duas expressões para um número complexo, pois $z = (x, y) = x + y \cdot i$, em que *x* e *y* são números reais.

Exemplo 5

Dados os complexos (2, 5), (–1, 1), $\left(\frac{1}{2}, -\frac{2}{5}\right)$, (0, 4), $\left(-\frac{1}{5}, 0\right)$ e $\left(-\sqrt{2}, -\sqrt{6}\right)$, temos:

$(2, 5) = 2 + 5i$

$(-1, 1) = -1 + i$

$\left(\frac{1}{2}, -\frac{2}{5}\right) = \frac{1}{2} - \frac{2}{5}i$

$(0, 4) = 0 + 4i = 4i$

$\left(-\frac{1}{5}, 0\right) = -\frac{1}{5} + 0 \cdot i = -\frac{1}{5}$

$\left(-\sqrt{2}, -\sqrt{6}\right) = -\sqrt{2} - i\sqrt{6}$

Observações

- Dado o número complexo $z = x + y \cdot i$, em que $x \in \mathbb{R}$ e $y \in \mathbb{R}$, temos:

$$\begin{cases} x \text{ é chamado } \textbf{parte real} \text{ de } z \text{ e indica-se } x = \text{Re}(z); \\ y \text{ é chamado } \textbf{parte imaginária} \text{ de } z \text{ e indica-se } y = \text{Im}(z). \end{cases}$$

$$\begin{cases} y = 0 \Rightarrow z = x \in \mathbb{R}, \text{ isto é, } z \text{ é um número real se, e somente se, Im}(z) = 0; \\ x = 0 \text{ e } y \neq 0 \Rightarrow z = y \cdot i, \text{ isto é, } z \text{ é um imaginário puro se, e somente se, Re}(z) = 0 \text{ e Im}(z) \neq 0. \end{cases}$$

- Para os complexos a + bi e c + di, em que $a, b, c, d \in \mathbb{R}$, as definições de igualdade, adição e multiplicação, definidas para números complexos dados por pares ordenados de números reais, são expressas como:

(I) $a + bi = c + di \Rightarrow a = c \text{ e } b = d$

(A) $(a + bi) + (c + di) = (a + c) + (b + d)i$

(M) $(a + bi) \cdot (c + di) = ac + adi + bci + bdi^2 = ac + adi + bci + bd(-1) = (ac - bd) + (ad + bc)i$

Exemplo 6

- $z = 3 + 2i \quad \Rightarrow \quad Re(z) = 3$ e $Im(z) = 2$
- $z = -1 - 3i \quad \Rightarrow \quad Re(z) = -1$ e $Im(z) = -3$
- $z = -\frac{2}{3} \quad \Rightarrow \quad Re(z) = -\frac{2}{3}$ e $Im(z) = 0$
- $z = -i \quad \Rightarrow \quad Re(z) = 0$ e $Im(z) = -1$
- $z = -1 + i \quad \Rightarrow \quad Re(z) = -1$ e $Im(z) = 1$

Exemplo 7

Em cada caso, vamos obter o número real *k* que satisfaz a condição determinada.

a) O número complexo $z = (k - 2) + 4i$ deve ser um imaginário puro.

Sabe-se que *z* é um imaginário puro se, e somente se, $Re(z) = 0$ e $Im(z) \neq 0$.

Então, devemos ter: $\begin{cases} Re(z) = k - 2 = 0 \\ Im(z) = 4 \neq 0 \end{cases}$, ou seja, $k - 2 = 0 \Rightarrow k = 2$

b) O complexo $z = \left(-3; \frac{2k - 1}{3}\right)$ deve ser um número real.

Sabe-se que *z* é um número real se, e somente se, $Im(z) = 0$.

Então, devemos ter: $\frac{2k - 1}{3} = 0$, ou seja, $2k - 1 = 0 \Rightarrow k = \frac{1}{2}$

Exemplo 8

Em cada caso, determinemos os números reais *x* e *y* que satisfazem a igualdade.

a) $(2x + 1) + (1 - 3y)i = -1 - 2i$

A igualdade $(2x + 1) + (1 - 3y)i = -1 - 2i$ se verifica quando:

$$\begin{cases} 2x + 1 = -1 & \text{(partes reais iguais)} \\ 1 - 3y = -2 & \text{(partes imaginárias iguais)} \end{cases} \Rightarrow x = -1 \text{ e } y = 1$$

b) $(x - y) - 3i = -4 + 6yi$

A igualdade $(x - y) - 3i = -4 + 6yi$ se verifica quando:

$$\begin{cases} x - y = -4 & \text{(partes reais iguais)} \\ -3 = 6y & \text{(partes imaginárias iguais)} \end{cases} \Rightarrow y = -\frac{1}{2} \text{ e } x = -\frac{9}{2}$$

Exemplo 9

Dados os complexos $v = 1 + 2i$ e $w = 2 - 2i$, vamos calcular $v + w$, $v \cdot w$, w^2 e $w - v$.

- $v + w = (1 + 2i) + (2 - 2i) = (1 + 2) + (2 - 2)i = 3$
- $v \cdot w = (1 + 2i) \cdot (2 - 2i) = 2 - 2i + 4i - 4i^2 = 2 + 2i - 4(-1) = 2 + 2i + 4 = 6 + 2i$
- $w^2 = (2 - 2i)^2 = 2^2 - 2 \cdot 2 \cdot 2i + (2i)^2 = 4 - 8i + 4i^2 = 4 - 8i + 4 \cdot (-1) = 4 - 8i - 4 = -8i$
- $w - v = (2 - 2i) - (1 + 2i) = 2 - 1 - 2i - 2i = 1 - 4i$

EXERCÍCIOS RESOLVIDOS

1. Resolver as equações seguintes no universo $\mathbb{C}$:

a) $x^2 + 16 = 0$ b) $x^2 - 2x + 4 = 0$

Solução:

a) $x^2 + 16 = 0 \Rightarrow x^2 = -16 \Rightarrow x^2 = 16 \cdot (-1) \Rightarrow x^2 = 16 \cdot i^2 \Rightarrow x = \pm\sqrt{16i^2} \Rightarrow x = 4i$ ou $x = -4i$

b) $x^2 - 2x + 4 = 0$

Como $\Delta = (-2)^2 - 4 \cdot 1 \cdot 4 = -12 = 12 \cdot (-1) = 12i^2$, temos:

$$x = \frac{2 \pm \sqrt{12i^2}}{2} = \frac{2 \pm 2i\sqrt{3}}{2} \Rightarrow x = 1 + i\sqrt{3} \text{ ou } x = 1 - i\sqrt{3}$$

2. Calcular $\sqrt{3 - 4i}$.

Solução:

Seja *z* um número complexo tal que $\sqrt{3-4i} = z$, ou seja, $z^2 = 3 - 4i$.

Então, fazendo $z = x + yi$, em que $x, y \in \mathbb{R}$, temos: $(x + yi)^2 = 3 - 4i$. (*)

Assim, devemos determinar os números reais *x* e *y* que satisfazem a sentença (*), ou seja:

$$x^2 + 2xyi + \underbrace{y^2i^2}_{y^2 \cdot (-1)} = 3 - 4i \Rightarrow (x^2 - y^2) + 2xyi = 3 - 4i \quad (**)$$

Pela definição de igualdade, aplicada em (**), vem: $\begin{cases} x^2 - y^2 = 3 & (1) \\ 2xy = -4 \Rightarrow y = -\dfrac{2}{x} & (2) \end{cases}$

Substituindo (2) em (1): $x^2 - \left(-\dfrac{2}{x}\right)^2 = 3 \Rightarrow x^2 - \dfrac{4}{x^2} = 3 \Rightarrow (x^2)^2 - 3x^2 - 4 = 0$

Fazendo $x^2 = a$, obtemos a equação do 2º grau $a^2 - 3a - 4 = 0$, que admite as soluções: $a = 4$ e $a = -1$.

Assim, como $x^2 = a$, temos:

$$a = 4 \Rightarrow x^2 = 4 \Rightarrow \begin{cases} x = 2 \overset{(2)}{\Rightarrow} y = -1 \\ x = -2 \underset{(2)}{\Rightarrow} y = 1 \end{cases} \Rightarrow z = 2 - i \text{ ou } z = -2 + i$$

$a = -1 \Rightarrow x^2 = -1 \Rightarrow$ não existe solução, pois devemos ter $x \in \mathbb{R}$

Logo, como $\sqrt{3-4i} = z$, temos: $\sqrt{3-4i} = 2 - i$ ou $\sqrt{3-4i} = -2 + i$

3. Determinar os números complexos *z* tais que $z^2 = 4i$.

Solução:

Fazendo $z = x + yi$, em que $x, y \in \mathbb{R}$, na equação $z^2 = 4i$, obtemos: $(x + yi)^2 = 4i$. (*)

Devemos, então, determinar os números reais *x* e *y* que satisfazem a igualdade (*) e, para tal, temos:

$$(x + yi)^2 = 4i \Rightarrow x^2 + 2xyi + y^2i^2 = 4i \Rightarrow (x^2 - y^2) + 2xyi = 4i \ (**)$$

Pela definição de igualdade de complexos aplicada em (**), vem: $\begin{cases} x^2 - y^2 = 0 & (1) \\ 2xy = 4 \Rightarrow y = \dfrac{2}{x} & (2) \end{cases}$

Substituindo (2) em (1): $x^2 - \dfrac{4}{x^2} = 0 \Rightarrow (x^2)^2 - 4 = 0 \Rightarrow (x^2)^2 = 4 \Rightarrow x^2 = 2$ ou $x^2 = -2$

Assim, temos:

- $x^2 = 2 \Rightarrow \begin{cases} x = \sqrt{2} \underset{(2)}{\Rightarrow} y = \dfrac{2}{\sqrt{2}} = \sqrt{2} \Rightarrow z = \sqrt{2} + i\sqrt{2} \\ x = -\sqrt{2} \underset{(2)}{\Rightarrow} y = -\dfrac{2}{\sqrt{2}} = -\sqrt{2} \Rightarrow z = -\sqrt{2} - i\sqrt{2} \end{cases}$
- $x^2 = -2 \Rightarrow$ não existe solução, pois devemos ter $x \in \mathbb{R}$.

Logo, $z = \sqrt{2} + i\sqrt{2}$ ou $z = -\sqrt{2} - i\sqrt{2}$ são os números complexos que satisfazem a equação $z^2 = 4i$.

EXERCÍCIOS

8. Escreva cada um dos números complexos seguintes na correspondente forma algébrica ou como par ordenado:

a) (3, −2) d) 5i g) −3 + i
b) (−4, 3) e) (0, 4) h) −5
c) 1 − 2i f) (4, 0)

9. Identifique a parte real e a parte imaginária de cada um dos seguintes números complexos:

a) $4 + 5i$ d) $-7 - i$
b) $3i + 3$ e) $\dfrac{-2 + 5i}{3}$
c) $-\dfrac{1}{4} + \dfrac{1}{2}i$ f) $-i\sqrt{3}$

10. Determine o afixo de $z = (1 + 2i) \cdot (i - 4)$.

11. Em cada caso, determine o número real *m* de modo que:

a) $z = (m - 3) + 4i$ seja imaginário puro;
b) $z = -3 + (m + 3)i$ seja real.

12. Determine $p \in \mathbb{R}$ de modo que $z = (1 - p) + (p^2 - 1)i$ seja um número real não nulo. Nesse caso, qual é o número *z*?

13. Sendo o complexo $z = (m^2 - 25) + (m + 5)i$ um imaginário puro:

a) qual é o valor do número real *m*?
b) determine *z*.

14. Determine $m \in \mathbb{R}$ de modo que o número complexo $z = (m^2 + 1) + (m - 1)i$ seja imaginário puro.

15. Determine os números reais *m* e *n*, para que os números complexos $v = (-2 - m) + 3ni$ e $w = 4 - (m^2 - 4)i$ sejam, respectivamente, imaginário puro e real.

16. Dado o número complexo $z = (3 - x) + (x + 1)i$, em cada caso seguinte determine os valores reais de *x* para que se tenha:

a) $Re(z) = 2$ c) $Re(z) > Im(z)$
b) $Im(z) = -4$ d) $Im(z) < 3$

17. Em cada caso, determine os números reais *m* e *n* para que a igualdade seja verdadeira:

a) $m + (n - 1)i = -4 + 3i$
b) $(n - 2, m + 5) = (3, -2)$
c) $(m - 3) + (n - 2)i = 5i$
d) $(m - n + 1) + (2m + n - 4)i = 0$

18. Efetue:

a) $(2 - 3i) + (-1 + 2i) + (3 + 2i)$
b) $(-7 + 5i) - (3 - 2i)$
c) $2 + (3 - i) + (-1 + 2i) + i$
d) $4i - (1 - 3i) - (-2 + i)$
e) $(-4 + 3i) + 2i - (-3 - i)$
f) $-1 - (-2 + i) + (5 - i) - (3 - 7i)$

19. Dados os complexos $u = 2 + 3i$, $v = -5i$ e $w = -1 - 2i$, calcule:

a) $u + v + w$ c) $v - w + u$
b) $(u - i) + (v - w)$

20. Sejam os complexos $z_1 = (-2, x)$ e $z_2 = (y, -3)$.

a) Escreva z_1 e z_2 na forma algébrica.
b) Determine *x* e *y* reais tal que $z_1 + z_2 = -4 + 2i$.

21. Determine os complexos *u* e *v* tais que $u + v = 2 - 5i$ e $u - 2v = -4 + 13i$.

22. Resolva, em $\mathbb{C}$, as equações:

a) $x^2 + 100 = 0$ c) $-x^2 + 4x - 29 = 0$
b) $x^2 - 6x + 10 = 0$ d) $(x^2 + 9) \cdot (x^2 - 1) = 0$

23. Resolva a equação $x^3 - 14x^2 + 58x = 0$, considerando o conjunto universo:

a) $\mathbb{R}$ b) $\mathbb{C}$

24. Resolva, em $\mathbb{C}$, as equações:

a) $x^4 + 5x^2 + 6 = 0$ b) $x^4 + 3x^2 - 4 = 0$

25. Determine as raízes quadradas dos complexos:

a) $-5 + 12i$ c) $4 + 3i$
b) $4i$ d) $1 - i\sqrt{3}$

26. Efetue:

a) $(2 + 5i) \cdot (1 - i)$ d) $(4 + i) \cdot (2 - i) + 3 - i$
b) $(4 + 3i) \cdot (-2 + 2i)$ e) $4 + 3i + (1 - 2i) \cdot (3 + i)$
c) $(6 - 3i) \cdot (-3 + 6i)$ f) $(-5i) \cdot (4 - 3i) \cdot (1 + 2i)$

27. Desenvolva os seguintes produtos notáveis:

a) $(1 + i) \cdot (1 - i)$ c) $(4 + i)^2$ e) $(4 + 4i)^3$
b) $(2 - 3i)^2$ d) $(-3 - 3i)^2$ f) $(2 + i)^3$

28. Dados os complexos $u = 4 - 3i$, $v = -5i$ e $w = 1 + 2i$, determine $u \cdot v \cdot w$.

29. Qual é o valor de $[\sqrt{3}(\sqrt{3} + i\sqrt{3})]^2$?

30. Dados os complexos $z_1 = \left(\frac{1}{2}, 3\right)$ e $z_2 = (2, -5)$, determine:

a) $z_1 \cdot z_2$
b) z_2^2

31. Efetue:

a) $(1 + i)^5 \cdot (1 - i)^5$

b) $(1 - i)^3$

c) $(2 + 2i)^4$

32. (UF-MG) Seja $z = (a + i)^3$ um número complexo, em que *a* é um número real.

a) Escreva *z* na forma $x + yi$, em que *x* e *y* são números reais.

b) Determine os valores de *a* para que *z* seja um imaginário puro.

33. Determine $x \in \mathbb{R}$ de modo que o número complexo $z = (x + 3i) \cdot (1 - 2i)$ seja um número real. Nesse caso, qual é o número *z*?

34. Determine $x \in \mathbb{R}$ de modo que o número complexo $z = (x + i) \cdot (x + 2i)$ seja imaginário puro. Nesse caso, qual é o número *z*?

35. Considerando que A, B e C são as respectivas imagens dos números complexos $u = -2 + i$, $v = 1 + 5i$ e $w = 4 + i$, determine a área do triângulo ABC.

CONJUGADO DE UM NÚMERO COMPLEXO

Definição

Dado o número complexo $z = a + bi$, com *a* e *b* reais, chama-se **conjugado** de *z*, e indica-se por $\bar{z}$, o número complexo $\bar{z} = a - bi$.

Exemplo 10

Vejamos o conjugado de alguns números complexos:

a) $z = 2 + 3i \Rightarrow \bar{z} = 2 - 3i$

b) $z = -1 + 4i \Rightarrow \bar{z} = -1 - 4i$

c) $z = -5i \Rightarrow \bar{z} = 5i$

d) $z = 3 \Rightarrow \bar{z} = 3$

Interpretação geométrica do conjugado

Seja $\bar{z} = a - bi$ o conjugado do número complexo $z = a + bi$, com *a* e *b* reais.

Como os pontos $M = (a, b)$ e $M' = (a, -b)$, representados na figura ao lado, são as respectivas imagens de *z* e $\bar{z}$, conclui-se que:

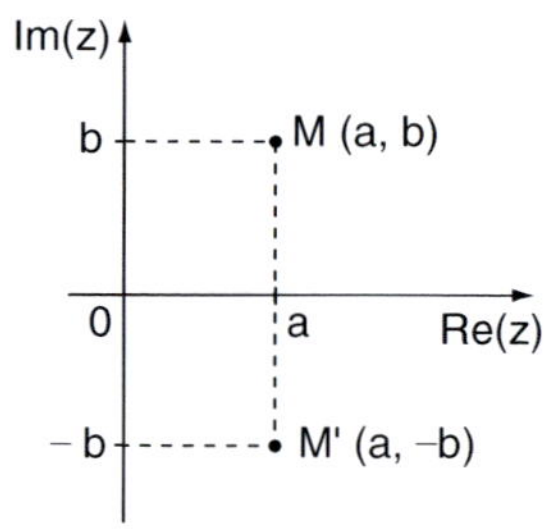

A imagem de $\bar{z}$ é o ponto simétrico da imagem de z, em relação ao eixo real.

Propriedades:

1ª) $\forall z \in \mathbb{C}, z = \bar{z} \Leftrightarrow z \in \mathbb{R}$

De fato, se $z = a + bi$, com *a* e *b* reais, temos:

$$z = \bar{z} \Leftrightarrow a + bi = a - bi \Leftrightarrow \begin{cases} a = a \Rightarrow a \text{ é um número real qualquer} \\ b = -b \Rightarrow b = 0 \end{cases} \Leftrightarrow z = a \in \mathbb{R}$$

2ª) $\forall z \in \mathbb{C}, \bar{\bar{z}} = z$

3ª) $\forall z_1, z_2 \in \mathbb{C}, \overline{z_1 + z_2} = \bar{z}_1 + \bar{z}_2$

De fato, se $z_1 = a + bi$ e $z_2 = c + di$, com *a*, *b*, *c* e *d* reais, temos:

$$z_1 + z_2 = (a + bi) + (c + di) = (a + c) + (b + d)i$$

Logo, $\overline{z_1 + z_2} = \overline{(a + c) + (b + d)i} = (a + c) - (b + d)i = (a - bi) + (c - di) = \overline{z_1} + \overline{z_2}$

4ª) $\forall z_1, z_2 \in \mathbb{C}, \overline{z_1 \cdot z_2} = \overline{z_1} \cdot \overline{z_2}$

De fato, se $z_1 = a + bi$ e $z_2 = c + di$, com *a*, *b*, *c* e *d* reais, temos:

I. $\overline{z_1 \cdot z_2} = \overline{(a + bi) \cdot (c + di)} = \overline{(ac - bd) + (ad + bc)i} = (ac - bd) - (ad + bc)i$

II. $\overline{z_1} \cdot \overline{z_2} = \overline{(a + bi)} \cdot \overline{(c + di)} = (a - bi) \cdot (c - di) = ac - adi - bci + bdi^2 = (ac - bd) - (ad + bc)i$

Logo, de I e II, conclui-se que: $\overline{z_1 \cdot z_2} = \overline{z_1} \cdot \overline{z_2}$.

Observação

Essa propriedade pode ser generalizada para um produto de *n* números complexos, ou seja:

$$\forall z_1, z_2, ..., z_n \in \mathbb{C}, \overline{z_1 \cdot z_2 \cdot ... \cdot z_n} = \overline{z_1} \cdot \overline{z_2} \cdot ... \cdot \overline{z_n}$$

5ª) $\forall z \in \mathbb{C}, (\overline{z})^n = \overline{z^n}$, em que $n \in \mathbb{N}$

De fato, fazendo $z_1 = z_2 = ... = z_n = z$ na expressão $\overline{z_1 \cdot z_2 \cdot ... \cdot z_n} = \overline{z_1} \cdot \overline{z_2} \cdot ... \cdot \overline{z_n}$, temos:

$$\underbrace{\overline{z \cdot z \cdot ... \cdot z}}_{n \text{ vezes}} = \underbrace{\overline{z} \cdot \overline{z} \cdot ... \cdot \overline{z}}_{n \text{ vezes}} \Rightarrow \overline{z^n} = (\overline{z})^n$$

6ª) $\forall z \in \mathbb{C}, z + \overline{z} = 2 \cdot Re(z)$

De fato, se $z = a + bi$, com *a* e *b* reais, temos:

$$z + \overline{z} = (a + bi) + (a - bi) = 2a = 2 \cdot Re(z)$$

7ª) $\forall z \in \mathbb{C}, z - \overline{z} = 2 \cdot Im(z) \cdot i$

EXERCÍCIOS RESOLVIDOS

4. Determinar os números complexos *z*, tais que $z \cdot \overline{z} = 13 + 6i + \overline{z} - z$.

Solução:

Fazendo $z = a + bi$, com *a* e *b* reais, na equação $z \cdot \overline{z} = 13 + 6i + \overline{z} - z$, temos:

$$(a + bi) \cdot (a - bi) = 13 + 6i + (a - bi) - (a + bi) \Rightarrow a^2 - b^2i^2 = 13 + 6i + \cancel{a} - bi - \cancel{a} - bi \Rightarrow$$

$$\Rightarrow a^2 + b^2 = 13 + (6 - 2b)i \Rightarrow \begin{cases} a^2 + b^2 = 13 & \text{①} \\ 0 = 6 - 2b \Rightarrow b = 3 & \text{②} \end{cases}$$

Substituindo ② em ①, vem:

$$a^2 + 3^2 = 13 \Rightarrow a^2 = 4 \Rightarrow a = 2 \text{ ou } a = -2$$

Assim, como $z = a + bi$, temos: $\begin{cases} a = 2 \text{ e } b = 3 \Rightarrow z = 2 + 3i \\ a = -2 \text{ e } b = 3 \Rightarrow z = -2 + 3i \end{cases}$

5. Determinar os complexos *z*, tais que $z^2 = \overline{z}$.

Solução:

Na equação $z^2 = \overline{z}$, fazendo $z = x + yi$, em que *x* e $y \in \mathbb{R}$, temos:

$$(x + yi)^2 = x - yi \Rightarrow x^2 + 2xyi + y^2i^2 = x - yi \Rightarrow (x^2 - y^2) + 2xyi = x - yi \quad (*)$$

Da definição de igualdade de números complexos, aplicada em (*), vem:

$$\begin{cases} x^2 - y^2 = x & (**) \\ 2xy = -y \Rightarrow y(2x + 1) = 0 \Rightarrow y = 0 \text{ ou } x = -\dfrac{1}{2} \end{cases}$$

Assim, fazendo em (**):

- $y = 0$, temos: $x^2 = x \Rightarrow x(x - 1) = 0 \Rightarrow x = 0$ ou $x = 1$ ①
- $x = -\dfrac{1}{2}$, temos: $\dfrac{1}{4} - y^2 = -\dfrac{1}{2} \Rightarrow y^2 = \dfrac{3}{4} \Rightarrow y = -\dfrac{\sqrt{3}}{2}$ ou $y = \dfrac{\sqrt{3}}{2}$ ②

Como $z = x + yi$, então obtemos:

de ①: $\begin{cases} x = 0 \text{ e } y = 0 \Rightarrow z = 0 \\ x = 1 \text{ e } y = 0 \Rightarrow z = 1 \end{cases}$ e de ②: $\begin{cases} x = -\dfrac{1}{2} \text{ e } y = -\dfrac{\sqrt{3}}{2} \Rightarrow z = -\dfrac{1}{2} - \dfrac{\sqrt{3}}{2}i \\ x = -\dfrac{1}{2} \text{ e } y = \dfrac{\sqrt{3}}{2} \Rightarrow z = -\dfrac{1}{2} + \dfrac{\sqrt{3}}{2}i \end{cases}$

Logo, satisfazem a equação dada os complexos: $z = 0$, $z = 1$, $z = -\dfrac{1}{2} - \dfrac{\sqrt{3}}{2}i$ ou $z = -\dfrac{1}{2} + \dfrac{\sqrt{3}}{2}i$.

EXERCÍCIOS

36. Dados os complexos $z_1 = -1 - 3i$, $z_2 = 2i$ e $z_3 = 1 - i$, determine:

a) $z_1 + \overline{z_2}$

b) $z_2 \cdot \overline{z_n}$

c) $\overline{\overline{z_1} + z_3}$

d) $\overline{z_2 \cdot \overline{z_3}}$

37. Na figura, P é o afixo de z_1 e Q é o afixo de z_2.

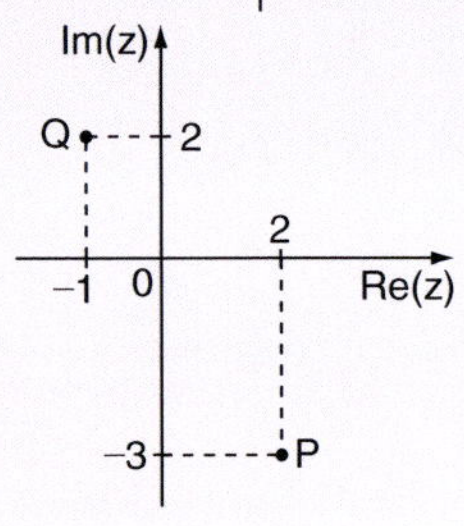

Determine o afixo de:

a) $\overline{z_1}$

b) $z_1 \cdot \overline{z_2}$

c) $(\overline{z_1} \cdot z_2)^2$

38. Na figura ao lado, P é a imagem do número complexo z, no plano complexo. Em cada caso, determine P', imagem de z'.

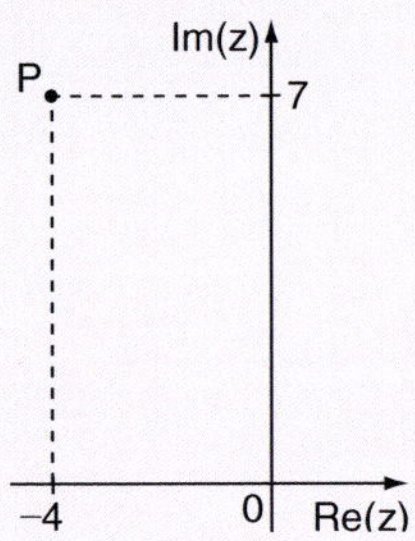

a) P' é o simétrico de P em relação ao eixo imaginário.

b) P' é o simétrico de P em relação à origem.

c) P' é o simétrico de P em relação ao eixo real.

d) P' é a imagem do número complexo $z \cdot i$.

39. Determine $z \in \mathbb{C}$ que verifica a igualdade $z - \bar{z} = 6i$.

40. Determine $z \in \mathbb{C}$ de modo que a igualdade $2\bar{z} \cdot i + 3 = 2z - \bar{z} + 2i$ seja verdadeira.

41. Em cada caso, determine os complexos z que verificam a igualdade:

a) $(\bar{z})^2 = z^2$

b) $z^2 = 2 \cdot \bar{z} \cdot i$

c) $(\bar{z})^2 = -2i$

42. Os números complexos z tais que $\begin{cases} z + \bar{z} = 4 \\ z \cdot \bar{z} = 13 \end{cases}$ são representados no plano de Gauss pelos pontos A e B. Se O é a origem do plano, qual é a área do triângulo ABO?

QUOCIENTE DE DOIS NÚMEROS COMPLEXOS NA FORMA ALGÉBRICA

Dados os números complexos $z_1 = a + bi$ e $z_2 = c + di \neq 0$, com a, b, c e d reais, vamos obter o número complexo z tal que $z_2 \cdot z = z_1$.

Fazendo $z = x + yi$, com x e y reais, temos:

$$z_2 \cdot z = z_1 \Rightarrow (c + di) \cdot (x + yi) = a + bi \Rightarrow (cx - dy) + (cy + dx)i = a + bi \quad (*)$$

Da definição de igualdade aplicada em (*), obtém-se o sistema seguinte, nas incógnitas *x* e *y*:

$$\begin{cases} cx - dy = a \\ dx + cy = b \end{cases}$$

Resolvendo esse sistema, obtêm-se: $x = \dfrac{ac + bd}{c^2 + d^2}$ e $y = \dfrac{bc - ad}{c^2 + d^2}$

Logo: $z = x + yi \Rightarrow z = \dfrac{ac + bd}{c^2 + d^2} + \dfrac{bc - ad}{c^2 + d^2} \cdot i$

O número complexo *z* obtido é chamado **quociente** de z_1 por z_2, ou seja, se $z_2 \cdot z = z_1$, com $z_2 \neq 0$, então $\dfrac{z_1}{z_2} = z$.

Mas o cálculo do quociente $\dfrac{z_1}{z_2}$ pode ser feito de maneira mais simples.

Note que: $z = \dfrac{z_1}{z_2} = \dfrac{z_1 \cdot \overline{z_2}}{z_2 \cdot \overline{z_2}} = \dfrac{(a + bi) \cdot (c - di)}{(c + di) \cdot (c - di)} = \dfrac{ac - adi + bci - bdi^2}{c^2 - d^2i^2} = \dfrac{ac + bd}{c^2 + d^2} + \dfrac{bc - ad}{c^2 + d^2} \cdot i$

Assim:

> Para se obter o quociente de dois números complexos $\left(\dfrac{z_1}{z_2}\right)$, basta multiplicar o numerador e o denominador pelo conjugado do denominador, ou seja, $\dfrac{z_1}{z_2} = \dfrac{z_1}{z_2} \cdot \dfrac{\overline{z_2}}{\overline{z_2}}$.

Exemplo 11

Em cada caso, determinemos a forma algébrica dos seguintes quocientes:

a) $\dfrac{3 - 2i}{2 + i} = \dfrac{3 - 2i}{2 + i} \cdot \dfrac{2 - i}{2 - i} = \dfrac{6 - 3i - 4i + 2i^2}{4 - i^2} = \dfrac{4 - 7i}{4 - (-1)} = \dfrac{4}{5} - \dfrac{7}{5}i$

b) $\dfrac{-1 + 5i}{i} = \dfrac{(-1 + 5i) \cdot (-i)}{i \cdot (-i)} = \dfrac{i - 5i^2}{-i^2} = \dfrac{i - 5(-1)}{-(-1)} = 5 + i$

Exemplo 12

Determinemos o quociente de 5i por 3 − 4i:

$$\frac{5i}{3 - 4i} = \frac{5i \cdot (3 + 4i)}{(3 - 4i) \cdot (3 + 4i)} = \frac{15i + 20i^2}{9 - 16i^2} =$$

$$= \frac{15i + 20(-1)}{9 - 16(-1)} = \frac{-20 + 15i}{25} = -\frac{4}{5} + \frac{3}{5}i$$

Exemplo 13

Vamos expressar o complexo $z = \dfrac{(2 - 2i) \cdot (1 + 4i)}{-3i}$ na forma algébrica.

Primeiramente determinemos a forma algébrica do numerador de *z*:

$$z = \frac{(2 - 2i) \cdot (1 + 4i)}{-3i} = \frac{2 + 8i - 2i - 8i^2}{-3i} = \frac{2 + 6i - 8(-1)}{-3i} = \frac{10 + 6i}{-3i}$$

Assim, temos: $z = \dfrac{10 + 6i}{-3i} = \dfrac{(10 + 6i)(3i)}{(-3i)(3i)} = \dfrac{30i + 18i^2}{-9i^2} = \dfrac{30i + 18(-1)}{-9(-1)} = -2 + \dfrac{10}{3}i$

EXERCÍCIOS RESOLVIDOS

6. Determinar o número real *x* de modo que $z = \dfrac{2 - i}{1 + xi}$ seja imaginário puro. Nesse caso, qual é o complexo *z*?

Solução:

Expressando *z* na forma algébrica, temos:

$$z = \frac{2 - i}{1 + xi} = \frac{(2 - i) \cdot (1 - xi)}{(1 + xi) \cdot (1 - xi)} = \frac{2 - 2xi - i + xi^2}{1 - (xi)^2} = \frac{(2 - x) - (2x + 1)i}{1 - x^2 \cdot i^2} = \frac{2 - x}{1 + x^2} - \frac{2x + 1}{1 + x^2} \cdot i$$

Como *z* é um imaginário puro se, e somente se, $\text{Re}(z) = 0$ e $\text{Im}(z) \neq 0$, então devemos ter:

$$\frac{2 - x}{1 + x^2} = 0 \ \text{①} \quad \text{e} \quad -\frac{2x + 1}{1 + x^2} \neq 0 \ \text{②}$$

De ①, vem: $x - 2 = 0 \Rightarrow x = 2$

Substituindo $x = 2$ em ②: $-\dfrac{2 \cdot 2 + 1}{1 + 2^2} = -1 \neq 0$, isto é, $x = 2$ satisfaz a condição ②.

Logo, *z* é um imaginário puro se $x = 2$.

Se $x = 2$, então, como $z = \dfrac{2 - x}{1 + x^2} - \dfrac{2x + 1}{1 + x^2} \cdot i$, temos: $z = \dfrac{2 - 2}{1 + 2^2} - \dfrac{2 \cdot 2 + 1}{1 + 2^2} \cdot i \Rightarrow z = -i$

7. Calcular $\dfrac{(1 - i)^{322}}{i^{-105}}$.

Solução:

$$\frac{(1 - i)^{322}}{i^{-105}} = \frac{[(1 - i)^2]^{161}}{\dfrac{1}{i^{105}}} = [1 - 2i + i^2]^{161} \cdot i^{105} = (-2i)^{161} \cdot i^{105} = (-2)^{161} \cdot i^{161} \cdot i^{105} = -2^{161} \cdot i^{266} \underset{(*)}{=} -2^{161} \cdot i^2 =$$

$$= -2^{161} \cdot (-1) = 2^{161}$$

Observe que, na passagem (*), foi usada a regra prática para o cálculo de potências naturais de *i*, estudada anteriormente.

EXERCÍCIOS

43. Determine a forma algébrica dos quocientes seguintes:

a) $\dfrac{3 - 7i}{3 + 4i}$ c) $\dfrac{1}{3 - i}$ e) $\dfrac{4 + i}{4 - i}$

b) $\dfrac{1 - 2i}{2 + i}$ d) $\dfrac{2i}{1 - i}$ f) $\dfrac{6}{5i}$

44. Expressar os complexos seguintes na forma algébrica:

a) $z = \dfrac{1}{i} + \dfrac{1}{1 + i}$ d) $z = \dfrac{2 - i}{3 - i} + \dfrac{1 - 2i}{3 + i}$

b) $z = \dfrac{3}{2 + 3i} - \dfrac{2i}{3 - 2i}$ e) $z = \dfrac{(2 - i) \cdot (4 + 3i)}{1 - 2i}$

c) $z = \dfrac{\overline{1 + i}}{i} - \dfrac{i}{1 + i}$ f) $z = \dfrac{(1 + i)^2}{1 - i}$

45. Dado o complexo $z = 3 - 4i$, determine:

a) o inverso de *z*;

b) o conjugado do inverso de z^2;

c) o inverso de $z \cdot i$.

46. Se $z = \dfrac{1}{1 + i}$, determine:

a) o inverso de *z*;

b) a parte real e a parte imaginária de z^2.

47. Se o quociente de $3 + 2i$ pelo complexo *z* é igual a $1 - i$, determine *z*.

48. Determine $a \in \mathbb{R}$ de modo que $z = \dfrac{2 + i}{3 - ai}$ seja imaginário puro.

49. Se $z = \dfrac{2 + mi}{1 - i}$, determine o número real *m* para que *z* seja um número real. Nesse caso, qual é o valor de *z*?

50. Mostre que $\dfrac{(1 + i)^{53}}{(1 - i)^{51}}$ é um número real.

MÓDULO

Definição

Dado o número complexo $z = a + bi$, com a e b reais, chama-se **módulo** de z, e indica-se por $|z|$ ou pela letra grega ρ (lê-se: "rô") o número real não negativo dado por:

$$|z| = \rho = \sqrt{a^2 + b^2}$$

Exemplo 14

Vamos calcular o módulo de alguns números complexos:

$$z_1 = 3 - 4i \Rightarrow |z_1| = \sqrt{3^2 + (-4)^2} = \sqrt{25} = 5$$

$$z_2 = 3i = 0 + 3i \Rightarrow |z_2| = \sqrt{0^2 + 3^2} = \sqrt{9} = 3$$

$$z_3 = 2 + 2i \Rightarrow |z_3| = \sqrt{2^2 + 2^2} = \sqrt{8} = 2\sqrt{2}$$

$$z_4 = 4 = 4 + 0 \cdot i \Rightarrow \rho_4 = \sqrt{4^2 + 0^2} = \sqrt{16} = 4$$

$$z_5 = -\frac{1}{2} + \frac{\sqrt{3}}{2}i \Rightarrow \rho_5 = \sqrt{\left(-\frac{1}{2}\right)^2 + \left(\frac{\sqrt{3}}{2}\right)^2} = \sqrt{\frac{1}{4} + \frac{3}{4}} = 1$$

$$z_6 = -5 - 5i \Rightarrow \rho_6 = \sqrt{(-5)^2 + (-5)^2} = \sqrt{2 \cdot 25} = 5\sqrt{2}$$

Interpretação geométrica do módulo

No plano de Gauss, seja $M = (a, b)$ a imagem do número complexo $z = a + bi$, com a e b reais, conforme mostrado na figura.

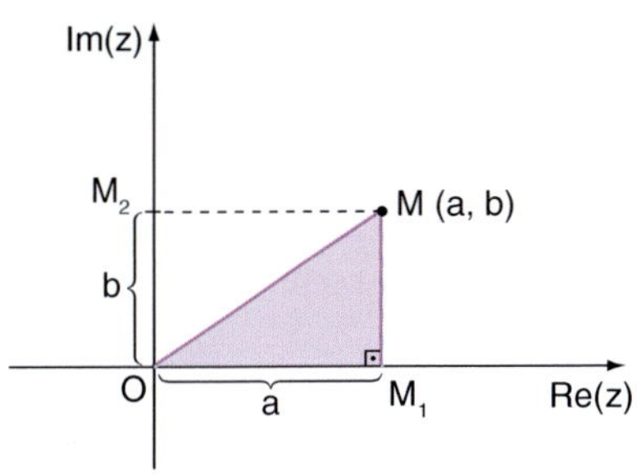

Note que o triângulo OM_1M é retângulo em M_1.

Assim, pelo teorema de Pitágoras, temos:

$$OM^2 = OM_1^2 + M_1M^2$$

Como $\begin{cases} OM_1 = a \\ M_1M = OM_2 = b \end{cases}$, então: $OM^2 = a^2 + b^2 \Rightarrow OM = \sqrt{a^2 + b^2} = |z|$

Portanto, conclui-se que:

> Geometricamente, o módulo de um número complexo é a distância de sua imagem à origem do plano de Gauss.

Propriedades:

1ª) $\forall z \in \mathbb{C}, |z| = |\bar{z}|$

2ª) $\forall z \in \mathbb{C}, z \cdot \bar{z} = |z|^2$

De fato, dado o complexo $z = a + bi$, com a e b reais, temos:

$$z \cdot \bar{z} = (a + bi) \cdot (a - bi) = a^2 - b^2i^2 = a^2 + b^2 \quad (*)$$

Como $|z| = \sqrt{a^2 + b^2} \Rightarrow |z|^2 = a^2 + b^2 \qquad (**)$

Então, de (*) e (**), concluímos que: $z \cdot \bar{z} = |z|^2$

3ª) $\forall z_1, z_2 \in \mathbb{C}, |z_1 \cdot z_2| = |z_1| \cdot |z_2|$

De fato, dados os complexos $z_1 = a + bi$ e $z_2 = c + di$, com *a, b, c* e *d* reais, temos:

$$|z_1 \cdot z_2| = |(a + bi)(c + di)| = |(ac - bd) + (ad + bc)i| = \sqrt{(ac - bd)^2 + (ad + bc)^2} =$$

$$= \sqrt{a^2c^2 - 2acbd + b^2d^2 + a^2d^2 + 2adbc + b^2c^2} = \sqrt{a^2c^2 + b^2d^2 + a^2d^2 + b^2c^2} =$$

$$= \sqrt{a^2(c^2 + d^2) + b^2(c^2 + d^2)} = \sqrt{(a^2 + b^2)(c^2 + d^2)} = \sqrt{a^2 + b^2} \cdot \sqrt{c^2 + d^2} = |z_1| \cdot |z_2|$$

4ª) $\forall z_1, z_2 \in \mathbb{C}$, com $z_2 \neq 0$, $\left|\frac{z_1}{z_2}\right| = \frac{|z_1|}{|z_2|}$

De fato, considerando $z_2 = c + di$, com *c* e *d* reais, $c \neq 0$ ou $d \neq 0$, temos:

$$\frac{1}{z_2} = \frac{\overline{z_2}}{z_2 \cdot \overline{z_2}} = \frac{c - di}{c^2 + d^2} = \frac{c}{c^2 + d^2} - \frac{d}{c^2 + d^2}i$$

Logo: $\left|\frac{1}{z_2}\right| = \sqrt{\frac{c^2}{(c^2 + d^2)^2} + \frac{d^2}{(c^2 + d^2)^2}} = \sqrt{\frac{c^2 + d^2}{(c^2 + d^2)^2}} = \sqrt{\frac{1}{c^2 + d^2}} = \frac{1}{\sqrt{c^2 + d^2}} = \frac{1}{|z_2|}$ (*)

Então: $\left|\frac{z_1}{z_2}\right| = \left|z_1 \cdot \frac{1}{z_2}\right| \underset{3^a \text{ prop.}}{=} |z_1| \cdot \left|\frac{1}{z_2}\right| \underset{(*)}{=} |z_1| \cdot \frac{1}{|z_2|} = \frac{|z_1|}{|z_2|}$

Observação

A 3ª propriedade pode ser generalizada para um produto de *n* números complexos, ou seja:

$$\forall z_1, z_2, \ldots, z_n \in \mathbb{C}, |z_1 \cdot z_2 \cdot \ldots \cdot z_n| = |z_1| \cdot |z_2| \cdot \ldots \cdot |z_n|$$

EXERCÍCIOS RESOLVIDOS

8. Determinar um número complexo *z* tal que $Im(z) - Re(z) = 17$ e $|z| = 13$.

Solução:

Fazendo $z = a + bi$, com *a* e *b* reais, devemos determinar os números reais *a* e *b* que satisfazem as condições dadas, ou seja:

$$\begin{cases} Im(z) - Re(z) = 17 \Rightarrow b - a = 17 \Rightarrow b = a + 17 & (1) \\ |z| = 13 \Rightarrow \sqrt{a^2 + b^2} = 13 \Rightarrow a^2 + b^2 = 169 & (2) \end{cases}$$

Substituindo (1) em (2), vem:

$$a^2 + (a + 17)^2 = 169 \Rightarrow a^2 + a^2 + 34a + 289 = 169 \Rightarrow a^2 + 17a + 60 = 0 \Rightarrow a = -5 \text{ ou } a = -12$$

Logo: $\begin{cases} a = -5 \underset{(1)}{\Rightarrow} b = 12 \Rightarrow z = -5 + 12i \\ a = -12 \underset{(1)}{\Rightarrow} b = 5 \Rightarrow z = -12 + 5i \end{cases}$

9. Determinar geometricamente os módulos dos números complexos *u, v, w* e *z*, cujos afixos são A(0, 4), B(−3, 0), C(2, 2) e D(−3, −2), respectivamente.

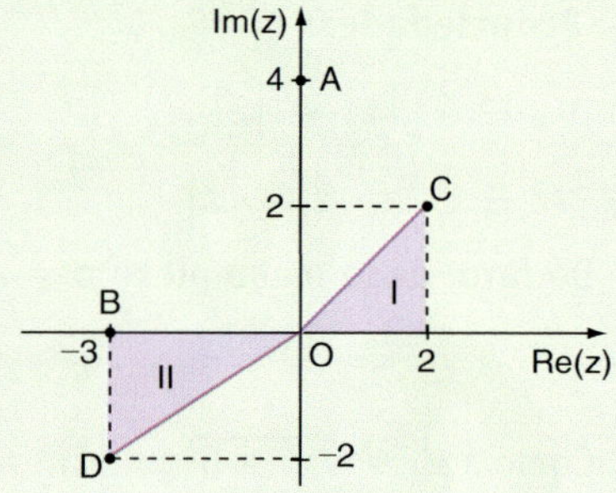

Solução:

Representando os afixos no plano complexo, como mostra a figura, e lembrando que, geometricamente, o módulo de um número complexo é a distância de seu afixo à origem do plano, temos:

- o ponto A, afixo de *u*, dista 4 unidades da origem $\Rightarrow |u| = 4$;

- o ponto B, afixo de v, dista 3 unidades da origem $\Rightarrow |v| = 3$;
- a distância de C, afixo de w, à origem pode ser obtida aplicando o teorema de Pitágoras ao triângulo I:

$$OC^2 = 2^2 + 2^2 \Rightarrow OC^2 = 8 \Rightarrow OC = |w| = 2\sqrt{2}$$

- a distância de D, afixo de z, à origem pode ser obtida aplicando o teorema de Pitágoras ao triângulo II:

$$OD^2 = 3^2 + 2^2 \Rightarrow OD^2 = 9 + 4 \Rightarrow OD = |z| = \sqrt{13}$$

10. Representar geometricamente, no plano de Argand-Gauss, os seguintes subconjuntos de $\mathbb{C}$:

a) $A = \{z \in \mathbb{C}; |z| = 4\}$

b) $B = \{z \in \mathbb{C}; |z + 2i| = 1\}$

c) $C = \{z \in \mathbb{C}; |z - 1| \leq 3\}$

Solução:

a) Fazendo $z = x + yi$, com x e y reais, temos:

$$|z| = 4 \Rightarrow \sqrt{x^2 + y^2} = 4 \Rightarrow x^2 + y^2 = 16$$

Logo, os pontos (x, y) que satisfazem a condição $|z| = 4$ pertencem à circunferência de centro na origem do plano de Argand-Gauss e raio 4, representada na figura ao lado.

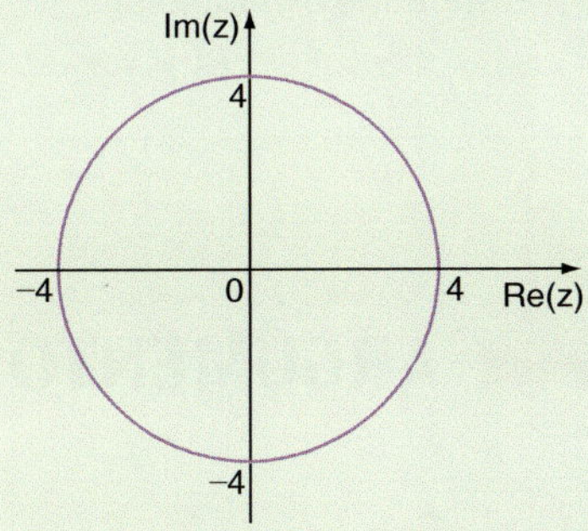

b) Fazendo $z = x + yi$, com x e y reais, temos:

$$|z + 2i| = 1 \Rightarrow |x + yi + 2i| = 1 \Rightarrow |x + (y + 2)i| = 1 \Rightarrow$$

$$\Rightarrow \sqrt{x^2 + (y + 2)^2} = 1 \Rightarrow x^2 + (y + 2)^2 = 1$$

Logo, os pontos (x, y) que satisfazem a condição $|z + 2i| = 1$ pertencem à circunferência de centro (0, –2) e raio 1, representada na figura ao lado.

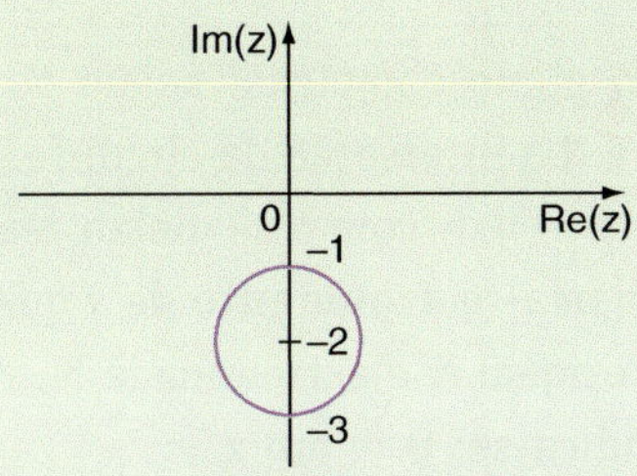

c) Fazendo $z = x + yi$, com x e y reais, temos:

$$|z - 1| \leq 3 \Rightarrow |x + yi - 1| \leq 3 \Rightarrow |(x - 1) + yi| \leq 3 \Rightarrow$$

$$\Rightarrow \sqrt{(x - 1)^2 + y^2} \leq 3 \Rightarrow (x - 1)^2 + y^2 \leq 9$$

Logo, os pontos (x, y) que satisfazem a condição $|z - 1| \leq 3$ pertencem ao círculo de centro (1, 0) e raio 3, representado na figura ao lado.

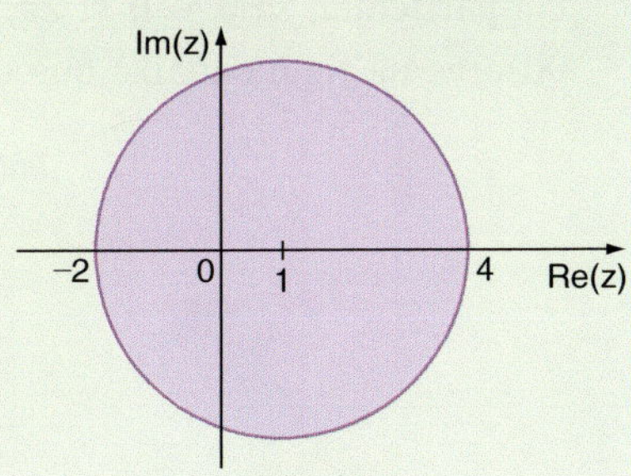

EXERCÍCIOS

51. Calcule o módulo de cada um dos números complexos:

a) $z = 2 + i$

b) $z = 5i$

c) $z = -4 + 3i$

d) $z = -4$

e) $z = -2\sqrt{3} - 2i$

f) $z = \frac{1}{4} - \frac{1}{4}i$

52. Entre os números complexos $2 + 3i$, $3 + i$, 1, -2, $4i$ e $-\frac{1}{2}i$, qual possui o maior módulo?

53. Determine o módulo de cada um dos seguintes números complexos:

a) $z = (2 - 3i) \cdot (4 + 6i)$

b) $z = \frac{3i}{1 + i}$

c) $z = 2 \cdot i^{119}$

d) $z = 2i(-1 + 2i)$

e) $z = \overline{(4 - 4i)} \cdot (1 - i)$

f) $z = \frac{5i}{(\sqrt{3} - i) \cdot (3 + 4i)}$

54. Dados os complexos $u = 2 + i$, $v = 3 - 2i$ e $w = i$, determine o módulo de $v - u \cdot w$.

55. São dados os números complexos $z_1 = x + 3i$ e $z_2 = 2 + (x - 1)i$, nos quais x é um número real. Determine x para que se tenha $|z_1| = |z_2|$.

56. No plano de Argand-Gauss representado ao lado, A e B são as respectivas imagens dos números complexos z_1 e z_2.

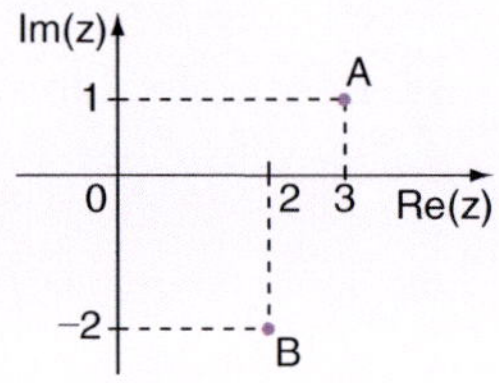

Determine o módulo de:

a) $z_1 + z_2$ b) $z_1 - z_2$ c) $\bar{z}_1 \cdot \bar{z}_2$

57. Represente geometricamente no plano de Argand-Gauss os seguintes subconjuntos de $\mathbb{C}$:

a) $A = \{z \in \mathbb{C}; |z| = 0\}$

b) $B = \{z \in \mathbb{C}; |z - \bar{z}| = 4\}$

58. Represente geometricamente no plano de Argand-Gauss os seguintes subconjuntos de $\mathbb{C}$:

a) $A = \{z \in \mathbb{C}; |z| = 10\}$

b) $B = \{z \in \mathbb{C}; |z| < 4\}$

c) $D = \{z \in \mathbb{C}; |z| \geq 2\}$

d) $E = \{z \in \mathbb{C}; |z - 1| = 1\}$

e) $F = \{z \in \mathbb{C}; |z + i| = 2\}$

f) $G = \{z \in \mathbb{C}; |z - 1 + 2i| = 2\}$

ARGUMENTO

Definição

No plano complexo, sejam M a imagem de um complexo $z = a + bi$, não nulo, e N a interseção da circunferência λ, de centro na origem O do plano e raio $OM = \rho = |z|$, com o semieixo real positivo.

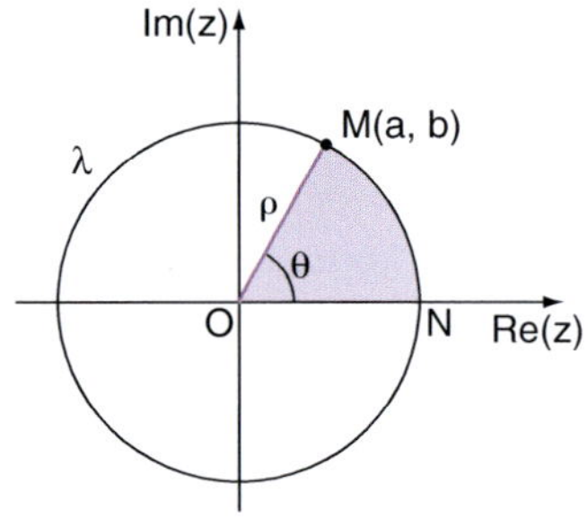

Chama-se **argumento** de z qualquer ângulo θ que corresponde a um arco de λ, de origem N e extremidade M, conforme mostrado na figura.

Indica-se: $\theta = \arg z$

Em particular, se $0 \leq \theta < 2\pi$, diz-se que θ é o **argumento principal** de z.

Observe na figura abaixo que o triângulo OM_1M é retângulo.

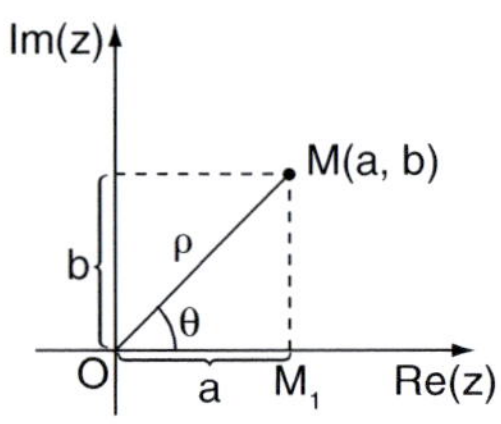

$$\begin{cases} \cos\theta = \dfrac{a}{\rho} \\ \text{sen}\,\theta = \dfrac{b}{\rho} \end{cases}$$

Representações geométricas do argumento principal

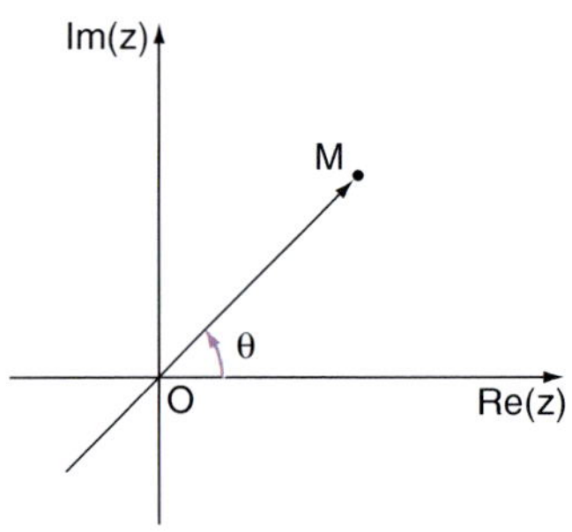

M ∈ 1º quadrante

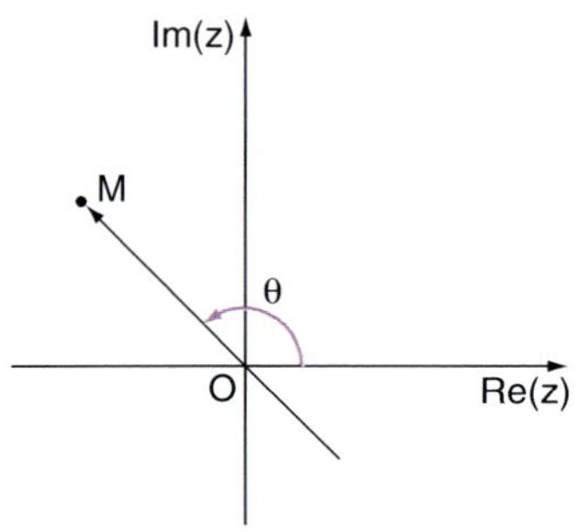

M ∈ 2º quadrante

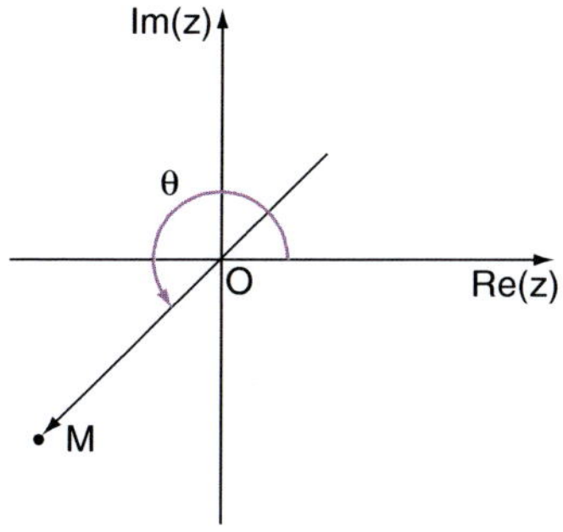

M ∈ 3º quadrante

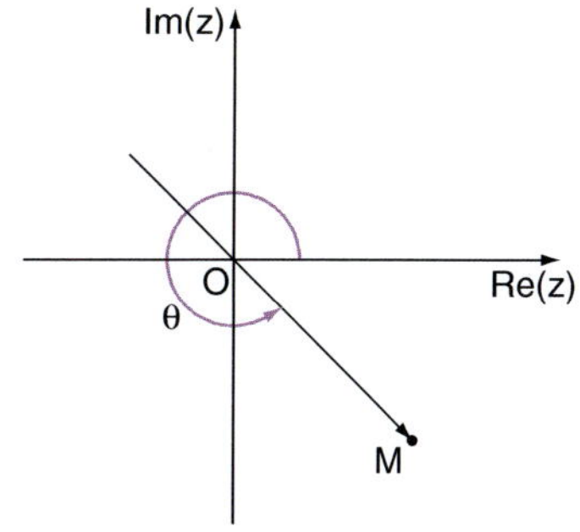

M ∈ 4º quadrante

M ∈ Re(z)

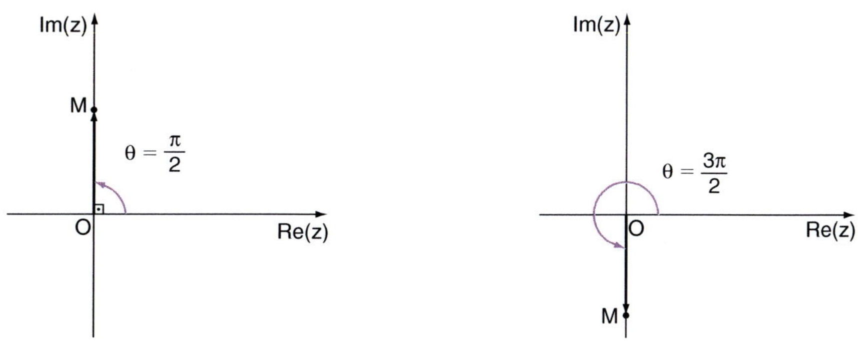

M ∈ Im(z)

Observações

1ª) Se z é um complexo não nulo cujo argumento principal é θ_0, então todos os ângulos congruentes a ele são argumentos de z, ou seja:

$\theta = \arg z \Rightarrow \theta = \theta_0 + k \cdot 2\pi$, em que $k \in \mathbb{Z}$

Assim, a notação $\arg z = \theta$ pode ser usada para indicar o argumento principal de z (quando $k = 0$) ou para indicar qualquer outro argumento de z (quando $k \neq 0$).

2ª) Dado o complexo $z = a + bi$, com a e b reais:

- se $z = 0$, então $M = (0, 0)$ é a imagem de z no plano complexo, ou seja, não fica definida a circunferência λ, já que $\rho = OM = 0$. Nesse caso, não se define o argumento de z.
- z é um número real positivo $\Leftrightarrow$ $\arg z = k \cdot 2\pi$, em que $k \in \mathbb{Z}$
- z é um número real negativo $\Leftrightarrow$ $\arg z = \pi + k \cdot 2\pi$, em que $k \in \mathbb{Z}$
- z é um imaginário puro e $\text{Im}(z) > 0$ $\Leftrightarrow$ $\arg z = \frac{\pi}{2} + k \cdot 2\pi$, em que $k \in \mathbb{Z}$
- z é um imaginário puro e $\text{Im}(z) < 0$ $\Leftrightarrow$ $\arg z = -\frac{\pi}{2} + k \cdot 2\pi$, em que $k \in \mathbb{Z}$

Exemplo 15

Em cada caso, determinemos o argumento principal dos números complexos dados:

a) $z_1 = 4 + 4i$

b) $z_2 = -\sqrt{3} + i$

c) $z_3 = -\frac{1}{3} - \frac{1}{3}i$

d) $z_4 = 2 - 2i\sqrt{3}$

e) $z_5 = -5i$

f) $z_6 = -9$

a) $z_1 = 4 + 4i$

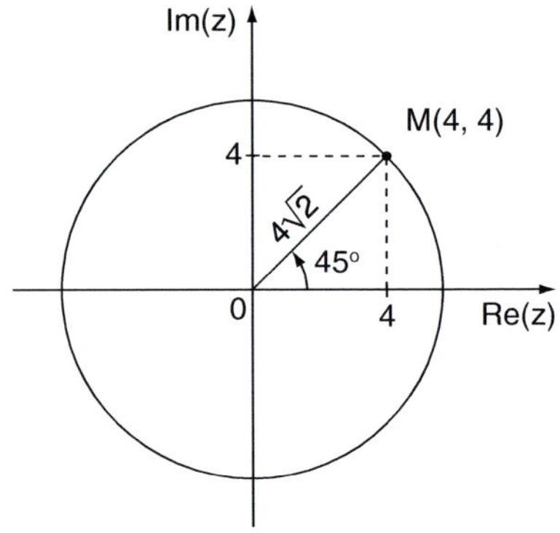

Como $a = 4$, $b = 4$ e $\rho = \sqrt{a^2 + b^2}$, temos:

$$\rho = \sqrt{4^2 + 4^2} \Rightarrow \rho = 4\sqrt{2}$$

$$\begin{cases} \cos\theta = \frac{a}{\rho} \\ \text{sen}\,\theta = \frac{b}{\rho} \end{cases} \Rightarrow \begin{cases} \cos\theta = \frac{4}{4\sqrt{2}} = \frac{\sqrt{2}}{2} \\ \text{sen}\,\theta = \frac{4}{4\sqrt{2}} = \frac{\sqrt{2}}{2} \end{cases} \Rightarrow$$

$$\Rightarrow \theta \in 1^{\underline{o}} \text{ quadrante} \Rightarrow \theta = 45° \left(\text{ou } \frac{\pi}{4} \text{ rad}\right)$$

b) $z_2 = -\sqrt{3} + i$

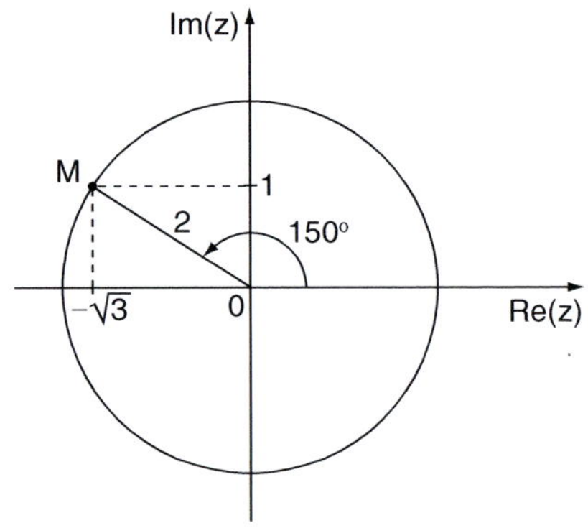

Como $a = -\sqrt{3}$, $b = 1$ e $\rho = \sqrt{a^2 + b^2}$, temos:

$$\rho = \sqrt{(-\sqrt{3})^2 + 1^2} \Rightarrow \rho = 2$$

$$\begin{cases} \cos\theta = \frac{a}{\rho} \\ \text{sen}\,\theta = \frac{b}{\rho} \end{cases} \Rightarrow \begin{cases} \cos\theta = -\frac{\sqrt{3}}{2} \\ \text{sen}\,\theta = \frac{1}{2} \end{cases} \Rightarrow$$

$$\Rightarrow \theta \in 2^{\underline{o}} \text{ quadrante} \Rightarrow \theta = 150° \left(\text{ou } \theta = \frac{5\pi}{6} \text{ rad}\right)$$

c) $z_3 = -\frac{1}{3} - \frac{1}{3}i$

Outro modo de calcular θ, argumento principal de um número complexo *z*, pode ser o seguinte:

Primeiramente vamos determinar o ângulo α mostrado na figura e, para isso, temos:

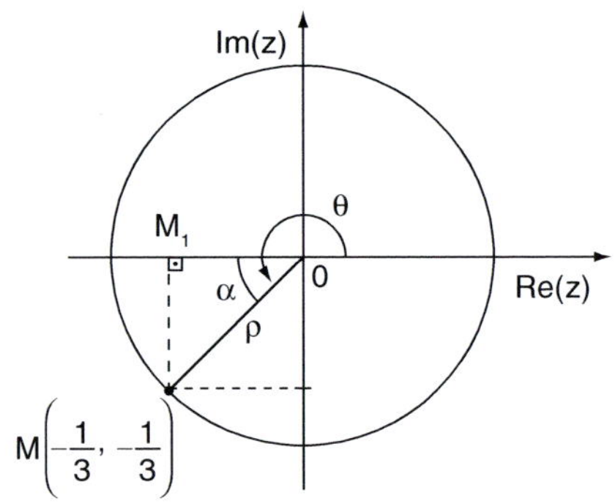

$$\rho = \sqrt{a^2 + b^2} \Rightarrow \rho = \sqrt{\left(-\frac{1}{3}\right)^2 + \left(-\frac{1}{3}\right)^2} = \sqrt{\frac{2}{9}} \Rightarrow$$

$$\Rightarrow \rho = \frac{\sqrt{2}}{3}$$

$OM_1 = M_1M \Rightarrow \triangle OM_1M$ é retângulo isósceles

$$\text{sen}\,\alpha = \cos\alpha = \frac{\frac{1}{3}}{\frac{\sqrt{2}}{3}} = \frac{\sqrt{2}}{2} \Rightarrow \alpha = 45° \left(\text{ou } \alpha = \frac{\pi}{4} \text{ rad}\right)$$

Como o afixo de z_3 é $M\left(-\frac{1}{3}, -\frac{1}{3}\right)$, ou seja, $M \in 3^{\underline{o}}$ quadrante, então:

$$\theta = \alpha + 180° \Rightarrow \theta = 45° + 180° \Rightarrow \theta = 225° \left(\text{ou } \theta = \frac{5\pi}{4} \text{ rad}\right)$$

d) $z_4 = 2 - 2i\sqrt{3}$

Como $a = 2$, $b = -2\sqrt{3}$ e $\rho = \sqrt{a^2 + b^2}$, temos: $\rho = \sqrt{2^2 + (-2\sqrt{3})^2} \Rightarrow \rho = 4$

$$\begin{cases} \cos\theta = \dfrac{a}{\rho} \\ \text{sen}\,\theta = \dfrac{b}{\rho} \end{cases} \Rightarrow \begin{cases} \cos\theta = \dfrac{2}{4} = \dfrac{1}{2} \\ \text{sen}\,\theta = \dfrac{-2\sqrt{3}}{4} = -\dfrac{\sqrt{3}}{2} \end{cases} \Rightarrow \theta = 300° \left(\text{ou } \theta = \dfrac{5\pi}{3}\text{ rad}\right)$$

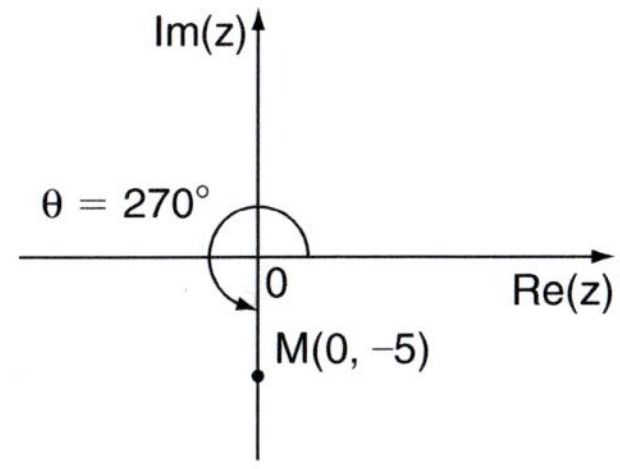

e) $z_5 = -5i$

Como z_5 é um imaginário puro e $\text{Im}(z_5) < 0$, então:

$$\theta = 270° \left(\text{ou } \theta = \dfrac{3\pi}{2}\text{ rad}\right)$$

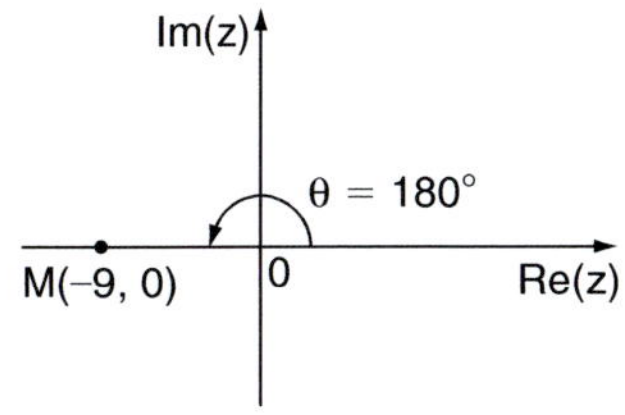

f) $z_6 = -9$

Como z_6 é um número real negativo, então:

$$\theta = 180° \text{ (ou } \theta = \pi \text{ rad)}$$

EXERCÍCIOS RESOLVIDOS

11. Determinar $z \in \mathbb{C}$, sabendo que $|z| = 6$ e $\arg z = \dfrac{11\pi}{6}$.

Solução:

Seja $z = a + bi$, com $a \in \mathbb{R}$ e $b \in \mathbb{R}$.

$$\text{Como} \begin{cases} \cos\theta = \dfrac{a}{|z|} \\ \text{sen}\,\theta = \dfrac{b}{|z|} \end{cases}, \text{temos:} \begin{cases} \cos\dfrac{11\pi}{6} = \dfrac{a}{6} \Rightarrow a = 6\cdot\cos\dfrac{11\pi}{6} = 6\cdot\cos\dfrac{\pi}{6} = 6\cdot\dfrac{\sqrt{3}}{2} = 3\sqrt{3} \\ \text{sen}\,\dfrac{11\pi}{6} = \dfrac{b}{6} \Rightarrow b = 6\cdot\text{sen}\,\dfrac{11\pi}{6} = 6\cdot\left(-\text{sen}\,\dfrac{\pi}{6}\right) = 6\cdot\left(-\dfrac{1}{2}\right) = -3 \end{cases}$$

Portanto, $z = 3\sqrt{3} - 3i$.

12. Os pontos A, B e C, representados na figura ao lado, são vértices de um triângulo equilátero inscrito em uma circunferência de centro na origem do plano de Gauss e raio de medida 2 cm. Determinar a forma algébrica dos complexos z_1, z_2 e z_3 cujos afixos são A, B e C, respectivamente.

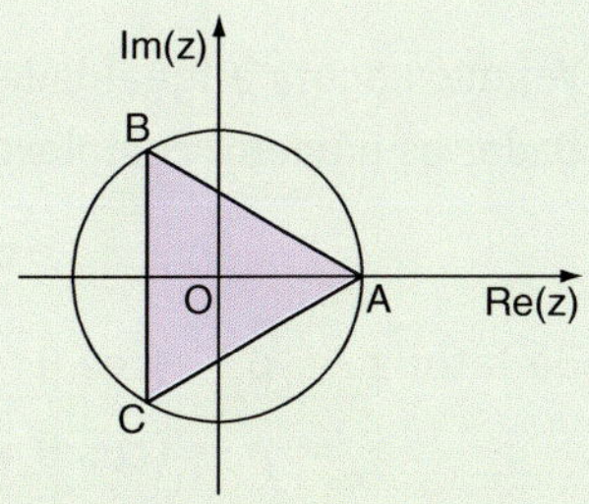

Solução:

Observe na figura que:

- como A, B e C são vértices de um triângulo equilátero, temos:
  $m(A\hat{O}B) = m(B\hat{O}C) = m(C\hat{O}A) = 120° \Rightarrow$
  $\Rightarrow \alpha = m(B\hat{O}M) = 180° - 120° = 60°$

- $\triangle BMO$ é retângulo $\Rightarrow \begin{cases} \cos 60° = \dfrac{|OM|}{2} \Rightarrow |OM| = 2\cdot\dfrac{1}{2} = 1 \\ \text{sen}\,60° = \dfrac{|BM|}{2} \Rightarrow |BM| = 2\cdot\dfrac{\sqrt{3}}{2} = \sqrt{3} \end{cases}$

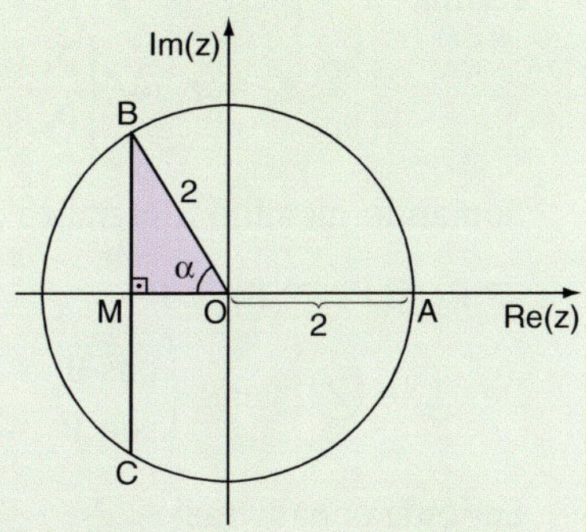

Assim, temos:

$A \in \text{Re}(z) \Rightarrow A = (2, 0) \Rightarrow z_1 = 2$

$B = (x_2, y_2) \in$ 2º quadrante $(x_2 < 0 \text{ e } y_2 > 0) \Rightarrow x_2 = -|OM| = -1 \text{ e } y_2 = |BM| = \sqrt{3} \Rightarrow z_2 = -1 + i\sqrt{3}$

$C = (x_3, y_3) \in$ 3º quadrante $(x_3 < 0 \text{ e } y_3 < 0) \Rightarrow x_3 = -|OM| = -1 \text{ e } y_3 = -|BM| = -\sqrt{3} \Rightarrow z_3 = -1 - i\sqrt{3}$

EXERCÍCIOS

59. Determine o argumento principal de cada um dos seguintes números complexos:

a) $z = \sqrt{3} + i$

b) $z = 4\sqrt{3} - 4i$

c) $z = -2 + 2i$

d) $z = -2 + 2i\sqrt{3}$

e) $z = -\frac{1}{2} - \frac{1}{2}i$

f) $z = 2i$

g) $z = -3 - 3i\sqrt{3}$

h) $z = \sqrt{2} + i\sqrt{2}$

i) $z = -6$

j) $z = \sqrt{6} - i\sqrt{2}$

k) $z = -\frac{\sqrt{2}}{2} + \frac{\sqrt{6}}{2}i$

l) $z = -\frac{i}{4}$

60. A figura apresenta, no plano complexo, um hexágono regular inscrito em uma circunferência cujo raio mede 4.

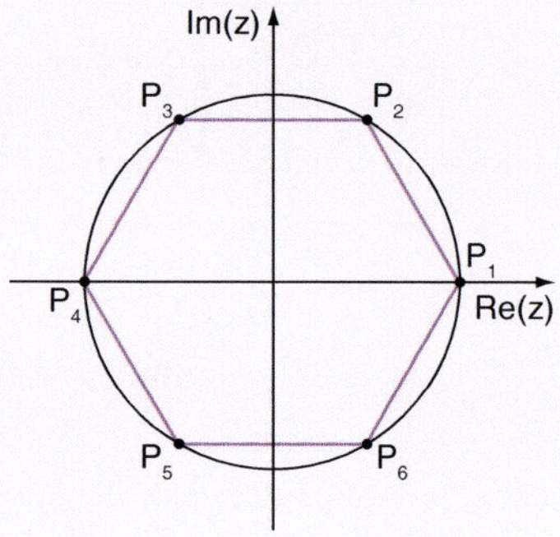

Determine o argumento principal dos complexos z_1, z_2, z_3, z_4, z_5 e z_6, cujas respectivas imagens são os vértices P_1, P_2, P_3, P_4, P_5 e P_6.

FORMA TRIGONOMÉTRICA OU POLAR

Se $z = a + bi$, com *a* e *b* reais, é um número complexo não nulo, sabemos que $\theta = \arg z$ satisfaz as condições:

$$\begin{cases} \cos\theta = \frac{a}{\rho} \Rightarrow a = \rho \cdot \cos\theta & (1) \\ \operatorname{sen}\theta = \frac{b}{\rho} \Rightarrow b = \rho \cdot \operatorname{sen}\theta & (2) \end{cases}$$

Assim, substituindo (1) e (2) em $z = a + bi$, vem: $z = \rho \cdot \cos\theta + (\rho \cdot \operatorname{sen}\theta)i$

Obtemos então uma nova expressão para um número complexo, que é chamada **forma trigonométrica** ou **forma polar** de *z*:

$$z = \rho \cdot (\cos\theta + i \cdot \operatorname{sen}\theta)$$

Vejamos agora a igualdade de números complexos dados na forma trigonométrica.

Dados os números complexos $z_1 = \rho_1 \cdot (\cos\theta_1 + i\operatorname{sen}\theta_1)$ e $z_2 = \rho_2 \cdot (\cos\theta_2 + i\operatorname{sen}\theta_2)$,podemos concluir que:

$$z_1 = z_2 \Leftrightarrow \rho_1 = \rho_2 \text{ e } \theta_1 = \theta_2 + k \cdot 2\pi, \text{ com } k \in \mathbb{Z}$$

De fato: $z_1 = \rho_1 \cdot (\cos\theta_1 + i\operatorname{sen}\theta_1) = \rho_1 \cdot \cos\theta_1 + \rho_1 \cdot i\operatorname{sen}\theta_1$ (1)

$z_2 = \rho_2 \cdot (\cos\theta_2 + i\operatorname{sen}\theta_2) = \rho_2 \cdot \cos\theta_2 + \rho_2 \cdot i\operatorname{sen}\theta_2$ (2)

Assim:

$$z_1 = z_2 \Rightarrow \begin{cases} \rho_1 \cdot \cos\theta_1 = \rho_2 \cdot \cos\theta_2 \\ \rho_1 \cdot \operatorname{sen}\theta_1 = \rho_2 \cdot \operatorname{sen}\theta_2 \end{cases} \Rightarrow \begin{cases} \rho_1^2 \cdot \cos^2\theta_1 = \rho_2^2 \cdot \cos^2\theta_2 & (3) \\ \rho_1^2 \cdot \operatorname{sen}^2\theta_1 = \rho_2^2 \cdot \operatorname{sen}^2\theta_2 & (4) \end{cases}$$

Somando membro a membro (3) e (4), vem: $\rho_1^2 \cdot (\cos^2\theta_1 + \operatorname{sen}^2\theta_1) = \rho_2^2 \cdot (\cos^2\theta_2 + \operatorname{sen}^2\theta_2) \Rightarrow$
$\Rightarrow \rho_1^2 = \rho_2^2 \Rightarrow \rho_1 = \rho_2$.

De (1) e (2), vem: $\begin{cases} \cos\theta_1 = \cos\theta_2 \\ \operatorname{sen}\theta_1 = \operatorname{sen}\theta_2 \end{cases} \Rightarrow \theta_1 = \theta_2 + k \cdot 2\pi$, com $k \in \mathbb{Z}$.

Em outras palavras:

> Dois números complexos são iguais se, e somente se, os seus módulos são iguais e seus argumentos são congruentes.

Exemplo 16

Vamos escrever os complexos seguintes na forma trigonométrica:

a) $z = 3 + 3i$ b) $z = 4 - 4i\sqrt{3}$

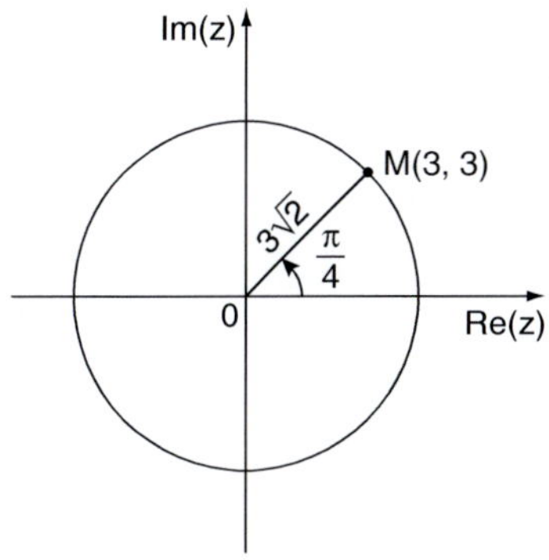

a) Se $z = 3 + 3i$, temos:

- $\rho = \sqrt{3^2 + 3^2} = 3\sqrt{2}$

- $\begin{cases} \cos\theta = \dfrac{3}{3\sqrt{2}} = \dfrac{\sqrt{2}}{2} \\ \text{sen}\,\theta = \dfrac{3}{3\sqrt{2}} = \dfrac{\sqrt{2}}{2} \end{cases} \Rightarrow \theta \in 1^{\circ}\text{ quadrante} \Rightarrow \theta = \dfrac{\pi}{4}$

Logo, $z = \rho(\cos\theta + i\,\text{sen}\,\theta) \Rightarrow z = 3\sqrt{2}\left(\cos\dfrac{\pi}{4} + i\,\text{sen}\,\dfrac{\pi}{4}\right)$

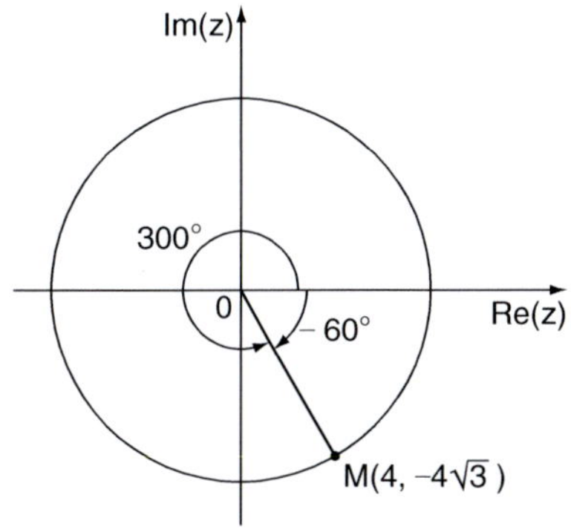

b) Se $z = 4 - 4i\sqrt{3}$, temos:

- $\rho = \sqrt{4^2 + (-4\sqrt{3})^2} = 8$

- $\begin{cases} \cos\theta = \dfrac{4}{8} = \dfrac{1}{2} \\ \text{sen}\,\theta = \dfrac{-4\sqrt{3}}{8} = -\dfrac{\sqrt{3}}{2} \end{cases} \Rightarrow$

$\Rightarrow \theta \in 4^{\circ}\text{ quadrante} \Rightarrow \theta = 300°$

Logo, $z = \rho(\cos\theta + i\,\text{sen}\,\theta) \Rightarrow$

$\Rightarrow z = 8(\cos 300° + i\,\text{sen}\,300°)$

Note que, como $\theta \in 4^{\circ}$ quadrante, poderíamos usar qualquer arco congruente a 300° (argumento principal) para escrever *z* na forma trigonométrica, ou seja, *z* poderia ser expresso, por exemplo, como: $z = 8[\cos(-60°) + i\,\text{sen}\,(-60°)]$.

Exemplo 17

Vamos obter a forma polar dos seguintes números complexos:

a) $z = -3$ b) $z = 4i$

a) $z = -3$

Como *z* é um número real negativo e seu afixo M(−3, 0) pertence ao semieixo real negativo, então $\theta = \arg z = \pi$.

Como a distância de M à origem do plano complexo é igual a 3, então $\rho = 3$.

Logo, $z = \rho(\cos\theta + i\,\text{sen}\,\theta) \Rightarrow z = 3(\cos\pi + i\,\text{sen}\,\pi)$

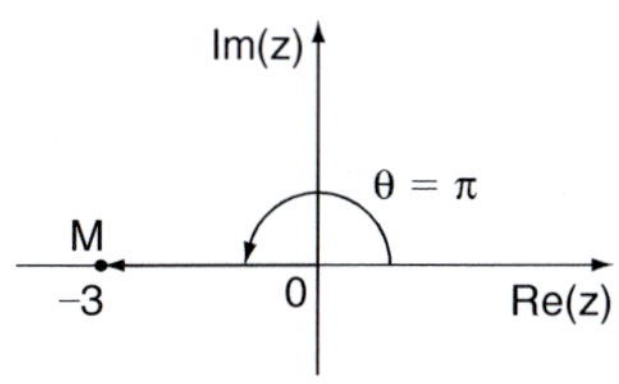

b) $z = 4i$

Como *z* é um imaginário puro e seu afixo M(0, 4) pertence ao semieixo imaginário positivo, então $\theta = 90°$.

Como a distância de M à origem do plano complexo é igual a 4, então $\rho = 4$.

Logo, $z = \rho(\cos\theta + i\,\text{sen}\,\theta) \Rightarrow z = 4(\cos 90° + i\,\text{sen}\,90°)$

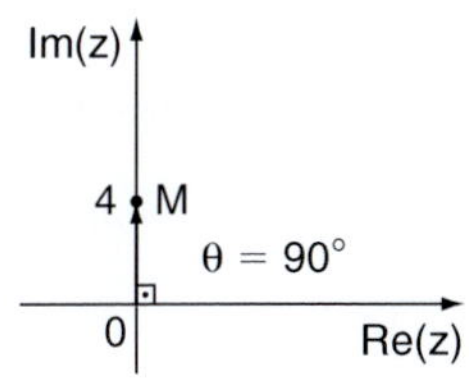

Exemplo 18

Dados os complexos na forma polar, vamos expressá-los na forma algébrica:

a) $z = 4(\cos 120° + i \text{ sen } 120°)$

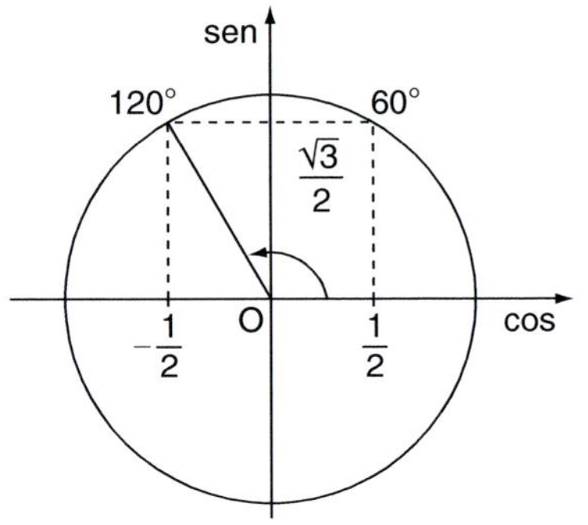

$$\text{Como} \begin{cases} \cos 120° = -\cos 60° = -\dfrac{1}{2} \\ \text{e} \\ \text{sen } 120° = \text{sen } 60° = \dfrac{\sqrt{3}}{2} \end{cases}, \text{ temos:}$$

$$z = 4\left(-\frac{1}{2} + i\frac{\sqrt{3}}{2}\right) \Rightarrow z = -2 + 2i\sqrt{3}$$

b) $z = \frac{1}{4}(\cos \pi + i \text{ sen } \pi)$

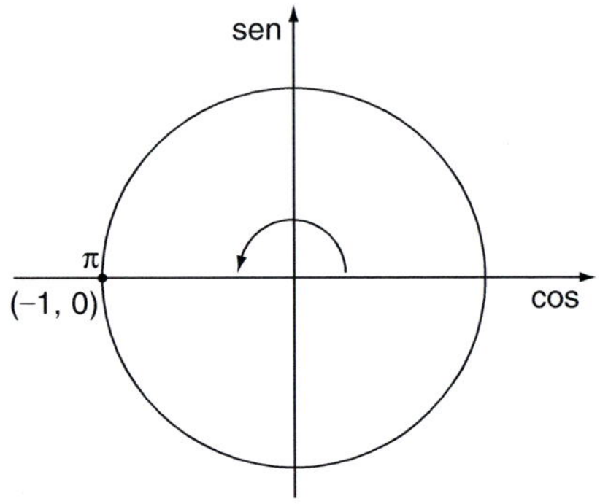

Como $\cos \pi = -1$ e $\text{sen } \pi = 0$, temos:

$$z = \frac{1}{4}(-1 + i \cdot 0) \Rightarrow z = -\frac{1}{4}$$

c) $z = 2\left(\cos \frac{5\pi}{4} + i \text{ sen } \frac{5\pi}{4}\right)$

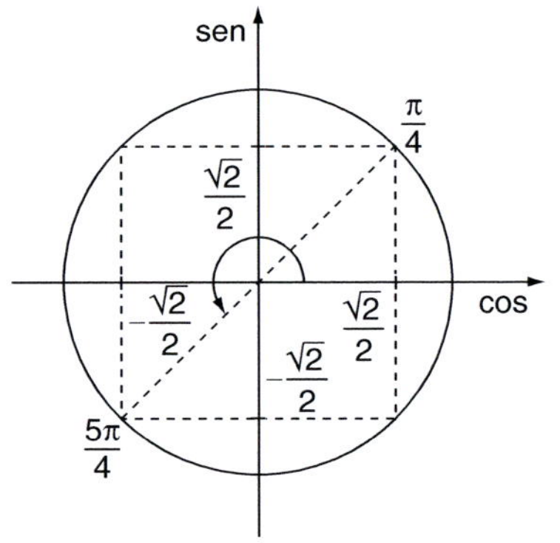

$$\text{Como} \begin{cases} \cos \dfrac{5\pi}{4} = -\cos \dfrac{\pi}{4} = -\dfrac{\sqrt{2}}{2} \\ \text{e} \\ \text{sen } \dfrac{5\pi}{4} = -\text{sen } \dfrac{\pi}{4} = -\dfrac{\sqrt{2}}{2} \end{cases}, \text{ temos:}$$

$$z = 2\left(-\frac{\sqrt{2}}{2} + i\left(-\frac{\sqrt{2}}{2}\right)\right) \Rightarrow z = -\sqrt{2} - i\sqrt{2}$$

EXERCÍCIOS RESOLVIDOS

13. Determinar a forma polar dos complexos *x* e *y* que satisfazem o sistema $\begin{cases} 2xi + y = -3 + i \\ x + yi = -1 \end{cases}$

Solução:

$$\begin{cases} 2xi + y = -3 + i & (1) \\ x + yi = -1 \Rightarrow x = -1 - yi & (2) \end{cases}$$

Substituindo (2) em (1), temos:

$$2i(-1 - yi) + y = -3 + i \Rightarrow -2i - 2yi^2 + y = -3 + i \Rightarrow 3y = -3 + 3i \Rightarrow y = -1 + i$$

Como $x = -1 - yi$, então: $x = -1 - (-1 + i)i = -1 + i - i^2 \Rightarrow x = i$

Determinemos a forma polar de *x* e *y*:

- $x = i$ é um imaginário puro e sua imagem é o ponto (0, 1), ou seja, $\theta = \arg x = 90°$ e $\rho = 1$.
  Logo, $x = \cos 90° + i \operatorname{sen} 90°$.

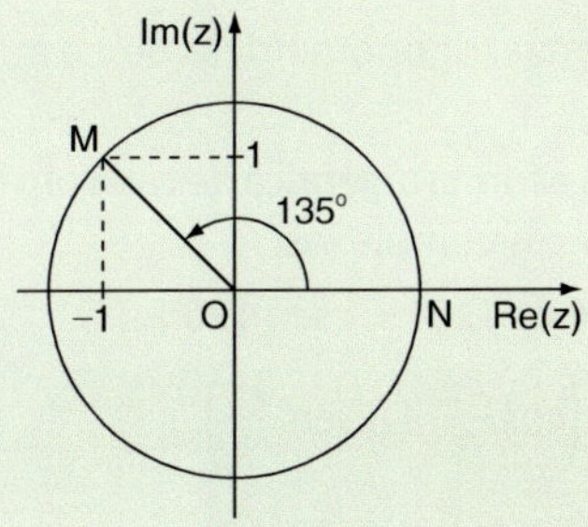

- $y = -1 + i \Rightarrow \rho = \sqrt{(-1)^2 + 1^2} \Rightarrow \rho = \sqrt{2}$

  $$\text{Assim, temos: } \begin{cases} \cos\theta = \dfrac{-1}{\sqrt{2}} = -\dfrac{\sqrt{2}}{2} \\ \text{e} \\ \operatorname{sen}\theta = \dfrac{1}{\sqrt{2}} = \dfrac{\sqrt{2}}{2} \end{cases} \Rightarrow \theta = 135°$$

  Logo, $y = \sqrt{2}(\cos 135° + i \operatorname{sen} 135°)$.

Portanto, na forma polar, as soluções do sistema são:

$$x = \cos 90° + i \operatorname{sen} 90° \text{ e } y = \sqrt{2}(\cos 135° + i \operatorname{sen} 135°)$$

14. Dados os complexos $u = -1 + i$ e $v = 3 + 4i$, determinar a forma polar do complexo *w*, sabendo que $\arg(u + v + w) = 90°$ e $\arg\left(v - u + \dfrac{3}{2}w\right) = 0°$.

Solução:

- Fazendo $w = x + yi$, em que $x, y \in \mathbb{R}$, temos:

$$u + v + w = (-1 + i) + (3 + 4i) + (x + yi) = (2 + x) + (5 + y)i \quad (1)$$

e

$$v - u + \frac{3}{2}w = (3 + 4i) - (-1 + i) + \frac{3}{2}(x + yi) = \left(4 + \frac{3}{2}x\right) + \left(3 + \frac{3}{2}y\right)i \quad (2)$$

Como $\arg(u + v + w) = 90°$, então $(u + v + w)$ é um imaginário puro e, portanto, em (1) devemos ter:

$$2 + x = 0 \Rightarrow x = -2 \quad \text{e} \quad 5 + y > 0 \Rightarrow y > -5$$

Como $\arg\left(v - u + \dfrac{3}{2}w\right) = 0°$, então $\left(v - u + \dfrac{3}{2}w\right)$ é um número real positivo e, portanto, em (2) devemos ter:

$$3 + \frac{3}{2}y = 0 \Rightarrow y = -2 \text{ (que satisfaz a condição } y > -5\text{) e } \left(4 + \frac{3}{2}x\right) > 0 \text{ (que é satisfeita para } x = -2\text{)}$$

Logo, $w = x + yi \Rightarrow w = -2 - 2i$.

- Determinemos a forma polar de $w = -2 - 2i$:

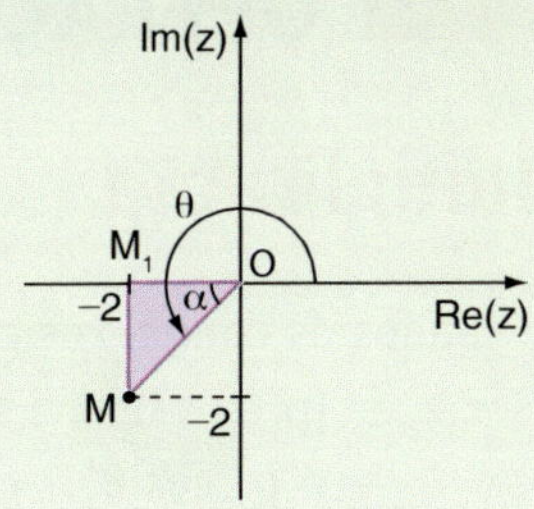

$$\rho = \sqrt{(-2)^2 + (-2)^2} = 2\sqrt{2} \text{ e o afixo de } z \text{ é } M(-2, -2)$$

Na figura observa-se que $\triangle MM_1O$ é retângulo isósceles e, então: $\alpha = 45°$.

Como $\theta - \alpha = 180°$, temos: $\theta = 180° + 45° = 225°$.

Logo, $w = 2\sqrt{2}(\cos 225° + i \operatorname{sen} 225°)$.

EXERCÍCIOS

61. Escreva os seguintes complexos na forma trigonométrica:

a) $z = -\dfrac{5\sqrt{3}}{2} + \dfrac{5}{2}i$

b) $z = -\sqrt{2} - i\sqrt{2}$

c) $z = 2i$

d) $z = 1 - i\sqrt{3}$

e) $z = \dfrac{1}{2} + \dfrac{\sqrt{3}}{2}i$

f) $z = -4$

g) $z = 3 - 3i$

h) $z = (-5, 5)$

i) $z = -i$

j) $z = \left(-\dfrac{1}{4}, -\dfrac{\sqrt{3}}{4}\right)$

k) $z = (1 - i)^2$

l) $z = 13$

62. Na figura, P_1, P_2 e P_3 são os afixos dos números complexos z_1, z_2 e z_3, respectivamente.

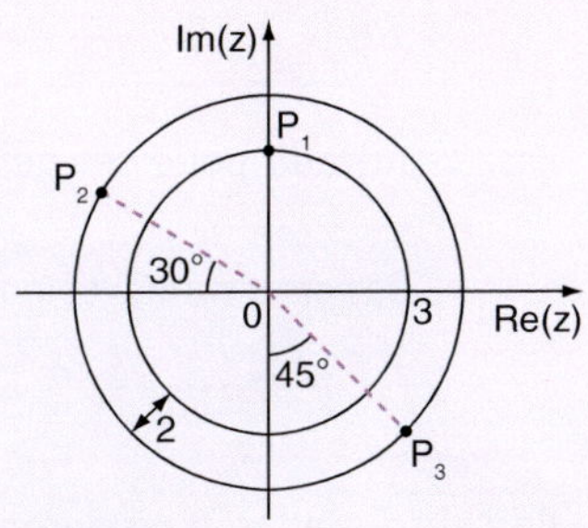

Determine a forma polar de z_1, z_2 e z_3.

63. Dado o complexo $z = \frac{i}{1+i} + \frac{1}{i}$, pede-se:

a) as formas algébricas de z e z^2;

b) as formas trigonométricas de z e z^2.

64. Obtenha a forma algébrica de cada um dos seguintes números complexos:

a) $z = 4(\cos 120° + i \operatorname{sen} 120°)$

b) $z = 6\left(\cos \frac{4\pi}{3} + i \operatorname{sen} \frac{4\pi}{3}\right)$

c) $z = 3(\cos 90° + i \operatorname{sen} 90°)$

d) $z = \cos \frac{3\pi}{2} + i \operatorname{sen} \frac{3\pi}{2}$

e) $z = \cos 210° + i \operatorname{sen} 210°$

f) $z = 2\left(\cos \frac{5\pi}{6} + i \operatorname{sen} \frac{5\pi}{6}\right)$

g) $z = \sqrt{2}(\cos 135° + i \operatorname{sen} 135°)$

h) $z = 3\left(\cos \frac{7\pi}{4} + i \operatorname{sen} \frac{7\pi}{4}\right)$

65. Se x e y são números complexos, escreva as soluções dos sistemas seguintes na forma polar.

a) $\begin{cases} x + yi = -1 - 2i \\ 2xi + y = 1 + i \end{cases}$ b) $\begin{cases} 2x + yi = 0 \\ xi + y = 3 - 3i\sqrt{3} \end{cases}$

66. Obtenha uma possível forma algébrica para o complexo z, cuja imagem M está representada na figura, sabendo que $\operatorname{tg} \theta = \frac{3}{2}$.

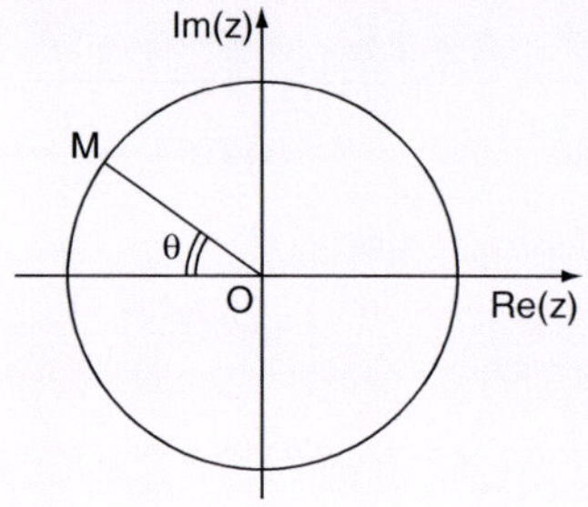

67. Qual é a forma trigonométrica de $z = i^{21} \cdot i^{22} \cdot i^{23} \cdot ... \cdot i^{29}$?

68. Sabe-se que a medida do lado do quadrado ABCD é 10. Obtenha a forma polar dos números complexos cujos afixos são os vértices desse quadrado. Expresse as medidas dos ângulos em radianos.

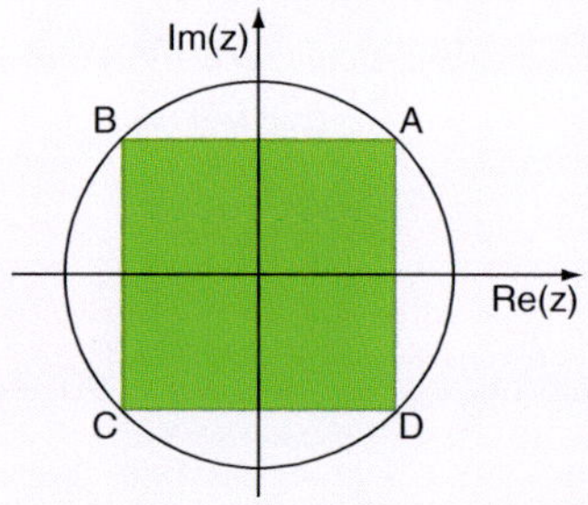

OPERAÇÕES NA FORMA TRIGONOMÉTRICA

Multiplicação

Dados os complexos $z_1 = \rho_1(\cos \theta_1 + i \operatorname{sen} \theta_1)$ e $z_2 = \rho_2(\cos \theta_2 + i \operatorname{sen} \theta_2)$, temos:

$$z_1 z_2 = [\rho_1(\cos \theta_1 + i \operatorname{sen} \theta_1)] \cdot [\rho_2(\cos \theta_2 + i \operatorname{sen} \theta_2)] = \rho_1 \cdot \rho_2[(\cos \theta_1 + i \operatorname{sen} \theta_1)(\cos \theta_2 + i \operatorname{sen} \theta_2)] =$$
$$= \rho_1\rho_2(\cos \theta_1 \cdot \cos \theta_2 + i \operatorname{sen} \theta_1 \cdot \cos \theta_2 + i \cos \theta_1 \cdot \operatorname{sen} \theta_2 + i^2 \operatorname{sen} \theta_1 \cdot \operatorname{sen} \theta_2) =$$
$$= \rho_1\rho_2[\underbrace{(\cos \theta_1 \cdot \cos \theta_2 - \operatorname{sen} \theta_1 \cdot \operatorname{sen} \theta_2)}_{\cos(\theta_1 + \theta_2)} + i\underbrace{(\operatorname{sen} \theta_1 \cdot \cos \theta_2 + \operatorname{sen} \theta_2 \cdot \cos \theta_1)}_{\operatorname{sen}(\theta_1 + \theta_2)}]$$

Assim:

$$z_1 \cdot z_2 = \rho_1\rho_2[\cos(\theta_1 + \theta_2) + i \operatorname{sen}(\theta_1 + \theta_2)]$$

Esse resultado pode ser generalizado:

Dados n números complexos $z_1, z_2, ..., z_n$, então:

$$z_1 \cdot z_2 \cdot ... \cdot z_n = \rho_1\rho_2 \cdot ... \cdot \rho_n[\cos(\theta_1 + \theta_2 + ... + \theta_n) + i \operatorname{sen}(\theta_1 + \theta_2 + ... + \theta_n)]$$

Portanto, dados n números complexos não nulos, valem as seguintes propriedades:

- O módulo do produto é igual ao produto dos módulos dos fatores.
- O argumento do produto é congruente à soma dos argumentos dos fatores.

Exemplo 19

Dados os complexos:

$z_1 = 2(\cos 160° + i \text{ sen } 160°)$ e

$z_2 = 2\sqrt{2}(\cos 72° + i \text{ sen } 72°)$,

temos:

$$z_1 \cdot z_2 = 2 \cdot 2\sqrt{2}[\cos(160° + 72°) + i \text{ sen }(160° + 72°)] \Rightarrow$$
$$\Rightarrow z_1 \cdot z_2 = 4\sqrt{2}(\cos 232° + i \text{ sen } 232°)$$

Significado geométrico da multiplicação por *i*

Seja o complexo $z = \rho(\cos\theta + i \text{ sen } \theta)$, cuja imagem é M, e suponhamos que θ seja o argumento principal de *z*.

Como $i = 1 \cdot (\cos 90° + i \text{ sen } 90°)$, temos: $z \cdot i = \rho[\cos(\theta + 90°) + i \text{ sen }(\theta + 90°)]$.

Assim: $|z \cdot i| = |z| \cdot |i| = |z| = \rho$ e $\arg(z \cdot i) - \arg z = 90°$, conforme mostrado na figura abaixo.

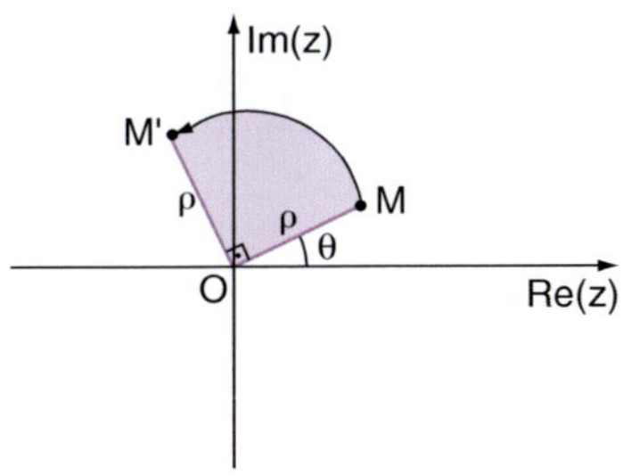

Portanto, a imagem de $z \cdot i$ é M' e $\overrightarrow{OM'} \perp \overrightarrow{OM}$.

Então:

> Geometricamente, a imagem de $z \cdot i$ é obtida de uma rotação de 90° da imagem de *z*, em relação à origem do plano de Gauss, no sentido anti-horário.

Exemplo 20

Dado $z = 4\left(\cos\frac{3\pi}{4} + i \text{ sen } \frac{3\pi}{4}\right)$, vamos representar geometricamente o produto $z \cdot i$.

Como $i = \cos\frac{\pi}{2} + i \text{ sen } \frac{\pi}{2}$, então:

$$z \cdot i = 4\left[\cos\left(\frac{3\pi}{4} + \frac{\pi}{2}\right) + i \text{ sen }\left(\frac{3\pi}{4} + \frac{\pi}{2}\right)\right] =$$
$$= 4\left(\cos\frac{5\pi}{4} + i \text{ sen } \frac{5\pi}{4}\right)$$

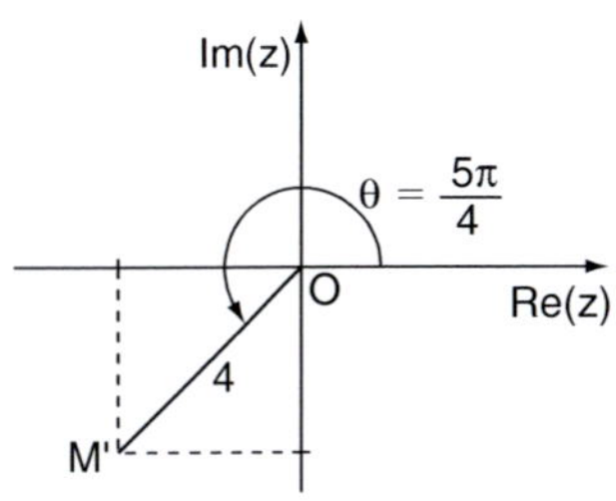

Assim, a imagem de $z \cdot i$ é o ponto M', mostrado nas figuras ao lado.

- Note que, caso *z* tivesse sido dado na forma algébrica, ou seja, $z = -2\sqrt{2} + 2i\sqrt{2}$, poderíamos adotar o seguinte procedimento:

Como o afixo de *z* é $M\left(-2\sqrt{2}, 2\sqrt{2}\right)$ e $\rho = \sqrt{\left(-2\sqrt{2}\right)^2 + \left(2\sqrt{2}\right)^2} =$ $= 4$, bastaria representá-lo no plano complexo e submetê-lo a uma rotação de 90° no sentido anti-horário, como mostra a figura ao lado.

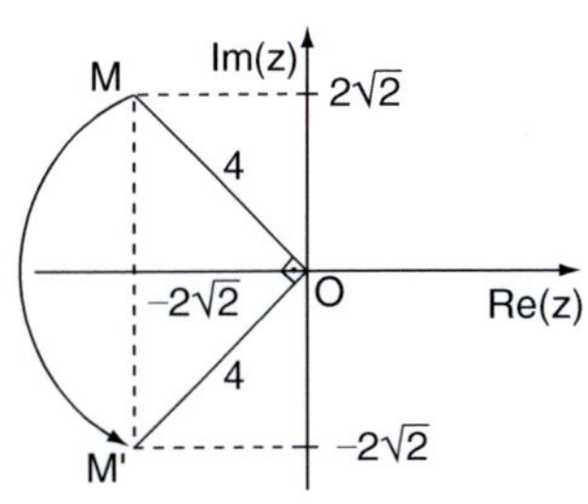

Divisão

Sejam $z_1 = \rho_1(\cos\theta_1 + i\,\text{sen}\,\theta_1)$ e $z_2 = \rho_2(\cos\theta_2 + i\,\text{sen}\,\theta_2)$.

Lembrando que $\dfrac{z_1}{z_2} = \dfrac{z_1}{z_2} \cdot \dfrac{\overline{z_2}}{\overline{z_2}}$, temos:

$$\frac{z_1}{z_2} = \frac{\rho_1(\cos\theta_1 + i\,\text{sen}\,\theta_1)}{\rho_2(\cos\theta_2 + i\,\text{sen}\,\theta_2)} \cdot \frac{(\cos\theta_2 - i\,\text{sen}\,\theta_2)}{(\cos\theta_2 - i\,\text{sen}\,\theta_2)} =$$

$$= \frac{\rho_1}{\rho_2} \cdot \frac{(\cos\theta_1 \cdot \cos\theta_2 - i\cos\theta_1 \cdot \text{sen}\,\theta_2 + i\,\text{sen}\,\theta_1 \cdot \cos\theta_2 - i^2\,\text{sen}\,\theta_1 \cdot \text{sen}\,\theta_2)}{\cos^2\theta_2 - i^2\,\text{sen}^2\,\theta_2} =$$

$$= \frac{\rho_1}{\rho_2} \cdot \frac{\overbrace{(\cos\theta_1 \cdot \cos\theta_2 + \text{sen}\,\theta_1 \cdot \text{sen}\,\theta_2)}^{\cos(\theta_1 - \theta_2)} + i\overbrace{(\text{sen}\,\theta_1 \cdot \cos\theta_2 - \text{sen}\,\theta_2 \cdot \cos\theta_1)}^{\text{sen}\,(\theta_1 - \theta_2)}}{\underbrace{\cos^2\theta_2 + \text{sen}^2\,\theta_2}_{1}}$$

Logo:

$$\frac{z_1}{z_2} = \frac{\rho_1}{\rho_2} \cdot [\cos(\theta_1 - \theta_2) + i\,\text{sen}\,(\theta_1 - \theta_2)]$$

Portanto, dados dois números complexos na forma polar, valem as seguintes propriedades:

- O módulo do quociente é igual ao quociente dos módulos dos complexos do numerador e do denominador.
- O argumento do quociente é congruente à diferença entre os argumentos dos complexos do numerador e do denominador.

Exemplo 21

Dados os complexos $z_1 = 4(\cos 120° + i\,\text{sen}\,120°)$, $z_2 = \sqrt{2}(\cos 225° + i\,\text{sen}\,225°)$, $z_3 = \cos\dfrac{51\pi}{7} + i\,\text{sen}\,\dfrac{51\pi}{7}$ e $z_4 = 3\left(\cos\dfrac{13\pi}{5} + i\,\text{sen}\,\dfrac{13\pi}{5}\right)$, vamos calcular: $\dfrac{z_1}{z_2}$ e $\dfrac{z_3}{z_4}$.

- $\dfrac{z_1}{z_2} = \dfrac{4}{\sqrt{2}}[\cos(120° - 225°) + i\,\text{sen}\,(120° - 225°)] \Rightarrow \dfrac{z_1}{z_2} = 2\sqrt{2}[\cos(-105°) + i\,\text{sen}\,(-105°)]$

  Note que $\dfrac{z_1}{z_2}$ poderia admitir como argumento qualquer ângulo congruente a $-105°$, ou seja, qualquer ângulo da forma $\theta = -105° + k \cdot 360°$, em que $k \in \mathbb{Z}$.

  Observe que, fazendo $k = 1$, obtemos $\theta = 255°$, que é o argumento principal de $\dfrac{z_1}{z_2}$.

  Assim: $\dfrac{z_1}{z_2} = 2\sqrt{2}[\cos(-105°) + i\,\text{sen}\,(-105°)] = 2\sqrt{2}(\cos 255° + i\,\text{sen}\,255°)$

- $\dfrac{z_3}{z_4} = \dfrac{1}{3}\left[\cos\left(\dfrac{51\pi}{7} - \dfrac{13\pi}{5}\right) + i\,\text{sen}\left(\dfrac{51\pi}{7} - \dfrac{13\pi}{5}\right)\right] \Rightarrow \dfrac{z_3}{z_4} = \dfrac{1}{3}\left(\cos\dfrac{164\pi}{35} + i\,\text{sen}\,\dfrac{164\pi}{35}\right)$

  Note que $\dfrac{z_3}{z_4}$ poderia admitir como argumento qualquer ângulo congruente a $\dfrac{164\pi}{35}$, ou seja, qualquer ângulo da forma $\theta = \dfrac{164\pi}{35} + k \cdot 2\pi$, em que $k \in \mathbb{Z}$.

  Observe que, fazendo $k = -2$, obtemos $\theta = \dfrac{24\pi}{35}$, que é o argumento principal de $\dfrac{z_3}{z_4}$.

  Assim: $\dfrac{z_3}{z_4} = \dfrac{1}{3}\left(\cos\dfrac{164\pi}{35} + i\,\text{sen}\,\dfrac{164\pi}{35}\right) = \dfrac{1}{3}\left(\cos\dfrac{24\pi}{35} + i\,\text{sen}\,\dfrac{24\pi}{35}\right)$

EXERCÍCIOS

69. São dados os números complexos:

$$z_1 = 6(\cos 240° + i \text{ sen } 240°)$$
$$z_2 = 2\sqrt{3}(\cos 30° + i \text{ sen } 30°)$$
$$z_3 = 3(\cos 150° + i \text{ sen } 150°)$$

Determine a forma trigonométrica de:

a) $z_1 \cdot z_2$

b) $z_3 \cdot z_2$

c) $z_1 \cdot z_2 \cdot z_3$

d) $\frac{z_1}{z_2}$

e) $\frac{z_1}{z_3}$

f) $\frac{z_2}{z_3}$

70. Sejam os números complexos:

$$u = 2\left(\cos\frac{3\pi}{8} + i \text{ sen }\frac{3\pi}{8}\right) \text{ e}$$

$$v = \sqrt{2}\left(\cos\frac{11\pi}{8} + i \text{ sen }\frac{11\pi}{8}\right)$$

Obtenha a forma algébrica de:

a) $u \cdot v$

b) $\frac{v}{u}$

c) u^2

71. Sabendo que $z_1 = 4(\cos 120° + i \text{ sen } 120°)$ e $z_1 \cdot z_2 = 2(\cos 270° + i \text{ sen } 270°)$, determine:

a) a forma polar de z_2;

b) a forma algébrica de z_2.

Potenciação

Em alguns casos, calcular potências inteiras de números complexos dados na forma algébrica torna-se muito trabalhoso. Por exemplo, para obter a forma algébrica de $(1 - i\sqrt{3})^{20} = \underbrace{(1 - i\sqrt{3})(1 - i\sqrt{3}) \ldots (1 - i\sqrt{3})}_{\text{20 fatores}}$, teríamos que calcular o produto dos 20 fatores.

Para facilitar o cálculo de potências de números complexos, é muito útil poder escrevê-los na forma trigonométrica e usar a expressão que será obtida a seguir.

Sabemos que, dados *n* números complexos $z_1, z_2, \ldots, z_n$, temos:

$$z_1 \cdot z_2 \cdot \ldots \cdot z_n = \rho_1 \cdot \rho_2 \cdot \ldots \cdot \rho_n[\cos(\theta_1 + \theta_2 + \ldots + \theta_n) + i \text{ sen } (\theta_1 + \theta_2 + \ldots + \theta_n)] \quad (*)$$

Dado o complexo $z = \rho(\cos\theta + i \text{ sen } \theta)$, então fazendo em (*):

$$z_1 = z_2 = \ldots = z_n = z, \text{ temos: } \begin{cases} \rho_1 = \rho_2 = \ldots = \rho_n = \rho \\ \theta_1 = \theta_2 = \ldots = \theta_n = \theta \end{cases}$$

Assim,

$$\underbrace{z \cdot z \cdot \ldots \cdot z}_{n \text{ vezes}} = \underbrace{\rho \cdot \rho \cdot \ldots \cdot \rho}_{n \text{ vezes}} \cdot [\cos \underbrace{(\theta + \theta + \ldots + \theta)}_{n \text{ vezes}} + i \text{ sen } \underbrace{(\theta + \theta + \ldots + \theta)}_{n \text{ vezes}}]$$

Logo:

$$z^n = \rho^n \cdot [\cos(n\theta) + i \text{ sen } (n\theta)]$$

Esse resultado é denominado **fórmula de Moivre** (1667-1754).

Exemplo 22

Dado o complexo $z = 4(\cos 15° + i \text{ sen } 15°)$, vamos usar a fórmula de Moivre para calcular z^{10}.

Pela fórmula de Moivre, temos:

$$z^{10} = 4^{10} \cdot (\cos 10 \cdot 15° + i \text{ sen } 10 \cdot 15°)$$

Portanto:

$$z^{10} = 4^{10} \cdot (\cos 150° + i \text{ sen } 150°)$$

Exemplo 23

Determinemos a forma algébrica do complexo $z = \left(1 - i\sqrt{3}\right)^{20}$.

Primeiramente vamos escrever $z_1 = 1 - i\sqrt{3}$ na forma polar para, então, usando a fórmula de Moivre, calcular $z = z_1^{10}$:

- $z_1 = 1 - i\sqrt{3} \Rightarrow \rho_1 = \sqrt{1^2 + \left(-\sqrt{3}\right)^2} = 2$

  $$\text{Logo: } \begin{cases} \cos\theta_1 = \dfrac{1}{2} \\ \text{sen}\,\theta_1 = -\dfrac{\sqrt{3}}{2} \end{cases} \Rightarrow \theta_1 = 300°$$

  $$\text{Então: } z_1 = 2(\cos 300° + i\,\text{sen}\,300°) \underset{z = z_1^{10}}{\Longrightarrow} z = 2^{10}(\cos 10 \cdot 300° + i\,\text{sen}\,10 \cdot 300°) \Rightarrow$$

  $$\Rightarrow z = 1\,024(\cos 3\,000° + i\,\text{sen}\,3\,000°) \quad (*)$$

- Determinemos a forma algébrica de *z*.

  $$\begin{array}{r|l} 3\,000° & 360° \\ \hline 120° & 8 \end{array}$$, ou seja, $3\,000° = 120° + 8 \cdot 360°$ ($3\,000°$ e $120°$ são arcos côngruos)

  $$\text{Assim, obtemos: } \begin{cases} \cos 3\,000° = \cos 120° = -\cos 60° = -\dfrac{1}{2} \\ \text{sen}\,3\,000° = \text{sen}\,120° = \text{sen}\,60° = \dfrac{\sqrt{3}}{2} \end{cases}$$, que, substituídos em (*), resulta:

  $$z = 1\,024\left(-\frac{1}{2} + i\frac{\sqrt{3}}{2}\right) \Rightarrow z = -512 + 512i\sqrt{3}$$

EXERCÍCIOS RESOLVIDOS

15. Escrever o complexo $z = \dfrac{\left(2\sqrt{3} - 2i\right)^8}{(4 + 4i)^6}$ na forma trigonométrica.

Solução:

Fazendo $z_1 = 2\sqrt{3} - 2i$ e $z_2 = 4 + 4i$, devemos calcular $z = \dfrac{z_1^8}{z_2^6}$.

- Determinemos z_1^8.

  Como $z_1 = 2\sqrt{3} - 2i$, temos:

  $$\rho_1 = \sqrt{\left(2\sqrt{3}\right)^2 + (-2)^2} = 4 \text{ e } \begin{cases} \cos\theta_1 = \dfrac{2\sqrt{3}}{4} = \dfrac{\sqrt{3}}{2} \\ \text{e} \\ \text{sen}\,\theta_1 = \dfrac{-2}{4} = -\dfrac{1}{2} \end{cases} \Rightarrow \theta_1 = \frac{11\pi}{6}$$

  Logo:

  $$z_1 = 4\left(\cos\frac{11\pi}{6} + i\,\text{sen}\,\frac{11\pi}{6}\right) \Rightarrow z_1^8 = 4^8\left(\cos 8 \cdot \frac{11\pi}{6} + i\,\text{sen}\,8 \cdot \frac{11\pi}{6}\right) \Rightarrow z_1^8 = 4^8\left(\cos\frac{44\pi}{3} + i\,\text{sen}\,\frac{44\pi}{3}\right)$$

- Determinemos z_2^6.

  Como $z_2 = 4 + 4i$, temos:

  $$\rho_2 = \sqrt{4^2 + 4^2} = 4\sqrt{2} \text{ e } \begin{cases} \cos\theta_2 = \dfrac{4}{4\sqrt{2}} = \dfrac{\sqrt{2}}{2} \\ \text{e} \\ \text{sen}\,\theta_2 = \dfrac{4}{4\sqrt{2}} = \dfrac{\sqrt{2}}{2} \end{cases} \Rightarrow \theta_2 = \frac{\pi}{4}$$

  Logo:

  $$z_2 = 4\sqrt{2}\left(\cos\frac{\pi}{4} + i\,\text{sen}\,\frac{\pi}{4}\right) \Rightarrow z_2^6 = \left(4\sqrt{2}\right)^6\left(\cos 6 \cdot \frac{\pi}{4} + i\,\text{sen}\,6 \cdot \frac{\pi}{4}\right) \Rightarrow z_2^6 = 2^{15}\left(\cos\frac{3\pi}{2} + i\,\text{sen}\,\frac{3\pi}{2}\right)$$

- Calculemos $z = \dfrac{z_1^8}{z_2^6}$.

$$z = \frac{z_1^8}{z_2^6} = \frac{4^8}{2^{15}}\left[\cos\left(\frac{44\pi}{3} - \frac{3\pi}{2}\right) + i\,\text{sen}\left(\frac{44\pi}{3} - \frac{3\pi}{2}\right)\right] = 2\left(\cos\frac{79\pi}{6} + i\,\text{sen}\frac{79\pi}{6}\right)$$

Como $\dfrac{79\pi}{6} = \dfrac{7\pi}{6} + 6 \cdot 2\pi$, ou seja, $\dfrac{79\pi}{6}$ e $\dfrac{7\pi}{6}$ são arcos congruentes, então:

$$z = 2\left(\cos\frac{7\pi}{6} + i\,\text{sen}\frac{7\pi}{6}\right)$$

16. Na figura, P é o afixo do número complexo *z*. Determinar o complexo $(\bar{z})^{30}$ na forma polar.

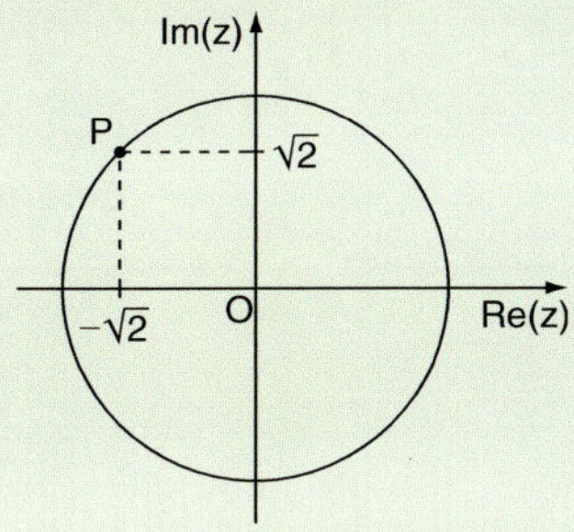

Solução:

Se P é o afixo de *z*, então: $z = -\sqrt{2} + i\sqrt{2} \Rightarrow \bar{z} = -\sqrt{2} - i\sqrt{2}$.

Determinemos inicialmente a forma trigonométrica de $\bar{z}$.

Observe na figura ao lado que:

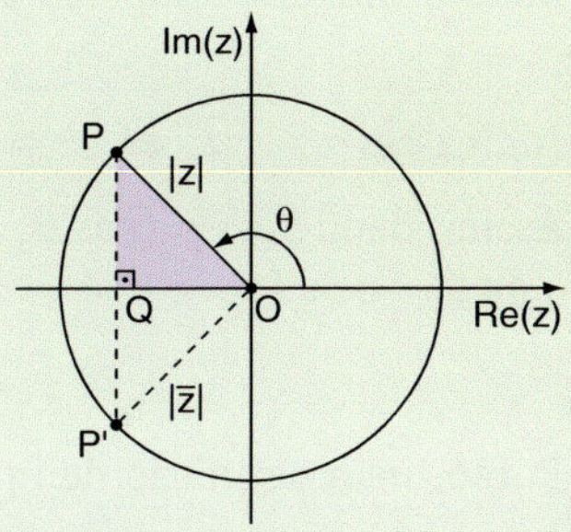

- $\triangle PQO$ é retângulo isósceles. Assim, pelo teorema de Pitágoras, temos:

$$OP^2 = |z|^2 = PQ^2 + QO^2 \Rightarrow |z| = \sqrt{(\sqrt{2})^2 + (\sqrt{2})^2} = 2$$

Como $|z| = |\bar{z}|$, então: $|\bar{z}| = 2$.

- $\theta = \arg z = 135° \Rightarrow \theta' = \arg |\bar{z}| = 180° + 45° \Rightarrow \theta' = 225°$

Assim:

$$\bar{z} = 2(\cos 225° + i\,\text{sen}\,225°) \Rightarrow (\bar{z})^{30} = 2^{30}(\cos 30 \cdot 225° + i\,\text{sen}\,30 \cdot 225°) \Rightarrow$$
$$\Rightarrow (\bar{z})^{30} = 2^{30}(\cos 6\,750° + i\,\text{sen}\,6\,750°)$$

Como $6\,750° = 18 \cdot 360° + 270°$, então: $(\bar{z})^{30} = 2^{30}(\cos 270° + i\,\text{sen}\,270°)$.

17. Determinar os valores de $\cos 2\theta$ e $\text{sen}\,2\theta$ usando a fórmula de Moivre.

Solução:

Considerando o número complexo $z = \rho(\cos\theta + i\,\text{sen}\,\theta)$, temos:

$$z^2 = \rho^2(\cos\theta + i\,\text{sen}\,\theta)^2 \quad (1)$$

e, pela fórmula de Moivre, $z^2 = \rho^2(\cos 2\theta + i\,\text{sen}\,2\theta) \quad (2)$

Então, de (2) e (1), obtemos:

$$\rho^2(\cos 2\theta + i\,\text{sen}\,2\theta) = \rho^2(\cos\theta + i\,\text{sen}\,\theta)^2 \Rightarrow \cos 2\theta + i\,\text{sen}\,2\theta = (\cos\theta + i\,\text{sen}\,\theta)^2 \Rightarrow$$
$$\Rightarrow \cos 2\theta + i\,\text{sen}\,2\theta = \cos^2\theta + 2 \cdot \cos\theta \cdot (i\,\text{sen}\,\theta) + i^2\,\text{sen}^2\,\theta \Rightarrow$$
$$\Rightarrow \cos 2\theta + i\,\text{sen}\,2\theta = \cos^2\theta - \text{sen}^2\,\theta + i(2 \cdot \text{sen}\,\theta \cdot \cos\theta)\,(*)$$

Logo, da definição de igualdade de complexos aplicada em (*), obtemos:

$$\begin{cases} \cos 2\theta = \cos^2\theta - \text{sen}^2\,\theta \\ \text{sen}\,2\theta = 2 \cdot \text{sen}\,\theta \cdot \cos\theta \end{cases}$$

Outra forma de obter esses valores é com as relações de seno e cosseno da soma, estudadas em transformações trigonométricas. Observe que este exercício ilustra o entrelaçamento entre duas áreas da Matemática: a Álgebra e a Trigonometria.

EXERCÍCIOS

72. Dado $z = 2(\cos 30° + i \operatorname{sen} 30°)$, obtenha a forma algébrica de:

a) z^3 b) z^6 c) z^{10}

73. Dado $z = \sqrt{3} + i$, obtenha z^4:

a) sem o uso da fórmula de Moivre;

b) por meio da fórmula de Moivre.

74. Calcule:

a) $(-\sqrt{6} - i\sqrt{2})^{10}$

b) $\left(\frac{1}{5} + \frac{1}{5}i\right)^8$

c) $(-4 + 4i\sqrt{3})^{-6}$

75. Considere que o ponto P, representado na figura ao lado, é o afixo do número complexo *z*. Determine z^{45}, z^{50} e z^{100}.

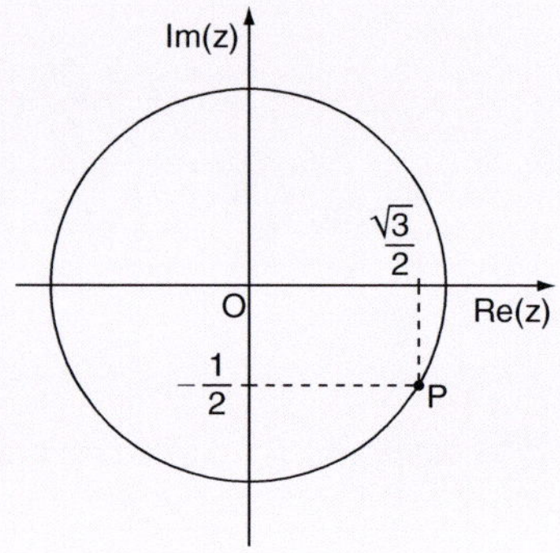

76. Dado o complexo *z*, tal que $iz + 2\bar{z} + 1 - i = 0$, determine $z^{1\,004}$.

Radiciação

Dado o número complexo z_0, dizemos que o número complexo *z* é uma **raiz enésima** de z_0 se, e somente se, $z^n = z_0$.

Indica-se: $z = \sqrt[n]{z_0} \Leftrightarrow z^n = z_0$

Assim, dado $z_0 = \rho_0(\cos \theta_0 + i \operatorname{sen} \theta_0)$, vamos determinar um complexo $z = \rho(\cos \theta + i \operatorname{sen} \theta)$ que satisfaz a igualdade $z^n = z_0$:

$$z^n = z_0 \Rightarrow \rho^n(\cos n\theta + i \operatorname{sen} n\theta) = \rho_0(\cos \theta_0 + i \operatorname{sen} \theta_0) \quad (*)$$

Então, pela definição de igualdade de complexos na forma polar, aplicada em (*), vem:

$$\begin{cases} \rho^n = \rho_0 & \text{(os módulos são iguais)} \quad ① \\ n\theta = \theta_0 + k \cdot 2\pi,\ k \in \mathbb{Z} & \text{(os argumentos são congruentes)} \quad ② \end{cases}$$

De ①, temos: $\rho = \sqrt[n]{\rho_0}$

De ②, temos: $\theta = \frac{\theta_0}{n} + k \cdot \frac{2\pi}{n}$, com $k = 0, 1, 2, ..., n - 1$

Note que, se $k = n$, então $\theta = \frac{\theta_0}{n} + 2\pi$, ou seja, θ e $\frac{\theta_0}{n}$ são congruentes.

Isso significa que, fazendo $k = 0, 1, 2, ..., (n - 1)$ em $\theta = \frac{\theta_0}{n} + k \cdot \frac{2\pi}{n}$, obtemos os *n* argumentos principais das raízes enésimas de z_0:

$$\begin{aligned} k = 0 &\Rightarrow \theta_1 = \frac{\theta_0}{n} \\ k = 1 &\Rightarrow \theta_2 = \frac{\theta_0}{n} + \frac{2\pi}{n} \\ k = 2 &\Rightarrow \theta_3 = \frac{\theta_0}{n} + \frac{4\pi}{n} \\ \dots &\quad \dots \quad \dots \\ k = n - 1 &\Rightarrow \theta_n = \frac{\theta_0}{n} + \frac{2(n-1)\pi}{n} \end{aligned}$$

Portanto, as *n* raízes de z_0 têm mesmo módulo $\rho = \sqrt[n]{\rho_0}$ e podem ser obtidas por meio da expressão:

$$z_m = \rho(\cos \theta_m + i \operatorname{sen} \theta_m), \text{ em que } m = 1, 2, 3, ..., n$$

Exemplo 24

Vamos calcular:

a) $\sqrt[3]{-8}$

Primeiramente devemos escrever $z_0 = -8$ na forma polar:

Como z_0 é um número real negativo, então $\rho_0 = 8$ e $\theta_0 = \pi$. Assim: $z_0 = 8(\cos \pi + i \text{ sen } \pi)$.

Seja $z = \rho(\cos \theta + i \text{ sen } \theta)$ tal que $z^3 = z_0$, ou seja, $\rho^3(\cos 3\theta + i \text{ sen } 3\theta) = 8(\cos \pi + i \text{ sen } \pi)$.

Então, pela definição de igualdade de complexos na forma polar, temos:

$$\begin{cases} \rho^3 = 8 \\ 3\theta = \pi + k \cdot 2\pi, \text{ com } k \in \mathbb{Z} \end{cases} \Rightarrow \begin{cases} \rho = \sqrt[3]{8} = 2 \\ \theta = \dfrac{\pi}{3} + \dfrac{k \cdot 2\pi}{3}, \text{ com } k \in \mathbb{Z} \quad (*) \end{cases}$$

Em (*), fazendo k = 0, 1, 2, obtemos:

$$\theta_1 = \frac{\pi}{3};\ \theta_2 = \pi;\ \theta_3 = \frac{5\pi}{3}$$

Como as raízes cúbicas de −8 são dadas pela expressão $z_m = \rho(\cos \theta_m + i \text{ sen } \theta_m)$, em que m = 1, 2, 3, temos:

$$\sqrt[3]{-8} = \begin{cases} z_1 = 2\left(\cos \dfrac{\pi}{3} + i \text{ sen } \dfrac{\pi}{3}\right) = 2 \cdot \left(\dfrac{1}{2} + i \cdot \dfrac{\sqrt{3}}{2}\right) = 1 + i\sqrt{3} \\ z_2 = 2(\cos \pi + i \text{ sen } \pi) = 2 \cdot (-1 + i \cdot 0) = -2 \\ z_3 = 2\left(\cos \dfrac{5\pi}{3} + i \text{ sen } \dfrac{5\pi}{3}\right) = 2 \cdot \left(\dfrac{1}{2} + i \cdot \left(-\dfrac{\sqrt{3}}{2}\right)\right) = 1 - i\sqrt{3} \end{cases}$$

Façamos a representação e a interpretação geométrica das raízes cúbicas de −8:

1º) Como todas as raízes obtidas têm mesmo módulo, podemos concluir que suas imagens pertencem a uma circunferência de raio 2 e centro na origem do plano de Argand-Gauss.

2º) A sequência dos argumentos principais de $\sqrt[3]{-8}$, ou seja, $\left(\dfrac{\pi}{3}; \pi; \dfrac{5\pi}{3}\right)$, é uma progressão aritmética de razão $\dfrac{2\pi}{3}$ e, consequentemente, as imagens das raízes dividem a circunferência à qual pertencem em três partes iguais (são vértices de um triângulo equilátero).

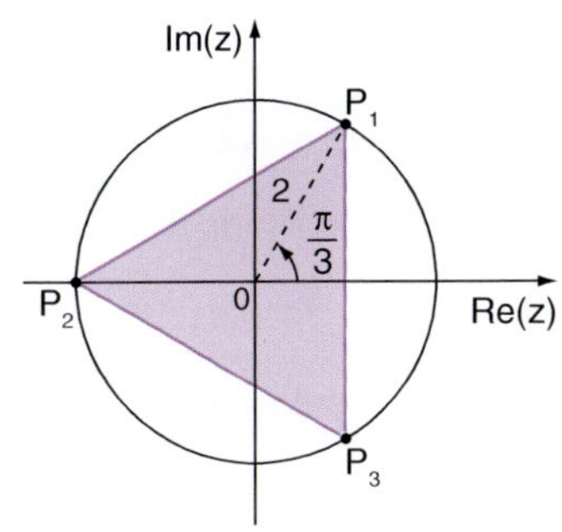

b) $\sqrt[4]{4i}$

Primeiramente devemos escrever $z_0 = 4i$ na forma polar:

Como $\rho_0 = 4$ e $\theta_0 = \dfrac{\pi}{2}$, então $z_0 = 4\left(\cos \dfrac{\pi}{2} + i \text{ sen } \dfrac{\pi}{2}\right)$.

Seja $z = \rho(\cos \theta + i \text{ sen } \theta)$ tal que $z^4 = z_0$, ou seja,

$$\rho^4(\cos 4\theta + i \text{ sen } 4\theta) = 4\left(\cos \frac{\pi}{2} + i \text{ sen } \frac{\pi}{2}\right)$$

Então, pela definição de igualdade de complexos na forma polar, temos:

$$\begin{cases} \rho^4 = 4 \\ 4\theta = \dfrac{\pi}{2} + k \cdot 2\pi, \text{ com } k \in \mathbb{Z} \end{cases} \Rightarrow \begin{cases} \rho = \sqrt[4]{4} = \sqrt{2} \\ \theta = \dfrac{\pi}{8} + \dfrac{k\pi}{2}, \text{ com } k \in \mathbb{Z} \quad (*) \end{cases}$$

Em (*), fazendo k = 0, 1, 2, 3, obtemos:

$$\theta_1 = \frac{\pi}{8};\ \theta_2 = \frac{5\pi}{8};\ \theta_3 = \frac{9\pi}{8};\ \theta_4 = \frac{13\pi}{8}$$

Como as raízes quartas de 4i são dadas pela expressão $z_m = \rho(\cos\theta_m + i \operatorname{sen}\theta_m)$, em que m = 1, 2, 3, 4, temos:

$$\sqrt[4]{4i} = \begin{cases} z_1 = \sqrt{2}\left(\cos\frac{\pi}{8} + i \operatorname{sen}\frac{\pi}{8}\right) \\ z_2 = \sqrt{2}\left(\cos\frac{5\pi}{8} + i \operatorname{sen}\frac{5\pi}{8}\right) \\ z_3 = \sqrt{2}\left(\cos\frac{9\pi}{8} + i \operatorname{sen}\frac{9\pi}{8}\right) \\ z_4 = \sqrt{2}\left(\cos\frac{13\pi}{8} + i \operatorname{sen}\frac{13\pi}{8}\right) \end{cases}$$

Façamos a representação e a interpretação geométrica das raízes quartas de 4i:

1º) Como todas as raízes obtidas têm mesmo módulo, podemos concluir que suas imagens pertencem a uma circunferência de raio $\sqrt{2}$ e centro na origem do plano de Argand-Gauss.

2º) A sequência dos argumentos principais de $\sqrt[4]{4i}$, ou seja, $\left(\frac{\pi}{8}; \frac{5\pi}{8}; \frac{9\pi}{8}; \frac{13\pi}{8}\right)$, é uma progressão aritmética de razão $\frac{4\pi}{8} = \frac{2\pi}{4}$ e, consequentemente, as imagens das raízes dividem a circunferência à qual pertencem em quatro partes iguais (são vértices de um quadrado).

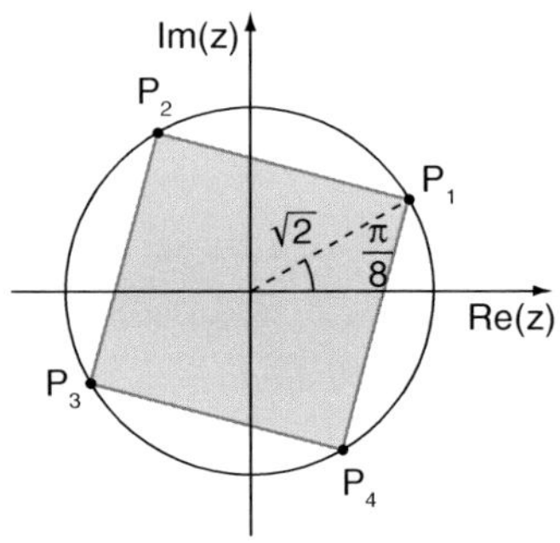

c) $\sqrt[5]{1 - i}$

Primeiramente devemos escrever $z_0 = 1 - i$ na forma polar:

$$\rho_0 = \sqrt{1^2 + (-1)^2} = \sqrt{2} \text{ e } \begin{cases} \cos\theta_0 = \frac{1}{\sqrt{2}} = \frac{\sqrt{2}}{2} \\ \operatorname{sen}\theta_0 = \frac{-1}{\sqrt{2}} = -\frac{\sqrt{2}}{2} \end{cases} \Rightarrow \theta_0 = 315°$$

Logo: $z_0 = \sqrt{2}(\cos 315° + i \operatorname{sen} 315°)$

Seja $z = \rho(\cos\theta + i \operatorname{sen}\theta)$ tal que $z^5 = z_0$, ou seja,

$$\rho^5(\cos 5\theta + i \operatorname{sen} 5\theta) = \sqrt{2}(\cos 315° + i \operatorname{sen} 315°)$$

Então, pela definição de igualdade de complexos na forma polar, temos:

$$\begin{cases} \rho^5 = \sqrt{2} \\ 5\theta = 315° + k \cdot 360°, \text{ com } k \in \mathbb{Z} \end{cases} \Rightarrow \begin{cases} \rho = \sqrt[5]{\sqrt{2}} = \sqrt[10]{2} \\ \theta = 63° + k \cdot 72°, \text{ com } k \in \mathbb{Z} \quad (*) \end{cases}$$

Em (*), fazendo k = 0, 1, 2, 3, 4, obtemos:

$$\theta_1 = 63°;\ \theta_2 = 135°;\ \theta_3 = 207°;\ \theta_4 = 279°;\ \theta_5 = 351°$$

Como as raízes quintas de 1 − i são dadas pela expressão $z_m = \rho(\cos\theta_m + i \operatorname{sen}\theta_m)$, em que m = 1, 2, 3, 4, 5, temos:

$$\sqrt[5]{1 - i} = \begin{cases} z_1 = \sqrt[10]{2}(\cos 63° + i \operatorname{sen} 63°) \\ z_2 = \sqrt[10]{2}(\cos 135° + i \operatorname{sen} 135°) \\ z_3 = \sqrt[10]{2}(\cos 207° + i \operatorname{sen} 207°) \\ z_4 = \sqrt[10]{2}(\cos 279° + i \operatorname{sen} 279°) \\ z_5 = \sqrt[10]{2}(\cos 351° + i \operatorname{sen} 351°) \end{cases}$$

Façamos a representação e a interpretação geométrica das raízes quintas de $1 - i$:

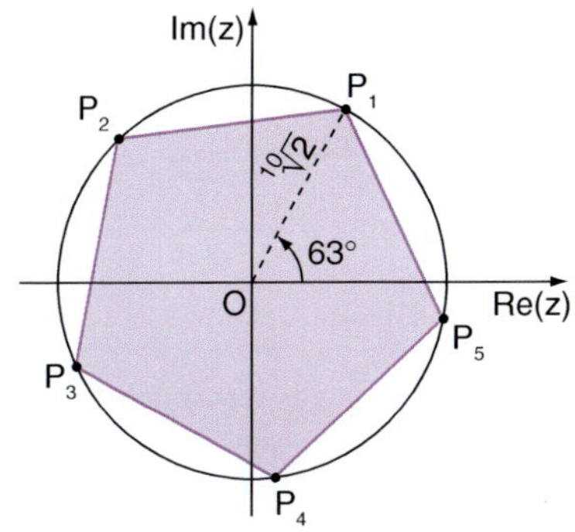

1º) Como todas as raízes obtidas têm mesmo módulo, podemos concluir que suas imagens pertencem a uma circunferência de raio $\sqrt[10]{2}$ e centro na origem do plano de Argand-Gauss.

2º) A sequência dos argumentos principais de $\sqrt[10]{1 - i}$, ou seja, (63°; 135°; 207°; 279°; 351°), é uma progressão aritmética de razão $\frac{360°}{5} = 72°$ e, consequentemente, as imagens das raízes dividem a circunferência à qual pertencem em cinco partes iguais (são vértices de um pentágono regular).

De modo geral, podemos concluir que:

> As imagens das raízes enésimas de $z = \rho(\cos\theta + i \operatorname{sen}\theta)$ pertencem a uma circunferência, de centro na origem do plano de Argand-Gauss e raio $\sqrt[n]{\rho}$, e dividem essa circunferência em *n* partes de medidas iguais, pois os argumentos principais das raízes constituem uma progressão aritmética de razão $\frac{2\pi}{n}$.

Observações

- Sabe-se que, em $\mathbb{R}$, $\sqrt{1} = 1$, pois, por definição: $\forall a \in \mathbb{R}$, $\sqrt{a^2} = |a|$.

Em $\mathbb{C}$, temos: $\sqrt{1} = 1$ ou $\sqrt{1} = -1$, pois, colocando $z_0 = 1$ na forma polar, temos:

$$z_0 = 1 \cdot (\cos 0 + i \operatorname{sen} 0) \Rightarrow \rho_0 = 1 \text{ e } \theta_0 = 0$$

Assim, se $z = \rho(\cos\theta + i \operatorname{sen}\theta)$ é tal que $z^2 = z_0$, ou seja:

$$\rho^2(\cos 2\theta + i \operatorname{sen} 2\theta) = 1(\cos 0 + i \operatorname{sen} 0)$$

então, pelo conceito de igualdade de complexos na forma polar, temos:

$$\begin{cases} \rho^2 = 1 \Rightarrow \rho = 1 \\ 2\theta = 0 + k \cdot 2\pi \Rightarrow \theta = k \cdot \pi,\ k \in \mathbb{Z}\ (*) \end{cases}$$

Em (*), fazendo k = 0, 1, obtemos: $\theta_1 = 0$ e $\theta_2 = \pi$.

Como as raízes quadradas de 1 são dadas pela expressão $z_m = \rho(\cos\theta_m + i \operatorname{sen}\theta_m)$, em que m = 1, 2, temos:

$$\sqrt{1} = \begin{cases} z_1 = 1 \cdot (\cos 0 + i \operatorname{sen} 0) = 1 \\ z_2 = 1 \cdot (\cos\pi + i \operatorname{sen}\pi) = -1 \end{cases}$$

Note na figura que P_1 e P_2, imagens das raízes quadradas de 1, são as extremidades de um diâmetro da circunferência de centro O (origem do plano complexo) e raio 1 (módulo de *z*).

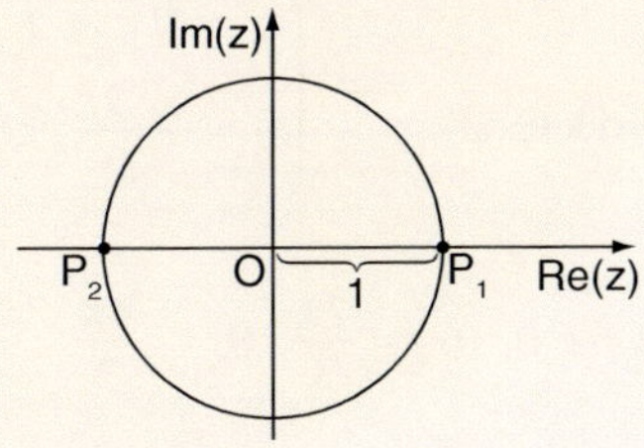

EXERCÍCIOS RESOLVIDOS

18. Sabendo que $-\frac{\sqrt{2}}{2} + \frac{\sqrt{2}}{2}i$ é uma das raízes quartas de -1, determinar as outras raízes.

Solução:

Sejam $z_1 = -\frac{\sqrt{2}}{2} + \frac{\sqrt{2}}{2}i$, z_2, z_3 e z_4 as raízes quartas de -1.

Sabe-se que:

- as raízes quartas de -1 têm mesmo módulo; e
- os argumentos principais de z_1, z_2, z_3 e z_4 constituem uma progressão aritmética de razão $\frac{2\pi}{4} = \frac{\pi}{2}$.

Assim, devemos determinar $\rho_1 = |z_1|$ e $\theta_1 = \arg z_1$:

$$\rho_1 = \sqrt{\left(-\frac{\sqrt{2}}{2}\right)^2 + \left(\frac{\sqrt{2}}{2}\right)^2} = 1 \Rightarrow \rho_2 = \rho_3 = \rho_4 = 1$$

$$\begin{cases} \cos\theta_1 = \dfrac{-\frac{\sqrt{2}}{2}}{1} = -\dfrac{\sqrt{2}}{2} \\ \operatorname{sen}\theta_1 = \dfrac{\frac{\sqrt{2}}{2}}{1} = \dfrac{\sqrt{2}}{2} \end{cases} \Rightarrow \theta_1 = \frac{3\pi}{4}$$

Então, $\theta_1 = \frac{3\pi}{4} \Rightarrow \theta_2 = \frac{3\pi}{4} + \frac{\pi}{2} = \frac{5\pi}{4}$; $\theta_3 = \frac{5\pi}{4} + \frac{\pi}{2} = \frac{7\pi}{4}$; $\theta_4 = \frac{7\pi}{4} + \frac{\pi}{2} = \frac{9\pi}{4} = \frac{\pi}{4} + 2\pi$

Logo, z_2, z_3 e z_4 podem ser obtidas da expressão $z_m = \rho_1(\cos\theta_m + i\operatorname{sen}\theta_m)$, fazendo $m = 2, 3$ e 4:

$$z_2 = 1 \cdot \left(\cos\frac{5\pi}{4} + i\operatorname{sen}\frac{5\pi}{4}\right) = -\frac{\sqrt{2}}{2} - \frac{\sqrt{2}}{2}i$$

$$z_3 = 1 \cdot \left(\cos\frac{7\pi}{4} + i\operatorname{sen}\frac{7\pi}{4}\right) = \frac{\sqrt{2}}{2} - \frac{\sqrt{2}}{2}i$$

$$z_4 = 1 \cdot \left(\cos\frac{9\pi}{4} + i\operatorname{sen}\frac{9\pi}{4}\right) = \cos\frac{\pi}{4} + i\operatorname{sen}\frac{\pi}{4} = \frac{\sqrt{2}}{2} + \frac{\sqrt{2}}{2}i$$

19. Sabe-se que o complexo $\cos 18° + i\operatorname{sen} 18°$ é raiz da equação $x^{20} = m$, na variável *x*. Determinar *m* e representar geometricamente suas raízes cúbicas.

Solução:

- Determinemos *m*:

  $\cos 18° + i\operatorname{sen} 18°$ é raiz da equação $x^{20} = m \Rightarrow (\cos 18° + i\operatorname{sen} 18°)^{20} = m \Rightarrow$

  $\Rightarrow \cos 20 \cdot 18° + i\operatorname{sen} 20 \cdot 18° = m \Rightarrow \cos 360° + i\operatorname{sen} 360° = m \Rightarrow m = 1$

- Determinemos $\sqrt[3]{1}$:

  Como $z_0 = 1 = 1 \cdot (\cos 0 + i\operatorname{sen} 0)$, temos: $\rho_0 = 1$ e $\theta_0 = 0$.

  Seja $z = \rho(\cos\theta + i\operatorname{sen}\theta)$ tal que $z^3 = z_0$, ou seja:

$$\rho^3(\cos 3\theta + i\operatorname{sen} 3\theta) = 1(\cos 0 + i\operatorname{sen} 0)$$

  Então, pela definição de igualdade de complexos na forma polar, temos:

$$\begin{cases} \rho^3 = 1 \\ 3\theta = 0 + k \cdot 2\pi, \text{com } k \in \mathbb{Z} \end{cases} \Rightarrow \begin{cases} \rho = \sqrt[3]{1} = 1 \\ \theta = \dfrac{k \cdot 2\pi}{3}, \text{com } k \in \mathbb{Z} \end{cases} \quad (*)$$

  Em (*), fazendo $k = 0, 1$ e 2, obtemos:

$$\theta_1 = 0;\ \theta_2 = \frac{2\pi}{3};\ \theta_3 = \frac{4\pi}{3}$$

Como as raízes cúbicas de 1 são dadas pela expressão $z_m = \rho(\cos\theta_m + i \operatorname{sen}\theta_m)$, em que $m = 1, 2$ e 3, temos:

$$\sqrt[3]{1} = \begin{cases} z_1 = \cos 0 + i \operatorname{sen} 0 = 1 \\ z_2 = \cos \dfrac{2\pi}{3} + i \operatorname{sen} \dfrac{2\pi}{3} = -\dfrac{1}{2} + \dfrac{\sqrt{3}}{2}i \\ z_3 = \cos \dfrac{4\pi}{3} + i \operatorname{sen} \dfrac{4\pi}{3} = -\dfrac{1}{2} - \dfrac{\sqrt{3}}{2}i \end{cases}$$

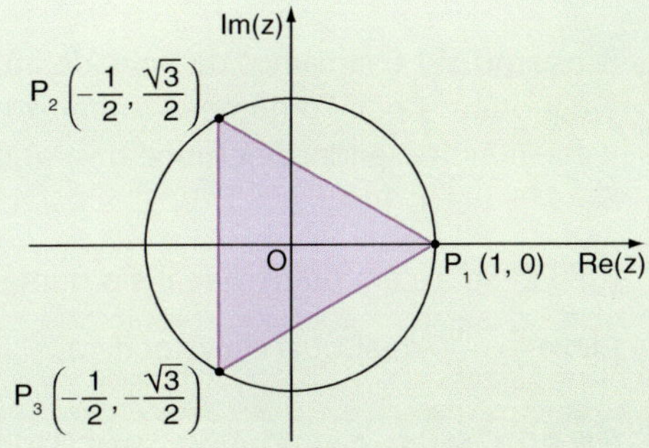

EXERCÍCIOS

77. Determine as raízes quadradas dos números complexos seguintes:

a) i b) -3 c) $-\frac{1}{4}i$

78. Calcular:

a) $\sqrt[3]{-2 + 2i\sqrt{3}}$

b) $\sqrt[4]{-5 - 5i}$

c) $\sqrt[5]{4\sqrt{3} - 4i}$

79. Resolva as equações seguintes em $\mathbb{C}$:

a) $x^4 + 16 = 0$

b) $x^4 - 2i = 0$

c) $x^3 - 8\sqrt{3} - 8i = 0$

d) $x^3 = \left(-1, \sqrt{3}\right)$

e) $x^2 = \left(\frac{1}{2}, -\frac{1}{2}\right)$

80. Dado o complexo $z = 4i$, determine:

a) as raízes quadradas de z e represente-as no plano complexo;

b) a medida do diâmetro do círculo que contém os afixos das raízes obtidas no item anterior.

81. Se, na figura ao lado, os pontos A, B e C são os afixos das raízes cúbicas de -8, obtenha a forma algébrica dessas raízes.

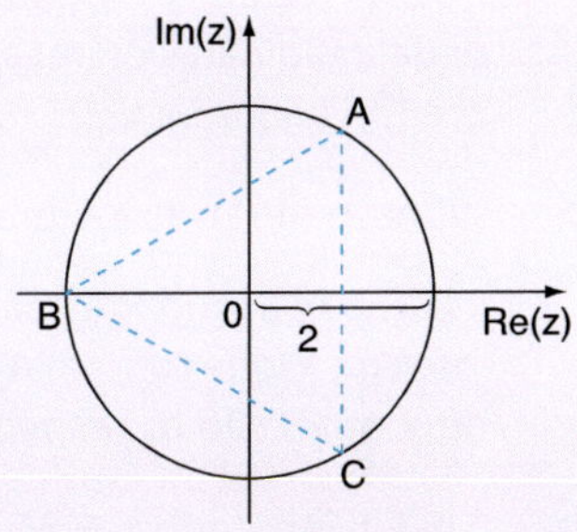

82. Sabe-se que uma das raízes quartas de $-8 + 8i\sqrt{3}$ é $z_1 = 2(\cos 30° + i \operatorname{sen} 30°)$. Escreva todas as raízes quartas de $-8 + 8i\sqrt{3}$ na forma algébrica.

83. Sabendo que $\cos 72° + i \operatorname{sen} 72°$ é raiz da equação $x^5 + k = 0$, em que x é a variável complexa, determine e represente geometricamente as raízes cúbicas de k.

84. Sabendo que o ponto $A(-1, 0)$ é a imagem de uma das raízes sextas de um número complexo z, determine:

a) z;

b) a forma algébrica das raízes sextas de z.

85. Determine as raízes cúbicas de 1 e represente-as no plano complexo. Qual é a área do polígono cujos vértices são os afixos das raízes?

DESAFIO

Considere que as pedras de dominó abaixo representadas foram sucessivamente colocadas da esquerda para a direita e de modo que as quantidades de pontos marcados nas partes superior e inferior de cada pedra obedeçam a padrões distintos entre si.

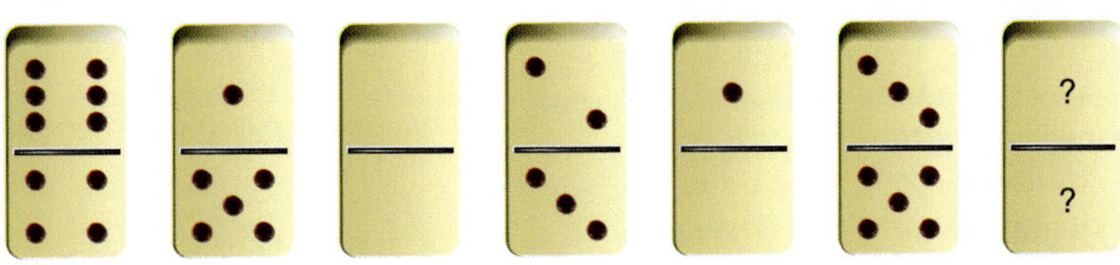

Zapt

De acordo com os padrões estabelecidos, qual pedra deveria estar no lugar daquela com os pontos de interrogação?

EXERCÍCIOS COMPLEMENTARES

1. (Unicamp-SP) Chamamos de unidade imaginária e denotamos por *i* o número complexo tal que $i^2 = -1$. Assim sendo, determine o valor da soma $S = i^0 + i^1 + i^2 + i^3 + ... + i^{2013}$.

2. (UF-PE) Se *a* é um número real e o número complexo $\frac{a-5i}{5-i}$ é real, qual é o valor de *a*?

3. (UF-AC) Considere *x* um número real. Dados os números complexos $w_1 = (x-7) \cdot i$ e $w_2 = -2 + (x+7) \cdot i$, determine *x* para que a igualdade $|w_1| = |w_2|$ seja verdadeira.

4. (UF-PR) Considerando os números complexos $z = 1 + i$ e $\bar{z} = 1 - i$, então, sendo $i = \sqrt{-1}$ a unidade imaginária, escreva os números complexos z^3 e $(\bar{z})^4$ na forma $x + i \cdot y$.

5. (Vunesp-SP) Dada a expressão $A = \frac{5-ix}{5x-i^9}$, em que $x \in \mathbb{R}$ e *i* é a unidade imaginária, quais são os valores de *x* que tornam A real? Para esses valores de *x*, quais são os respectivos resultados de A?

6. (UF-PI) Para todo $x \in \mathbb{R}$, a fórmula de Euler para exponencial de números complexos é dada por $e^{ix} = \cos x + i \cdot \operatorname{sen} x$. Classifique cada uma das afirmativas abaixo em verdadeira (V) ou falsa (F):

I. O módulo do número complexo e^{ix} é igual a 1.

II. Existe $x \in \mathbb{R}$ tal que $e^{ix} = 0$.

III. $e^{ik\pi} = 1$, para todo número inteiro *k*.

IV. $i = e^{i \cdot \frac{\pi}{2}}$

7. (Vunesp-SP) As raízes de $x^4 - a = 0$ são os vértices de um quadrado no plano complexo. Se uma raiz é $1 + i$ e o centro do quadrado é $0 + 0 \cdot i$, determine o valor de *a*.

8. (UF-PE) A representação geométrica dos números complexos *z* que satisfazem a igualdade $2 \cdot |z - i| = |z - 2|$ forma uma circunferência com raio *r* e centro no ponto de coordenadas (a, b). Calcule *r*, *a* e *b*.

9. (FGV-RJ)

a) Considere os números complexos $z_1 = 1 + i$, $z_2 = 2 \cdot (1 + i)$, em que *i* é o número complexo tal que $i^2 = -1$. Represente, no plano cartesiano, o triângulo cujos vértices são os afixos dos números complexos $z_1 + z_2$, $z_2 - z_1$ e $z_1 \cdot z_2$ e determine a área desse triângulo.

b) A razão de semelhança entre um novo triângulo, semelhante ao triângulo original, e o triângulo original é igual a 3. Qual é a área desse novo triângulo?

10. (FGV-SP)

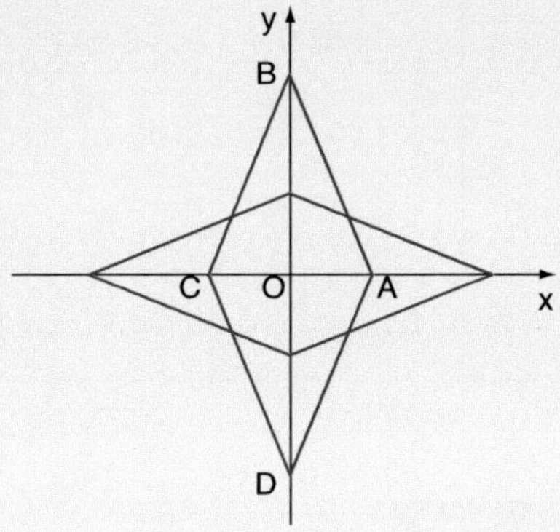

a) Calcule a área do losango ABCD cujos vértices são os afixos dos números complexos: 3, 6i, −3 e −6i, respectivamente.

b) Quais são as coordenadas dos vértices do losango A'B'C'D' que se obtém girando 90° o losango ABCD, em torno da origem do plano cartesiano, no sentido anti-horário?

c) Por qual número devemos multiplicar o número complexo cujo afixo é o ponto B para obter o número complexo cujo afixo é o ponto B'?

11. (Vunesp-SP) Considere os números complexos $w = 4 + 2i$ e $z = 3a + 4ai$, em que *a* é um número real positivo e *i* indica a unidade imaginária. Se, em centímetros, a medida da altura de um triângulo é igual a $|z|$ e a medida da base é a parte real de $z \cdot w$, determine *a* de modo que a área do triângulo seja igual a 90 cm².

12. (Cefet-MG) No plano de Argand-Gauss, os pontos A, B e C são os afixos dos números complexos $z_1 = 2 + i$, $z_2 = -4 + i$ e $z_3 = bi$, com $b < 0$, respectivamente. Determine *b*, sabendo que a área do triângulo ABC é igual a 12 u.a.

13. (UF-SE) Considerando que *a* e *b* são números reais, use os números complexos $u = \frac{4 - a \cdot i}{1 - i}$, $v = 3 - (b + 1) \cdot i$ e $w = \cos 18° + i \cdot \operatorname{sen} 18°$ para classificar cada uma das afirmações seguintes em verdadeira (V) ou falsa (F).

I. Se *u* é um imaginário puro, então $u^5 = 1\,024i$.

II. Considerando que, no plano de Argand-Gauss, o afixo de *v* pertence ao quarto quadrante, então, se $|v| = 5$, o argumento principal de *v* é $\frac{11\pi}{6}$ rad.

III. Se $a = -2$ e $b = 3$, então $3 < \left|\frac{v}{u}\right| < 5$.

IV. Se $a = b = 0$, o conjugado de $(u - v)^2$ é igual a $-1 + i$.

V. Uma das raízes sextas de w^{10} é igual a $-\frac{\sqrt{3}}{2} + \frac{i}{2}$.

14. (Mackenzie-SP) Representam-se no plano complexo os vértices A, B e C, de um triângulo T, correspondentes aos números complexos z_1, z_2 e z_3, que são as raízes cúbicas de 8. Com base no texto e sabendo que $z_1 = 2$, determine $z_2 + z_3$ e a área do triângulo ABC, em unidades de superfície.

15. (UF-PR) Considere, no plano complexo, os pontos $(1, 0)$, $\left(-\frac{1}{2}, \frac{\sqrt{3}}{2}\right)$ e $\left(-\frac{1}{2}, -\frac{\sqrt{3}}{2}\right)$, respectivas imagens dos números complexos z_1, z_2 e z_3, que correspondem às raízes cúbicas de 1.

a) Qual é o menor inteiro $n > 1$, de modo que $(z_2)^n = 1$?

b) Calcule $(z_3)^{100}$.

16. (UE-RJ) João desenhou um mapa do quintal de sua casa, onde enterrou um cofre. Para isso, usou um sistema de coordenadas retangulares, colocando a origem O na base de uma mangueira e os eixos Ox e Oy com sentidos oeste-leste e sul-norte, respectivamente. Nesse sistema, cada ponto é a representação de um número complexo $z = x + yi$, em que $x \in \mathbb{R}$, $y \in \mathbb{R}$ e $i^2 = -1$. Para indicar a posição (x_1, y_1) e a distância *d*, do cofre à origem, João escreveu a seguinte observação no canto do mapa: $x_1 + i \cdot y_1 = (1 + i)^9$.

Calcule:

a) as coordenadas de (x_1, y_1);

b) o valor de *d*.

17. (UF-SE) Considerando que *i* é a unidade imaginária e $\bar{z}$ o conjugado de um número complexo *z*, classifique cada uma das afirmações seguintes em verdadeira (V) ou falsa (F).

I. Os números complexos *z*, que satisfazem a sentença $z = \bar{z}$, são imaginários puros.

II. Se *n* é um número natural, a expressão $\left(\frac{1 + i}{1 - i}\right)^n$ assume exatamente quatro valores, dois a dois distintos entre si.

III. O valor da expressão $z^3 - 2z^2$, para $z = 1 - i$, é igual a $-2 + 2i$.

IV. O argumento principal do número complexo $z = \frac{2 + 2i}{i}$ é 225°.

V. $\left(-1 + i\sqrt{3}\right)^4 = 4 \cdot (\cos 120° + i \cdot \text{sen } 120°)$

18. (UF-CE)

a) Seja *i* a unidade imaginária dos números complexos. Sabe-se que $i^2 = -1$. Se o número inteiro positivo N é tal que $i^N = -1$, determine o resto da divisão de N por 4.

b) Se os números complexos $z = 1 + i\sqrt{3}$ e $w = r \cdot e^{i\theta} = r \cdot (\cos \theta + i \cdot \text{sen } \theta)$, com $r = |w|$ e $0 \leq \theta < 2\pi$, satisfazem a condição $z \cdot \overline{w} = 1$, determine *r* e θ.

19. (ITA-SP) Determine o conjunto A formado por todos os números complexos *z*, tais que: $\frac{\bar{z}}{z - 2i} + \frac{2z}{\bar{z} + 2i} = 3$ e $0 < |z - 2i| \leq 1$.

20. (UF-CE) Os números complexos *z* e *w*, distintos entre si, são tais que $z + w = 1$ e $z \cdot w = 1$.

a) Calcule $|z|$.

b) Calcule o valor de $z^4 + w^4$ sabendo que o ponto imagem de *z* está no primeiro quadrante do plano complexo.

21. (Unifesp-SP) No plano de Argand-Gauss (figura) o ponto A é chamado afixo do número complexo $z = x + yi$, cujo módulo (indicado por $|z|$) é a medida do segmento $\overline{OA}$ e cujo argumento principal (indicado por θ) é o menor ângulo formado com $\overline{OA}$ no sentido anti-horário, a partir do eixo Re(z). O número complexo $z = i$ é chamado "unidade imaginária".

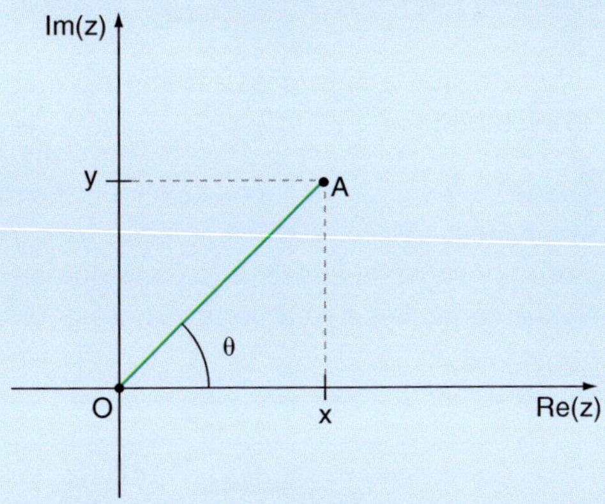

a) Determinar os números reais *x* tais que $z = (x + 2i)^4$ é um número real.

b) Se uma das raízes quartas de um número complexo *z* é o complexo z_0, cujo afixo é o ponto $(0, a)$, $a > 0$, determine $|z|$.

22. (UF-BA) Sabe-se que z_1 e z_2 são números complexos tais que:

- z_1 é raiz cúbica de 8i que tem afixo no segundo quadrante;
- z_2 satisfaz a equação $x^4 + x^2 - 12 = 0$ e $\text{Im}(z_2) > 0$.

Calcule: $\left|\sqrt{3} \cdot \frac{z_1}{z_2} + \bar{z}_2\right|$.

23. (U. E. Ponta Grossa-PR) As representações gráficas dos complexos *z* tais que $z^3 = 1$ são vértices de um triângulo. Com relação a esse triângulo, quais das afirmações seguintes estão corretas?

I. É um triângulo equilátero cujo lado mede $\sqrt{3}$ u.c.

II. É um triângulo isósceles cuja altura mede $\frac{3}{4}$ u.c.

III. Um de seus vértices pertence ao segundo quadrante.

IV. Seu perímetro é $3\sqrt{3}$ u.c.

V. Sua área é igual a $\frac{3\sqrt{3}}{4}$ u.a.

24. (ITA-SP) Determine o número complexo *z*, sabendo que $\begin{cases} \arg(z-1) = \dfrac{2\pi}{3} \\ \arg(z+1) = \dfrac{\pi}{6} \end{cases}$.

Obs.: arg (w) é o argumento do número complexo *w*.

25. (Vunesp-SP) O ponto P, imagem do número complexo $z = a + bi$, é vértice de um triângulo equilátero, como mostra a figura.

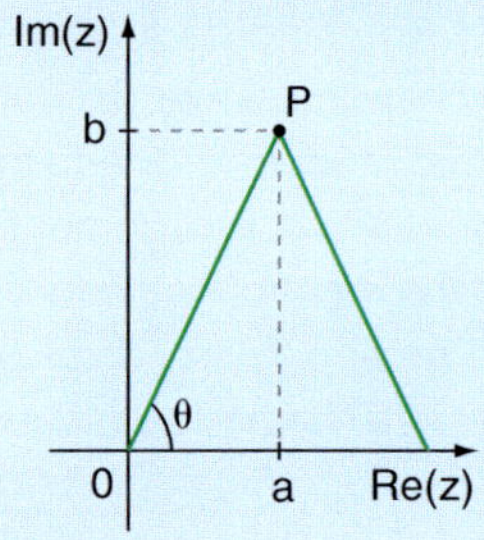

Sabendo que a área desse triângulo é igual a $36\sqrt{3}$, determine z^2.

26. (ITA-SP) Sejam $z = n^2 \cdot (\cos 45° + i \cdot \text{sen } 45°)$ e $w = n \cdot (\cos 15° + i \cdot \text{sen } 15°)$, em que *n* é o menor inteiro positivo tal que $(1 + i)^n$ é um número real. Nessas condições, determine a forma algébrica do quociente $\dfrac{z}{w}$.

27. (UF-BA) Na figura, tem-se uma circunferência de centro na origem dos eixos coordenados e cujo raio mede 2 u.c. O comprimento do menor arco de origem em A e extremidade em P_1 é igual a $\dfrac{\pi}{3}$ u.c. Considere os pontos P_1, P_2 e P_3 vértices de um triângulo equilátero inscrito na circunferência e representados, nessa ordem, no sentido anti-horário.

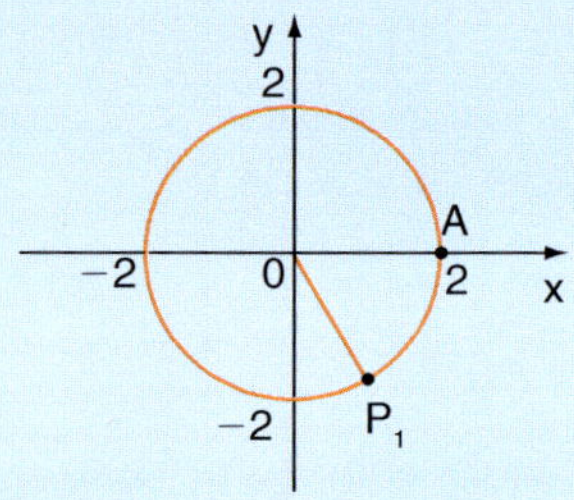

Se P_1, P_2 e P_3 são os respectivos afixos dos números complexos z_1, z_2 e z_3, calcule $|\bar{z}_1 + z_2^5 + z_3|$.

28. (PUC-SP) Dado o número complexo $z = \cos \dfrac{\pi}{6} + i \cdot \text{sen } \dfrac{\pi}{6}$, então, se P_1, P_2 e P_3 são as respectivas imagens de $z \cdot z^2$ e z^3 no plano complexo, determine a medida do maior ângulo do triângulo $P_1P_2P_3$.

29. (ITA-SP) Determine, no conjunto dos números complexos, as raízes de $4z^6 + 256 = 0$ na forma $a + bi$, sendo *a* e *b* números reais, que pertençam a $S = \{z \in \mathbb{C}; 1 < |z + 2| < 3\}$.

TESTES

1. (FEI-SP) Escrevendo o número complexo $z = \dfrac{3 \cdot i^{48} + 10 \cdot i^{73}}{3 + i}$, em que $i^2 = -1$, na forma $z = a + bi$, é correto afirmar que:

a) $a = \dfrac{19}{8}$
b) $a = \dfrac{19}{10}$
c) $b = -\dfrac{27}{10}$
d) $b = \dfrac{27}{8}$
e) $a + b = \dfrac{46}{8}$

2. (UF-RR) Se *i* é a unidade imaginária, então $\dfrac{i^{13} + i^{14}}{i^{15} - i^{16}}$ é igual a:

a) i
b) −i
c) 0
d) 1
e) −1

3. (FGV-SP) Sendo *i* a unidade imaginária, então $(1 + i)^{20} - (1 - i)^{20}$ é igual a:

a) −1 024
b) −1 024i
c) 0
d) 1 024
e) 1 024i

4. (UF-PB) O fator de potência de uma unidade consumidora de energia elétrica é definido pelo número cos ϕ, em que ϕ é o argumento de um número complexo $S = P + Qi$, denominado potência aparente. O fator de potência é uma medida importante, pois indica se uma unidade consumidora está utilizando a energia elétrica de forma eficiente e econômica. Se uma unidade consumidora tem potência aparente $S = 40 + 30i$, o seu fator de potência é:

a) 0,75
b) 0,80
c) 0,85
d) 0,90
e) 0,95

5. (UF-RR) A soma das raízes não reais da equação $x^4 + 4x^2 = 0$ é:

a) −4
b) −1
c) 0
d) 1
e) 4

6. (Unifor-CE) Seja o número complexo $z = x + 3i$, em que x é um número real negativo. Se $|z| = 6$, então a forma trigonométrica de z é:

a) $6 \cdot \left(\cos \frac{2\pi}{3} + i \cdot \text{sen} \frac{2\pi}{3}\right)$

b) $6 \cdot \left(\cos \frac{5\pi}{6} + i \cdot \text{sen} \frac{5\pi}{6}\right)$

c) $6 \cdot \left(\cos \frac{4\pi}{3} + i \cdot \text{sen} \frac{4\pi}{3}\right)$

d) $6 \cdot \left(\cos \frac{5\pi}{3} + i \cdot \text{sen} \frac{5\pi}{3}\right)$

e) $6 \cdot \left(\cos \frac{11\pi}{6} + i \cdot \text{sen} \frac{11\pi}{6}\right)$

7. (Unir-RO) O plano cartesiano pode ser identificado com o conjunto dos números complexos mediante a correspondência de cada ponto (a, b) do plano com o número complexo a + bi, em que *i* é a unidade imaginária. Geometricamente, então, a multiplicação de um número complexo a + bi, não nulo, por *i*, significa uma

a) rotação de 90º do ponto (a, b) no sentido anti-horário, em torno da origem.
b) rotação de 180º do ponto (a, b) no sentido anti-horário, em torno da origem.
c) rotação de 90º do ponto (a, b) no sentido horário, em torno da origem.
d) translação horizontal do ponto (a, b) de uma unidade para a direita.
e) translação vertical do ponto (a, b) de uma unidade para cima.

8. (PUC-RS) A superfície e os parafusos de um tímpano da Orquestra da PUC-RS estão representados no plano complexo de Argand-Gauss por um disco de raio 1, centrado na origem, e por oito pontos uniformemente distribuídos, respectivamente, como mostra a figura abaixo.

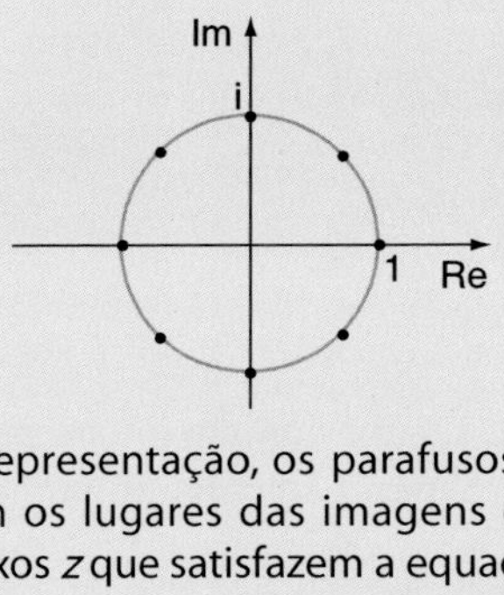

Nessa representação, os parafusos de afinação ocupam os lugares das imagens dos números complexos z que satisfazem a equação:

a) $z^8 = i$
b) $z^8 = -i$
c) $z^8 = 1$
d) $z^8 = -1$
e) $z^8 = 1 + i$

9. (UF-PI) Se $\bar{z} = x - yi$ é o conjugado do número complexo $z = x + yi$, em que x e y são números reais, então, no plano complexo, a equação $z \cdot \bar{z} + z + \bar{z} = 0$ é representada

a) por uma reta paralela ao eixo imaginário.
b) por uma circunferência com centro na origem.
c) pela semirreta bissetriz do primeiro quadrante.
d) por um segmento de reta de comprimento quatro.
e) por uma circunferência com centro no ponto (–1, 0).

10. (Vunesp-SP) Sendo *i* a unidade imaginária, e dados os complexos $z_1 = i + i^2 + i^3 + ... + i^{22}$ e $z_2 = i + i^2 + i^3 + ... + i^{78}$, o produto $(z_1 \cdot z_2)$ resulta em

a) 1 + i
b) 1 – i
c) 2i
d) –2i
e) 2

11. (Mackenzie-SP) Sendo $i^2 = -1$, o número complexo $\frac{-1 + i \cdot \text{tg}\, x}{2}$, em que $x \neq 0$ e $-\frac{\pi}{2} < x < \frac{\pi}{2}$, tem módulo igual a:

a) $\frac{1}{2} \text{cotg}\, x$
b) $\frac{1}{\sqrt{2}} \sec x$
c) $\frac{1}{2} |\text{cotg}\, x|$
d) $\frac{1}{2} |\sec x|$
e) $\frac{1}{\sqrt{2}} |\sec x|$

12. (UE-CE) Se *i* é a unidade imaginária ($i^2 = -1$), a forma trigonométrica do número complexo $z = \frac{3}{1 - i} - \frac{i}{1 + i}$, considerando o argumento principal, é:

a) $\sqrt{2}\left(\cos \frac{\pi}{4} + i \cdot \text{sen} \frac{\pi}{4}\right)$

b) $\sqrt{2}\left(\cos \frac{3\pi}{4} + i \cdot \text{sen} \frac{3\pi}{4}\right)$

c) $\sqrt{3}\left(\cos \frac{\pi}{4} + i \cdot \text{sen} \frac{\pi}{4}\right)$

d) $\sqrt{3}\left(\cos \frac{3\pi}{4} + i \cdot \text{sen} \frac{3\pi}{4}\right)$

13. (UF-AM) Simplificando o número complexo $\left(\frac{\sqrt{2}}{2} - \frac{\sqrt{2}}{2}i\right)^{2010}$ obtemos:

a) 2i
b) i
c) –i
d) 1
e) –1

14. (FGV-SP) O número complexo $z = a + bi$, com a e b reais, satisfaz $z + |z| = 2 + 8i$, em que $|a + bi| = \sqrt{a^2 + b^2}$. Nessas condições, $|z|^2$ é igual a:

a) 68
b) 100
c) 169
d) 208
e) 289

15. (ITA-SP) Assinale a opção que indica o módulo do número complexo $\dfrac{1}{1 + i \cdot \text{cotg}\, x}$, $x \neq k\pi, k \in \mathbb{Z}$.

a) $|\cos x|$
b) $\dfrac{1 + \text{sen}\, x}{2}$
c) $\cos^2 x$
d) $|\text{cossec}\, x|$
e) $|\text{sen}\, x|$

16. (UF-AM) Dados os números complexos $z = \dfrac{5 - 12i}{5 + 12i}$ e $w = 1 - i$, o valor da expressão $|z| + w^8$ é:

a) 13
b) 15
c) 17
d) 19
e) 21

17. (Fatec-SP) A solução da equação $|z| + z = 2 + i$ é um número complexo cujo módulo é:

a) $\dfrac{5}{4}$
b) $\sqrt{5}$
c) 1
d) $\dfrac{\sqrt{5}}{5}$
e) $\dfrac{5}{2}$

18. (FGV-SP) Se *n* é um inteiro positivo tal que $i^{(1+2+3+4+...+n)} = 1$ e *i* é a unidade imaginária, então é correto afirmar que o produto $n(n + 1)$ é, necessariamente, um número

a) múltiplo positivo de 12.
b) múltiplo positivo de 8.
c) divisor de 2^n.
d) divisor de $2^{2n} + 1$.
e) quadrado perfeito.

19. (IME-RJ) As raízes cúbicas da unidade, no conjunto dos números complexos, são representadas por 1, *w* e w^2, em que *w* é um número não real. O intervalo que contém o valor de $(1 - w)^6$ é:

a) $]-\infty, -30]$
b) $]-30, -10]$
c) $]-10, 10]$
d) $]10, 30]$
e) $]30, +\infty[$

20. (UF-RS) Considere o número complexo $z = -\dfrac{\sqrt{2}}{2} \cdot (1 + i)$ e a sequência $z, z^2, z^3, z^4, ...$. O número de termos distintos dessa sequência é:

a) 4
b) 5
c) 6
d) 7
e) 8

21. (UE-CE) Os números complexos z_1, z_2, z_3 e z_4 são representados, no plano complexo, por quatro pontos que são vértices de um quadrado com lados paralelos aos eixos e estão inscritos em uma circunferência de centro na origem e raio *r*. O produto $z_1 \cdot z_2 \cdot z_3 \cdot z_4$ é um número

a) real positivo.
b) real negativo.
c) complexo cujo módulo é igual a $\dfrac{r}{2}$.
d) complexo, não real.

22. (ITA-SP) Se $\arg z = \dfrac{\pi}{2}$, então um valor para $\arg(-2iz)$ é:

a) $-\dfrac{\pi}{2}$
b) $\dfrac{\pi}{4}$
c) $\dfrac{\pi}{2}$
d) $\dfrac{3\pi}{4}$
e) $\dfrac{7\pi}{4}$

23. (FGV-SP) A figura indica a representação dos números z_1 e z_2 no plano complexo.

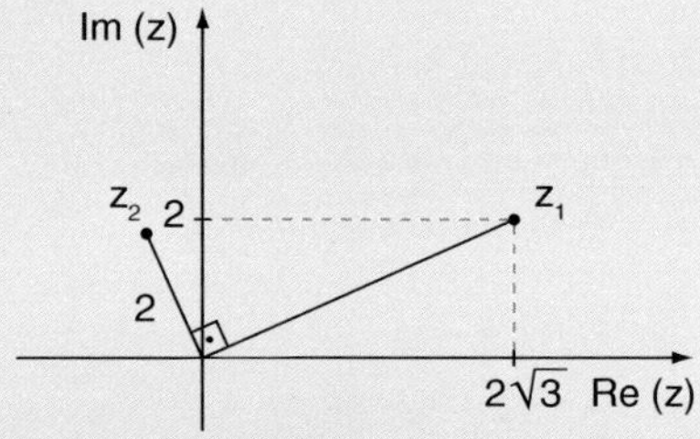

Se $z_1 \cdot z_2 = a + bi$, então $a + b$ é igual a:

a) $4(1 - \sqrt{3})$
b) $2(\sqrt{3} - 1)$
c) $2(1 + \sqrt{3})$
d) $8(\sqrt{3} - 1)$
e) $4(1 + \sqrt{3})$

24. (Fatec-SP) Seja o número complexo $z = \cos\alpha + i \cdot \text{sen}\,\alpha$, em que *i* é a unidade imaginária. Se $\dfrac{z^4}{i}$ é um número real e $\alpha \in \left]\dfrac{\pi}{4}; \dfrac{\pi}{2}\right[$, então α é igual a:

a) $\dfrac{4\pi}{15}$
b) $\dfrac{\pi}{3}$
c) $\dfrac{3\pi}{8}$
d) $\dfrac{2\pi}{5}$
e) $\dfrac{5\pi}{12}$

25. (ITA-SP) No conjunto dos números complexos, considere a equação $(z - 5 + 3i)^4 = 1$. Se z_0 é a solução que apresenta o menor argumento principal dentre as quatro soluções, então o valor de $|z_0|$ é:

a) $\sqrt{29}$
b) $\sqrt{41}$
c) $3\sqrt{5}$
d) $4\sqrt{3}$
e) $3\sqrt{6}$

26. (UF-RS) O menor número inteiro positivo *n*, para o qual a parte imaginária do número complexo $\left(\cos\dfrac{\pi}{8} + i \cdot \text{sen}\dfrac{\pi}{8}\right)^n$ é negativa, é:

a) 3
b) 4
c) 6
d) 8
e) 9

27. (UF-MT) São dados os números complexos não nulos $z = a + bi$, em que *a* e *b* são números reais, e $w = i \cdot z$. Se α e β, com $0 \leq \alpha < 2\pi$ e $0 \leq \beta < 2\pi$, são os respectivos argumentos de *z* e *w*, é correto afirmar que $\beta - \alpha$ é igual a:

a) $\frac{\pi}{4}$
b) π
c) $\frac{\pi}{2}$
d) $\frac{3\pi}{2}$
e) $\frac{3\pi}{4}$

28. (UF-PB) No plano complexo de Argand-Gauss, a desigualdade que representa a região sombreada na figura, inclusive o bordo dessa região, é dada por:

a) $|z - 1| \geq 1$
b) $|z - 1| \leq 1$
c) $|z - i| \geq 1$
d) $|z - i| \leq 1$
e) $|z - 1|^2 > 1$

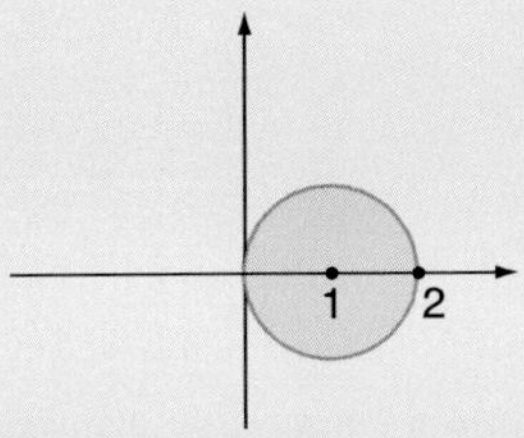

29. (Unifesp-SP) Quatro números complexos representam, no plano complexo, vértices de um paralelogramo. Três dos números são $z_1 = -3 - 3i$, $z_2 = 1$ e $z_3 = -1 + \left(\frac{5}{2}\right) \cdot i$. Se o quarto número tem as partes real e imaginária positivas, então ele é igual a:

a) $2 + 3i$
b) $3 + \left(\frac{11}{2}\right) \cdot i$
c) $3 + 5i$
d) $2 + \left(\frac{11}{2}\right) \cdot i$
e) $4 + 5i$

30. (PUC-SP) No plano complexo, seja o triângulo cujos vértices U, V e W são as respectivas imagens dos números complexos $u = 4 \cdot (\cos 60° + i \cdot \text{sen } 60°)^2$, $v = u \cdot i$ e $w = 4 \cdot i^{147}$. A área do triângulo UVW, em unidades de superfície, é:

a) $4 \cdot (\sqrt{3} - 1)$
b) $4 \cdot (\sqrt{3} + 1)$
c) $2 \cdot (2 - \sqrt{3})$
d) $2 \cdot (2 + \sqrt{3})$
e) $\frac{1}{2} \cdot (2\sqrt{3} - 1)$

31. (ITA-SP) Dado $z = \frac{1}{2}(-1 + i\sqrt{3})$, então $\sum_{n=1}^{89} z^n$ é igual a:

a) $-\frac{89}{2} \cdot i\sqrt{3}$
b) -1
c) 0
d) 1
e) $\frac{89}{6} \cdot i\sqrt{3}$

32. (U.F. Viçosa-MG) A área do polígono cujos vértices são as raízes complexas da equação $(z - 2)^4 = -4$ é igual a:

a) 9
b) 8
c) 2
d) 6
e) 4

33. (UF-PB) No plano de Argand-Gauss, considere um relógio cujo centro coincide com a origem do plano e que, em determinado instante, a extremidade do ponteiro dos minutos está sobre o ponto do plano correspondente ao número complexo $-\sqrt{3} + i$. Nesse contexto, exatamente cinco minutos após esse instante, a extremidade desse ponteiro estará sobre o ponto do plano correspondente ao número complexo:

a) $\sqrt{3} + i$
b) $-\sqrt{3} - i$
c) $-1 + i\sqrt{3}$
d) $-1 - i\sqrt{3}$
e) $1 + i\sqrt{3}$

34. (PUC-SP) Seja $S_n = \frac{n(n-1)}{2} + \frac{n \cdot (3 - n) \cdot i}{2}$, em que $n \in \mathbb{N}^*$ e *i* é a unidade imaginária, a expressão da soma dos *n* primeiros termos de uma progressão aritmética. Se a_n é o enésimo termo dessa progressão, então a forma trigonométrica da diferença $a_{15} - a_{16}$ é:

a) $2\sqrt{2} \cdot \left(\cos \frac{3\pi}{4} + i \cdot \text{sen } \frac{3\pi}{4}\right)$
b) $2\sqrt{2} \cdot \left(\cos \frac{5\pi}{4} + i \cdot \text{sen } \frac{5\pi}{4}\right)$
c) $2\sqrt{2} \cdot \left(\cos \frac{7\pi}{4} + i \cdot \text{sen } \frac{7\pi}{4}\right)$
d) $\sqrt{2} \cdot \left(\cos \frac{5\pi}{4} + i \cdot \text{sen } \frac{5\pi}{4}\right)$
e) $\sqrt{2} \cdot \left(\cos \frac{3\pi}{4} + i \cdot \text{sen } \frac{3\pi}{4}\right)$

35. (ITA-SP) Sejam $z = n^2 \cdot (\cos 45° + i \cdot \text{sen } 45°)$ e $w = n \cdot (\cos 15° + i \cdot \text{sen } 15°)$, em que *n* é o menor inteiro positivo tal que $(1 + i)^n$ é real. Então, $\frac{z}{w}$ é igual a:

a) $\sqrt{3} + i$
b) $2 \cdot (\sqrt{3} + i)$
c) $2 \cdot (\sqrt{2} + i)$
d) $2 \cdot (\sqrt{2} - i)$
e) $2 \cdot (\sqrt{3} - i)$

7 POLINÔMIOS

INTRODUÇÃO

Considere as seguintes situações:

- Uma vendedora de uma loja de roupas recebe salário fixo de R$ 600,00 e comissão de 1% sobre o total de vendas no mês. Representando por *x* o total de vendas em um mês, seu salário pode ser indicado pela expressão:

$$600 + 0{,}01 \cdot x$$

- Em um retângulo, uma dimensão excede a outra em 5 cm. Representando a medida do menor lado por *x*, a medida do outro lado é x + 5, e a área desse retângulo, em cm^2, é expressa por:

$$x \cdot (x + 5) = x^2 + 5x$$

- A medida da aresta de um cubo é *x*, e seu volume é representado pela expressão

$$x^3$$

Aumentando em uma unidade a medida de sua aresta, o volume do novo cubo obtido é dado por:

$$(x + 1)^3 = x^3 + 3x^2 + 3x + 1$$

O salário da vendedora pode ser expresso por um polinômio.

- Em um restaurante por quilo, cada quilograma de comida custa R$ 21,00. Se representarmos por *x* a quantidade (em quilogramas) de comida de que um cliente se serviu, o valor a ser pago por ele é igual a:

$$21 \cdot x$$

Cada uma das expressões acima é um exemplo de **expressão polinomial** ou **polinômio**.

DEFINIÇÃO

Um **polinômio** na variável complexa *x* é uma expressão dada por:

$$a_n \cdot x^n + a_{n-1} \cdot x^{n-1} + \ldots + a_2 \cdot x^2 + a_1 \cdot x + a_0$$

em que:

- $a_n, a_{n-1}, \ldots, a_2, a_1, a_0$ são números complexos chamados **coeficientes** do polinômio; a_0 é o **coeficiente independente** do polinômio;

- todos os expoentes de x: n, n − 1, ..., 2, 1, 0 são números naturais;
- cada uma das parcelas, $a_n \cdot x^n$, $a_{n-1} \cdot x^{n-1}$, ..., $a_1 \cdot x$, a_0, corresponde a um termo do polinômio;
- o **grau** do polinômio é o número natural correspondente ao maior expoente de x, cujo termo apresenta coeficiente não nulo;
- x pode assumir qualquer valor complexo.

Exemplo 1

- $4x^3 - 5x^2 + \frac{1}{2}x - 7$ é um polinômio de grau 3.
- $-\frac{1}{6}x^5 + x^2 - 3x + 1$ é um polinômio de grau 5.
- $2ix^2 + x - 2$ é um polinômio de grau 2.
- $x^6 - ix^3 + 4x^2 - 3i$ é um polinômio de grau 6.
- $x + 4$ é um polinômio de grau 1.
- $5x$ é um polinômio de grau 1.
- -7 é um polinômio de grau 0, pois podemos escrevê-lo na forma $-7 \cdot x^0$.

Observações

- A expressão $2x + \frac{3}{x^2} + \frac{4}{x} = 2x + 3x^{-2} + 4x^{-1}$ não é um polinômio, pois os expoentes de x não podem ser negativos.
- A expressão $3x^2 - 5\sqrt{x} + 2 = 3x^2 - 5x^{\frac{1}{2}} + 2$ não é um polinômio, pois os expoentes de x não podem ser fracionários.

COEFICIENTE DOMINANTE

Seja $a_n \cdot x^n + a_{n-1} \cdot x^{n-1} + ... + a_2 \cdot x^2 + a_1 \cdot x + a_0$, com $a_n \neq 0$, um polinômio de grau n.

O coeficiente a_n é chamado **coeficiente dominante** do polinômio.

Exemplo 2

- $-x^3 + 15x^2 - 7x + 3$ possui coeficiente dominante igual a -1.
- $\frac{4}{3}x^5 + 2x - 1$ tem coeficiente dominante igual a $\frac{4}{3}$.
- $2ix^2 + 4x^3 + ix^4$ tem coeficiente dominante igual a i.
- $x^2 - 3x + 5$ tem coeficiente dominante igual a 1.

FUNÇÃO POLINOMIAL

Vamos considerar uma função f: $\mathbb{C} \to \mathbb{C}$, que a cada $x \in \mathbb{C}$ associa o polinômio $a_nx^n + a_{n-1}x^{n-1} + ... + a_1x + a_0$, isto é, $f(x) = a_nx^n + a_{n-1}x^{n-1} + ... + a_1x + a_0$.

A função f recebe o nome de **função polinomial**.

Por exemplo, as funções f, g e h, definidas, respectivamente, por $f(x) = 4x - 5$, $g(x) = 2x^2 - x + 1$ e $h(x) = ix^3 - 2x + 4$, são funções polinomiais. Em particular, as funções de variável real ($x \in \mathbb{R} \subset \mathbb{C}$) afins (1º grau) e quadráticas (2º grau), estudadas em anos anteriores, são exemplos de funções polinomiais.

Como a cada polinômio está associada uma única função e, reciprocamente, a cada função está associado um único polinômio, podemos, daqui em diante, usar indistintamente os termos polinômio ou função polinomial.

EXERCÍCIOS RESOLVIDOS

1. Determinar $m \in \mathbb{R}$ para que o grau do polinômio $(m + 2)x^4 - 2x^3 + 5x - 1$ seja igual a 4.

Solução:

Para que o polinômio tenha grau 4, basta que o coeficiente de x^4 não se anule, isto é: $m + 2 \neq 0 \Rightarrow m \neq -2$.

2. Discutir, em função de *m*, o grau do polinômio:

$$p(x) = (m^2 - 25)x^7 + (m + 5)x^4 + 6x^3 - 2x + 5$$

Solução:

Devemos considerar todas as possibilidades para o grau de p(x), de acordo com os valores de *m*.

Há três casos:

- 1º caso: O grau de p(x) será 7 se $m^2 - 25 \neq 0$, isto é, se $m \neq -5$ e $m \neq 5$.
- 2º caso: O grau de p(x) será 4 quando o coeficiente de x^7 for nulo e o coeficiente de x^4 não for nulo, isto é, se $m^2 - 25 = 0$ e $m + 5 \neq 0 \Rightarrow m = \pm 5$ e $m \neq -5 \Rightarrow m = 5$.
- 3º caso: O grau de p(x) será 3 se os coeficientes de x^7 e de x^4 se anularem simultaneamente, isto é, se $m^2 - 25 = 0$ e $m + 5 = 0 \Rightarrow m = -5$.

EXERCÍCIOS

1. Indique no caderno os itens cujas expressões representam polinômios:

a) $-2x^{10} + x^5 - 1$

b) $\frac{4}{x^2} + \frac{1}{x} - 3x + 5$

c) $(x + 4)^2$

d) $2x + 3^x - 1$

e) $\sqrt{x + 5}$

f) $\frac{1}{i}x^3 - 2x + 4i$

g) $2ix^2 - 1$

2. Determine o grau de cada polinômio:

a) $3x^4 - 6x^2 + 5x - 1$

b) $2x - x^3$

c) $x^7 + x^2 + 1$

d) $(3x^2 + 10x)^7$

e) $(4x - 1) \cdot (x^2 - x - 3)$

f) -3

g) x

h) $x \cdot x^2 \cdot x^3 \cdot ... \cdot x^{15}$

3. Identifique o coeficiente dominante de cada um dos polinômios:

a) $10x^5 - x^3 + 100x - 99$

b) $-\frac{1}{2}x^3 + \frac{1}{3}x^4 - x^2 + 2$

c) $-x^4 + x^3 - x^2 + x - 1$

d) $x + x^2 + 2ix^3 + ix^4$

e) $(x + 5)^3$

4. Determine $m \in \mathbb{R}$ de modo que o polinômio $p(x) = (m^2 - 2)x^4 + 6x^3 - 4x + 2$ tenha grau 4.

5. Para que valores reais de *k* a expressão polinomial $(2k^2 - 8)x^3 - 2x^2 + 5x - 1$ tem grau 2?

6. Discuta, em função do parâmetro real *m*, o grau de $p(x) = (m^2 - 16)x^8 + (m + 4)x^5 - x^4 + 3x - 1$.

7. Responda: é possível que o grau do polinômio $p(x) = (m^2 - 4)x^5 + (m + 2)x^4 - 3x + 1$ seja:

a) 5?

b) 4?

c) 3?

Em caso afirmativo, dê, para cada item, as condições em que isso ocorre.

POLINÔMIO NULO

Definição

Polinômio nulo (ou polinômio identicamente nulo) é aquele que possui todos os coeficientes iguais a zero. Assim, o polinômio $a_n \cdot x^n + a_{n-1} \cdot x^{n-1} + ... + a_2 \cdot x^2 + a_1 \cdot x + a_0$ é nulo quando $a_n = a_{n-1} = ... = a_2 = a_1 = a_0 = 0$.

Pelo fato de possuir todos os coeficientes iguais a zero, não se define o grau de um polinômio nulo.

Exemplo 3

A condição para que o polinômio $ax^2 + bx + (c + 1)$ seja nulo é que todos os seus coeficientes sejam iguais a zero, isto é:

$$a = 0;\ b = 0 \text{ e } c + 1 = 0 \Rightarrow c = -1$$

VALOR NUMÉRICO

Seja $\alpha \in \mathbb{C}$ e *p* o polinômio definido por $p(x) = a_n x^n + a_{n-1}x^{n-1} + ... + a_1 x + a_0$.

O **valor numérico de *p* em α** é igual ao número complexo obtido quando substituímos *x* por α e efetuamos as operações, isto é:

$$p(\alpha) = a_n \cdot \alpha^n + a_{n-1} \cdot \alpha^{n-1} + ... + a_1 \cdot \alpha + a_0$$

Exemplo 4

Seja o polinômio $p(x) = 2x^3 + x^2 - 4x + 1$.

Vamos calcular seus valores numéricos para $x = 2$ e para $x = i$.

- Trocamos *x* por 2:

$$p(2) = 2 \cdot 2^3 + 2^2 - 4 \cdot 2 + 1 = 16 + 4 - 8 + 1 \Rightarrow p(2) = 13$$

- Trocamos *x* por *i* e obtemos:

$$p(i) = 2 \cdot i^3 + i^2 - 4i + 1 = -2i - \cancel{1} - 4i + \cancel{1} \Rightarrow p(i) = -6i$$

Observações

Considerando o polinômio $p(x) = a_n \cdot x^n + a_{n-1} \cdot x^{n-1} + ... + a_2 x^2 + a_1 \cdot x + a_0$, temos:

- $p(1) = a_n \cdot 1^n + a_{n-1} \cdot 1^{n-1} + ... + a_2 \cdot 1^2 + a_1 \cdot 1 + a_0 = a_n + a_{n-1} + ... + a_2 + a_1 + a_0$, isto é, p(1) é igual à soma dos coeficientes do polinômio.
- $p(0) = a_n \cdot 0^n + a_{n-1} \cdot 0^{n-1} + ... + a_2 \cdot 0^2 + a_1 \cdot 0^1 + a_0 = a_0$, isto é, p(0) é igual ao coeficiente independente do polinômio.

RAIZ

Seja $\alpha \in \mathbb{C}$.

Dizemos que α é raiz do polinômio $p(x) = a_n \cdot x^n + a_{n-1} \cdot x^{n-1} + ... + a_1 \cdot x + a_0$ quando $p(\alpha) = 0$, isto é:

$$a_n \cdot \alpha^n + a_{n-1} \cdot \alpha^{n-1} + ... + a_1 \cdot \alpha + a_0 = 0$$

Exemplo 5

O número 2i é uma raiz do polinômio $p(x) = x^3 + 3x^2 + 4x + 12$, pois $p(2i) = 0$, isto é:

$$p(2i) = (2i)^3 + 3(2i)^2 + 4 \cdot 2i + 12 \Rightarrow$$

$$\Rightarrow p(2i) = 8i^3 + 12i^2 + 8i + 12 \Rightarrow p(2i) = -8i - 12 + 8i + 12 = 0$$

Exemplo 6

O número −3 é uma raiz do polinômio $p(x) = x^3 + x^2 - 4x + 6$, pois substituindo x por −3 obtemos:

$$p(-3) = (-3)^3 + (-3)^2 - 4 \cdot (-3) + 6 = -27 + 9 + 12 + 6 = 0$$

Já o número 2 não é raiz desse polinômio, pois $p(2) = 2^3 + 2^2 - 4 \cdot 2 + 6 = 10 \neq 0$.

EXERCÍCIO RESOLVIDO

3. Sabendo que $x = -4$ é uma raiz do polinômio $p(x) = x^2 + mx - 3$, determinar o valor de m.

Solução:

Como −4 é raiz, devemos ter $p(-4) = 0$, isto é:

$$(-4)^2 + m(-4) - 3 = 0 \Rightarrow 16 - 4m - 3 = 0 \Rightarrow m = \frac{13}{4}$$

EXERCÍCIOS

8. O polinômio $p(x) = ax + (b - 2)$ é nulo. Quais são os valores de a e b?

9. Para que valor(es) de a a expressão polinomial $p(x) = (2a - 1) \cdot x^3 + (1 - 4a^2)x^2 + (2 - 4a)x$ é um polinômio nulo?

10. Determine os valores de a, b, c e d, a fim de que $(a - 1)x^3 + (2a - b + 3)x^2 + (b - c)x + (c - 2d)$ seja nulo.

11. Sendo $p(x) = x^2 - 5x + 3$, obtenha o valor numérico de p para:

a) $x = 0$
b) $x = 1$
c) $x = 2$
d) $x = 1 + i$
e) $x = i$

12. Encontre o valor numérico da expressão polinomial $p(x) = (x - 2)^3 + 4x - 5$ para:

a) $x = -1$
b) $x = 3$
c) $x = \frac{3}{2}$

13. Verifique se os números complexos i, 1, 3, $1 + 2i$, 0 são raízes de $p(x) = x^3 - 5x^2 + 11x - 15$.

14. Determine $m \in \mathbb{R}$ a fim de que −1 seja raiz do polinômio $x^2 - 4x + (m + 4)$.

15. Determine a e b em $p(x) = ax^3 - 2x^2 + bx - 1$, sabendo que 1 é raiz de $p(x)$ e que $p(2) = 3$.

16. Determine o polinômio p de grau 1, tal que $p(2) = 5$ e $p(-1) = 2$.

17. O número i é raiz do polinômio $p(x) = x^2 + 3x + k$, em que k é uma constante complexa. Determine:

a) k;
b) $p(2 + i)$, usando o item a.

18. Determine a expressão polinomial p, de 1º grau e com coeficientes reais, que verifica a condição $p(i) + p(2i) = -4 + 6i$.

19. Obtenha o polinômio de 2º grau que tem 2i como uma de suas raízes e cuja soma dos coeficientes é igual a 5.

POLINÔMIOS IGUAIS (OU IDÊNTICOS)

Definição

Sejam *f* e *g* dois polinômios respectivamente definidos por:

$$f(x) = a_n x^n + a_{n-1}x^{n-1} + \dots + a_1 x + a_0 \quad \text{e} \quad g(x) = b_n x^n + b_{n-1}x^{n-1} + \dots + b_1 x + b_0$$

Dizemos que *f* e *g* são iguais (ou idênticos) quando assumem o mesmo valor numérico para qualquer valor de *x*, isto é:

$$f = g \Leftrightarrow f(x) = g(x),\ \forall x \in \mathbb{C}$$

Vamos mostrar que dois polinômios, *f* e *g*, são iguais se, e somente se, os coeficientes de *f* e *g* são ordenadamente iguais, isto é, os coeficientes dos termos de mesmo expoente são iguais:

$$a_n = b_n;\ a_{n-1} = b_{n-1};\ \dots;\ a_1 = b_1 \ \text{ e } \ a_0 = b_0$$

- Quando os coeficientes dos termos de mesmo expoente são iguais, isto é: $a_n = b_n$; $a_{n-1} = b_{n-1}$; ...; $a_1 = b_1$ e $a_0 = b_0$, temos, para todo $x \in \mathbb{C}$:

  $f(x) = a_n x^n + a_{n-1}x^{n-1} + \dots + a_1 x + a_0 = b_n x^n + b_{n-1}x^{n-1} + \dots + b_1 x + b_0 = g(x)$

  e, desse modo, *f* e *g* são iguais.
- Quando $f(x) = g(x),\ \forall x \in \mathbb{C}$, temos $f(x) - g(x) = 0,\ \forall x \in \mathbb{C}$, isto é:

$$(a_n x^n + a_{n-1}x^{n-1} + \dots + a_1 x + a_0) - (b_n x^n + b_{n-1}x^{n-1} + \dots + b_1 x + b_0) = 0$$

$$(a_n - b_n)x^n + (a_{n-1} - b_{n-1})x^{n-1} + \dots + (a_1 - b_1)x + (a_0 - b_0) = 0$$

Lembrando que um polinômio é nulo quando todos os seus coeficientes são iguais a zero, vem:

$$\begin{cases} a_n - b_n = 0 & \Rightarrow\ a_n = b_n \\ a_{n-1} - b_{n-1} = 0 & \Rightarrow\ a_{n-1} = b_{n-1} \\ \quad\vdots & \quad\vdots \qquad \vdots \\ a_1 - b_1 = 0 & \Rightarrow\ a_1 = b_1 \\ a_0 - b_0 = 0 & \Rightarrow\ a_0 = b_0 \end{cases}$$

Isso mostra que os coeficientes de *f* e *g* são ordenadamente iguais.

Exemplo 7

- Para que os polinômios $ax^2 + bx + c$ e $-3x^2 + 5x - 1$ sejam iguais, devemos ter: $a = -3$, $b = 5$ e $c = -1$.
- O polinômio $mx^3 + nx^2 + px + q$ é idêntico ao polinômio $4x^2 - x + 2$ quando $m = 0$, $n = 4$, $p = -1$ e $q = 2$.

EXERCÍCIO RESOLVIDO

4. Determinar os valores de *a* e *b* para os quais ocorre a igualdade: $\frac{x+3}{x^2-4} = \frac{a}{x+2} + \frac{b}{x-2}$; $x \neq -2$ e $x \neq 2$.

Solução:

$$\frac{x+3}{x^2-4} = \underbrace{\frac{a(x-2)+b(x+2)}{(x+2)\cdot(x-2)}}_{x^2-4} \Rightarrow a(x-2)+b(x+2) = x+3 \Rightarrow ax-2a+bx+2b = x+3$$

Agrupamos os termos semelhantes:

$$(a+b)x + (-2a+2b) = x+3$$

Da igualdade de polinômios segue:

$$\begin{cases} a+b=1 \\ -2a+2b=3 \end{cases}$$

cuja solução é: $a = -\frac{1}{4}$ e $b = \frac{5}{4}$.

EXERCÍCIOS

20. Calcule os valores de *a* e *b*, de modo que seja satisfeita a igualdade $(a+3)x + (b-1) = 2x - 3$.

21. Para que valores de *m*, *n* e *p* ocorre a igualdade $mx^2 + (2n+3)x - p = 5x + 1$?

22. Sendo $(m-n)x^2 + (3m+2n)x + (2n-p) = 5x - 1$, determine os valores *m*, *n* e *p*.

23. Determine *m* e *n* reais de modo que:

$$\frac{m}{x} + \frac{n}{x-1} = \frac{-3x+4}{x(x-1)}$$

24. Obtenha os valores das constantes reais *a* e *b* para que se tenha:

$$\frac{a}{x-2} + \frac{bx}{x+2} = \frac{-x^2+3x+2}{x^2-4}$$

25. Seja o polinômio de 1º grau $p(x) = ax + b$, em que *a* e *b* são coeficientes reais tais que $\frac{a}{x-2} + \frac{b}{x+1} = \frac{2x-7}{x^2-x-2}$.

Qual é o valor de $p(i) + p(-i)$?

ADIÇÃO, SUBTRAÇÃO E MULTIPLICAÇÃO DE POLINÔMIOS

Vamos revisar, por meio de exemplos, as operações de adição, subtração e multiplicação de polinômios, estudadas no Ensino Fundamental.

Exemplo 8

- Dados os polinômios $f(x) = -7x^3 + 5x^2 - x + 4$ e $g(x) = -2x^2 + 8x - 7$, vamos obter $f(x) + g(x)$:

$$(-7x^3 + 5x^2 - x + 4) + (-2x^2 + 8x - 7) = -7x^3 + \underbrace{5x^2 - 2x^2}_{} \underbrace{- x + 8x}_{} + 4 - 7 =$$
$$= -7x^3 + 3x^2 + 7x - 3$$

Lembre que a soma de dois polinômios *f* e *g* é o polinômio obtido quando somamos os coeficientes dos termos semelhantes de *f* e de *g*.

Exemplo 9

Dados os polinômios $f(x) = 4x^2 - 5x + 6$ e $g(x) = 3x - 8$, vamos obter $f(x) - g(x)$:

$$(4x^2 - 5x + 6) - (3x - 8) = 4x^2 \underbrace{-5x}\underbrace{+6}\underbrace{-3x}\underbrace{+8} = 4x^2 - 8x + 14$$

Note que a diferença entre os polinômios *f* e *g* é o polinômio obtido quando somamos *f* ao oposto de *g*, isto é, $f - g = f + (-g)$.

Exemplo 10

Dados os polinômios $f(x) = 3x^2 - 5x + 8$ e $g(x) = -2x + 1$, vamos determinar $f(x) \cdot g(x)$:

$$(3x^2 - 5x + 8) \cdot (-2x + 1) = -6x^3 + \underbrace{3x^2} + \underbrace{10x^2} - \underbrace{5x} - \underbrace{16x} + 8 = -6x^3 + 13x^2 - 21x + 8$$

Lembre que o produto dos polinômios *f* e *g* corresponde ao polinômio obtido quando multiplicamos cada um dos termos de *f* por todos os termos de *g* e somamos os produtos obtidos.

EXERCÍCIOS RESOLVIDOS

5. Os polinômios $f(x) = -2x + a$ e $g(x) = x + b$, com *a* e *b* constantes reais, são tais que $f(x) \cdot g(x) = -2x^2 - 3x - 1$. Determinar *a* e *b*.

Solução:

Temos:

$$f(x) \cdot g(x) = (-2x + a) \cdot (x + b) = -2x^2 \underbrace{-2bx} + \underbrace{ax} + ab = -2x^2 + x(-2b + a) + ab$$

Daí:

$$-2x^2 + x \cdot \underbrace{(-2b + a)} + \underbrace{ab} = -2x^2 \underbrace{-3}x \underbrace{-1} \Rightarrow \begin{cases} -2b + a = -3 & (1) \\ ab = -1 & (2) \end{cases}$$

De (2), temos $a = -\frac{1}{b}$ e, substituindo em (1), vem:

$$-2b - \frac{1}{b} = -3 \Rightarrow 2b^2 - 3b + 1 = 0 \Rightarrow \begin{cases} b = \frac{1}{2} \Rightarrow a = -2 \\ \text{ou} \\ b = 1 \Rightarrow a = -1 \end{cases}$$

Assim, podemos ter $\left(a = -2 \text{ e } b = \frac{1}{2}\right)$ ou $(a = -1 \text{ e } b = 1)$.

6. Considerando que $f(x)$ é um polinômio de grau 4 e $g(x)$ um polinômio de grau 3, encontrar o grau de:

a) $f(x) + g(x)$

b) $f(x) \cdot g(x)$

Solução:

a) Na adição de polinômios, só podemos somar os termos semelhantes, isto é, aqueles cujas potências de *x* têm o mesmo expoente.

Como somente o polinômio $f(x)$ apresenta termo em x^4, o grau de $f(x) + g(x)$ é 4.

b) Quando multiplicamos polinômios, devemos lembrar a propriedade de potências: $x^\alpha \cdot x^\beta = x^{\alpha + \beta}$. Assim, o grau de $f(x) \cdot g(x)$ é $4 + 3 = 7$.

EXERCÍCIOS

26. Sendo as expressões polinomiais $f(x) = 2x^2 - 3x + 4$, $g(x) = x^3 - x + 1$ e $h(x) = -x^2 + x - 4$, determine:

a) $f(x) + g(x)$

b) $g(x) - h(x)$

c) $f(x) - g(x) - h(x)$

d) $f(x) \cdot h(x)$

27. Sejam os polinômios $f(x) = 2x + 3$, $g(x) = -4x + 5$ e $h(x) = 3x^2 - 5x + 4$. Determine o polinômio $p(x) = f(x) \cdot g(x) + h(x)$.

28. Sejam $p_1(x) = ax^2 + bx + c$ e $p_2(x) = bx^2 + 4x - 3$. Sabendo que $p_1(x) + p_2(x)$ é o polinômio nulo, determine os valores de *a*, *b* e *c*.

29. Sejam os polinômios $f(x) = 3x + 2i$ e $g(x) = ix$ e *i* a unidade imaginária. Obtenha os polinômios:

a) $f(x) - g(x)$

b) $i \cdot g(x) + f(x)$

c) $g(x) \cdot f(x)$

30. Determine os valores das constantes reais *a* e *b* que satisfazem:

$$(ax + 5)^2 + (b - 2x)^2 = 13x^2 + 42x + 34$$

31. Sejam f(x) e g(x) dois polinômios de grau 4. O que se pode afirmar em relação ao grau do polinômio:

a) $f(x) \cdot g(x)$?

b) $f(x) + g(x)$?

c) $f(x) - g(x)$?

32. Os polinômios f(x), g(x) e h(x) têm graus 2, 3 e 5, respectivamente. Classifique no caderno como V (verdadeira) ou F (falsa) as afirmações:

a) $f(x) + g(x) + h(x)$ é um polinômio de grau 5.

b) $f(x) - g(x)$ pode ter grau 2.

c) $f(x) \cdot g(x) + h(x)$ pode ser polinômio nulo.

d) $f(x) \cdot g(x) + h(x)$ pode ter grau 3.

DIVISÃO DE POLINÔMIOS

Definição

Sejam dois polinômios f(x) e g(x), com $g(x) \neq 0$.

Dividir f(x) (dividendo) por g(x) (divisor) é determinar dois outros polinômios, q(x) (quociente) e r(x) (resto), que satisfazem as condições:

- $f(x) = g(x) \cdot q(x) + r(x)$
- grau de r(x) < grau de g(x) ou $r(x) = 0$ (isto é, r(x) é o polinômio nulo)

Vamos apresentar o processo mais geral usado para dividir polinômios, baseado na divisão entre números naturais e conhecido como **método da chave**.

Acompanhe, inicialmente, a divisão de 195 por 8:

$$\begin{array}{r|l} 195 & 8 \\ \cline{2-2} -16 & 24 \\ \cline{1-1} 35 & \\ -32 & \\ \cline{1-1} 3 & \end{array}$$

Observe agora que a divisão está encerrada, pois 3 < 8. Note que $195 = 8 \cdot 24 + 3$.

Vamos agora dividir dois polinômios:

$$f(x) = 6x^4 - x^3 + 3x^2 - x + 1 \text{ por } g(x) = 2x^2 + x - 3$$

Dispomos o dividendo (f(x)) e o divisor (g(x)), conforme o esquema usado na divisão de números naturais.

- 1º passo: Dividimos o termo de maior grau de f(x) pelo termo de maior grau de g(x):

$$\frac{6x^4}{2x^2} = 3x^2$$

obtendo assim o 1º termo do quociente q(x).

$$\begin{array}{l|l} 6x^4 - x^3 + 3x^2 - x + 1 & 2x^2 + x - 3 \\ \cline{2-2} & 3x^2 \end{array}$$

- 2º passo: Multiplicamos o quociente $3x^2$ por g(x) e subtraímos de f(x), isto é, somamos f(x) com o oposto do resultado obtido. Temos um resto parcial.

$$3x^2 \cdot (2x^2 + x - 3) = 6x^4 + 3x^3 - 9x^2$$

$$\begin{array}{rl|l} & \cancel{6x^4} - x^3 + 3x^2 - x + 1 & 2x^2 + x - 3 \\ \cline{3-3} + & \cancel{-6x^4} - 3x^3 + 9x^2 & 3x^2 \\ \cline{2-2} & -4x^3 + 12x^2 - x + 1 & \leftarrow \text{resto parcial} \end{array}$$

- 3º passo: Repetimos o procedimento anterior com o resto parcial obtido até que o grau do resto se torne menor que o grau do divisor (ou o resto seja o polinômio nulo):

$$\frac{-4x^3}{2x^2} = -2x; \quad -2x \cdot (2x^2 + x - 3) = -4x^3 - 2x^2 + 6x$$

$$\begin{array}{rl|l} & \cancel{6x^4} - x^3 + 3x^2 - x + 1 & 2x^2 + x - 3 \\ \cline{3-3} + & \cancel{-6x^4} - 3x^3 + 9x^2 & 3x^2 - 2x \\ \cline{2-2} & \cancel{-4x^3} + 12x^2 - x + 1 & \\ & \cancel{+4x^3} + 2x^2 - 6x & \\ \cline{2-2} & 14x^2 - 7x + 1 & \leftarrow \text{novo resto parcial} \end{array}$$

$$\frac{14x^2}{2x^2} = 7; \quad 7 \cdot (2x^2 + x - 3) = 14x^2 + 7x - 21$$

$$\begin{array}{rl|l} & \cancel{6x^4} - x^3 + 3x^2 - x + 1 & 2x^2 + x - 3 \\ \cline{3-3} + & \cancel{-6x^4} - 3x^3 + 9x^2 & 3x^2 - 2x + 7 \\ \cline{2-2} & \cancel{-4x^3} + 12x^2 - x + 1 & \\ + & \cancel{4x^3} + 2x^2 - 6x & \\ \cline{2-2} & \cancel{14x^2} - 7x + 1 & \\ + & \cancel{-14x^2} - 7x + 21 & \\ \cline{2-2} & \underbrace{-14x + 22} & \end{array}$$

O grau do resto é menor que o grau do divisor.
A divisão está encerrada.

Daí:

$$q(x) = 3x^2 - 2x + 7$$
$$r(x) = -14x + 22$$

Observe que $f(x) = g(x) \cdot q(x) + r(x)$. De fato:

$$\underbrace{(2x^2 + x - 3)}_{g(x)} \cdot \underbrace{(3x^2 - 2x + 7)}_{q(x)} + \underbrace{(-14x + 22)}_{r(x)} =$$
$$= 6x^4 - 4x^3 + 14x^2 + 3x^3 - 2x^2 + 7x - 9x^2 + 6x - 21 - 14x + 22 =$$
$$= 6x^4 - x^3 + 3x^2 - x + 1 = f(x)$$

Exemplo 11

Vamos efetuar a divisão de $f(x) = 3x^3 - 14x^2 + 23x - 10$ por $g(x) = x^2 - 4x + 5$.

$$\begin{array}{rrrr|l} 3x^3 & -14x^2 & +23x & -10 & x^2 - 4x + 5 \\ \hline -3x^3 & +12x^2 & -15x & & 3x - 2 \\ \hline & -2x^2 & +8x & -10 & \\ + & 2x^2 & -8x & +10 & \\ \hline & & & 0 & \end{array}$$

Assim:

$$\begin{cases} q(x) = 3x - 2 \\ r(x) = 0 \ \big(r(x) \text{ é o polinômio nulo}\big) \end{cases}$$

Observação

Quando a divisão de $f(x)$ por $g(x)$, com $g(x) \neq 0$, é exata, isto é, $r(x) = 0$, dizemos que $f(x)$ é divisível por $g(x)$ ou, ainda, $g(x)$ divide $f(x)$.

EXERCÍCIOS RESOLVIDOS

7. Para que valores de *a* e *b* o polinômio $-2x^3 + ax + b$ é divisível pelo polinômio $-x^2 + 6x - 1$?

Solução:

Devemos efetuar a divisão e impor que o resto seja um polinômio nulo:

$$\begin{array}{rrrr|l} -2x^3 & & + & ax + b & -x^2 + 6x - 1 \\ \hline +2x^3 & -12x^2 & + & 2x & 2x + 12 \\ \hline & -12x^2 & + & (a+2)x + b & \\ + & 12x^2 & - & 72x + 12 & \\ \hline & & \text{resto} \rightarrow & (a - 70)x + (b + 12) & \end{array}$$

O polinômio $(a - 70)x + (b + 12)$ é nulo quando todos os seus coeficientes são iguais a zero, isto é, se:

$$\begin{cases} a - 70 = 0 \Rightarrow a = 70 \\ b + 12 = 0 \Rightarrow b = -12 \end{cases}$$

8. Dividindo-se o polinômio $-x^3 - 4x^2 + 3$ por um polinômio *p*, obtêm-se $-x - 6$ como quociente e $-12x + 3$ como resto. Determinar o polinômio *p*.

Solução:

Do enunciado, podemos escrever:

$$\underbrace{(-x^3 - 4x^2 + 3)}_{f(x)} = p(x) \cdot \underbrace{(-x - 6)}_{q(x)} + \underbrace{(-12x + 3)}_{r(x)}$$

Como o grau de $f(x)$ é 3 e o grau de $q(x)$ é 1, o grau de $p(x)$ deve ser igual a 2 para que a igualdade acima seja válida.

Façamos $p(x) = ax^2 + bx + c$; devemos determinar os valores das constantes *a*, *b* e *c*:

$$-x^3 - 4x^2 + 3 = (ax^2 + bx + c) \cdot (-x - 6) + (-12x + 3)$$

$$-x^3 - 4x^2 + 3 = -ax^3 - 6ax^2 - bx^2 - 6bx - cx - 6c - 12x + 3$$

$$-x^3 - 4x^2 + 3 = -ax^3 + x^2(-6a - b) + x(-6b - c - 12) + (3 - 6c) \Rightarrow$$

$$\Rightarrow \begin{cases} -1 = -a \Rightarrow a = 1 \\ -4 = -6a - b; \text{como } a = 1, \text{temos: } -4 = -6 - b \Rightarrow b = -2 \\ 0 = -6b - c - 12 \xrightarrow{b = -2} \Rightarrow c = 0 \\ 3 = 3 - 6c \end{cases}$$

Desse modo, $p(x) = 1 \cdot x^2 - 2 \cdot x + 0 = x^2 - 2x$

EXERCÍCIOS

33. Determine o quociente q(x) e o resto r(x) da divisão de f(x) por g(x) em cada caso:

a) $f(x) = 3x^2 + 5x + 7$ e $g(x) = 3x - 1$

b) $f(x) = -x^3 + 4x^2 - 5x + 1$ e $g(x) = x^2 - 1$

c) $f(x) = 5x^4 + 3x^3 - 2x^2 + 4x - 1$ e $g(x) = x^2 - 4$

d) $f(x) = 3x^5 - x^3 + 4x^2 - 2x + 1$ e $g(x) = x^3 - x^2 + 1$

e) $f(x) = 4x - 1$ e $g(x) = x^2 - 2x + 3$

f) $f(x) = -5x^3 + 4x^2 + 7x - 11$ e $g(x) = x$

34. Verifique, em cada caso, se o polinômio f(x) é divisível por g(x), exibindo o quociente dessa divisão:

a) $f(x) = x^2 - x - 6$ e $g(x) = x + 2$

b) $f(x) = x^4 + x^2 - 1$ e $g(x) = x^2 + 1$

c) $f(x) = 4x^3 + x + 1$ e $g(x) = 2x^2 - x + 1$

d) $f(x) = 2x^3 + 3x^2 - 5x + 1$ e $g(x) = 2x + 1$

35. Determine $m \in \mathbb{R}$ a fim de que $x^2 + 2mx - 5$ seja divisível por $x - 1$.

36. Em cada caso, sendo *i* a unidade imaginária, efetue a divisão de f(x) por g(x):

a) $f(x) = x^2 + 2ix - 3$ e $g(x) = x - i$

b) $f(x) = x^3 - 3x^2 + 4x - 12$ e $g(x) = x + 2i$

c) $f(x) = x^2 - 5ix - 1$ e $g(x) = x - 1$

37. Dividindo o polinômio $f(x) = x^3 + x^2 + x + 1$ por g(x), obtemos o quociente $q(x) = 1 + x$ e o resto $r(x) = x + 1$. Determine g(x).

38. Dividindo-se um polinômio de grau 7 por um de grau 3, obtêm-se um polinômio quociente (q) e um polinômio resto (r). O que se pode afirmar em relação ao grau de *q*? E ao grau de *r*?

39. Determine *m* e *n* reais, de modo que $-2x^3 + mx^2 + n$ seja divisível por $x^2 + x + 1$.

40. Em um retângulo, o comprimento é expresso por $x + 2$ e sua área por $3x^2 + 5x - 2$. Como se expressa a largura desse retângulo?

41. Observe as dimensões do paralelepípedo:

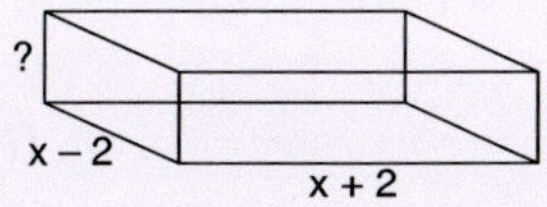

Sabe-se que o volume desse paralelepípedo é expresso por $2x^3 + x^2 - 8x - 4$.

a) Expresse, em função de *x*, a medida da altura do paralelepípedo.

b) Existe algum polinômio que represente a medida da diagonal desse sólido? Determine-o, em caso afirmativo.

c) Existe algum polinômio que represente a área total desse sólido? Determine-o, em caso afirmativo.

42. Dividindo um polinômio f(x) por $x^2 + x + 1$, obtemos o quociente $q(x) = x^2 - x$ e o resto $r(x) = -x + 13$. Determine f(x).

DIVISÕES POR x – a

Um caso particular importante na divisão de polinômios é aquele em que o divisor é um polinômio de 1º grau, com coeficiente dominante unitário, isto é, um polinômio do tipo $x - a$ ou $x + a$, com $a \in \mathbb{C}$. Esse caso de divisão será frequentemente usado no capítulo seguinte.

Considerando como dividendo um polinômio *f* de grau *n* ($n \geq 1$), temos:

$$\begin{array}{l|l} f(x) & x - a \\ \cline{2-2} \downarrow & q(x) \\ r(x) & \end{array}$$

O grau de q(x) é $n - 1$.

Como o grau do resto deve ser menor que o grau do divisor:

$$\text{grau } r(x) < 1 \Rightarrow \underbrace{\text{grau } r(x) = 0}_{\substack{r(x) = k \\ (k \in \mathbb{C},\ k \neq 0)}} \text{ ou } \underbrace{r(x) = 0}_{\substack{r \text{ é o} \\ \text{polinômio nulo}}}$$

TEOREMA DO RESTO

Introdução

Vamos efetuar a divisão de $f(x) = 4x^3 + x^2 - 5x + 8$ por $g(x) = x - 2$ usando o método da chave:

$$\begin{array}{rrrr|l} \cancel{4x^3} & +\ x^2 & -\ 5x & +\ 8 & x - 2 \\ \hline -\cancel{4x^3} & +\ 8x^2 & & & 4x^2 + 9x + 13 \\ \hline & \cancel{9x^2} & -\ 5x & +\ 8 & \\ & -\cancel{9x^2} & +\ 18x & & \\ \hline & & \cancel{13x} & +\ 8 & \\ & & -\cancel{13x} & +\ 26 & \\ \hline & & & 34 & \end{array}$$

$$\begin{cases} q(x) = 4x^2 + 9x + 13 \\ r(x) = 34 \end{cases}$$

Observe que o resto também pode ser obtido calculando-se o valor numérico do polinômio dividendo (f) para $x = 2$:

$$f(2) = 4 \cdot 2^3 + 2^2 - 5 \cdot 2 + 8$$

$$f(2) = 32 + 4 - 10 + 8 \Rightarrow f(2) = 34$$

Vamos agora enunciar e demonstrar o teorema do resto:

> O resto da divisão de um polinômio $f(x)$ por $x - a$ é igual a $f(a)$.

Demonstração:

Da divisão de $f(x)$ por $x - a$, podemos escrever:

$$f(x) = (x - a) \cdot q(x) + r(x)$$

em que $r(x) = r$ é um polinômio constante (pois $r(x)$ tem grau zero) ou $r(x)$ é nulo.

Calculando os valores desses polinômios para $x = a$, vem:

$$f(a) = \underbrace{(a - a) \cdot q(a)}_{= 0} + r, \text{ isto é, } r = f(a).$$

EXERCÍCIOS RESOLVIDOS

9. Qual é o resto da divisão de $p(x) = 3x^2 - 17x + 15$ por $x - 2$?

Solução:

Não é necessário efetuar a divisão para sabermos o valor do resto.

Então, vejamos:

- A raiz do divisor é: $x - 2 = 0 \Rightarrow x = 2$.
- Pelo teorema do resto, sabemos que:

$$r = p(2) = 3 \cdot 2^2 - 17 \cdot 2 + 15 = 12 - 34 + 15 = -7$$

10. Qual é o resto da divisão de $f(x) = -x^3 + 4x - 5$ por $x + 1$? E por $x - i$?

Solução:

Na divisão de *f* por $x + 1$, o resto *r* é:

$$r = f(-1) = -(-1)^3 + 4 \cdot (-1) - 5 = 1 - 4 - 5 = -8$$

Na divisão de *f* por $x - i$, o resto *r* é:

$$r = f(i) = -i^3 + 4 \cdot i - 5 = i + 4i - 5 = 5i - 5$$

11. Sejam 5 e 2, respectivamente, os restos da divisão de um polinômio *f* por x − 3 e por x + 1. Qual é o resto da divisão de *f* por (x − 3)(x + 1)?

Solução:

Pelo teorema do resto, temos:

$$f(3) = 5 \quad ① \qquad \text{e} \qquad f(-1) = 2 \quad ②$$

Quando dividimos *f* por g = (x − 3) · (x + 1) = $x^2 - 2x - 3$, temos grau r ≤ 1 (pois grau r < grau g e grau g = 2). Assim, escrevemos r(x) = ax + b.

Devemos determinar *a* e *b*. Temos, $\forall x \in \mathbb{C}$:

$$f(x) = \underbrace{(x+1)\cdot(x-3)}_{g(x)}\cdot q(x) + \underbrace{ax+b}_{r(x)}$$

Calculando o valor numérico desse polinômio em x = 3 e em x = −1, vem:

$$\left.\begin{array}{l} f(3) = \underbrace{(3+1)(3-3)\cdot q(3)}_{=0} + a\cdot 3 + b \overset{①}{\Rightarrow} 3a + b = 5 \\ f(-1) = \underbrace{(-1+1)(-1-3)\cdot q(-1)}_{=0} + a(-1) + b \overset{②}{\Rightarrow} -a + b = 2 \end{array}\right\}$$

Resolvendo esse sistema, encontramos $a = \frac{3}{4}$ e $b = \frac{11}{4}$. Dessa forma, o resto é $r(x) = \frac{3}{4}x + \frac{11}{4}$.

Uma consequência importante do teorema do resto é o **teorema de D'Alembert**, cujo enunciado é:

> Um polinômio *f* é divisível por x − a se, e somente se, *a* for raiz de *f*.

Demonstração:

Há duas implicações a provar:

1ª) *f* é divisível por x − a ⇒ *a* é raiz de *f*.

Se *f* é divisível por x − a, temos r = 0 e, pelo teorema do resto, r = f(a) = 0, do que concluímos que *a* é raiz de *f*.

2ª) *a* é raiz de *f* ⇒ *f* é divisível por x − a.

Como *a* é raiz de *f*, f(a) = 0; pelo teorema do resto, o resto *r* da divisão de *f* por x − a é igual a f(a). Assim, r = f(a) = 0, o que mostra que *f* é divisível por x − a.

EXERCÍCIO RESOLVIDO

12. Determinar $m \in \mathbb{R}$, de modo que $f(x) = -2x^3 + x^2 + mx + 5$ seja divisível por x − 2.

Solução:

Pelo teorema de D'Alembert, x = 2 deve ser raiz de *f*, isto é, f(2) = 0:

$$-2\cdot 2^3 + 2^2 + m\cdot 2 + 5 = 0 \Rightarrow 2m - 7 = 0 \Rightarrow m = \frac{7}{2}$$

EXERCÍCIOS

43. Aplicando o teorema do resto, determine o resto da divisão de f(x) por g(x) em cada caso:

a) $f(x) = 3x^2 - x + 4$ e $g(x) = x - 2$

b) $f(x) = -x^3 + 4x^2 - 5x + 1$ e $g(x) = x + 2$

c) $f(x) = (4 - x)^{10} + 3x$ e $g(x) = x - 4$

d) $f(x) = 2x^5 + x^3 - x^2 + 1$ e $g(x) = x$

44. Qual é o resto da divisão de f(x) por g(x) em cada um dos casos?

a) $f(x) = x^4 + x^2 + 1$ e $g(x) = x + 1$

b) $f(x) = -2x^3 + 4x - 1$ e $g(x) = x - 2$

c) $f(x) = x^{19} + x^{11} + 7x^4 + 3$ e $g(x) = x - 1$

d) $f(x) = 7x^5 - 4x^3 + 6x - 1$ e $g(x) = x + 1$

e) $f(x) = 4x^2 - x - 1$ e $g(x) = x - 2i$

45. Em cada caso, p(x) é divisível por q(x). Obtenha o valor real de *m*:

a) $p(x) = -3x^2 + 4x + m$ e $q(x) = x - 2$

b) $p(x) = 4x^3 - 5x^2 + mx + 3$ e $q(x) = x + 3$

c) $p(x) = x^5 - 3x^4 + 2x^2 + mx - 1$ e $q(x) = x - 1$

46. Qual é o resto da divisão de $(x^8 + 1) \cdot (3 - x^{29} - 2x^{17})$ por $x - 1$?

47. Sabendo que o polinômio $2x^2 + mx + n$ é divisível por $x - 1$ e que, quando dividido por $x + 2$, deixa resto igual a 6, determine *m* e *n*.

48. Um polinômio p(x), dividido por $x - 1$, dá resto 2 e, dividido por $x + 1$, dá resto 3. Qual é o resto da divisão de p(x) por $(x - 1) \cdot (x + 1)$?

49. Um polinômio p(x), dividido por $x + 2$, dá resto 3 e, dividido por $x - 5$, dá resto -2. Qual é o resto da divisão de p(x) por $x^2 - 3x - 10$?

DISPOSITIVO PRÁTICO DE BRIOT-RUFFINI

Sejam $f(x) = a_0x^n + a_1x^{n-1} + a_2x^{n-2} + \ldots + a_{n-1}x + a_n$, com $a_0 \neq 0$, um polinômio de grau *n* e $g(x) = x - a$.

Quando dividimos f(x) por g(x), obtemos, como quociente, um polinômio *q* de grau n − 1, dado por $q(x) = q_0x^{n-1} + q_1x^{n-2} + \ldots + q_{n-2}x + q_{n-1}$.

Vamos determinar os coeficientes $q_0, q_1, \ldots, q_{n-2}, q_{n-1}$ de *q*, bem como o resto *r* dessa divisão.

Como $f = g \cdot q + r$, podemos escrever, para todo $x \in \mathbb{C}$:

$$a_0x^n + a_1x^{n-1} + a_2x^{n-2} + \ldots + a_{n-1}x + a_n = (x - a) \cdot (q_0x^{n-1} + q_1x^{n-2} + \ldots + q_{n-2}x + q_{n-1}) + r$$

Multiplicando os polinômios e agrupando os termos semelhantes, vem:

$$a_0x^n + a_1x^{n-1} + a_2x^{n-2} + \ldots + a_{n-1}x + a_n = q_0x^n + (q_1 - aq_0) \cdot x^{n-1} + (q_2 - aq_1) \cdot x^{n-2} + \ldots + (q_{n-1} - a \cdot q_{n-2}) \cdot x + (r - a \cdot q_{n-1})$$

Igualando os coeficientes dos termos de mesmo grau, obtemos:

- $q_0 = a_0$
- $q_1 - aq_0 = a_1 \Rightarrow q_1 = a_1 + aq_0$
- $q_2 - aq_1 = a_2 \Rightarrow q_2 = a_2 + aq_1$

  $\vdots \qquad\qquad \vdots$
- $q_{n-1} - aq_{n-2} = a_{n-1} \Rightarrow q_{n-1} = a_{n-1} + aq_{n-2}$
- $r - aq_{n-1} = a_n \Rightarrow r = aq_{n-1} + a_n$

Observe um método mais rápido e simples para a determinação dos coeficientes:

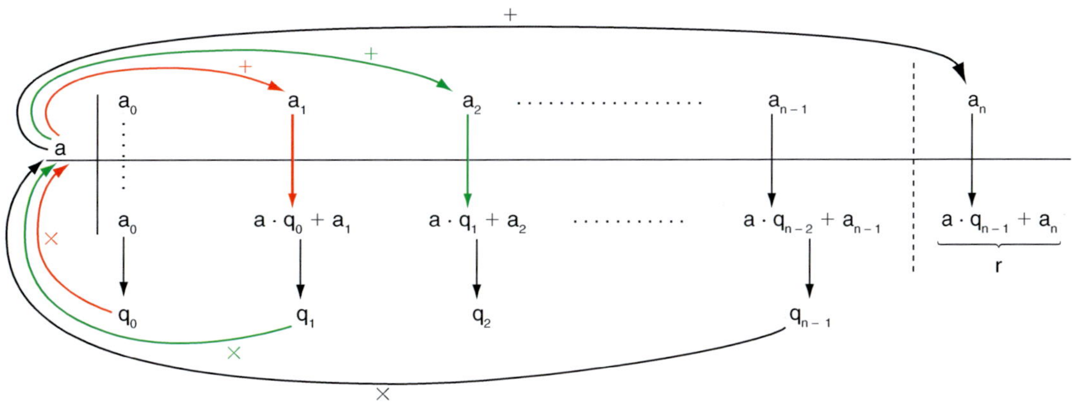

Vamos agora acompanhar a "montagem" do dispositivo usando um exemplo numérico.

Seja a divisão de $f(x) = x^3 - 4x^2 + 5x - 2$ por $g(x) = x - 3$.

- 1º passo: Calculamos a raiz do divisor g(x) e, ao seu lado, colocamos os coeficientes ordenados do dividendo f(x), segundo potências decrescentes de x:

  raiz de g(x): $x - 3 = 0 \Rightarrow x = 3$

raiz de g(x) — coeficientes ordenados de f(x)

3	1	−4	5	−2

- 2º passo: Abaixamos o primeiro coeficiente do dividendo (1) e o multiplicamos pela raiz do divisor ($1 \times 3 = 3$).

3	1	−4	5	−2
	1			

- 3º passo: Somamos o produto obtido com o coeficiente seguinte ($3 + (-4) = -1$). O resultado é colocado abaixo desse coeficiente.

3	1	−4	5	−2
	1	−1		

- 4º passo: Com esse resultado (−1), repetimos as operações (multiplicamos pela raiz e somamos com o coeficiente seguinte), e assim por diante.

3	1	−4	5	−2
	1	−1	2	4

O último dos números obtidos no dispositivo ou algoritmo de Briot-Ruffini é o resto da divisão. Assim, $r(x) = 4$.

Os demais números obtidos nesse algoritmo correspondem aos coeficientes ordenados (segundo potências decrescentes de x) do quociente da divisão. Assim:

$$q(x) = 1 \cdot x^2 - 1 \cdot x + 2 = x^2 - x + 2$$

EXERCÍCIOS RESOLVIDOS

13. Obter o quociente *q* e o resto *r* da divisão de $-2x^4 + x^3 - 5x^2 - x + 1$ por $x + 2$.

Solução:

Temos:

-2	-2	1	-5	-1	1
	-2	5	-15	29	-57

$$q = -2x^3 + 5x^2 - 15x + 29 \text{ e } r = -57$$

14. Fazer a divisão de $f(x) = 2x^3 - 5x + 1$ por $x - 3$.

Solução:

Convém, inicialmente, notar que

$f(x) = 2x^3 + 0 \cdot x^2 - 5 \cdot x + 1$.

Temos:

3	2	0	-5	1
	2	6	13	40

O quociente *q* é $2x^2 + 6x + 13$, e o resto *r* é 40.

15. Determinar $a \in \mathbb{R}$ de modo que $2x^3 - 4x^2 - 5x + a$ seja divisível por $x - 3$.

Solução:

Construímos o dispositivo de Briot-Ruffini:

3	2	-4	-5	a
	2	2	1	$a + 3$

Devemos ter resto igual a 0, isto é:

$$a + 3 = 0 \Rightarrow a = -3$$

EXERCÍCIOS

50. Em cada caso, obtenha o quociente e o resto da divisão de f(x) por g(x), utilizando o dispositivo de Briot-Ruffini:

a) $f(x) = -2x^3 + 4x^2 - 5x + 1$ e $g(x) = x - 3$

b) $f(x) = (3x + 2)^2$ e $g(x) = x + 2$

c) $f(x) = x^4 - 3x^2 + x - 2$ e $g(x) = x + 1$

d) $f(x) = x^3 - 1$ e $g(x) = x$

51. Dividindo-se $x^3 - 2x^2 + mx + 4$ por $x + 2$, obtém-se o quociente $x^2 - 4x + 5$. Qual é o resto dessa divisão?

52. O polinômio $f(x) = 4x^4 - 5x^2 + 2x + m$ $(m \in \mathbb{R})$ é divisível por $x - 2$.

a) Qual é o valor de *m*?

b) Qual é o quociente e o resto da divisão de f(x) por $x + 3$?

53. Qual é o quociente e o resto da divisão de $(x^4 + 1)^2$ por $x + 1$?

54. O polinômio $f(x) = 2x^3 + mx + n$ é divisível por $x + 1$; dividindo f(x) por $x + \frac{1}{2}$, obtemos resto igual a 2. Determine o valor de $m + n$.

55. Determine o valor da constante real *k* a fim de que a divisão de $2x^3 - 3x^2 + x + 6k$ por $x - 3$ seja exata.

DIVISÕES SUCESSIVAS

Vamos conhecer duas propriedades da divisão de polinômios.

1) Seja p(x) um polinômio de grau maior que 1; *a* e *b* são constantes complexas.

> Quando p(x) é divisível por x − a e o quociente dessa divisão é divisível por x − b, p(x) é divisível por (x − a) · (x − b).

Observe o esquema:

$$\begin{array}{l|l} p(x) & x - a \\ \hline r = 0 & q(x) \end{array} \qquad \begin{array}{l|l} q(x) & x - b \\ \hline r = 0 & q'(x) \end{array}$$

- Da primeira divisão, podemos escrever: $p(x) = (x - a) \cdot q(x)$ ①
- Da segunda divisão, podemos escrever: $q(x) = (x - b) \cdot q'(x)$ ②

Substituindo ② em ①, obtemos $p(x) = (x - a) \cdot (x - b) \cdot q'(x)$.

Desse modo, o produto $(x - a) \cdot (x - b)$ corresponde a um fator de p(x), e, assim, p(x) é divisível por $(x - a) \cdot (x - b)$.

Exemplo 12

Podemos verificar se o polinômio $p(x) = x^3 + 2x^2 - 5x - 6$ é divisível por $(x - 2) \cdot (x + 1)$ através do seguinte procedimento:

- Dividimos p(x) por $x - 2$:

2	1	2	−5	−6
	1	4	3	0

- Dividimos o quociente obtido por $x + 1$:

−1	1	4	3
	1	3	0

Como o resto também é nulo, concluímos que p(x) é divisível por $(x - 2) \cdot (x + 1)$.

Observação

Esse primeiro resultado também é válido quando $a = b$: se p(x) é divisível por $x - a$ e o quociente dessa divisão é também divisível por $x - a$, então p(x) é divisível por $(x - a)^2$.

Acompanhe a sequência de divisões abaixo, partindo do polinômio $f(x) = x^3 + 7x^2 + 8x - 16$ e tendo sempre $x + 4$ como divisor:

−4	1	7	8	−16	
−4	1	3	−4	0	← f(x) é divisível por x + 4
−4	1	−1	0		← f(x) é divisível por $(x + 4)^2$
	1	−5			← f(x) não é divisível por $(x + 4)^3$

2) **Quando p(x) é divisível por $x - a$ e por $x - b$ $(a \neq b)$ separadamente, p(x) é divisível por $(x - a) \cdot (x - b)$.**

Vamos mostrar essa propriedade.

A tese é: na divisão de p(x) por $(x - a) \cdot (x - b)$ obtemos como resto o polinômio nulo.

Temos: na divisão de p(x) por $(x - a) \cdot (x - b)$, obtemos como quociente q(x) e como resto $r(x) = mx + n$ (pois grau resto < 2). Escrevemos:

$$p(x) = (x - a) \cdot (x - b) \cdot q(x) + \underbrace{mx + n}_{r(x)} \quad ①$$

Mostremos que $m = n = 0$.

Das hipóteses:

- p(x) é divisível por $x - a$ $\overset{\text{D'Alembert}}{\Longrightarrow}$ $p(a) = 0$ ②
- p(x) é divisível por $x - b$ $\Rightarrow$ $p(b) = 0$ ③

Substituindo ② e ③ em ①, vem:

$$\left.\begin{array}{l}0 = p(a) = 0 \cdot q(a) + m \cdot a + n \Rightarrow \\ 0 = p(b) = 0 \cdot q(b) + m \cdot b + n \Rightarrow\end{array}\right. \begin{cases} m \cdot a + n = 0 \\ m \cdot b + n = 0 \end{cases} (-) \Rightarrow m(a - b) = 0$$

Como $a \neq b$, segue que $m = 0$, e daí $n = 0$. Assim, $r(x)$ é o polinômio nulo, pois todos os seus coeficientes são iguais a zero.

Exemplo 13

O polinômio $f(x) = x^3 - 2x^2 - 11x + 12$ é divisível por $x - 1$ e por $x - 4$, separadamente, conforme vemos a seguir:

1	1	−2	−11	12
	1	−1	−12	0

4	1	−2	−11	12
	1	2	−3	0

Assim, podemos afirmar que $f(x)$ é divisível por $(x - 1) \cdot (x - 4) = x^2 - 5x + 4$.

Observações

- Quando $a = b$, essa propriedade não é verdadeira.
  O polinômio $p(x) = x^2 - 4x + 3$ é divisível por $x - 1$, mas não é divisível por $(x - 1)^2$.
- A recíproca dessa propriedade é obviamente verdadeira: se $p(x)$ é divisível por $(x - a) \cdot (x - b)$, então $p(x)$ é divisível por $(x - a)$ e por $(x - b)$, separadamente.

EXERCÍCIOS

56. Seja $p(x)$ um polinômio divisível por $x - 2$. O quociente da divisão de $p(x)$ por $x - 2$ é dividido por $x + 4$ e o resto obtido é zero. Qual é o resto da divisão de $p(x)$ por $x^2 + 2x - 8$?

57. O polinômio $x^4 + 2x^3 - 12x^2 - 40x - 32$ é divisível por $x + 2$? E por $(x + 2)^2$? E por $(x + 2)^3$? E por $(x + 2)^4$?

58. Mostre que o polinômio $x^4 - 4x^3 + 7x^2 - 6x + 2$ é divisível por $(x - 1)^2$, mas não é divisível por $(x - 1)^3$.

59. Determine os valores de *m* e *n* a fim de que o polinômio $x^3 - x^2 + mx + n$ seja divisível por $(x - 2)^2$.

60. Determine os valores das constantes reais *m* e *p* a fim de que $x^4 + 2x^3 + 2x^2 + mx + p$ seja divisível por $(x + 1)^2$.

61. Qual é o maior valor natural de *n* para o qual o polinômio $f(x) = x^5 - 2x^4 + x^3 - x^2 + 2x - 1$ seja divisível por $(x - 1)^n$?

62. Determine os valores das constantes reais *a* e *b* de modo que $x^4 - 6x^3 + 17x^2 + ax + b$ seja divisível por $(x - 2)^2$.

63. O polinômio $x^3 - 13x + 12$ é divisível por $x - 3$? E por $x + 4$? E por $x^2 + x - 12$?

64. O polinômio $x^5 + x^3 - 2x$ é divisível por *x*? E por $x - 1$? E por $x + 1$? E por $x^3 - x$?

65. a) Verifique que $x^2 + x - 20 = (x - 4) \cdot (x + 5)$.

b) Usando a fatoração acima, determine os valores das constantes reais *m* e *n* de modo que $x^4 - x^3 + mx^2 + 37x + n$ seja divisível por $x^2 + x - 20$.

66. a) Verifique que $x^3 - 7x^2 - 8x = x(x + 1) \cdot (x - 8)$.

b) Mostre que $p(x) = x^7 - 11x^6 + 25x^5 - 7x^4 - 8x^3 + 4x^2 - 32x$ é divisível, separadamente, por *x*, $x + 1$ e $x - 8$.

c) $p(x)$ é divisível por $x^3 - 7x^2 - 8x$?

DESAFIO

(Obmep) Tia Geralda sabe que um dos seus sobrinhos Ana, Bruno, Cecília, Daniela ou Eduardo comeu todos os biscoitos. Ela também sabe que o culpado sempre mente e que os inocentes sempre dizem a verdade.

- Bruno diz: "O culpado é Eduardo ou Daniela".
- Eduardo diz: "O culpado é uma menina".
- Por fim, Daniela diz: "Se Bruno é culpado, então Cecília é inocente".

Quem comeu os biscoitos?

Ilustra Cartoon

EXERCÍCIOS COMPLEMENTARES

1. Determine os valores reais de *a*, *b* e *c* para que o polinômio $(2a - b + 3)x^2 + (b + 2)x + (2c - 1)$ tenha grau igual a zero.

2. Qual é o polinômio *p* de grau 3 que tem coeficiente dominante igual a 2, apresenta zero como uma de suas raízes e satisfaz as condições $p(i) = p(-i)$ e $p(1) = 5$?

3. (UF-PE) Sabendo que $\frac{x^2 - 2x + 4}{x^3 + x^2 - 2x} = \frac{A}{x} + \frac{B}{x + 2} + \frac{C}{x - 1}$, calcule $A + B + 2C$.

4. Seja $p(x) = x^2 + ax + b$, em que *a* e *b* são constantes reais. Determine o valor de cada uma dessas constantes, de forma que $4 \cdot p(x + 1) = p(2x) - p(0)$, $\forall x \in \mathbb{C}$.

5. Determine o polinômio *p* de grau 2 que satisfaz as seguintes condições:

- é divisível por $x + 1$;
- apresenta resto igual a 3 quando é dividido por $x - 2$;
- $\forall x \in C, p(x) = p(-x)$.

6. Um polinômio p(x) é tal que $p(1) = 4$. O quociente da divisão de p(x) por $(x - 1)$ é dividido por $(x - 2)$ e obtém-se o resto 3. Determine o resto da divisão de p(x) por $(x - 1)(x - 2)$.

7. (FGV-SP) Dividindo o binômio $P(x) = 3x^{101} + 1$ pelo binômio $D(x) = x^2 - 1$, obtemos como resto o binômio $R(x) = ax + b$. Determine os coeficientes *a* e *b* do binômio R(x).

8. (ITA-SP) Sejam *a*, *b*, *c* e *d* constantes reais. Sabendo que a divisão de $p_1(x) = x^4 + ax^2 + b$ por $p_2(x) = x^2 + 2x + 4$ é exata e que a divisão de $p_3(x) = x^3 + cx^2 + dx - 3$ por $p_4(x) = x^2 - x + 2$ tem resto igual a -5, determine o valor de $a + b + c + d$.

9. Determine *a* e *b* reais de modo que o polinômio $f(x) = (x + 2)^3 + (x - 1)^3 + 3ax + b$ seja divisível por $(x - 2)^2$.

10. O polinômio $x^3 - x^2 + mx + n$, com *m* e *n* constantes reais, é divisível por $x + 3$, e o quociente obtido nessa divisão é um polinômio que apresenta uma raiz real dupla. Quais são os valores de *m* e *n*?

11. O polinômio $p(x) = x^4 - 6x^3 + 16x^2 - 26x + 15$ é divisível por $x^2 - 2x + 5$. Para que valores reais de *x* tem-se $p(x) \geq 0$?

12. (U.E.Ponta Grossa-PR) Na divisão do polinômio P(x) pelo binômio A(x), do 1º grau, usando o dispositivo de Briot-Ruffini, obteve-se o seguinte:

m	1	a	a	–a	–6
				3	0

Então, assinale o que for correto.

(01) P(x) é um polinômio do 4º grau.

(02) P(x) é divisível por $x - 2$.

(04) $P(0) = -6$.

(08) $P(1) = -6$.

(16) O quociente da divisão é o polinômio $Q(x) = x^3 + x^2 + x + 3$.

13. (FGV-SP) Considere uma função p(x) tal que $2p(x) - p(2 - x) = 3x^2 - 3x - 2$.

a) Calcule p(1).

b) Qual é o valor da soma $p(-1) + p(3)$?

14. Sejam *a*, *b* e *c* números reais e o polinômio $p(x) = \frac{1}{3}x^3 + ax^2 + bx + c$.

a) Determine os valores de *a*, *b* e *c* para os quais $p(x) - p(x-1) = x^2$.

b) Use o item *a* para calcular, em função de *n*, a soma: $S = 1^2 + 2^2 + 3^2 + ... + n^2$

15. (Unicamp-SP) Seja $f(x) = a_n x^n + a_{n-1}x^{n-1} + ... + a_1 x + a_0$ um polinômio de grau *n* tal que $a_n \neq 0$ e $a_j \in \mathbb{R}$ para qualquer *j* entre 0 e *n*. Seja $g(x) = na_n x^{n-1} + (n-1)a_{n-1}x^{n-2} + ... + 2a_2 x + a_1$ o polinômio de grau $n - 1$ em que os coeficientes $a_1, a_2, ..., a_n$ são os mesmos empregados na definição de f(x).

a) Supondo que $n = 2$, mostre que $g\left(x + \frac{h}{2}\right) = \frac{f(x+h) - f(x)}{h}$, para todo $x, h \in \mathbb{R}, h \neq 0$.

b) Supondo que $n = 3$ e que $a_3 = 1$, determine a expressão do polinômio f(x), sabendo que $f(1) = g(1) = f(-1) = 0$.

16. (UF-PE) Determine o polinômio com coeficientes reais $p(x) = ax^3 + bx^2 + cx$, tal que $p(x+1) - p(x) = 6x^2$ e indique $a^2 + b^2 + c^2$.

17. (U. E. Ponta Grossa-PR) Considere os polinômios $P(x) = x^3 + ax^2 + bx - 2$ e $Q(x) = x^2 + ax + b$. Sabendo que $P(2) = Q(1)$ e $Q(0) = 4$, assinale o que for correto (indique a soma).

(01) $P(x) + Q(x) = x^3 - 2x^2 + x + 2$.

(02) As raízes de $Q(x) = 0$ são reais.

(04) 1 é raiz de P(x).

(08) P(x) é divisível por $x + 1$.

(16) P(x) é divisível por Q(x).

18. (UF-SE) Para analisar se cada uma das afirmações abaixo é falsa ou verdadeira, considere:

- *p* e *q*, polinômios cujos respectivos graus são 3 e 6;
- $f = -2x^4 + (a+b)x^3 - 5x^2 + (a-3)x - 3$ e $g = cx^4 - 2x^3 + (c-3)x^2 + (b+5)x - 3$, polinômios em que *a*, *b* e *c* são constantes reais.

(0-0) Se na divisão de um polinômio *h* por $4x^3 - 1$ são obtidos quociente $1 - 2x$ e resto $(x+3) \cdot (2-x)$, então $h = -8x^4 + 4x^3 - x^2 + x + 5$.

(1-1) O grau do polinômio $p^3 + q$ é igual a 9.

(2-2) Se *f* e *g* são polinômios idênticos, então $a + b + c = 0$.

(3-3) Supondo $c = 1$, então, para que o polinômio *g* se torne divisível por $x + 3$, deve-se ter $b = 33$.

(4-4) Se $a = 4$ e o resto da divisão do polinômio *f* por $x - 2$ é igual a 3, então o quociente da divisão de *f* por $x^2 + 1$ é o polinômio $-2x^2 + 7x - 3$.

19. (UF-PE) Indique o valor do natural *n*, $n > 0$, para o qual o polinômio $n^2x^{2n+1} - 25nx^{n+1} + 150x^{n-1}$ é divisível pelo polinômio $x^2 - 1$.

20. (UF-GO) Determine o valor de $k \in \mathbb{R}$, para que o polinômio $p(x) = kx^3 + (k+1)x^2 + 2kx + 6$ seja divisível por $x^2 + 2$.

21. (ITA-SP) Determine os valores de *k* e α, $k \in \mathbb{R}$ e $\alpha \in [0, 2\pi]$, para que o polinômio $p(x) = kx^2 - x\cos^2\alpha + \operatorname{sen}\alpha$ seja divisível pelo produto $(x-1)(x-2)$.

22. (UF-PR) Um resultado bastante útil em matemática é que toda função racional (quociente de funções polinomiais reais) pode ser escrita como soma de funções mais simples. Por exemplo, a função $r(x) = \frac{x+1}{x(x-1)^2}$ pode ser escrita na forma $\frac{A}{x} + \frac{B}{x-1} + \frac{C}{(x-1)^2}$.

a) Aplicando os conhecimentos sobre operações com frações e igualdade de polinômios, calcule os números reais A, B e C tais que $\frac{x+1}{x(x-1)^2} = \frac{A}{x} + \frac{B}{x-1} + \frac{C}{(x-1)^2}$.

b) Examinando a expressão de r(x) como soma de frações, descreva o que ocorre com valor r(x) quando *x* assume valores arbitrariamente grandes.

23. (UF-CE) Os números *a*, *b*, *c* e *d* são reais. Determine os coeficientes de $P(x) = ax^3 + bx^2 + cx + d$, sabendo-se que o polinômio $Q(x) = ax^2 + bx + 1$ divide P(x) e que $P(a) = Q(a) = a \neq 0$.

24. (U. F. Ouro Preto-MG) Determine o polinômio p(x) tal que $(3x+2) \cdot p(x) = 3x^3 + x^2 - 6x - 2 + p(x)$.

25. (UF-BA) Determine os polinômios da forma $p(x) = x^3 + bx^2 + cx + d$ que são divisíveis por $x - 1$ e $x + 1$, sabendo que *b*, *c* e $d \in \mathbb{R}$ e $bd = -1$.

26. (UF-BA) Determine o polinômio $p(x) = bx^4 + cx^3 + dx$, sabendo que

- o coeficiente *b* é igual à soma dos termos da progressão geométrica infinita $\left(6, 2, \frac{2}{3}, \frac{2}{9}, ...\right)$;
- o coeficiente *d* é igual ao termo a_{50} da progressão aritmética decrescente $(a_1, a_2, a_3, ...)$, cujos termos a_5, a_9, a_{10} e a_{14} são as abscissas dos pontos de interseção das curvas de equações $x^2 + y^2 = 82$ e $y = \frac{9}{x}$;
- o resto da divisão de p(x) pelo binômio $x + 1$ é igual a 40.

TESTES

1. (UF-PR) Considere o polinômio $p(x) = x^3 - ax^2 + x - a$ e analise as seguintes afirmativas:

1. $i = \sqrt{-1}$ é uma raiz desse polinômio.

2. Qualquer que seja o valor de *a*, p(x) é divisível por $x - a$.

3. Para que $p(-2) = -10$, o valor de *a* deve ser 0.

Assinale a alternativa correta.

a) Somente a afirmativa 2 é verdadeira.
b) Somente as afirmativas 1 e 2 são verdadeiras.
c) Somente as afirmativas 1 e 3 são verdadeiras.
d) Somente as afirmativas 2 e 3 são verdadeiras.
e) As afirmativas 1, 2 e 3 são verdadeiras.

2. (UE-CE) A soma dos valores de *k* para os quais o polinômio $P(x) = x^3 + k^2x^2 - 4kx - 5$ é divisível por $x - 2$ é

a) 2.
b) −1.
c) −2.
d) 1.

3. (UF-AM) O resto da divisão do polinômio $P(x) = x^3 - 7x^2 + 8x + 21$ pelo polinômio $Q(x) = x^2 - 4x - 5$ é o polinômio:

a) $r(x) = x + 6$
b) $r(x) = x - 6$
c) $r(x) = x + 4$
d) $r(x) = x - 4$
e) $r(x) = x - 5$

4. (Enem-MEC) Um forro retangular de tecido traz em sua etiqueta a informação de que encolherá após a primeira lavagem mantendo, entretanto, seu formato. A figura a seguir mostra as medidas originais do forro e o tamanho do encolhimento (*x*) no comprimento e (*y*) na largura. A expressão algébrica que representa a área do forro após ser lavado é $(5 - x)(3 - y)$.

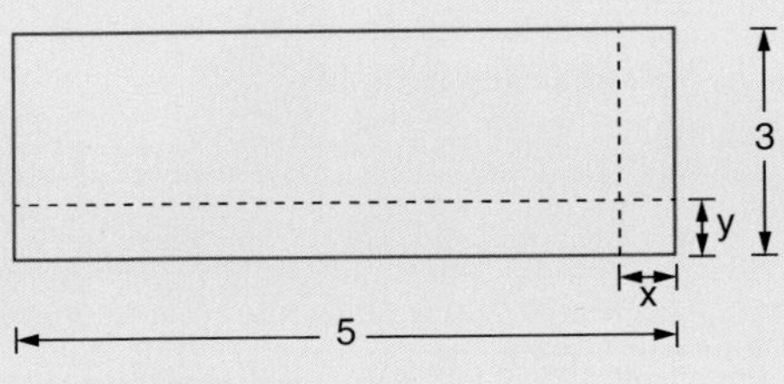

Nessas condições, a área perdida do forro, após a primeira lavagem, será expressa por:

a) $2xy$
b) $15 - 3x$
c) $15 - 5y$
d) $-5y - 3x$
e) $5y + 3x - xy$

5. (Cefet-MG) Perdeu-se parte da informação que constava em uma solução de um problema, pois o papel foi rasgado e faz-se necessário encontrar três dos números perdidos que chamaremos de A, B e C na equação abaixo.

$$\frac{Ax - 2}{x^2 + x + 3} + \frac{B}{2x - 1} = \frac{Cx^2 - 9x - C}{2x^3 + x^2 + 5x - 3}$$

O valor de A + B + C é

a) −3.
b) −2.
c) 4.
d) 5.
e) 7.

6. (UE-PB) Os valores de *m* e *n* para os quais a expressão $\frac{5x^4 + 8x^2 + mx + n}{x^2 + 2}$ seja um polinômio são respectivamente:

a) 2 e −4
b) 0 e −2
c) 0 e −4
d) 2 e 4
e) 8 e −4

7. (ESPM-SP) O resto da divisão do polinômio $x^5 - 3x^2 + 1$ pelo polinômio $x^2 - 1$ é:

a) $x - 1$
b) $x + 2$
c) $2x - 1$
d) $x + 1$
e) $x - 2$

8. (IF-AL) Seja $P(x) = x^3 - 2x^2 + 3x - 5$ um polinômio. O resto da divisão de P(x) pelo binômio $B(x) = x - \frac{1}{2}$ é

a) um número natural.
b) um número inteiro negativo.
c) um número racional positivo.
d) um número racional negativo.
e) um número irracional.

9. (Udesc-SC) Sejam q(x) e r(x), respectivamente, o quociente e o resto da divisão de $f(x) = 6x^4 - x^3 - 9x^2 - 3x + 7$ por $g(x) = 2x^2 + x + 1$. O produto entre todas as raízes de q(x) e r(x) é igual a:

a) $-\frac{7}{3}$
b) 3
c) $\frac{3}{5}$
d) 5

10. (IF-AL) Dividindo o polinômio p(x) pelo polinômio $(x - 2)(x - 4)(x - 5)$ obtém-se resto $x + 3$. Se os restos das divisões de p(x) por $x - 2$, $x - 4$ e $x - 5$ são, respectivamente, os números A, B e C, então ABC vale

a) 100.
b) 180.
c) 200.
d) 280.
e) 360.

11. (U. E. Londrina-PR) Para que o polinômio $f(x) = x^3 - 6x^2 + mx + n$ seja um cubo perfeito, ou seja, tenha a forma $f(x) = (x + b)^3$, os valores de *m* e *n* devem ser, respectivamente:

a) 3 e −1
b) −6 e 8
c) −4 e 27
d) 12 e −8
e) 10 e −27

12. (U. F. Juiz de Fora-MG) Dados dois polinômios A(x) e B(x), sabe-se que S(x) = A(x) + B(x) é um polinômio de grau 8 e que D(x) = A(x) − B(x) é um polinômio de grau 5. É correto afirmar:

a) O polinômio W(x) = B(x) − A(x) tem grau 8.

b) Os polinômios A(x) e B(x) têm o mesmo grau.

c) O polinômio C(x) = A(x) · B(x) tem grau 13.

d) O polinômio A(x) tem grau 5.

e) O grau do polinômio B(x) é menor que 7.

13. (UTF-PR) Quais são os polinômios que representam o quociente q(x) e o resto r(x) da divisão do polinômio $p(x) = x^3 + 5x^2 + 6$ pelo polinômio $d(x) = x^2 - 3$?

a) q(x) = −(x + 5) e r(x) = 3x + 21.

b) q(x) = x + 5 e r(x) = −(3x + 21).

c) q(x) = x − 5 e r(x) = −3x + 21.

d) q(x) = −(x + 5) e r(x) = 3x − 21.

e) q(x) = x + 5 e r(x) = 3x + 21.

14. (U. F. Triângulo Mineiro-MG) Dividindo-se o polinômio $p(x) = 3x^4 - 2x^3 + mx + 1$ por (x − 1) ou por (x + 1), os restos são iguais. Nesse caso, o valor de *m* é igual a

a) −2. c) 1. e) 3.

b) −1. d) 2.

15. (U. E. Londrina-PR) O polinômio $p(x) = x^3 + x^2 - 3ax - 4a$ é divisível pelo polinômio $q(x) = x^2 - x - 4$. Qual é valor de *a*?

a) a = −2

b) a = −1

c) a = 0

d) a = 1

e) a = 2

16. (UPE-PE) Para que polinômio $6x^3 - 4x^2 + 2mx - (m + 1)$ seja divisível por x − 3, o valor da raiz quadrada do módulo de *m* deve ser igual a

a) 0 c) 2 e) 5

b) 1 d) 3

17. (PUC-RS) Em relação aos polinômios $p(x) = ax^2 + bx + c$ e $q(x) = dx^2 + ex + f$, considerando que p(1) = q(1), p(0) = q (0) = 0, concluímos que (a + b) − (d + e) vale:

a) 0

b) 1

c) 2

d) a + b

e) d + e

18. (UF-CE) Se a identidade $\frac{3x+2}{x^2-4} = \frac{a}{x-2} + \frac{b}{x+2}$ é verdadeira para todo número real *x* diferente de 2 e −2, então os valores de *a* e *b* são, respectivamente:

a) 1 e −1

b) 2 e −1

c) 2 e 1

d) 3 e 2

e) 3 e 3

19. (FVG-SP) O quociente da divisão do polinômio $P(x) = (x^2 + 1)^4 \cdot (x^3 + 1)^3$ por um polinômio de grau 2 é um polinômio de grau:

a) 5 d) 15

b) 10 e) 18

c) 13

20. (PUC-RS) O resto da divisão de $x^{500} - 1$ por x − 1 é:

a) −1 d) −x

b) 0 e) x

c) 1

21. (Fatec-SP) Se o polinômio $p(x) = 2x^3 + 5x^2 + mx + 12$ é divisível por h(x) = x + 3, então o parâmetro *m* é igual a:

a) 2 c) 3 e) −3

b) 1 d) −1

22. (UF-CE) Se a divisão do polinômio $x^3 + 2x^2 + x + m$ pelo polinômio $x^2 + 1$ possui resto zero, então o valor de *m* é:

a) 1 c) 3 e) 5

b) 2 d) 4

23. (UF-PI) Considerem-se os polinômios p(x) = (x − 1)(x − 2)(x − 3) ... (x − 100) e d(x) = x. O resto da divisão de p(x) por d(x) é:

a) −1 c) 100 e) 100!

b) 0 d) 10!

24. (UF-PR) Sabendo que o polinômio $p(x) = x^4 - 3x^3 + ax^2 + bx - a$ é divisível pelo polinômio $q(x) = x^2 + 1$, é correto afirmar:

a) a − b = −1

b) 2a + b = −2

c) $a + 2b = \frac{1}{2}$

d) a − 2b = 0

e) $2a - b = \frac{3}{4}$

25. (Fuvest-SP) O polinômio $p(x) = x^3 + ax^2 + bx$, em que *a* e *b* são números reais, tem restos 2 e 4 quando dividido por $x - 2$ e $x - 1$, respectivamente. Assim, o valor de *a* é:

a) −6
b) −7
c) −8
d) −9
e) −10

26. (Fatec-SP) Sejam *a* e *b* números reais tais que o polinômio $P(x) = x^4 + 2ax + b$ é divisível pelo polinômio $(x - 1)^2$. O resto da divisão de P(x) pelo monômio D(x) = x é:

a) −2
b) −1
c) 1
d) 3
e) 4

27. (UF-GO) Considere o polinômio: $p(x) = (x - 1)(x - 3)^2(x - 5)^3(x - 7)^4(x - 9)^5(x - 11)^6$. O grau de p(x) é igual a:

a) 1080
b) 720
c) 36
d) 21
e) 6

28. (UE-CE) Se os polinômios $p(x) = x^3 + mx^2 + nx + k$ e $g(x) = x^3 + ux^2 + vx + w$ são divisíveis por $x^2 - x$, então o resultado da soma $m + n + u + v$ é:

a) −2
b) −1
c) 0
d) 1

29. (UE-PB) O resto da divisão do polinômio $P(x) = 3x^{2n+3} - 5x^{2n+2} + 8$ por $x + 1$ com *n* natural é:

a) −1
b) 1
c) zero
d) 2
e) 6

30. (UF-PI) Um polinômio p(x) é divisível por $x - 1$ e, quando dividido por $x^2 + 2$, deixa quociente $x^2 + 1$ e resto r(x). Se $r(-1) = 2$, pode-se afirmar que p(x) é igual a:

a) $x^4 + 3x^2 - 4x$
b) $x^4 + 3x^2 - 4$
c) $-x^4 + x^2$
d) $x^4 + x^2 - 2$
e) $x^4 - 1$

31. (UF-CE) Considere a função polinomial $P(x) = x^{20} + x^{12} + ax^4 + bx + 1$. Sabendo-se que *a* e *b* são números reais, ambos não nulos, e que $P(1 + i) = 4 + 3i$, então $P\left(\frac{2}{1+i}\right)$ é igual a:

a) $\frac{2}{1+i}$
b) $\frac{2}{1-i}$
c) $\frac{1}{2+i}$
d) $4 + 3i$
e) $4 - 3i$

32. (FEI-SP) Se o polinômio $p(x) = x^4 - 6x^3 + 7x^2 + mx + n$ é divisível por $x^2 - 9x + 8$, podemos afirmar que $m + n$ é igual a:

a) 2
b) 4
c) −4
d) −2
e) 9

33. (ITA-SP) Um polinômio P é dado pelo produto de 5 polinômios cujos graus formam uma progressão geométrica. Se o polinômio de menor grau tem grau igual a 2 e o grau de P é 62, então o de maior grau tem grau igual a:

a) 30
b) 32
c) 34
d) 36
e) 38

34. (FGV-SP) Seja $P(x) = x^2 + bx + c$, com *b* e *c* inteiros. Se P(x) é fator de $T(x) = x^4 + 6x^2 + 25$ e de $S(x) = 3x^4 + 4x^2 + 28x + 5$, então P(1) é igual a:

a) 0
b) 1
c) 2
d) 3
e) 4

35. (UE-RN) O valor de *n* para que a divisão do polinômio $p(x) = 2x^3 + 5x^2 + x + 17$ por $d(x) = 2x^2 + nx + 4$ tenha resto igual a 5 é um número

a) menor que −6.
b) negativo e maior que −4.
c) positivo e menor que 5.
d) par e maior que 11.

8 EQUAÇÕES ALGÉBRICAS

INTRODUÇÃO

Eduardo construiu uma caixa em forma de bloco retangular, sem tampa, a partir de uma folha retangular de cartolina que media 33 cm por 20 cm, recortando um quadrado em cada vértice do retângulo, conforme mostra a figura ao lado.

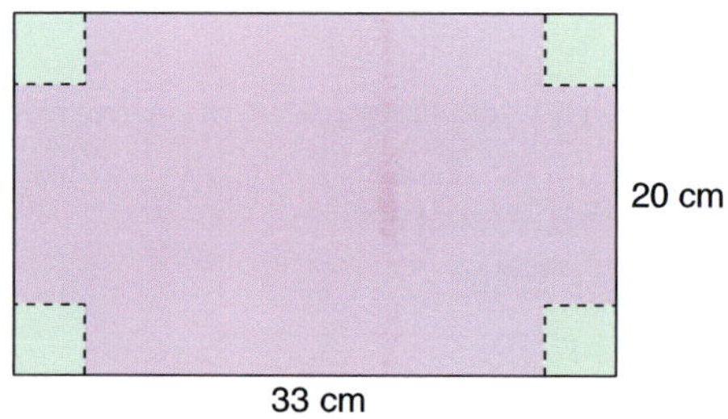

Pronta a caixa, seu colega Toninho perguntou qual era a medida do lado do quadrado recortado. Eduardo respondeu: "Vou lhe dar uma pista: a caixa fica completamente cheia se você despejar um saco de 1,05 litro (1050 cm³) de areia".

Como Toninho deverá proceder para descobrir a medida do lado do quadrado?

Inicialmente, ele deverá identificar as dimensões da caixa:

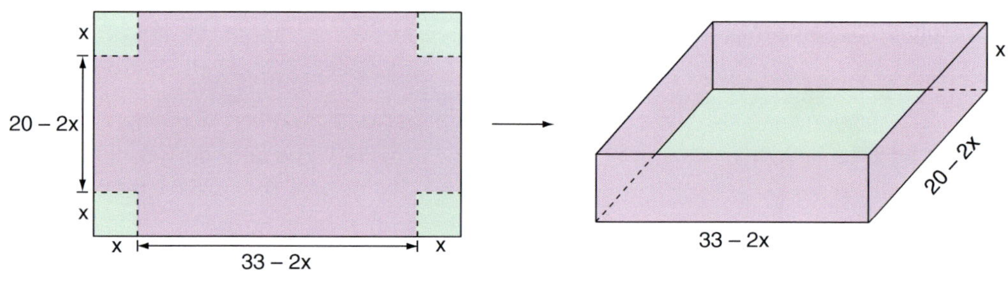

(x é a medida do lado do quadrado)

O volume de um bloco retangular (paralelepípedo) é dado por V = (comprimento) · (largura) · (altura), isto é:

$$V = (33 - 2x) \cdot (20 - 2x) \cdot x = 4x^3 - 106x^2 + 660x$$

Assim, a condição do problema é:

$$4x^3 - 106x^2 + 660x = 1050$$

e o valor de x procurado é uma solução da equação:

$$2x^3 - 53x^2 + 330x - 525 = 0$$

Essa equação é um exemplo de **equação algébrica** ou **polinomial**, objeto de estudo deste capítulo.

DEFINIÇÃO

Equação polinomial ou **algébrica** é toda equação redutível à forma $p(x) = 0$, em que:

$$p(x) = a_n x^n + a_{n-1}x^{n-1} + ... + a_1 x + a_0, \text{ com } a_n \neq 0,$$

é um polinômio de grau *n*, sendo $n \geqslant 1$, com coeficientes em $\mathbb{C}$, e cuja incógnita *x* pode assumir um valor qualquer em $\mathbb{C}$.

Exemplo 1

São exemplos de equações polinomiais:

- $4x + 5 = 0$
- $x^2 - 2x + 8 = 0$
- $3x^2 + ix - 1 = 0$
- $x^3 + 4x^2 + x - 1 = 0$
- $x^4 - x^2 + x + 3 = 0$
- $x^6 - 2i = 0$

RAIZ

Seja a equação polinomial $p(x) = 0$, em que $p(x) = a_n x^n + a_{n-1}x^{n-1} + ... + a_1 x + a_0$.

Um número complexo *r* é raiz dessa equação se, substituindo *x* por *r* na equação e efetuando os cálculos, obtemos:

$$p(r) = a_n r^n + a_{n-1}r^{n-1} + ... + a_1 r + a_0 = 0$$

Em outras palavras, *r* é raiz de uma equação $p(x) = 0$ se *r* for raiz do polinômio $p(x)$.

Exemplo 2

O número 4 é uma raiz da equação $x^3 - 6x^2 + 10x - 8 = 0$, pois:

$$4^3 - 6 \cdot 4^2 + 10 \cdot 4 - 8 = 64 - 96 + 40 - 8 = 0$$

Já o número complexo *i* não é raiz dessa equação, pois:

$$i^3 - 6i^2 + 10i - 8 = -i + 6 + 10i - 8 = -2 + 9i \neq 0$$

Conjunto solução

Conjunto solução de uma equação polinomial é o conjunto de todas as raízes dessa equação, considerando $\mathbb{C}$ o conjunto universo. Neste capítulo, salvo menção contrária, vamos considerar $U = \mathbb{C}$ nos exemplos e exercícios.

Vejamos:

- Quando o grau do polinômio é 1, para encontrar o conjunto solução da equação $ax + b = 0$ $(a \neq 0)$ basta fazer: $ax = -b \Rightarrow x = -\frac{b}{a}$ e $S = \left\{-\frac{b}{a}\right\}$.
- Quando o grau do polinômio é 2, é preciso resolver a equação $ax^2 + bx + c = 0$ $(a \neq 0)$. Usando a fórmula resolutiva da equação de 2º grau, temos: $x = \frac{-b \pm \sqrt{b^2 - 4ac}}{2a}$ e $S = \left\{\frac{-b + \sqrt{b^2 - 4ac}}{2a}, \frac{-b - \sqrt{b^2 - 4ac}}{2a}\right\}$.
- Quando o grau do polinômio é 3 ou 4, é possível determinar as raízes da equação por meio de fórmulas que envolvem as quatro operações fundamentais e a extração de raízes. No entanto, essas fórmulas não são estudadas nos cursos de Ensino Médio.
- Quando o grau do polinômio é maior ou igual a 5, não existe uma fórmula resolutiva (envolvendo as quatro operações e extração de raízes) que se aplique a qualquer equação.

Um pouco de História

A resolução de equações

Os primeiros registros encontrados sobre a resolução de algumas equações de 2º grau datam de, aproximadamente, 1700 a.C. e pertencem a civilizações antigas, como a dos sumérios, egípcios e babilônios.

Os gregos usaram a Geometria para aperfeiçoar as técnicas de resolução das equações de 2º grau.

A civilização islâmica também deixou um legado importante: a obra *Al-jabr W'al-Mugabala*, do matemático e astrônomo Al-Khowarizmi, datada do século VIII, inclui, entre outros, uma exposição completa da resolução das equações de 1º e 2º graus. A palavra "álgebra" deriva desse nome.

Ivan Vdovin/Grupo Keystone

Estátua de Al-Khowarizmi em Khiva, no Uzbequistão.

No século XVI, com o Renascimento italiano, ocorreu um progresso significativo: a resolução das equações de 3º grau e, como decorrência, as de 4º grau. A história da resolução dessas equações envolve segredos, batalhas, desafios e traições, culminando, em 1545, na publicação de *Ars Magna*, de Girolamo Cardano. Essa obra contém o processo de resolução e a devida demonstração da fórmula de resolução de uma equação de 3º grau, além da explicação de como resolver uma equação de 4º grau, transformando-a em outra de 3º grau.

Durante dois séculos e meio tentou-se encontrar uma fórmula resolutiva para a equação de 5º grau. Somente em 1824 o norueguês Niels Abel (1802-1829) provou, de maneira consistente, a impossibilidade de resolução dessa equação por meio das quatro operações aritméticas e de radiciações.

Poucos anos depois, o francês Évariste Galois (1811-1832) – cujos trabalhos deram início à chamada Álgebra Moderna – generalizou as condições de resolubilidade de uma equação algébrica qualquer.

TEOREMA FUNDAMENTAL DA ÁLGEBRA (TFA)

O teorema seguinte, enunciado e provado por Carl Gauss (1777-1855), constitui um elemento central para o estudo das equações algébricas.

Todo polinômio de grau n, $n \geq 1$, admite ao menos uma raiz complexa.

A demonstração desse teorema exige conhecimentos de Matemática do Ensino Superior e, portanto, não é desenvolvida no Ensino Médio.

TEOREMA DA DECOMPOSIÇÃO

Seja $p(x)$ um polinômio de grau n, $n \geq 1$, dado por:

$$p(x) = a_n x^n + a_{n-1} x^{n-1} + \ldots + a_1 x + a_0 \; (a_n \neq 0)$$

Então, $p(x)$ pode ser decomposto em n fatores de 1º grau sob a forma:

$$p(x) = a_n \cdot (x - r_1) \cdot (x - r_2) \cdot \ldots \cdot (x - r_n)$$

em que $r_1, r_2, \ldots, r_n$ são as raízes de $p(x)$ e a_n é o coeficiente dominante de $p(x)$.

Demonstração:

Como p(x) é um polinômio de grau $n \geqslant 1$, o TFA garante-nos que p(x) tem ao menos uma raiz complexa r_1. Assim, $p(r_1) = 0$ e, pelo teorema de D'Alembert, p(x) é divisível por $x - r_1$. Então:

$$p(x) = (x - r_1) \cdot q_1(x) \quad (1)$$

em que $q_1(x)$ é um polinômio de grau $n - 1$ e coeficiente dominante a_n (pois o divisor $x - r_1$ tem coeficiente dominante unitário).

Temos:

- Se $n = 1$, então $q_1(x)$ é um polinômio de grau $1 - 1 = 0$, ou seja, $q_1(x)$ é um polinômio constante, dado por $q_1(x) = a_n$. Substituindo em (1), vem $p(x) = a_n(x - r_1)$, e o teorema fica demonstrado.
- Se $n \geqslant 2$, então $n - 1 \geqslant 1$. Assim, podemos aplicar o TFA ao polinômio $q_1(x)$, isto é, $q_1(x)$ tem ao menos uma raiz complexa r_2. Assim, $q_1(r_2) = 0$ e $q_1(x)$ é divisível por $x - r_2$:

$$q_1(x) = (x - r_2) \cdot q_2(x) \quad (2)$$

em que $q_2(x)$ é um polinômio de grau $n - 2$ e coeficiente dominante a_n. Substituindo (2) em (1), resulta:

$$p(x) = (x - r_1) \cdot (x - r_2) \cdot q_2(x) \quad (3)$$

- Se $n = 2$, $q_2(x)$ é um polinômio de grau 0, dado por $q_2(x) = a_n$. De (3), segue que $p(x) = a_n(x - r_1) \cdot (x - r_2)$, e o teorema fica demonstrado.
- Aplicando sucessivamente *n* vezes o TFA, obtemos:

$$p(x) = (x - r_1) \cdot (x - r_2) \cdot \ldots \cdot (x - r_n) \cdot q_n(x)$$

em que $q_n(x)$ é um polinômio de grau $n - n = 0$, dado por $q_n(x) = a_n$.

Assim:

$$p(x) = a_n \cdot (x - r_1) \cdot (x - r_2) \cdot \ldots \cdot (x - r_n)$$

Observações

- Dizemos que cada um dos polinômios do 1º grau, $x - r_1$, $x - r_2$, ..., $x - r_n$, é um fator de p(x).
- Pode-se mostrar que, com exceção da ordem dos fatores da multiplicação, a decomposição de p(x) em termos de suas raízes é única.
- p(x) é divisível por cada um de seus fatores, individualmente, e também por qualquer produto desses fatores.

Consequência do teorema da decomposição

Toda equação polinomial de grau *n*, $n \geqslant 1$, admite exatamente *n* raízes complexas.

Vejamos algumas situações:

- O polinômio de 1º grau dado por $p(x) = 4x - 8$ admite 2 como raiz; podemos escrever $p(x) = 4 \cdot (x - 2)$.
- O polinômio de 2º grau dado por $p(x) = x^2 - x - 2$ admite como raízes -1 e 2. Podemos decompor p(x) fazendo: $p(x) = 1 \cdot (x + 1) \cdot (x - 2)$.
- O polinômio de 2º grau $p(x) = x^2 - 4x + 5$ admite como raízes os números $2 + i$ e $2 - i$; sua decomposição em fatores do 1º grau é: $p(x) = 1 \cdot (x - 2 - i) \cdot (x - 2 + i)$.
- O polinômio de 3º grau $x^3 + 4x$ pode ser escrito como $x \cdot (x^2 + 4) = x \cdot (x - 2i) \cdot (x + 2i)$; suas raízes são, portanto, 0, 2i e $-2i$.
- As três raízes do polinômio $x^3 - 4x^2 - 11x + 30$ são 2, -3 e 5. Pelo teorema da decomposição, é possível escrever $x^3 - 4x^2 - 11x + 30 = (x - 2) \cdot (x + 3) \cdot (x - 5)$.

Faça as multiplicações e confira.

EXERCÍCIOS RESOLVIDOS

1. Resolver a equação $x^3 - 8x^2 + 29x - 52 = 0$, sabendo que uma das raízes é 4.

Solução:

Seja p(x) o polinômio dado e 4, r_2 e r_3 suas raízes. Usando o teorema da decomposição, podemos escrever:

$$p(x) = 1 \cdot (x - 4) \cdot \underbrace{(x - r_2) \cdot (x - r_3)}_{q(x)}$$

isto é:

$$p(x) = (x - 4) \cdot q(x)$$

Assim, p(x) é divisível por (x − 4) e o quociente dessa divisão é q(x). Usando Briot-Ruffini, vem:

4	1	−8	29	−52
	1	−4	13	0

(1, −4, 13: coeficientes de q(x))

Desse modo, as demais raízes são obtidas de q(x) = 0, isto é, $x^2 - 4x + 13 = 0 \Rightarrow x = 2 - 3i$ ou $x = 2 + 3i$ e o conjunto solução da equação p(x) = 0 é:

$$S = \{4,\ 2 - 3i,\ 2 + 3i\}$$

2. Escrever uma equação algébrica de 3º grau cujas raízes sejam 1, −2 e 5.

Solução:

Seja p(x) o polinômio de grau 3 procurado. Usando o teorema da decomposição, podemos escrever:

$$p(x) = a_n \cdot (x - 1) \cdot (x + 2) \cdot (x - 5) \ (*)$$

em que a_n é o coeficiente dominante de p(x). Assim:

$$p(x) = a_n \cdot (x^2 + x - 2) \cdot (x - 5) \Rightarrow p(x) = a_n \cdot (x^3 - 4x^2 - 7x + 10)$$

Escolhendo, por exemplo, $a_n = 1$, segue a equação $x^3 - 4x^2 - 7x + 10 = 0$.

E se tivéssemos escolhido outro valor para a_n?

Caso tivéssemos escolhido $a_n = 2$, teríamos em (*):

$$p(x) = 2 \cdot (x - 1) \cdot (x + 2) \cdot (x - 5)$$

e a equação obtida é $2 \cdot (x - 1) \cdot (x + 2) \cdot (x - 5) = 0$, que equivale a $(x - 1) \cdot (x + 2) \cdot (x - 5) = 0$, e as raízes também são 1, −2 e 5.

De fato, $\forall a_n \neq 0$ a equação $a_n \cdot (x - 1) \cdot (x + 2) \cdot (x - 5) = 0$ apresenta como conjunto solução S = {1, −2, 5}.

3. Duas das raízes da equação $2x^4 + 5x^3 - 35x^2 - 80x + 48 = 0$ são −3 e −4. Quais são as outras duas raízes?

Solução:

Seja p(x) o polinômio dado e −3, −4, r_3 e r_4 suas raízes.

Podemos escrever o polinômio da seguinte forma:

$$p(x) = 2 \cdot (x + 3) \cdot (x + 4) \cdot (x - r_3) \cdot (x - r_4)$$

$$p(x) = (x + 3) \cdot (x + 4) \cdot \underbrace{2 \cdot (x - r_3) \cdot (x - r_4)}_{q(x)}, \text{ isto é, } p(x) = (x^2 + 7x + 12) \cdot q(x)$$

1º modo:

Efetuando a divisão de p(x) por $x^2 + 7x + 12$, determinamos o polinômio q(x):

$$
\begin{array}{l|l}
\cancel{2x^4} + 5x^3 - 35x^2 - 80x + 48 & x^2 + 7x + 12 \\
\hline
-\cancel{2x^4} - 14x^3 - 24x^2 & \underbrace{2x^2 - 9x + 4}_{q(x)} \\
\hline
-\cancel{9x^3} - 59x^2 - 80x + 48 & \\
+\cancel{9x^3} + 63x^2 + 108x & \\
\hline
\cancel{4x^2} + \cancel{28x} + \cancel{48} & \\
-\cancel{4x^2} - \cancel{28x} - \cancel{48} & \\
\hline
0 &
\end{array}
$$

As demais raízes vêm de q(x) = 0, ou seja:

$$2x^2 - 9x + 4 = 0 \Rightarrow x = 4 \text{ ou } x = \frac{1}{2}$$

2º modo:

Podemos usar as propriedades das divisões sucessivas estudadas no capítulo anterior.

Dividimos, assim, p(x) por x + 3 e, em seguida, dividimos o quociente obtido na primeira divisão por x + 4:

−3	2	5	−35	−80	48
−4	2	−1	−32	16	0
	2	−9	4	0	

coeficientes de q(x)

Fazendo q(x) = 0, obtemos: $2x^2 - 9x + 4 = 0 \Rightarrow x = 4$ ou $x = \frac{1}{2}$

4. Quais são as raízes da equação $x^3 - 2x^2 + 2x = 0$?

Solução:

Às vezes, é possível fatorar o polinômio para encontrar suas raízes:

$$x^3 - 2x^2 + 2x = 0 \Rightarrow x \cdot (x^2 - 2x + 2) = 0 \begin{cases} x = 0 \\ \text{ou} \\ x^2 - 2x + 2 = 0 \end{cases}$$

$$\Delta = 4 - 8 = -4$$

$$x = \frac{2 \pm 2i}{2} = 1 \pm i$$

Assim, as raízes da equação são:

$$0, 1 + i \text{ e } 1 - i$$

A construção dos gráficos e o estudo das variações das funções polinomiais de grau maior que 2 não fazem parte dos objetivos desta coleção. Entretanto, a interpretação de um gráfico de uma função polinomial de $\mathbb{R}$ em $\mathbb{R}$ pode trazer informações importantes em relação ao polinômio. Acompanhe o exemplo 3:

Exemplo 3

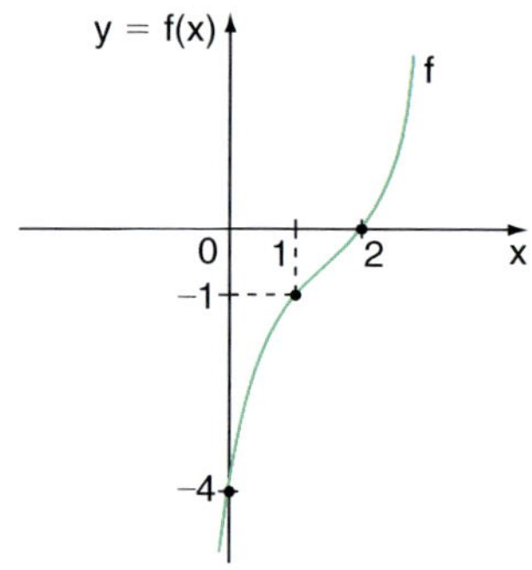

Observe ao lado parte do gráfico da função *f*, crescente em $\mathbb{R}$, definida por $f(x) = x^3 + ax^2 + bx + c$, com *a*, *b* e *c* reais.

O gráfico de *f* intercepta o eixo *x* uma única vez, no ponto (2, 0). Isso significa que $x = 2$ é a única raiz real do polinômio. (Note que, por hipótese, *f* é crescente para todo $x \in \mathbb{R}$.)

A interseção do gráfico de *f* com o eixo *y* em (0, –4) fornece o valor do coeficiente independente *c* do polinômio, pois, quando $x = 0$, $f(0) = -4$, isto é, $0^3 + a \cdot 0^2 + b \cdot 0 + c = -4 \Rightarrow c = -4$.

Além disso, temos:

- $f(1) = -1 \Rightarrow 1^3 + a \cdot 1^2 + b \cdot 1 - 4 = -1 \Rightarrow a + b = 2$
- $f(2) = 0$ (2 é raiz) $\Rightarrow 2^3 + a \cdot 2^2 + b \cdot 2 - 4 = 0 \Rightarrow 4a + 2b = -4$

Resolvendo o sistema, vem:

$$a = -4 \text{ e } b = 6$$

Desse modo, a lei que define *f* é: $f(x) = x^3 - 4x^2 + 6x - 4$.

Para obter as demais raízes, dividimos o polinômio $x^3 - 4x^2 + 6x - 4$ por $x - 2$:

2	1	–4	6	–4
	1	–2	2	0

Daí:

$$x^2 - 2x + 2 = 0 \Rightarrow x = 1 - i \text{ ou } x = 1 + i$$

EXERCÍCIOS

1. Encontre as raízes de cada polinômio abaixo e, em seguida, escreva-o em sua forma fatorada:

a) $x^2 - 6x + 25$
b) $2x^2 - 5x + 2$
c) $2x^3 - 4x$

2. Represente o polinômio $x^3 - 4x^2 - 11x + 30$ em fatores de 1º grau, sabendo que suas raízes são 5, –3 e 2.

3. Sabendo que $2 + i$, $2 - i$ e -3 são as raízes da equação $x^3 - x^2 - 7x + 15 = 0$, fatore o polinômio dado em outros dois polinômios com coeficientes reais, um com grau 2 e outro com grau 1.

4. Escreva uma equação de 2º grau cujas raízes sejam:

a) $1 - 2i$ e $1 + 2i$
b) –3 e 5
c) 0 e $-\frac{1}{2}$

5. Escreva uma equação de 3º grau cujas raízes sejam:

a) $3 - i$, $3 + i$ e -2
b) 0, 2 e –5

6. Resolva, em $\mathbb{C}$, a equação $x^3 + 3x^2 - 46x + 72 = 0$, sabendo que 2 é uma de suas raízes.

7. Resolva, em $\mathbb{C}$, a equação $2x^3 + 5x^2 - 2x - 15 = 0$, sabendo que $\frac{3}{2}$ é uma de suas raízes.

8. Seja a equação $x^3 + 2x^2 + mx - 6 = 0$, em que *m* é uma constante real. Sabendo que –3 é raiz dessa equação, determine:

a) o valor de *m*;
b) as demais raízes da equação.

9. O polinômio $p = 4x^4 - 4x^3 - 23x^2 - x - 6$ é divisível por $x^2 - x - 6$. Qual é o número de raízes complexas não reais que *p* possui?

10. O polinômio $p(x) = ax^3 + bx^2 + cx + d$ tem coeficiente dominante unitário e suas raízes são 7, –5 e –3. Qual é o valor de $a + b + c + d$?

11. Resolva, em $\mathbb{C}$, as equações:

a) $x^3 + 2x^2 - 24x = 0$
b) $x^6 - 2x^5 - 3x^4 = 0$
c) $2x^3 - x^2 + 4x - 2 = 0$
d) $x^3 + x^2 + x + 1 = 0$

12. Uma das raízes da equação $x^4 - x^3 - 3x^2 + 3x = 0$ é igual a 1. Quais são as outras três raízes dessa equação?

13. Os números reais –1 e 1 são raízes da equação $x^4 - 6x^3 + 9x^2 + 6x - 10 = 0$. Quais são as outras duas raízes?

14. O gráfico ao lado representa a função polinomial *f*, definida em $\mathbb{R}$ por $f(x) = ax^3 + bx + c$, com *a*, *b* e *c* coeficientes reais.

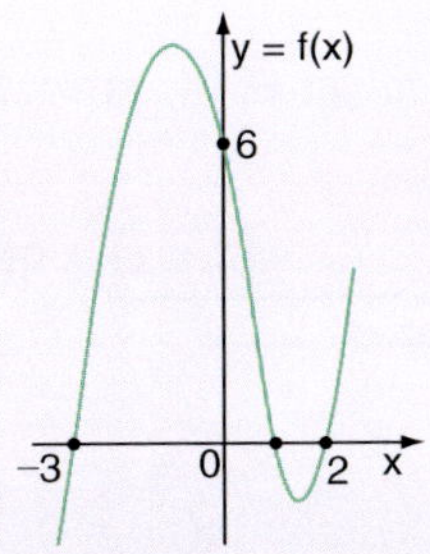

a) Qual é o número de raízes não reais de *f*?

b) Obtenha os valores de *a*, *b* e *c*.

c) Resolva a equação $f(x) = 0$.

15. O gráfico seguinte representa a função polinomial $f: \mathbb{R} \to \mathbb{R}$, definida por $f(x) = x^3 + px + q$, em que *p* e *q* são coeficientes reais:

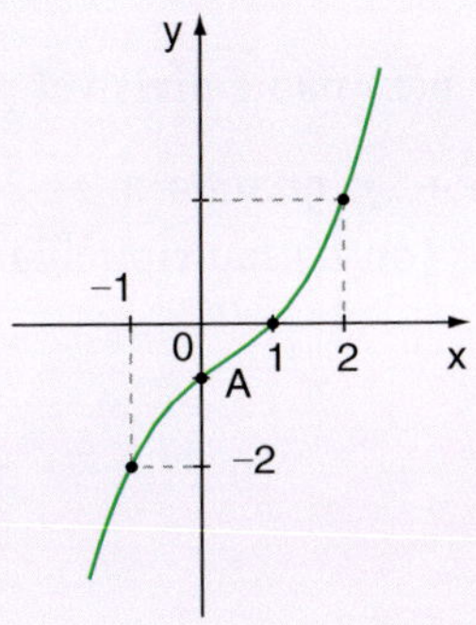

Determine:

a) os valores de *p* e *q*;

b) f(2);

c) a ordenada do ponto A;

d) as raízes da equação $f(x) = 0$.

16. Dado o polinômio $f(x) = \begin{vmatrix} x & x & x \\ x+1 & -2 & x-1 \\ x & 0 & 1 \end{vmatrix}$ determine:

a) as raízes de f(x);

b) o quociente e o resto da divisão de f(x) por $x^2 - 1$.

17. Resolva, em $\mathbb{C}$, a equação:

$$x^4 - 8x^3 + 27x^2 - 70x + 50 = 0$$

sabendo que duas de suas raízes são $1 + 3i$ e $1 - 3i$.

18. Sejam os polinômios:

$$p(x) = x^2 - 2x - 2 \text{ e } q(x) = [p(x)]^2 + 4 \cdot p(x) - 5$$

a) Fatore o polinômio $y^2 + 4y - 5$.

b) Determine o grau de q(x).

c) Determine todas as raízes da equação $q(x) = 0$.

MULTIPLICIDADE DE UMA RAIZ

Introdução

Ao resolver a equação do 2º grau $x^2 - 12x + 36 = 0$, encontramos duas raízes iguais a 6.

O polinômio $x^2 - 12x + 36$ pode ser fatorado em $(x - 6) \cdot (x - 6) = (x - 6)^2$. Assim, dizemos que $x = 6$ é raiz dupla ou raiz de multiplicidade 2 da equação.

Suponha que a forma fatorada de um polinômio *p* seja $(x + 4)^3 \cdot (x - 1)^2 \cdot (x + 5)$. Para resolver a equação $p(x) = 0$, fazemos:

$$(x + 4) \cdot (x + 4) \cdot (x + 4) \cdot (x - 1) \cdot (x - 1) \cdot (x + 5) = 0$$

Daí, temos:

$$\begin{cases} x + 4 = 0 \Rightarrow x = -4 \text{ (três vezes): } -4 \text{ é raiz tripla (ou de multiplicidade 3)} \\ \text{ou} \\ x - 1 = 0 \Rightarrow x = 1 \text{ (duas vezes): } 1 \text{ é raiz dupla (ou de multiplicidade 2)} \\ \text{ou} \\ x + 5 = 0 \Rightarrow x = -5 \text{ (uma vez): } -5 \text{ é raiz simples (ou de multiplicidade 1)} \end{cases}$$

Assim, observando que p(x) tem grau 6, as seis raízes da equação $p(x) = 0$ são –4, –4, –4, 1, 1, –5 e seu conjunto solução é: $S = \{-4, 1, -5\}$.

Definição

O número complexo r é uma raiz de multiplicidade m ($m \in \mathbb{N}$, $m \geqslant 1$) da equação $p(x) = 0$ se a forma fatorada de $p(x)$ é:

$$p(x) = \underbrace{(x - r) \cdot (x - r) \cdot \ldots \cdot (x - r)}_{m \text{ vezes}} \cdot q(x)$$

isto é:

$$p(x) = (x - r)^m \cdot q(x), \text{ com } q(r) \neq 0$$

Observações

Se $p(x) = (x - r)^m \cdot q(x)$, com $q(r) \neq 0$, temos:

- $p(x)$ é divisível por $(x - r)^m$.
- A condição $q(r) \neq 0$ significa que r não é raiz de $q(x)$; desse modo, $p(x)$ não é divisível por $(x - r)^{m+1}$.
- Quando $m = 1$, dizemos que r é raiz simples (ou de multiplicidade 1); quando $m = 2$, r é chamada raiz dupla (ou de multiplicidade 2); quando $m = 3$, r é raiz tripla (ou de multiplicidade 3); e assim por diante.

EXERCÍCIOS RESOLVIDOS

5. Construir uma equação polinomial cujas raízes sejam 2, −3 e 4, com multiplicidades 2, 1 e 1, respectivamente.

Solução:

A forma fatorada do polinômio é: $a_n \cdot (x - 2)^2 \cdot (x + 3) \cdot (x - 4)$; $a_n \in \mathbb{C}$ e $a_n \neq 0$, isto é:

$$a_n \cdot (x^2 - 4x + 4) \cdot (x^2 - x - 12) = a_n \cdot (x^4 - 5x^3 - 4x^2 + 44x - 48)$$

Escolhendo $a_n = 1$, por exemplo, segue a equação:

$$x^4 - 5x^3 - 4x^2 + 44x - 48 = 0$$

6. Resolver a equação $x^4 + 4x^3 + 2x^2 + 12x + 45 = 0$, sabendo que −3 é raiz dupla dessa equação.

Solução:

Chamando de $p(x)$ o polinômio dado e r_3 e r_4 as raízes desconhecidas, vem:

$$p(x) = (x + 3) \cdot (x + 3) \cdot \underbrace{(x - r_3) \cdot (x - r_4)}_{q(x)} \Rightarrow p(x) = (x + 3)^2 \cdot q(x)$$

Assim, $p(x)$ é divisível por $(x + 3)^2 = x^2 + 6x + 9$.

1º modo:

Efetuando a divisão de $p(x)$ por $x^2 + 6x + 9$ pelo método da chave, encontramos $q(x)$:

$$\begin{array}{rrrrr|l}
x^4 & +4x^3 & +2x^2 & +12x & +45 & x^2 + 6x + 9 \\
\cline{6-6}
-x^4 & -6x^3 & -9x^2 & & & \underbrace{x^2 - 2x + 5}_{q(x)} \\
\cline{1-3}
 & -2x^3 & -7x^2 & +12x & +45 & \\
 & +2x^3 & +12x^2 & +18x & & \\
\cline{2-4}
 & & 5x^2 & +30x & +45 & \\
 & & -5x^2 & -30x & -45 & \\
\cline{3-5}
 & & & & 0 &
\end{array}$$

Resolvendo a equação q(x) = 0, encontramos as outras raízes. Temos:

$$x^2 - 2x + 5 = 0 \Rightarrow (x = 1 - 2i \text{ ou } x = 1 + 2i)$$

2º modo:

Para determinar q(x), é possível recorrer às divisões sucessivas:

−3	1	4	2	12	45	
−3	1	1	−1	15	0 ← p(x) é divisível por x + 3	
	1	−2	5	0 ← p(x) é divisível por $(x + 3)^2$		

coeficientes de q(x)

Fazendo q(x) = 0, segue que $x^2 - 2x + 5 = 0$, de onde:

$$x = 1 - 2i \text{ ou } x = 1 + 2i$$

EXERCÍCIOS

19. Seja a equação: $x^3 \cdot (x + 2)^4 \cdot (x - 1)^2 \cdot (x + 6) = 0$, determine:

a) as raízes e suas respectivas multiplicidades;

b) seu grau;

c) seu conjunto solução.

20. As raízes de uma equação polinomial são 4, 2 e 0, com multiplicidades 2, 1 e 1, respectivamente.

a) Qual é o grau do polinômio?

b) Escreva uma equação polinomial que satisfaça tais condições.

21. Em cada caso, escreva uma equação algébrica que satisfaça as condições:

a) −3 é raiz dupla e 5 é raiz simples.

b) 2, 3i e −3i são raízes com multiplicidade 2, 1 e 1, respectivamente.

22. Resolva a equação $x^4 - 3x^3 - 13x^2 + 51x - 36 = 0$, sabendo que 3 é raiz dupla.

23. Seja a equação $4x^3 - 19x^2 + 28x + m = 0$. Determine:

a) *m*, sabendo que 2 é raiz dupla dessa equação;

b) a outra raiz.

24. Resolva a equação $x^5 - 2x^4 - 7x^3 - 4x^2 = 0$, sabendo que −1 é raiz dupla.

25. Resolva a equação $9x^5 - 6x^4 + x^3 = 0$, destacando a multiplicidade de suas raízes.

26. Qual é a multiplicidade da raiz 4 na equação:

$$x^4 - 10x^3 + 24x^2 + 32x - 128 = 0?$$

Qual é a outra raiz?

27. A equação $x^3 - 75x + 250 = 0$ apresenta *m* como raiz dupla e −2m como raiz simples. Determine o seu conjunto solução.

28. O polinômio $4x^4 + 12x^3 + x^2 - 12x + 4$ é divisível por $x^2 + 4x + 4$. Quais são as raízes desse polinômio e as respectivas multiplicidades?

29. O gráfico da função $p: \mathbb{R} \rightarrow \mathbb{R}$ definida por:

$$p(x) = x^3 + ax^2 + bx + c$$

com *a*, *b* e *c* coeficientes reais, está representado a seguir:

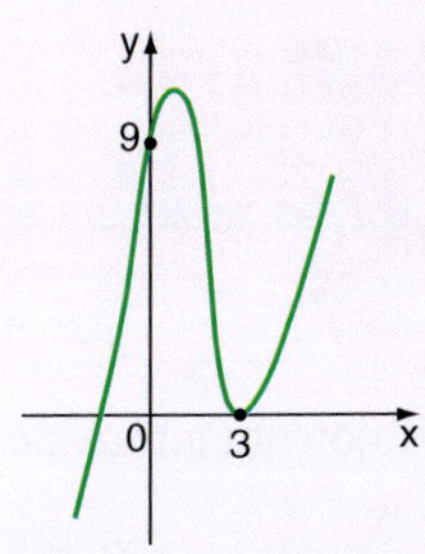

Sabendo que p(x) é divisível por $(x - 3)^2$, determine:

a) os valores de *a*, *b* e *c*;

b) as raízes da equação p(x) = 0, com as respectivas multiplicidades.

RELAÇÕES DE GIRARD (RELAÇÕES ENTRE COEFICIENTES E RAÍZES)

Algumas relações entre os coeficientes de uma equação polinomial e suas raízes, conhecidas como **relações de Girard** (Albert Girard, matemático francês, 1590-1633), constituem uma ferramenta importante no estudo das raízes de um polinômio quando conhecemos alguma informação sobre elas.

Vamos construir essas relações para as equações de 2º, 3º e 4º graus e, a partir daí, generalizar para uma equação de grau *n*.

Equação de 2º grau

Sejam r_1 e r_2 as raízes da equação $ax^2 + bx + c = 0$, com $a \neq 0$. Pelo teorema da decomposição, sabemos que:

$$ax^2 + bx + c = a(x - r_1) \cdot (x - r_2)$$

Dividindo os dois membros por *a* ($a \neq 0$), vem:

$$x^2 + \frac{b}{a}x + \frac{c}{a} = (x^2 - xr_2 - xr_1 + r_1 \cdot r_2)$$

$$x^2 + \frac{b}{a}x + \frac{c}{a} = x^2 - (r_1 + r_2)x + r_1 \cdot r_2$$

Da igualdade de polinômios, segue que:

$$\begin{cases} r_1 + r_2 = -\dfrac{b}{a} \\ r_1 \cdot r_2 = \dfrac{c}{a} \end{cases}$$

Exemplo 4

Para obter os valores da soma e do produto das raízes da equação $5x^2 - x - 3 = 0$, não é necessário resolvê-la. Se r_1 e r_2 são as suas raízes, usando as relações de Girard, vem:

$$\text{soma} \rightarrow r_1 + r_2 = \frac{-b}{a} = -\frac{(-1)}{5} = \frac{1}{5}$$

$$\text{produto} \rightarrow r_1 \cdot r_2 = \frac{c}{a} = -\frac{3}{5}$$

(Observe que $a = 5$, $b = -1$ e $c = -3$.)

Equação de 3º grau

Sejam r_1, r_2 e r_3 as raízes da equação $ax^3 + bx^2 + cx + d = 0$, com $a \neq 0$. Temos:

$$ax^3 + bx^2 + cx + d = a(x - r_1) \cdot (x - r_2) \cdot (x - r_3)$$

Dividindo os dois membros por *a* ($a \neq 0$), vem:

$$x^3 + \frac{b}{a}x^2 + \frac{c}{a}x + \frac{d}{a} = (x - r_1) \cdot (x - r_2) \cdot (x - r_3)$$

Efetuando as multiplicações e agrupando os termos semelhantes, vem:

$$x^3 + \frac{b}{a}x^2 + \frac{c}{a}x + \frac{d}{a} = (x^2 - xr_2 - xr_1 + r_1r_2) \cdot (x - r_3)$$

$$x^3 + \frac{b}{a}x^2 + \frac{c}{a}x + \frac{d}{a} = x^3 - (r_1 + r_2 + r_3)x^2 + (r_1r_2 + r_2r_3 + r_1r_3)x - r_1 \cdot r_2 \cdot r_3$$

Da igualdade dos polinômios, segue que:

$$\begin{cases} r_1 + r_2 + r_3 = -\dfrac{b}{a} \\ r_1 \cdot r_2 + r_2 \cdot r_3 + r_1 \cdot r_3 = \dfrac{c}{a} \\ r_1 \cdot r_2 \cdot r_3 = -\dfrac{d}{a} \end{cases}$$

Exemplo 5

Vamos escrever as três relações de Girard para a equação $2x^3 - 4x^2 + x + 3 = 0$, considerando *r*, *s* e *t* suas raízes.

Observe que os termos desse polinômio estão ordenados do maior ao menor expoente de ***x*** e, desse modo, seus coeficientes são identificados por: $a = 2$, $b = -4$, $c = 1$ e $d = 3$.

Temos:

$$r + s + t = -\frac{b}{a} = -\frac{(-4)}{2} = 2$$

$$r \cdot s + r \cdot t + s \cdot t = \frac{c}{a} = \frac{1}{2}$$

$$r \cdot s \cdot t = -\frac{d}{a} = -\frac{3}{2}$$

Equação de 4º grau

Sejam r_1, r_2, r_3 e r_4 as raízes da equação $ax^4 + bx^3 + cx^2 + dx + e = 0$ $(a \neq 0)$.

A decomposição desse polinômio em fatores de 1º grau é:

$$ax^4 + bx^3 + cx^2 + dx + e = a \cdot (x - r_1) \cdot (x - r_2) \cdot (x - r_3) \cdot (x - r_4)$$

$$ax^4 + bx^3 + cx^2 + dx + e = a \cdot [(x^2 - x(r_1 + r_2) + r_1r_2) \cdot (x^2 - x(r_3 + r_4) + r_3r_4)]$$

$$ax^4 + bx^3 + cx^2 + dx + e = a \cdot [x^4 - x^3(r_1 + r_2 + r_3 + r_4) + x^2(r_1r_2 + r_1r_3 + r_1r_4 +$$

$$+ r_2r_3 + r_2r_4 + r_3r_4) - x \cdot (r_1r_2r_3 + r_1r_2r_4 + r_1r_3r_4 + r_2r_3r_4) + r_1r_2r_3r_4]$$

Dividindo os dois membros por *a* $(a \neq 0)$ vem:

$$x^4 + \frac{b}{a}x^3 + \frac{c}{a}x^2 + \frac{d}{a}x + \frac{e}{a} = x^4 - x^3 \cdot (r_1 + r_2 + r_3 + r_4) + x^2 \cdot (r_1r_2 + r_1r_3 + r_1r_4 +$$

$$+ r_2r_3 + r_2r_4 + r_3r_4) - x \cdot (r_1r_2r_3 + r_1r_2r_4 + r_1r_3r_4 + r_2r_3r_4) + r_1r_2r_3r_4$$

Da igualdade dos polinômios vem:

$$\begin{cases} r_1 + r_2 + r_3 + r_4 = -\dfrac{b}{a} \\ r_1r_2 + r_1r_3 + r_1r_4 + r_2r_3 + r_2r_4 + r_3r_4 = \dfrac{c}{a} \\ r_1r_2r_3 + r_1r_2r_4 + r_1r_3r_4 + r_2r_3r_4 = -\dfrac{d}{a} \\ r_1 \cdot r_2 \cdot r_3 \cdot r_4 = \dfrac{e}{a} \end{cases}$$

Exemplo 6

Sendo *r*, *s*, *t* e *u* as raízes da equação $x^4 + 4x^3 + 5x^2 - x + 2 = 0$, vamos escrever as quatro relações de Girard.

Os coeficientes de p(x) ordenados do maior ao menor expoente de *x* serão representados por $a = 1$, $b = 4$, $c = 5$, $d = -1$ e $e = 2$. Assim, temos:

$$r + s + t + u = -\frac{b}{a} = \frac{-4}{1} = -4$$

$$r \cdot s + r \cdot t + r \cdot u + s \cdot t + s \cdot u + t \cdot u = \frac{c}{a} = \frac{5}{1} = 5$$

$$r \cdot s \cdot t + r \cdot s \cdot u + r \cdot t \cdot u + s \cdot t \cdot u = -\frac{d}{a} = -\frac{(-1)}{1} = 1$$

$$r \cdot s \cdot t \cdot u = \frac{e}{a} = \frac{2}{1} = 2$$

Equação de grau *n*

Seja a equação $a_n x^n + a_{n-1}x^{n-1} + \ldots + a_1 x + a_0 = 0$, com $a_n \neq 0$, e $r_1, r_2, \ldots, r_n$ suas raízes. Por meio de raciocínio análogo aos anteriores, vem:

$$\begin{cases} r_1 + r_2 + \ldots + r_n = -\dfrac{a_{n-1}}{a_n} \text{ (soma das } n \text{ raízes)} \\ r_1 \cdot r_2 + r_1 \cdot r_3 + \ldots + r_n \cdot r_{n-1} = \dfrac{a_{n-2}}{a_n} \text{ (soma dos produtos das raízes tomadas duas a duas)} \\ r_1 \cdot r_2 \cdot r_3 + r_1 \cdot r_2 \cdot r_4 + \ldots + r_{n-2} \cdot r_{n-1} \cdot r_n = -\dfrac{a_{n-3}}{a_n} \text{ (soma dos produtos das raízes tomadas três a três)} \\ \vdots \qquad \vdots \qquad \vdots \qquad \vdots \\ r_1 \cdot r_2 \cdot \ldots \cdot r_n = (-1)^n \cdot \dfrac{a_0}{a_n} \text{ (produto das } n \text{ raízes)} \end{cases}$$

EXERCÍCIOS RESOLVIDOS

7. Sejam *r* e *s* as raízes da equação $2x^2 + 6x + 7 = 0$. Sem resolvê-la, obter o valor de:

a) $\frac{1}{r} + \frac{1}{s}$

b) $r^2 + s^2$

Solução:

a) Como $\frac{1}{r} + \frac{1}{s} = \frac{s + r}{r \cdot s}$, podemos usar as relações de Girard:

$$\begin{cases} s + r = -\dfrac{b}{a} = -\dfrac{6}{2} = -3 \\ r \cdot s = \dfrac{c}{a} = \dfrac{7}{2} \end{cases}$$

Assim, o resultado pedido é: $\dfrac{-3}{\frac{7}{2}} = -\dfrac{6}{7}$

b) Como $(r + s)^2 = r^2 + 2rs + s^2$, temos que:

$$\underbrace{(r + s)}_{\text{soma}}{}^2 - 2\underbrace{rs}_{\text{produto}} = r^2 + s^2$$

Daí:

$$r^2 + s^2 = (-3)^2 - 2 \cdot \frac{7}{2} = 9 - 7 = 2$$

8. Resolver a equação $x^3 - 8x^2 + 19x - 12 = 0$, sabendo que uma das raízes é igual à soma das outras duas.

Solução:

Sejam r_1, r_2 e r_3 as raízes procuradas. Escrevendo as relações de Girard, temos:

$$\begin{cases} r_1 + r_2 + r_3 = 8 & (1) \\ r_1 \cdot r_2 + r_1 \cdot r_3 + r_2 \cdot r_3 = 19 & (2) \\ r_1 \cdot r_2 \cdot r_3 = 12 & (3) \end{cases}$$

Do enunciado, temos que $r_1 = r_2 + r_3$ (4)

Substituindo (4) em (1):

$$r_1 + \underbrace{r_2 + r_3}_{r_1} = 8 \Rightarrow 2r_1 = 8 \Rightarrow r_1 = 4$$

O polinômio dado é, então, divisível por $x - 4$:

4	1	−8	19	−12
	1	−4	3	0

As demais raízes seguem de:

$$x^2 - 4x + 3 = 0 \Rightarrow x = 1 \text{ ou } x = 3$$

$S = \{1, 3, 4\}$

9. Resolver a equação $4x^3 - 13x^2 - 13x + 4 = 0$, sabendo que duas de suas raízes são números inversos (ou recíprocos).

Solução:

As raízes que a equação possui podem ser representadas por:

$$r_1, \underbrace{\frac{1}{r_1}}_{r_2}, r_3 \quad (1)$$

Escrevemos as relações de Girard:

$$\begin{cases} r_1 + r_2 + r_3 = \dfrac{13}{4} & (2) \\ r_1 \cdot r_2 + r_1 \cdot r_3 + r_2 \cdot r_3 = -\dfrac{13}{4} & (3) \\ r_1 \cdot r_2 \cdot r_3 = -1 & (4) \end{cases}$$

Usando (1), podemos escrever em (4):

$$r_1 \cdot r_2 \cdot r_3 = -1 \Rightarrow \cancel{r_1} \cdot \frac{1}{\cancel{r_1}} \cdot r_3 = -1 \Rightarrow r_3 = -1$$

Assim, o polinômio dado é divisível por $x + 1$:

−1	4	−13	−13	4
	4	−17	4	0

As outras raízes seguem de: $4x^2 - 17x + 4 = 0 \Rightarrow x = 4$ ou $x = \dfrac{1}{4}$

$S = \left\{-1, \dfrac{1}{4}, 4\right\}$

10. Qual é a soma e o produto das raízes da equação $x^5 + 2 = 0$?

Solução:

Os coeficientes de x^5, x^4, x^3, x^2, x e o coeficiente independente são, respectivamente, iguais a 1, 0, 0, 0, 0 e 2, e os representaremos por: $a = 1$, $b = 0$, $c = 0$, $d = 0$, $e = 0$ e $f = 2$.

Assim:

- a soma das raízes é: $-\dfrac{b}{a} = -\dfrac{0}{1} = 0$
- o produto das raízes é: $-\dfrac{f}{a} = -\dfrac{2}{1} = -2$

EXERCÍCIOS

30. Sejam r_1 e r_2 as raízes da equação $x^2 - 3x + 6 = 0$. Determine:

a) $r_1 + r_2$

b) $r_1 \cdot r_2$

c) $\frac{1}{r_1} + \frac{1}{r_2}$

d) $r_1^2 + r_2^2$

e) $(4r_1 + 1) \cdot (4r_2 + 1)$

31. A equação $-3x^2 + 2x + m = 0$, em que m é uma constante real, admite duas raízes reais cuja diferença é $-\frac{1}{3}$.

a) Obtenha as raízes da equação.

b) Determine o valor de m.

32. A soma e o produto das raízes da equação $4x^2 + ax + b = 0$ $(a, b \in \mathbb{R})$ são $\frac{1}{2}$ e $\frac{5}{4}$, respectivamente. Determine:

a) os valores de a e b;

b) as raízes da equação.

33. A equação $x^2 + px + 54 = 0$, em que p é um coeficiente real, admite duas raízes, r_1 e r_2, tais que $2r_1 = 3r_2$. Qual é o valor de p?

34. Dada a equação $-x^3 - 2x^2 + 6x - 5 = 0$, com raízes r_1, r_2 e r_3, calcule:

a) $r_1 + r_2 + r_3$

b) $r_1 \cdot r_2 + r_1 \cdot r_3 + r_2 \cdot r_3$

c) $r_1 \cdot r_2 \cdot r_3$

d) $\frac{1}{r_1 \cdot r_2} + \frac{1}{r_1 \cdot r_3} + \frac{1}{r_2 \cdot r_3}$

e) $\frac{1}{r_1} + \frac{1}{r_2} + \frac{1}{r_3}$

35. Resolva a equação $x^3 - 9x^2 + 26x - 24 = 0$, sabendo que suas raízes são números inteiros e consecutivos.

36. Resolva a equação $2x^3 - 13x^2 + 22x - 8 = 0$, sabendo que suas raízes são positivas e uma delas é igual ao produto das outras duas.

37. Os números complexos $3 - 4i$ e $3 + 4i$ são raízes da equação $x^2 + px + q = 0$. Determine os valores de p e q.

38. A equação $x^3 - 3x^2 + mx + 12 = 0$ (m é um coeficiente real) tem duas raízes opostas.

a) Determine o valor de m.

b) Determine seu conjunto solução.

c) Escreva uma equação algébrica de 3º grau cujas raízes sejam $r_1 + 3$, $r_2 + 3$ e $r_3 + 3$, sendo r_1, r_2 e r_3 as raízes encontradas no item *b*.

39. Resolva a equação $x^3 + x^2 - 17x + 15 = 0$, sabendo que uma de suas raízes é o oposto da média aritmética das outras duas.

40. Resolva a equação $3x^3 - 16x^2 + 23x - 6 = 0$, sabendo que o produto de duas raízes é igual a 1.

41. Determine o valor da soma (S) e do produto (P) das raízes de cada equação:

a) $(x - 2) \cdot (x + 3) \cdot (x - 1) = 0$

b) $x^4 - 3x^3 + 2x - 1 = 0$

c) $x^6 - 4x + 2 = 0$

d) $x^4 + x - 3 = 0$

42. Resolva a equação $x^3 - 10x^2 + 31x - 30 = 0$, sabendo que uma raiz é igual à diferença das outras duas.

43. A equação $x^3 - 30x^2 + mx + n = 0$ (m e n coeficientes reais) admite como raízes três números inteiros pares e consecutivos.

a) Quais são as três raízes dessa equação?

b) Obtenha os valores de m e n.

44. Resolva a equação $x^5 - 3x^4 + 4x^3 - 4x^2 + 3x - 1 = 0$, sabendo que 1 é raiz tripla dessa equação.

45. O gráfico ao lado representa a função f, decrescente em $\mathbb{R}$, dada por:

$f(x) = -2x^3 + px^2 - 44x + q$,

em que p e q são coeficientes reais.

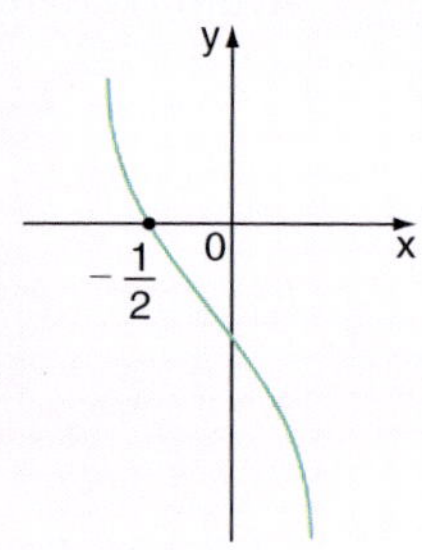

Sabendo que o produto de todas as raízes do polinômio é $-\frac{25}{2}$, determine:

a) o valor de p;

b) o conjunto solução da equação $f(x) = 0$.

46. Resolva a equação $x^4 + 4x^3 - 2x^2 - 12x + 9 = 0$, sabendo que ela admite duas raízes reais, cada qual com multiplicidade igual a 2.

RAÍZES COMPLEXAS

Introdução

Quando resolvemos a equação $x^2 - 2x + 5 = 0$, encontramos as raízes $x = 1 + 2i$ e $x = 1 - 2i$.

Observe que as duas raízes são números **complexos conjugados.** Já a equação $x^2 + 4 = 0$ apresenta como raízes os números $-2i$ e $2i$, que também formam um **par de números complexos conjugados.**

Esse fato está ligado a uma propriedade importante, referente ao número de raízes complexas não reais de uma equação algébrica que apresenta todos os coeficientes reais.

Teorema

> Se um número complexo $z = a + bi$, com $b \neq 0$, é raiz de uma equação com coeficientes reais, então seu conjugado $\overline{z} = a - bi$ também é raiz dessa equação.

Para fazer a demonstração desse teorema, é preciso usar as propriedades do conjugado de um número complexo, apresentadas e demonstradas no capítulo 6.

Dados dois números complexos z_1 e z_2 e considerando $\overline{z_1}$ e $\overline{z_2}$ seus respectivos conjugados, valem as seguintes propriedades:

I. $\overline{z_1 + z_2} = \overline{z_1} + \overline{z_2}$

II. $z_1 = \overline{z_1} \Leftrightarrow z_1$ é um número real

III. $\overline{z_1 \cdot z_2} = \overline{z_1} \cdot \overline{z_2}$

IV. $\overline{z_1^n} = (\overline{z_1})^n$

Demonstração:

Seja a equação $p(x) = a_n x^n + a_{n-1}x^{n-1} + ... + a_1 x + a_0 = 0$, com $a_n, a_{n-1}, ..., a_1, a_0$ coeficientes reais.

Da hipótese, z é raiz da equação, isto é, $p(z) = 0$.

$$a_n z^n + a_{n-1}z^{n-1} + ... + a_1 \cdot z + a_0 = 0 \Rightarrow \overline{a_n z^n + a_{n-1}z^{n-1} + ... + a_1 z + a_0} = \overline{0}$$

Usando a generalização da propriedade I, podemos escrever:

$$\overline{a_n z^n} + \overline{a_{n-1}z^{n-1}} + ... + \overline{a_1 z} + \overline{a_0} = \overline{0}$$

De II e III, vem:

$$a_n \overline{z^n} + a_{n-1}\overline{z^{n-1}} + ... + a_1 \overline{z} + a_0 = 0$$

E usando IV:

$$a_n (\overline{z})^n + a_{n-1}(\overline{z})^{n-1} + ... + a_1 \overline{z} + a_0 = 0$$

isto é, $p(\overline{z}) = 0$, o que mostra que $\overline{z}$ é raiz de $p(x) = 0$.

Observações

- Se o número complexo $z = a + bi$, $b \neq 0$, é raiz com multiplicidade m de uma equação polinomial, então seu conjugado $\overline{z} = a - bi$, $b \neq 0$, também é raiz com multiplicidade m dessa equação.
- Esse teorema nos garante que, em uma equação de coeficientes reais, raízes complexas não reais sempre ocorrem aos pares (z e $\overline{z}$). Assim, uma equação de 2º grau, com coeficientes reais, por exemplo, pode apresentar duas raízes reais ou um par de raízes complexas conjugadas. Ela não pode apresentar uma raiz real e uma raiz complexa (não real).

EXERCÍCIOS RESOLVIDOS

11. A equação $x^2 + mx + n = 0$, com *m* e *n* coeficientes reais, admite $5 - 2i$ como raiz. Qual é a outra raiz que essa equação possui? Quais são os valores de *m* e *n*?

Solução:

Como a equação apresenta coeficientes reais, se $5 - 2i$ é raiz, então seu conjugado $5 + 2i$ também é raiz da equação.

Usando as relações de Girard, é possível determinar *m* e *n*.

A soma das raízes é $(5 - 2i) + (5 + 2i) = 10$; então, $10 = -\frac{b}{a} \Rightarrow 10 = -\frac{m}{1} \Rightarrow m = -10$.

O produto das raízes é $(5 - 2i) \cdot (5 + 2i) = 5^2 - (2i)^2 = 25 + 4 = 29$; daí, $29 = \frac{c}{a} \Rightarrow 29 = \frac{n}{1} \Rightarrow n = 29$.

12. Quantas raízes reais tem o polinômio $p(x) = x^4 - 8x^3 + 15x^2 + 80x - 250$, se uma de suas raízes é $4 + 3i$?

Solução:

Como a equação $p(x) = 0$ tem coeficientes reais, podemos afirmar que $4 - 3i$ também é raiz e $p(x)$ é divisível por:

$$(x - 4 - 3i) \cdot (x - 4 + 3i) = (x - 4)^2 - (3i)^2 = x^2 - 8x + 16 + 9 = x^2 - 8x + 25$$

Façamos a divisão:

$$\begin{array}{rl|l}
& x^4 - 8x^3 + 15x^2 + 80x - 250 & x^2 - 8x + 25 \\
& -x^4 + 8x^3 - 25x^2 & x^2 - 10 \\ \hline
& -10x^2 + 80x - 250 & \\
& +10x^2 - 80x + 250 & \\ \hline
& 0 &
\end{array}$$

As demais raízes de $p(x)$ vêm de: $x^2 - 10 = 0 \Rightarrow x = \pm\sqrt{10} \in \mathbb{R}$.

Logo, $p(x)$ tem exatamente duas raízes reais.

EXERCÍCIOS

47. Qual é o menor grau que pode ter uma equação de coeficientes reais que admite:

a) $2, -3$ e $4 + i$ como raízes simples?

b) *i* como raiz dupla? Escreva uma equação que satisfaz essa condição.

48. Escreva uma equação algébrica de grau mínimo, com coeficientes reais, de modo que -2 e $2 + i$ sejam raízes simples.

49. Resolva a equação $x^3 - 9x^2 + 52x - 102 = 0$, sabendo que $3 + 5i$ é uma de suas raízes.

50. Verifique que *i* é uma raiz da equação:

$$ix^2 + 2x - i = 0$$

mas seu conjugado, $-i$, não é raiz. Isso contradiz o teorema das raízes complexas?

51. A equação $2x^2 - (a + 10)x + b = 0$, com *a* e *b* reais, apresenta como raiz o número $3 - i$. Quais são os valores de *a* e *b*?

52. Verifique se as seguintes afirmações são verdadeiras ou falsas:

a) Uma equação algébrica de grau 4, com coeficientes reais, pode ter 4 raízes reais.

b) Uma equação algébrica de grau 3, com coeficientes reais, pode ter 3 raízes complexas não reais.

c) Na equação de 1º grau $ix - 1 = 0$, o número complexo $-i$ é uma raiz. Desse modo, o número complexo *i* também é uma raiz da equação.

d) Existe uma equação algébrica de grau 4, com coeficientes reais, cujas raízes são i, $-i$, $\sqrt{2}$ e $\sqrt{3}$.

e) Uma equação algébrica de grau 4, com coeficientes reais, pode ter uma única raiz real.

53. Seja $f: \mathbb{R} \rightarrow \mathbb{R}$ a função representada pela parábola a seguir e definida pela lei $f(x) = ax^2 + bx + c$, com $\{a, b, c\} \subset \mathbb{R}$:

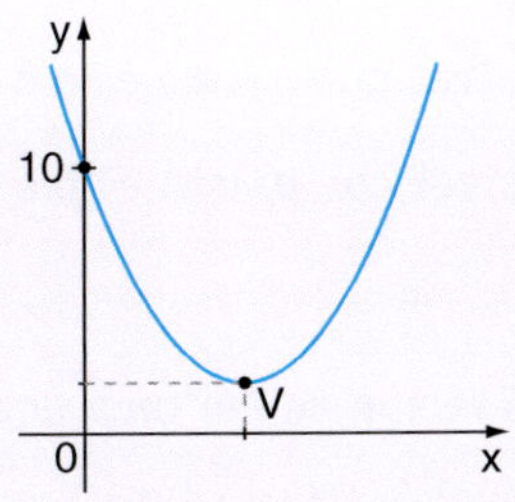

Sabendo que, em $\mathbb{C}$, uma das raízes da equação $f(x) = 0$ é o número $4 + 2i$, determine:

a) os valores de *a*, *b* e *c*;

b) as coordenadas de V.

54. Resolva a equação $9x^4 - 18x^3 + 46x^2 - 2x + 5 = 0$, sabendo que uma de suas raízes é $1 - 2i$.

55. O número complexo $-3i$ é raiz da equação:

$$x^4 - 2x^3 + x^2 + ax - 72 = 0$$

em que *a* é um coeficiente real.

a) Qual é o valor de *a*?

b) Qual é o conjunto solução dessa equação?

56. A equação $x^4 + px^3 + qx^2 + rx + s = 0$, em que *p*, *q*, *r* e *s* são coeficientes reais, admite a unidade imaginária *i* como raiz simples e 2 como raiz dupla. Quais são os valores de *p*, *q*, *r* e *s*?

57. A equação $x^3 + mx^2 + 2x + n = 0$, em que *m* e *n* são números reais, admite $1 + i$ como raiz. Quais são os valores de *m* e *n*?

TEOREMA DAS RAÍZES RACIONAIS

O teorema a seguir nos ajudará a pesquisar possíveis raízes racionais de uma equação algébrica com coeficientes inteiros.

Seja a equação polinomial de coeficientes inteiros $a_nx^n + a_{n-1}x^{n-1} + ... + a_1x + a_0 = 0$, com $a_n \neq 0$. Se o número racional $\frac{p}{q}$, $p \in \mathbb{Z}$ e $q \in \mathbb{Z}^*$, com *p* e *q* primos entre si, é raiz dessa equação, então *p* é divisor de a_0 e *q* é divisor de a_n.

Demonstração:

Como $\frac{p}{q}$ é raiz da equação, temos:

$$a_n \cdot \left(\frac{p}{q}\right)^n + a_{n-1} \cdot \left(\frac{p}{q}\right)^{n-1} + ... + a_1 \cdot \frac{p}{q} + a_0 = 0$$

Multiplicando ambos os membros por q^n, vem:

$$a_n \cdot p^n + a_{n-1} \cdot p^{n-1} \cdot q + ... + a_1 \cdot p \cdot q^{n-1} + a_0 \cdot q^n = 0 \quad (1)$$

Isolamos a_np^n e colocamos *q* em evidência em (1):

$$a_np^n = -q\underbrace{(a_{n-1}p^{n-1} + ... + a_1pq^{n-2} + a_0q^{n-1})}_{\alpha} \quad (2)$$

Agora, isolamos a_0q^n e colocamos *p* em evidência, a partir de (1):

$$a_0q^n = -p\underbrace{(a_np^{n-1} + a_{n-1}p^{n-2}q + ... + a_1q^{n-1})}_{\beta} \quad (3)$$

Como todos os coeficientes $a_0, a_1, ..., a_n$, *p* e *q* são inteiros, segue que α e β são inteiros. Em (2) e (3) temos:

$$\begin{cases} a_np^n = -q \cdot \alpha \Rightarrow \dfrac{a_np^n}{q} = -\alpha \in \mathbb{Z} & (4) \\ \text{e} \\ a_0q^n = -p \cdot \beta \Rightarrow \dfrac{a_0q^n}{p} = -\beta \in \mathbb{Z} & (5) \end{cases}$$

As igualdades anteriores obtidas mostram que:

- ④ $a_n p^n$ é divisível por *q*. Como p^n e *q* são primos entre si, a_n é divisível por *q*, isto é, *q* é divisor de a_n.
- ⑤ $a_0 q^n$ é divisível por *p*. Como q^n e *p* são primos entre si, a_0 é divisível por *p*, isto é, *p* é divisor de a_0.

Observação

O teorema das raízes racionais não garante a existência de raízes racionais em uma equação com coeficientes inteiros.

Caso existam raízes racionais, o teorema fornece todas as possibilidades ("candidatos") para tais raízes.

Exemplo 7

Suponhamos que se queira encontrar as três raízes da equação $3x^3 - 7x^2 + 8x - 2 = 0$.

Como não dispomos de nenhuma informação sobre as raízes dessa equação e considerando que ela tem todos os coeficientes inteiros, vamos pesquisar possíveis raízes racionais.

Por meio do teorema, sabemos que, se a equação tiver alguma raiz racional, ela será da forma $\frac{p}{q}$, em que *p* é divisor de −2 e *q* é divisor de 3, isto é, $p \in \{-1, 1, -2, 2\}$ e $q \in \{-1, 1, -3, 3\}$.

Os "candidatos" a raízes racionais são, portanto:

$$+1, -1, +\frac{1}{3}, -\frac{1}{3}, +2, -2, +\frac{2}{3}, -\frac{2}{3}$$

Seja *f* o polinômio dado, façamos as verificações:

$$f(1) = 2 \qquad f(-1) = -20 \qquad \boxed{f\left(\frac{1}{3}\right) = 0}$$

$$f\left(-\frac{1}{3}\right) = -\frac{50}{9} \qquad f(2) = 10 \qquad f(-2) = -70$$

$$f\left(\frac{2}{3}\right) = \frac{10}{9} \qquad f\left(-\frac{2}{3}\right) = -\frac{34}{3}$$

Verificamos que a única raiz racional dessa equação é $\frac{1}{3}$.

Para determinar as demais raízes, lembremos que o polinômio dado é divisível por $x - \frac{1}{3}$:

$\frac{1}{3}$	3	−7	8	−2
	3	−6	6	0

Assim, as outras raízes seguem de $3x^2 - 6x + 6 = 0 \Rightarrow (x = 1 - i \text{ ou } x = 1 + i)$.

$$S = \left\{\frac{1}{3}, 1 - i, 1 + i\right\}$$

EXERCÍCIO RESOLVIDO

13. Resolver o problema proposto na introdução deste capítulo.

Solução:

Seja *x* a medida do lado do quadrado recortado; o valor de *x* deve satisfazer a equação $2x^3 - 53x^2 + 330x - 525 = 0$.

Como essa equação tem todos os coeficientes inteiros, vamos pesquisar possíveis raízes racionais.

- Os divisores de 525 são: $\{\pm 1, \pm 3, \pm 5, \pm 7, \pm 15, \pm 21, \pm 25, \pm 35, \pm 75, \pm 105, \pm 175, \pm 525\}$.
- Os divisores de 2 são: $\{\pm 1, \pm 2\}$.

- As possíveis raízes racionais são: $\left\{\pm 1, \pm\frac{1}{2}, \pm 3, \pm\frac{3}{2}, \pm 5, \pm\frac{5}{2}, \pm 7, \pm\frac{7}{2}, \pm 15, \pm\frac{15}{2}, \pm 21, \pm\frac{21}{2}, \pm 25, \pm\frac{25}{2},\right.$ $\left.\pm 35, \pm\frac{35}{2}, \pm 75, \pm\frac{75}{2}, \pm 105, \pm\frac{105}{2}, \pm 175, \pm\frac{175}{2}, \pm 525, \pm\frac{525}{2}\right\}$.

Vamos testá-las até encontrar a primeira raiz; seja $f(x) = 2x^3 - 53x^2 + 330x - 525$. Temos:

$f(1) = -246 \neq 0$ $\quad f(-1) = -910 \neq 0$ $\quad f\left(\frac{1}{2}\right) = -373 \neq 0$

$f\left(-\frac{1}{2}\right) = -703{,}5 \neq 0$ $\quad f(3) = 42 \neq 0$ $\quad f(-3) = -2\,046 \neq 0$

$f\left(\frac{3}{2}\right) = -142{,}5 \neq 0$ $\quad f\left(-\frac{3}{2}\right) = -1\,146 \neq 0$ $\quad f(5) = 50 \neq 0$

$f(-5) = -3\,750 \neq 0$ $\quad \boxed{f\left(\frac{5}{2}\right) = 0}$

Como $\frac{5}{2}$ é raiz, *f* é divisível por $x - \frac{5}{2}$:

$\frac{5}{2}$	2	−53	330	−525
	2	−48	210	0

As demais raízes seguem de:

$$2x^2 - 48x + 210 = 0 \Rightarrow x^2 - 24x + 105 = 0 \Rightarrow x = \frac{24 \pm \sqrt{156}}{2} \begin{cases} x_1 \cong 18{,}25 \\ x_2 \cong 5{,}75 \end{cases}$$

Observe que $x_1 \cong 18{,}25$ não pode ser aceito, pois a largura da cartolina é 20 cm e seu comprimento é 33 cm.

Note que, se $x_2 \cong 5{,}75$, as dimensões da caixa são: 5,75 cm, 8,5 cm e 21,5 cm. Assim, seu volume é:

$$5{,}75 \cdot 8{,}5 \cdot 21{,}5 \cong 1\,050 \text{ cm}^3$$

(O valor exato de 1 050 só é obtido se usarmos, no lugar da aproximação 5,75, o número irracional $\frac{24 - \sqrt{156}}{2}$.)

Assim, as possíveis medidas do lado do quadrado recortado são: $\frac{5}{2} = 2{,}5$ cm ou $\frac{24 - \sqrt{156}}{2} \cong 5{,}75$ cm.

EXERCÍCIOS

58. Pesquise as raízes racionais da equação:

$$2x^3 + x^2 - 25x + 12 = 0$$

59. Pesquise as raízes inteiras e obtenha, em $\mathbb{C}$, o conjunto solução da equação $x^3 - x^2 - x - 2 = 0$.

60. Resolva, em $\mathbb{C}$, a equação $x^3 - x^2 - 14x + 24 = 0$.

61. A diferença entre o cubo de um número real e o seu quadrado é igual à soma do triplo do quadrado desse número com 25. Qual é esse número?

62. Resolva em $\mathbb{C}$ a equação:

$$x^4 + x^3 + 2x^2 + 4x - 8 = 0$$

63. Faça o que é pedido em cada item a seguir.

a) A equação $x^4 - 2x^3 - 7x^2 + 6x + 12 = 0$ só admite raízes reais. Sabendo disso, mostre que todas são irracionais.

b) Resolva essa equação, sabendo que $x^2 - 3$ divide esse polinômio.

64. Com relação à equação $x^3 - 5x^2 + 9x - 5 = 0$, determine:

a) o número de raízes inteiras que ela possui;

b) seu conjunto solução.

65. Resolva, em $\mathbb{C}$, a equação:

$$x^5 + 5x^4 - 17x^3 - 11x^2 + 70x = 0$$

66. Uma parte do gráfico da função definida por $y = 4x^3 - 25x^2 + 58x - 13$, crescente em $\mathbb{R}$, é mostrada abaixo.

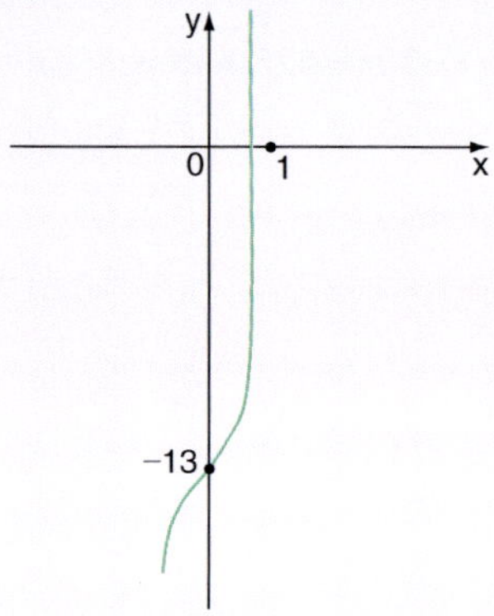

Quais são as três raízes desse polinômio?

67. Observe as figuras seguintes, em que estão indicadas as dimensões do cubo e do paralelepípedo:

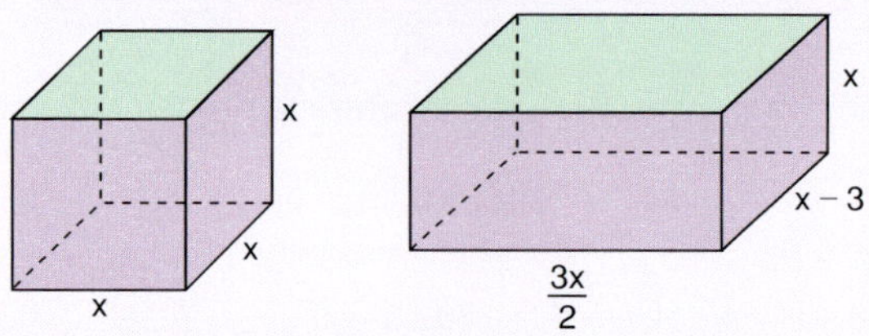

Determine os valores de *x* para os quais o volume do cubo excede o do paralelepípedo em 32 unidades.

68. O polinômio $x^3 - 1$ divide o polinômio:

$$p(x) = x^5 - 2x^4 - 8x^3 - x^2 + 2x + 8$$

Quais são as raízes da equação $p(x) = 0$?

DESAFIO

Ao final de sua viagem aos Estados Unidos, Jader tinha 17 dólares em sua carteira apenas em cédulas de 1, 2 e 5 dólares, sendo pelo menos uma de cada valor. Se X é o total de cédulas que ele tem, quantos são os possíveis valores de X?

EXERCÍCIOS COMPLEMENTARES

1. As raízes r_1, r_2 e r_3 da equação seguinte estão em progressão aritmética (P.A.).

$$x^3 - 12x^2 + 39x - 28 = 0$$

a) Determine a razão da P.A.

b) Escreva uma equação de grau mínimo cujas raízes sejam $r_1 - 2$, $r_2 - 2$ e $r_3 - 2$.

2. As raízes da equação $x^3 - 6x^2 + px + 64 = 0$ são números reais em progressão geométrica (P.G.).

a) Determine o valor de *p*.

b) Obtenha a razão da P.G.

3. A equação $x^3 - 4x^2 + mx + n = 0$, com *m* e *n* reais, admite 1 como raiz.

a) Expresse *m* em função de *n*.

b) Para que valores de *m* as outras raízes da equação são complexas não reais?

4. O polinômio $x^3 + px^2 + qx + r$ admite duas raízes reais e opostas e parte de seu gráfico é mostrada ao lado.

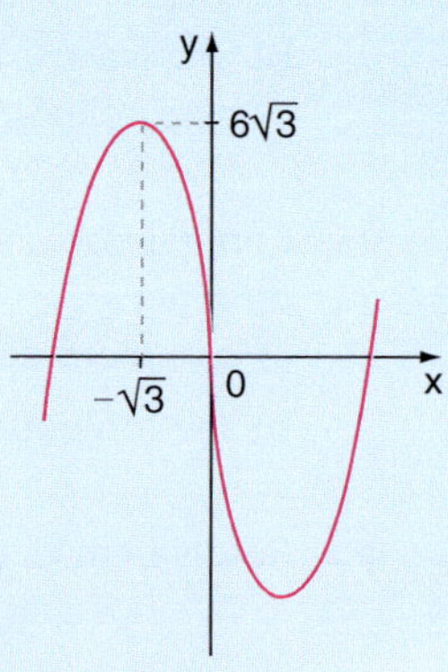

a) Determine *p*, *q* e *r*.

b) Quais são as raízes do polinômio?

5. (FGV-SP) Em 1545, o italiano Girolamo Cardano (1501-1576) publicou o seu mais importante livro, *A grande arte*, e tão orgulhoso ficou que, no final, escreveu a frase: "Escrito em cinco anos, pode durar muitos milhares". No livro, um problema aparentemente simples começou a aprofundar a discussão sobre um novo tipo de número, ainda desconhecido na Matemática:

"Dividir 10 em duas parcelas tais que o seu produto seja 40".

a) Determine as duas parcelas e expresse-as na forma $a + b \cdot i$, em que *a*, *b* são números reais e $i^2 = -1$.

b) Expresse as duas parcelas do item *a* na forma de pares ordenados (a, b) e represente-os graficamente no plano cartesiano.

c) Calcule, na forma decimal aproximada, a área do triângulo cujos vértices são os dois pares ordenados do item *b* e a origem.

Se precisar, use as aproximações: $\sqrt{3} = 1{,}7$; $\sqrt{5} = 2{,}2$.

d) Encontre uma equação polinomial de coeficientes inteiros com o menor grau possível, sendo dadas três de suas raízes: as duas parcelas do item *a* e o número complexo $-i$.

6. A equação $x^4 - 3x^2 + px + q = 0$ (*p* e *q* coeficientes reais) tem duas raízes complexas cuja soma é -6 e cujo produto é 25. As raízes reais desse polinômio são tais que uma é o dobro da outra.

a) Obtenha as quatro raízes da equação.

b) Determine *p* e *q*.

7. (UE-RJ) Para fazer uma caixa, foi utilizado um quadrado de papelão de espessura desprezível e 8 dm de lado, do qual foram recortados e retirados seis quadrados menores de lado *x*.

Em seguida, o papelão foi dobrado nas linhas pontilhadas, assumindo a forma de um paralelepípedo retângulo, de altura *x*, como mostram os esquemas.

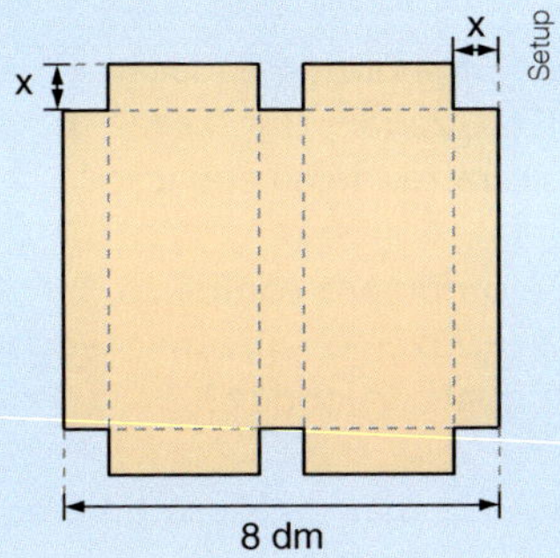

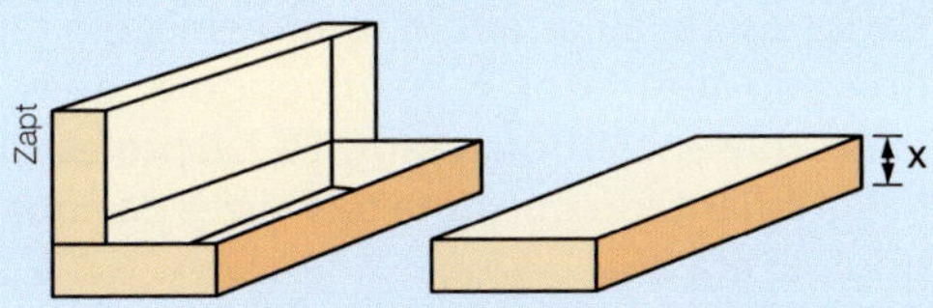

Quando $x = 2$ dm, o volume da caixa é igual a 8 dm³. Determine outro valor de *x* para que a caixa tenha volume igual a 8 dm³.

8. (UF-CE) Considere a expressão $x^4 - x^3 - 5x^2 - x - 6$.

Pede-se:

a) encontrar o valor numérico da expressão para $x = -2$;

b) obter todas as raízes complexas do polinômio $p(x) = x^4 - x^3 - 5x^2 - x - 6$.

9. A respeito de $p(x) = ax^3 + bx^2 + cx + d$, com *a*, *b*, *c* e *d* reais, são dadas as seguintes informações:

- coeficiente dominante de p(x) é unitário;
- $x = -5$ é raiz de p(x);
- a soma das raízes não reais de p(x) vale 8;
- o produto de todas as suas raízes vale -100.

a) Dê o conjunto solução da equação $p(x) = 0$.

b) Determine *a*, *b*, *c* e *d*.

10. O gráfico abaixo representa a função polinomial $f: \mathbb{R} \to \mathbb{R}$, crescente para todo $x \in \mathbb{R}$ e definida por $f(x) = x^3 + mx^2 + nx + p$, em que *m*, *n* e *p* são coeficientes reais.

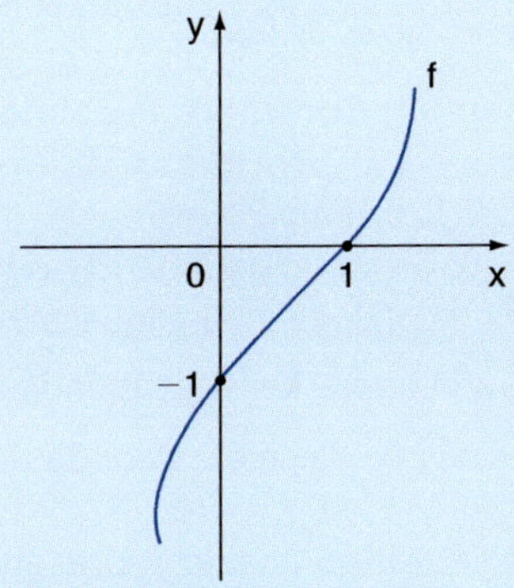

Sabendo que uma das raízes de *f* é $-i$, obtenha o valor de f(2).

11. (UE-RJ) Uma sequência de três números não nulos (*a*, *b*, *c*) está em progressão harmônica se seus inversos $\left(\frac{1}{a}, \frac{1}{b}, \frac{1}{c}\right)$ nesta ordem formam uma progressão aritmética. As raízes da equação a seguir, de incógnita *x*, estão em progressão harmônica.

$$x^3 + mx^2 + 15x - 25 = 0$$

Considerando o conjunto dos números complexos, apresente todas as raízes dessa equação.

12. Resolva a equação $x^3 + 7x^2 - 6x - 72 = 0$, sabendo que a razão entre duas raízes é $\frac{3}{2}$.

13. As raízes da equação $x^3 + x - 1 = 0$ são *p*, *q* e *r*. Qual é o valor de $\log\left(\frac{q \cdot r}{p} + \frac{p \cdot r}{q} + \frac{p \cdot q}{r}\right)$?

14. Sabe-se que o número complexo 2i é uma raiz da equação $x^6 - 6x^5 + 17x^4 - 34x^3 + 52x^2 - 40x = 0$. Representando todas as raízes no plano complexo, obtém-se um polígono. Qual é o volume do sólido gerado pela rotação desse polígono em torno do eixo imaginário?

15. (U. F. Juiz de Fora-MG) Seja $p(x) = x^3 + ax^2 + bx + c$ um polinômio com coeficientes reais. Sabe-se que as três raízes desse polinômio são o quarto, o sétimo e o décimo sexto termos de uma progressão aritmética, cuja soma de seus vinte primeiros termos é igual a $\frac{80}{3}$ e o seu décimo terceiro termo é igual a 3. Encontre os valores de *a*, *b* e *c*.

16. (U. F. Triângulo Mineiro-MG) Seja o polinômio $P(x) = x^3 - 2x^2 - 4x + m$, sendo m um número real. Sabendo-se que P(x) é divisível por $(x - 2)$, determine:

a) o valor de m.

b) todas as raízes de P(x).

17. (Unicamp-SP) Considere o polinômio $p(x) = x^2 - 11x + k + 2$, em que x é variável real e k um parâmetro fixo, também real.

a) Para qual valor do parâmetro k o resto do quociente de p(x) por $x - 1$ é igual a 3?

b) Supondo, agora, $k = 4$, e sabendo que a e b são raízes de p(x), calcule o valor de $\text{sen}\left(\frac{\pi}{a} + \frac{\pi}{b}\right)$.

18. (UE-RJ) O gráfico abaixo representa a função polinomial P do 3º grau que intersecta o eixo das abscissas no ponto (−1, 0).

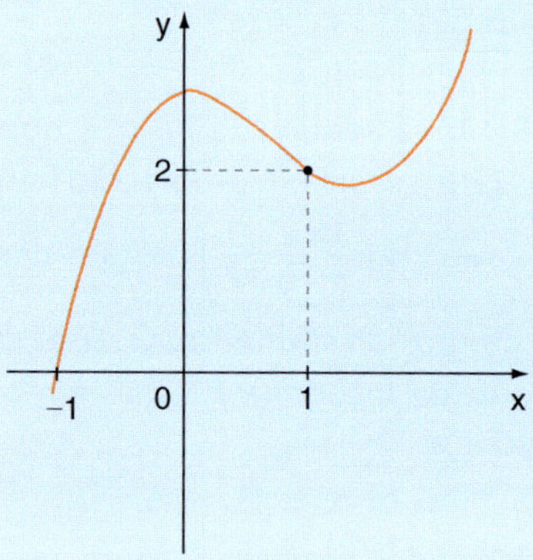

Determine o resto da divisão de P(x) por $x^2 - 1$.

19. (UF-SE) Analise a veracidade das afirmações seguintes.

(0-0) Se −4 é raiz da equação $4x^3 + 20x^2 + 13x + m = 0$, então o produto das duas outras raízes é igual a $-\frac{3}{4}$.

(1-1) A equação $x^3 - 3x^2 + x + 5 = 0$ admite três raízes inteiras.

(2-2) Se uma equação com coeficientes reais admite as raízes complexas 1, $1 + i$ e $1 - 2i$ com multiplicidades 2, 1 e 1, respectivamente, então o seu grau é 4.

(3-3) A soma dos inversos das raízes da equação $x^3 + 5x^2 - 8x - 6 = 0$ é igual a $-\frac{4}{3}$.

(4-4) Se o número complexo $1 - 2i$ é raiz da equação $x^2 + kx + t = 0$ em que k e t são coeficientes reais, então $k + t = 3$.

20. (FGV-RJ) Ao tentar encontrar a interseção do gráfico de uma função quadrática com o eixo x, um aluno encontrou as soluções: $2 + i$ e $2 - i$. Quais são as coordenadas do vértice da parábola? Sabe-se que a curva intercepta o eixo y no ponto (0, 5).

21. (Unicamp-SP) O número áureo é uma constante real irracional, definida como a raiz positiva da equação quadrática obtida a partir de $\frac{x + 1}{x} = x$.

a) Reescreva a equação acima como uma equação quadrática e determine o número áureo.

b) A sequência 1, 1, 2, 3, 5, 8, 13, 21, ... é conhecida como sequência de Fibonacci, cujo n-ésimo termo é definido recursivamente pela fórmula

$$F(n) = \begin{cases} 1, & \text{se } n = 1 \text{ ou } 2; \\ F(n-1) + F(n-2), & \text{se } n > 2. \end{cases}$$

Podemos aproximar o número áureo, dividindo um termo da sequência de Fibonacci pelo termo anterior. Calcule o 10º e o 11º termos dessa sequência e use-os para obter uma aproximação com uma casa decimal para o número áureo.

22. (Unesp-SP) Uma raiz da equação $x^3 - (2a - 1)x^2 - a(a + 1)x + 2a^2(a - 1) = 0$ é $(a - 1)$. Quais são as outras duas raízes dessa equação?

23. (UF-PE) Se o número complexo $3 + 2i$ é raiz da equação $x^3 - 23x + c = 0$, com c sendo uma constante real, qual o valor de c?

24. (FGV-SP) Ao copiar da lousa uma equação polinomial de 3º grau e de coeficientes inteiros, Carlos escreveu errado o termo em x e o termo que não tem fator x. Resolvendo-a, duas das raízes que encontrou foram $-i$ e 2. A professora já havia adiantado que uma das raízes da equação original era $2i$.

a) Qual é a equação original?

b) Quais são as outras raízes da equação original?

25. (UF-ES) Considere os polinômios $p(x) = 2x^3 - x^2 - 10x + 5$ e $q(x) = p(x)p(-x)$. Determine:

a) as raízes de p(x);

b) as raízes de q(x) e suas respectivas multiplicidades;

c) os valores reais de x para os quais $q(x) > 0$.

26. (Unifesp-SP) Considere as funções quadráticas $q_1(x)$ e $q_2(x)$ cujos gráficos são exibidos na figura.

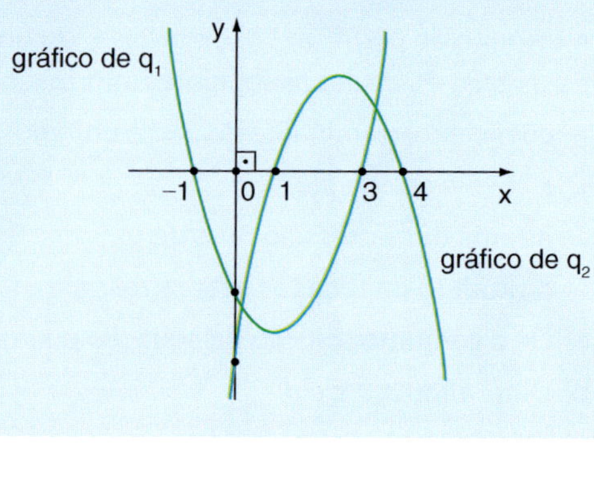

a) Faça o esboço de um possível gráfico da função produto $q(x) = q_1(x) \cdot q_2(x)$.

b) Calcule o quociente do polinômio $h(x) = xq(x)$ pelo polinômio $k(x) = x + 1$ e exiba suas raízes.

27. (UF-SC) Assinale a(s) proposição(ões) correta(s). [Indique a soma dos itens corretos.]

(01) O polinômio $P(x) = x^{15} - 3x^3 + 3x^2 - x + 1$ admite pelo menos uma raiz real.

(02) O resto da divisão do polinômio $P(x) = x^{72} + 3x^{60} - 2x^{15} + x^{10} - 2x^5 + 1$ por $Q(x) = x + 1$ é 10.

(04) O conjunto solução da equação $\sqrt{3x + 15} = x - 1$ no conjunto $\mathbb{R}$ é $S = \{7, -2\}$.

(08) O conjunto solução da inequação $\frac{x^2 - 3x + 1}{x} \leq 1$ no conjunto $\mathbb{R}$ é $S = (-\infty, 0)$.

(16) Sejam *b*, *c*, α e β números reais, com α e β raízes da equação $x^2 - x + c = 0$. Se $\alpha + 1$ e $\beta + 1$ são as raízes da equação $x^2 - bx + 2 = 0$, então $b + c = 3$.

(32) Para todos os números reais *a* e *b* tem-se $\sqrt{ab} = \sqrt{a}\,\sqrt{b}$.

28. (UF-PE) O polinômio $x^3 + ax^2 + bx + 19$ tem coeficientes *a*, *b* números inteiros, e suas raízes são inteiras e distintas. Indique $|a| + |b|$.

29. (Fuvest-SP)

a) Sendo *i* a unidade imaginária, determine as partes real e imaginária do número complexo $z_0 = \frac{1}{1 + i} - \frac{1}{2i} + i$.

b) Determine um polinômio de grau 2, com coeficientes inteiros, que tenha z_0 como raiz.

c) Determine os números complexos *w* tais que $z_0 \cdot w$ tenha módulo igual a $5\sqrt{2}$ e tais que as partes real e imaginária de $z_0 \cdot w$ sejam iguais.

d) No plano complexo, determine o número complexo z_1 que é o simétrico de z_0 com relação à reta de equação $y - x = 0$.

30. (UF-BA) Considere o polinômio com coeficientes reais $P(x) = 3x^5 - 7x^4 + mx^3 + nx^2 + tx + 6$. Sabendo que P(x) é divisível por $x^2 + 2$ e possui três raízes reais que formam uma progressão geométrica, determine o resto da divisão de P(x) por $x + 2$.

31. (UF-PE) Se as raízes da equação $x^3 - 7x^2 - 28x + k = 0$ são termos de uma progressão geométrica, determine e assinale o valor do termo constante *k*.

32. (U. E. Maringá-PR) Sabendo que *a*, *b* e *c* são números inteiros e que o número complexo $2 + i$ é zero (raiz do polinômio $x^3 + ax^2 + bx + c$), assinale o que for correto. [Indique a soma dos itens corretos.

(01) Esse polinômio possui outra raiz complexa, cujo módulo é $\sqrt{5}$.

(02) O argumento de $2 + i$ é superior a $\frac{\pi}{4}$ rad.

(04) Todas as raízes reais desse polinômio são inteiras.

(08) Se 1 é raiz desse polinômio, então $a = c$.

(16) É possível escolher os inteiros *a*, *b* e *c*, de modo que o polinômio não possua raízes reais.

33. (Unesp-SP) Transforme o polinômio $P(x) \equiv x^5 + x^2 - x - 1$ em um produto de dois polinômios, sendo um deles do 3º grau.

34. (PUC-RJ) O retângulo ABCD tem dois vértices no gráfico da função polinomial dada por $f(x) = 5x^3 - 65x^2 + 235x - 155$ e dois vértices no eixo *x* como na figura abaixo.

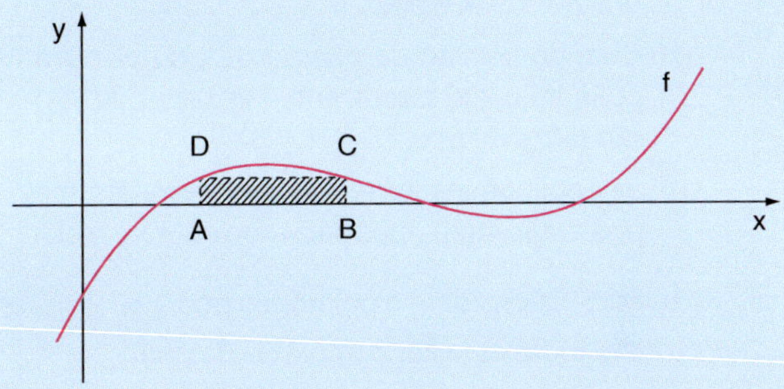

Sabendo que o vértice $A = (1, 0)$, faça o que se pede.

a) Determine as coordenadas do vértice D.

b) Determine as coordenadas do vértice C.

c) Calcule a área do retângulo ABCD.

35. (FGV-SP) A editora aplicou o lucro obtido em 2011, R$ 100 000,00, em um fundo de renda fixa, a certa taxa de juro composta. Após 3 anos, deve receber um montante de R$ 172 800,00.

a) A que taxa de juro anual aplicou seu dinheiro? Use as informações do gráfico abaixo para justificar a sua resposta.

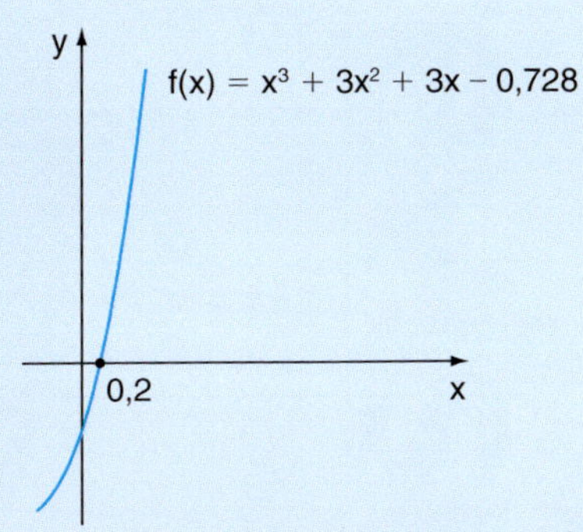

b) Qual é a soma das duas raízes complexas da equação $x^3 + 3x^2 + 3x - 0{,}728 = 0$, que não são números reais?

36. (UF-SC) Considerando um polinômio $p(x) = x^n + a_{n-1}x^{n-1} + ... + a_2x^2 + a_1x + a_0$, com a_0, a_1, a_2, ... , a_n números reais e $n \in \mathbb{N}$, assinale a(s) proposição(ões) correta(s). [Indique a soma dos itens corretos.]

(01) Suponha que p(x) tenha *n* raízes reais $\alpha_1, \alpha_2, ..., \alpha_n$. Considere que o polinômio $q(x) = x^n + b_{n-1}x^{n-1} + ... + b_2x^2 + b_1x + b_0$, com coeficientes reais, tem *n* raízes reais $\beta_1, \beta_2, ..., \beta_n$ de modo que $\beta_1 = \alpha_1, \beta_2 = \alpha_2, ..., \beta_{n-1} = \alpha_{n-1}$ e $\beta_n = -\alpha_n$. Nessas condições, podemos afirmar que o polinômio soma $p(x) + q(x)$ tem uma raiz nula.

(02) Se $1 + a_{n-1} + ... + a_2 + a_1 + a_0 = 0$, então $p(1) = 0$.

(04) Se *k* é um número real, o resto da divisão de p(x) por $x + k$ é p(k).

(08) Quando o resto da divisão de p(x) por um polinômio k(x) é zero, então as raízes de k(x) são raízes de p(x).

(16) Se o polinômio m(x) tem as mesmas raízes que p(x), então $m(x) = p(x)$ para todo número real *x*.

37. (Fuvest-SP) Considere o polinômio $p(x) = x^4 + 1$.

a) Ache todas as raízes complexas de p(x).

b) Escreva p(x) como produto de dois polinômios de segundo grau, com coeficientes reais.

38. (UF-GO) Com base no polinômio $p(x) = x^4 - 25$,

a) determine os valores de *x*, no conjunto dos números reais, tais que $p(x) < 0$;

b) escreva p(x) como um produto de três polinômios com coeficientes reais;

c) considerando-se a representação dos números complexos em um plano cartesiano, calcule a área do polígono cujos vértices são as raízes de p(x).

39. (FGV-RJ) A figura mostra o gráfico da função $f(x) = 1 + x - 2x^3$

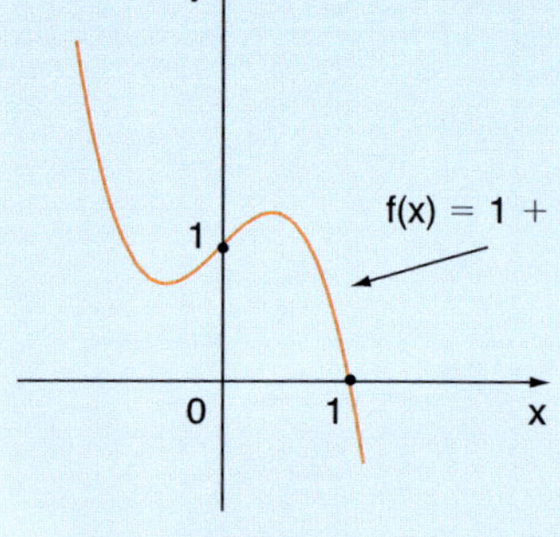

a) Determine as soluções que não são números reais da equação $f(x) = 0$.

b) Resolva a inequação: $f(x) \geq 1$.

40. (UE-RJ) Considere a equação a seguir, que se reduz a uma equação do terceiro grau:

$$(x + 2)^4 = x^4$$

Uma de suas raízes é real e as outras são imaginárias. Determine as três raízes dessa equação.

41. (U. F. Juiz de Fora-MG) Seja $P(x) = ax^4 + bx^3 + cx^2 + 3dx + e$ um polinômio com coeficientes reais em que $b = -1$ e uma das raízes é $x = -1$. Sabe-se que $a < b < c < d < e$ formam uma progressão aritmética crescente.

a) Determine a razão dessa progressão aritmética e os coeficientes do polinômio P(x).

b) Encontre as demais raízes do polinômio P(x).

42. (Fuvest-SP) O polinômio $p(x) = x^4 + ax^3 + bx^2 + cx - 8$, em que *a*, *b*, *c* são números reais, tem o número complexo $1 + i$ como raiz, bem como duas raízes simétricas.

a) Determine *a*, *b*, *c* e as raízes de p(x).

b) Subtraia 1 de cada uma das raízes de p(x) e determine todos os polinômios com coeficientes reais, de menor grau, que possuam esses novos valores como raízes.

43. (FGV-SP) A figura mostra o gráfico da função $f(x) = 2x^3 - 3x^2 - 36x + 81$.

a) Resolva a equação $2x^3 - 3x^2 - 36x + 81 = 0$.

b) Para que valores de *x* tem-se $f(x) \leq 0$?

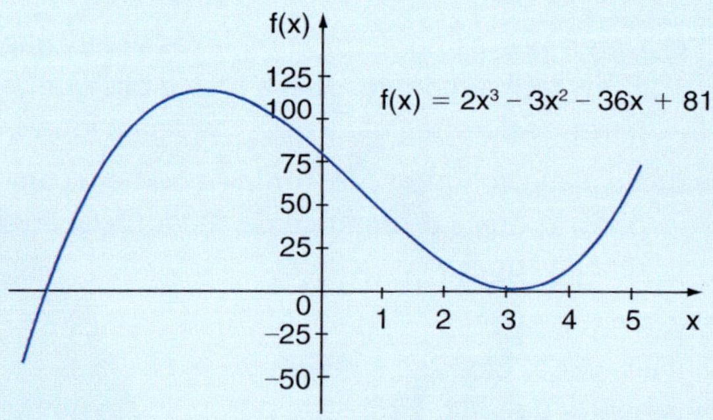

44. (UF-GO) Dados dois polinômios p(x) e q(x), as abscissas dos pontos de interseção dos seus gráficos são as soluções da equação algébrica $p(x) = q(x)$. Considere os polinômios $p(x) = x^3 + a_2x^2 + a_1x + a_0$ e $q(x) = 3 - 2x$. Determine os valores de a_0, a_1 e a_2 para que os polinômios p(x) e q(x) se intersectem nos pontos de abscissa -2, 3 e 4.

45. (UF-PE) O gráfico da função real *f* dada por $f(x) = x^4 + ax^3 + bx^2 + cx + d$ com *a*, *b*, *c* e *d* constantes reais está esboçado a seguir.

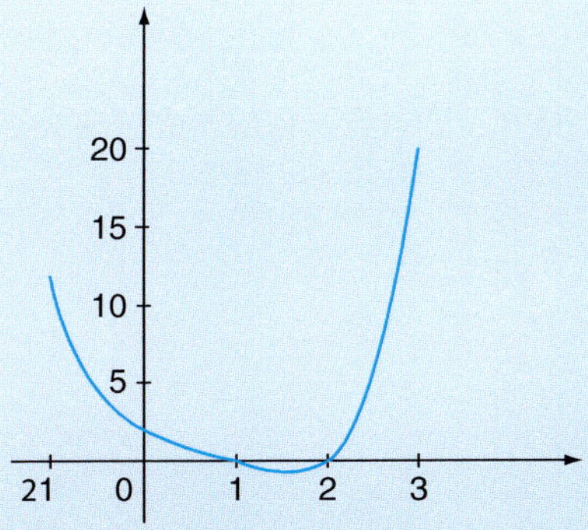

Se o gráfico passa pelos pontos (1, 0), (2, 0), (0, 2) e (−1, 12), é correto afirmar que:

(0-0) f(x) é divisível por $x^2 - 3x + 2$.

(1-1) f(x) é múltiplo de $x^2 + 1$.

(2-2) f(x) admite quatro raízes reais.

(3-3) A soma das raízes de f(x) é 3.

(4-4) O produto das raízes de f(x) é 2.

46. (UF-BA) Sendo A(x) e B(x) polinômios com coeficientes reais tais que

- $A(x) = x^3 + 2x^2 + a_2x + a_3$ é divisível por $x^2 + x + 1$;
- $B(x) = x^5 + b_1x^4 + b_2x^3 + b_3x^2 + b_4x + b_5$ tem uma raiz em comum com A(x);
- B(i) = 0;
- B(1 + i) = 0,

calcule A(0) + B(1).

47. (UF-MG) As dimensões *a*, *b* e *c*, em cm, de um paralelepípedo retângulo são as raízes do polinômio $p(x) = 6x^3 - 44x^2 + 103x - 77$.

a) Calcule o volume desse paralelepípedo.

b) Calcule a soma das áreas das faces desse paralelepípedo.

c) Calcule o comprimento da diagonal desse paralelepípedo.

TESTES

1. (Cefet-MG) Sabendo-se que −5, *a* e *b* são raízes da equação $x^3 + 6x^2 + 3x - 10 = 0$, logo, o valor de a + b é

a) −3
b) −2
c) −1
d) 0

2. (UF-RS) Um polinômio de 5º grau com coeficientes reais que admite os números complexos −2 + i e 1 − 2i como raízes admite

a) no máximo mais uma raiz complexa.
b) 2 − i e −1 + 2i como raízes.
c) uma raiz real.
d) duas raízes reais distintas.
e) três raízes reais distintas.

3. (UF-AM) Se r_1, r_2, r_3 e r_4 são raízes da equação polinomial $2x^4 - 3x^3 + x^2 - 6x + 4 = 0$, então o valor da expressão $\frac{1}{r_1} + \frac{1}{r_2} + \frac{1}{r_3} + \frac{1}{r_4}$ é:

a) $\frac{1}{2}$
b) $\frac{3}{5}$
c) $\frac{3}{2}$
d) 4
e) $-\frac{3}{2}$

4. (PUC-RJ) Sabendo que 1 é raiz do polinômio $p(x) = 2x^3 - ax^2 - 2x$, podemos afirmar que p(x) é igual a:

a) $2x^2(x - 2)$
b) $2x(x - 1)(x + 1)$
c) $2x(x^2 - 2)$
d) $x(x - 1)(x + 1)$
e) $x(2x^2 - 2x - 1)$

5. (UF-AM) Se x_1, x_2 e x_3 são raízes da equação polinomial $x^3 - 5x^2 + 4 = 0$ e $A = \begin{pmatrix} x_1 & 0 & 1 \\ x_1 & x_2 & 0 \\ -x_3 & x_3 & 1 \end{pmatrix}$ é uma matriz real, então o det (A) é:

a) 0
b) 1
c) 2
d) 3
e) 4

6. (Mackenzie-SP) Em C, o conjunto solução da equação $\begin{vmatrix} x + 1 & x & x - 1 \\ 2x & 2x & 2x \\ -1 & -1 & -1 \end{vmatrix} = x^2 + 2x + 5$ é

a) {2 + 2i, 2 − 2i}
b) {−1 − 4i, −1 + 4i}
c) {1 + 4i, 1 − 4i}
d) {−1 + 2i, −1 − 2i}
e) {2 − 2i, 1 + 2i}

7. (Ibmec-RJ) Uma das raízes da equação $2x^3 + x^2 - 7x - 6 = 0$ é x = 2. Pode-se afirmar que:

a) as outras raízes estão entre −2 e 0.
b) as outras raízes são imaginárias.
c) as outras raízes são 17 e −19.
d) as outras raízes são iguais.
e) só uma das outras raízes é real.

8. (UF-RS) As raízes do polinômio $p(x) = x^3 + 5x^2 + 4x$ são

a) −4, −1 e 0.
b) −4, 0 e 1.
c) −4, 0 e 4.
d) −1, 0 e 1.
e) 0, 1 e 4.

9. (Unesp-SP) A equação polinomial $x^3 - 3x^2 + 4x - 2 = 0$ admite 1 como raiz. Suas duas outras raízes são

a) $(1 + \sqrt{3} \cdot i)$ e $(1 - \sqrt{3} \cdot i)$.
b) $(1 + i)$ e $(1 - i)$.
c) $(2 + i)$ e $(2 - i)$.
d) $(-1 + i)$ e $(-1 - i)$.
e) $(-1 + \sqrt{3} \cdot i)$ e $(-1 - \sqrt{3} \cdot i)$.

10. (UPE-PE) Sobre os polinômios $A(x) = x^3 - x$ e $B(x) = x - 1$, são feitas as seguintes afirmações:

I. Em um sistema cartesiano ortogonal, os gráficos A(x) e B(x) se interceptam em três pontos.
II. Os dois polinômios não possuem raízes em comum.
III. O resto da divisão de A(x) por B(x) é zero.
IV. A soma de todas as raízes dos dois polinômios vale 1.

Associando V para as afirmações verdadeiras ou F para as falsas obtemos, respectivamente,

a) I – F; II – F; III – V e IV – V.
b) I – F; II – V; III – F e IV – V.
c) I – F; II – F; III – V e IV – F.
d) I – V; II – F: III – V e IV – V.
e) I – V; II – F; III – V e IV – F.

11. (Unesp-SP) Dado que as raízes da equação $x^3 - 3x^2 - x + k = 0$, onde *k* é uma constante real, formam uma progressão aritmética, o valor de *k* é:

a) −5.
b) −3.
c) 0.
d) 3.
e) 5.

12. (Insper-SP) A equação $x^5 = 8x^2$ possui duas raízes imaginárias, cuja soma é

a) −2.
b) −1.
c) 0.
d) 1.
e) 2.

13. (FGV-RJ) A equação polinomial $x^3 - x^2 - 16x - 20 = 0$ tem raízes x_1, x_2 e x_3. O valor da expressão $\frac{1}{x_1} + \frac{1}{x_2} + \frac{1}{x_3}$ é:

a) 1
b) $-\frac{3}{4}$
c) $\frac{4}{5}$
d) $\frac{3}{4}$
e) $-\frac{4}{5}$

14. (EsPCEx-SP) Seja a função complexa $P(x) = 2x^3 - 9x^2 + 14x - 5$. Sabendo-se que $2 + i$ é raiz de P, o intervalo I de números reais que faz $P(x) < 0$, para todo $x \in I$ é

a) $\left]-\infty, \frac{1}{2}\right[$
b) $]0,1[$
c) $\left]\frac{1}{4}, 2\right[$
d) $]0,+\infty[$
e) $\left]-\frac{1}{4}, \frac{3}{4}\right[$

15. (Unicamp-SP) Sejam *r*, *s* e *t* as raízes do polinômio $p(x) = x^3 + ax^2 + bx + \left(\frac{b}{a}\right)^3$, em que *a* e *b* são constantes reais não nulas. Se $s^2 = r \cdot t$, então a soma de $r + t$ é igual a

a) $\frac{b}{a} + a$.
b) $-\frac{b}{a} - a$.
c) $a - \frac{b}{a}$.
d) $\frac{b}{a} - a$.

16. (UF-RS) Se 2 é raiz dupla do polinômio $p(x) = 2x^4 - 7x^3 + 3x^2 + 8x - 4$, então a soma das outras raízes é

a) −1.
b) −0,5.
c) 0.
d) 0,5.
e) 1.

17. (FEI-SP) Seja $p(x) = x^3 + mx - 20$, com *m* pertencente a $\mathbb{R}$, um polinômio divisível por $q(x) = x - 2$. É correto afirmar que p(x) possui:

a) apenas uma raiz real.
b) três raízes reais e iguais.
c) duas raízes reais opostas.
d) duas raízes reais iguais.
e) três raízes reais e distintas entre si.

18. (UF-PR) Sabendo-se que $x = 2$ é um zero do polinômio $p(x) = 9x^3 - 21x^2 + 4x + 4$, é correto afirmar que a soma das outras duas raízes é igual a:

a) $\frac{1}{3}$
b) $\frac{3}{7}$
c) 1
d) $\frac{4}{21}$
e) $\frac{4}{9}$

19. (FGV-SP) Considere a função polinomial definida por $P(x) = ax^3 + bx^2 + cx + d$, com *a*, *b*, *c*, *d* sendo números reais, e cuja representação gráfica é dada na figura.

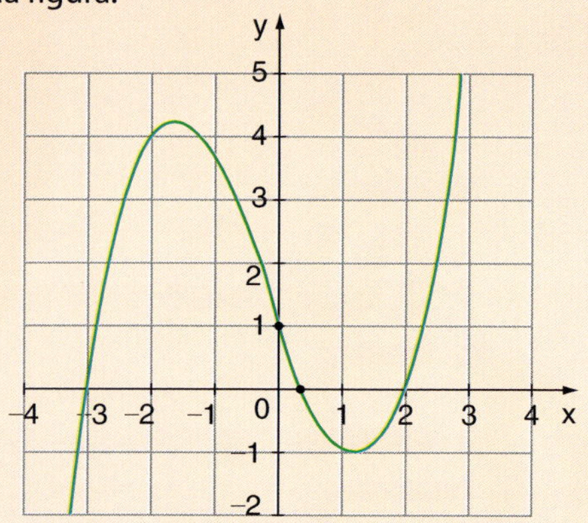

É correto afirmar que:

a) $-1 < a + b + c + d < 0$

b) $0 < d < 1$

c) para $-1 \leq x \leq 1, P(x) > 0$

d) o produto de suas raízes é menor que -6.

e) há uma raiz de multiplicidade 2.

20. (UF-PI) Seja o polinômio $p(x) = x^3 - 3x^2 + ax + b$, com coeficientes reais. Sabe-se que p(x) possui três raízes reais distintas e em Progressão Geométrica. Sabendo-se que p(x) é divisível por $x - 4$, pode-se afirmar que o valor do coeficiente *a* é:

a) -6 c) 0 e) 6

b) -3 d) 3

21. (EsPCEx-SP) Sabendo que 2 é uma raiz do polinômio $P(x) = 2x^3 - 5x^2 + x + 2$, então o conjunto de todos os números reais *x* para os quais a expressão $\sqrt{P(x)}$ está definida é:

a) $\{x \in \mathbb{R} \mid 1 \leq x \leq 2\}$

b) $\left\{x \in \mathbb{R} \mid x \leq -\frac{1}{2}\right\}$

c) $\left\{x \in \mathbb{R} \mid -\frac{1}{2} \leq x \leq 1 \text{ ou } x \geq 2\right\}$

d) $\{x \in \mathbb{R} \mid x \neq 2\}$

e) $\{x \in \mathbb{R} \mid x \neq 2 \text{ e } x \neq 1\}$

22. (UE-PB) O produto entre as raízes da equação $x^4 + 3x^2 + 2 = 0$ é:

a) 2 b) 1 c) $\sqrt{2}$ d) -1 e) $2i$

23. (Insper-SP) A figura, feita fora de escala, representa a planta de uma sala de aula, que conta com uma área para armários dos alunos (parte hachurada).

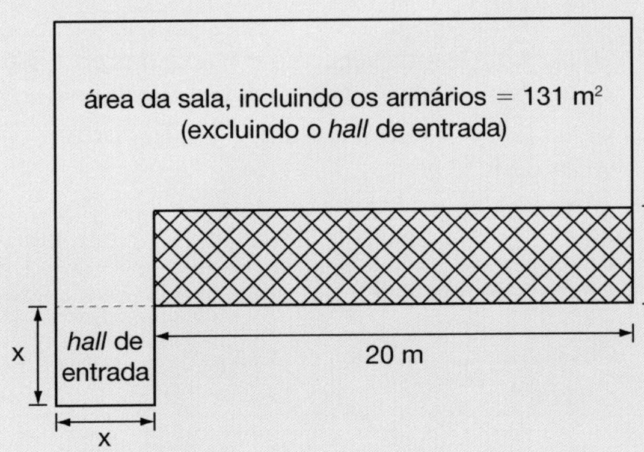

A sala está sendo projetada de modo que o teto fique a uma distância de *x* metros do chão e, para que haja uma ventilação adequada, o volume total da sala mais o *hall* de entrada, descontando-se o espaço dos armários (que vão até o teto), deve ser de 280 m³. O menor valor de *x* que atende a todas essas condições é

a) 5. b) 6. c) 7. d) 8. e) 9.

24. (EPCAr-MG) As raízes da equação algébrica $2x^3 - ax^2 + bx + 54 = 0$ formam uma progressão geométrica.

Se $a, b \in \mathbb{R}, b \neq 0$, então $\frac{a}{b}$ é igual a

a) $\frac{2}{3}$ c) $-\frac{3}{2}$

b) 3 d) $-\frac{1}{3}$

25. (UF-PB) Uma organização não governamental desenvolveu um projeto de reciclagem de papel em um bairro popular de uma cidade, com o objetivo de contribuir com a política ambiental e gerar renda para as famílias carentes do bairro. A partir da catação do papel e utilizando um processo artesanal, as famílias produzem folhas de papelão em formato retangular medindo 21 cm × 42 cm. Um empresário local propôs comprar toda a produção mensal da comunidade para produzir caixas de papelão, em formato de paralelepípedo retorretângulo, com volume igual a 810 cm³. Cada caixa é construída recortando-se quadrados em dois dos vértices da folha e retângulos nos outros dois vértices. Em seguida, as abas resultantes dos recortes são dobradas nas linhas tracejadas na folha, obtendo-se dessa forma a caixa, conforme representação nas figuras abaixo.

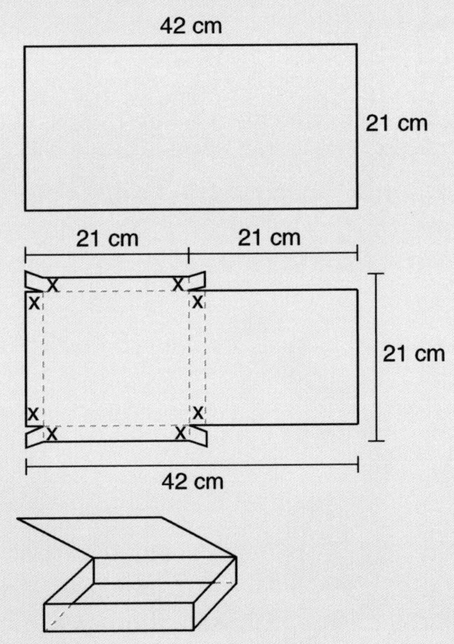

Considerando que uma possibilidade para a medida *x* do lado do quadrado a ser recortado é 3 cm, é correto afirmar que outro valor possível, em centímetros, para a medida *x*, pertence ao intervalo:

a) (1, 3)

b) (3, 5)

c) (5, 7)

d) (7, 9)

e) (9, 11)

26. (Mackenzie-SP) As raízes da equação $x^3 - 9x^2 + 23x - 15 = 0$, colocadas em ordem crescente, são os três primeiros termos de uma progressão aritmética cuja soma dos 20 primeiros termos é

a) 500
b) 480
c) 260
d) 400
e) 350

27. (UE-CE) Se *u* e *v* são as soluções da equação $6x + x^{-1} - 5 = 0$, então a expressão $u + v - uv$ é igual a:

a) $\frac{2}{3}$
b) $\frac{3}{2}$
c) $\frac{5}{6}$
d) $\frac{6}{5}$

28. (FEI-SP) Se $x_1 = 1$ e $x_2 = 2$ são raízes do polinômio $p(x) = x^3 - mx^2 + nx$, então o resto da divisão de p(x) por (x − 4) é igual a:

a) 32
b) 18
c) 24
d) 12
e) 30

29. (PUC-RJ) Sejam $f(x) = x^2 + 1$ e $g(x) = x^2 - 1$. Então a equação $f(g(x)) - g(f(x)) = -2$ tem duas soluções reais. O produto das duas soluções é igual a:

a) −2
b) −1
c) 0
d) 1
e) 2

30. (Fatec-SP) Considere a equação polinomial $x^3 - 9x^2 + kx + 21 = 0$, com *k* real. Se suas raízes estão em progressão aritmética, o valor de $\log_2 (3k - 1)^2$ é:

a) 8
b) 10
c) 12
d) 16
e) 20

31. (UF-PB) Mestre Laureano, técnico e professor de Eletrônica, em uma das suas aulas práticas, escolheu três resistores e propôs aos seus alunos que calculassem o valor da resistência do resistor equivalente aos três resistores escolhidos, associados em paralelo. Para isso ele informou aos alunos que:

- os valores R_1, R_2 e R_3 das resistências dos três resistores escolhidos, medidos em ohms, são raízes do polinômio $p(x) = x^3 - 7x^2 + 16x - 12$.
- o valor R da resistência, medido em ohms, do resistor equivalente aos três resistores escolhidos, associados em paralelo, satisfaz a relação $\frac{1}{R} = \frac{1}{R_1} + \frac{1}{R_2} + \frac{1}{R_3}$.

Com base nessas informações, é correto afirmar que o valor de R, em ohms, é igual a:

a) 0,55
b) 0,65
c) 0,75
d) 0,85
e) 0,95

32. (UE-CE) Se os números *m*, *p* e *q* são as soluções da equação $x^3 - 7x^2 + 14x - 8 = 0$, então o valor da soma $\log_2 m + \log_2 p + \log_2 q$ é:

a) 1
b) 2
c) 3
d) 4

33. (FGV-SP) Um polinômio P(x) do terceiro grau tem o gráfico dado abaixo.

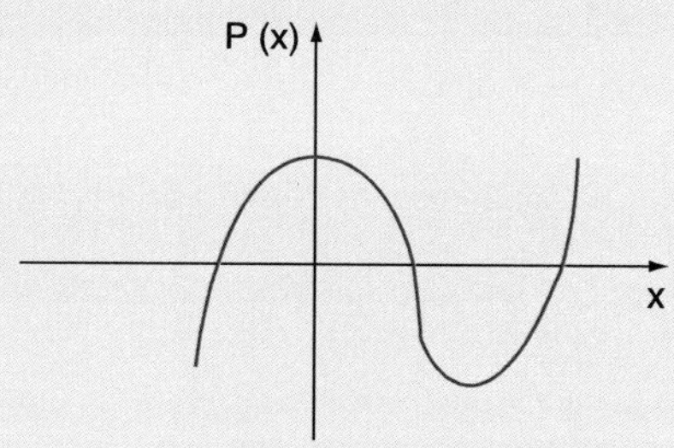

Os pontos de interseção com o eixo das abscissas são (−1, 0), (1, 0) e (3, 0). O ponto de interseção com o eixo das ordenadas é (0, 2). Portanto, o valor de P(5) é:

a) 24
b) 26
c) 28
d) 30
e) 32

34. (FGV-SP) A equação $x^{-4} = 16$ tem

a) duas raízes reais e duas raízes imaginárias conjugadas.
b) pelo menos duas raízes iguais.
c) uma única raiz imaginária.
d) quatro raízes reais.
e) quatro raízes cujo produto é $-\frac{1}{4}$.

35. (FGV-SP) Sejam *m* e *n* números reais, ambos diferentes de zero. Se *m* e *n* são soluções da equação polinomial $x^2 + mx + n = 0$, na incógnita *x*, então, $m - n$ é igual a

a) −3.
b) −2.
c) 1.
d) 2.
e) 3.

36. (ITA-SP) Se 1 é uma raiz de mutiplicidade 2 da equação $x^4 + x^2 + ax + b = 0$, com $a, b \in \mathbb{R}$, então $a^2 - b^3$ é igual a

a) −64.
b) −36.
c) −28.
d) 18.
e) 27.

37. (Mackenzie-SP) As raízes reais da equação $x^4 - 1 = 0$, dispostas em ordem crescente, formam, respectivamente, os coeficientes *a* e *b* da reta $r: ax + by + 1 = 0$. A equação da reta *s*, perpendicular à *r* e que passa pelo ponto P(1, 2), será

a) $x - y + 3 = 0$
b) $-x + y - 1 = 0$
c) $x + y - 3 = 0$
d) $-2x + y + 1 = 0$
e) $2x - y - 3 = 0$

38. (ITA-SP) A soma de todos os números reais *x* que satisfazem a equação $8^{\sqrt{x+1}} + 44(2^{\sqrt{x+1}}) + 64 = 19(4^{\sqrt{x+1}})$ é igual a

a) 8.
b) 12.
c) 16.
d) 18.
e) 20.

39. (Unesp-SP) Se *m*, *p*, mp são as três raízes reais não nulas da equação $x^3 + mx^2 + mpx + p = 0$, a soma das raízes dessa equação será:

a) 3
b) 2
c) 1
d) 0
e) −1

40. (Mackenzie-SP) A equação $3x^3 - 4x - 1 = 0$ apresenta 3 raízes x_1, x_2 e −1. O valor de $x_1^2 + x_2^2$ é:

a) $\frac{5}{3}$
b) $\frac{8}{3}$
c) $\frac{2}{5}$
d) $\frac{1}{7}$
e) $\frac{2}{3}$

41. (FGV-RJ) O polinômio $P(x) = x^4 - 5x^3 + 3x^2 + 5x - 4$ tem o número 1 como raiz dupla. O valor absoluto da diferença entre as outras raízes é igual a:

a) 5
b) 4
c) 3
d) 2
e) 1

42. (UE-CE) Um estudante aplicou a fórmula $x = \frac{(-b \pm \sqrt{\Delta})}{(2a)}$ para encontrar raízes x_1 e x_2 da equação $x^2 - 3x + (3 + i) = 0$, e, ao calcular o termo $\Delta = b^2 - 4ac$, obteve $-3 - 4i$. Para extrair a raiz quadrada deste número procurou números reais *r* e *s* de modo que $(r + is)^2 = -3 - 4i$. Após resolver o sistema real gerado por essa equação complexa, obteve como solução:

a) $r + is = \pm(1 + 2i), x_1 = 2 + i, x_2 = 1 + i$
b) $r + is = \pm(2 - i), x_1 = 2 - i, x_2 = 1 + i$
c) $r + is = \pm(1 - 2i), x_1 = 1 + i, x_2 = 2 - i$
d) $r + is = \pm(1 + 2i), x_1 = 2 + i, x_2 = 1 - i$
e) $r + is = \pm(2 - 2i), x_1 = 2 - i, x_2 = 1 + i$

43. (FGV-SP) Sejam A e B as raízes da equação $x^2 - mx + 2 = 0$. Se $A + \frac{1}{B}$ e $B + \frac{1}{A}$ são raízes da equação $x^2 - px + q = 0$, então *q* é igual a:

a) $\frac{9}{2}$
b) 4
c) $\frac{7}{2}$
d) $\frac{5}{2}$
e) 2

44. (UE-CE) Os números −2, −1, 0, 1 e 2 são as soluções da equação polinomial $p(x) = 0$, as quais são todas simples. Se o polinômio p(x) é tal que $p(\sqrt{2}) = 2\sqrt{2}$, então o valor de $p(\sqrt{3})$ é igual a:

a) $2\sqrt{3}$
b) $3\sqrt{2}$
c) $3\sqrt{3}$
d) $6\sqrt{2}$

45. (IME-RJ) Os polinômios $P(x) = x^3 + ax^2 + 18$ e $Q(x) = x^3 + bx + 12$ possuem duas raízes comuns. Sabendo que *a* e *b* são números reais, pode-se afirmar que satisfazem a equação

a) $a = b$
b) $2a = b$
c) $a = 2b$
d) $2a = 3b$
e) $3a = 2b$

RESPOSTAS

Capítulo 1 O ponto

Exercícios

1.

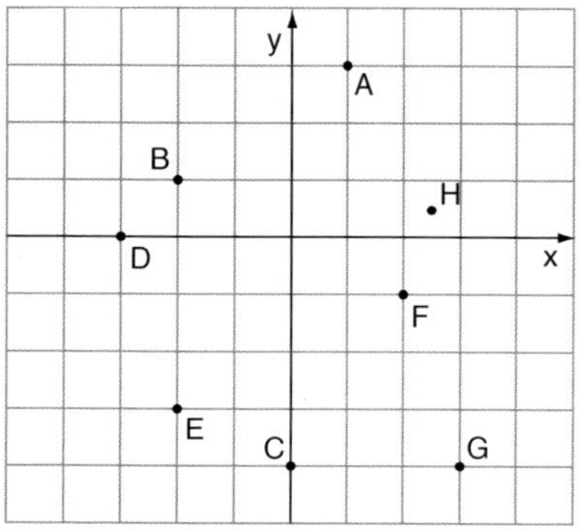

2. H(2, 4); I(−2, −4); J(1, 1); K(3, 0);
L(−1, 4); M(−3, −2); N(1, −3);
O(0, 0)

3. a) E, G c) C, I e) B, K g) E, I
b) A, L d) H f) D, F, J h) A

4. a) positivo b) negativo c) positivo d) nulo

5. −3 ou 3

6. a) 4º quadrante c) 4º quadrante
b) 3º quadrante d) 2º quadrante

7. A(3, 0); B(0, 3); C(−3, 0); D(0, −3);
E(5, 0); F(0, 5); G(−5, 0); H(0, −5)

8. $\{m \in \mathbb{R} \mid m < 0\}$

9. m = n = 5

10. a = b = 3

11. A(0, 0); B(5, 12); C(15, 12); D(20, 0)

12. demonstração; $\overline{BC}$

13. $A(-3\sqrt{2}, 0)$; $B(0, 3\sqrt{2})$; $C(3\sqrt{2}, 0)$; $D(0, -3\sqrt{2})$

14. a) $\sqrt{17}$ d) $\sqrt{130}$ g) 10
b) $5\sqrt{2}$ e) 7 h) 4
c) 5 f) $\sqrt{34}$ i) 4

15. $5 + \sqrt{34} + \sqrt{53}$ u.c.

16. 7 ou 1

17. O ponto D.

18. m = −3

19. $2\sqrt{5} + 2\sqrt{10} + 10\sqrt{2}$ u.c.

20. $2\sqrt{10}$

21. demonstração; $3\sqrt{2} + 2\sqrt{17}$ u.c.

22. Q(5, 5)

23. P(0, 9)

24. triângulo escaleno

25. $P = \left(\frac{11}{2}, 0\right)$

26. m = 7

27. $\left(\frac{19}{10}, -\frac{1}{2}\right)$

28. a) uma reta
b) $5x - 3y + 5 = 0$

29. a) $\left(\frac{3}{2}, 3\right)$ d) (0, 0)
b) $\left(\frac{5}{2}, 1\right)$ e) (7, 3)
c) $\left(-2, -\frac{1}{2}\right)$ f) (3, −1)

30. 1

31. $\sqrt{74}$

32. (1, 7)

33. demonstração

34. (−2, 0) e (0, 4)

35. a) $\left(\frac{4}{3}, -3\right)$ b) $\sqrt{34}$, $\sqrt{10}$ e 4

36. A(−1, 0); B(3, 4) e C(7, −8)

37. a) (−2, 0) b) 5

38. a) $(0, 2\sqrt{7})$ c) $\left(2, \frac{2\sqrt{7}}{3}\right); \frac{8}{3}$
b) 4

39. (8, 4)

40. $\left(-9, -\frac{1}{2}\right)$; (−5, 2) e $\left(-1, -\frac{7}{2}\right)$

41. a) $C = (2, -2\sqrt{3})$ b) $4\sqrt{3}$ cm²

42. a) (4, 7) b) (6, 13)

43. a) sim b) não c) não d) sim e) sim f) não

44. m = 4

45. Qualquer (x, y) que satisfaça a relação $2x - y - 1 = 0$.

46. k = 5 e k = −2

47. sim

48. sim

49. $k \neq 12$

50. a) $5x_P + 2y_P = -10$ b) (−2, 0)

51. P(−5, −13)

52. $\left(\frac{17}{5}, \frac{19}{5}\right)$

53. -2

Desafio

e

Exercícios complementares

1. a) $P'(-2, -3)$ b) $P'(-2, 3)$ c) $P'(2, 3)$ d) $P'(4, -5)$
2. $A(0, 3); B(0, -3); C\left(-3\sqrt{3}, 0\right)$ ou $A(0, -3); B(0, 3); C\left(-3\sqrt{3}, 0\right)$
3. 7,21 km (aproximadamente)
4. $p = 3$ ou $p = 4$
5. $(-4, 6)$; área: 68 u.a.
6. $\left(-\frac{31}{5}, -\frac{18}{5}\right)$
7. a) não b) sim
8. a) $A(0, 0), B(\alpha, 0), C(\alpha, \beta)$ e $D(0, \beta)$

   b) $\left(\frac{\alpha}{2}, \frac{\beta}{2}\right)$

   c) demonstração
9. $2\sqrt{3}$ u.a.
10. $B\left(2\sqrt{3}, 2\right)$ e $C(0, 4)$ ou $C\left(2\sqrt{3}, -2\right)$
11. $P'(-3, 4)$
12. antes: $(8, 6)$; depois $\left(2 + 6\sqrt{2}, 0\right)$
13. $P(2, 5)$
14. $A(3, 6)$ ou $A(-1, -14)$
15. demonstração
16. $(3, 2)$
17. $x \in \mathbb{R}$ tal que $-1 \leq x \leq 6$
18. $B(7, 7)$ e $D(3, 1)$
19. a) $(0, 5)$ b) 10 km
20. a) $(0, 3)$

    b) Fábio: 140 m; Gabriel: 72 m

    c) $\left(\frac{7}{2}, \frac{7}{2}\right)$; 98 m

    d) $\left(\frac{1}{2}, \frac{1}{2}\right)$
21. 13h29min
22. $\left(0, \frac{19}{5}\right)$
23. $x^2 + y^2 + 2x - 6y = 0$
24. $P(1, 2)$; valor mínimo: 16

Testes

1. e
2. c
3. a
4. d
5. e
6. a
7. c
8. d
9. e
10. a
11. d
12. a
13. c
14. (02) + (08) + (16) = 26
15. b
16. b
17. b
18. b

Capítulo 2 A reta

Exercícios

1. a) $x - 2y + 4 = 0$ c) $10x - y + 8 = 0$

   b) $3x + y + 1 = 0$ d) $x - 3y - 9 = 0$
2. A, C e D
3. a)

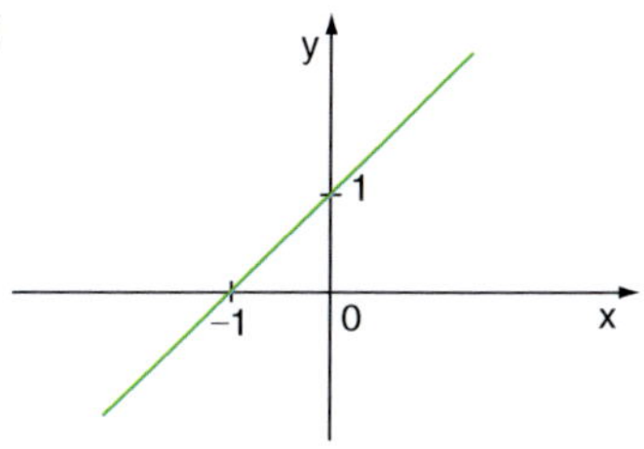

b)

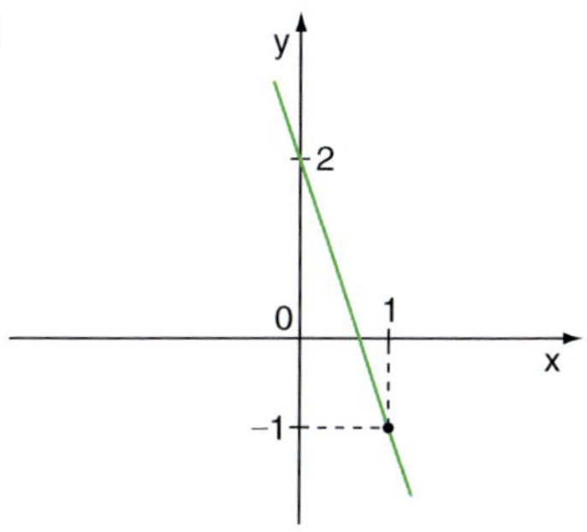

c)

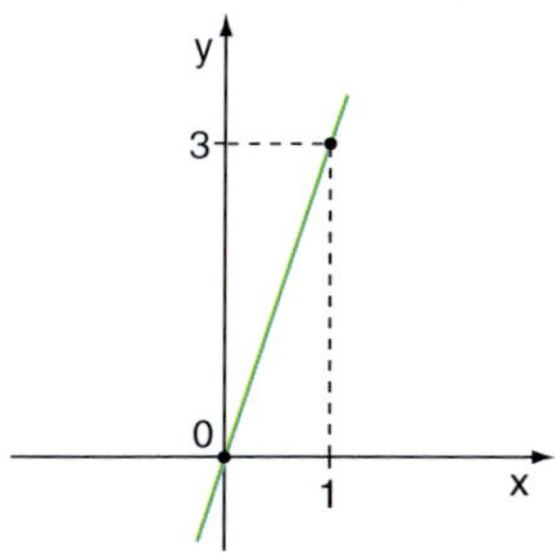

d)

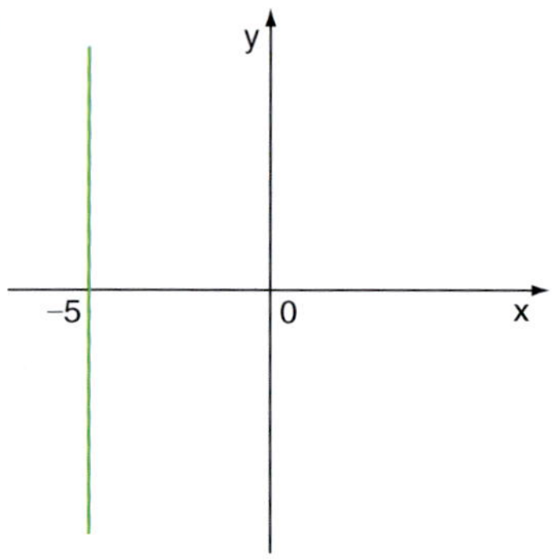

e)

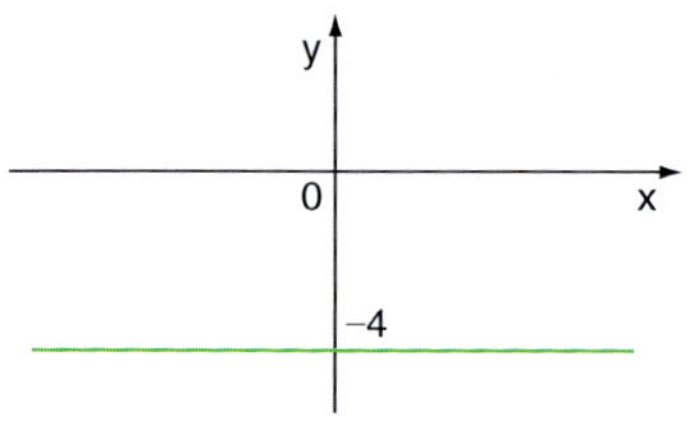

f)

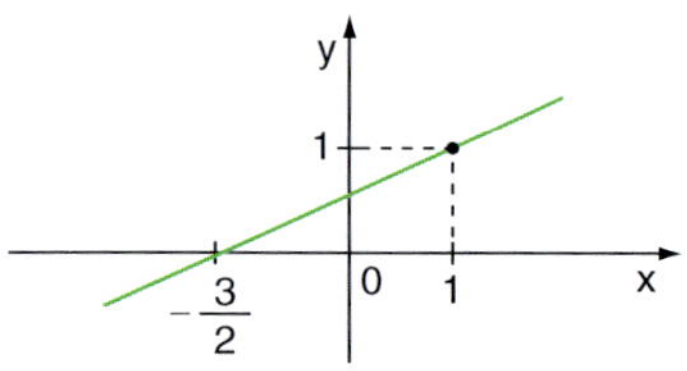

4. a) t   b) s   c) r   d) u

5. a) $3x + 7y + 1 = 0$ b) não; não

6. $x - 2 = 0$

7. $y - 5 = 0$

8. a) $5x - y = 0$ b) Resposta pessoal.

9. r: $y - 4 = 0$

s: $x + 1 = 0$

t: $4x + y = 0$

10. $3x + y - 2 = 0$

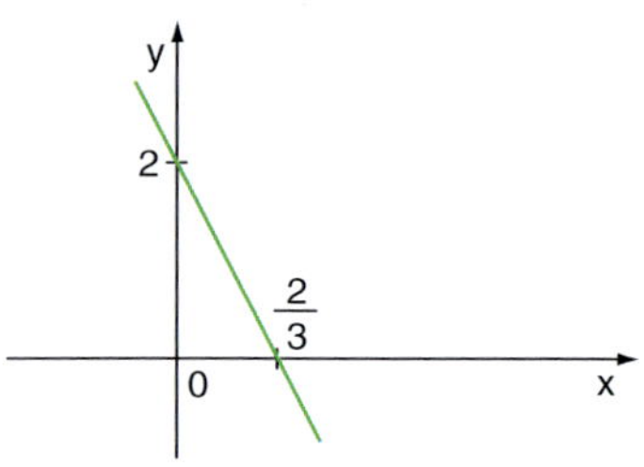

11. $16x + 5y - 20 = 0$

12. $y = 0; 3x - y = 0; x + y - 4 = 0$

13. $(3, 4)$ ou $(-2, -1)$

14. a) $\left(-\frac{3}{2}, 3\right)$ b) $\left(-\frac{1}{2}, \frac{5}{2}\right)$ c) $\left(\frac{2}{3}, \frac{1}{3}\right)$

15. a) $(-3, 2)$ b) $\sqrt{13}$

16. a) concorrentes   c) paralelas

b) coincidentes   d) paralelas

17. $k = 1$

18. sim; $(1, -1)$

19. $p = 2$

20. $\left(\frac{37}{7}, -\frac{17}{7}\right)$

21. $k = 1$

22. $\left(\frac{9}{5}, \frac{3}{5}\right), \left(\frac{7}{3}, \frac{1}{3}\right), (2, 1)$

23. $m = 2$

24. $\left(\frac{12}{23}, \frac{41}{23}\right)$

25. a) retângulo isósceles   b) perímetro: $2(2 + \sqrt{2})$ u.c.; área: 2 u.a.

26. $C(1, 1); 3 + \sqrt{2} + \sqrt{5}$ u.c.

27. a) $45°$ b) θ tal que $\text{tg}\,\theta = 2$ c) $0°$

28. a) $y = \sqrt{3}x - 3$ c) $y = \frac{\sqrt{3}}{3}x + \left(1 - \frac{\sqrt{3}}{3}\right)$

b) $y = -x\sqrt{3} + 2$ d) $y = -x + 1$

29. $m = -\frac{2}{7}; y = -\frac{2}{7}x + \frac{1}{7}$

30. a) $y = 3x - 1$ c) $y = -x + 3$

b) $y = x + 3$ d) $y = -\frac{1}{5}x - \frac{13}{5}$

31. a) $\frac{1}{2}$ b) $-\frac{1}{3}$ c) -2 d) 3   e) 0   f) 3

32. $y = 3x + 2$; não

33. $y = \frac{5x}{2}$ ou $y = -\frac{5x}{2}$

34. a) $4x - 3y = 0$ b) $y = -\frac{4}{3}x + 8$ c) $x - 3 = 0$

35. $\overleftrightarrow{AB}: y = -x\sqrt{3}$

$\overleftrightarrow{BC}: y = x\sqrt{3} - 3\sqrt{3}$

$\overleftrightarrow{AC}: y = 0$

36. a) $\frac{\sqrt{3}}{3}$ b) $y = -\frac{\sqrt{3}}{3}x + \left(1 + \frac{7\sqrt{3}}{3}\right)$

37. $x - 3y + 5 = 0$

38. a) $y = x - 4$ b) $y = -x - 5$ c) $y = x\sqrt{3} + 3$ d) $y = -\frac{1}{3}$

39. $y - 2 = m(x + 1)$, com $m \in \mathbb{R}$ ou $x + 1 = 0$

40. $y - 3 = m(x + 1)$, com $m \in \mathbb{R}$.

a) $4x + 3y - 5 = 0$ c) $y = x + 4$ ou $y = -x + 2$

b) $y = -3x$ d) $\sqrt{3}x - y + 3 + \sqrt{3} = 0$

41. $y = -\frac{4x}{3}$

42. a)

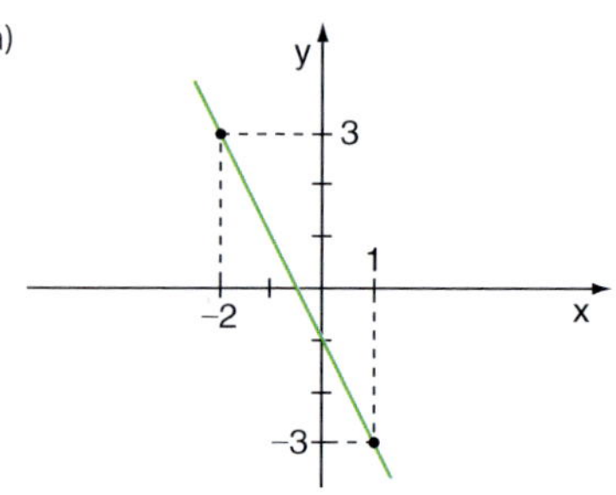

b) coeficiente angular: -2

coeficiente linear: -1

43. 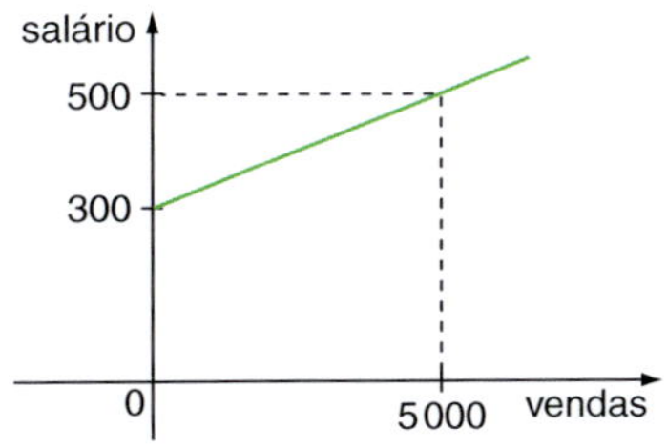

$0{,}04x + 300 - y = 0$, com $x \geq 0$

44. $f(2) = 1$; $f(-1) = 10$

45. $f(x) = -3x + 5$

46. a) 60 reais
b) 50
c) alfa: $1{,}8x - y = 0$
beta: $0{,}6x - y + 60 = 0$

47. a) paralelas e distintas
b) concorrentes
c) coincidentes
d) paralelas e distintas

48. $y = -3x$

49. a) $k = -\frac{9}{2}$ b) $k \neq -\frac{9}{2}$ c) Não existe *k*.

50. a) $3x - y + 1 = 0$
b) $2x + 5y - 8 = 0$
c) $x + y + 4 = 0$
d) $y - 5 = 0$

51. a) $k = -3$ b) $k = 2$

52. $x + y - 7 = 0$

53. demonstração

54. $(0, 3)$; $\left(\frac{3}{2}, \frac{15}{4}\right)$; $\left(\frac{7}{2}, \frac{3}{4}\right)$

55. a) $x - 2y + 7 = 0$ b) $\sqrt{5}$

56. $\frac{8 + \sqrt{34}}{2}$ u.c.

57. $4x - 3y + p = 0$, com $p \in \mathbb{R} - \{-1\}$

58. a) $(-2, 2)$ b) $4\sqrt{10}$ c) $\frac{1}{3}$, $\frac{1}{3}$, -3 e -3

59. a) $y = x\sqrt{3}$ b) $y = x\sqrt{3} - 8\sqrt{3}$ c) $y - 2\sqrt{3} = 0$

60. *r* e *t*

61. a) $y = -\frac{1}{3}x - \frac{7}{3}$ b) $y = -\frac{5}{2}x + 2$

62. $m = 10$

63. a) concorrentes não perpendiculares
b) perpendiculares
c) paralelas distintas
d) perpendiculares
e) paralelas distintas

64. a) $3x + 2y - 9 = 0$ b) $10x - 4y + 5 = 0$

65. $y = 2x + 5$

66. a) $\left(-\frac{18}{13}, \frac{14}{13}\right)$ b) $\left(-\frac{62}{13}, \frac{80}{13}\right)$

67. $\overleftrightarrow{AC}$: $y = -\frac{2}{3}x + \frac{8}{3}$;
$\overleftrightarrow{BD}$: $y = -\frac{2}{3}x + 7$

68. $m = -\frac{1}{2}$ e $n = -2$

69. $k \neq 2$ e $k \neq -3$

70. a) hipotenusa $= \sqrt{65}$ b) diagonal $= \sqrt{65}$

71. $6x + y + 3 = 0$

72. demonstração

73. a) V b) V c) F d) F

74. a) $\frac{x}{-2} + \frac{y}{3} = 1$ b) $-3x + 2y - 6 = 0$

75. geral: $3x + 2y - 1 = 0$
reduzida: $y = -\frac{3}{2}x + \frac{1}{2}$
segmentária: $\frac{x}{\frac{1}{3}} + \frac{y}{\frac{1}{2}} = 1$

76. $\frac{x}{4} + \frac{y}{-8} = 1$

77. a) $6 + \sqrt{26}$ u.c. b) $\frac{5}{2}$ u.a.

78. Resposta pessoal.

79. $(2, -1)$

80. a) não b) sim c) não d) não

81. a) concorrentes b) paralelas distintas

82. $y = 2x$

83. $(-2, 7)$

84. a) $\frac{\sqrt{10}}{2}$ b) $\frac{17}{5}$ c) $\sqrt{29}$ d) 2

85. $\frac{\sqrt{106}}{2}$

86. $\frac{17\sqrt{10}}{20}$

87. a) Os três pontos equidistam de *r*. b) $r \parallel \overleftrightarrow{PQ}$

88. a) $2x - y - 7 = 0$ ou $2x - y - 17 = 0$ b) $2\sqrt{5}$

89. perímetro: $4\sqrt{5}$ u.c.; área: 5 u.a.

90. a) $100\sqrt{5}$ (aproximadamente 223,6 m)
b) 480 m
c) $\left(\frac{92}{25}, \frac{81}{25}\right)$
d) 280 m

91. $x - y + 2 = 0$ ou $x - y - 2 = 0$

92. $5x + 12y + 18 = 0$

93. a) 11 b) $\frac{21}{2}$ c) $\frac{39}{8}$ d) $\frac{41}{2}$

94. 38 u.a.

95. 3 u.a.

96. 9 u.a.

97. $\frac{121}{65}$ u.a.

98. $-x + 2y - 8 = 0$ ou $x - 2y + 8 = 0$

99. 6 u.a.

100. a)

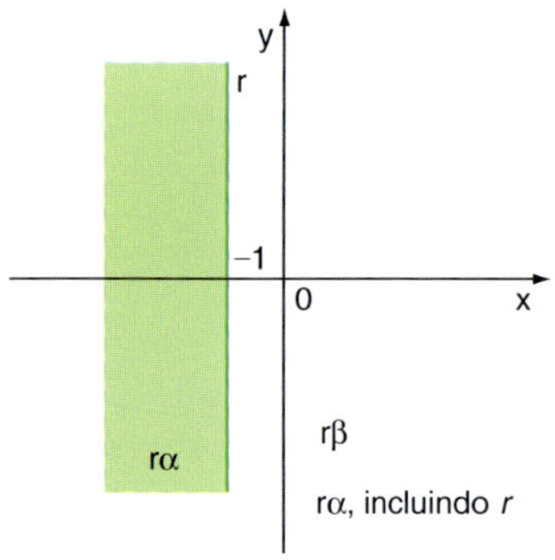

b)

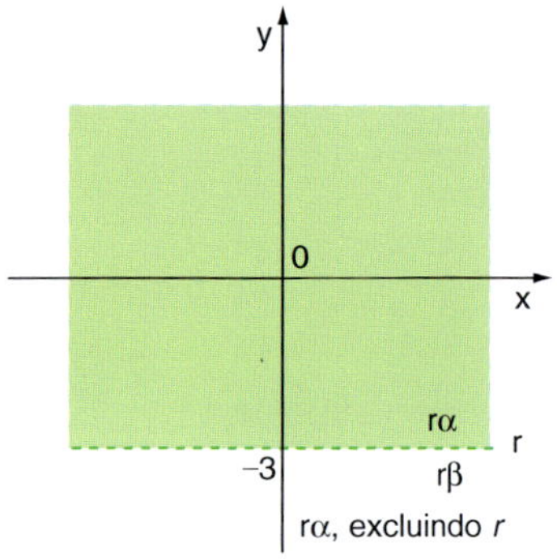

c)

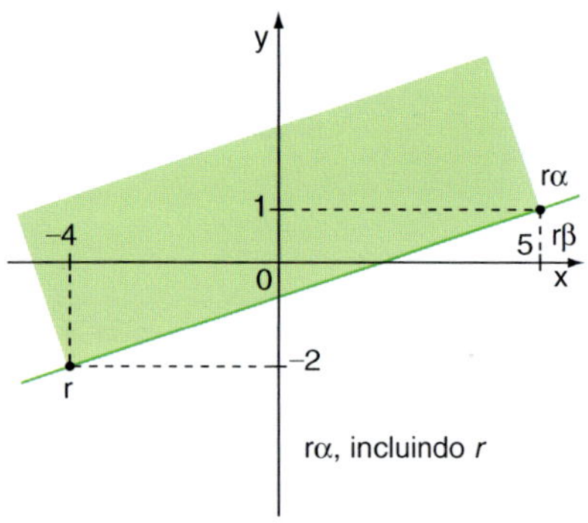

d)

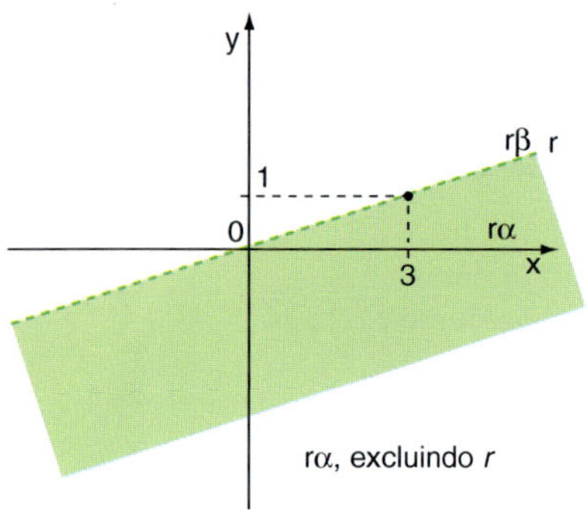

e)

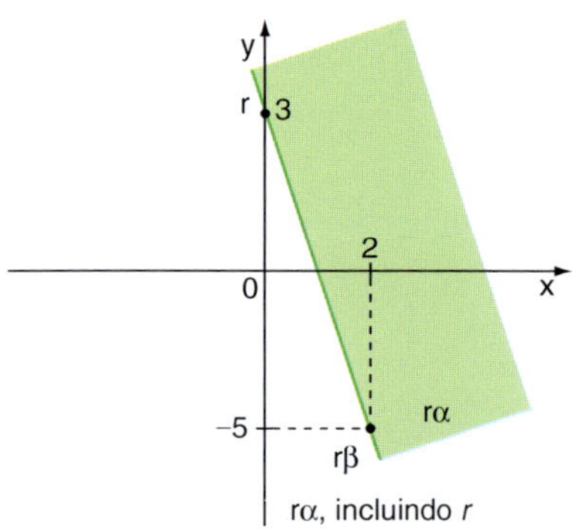

101. a) $y - 2 > 0$ b) $2x - 3 \leqslant 0$ c) $4x + 3y - 12 \leqslant 0$ d) $x - 3y + 2 < 0$ e) $3x - y \geqslant 0$

102. a)

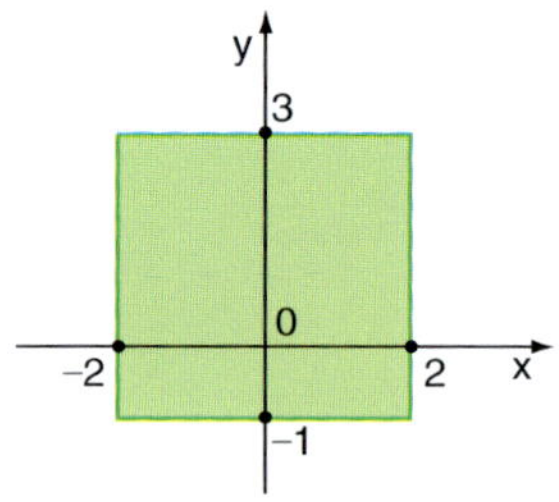

b) 16 u.a.

103. $3(2 + \sqrt{2})$ u.c.

104.

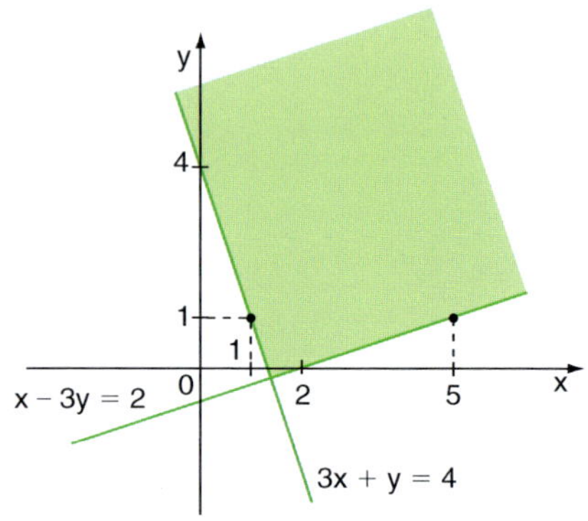

105. a) 45° b) $\text{arc tg}\,\frac{1}{7}$

106. $\text{arc tg}\,\frac{1}{12}$ e $\text{arc tg}\,3$

107. a) $\theta = \text{arc tg}\,\frac{2}{3}$ b) $\theta = 30°$

108. ± 8

109. $x\sqrt{3} - 3y + 1 = 0$

110. $k = 4$ ou $k = -\frac{9}{4}$

Desafio

e

Exercícios complementares

1. a) 2 b) 9
2. a) demonstração b) perímetro: $(10 + \sqrt{2})$ u.c.; área: $\frac{7}{2}$ u.a.
3. $k \neq 1, k \neq 2$ e $k \neq \frac{11}{3}$
4. a) $3x - 4y = 0$ b) $3x + 2y - 9 = 0$ c) $\left(2, \frac{3}{2}\right)$
5. F(6, 6)
6. $y = -\frac{3}{4}x + \frac{15}{4}$
7. $y = \frac{50}{101}x$
8. a) $A\left(3, \frac{1}{2}\right)$ e $B\left(1, \frac{3}{2}\right)$ b) construção
9. $A\left(-\frac{28}{3}, -\frac{47}{9}\right)$ e $B\left(\frac{28}{3}, -\frac{25}{9}\right)$
10. 25

11. $3x + 2y - 2 = 0$

12. 8 u.a.

13. 24

14. a) M(4, 5) b) C(7, −1) c) (10, 8) e (−2, 2)

15. 28 u.a.

16. 4 u.a.

17. 1

18. 22 u.a.

19. a)

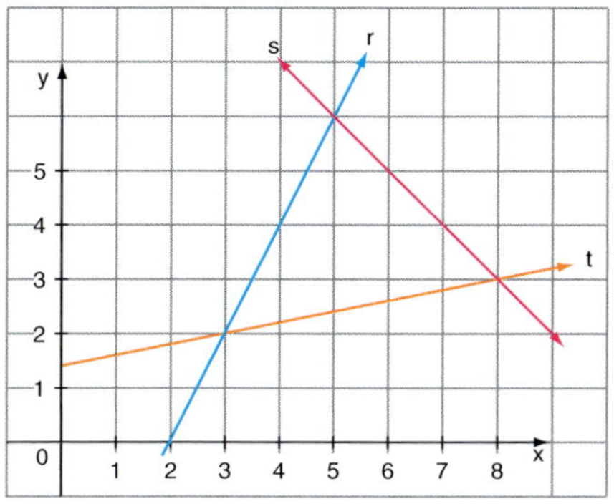

b) A(5, 6), B(3, 2) e C(8, 3) c) 9 u.a.

20. 10 u.a.

21. $P\left(\frac{4}{3}, 0\right)$

22. a) $3x + 4y - 12 = 0$ b) $\frac{9}{4}$

23. a) $\left(4 + \sqrt{2}\right)$ u.c. b) $\frac{3}{2}$ u.a.

24. a) 22 km² c) $\frac{11}{36}$ (≅ 30,5%)

b) Sim; $\frac{17\sqrt{5}}{16}$ km (≅ 2 376 m)

25. a) $P\left(-\frac{b}{a}, 0\right)$; Q(0, b); $R\left(\frac{b}{2b-2a}, \frac{2b^2-ab}{2(b-a)}\right)$

b) a = −8, b = 4 e c = 16

26. $x + y + 3 = 0$ e $x + y - 1 = 0$

27. 72

28. a) duas b) $2x - y + 1 = 0$ e $x + 2y - 12 = 0$

29. a) $A_1 = 3$, $A_2 = 6$ e $A_3 = 9$ b) $\left(9 + 54\sqrt{2}\right)$ u.a.

30. a) não

b) x = nº de vacas

y = nº de bezerros

$5x + 2y \leq 100$

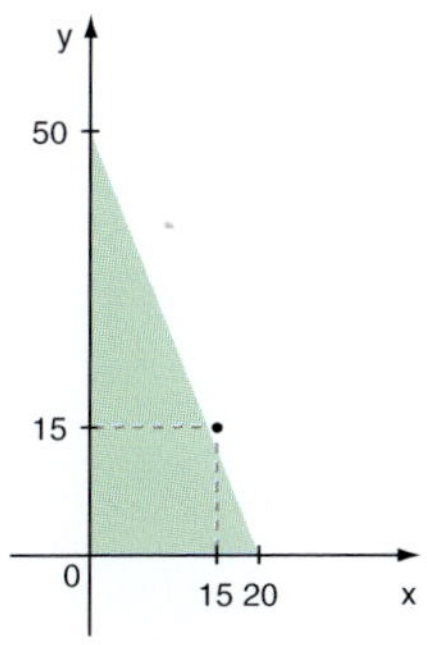

31. $x + 2y = 8$

32. a) $2x + 5y - 14 = 0$ e $10x - 4y + 17 = 0$ b) $\frac{\sqrt{1769}}{10}$

33. $\frac{\sqrt{2}}{2}$

Testes

1. c
2. b
3. a
4. b
5. c
6. d
7. (02) + (04) = 06
8. c
9. d
10. d
11. a
12. a
13. e
14. c
15. c
16. a
17. c
18. b
19. d
20. b
21. e
22. a
23. c
24. e
25. a
26. a
27. e
28. c
29. a
30. e
31. c
32. b
33. c
34. c
35. b
36. d

37. a

38. e

39. c

40. c

41. b

42. d

43. d

Capítulo 3 A circunferência

Exercícios

1. a) $x^2 + y^2 = 16$ b) $(x + 2)^2 + (y - 5)^2 = 9$ c) $(x - 3)^2 + (y + 2)^2 = 7$ d) $(x - 4)^2 + y^2 = 8$

2. a) $(x - 3)^2 + (y - 2)^2 = 4$ b) $(x + 2)^2 + (y - 1)^2 = 1$ c) $(x + 2)^2 + (y + 2)^2 = 4$ d) $(x - 1)^2 + (y + 4)^2 = 1$

3. a) $(x + 3)^2 + y^2 = 9$ b) $x^2 + y^2 = 9$ c) $(x - 1)^2 + \left(y + \frac{7}{2}\right)^2 = \frac{5}{4}$ d) $(x - 3)^2 + y^2 = 25$

4. a) $(x - 1)^2 + (y - 1)^2 = 1$
$(x + 1)^2 + (y - 1)^2 = 1$
$(x + 1)^2 + (y + 1)^2 = 1$
$(x - 1)^2 + (y + 1)^2 = 1$

b) 4 u.a.

5. $(x + 4)^2 + (y + 3)^2 = 25$

6. a) $(x + 3)^2 + (y - 3)^2 = 9$ b) não

7. a) $x^2 + (y + 1)^2 = 29$
b) $(x - 5)^2 + (y + 3)^2 = 58$, por exemplo

8. $k = 3$ ou $k = -3$

9. (3, 7)

10. a) (5, 3) b) (7, 1)

11. a) $a = 0$ ou $a = 3$ b) 2

12. 64 u.a.

13. (5, 0)

14. $(x + 2)^2 + y^2 = 25$

15. a) não alinhados; $(x - 2)^2 + (y - 2)^2 = 10$
b) alinhados; não há circunferência

16.

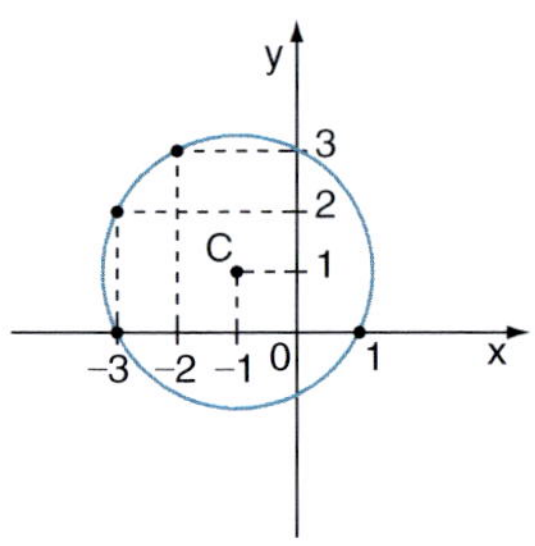

$(x + 1)^2 + (y - 1)^2 = 5$

17. a) C(5, 1) e r = 3 b) não c) C(−1, −3) e $r = \sqrt{10}$ d) não e) não f) C(−2, 2) e r = 5 g) C(10, 0) e r = 1 h) não

18. a) C(1, 2) e $r = \sqrt{6}$ b) C(−1, −2) e $r = \sqrt{6}$ c) C(2, −3) e r = 3 d) C(−4, 8) e $r = \sqrt{13}$

19. a) $(x + 1)^2 + (y - 2)^2 = \frac{1}{2}$ b) $x^2 + y^2 - 8x + 4y + 11 = 0$ c) $\left(x - \frac{5}{2}\right)^2 + \left(y - \frac{9}{2}\right)^2 = 25$ d) $x^2 + y^2 + 2x + 4y + \frac{19}{4} = 0$

20. a) $x^2 + y^2 + 2x + 8y = 0$ b) $x^2 + y^2 - 17 = 0$

21. 5

22. $k > 2$, com $k \in \mathbb{R}$

23. $k = 57$

24. $x + 5y - 3 = 0$

25. 5

26. $p = 4$

27. $\frac{22}{5}$

28. a) (7, −2) b) (−3, 1)

29. 32 u.c.

30. A e F pertencem a λ; B e D são externos a λ; E é interno a λ.

31. $O \in \lambda$; A e B são externos a λ; D e E são internos a λ.

32. $k = -24$

33. $k = -1$ ou $k = 7$

34. $k = 2$ ou $k = -6$

35. $2 < p < 4$

36. $p \leq -3$ ou $p \geq 1$

37. $m < -1$ ou $m > 5$

38. a)

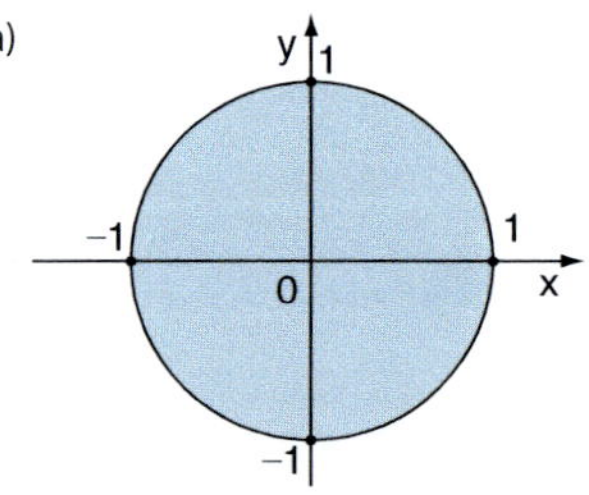

b)

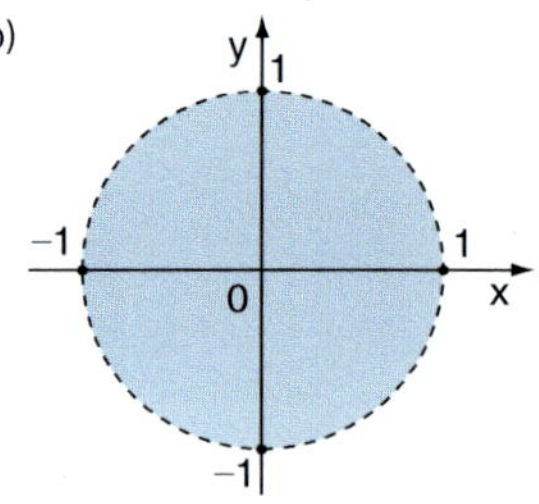

c)

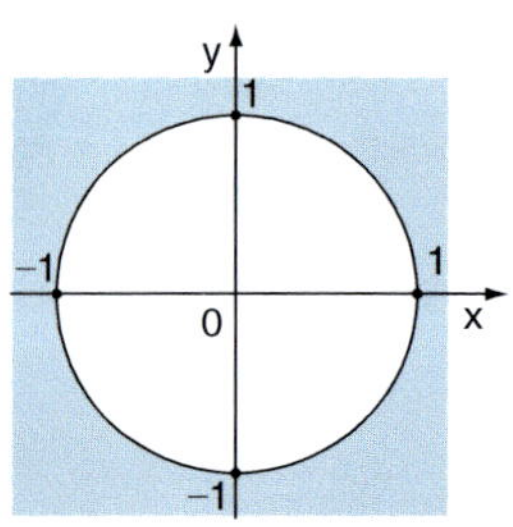

d)

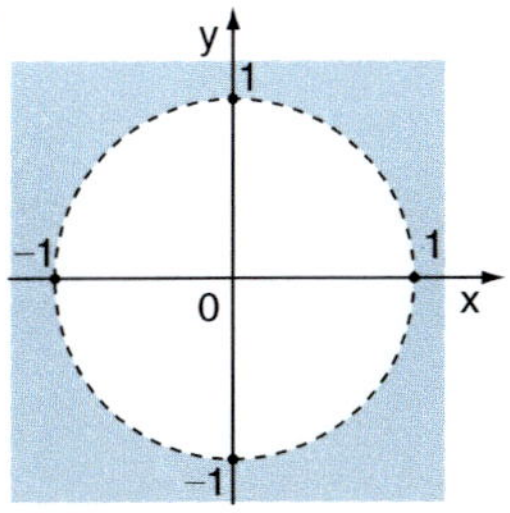

39. a)

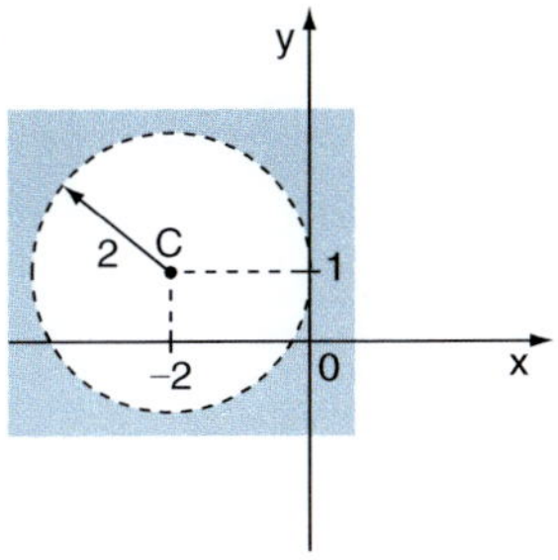

b)

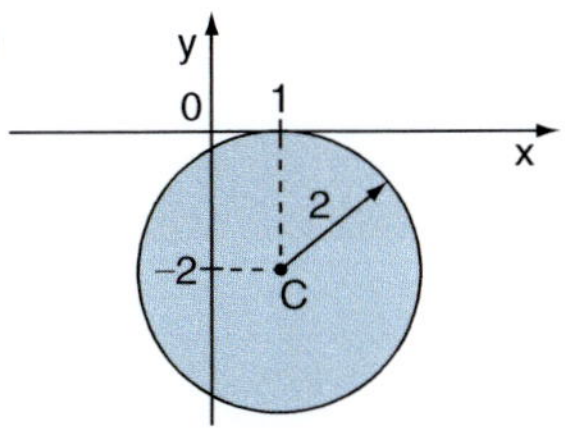

c)

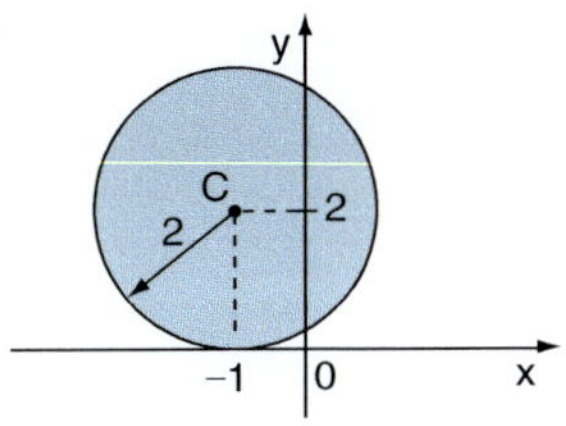

d)

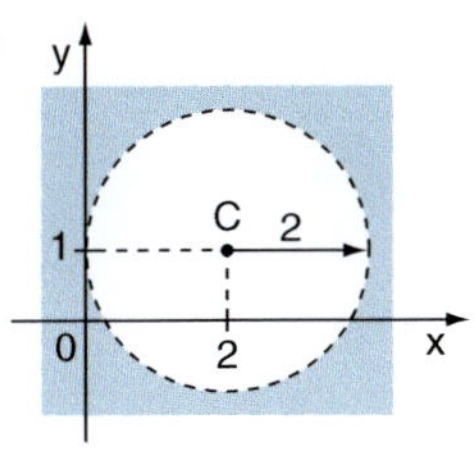

40. a)

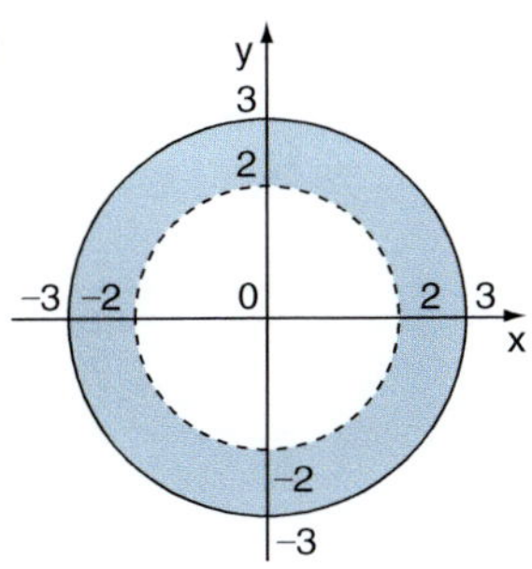

b)

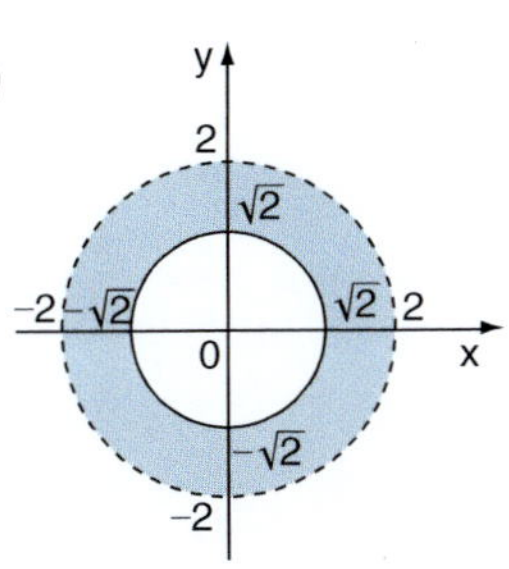

41.

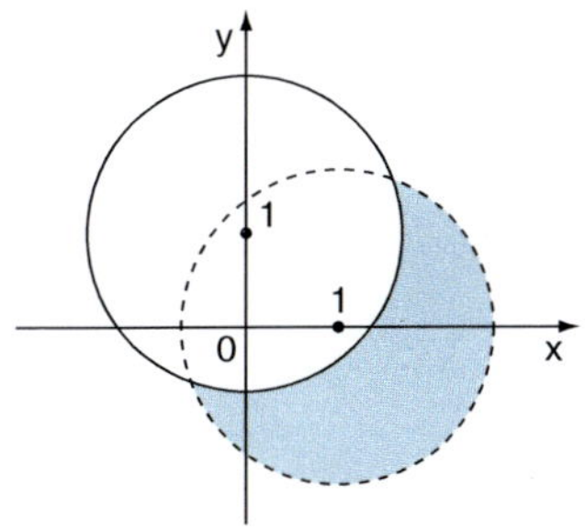

42. O plano todo.

43. a) $\begin{cases} (x+1)^2 + (y-1)^2 \leqslant 4 \\ (x-1)^2 + (y+1)^2 \leqslant 4 \end{cases}$ c) $\begin{cases} x^2 + y^2 \leqslant 4 \\ x \geqslant 1 \end{cases}$

b) $\begin{cases} x^2 + y^2 \geqslant 4 \\ (x-3)^2 + y^2 \leqslant 4 \end{cases}$ d) $\begin{cases} (x-1)^2 + y^2 \leqslant 4 \\ y \leqslant 1 \end{cases}$

44.

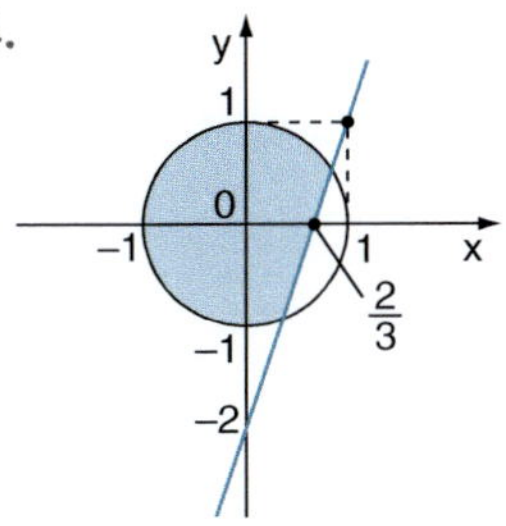

45. a)

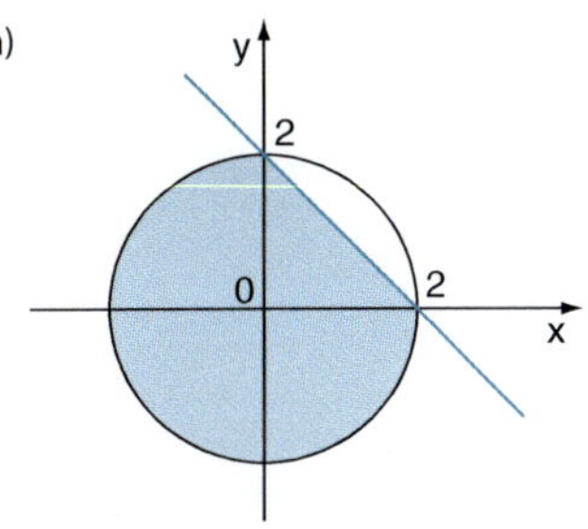

b)

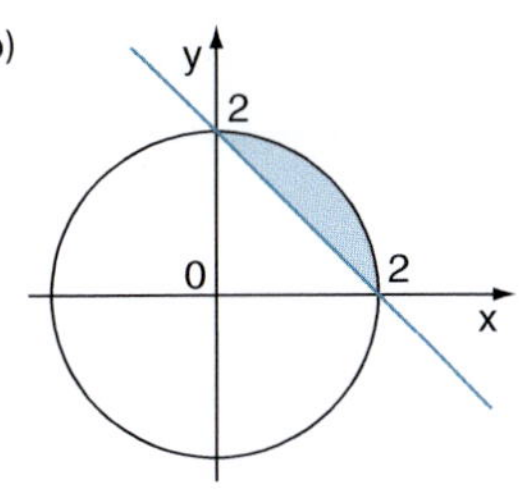

46. a) exteriores b) secantes c) tangentes d) secantes

47. a) (5, 5) b) (5, −1) e (−3, 3) c) Não há.

48. secante

49. $p = \pm 2\sqrt{5}$

50. a) $k = -11$ ou $k = 1$ b) $-11 < k < 1$ c) $k < -11$ ou $k > 1$

51. 4 u.c.

52. a) tangente b) externa c) tangente d) secante

53. a) secantes b) tangentes c) exteriores d) secantes

54. a) $4\sqrt{2}$ b) $3\sqrt{10}$

55. a) $k = -8$ b) $-8 < k < 1$ c) $k < -8$

56. $m = 1$ e $2r = 20\sqrt{2}$

57. (1, −1)

58. $\left(4 - \frac{3}{\sqrt{2}}, 2 - \frac{3}{\sqrt{2}}\right)$

59. $\left(\frac{6 - \sqrt{2}}{2}, \frac{2 - \sqrt{2}}{2}\right)$

60. $a = \frac{1}{2}$

61. $(x - 1)^2 + (y - 2)^2 = \frac{8}{5}$

62. $k = 4$

63. a) $x - 3y + 5 \pm 3\sqrt{10} = 0$
b) $3x - 2y + 2 \pm \sqrt{13} = 0$
c) $2x - y \pm 2\sqrt{5} + 1 = 0$

64. a) $y + 2 = 0$ ou $y - 8 = 0$
b) $x + 3 = 0$ ou $x - 7 = 0$
c) $4x + 3y + 8 = 0$ ou $4x + 3y - 42 = 0$

65. $\sqrt{41}$

66. $x - 3y + 9 \pm \sqrt{10} = 0$

67. a) $x + y - \sqrt{2} = 0$ ou $x - y - \sqrt{2} = 0$
b) $4x + 3y - 8 = 0$ ou $y + 4 = 0$
c) $y - 6 = 0$ ou $x - 1 = 0$
d) $3x + 4y = 0$
e) Não há.

68. $(x + 3)^2 + (y - 1)^2 = \frac{625}{29}$

69. $(x - 4)^2 + \left(y + \frac{99}{20}\right)^2 = \frac{10\,201}{400}$

70. $\sqrt{3}x - y - 2(\sqrt{3} \pm 4) = 0$

71. $(x - 2)^2 + (y - 6)^2 = 8$

72. $x + 2y - 1 = 0$

73. $\alpha x + \beta y - (\alpha^2 + \beta^2) = 0$

74. $\{(6, 8), (8, 6)\}$

75. $(-1, 0)$ e $(1, 2)$

76. a) secantes
b) exteriores
c) tangentes exteriormente
d) tangentes interiormente

77. a) 3 000 m
b) $(x + 6)^2 + (y - 15)^2 \leqslant 1$
c) $40\,000\pi$ m²
d) $\left(-\frac{18}{5}, \frac{51}{5}\right)$; 1 075 m

Desafio

e

Exercícios complementares

1. a) $(3 - \sqrt{3}, 3 - \sqrt{3})$
b) $(3 + \sqrt{3}, 3 + \sqrt{3})$

2. 3 u.a.

3. a) $k = -23$
b) $\frac{4\sqrt{2}}{9}$ cm²

4. a) $(x - 3)^2 + (y - 4)^2 = 25$
b) $(0, 8)$

5. a) $x - y = 0$; $y = 0$ e $x = 2$
b) $(x - 2)^2 + y^2 = 8$

6. $\left(x - \frac{5}{2}\right)^2 + (y - 4)^2 = \frac{9}{4}$

7. a) $\frac{1}{2}$
b) $AB = a_1\sqrt{10}$

8. $y = -\frac{\sqrt{3}}{3}x - \frac{2\sqrt{3}}{3} - 1$

9. a) $p = 2$ e $(0, -4)$
b) $(x + 6)^2 + y^2 = 36$

10. 144

11. $(x - 12)^2 + (y + 5)^2 = 169$

12. $\left(\frac{7\pi}{3} + 2\right)$ u.a.

13. 6π u.a.

14. $(-9, -12)$ e $d = 15$

15. a) $2 - \sqrt{7} < x < 2 + \sqrt{7}$
b) $(x - 3)^2 + (y - 5)^2 = 2$

16. a) demonstração
b) $y = -\frac{3}{4}x + 7$

17. $\frac{5\sqrt{2}}{2}$ u.c.

18. a)

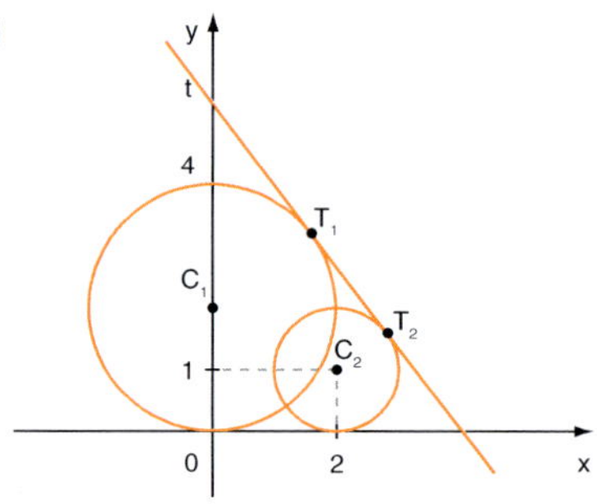

b) $(4, 0)$

19. $r = 7$

20. a) $r: 2x + y - 14 = 0$; $s: x - 2y - 3 = 0$; $t: x - 2y + 10 = 0$
b) $\left(x - \frac{18}{5}\right)^2 + \left(y - \frac{34}{5}\right)^2 = \frac{169}{5}$

21. $y = -x + 4$ e $y = -x$

22. $\frac{145\sqrt{2} + 15\sqrt{29}}{49}$

23. 6π u.a.

24. a) $(-1, -2)$
b) $(x + 5)^2 + (y - 1)^2 = 25$
c) $\frac{25}{4}$ u.a.

25. $P\left(3 + \frac{3\sqrt{10}}{10}, 1 + \frac{\sqrt{10}}{10}\right)$

26. a) $A(1, 2)$, $B(-1, -2)$, $C(-2, -1)$
b) 3 u.a.

27. Resposta possível: $2x + y + 3 = 0$

28. a) $\left(-\frac{4\sqrt{5}}{5}, \frac{2\sqrt{5}}{5}\right)$
b) $y = -3x$

29. $4x + 3y - 25 = 0$

30. a) 30 u.a.
b) $(5, 5)$

31. a) $(1 + \sqrt{2}, 0)$
b) $\left(\frac{3}{5}, \frac{4}{5}\right)$

32. I, II e V

33. a) $P(3, \sqrt{3})$
b) $\frac{4\pi}{3} + 2\sqrt{3}$ u.a.

34. $(x - 3)^2 + y^2 = \frac{9}{4}$

35. $\frac{3}{2}\left(\frac{3\pi}{2} - 1\right)$ u.a.

Testes

1. a

2. c

3. d

4. a

5. c

6. b

7. c

8. b

9. e

10. d

11. d

12. d

13. (02) + (08) + (16) + (64) = 90

14. (0-0) V (1-1) F (2-2) V (3-3) F (4-4) V

15. c

16. b

17. c

18. d

19. b

20. b

21. b

22. a

23. c

24. a

25. a

26. e

27. c

28. b

29. b

30. d

31. a

32. d

33. d

34. b

35. c

36. a

37. d

38. (01) + (02) + (04) + (08) + (32) = 47

39. a

Capítulo 4 As cônicas

Exercícios

1. a) $\frac{x^2}{169} + \frac{y^2}{25} = 1$ b) $\frac{x^2}{100} + \frac{y^2}{36} = 1$ c) $\frac{x^2}{25} + \frac{y^2}{169} = 1$

2. a) $(-12, 0)$ e $(12, 0)$ b) $(-8, 0)$ e $(8, 0)$ c) $(0, -12)$ e $(0, 12)$

3. $\frac{x^2}{225} + \frac{y^2}{81} = 1$

4. distância focal $= 4$

excentricidade $= \frac{\sqrt{6}}{3}$

5. $\frac{x^2}{4} + \frac{y^2}{8} = 1$

6. $\frac{x^2}{13} + \frac{y^2}{9} = 1$

7. $\left(-\frac{\sqrt{7}}{6}, 0\right)$ e $\left(\frac{\sqrt{7}}{6}, 0\right)$

8. $F_1(\sqrt{2}, 0)$ e $F_2(-\sqrt{2}, 0)$

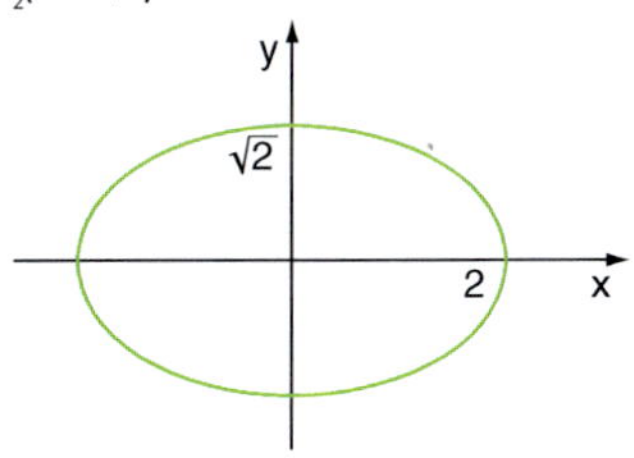

9. $16x^2 + 15y^2 = 240$

10. 10 u.c.

11. a) $\frac{(x-3)^2}{9} + \frac{y^2}{1} = 1$ b) $\frac{(x-4)^2}{5} + \frac{(y-4)^2}{1} = 1$ c) $\frac{(x+2)^2}{1} + \frac{(y-3)^2}{4} = 1$

12. a: $(3 - 2\sqrt{2}, 0)$ e $(3 + 2\sqrt{2}, 0)$ c: $(-2, 3 + \sqrt{3})$ e $(-2, 3 - \sqrt{3})$

13. $\frac{(x+3)^2}{9} + \frac{(y+2)^2}{4} = 1$

14. $\frac{(x+2)^2}{1} + \frac{(y+1)^2}{4} = 1$

15. $\frac{(x-2)^2}{9} + \frac{(y-1)^2}{25} = 1$

16. $F_1(-2, 2)$ e $F_2(8, 2)$

17. a) $\frac{x^2}{9} - \frac{y^2}{16} = 1$ e $y = \pm\frac{4}{3}x$ b) $\frac{y^2}{4} - \frac{x^2}{12} = 1$ e $y = \pm\frac{\sqrt{3}}{3}x$

18. a) $F_1(-5, 0)$ e $F_2(5, 0)$ b) $F_1(0, 4)$ e $F_2(0, -4)$

19. $6; y = \pm\frac{\sqrt{7}}{2}x$

20. $\frac{2\sqrt{3}}{3}$

21. não

λ:

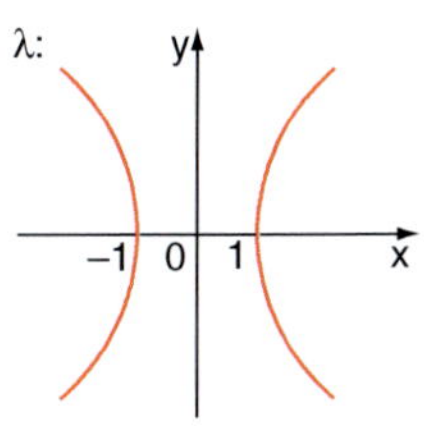

λ':

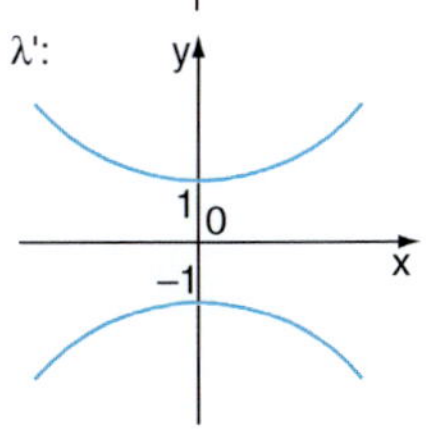

22. $F_1(-20, 0)$ e $F_2(20, 0)$

23. a) $\frac{(x-5)^2}{4} - \frac{y^2}{21} = 1$ b) $\frac{(x-6)^2}{1} - \frac{(y-5)^2}{3} = 1$

24. a) (0, 0) e (10, 0) b) (4, 5) e (8, 5)

25. (−5, −2) e (3, −2)

26. 14

27. $\frac{3}{2}$

28. a) $y^2 = 4x$ b) $x^2 = 16y$ c) $x^2 = -20y$

29. $y = -\frac{7}{8}$

30. F(4, 0) e (d)x = −4

31. $x^2 - 10x + 4y + 21 = 0$

32. $4y^2 = 49x$

33. a) $(x-3)^2 = 4(y-2)$ c) $(y-4)^2 = 4(x-3)$
b) $(x-1)^2 = -8(y-2)$ d) $y = x(x-3)$

34. F(5, −3) e V(2, −3)

35. $y = \frac{1}{4}$

36. V(0, 3)

37. $2x^2 - 3x - 3y = 0$

38. $y^2 - 16x + 32 = 0$

39. $x^2 + 4x + 12y + 4 = 0$

40. 5

41. $x^2 + 4y = 0$

42. elipse: $a = \sqrt{2}$; $b = \frac{\sqrt{5}}{2}$; $C = \frac{\sqrt{3}}{2}$; C(0, 0)

43. elipse: a = 5; b = 3; C = 4; C(2, −1)

44. hipérbole: $a = \sqrt{5}$; b = 2; C = 3; C(−3, 2)

45. parábola: p = 2; V(1, 3); F(2, 3)

46. parábola: p = 6; V(2, −3); F(2, 0)

47. elipse: a = 17; b = 8; C = 15; C(−1, 4)

48. (1, 1) e (1, −1)

49. $\sqrt{10}$

50. dois pontos: (0, 0) e (1, 1)

51. $p < -1 - 4\sqrt{2}$ ou $p > -1 + 4\sqrt{2}$

52. $\{(-\sqrt{7}, -\sqrt{2}), (\sqrt{7}, -\sqrt{2}), (-\sqrt{7}, \sqrt{2}), (\sqrt{7}, \sqrt{2})\}$

53. dois pontos: (2, 2) e (0, 2)

54. $\frac{30\sqrt{17}}{17}$

55. $\sqrt{2}$

56. $2x - 4y + 7 = 0$

57. $-\sqrt{5} \leq m \leq \sqrt{5}$

58. a) $\frac{x^2}{16} + y^2 = 1$ b) $\frac{\sqrt{210}}{15} \leq r \leq 5$

59. $m \leq \frac{1}{2}$

Desafio

a

Exercícios complementares

1. $12\sqrt{10}$ u.a.
2. exatamente uma
3. 80 m
4. 30 m
5. 1
6. $y = \frac{1}{2\sqrt{2}}(x - 2\sqrt{2})^2$ ou $y = -\frac{1}{2\sqrt{2}}(x + 2\sqrt{2})^2$
7. triângulo
8. $\left(-\frac{\sqrt{3}}{2}, \frac{3}{2}\right)$ ou $\left(\frac{\sqrt{3}}{2}, \frac{3}{2}\right)$
9. $d = \frac{\sqrt{5}}{5}$
10. $\frac{15}{2}$
11. $\frac{1}{2}$
12. $1 - \sqrt{2}$
13. a) A(3, 0), B(−1, 0) e V(1, 16) b) C(2, 12) c) 36 u.a.
14. a) $y = -\frac{1}{9}x^2 + \frac{8}{3}x$ b) $x_P = 24 - 3\sqrt{3}$; $y_P = 8\sqrt{3} - 3$
15. (01) + (08) + (16) + (32) = 57
16. $\left(0, \frac{1}{4}\right)$
17. $y = 2x - 1$
18. 3 m

Testes

1. a
2. d
3. a
4. b
5. c
6. e
7. a
8. c
9. c
10. a
11. e
12. e
13. c
14. c
15. d
16. d
17. d
18. a
19. d
20. b
21. a
22. b
23. (02) + (04) + (16) = 22

Capítulo 5 Estatística básica

Exercícios

1. Qualitativas: bairro em que moram, período de visita; Quantitativas: número de vezes por semana, tempo de permanência, idade e quantia gasta.

2. a) 4

b) 1: Exatas, Biológicas e Humanas
5: Física, Português, História, Matemática etc.
6: 0, 1, 2, 3, ...

3. a) Todos os domicílios situados em áreas rurais, nos estados do Rio de Janeiro e Espírito Santo.

b) Resposta pessoal; possíveis variáveis: "Você costuma deixar água parada em algum lugar da casa?" ou "Já houve algum caso de dengue na região?" ou "Você sabe como é transmitida a dengue?".

4. a) Intenção de voto para prefeito; qualitativa; realizações: candidato A, candidato B, indeciso, branco ou nulo.

b) População: 1 764 835
Amostra: 2 650

c)

Intenção de voto	Frequência absoluta (Fa)	Frequência relativa (Fr)	Porcentagem (%)
Candidato A	1 715	0,647	64,7
Candidato B	691	0,261	26,1
Indecisos	141	0,053	5,3
Brancos ou nulos	103	0,039	3,9
Total	2 650	1,00	100

5.

Tipo de desodorante preferido	Frequência absoluta (Fa)	Frequência relativa (Fr)	Porcentagem (%)
Roll-on	9	$\frac{9}{25} = 0,36$	36
Aerossol	12	$\frac{12}{25} = 0,48$	48
Creme	4	$\frac{4}{25} = 0,16$	16
Total	25	1,00	100

6.

Número de aplicações diárias	Frequência absoluta (Fa)	Frequência relativa (Fr)	Porcentagem (%)
1	14	$\frac{14}{25} = 0,56$	56
2	10	$\frac{10}{25} = 0,40$	40
3	1	$\frac{1}{25} = 0,04$	4
Total	25	1,00	100

7. a) 15

b) 0,4

8. a)

Preço do desodorante atual (em reais)	Frequência absoluta (Fa)	Frequência relativa (Fr)	Porcentagem (%)
$3,50 \vdash 5,30$	8	0,32	32
$5,30 \vdash 7,10$	9	0,36	36
$7,10 \vdash 8,90$	4	0,16	16
$8,90 \vdash 10,70$	1	0,04	4
$10,70 \vdash 12,50$	1	0,04	4
$12,50 \vdash 14,30$	2	0,08	8
Total	25	1,00	100

b)

Preço do desodorante (em reais)	Frequência absoluta (Fa)	Frequência relativa (Fr)	Porcentagem (%)
$3,50 \vdash 7,10$	17	0,68	68
$7,10 \vdash 10,70$	5	0,20	20
$10,70 \vdash 14,30$	3	0,12	12
Total	25	1,00	100

9. 0,88; 88%

10. a = 24; b = 6%; c = 0,23; d = 23%; e = 36; f = 0,09; g = 0,45; h = 45%; i = 68; j = 0,17; k = 17%

11. a) x = 18 b) 5% c) 75%

12. a)

Nota	Frequência absoluta (Fa)	Frequência relativa (Fr)	Porcentagem (%)
$1,0 \vdash 2,5$	5	$0,1\overline{6}$	$16,\overline{6}$
$2,5 \vdash 4,0$	5	$0,1\overline{6}$	$16,\overline{6}$
$4,0 \vdash 5,5$	8	$0,2\overline{6}$	$26,\overline{6}$
$5,5 \vdash 7,0$	6	0,20	20
$7,0 \vdash 8,5$	3	0,10	10
$8,5 \vdash 10,0$	3	0,10	10
Total	30	1,00	100

b) 20%

13. a) 54,13

b)

Relação candidato/vaga	Frequência absoluta (Fa)	Frequência relativa (Fr)	Porcentagem (%)
$2,80 \vdash 13,63$	9	0,45	45
$13,63 \vdash 24,46$	4	0,20	20
$24,46 \vdash 35,29$	3	0,15	15
$35,29 \vdash 46,12$	2	0,10	10
$46,12 \vdash 56,95$	2	0,10	10
Total	20	1,00	100

14. a)

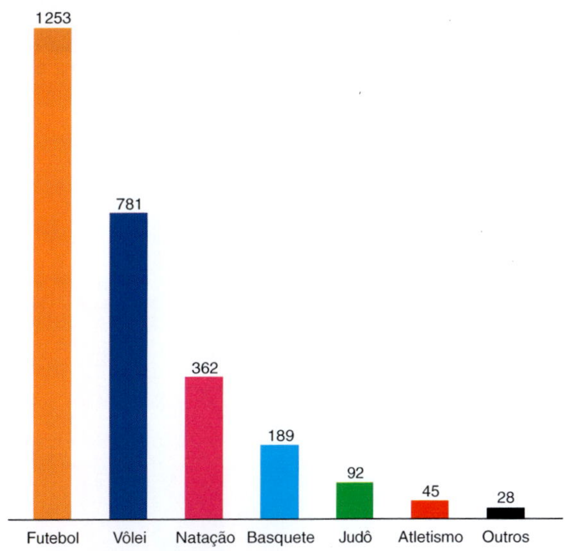

b) vôlei: 102° (aproximadamente)
judô: 12° (aproximadamente)

c) 3,35% (aproximadamente)

15. a) 31/5/11 a 30/6/11
31/8/11 a 30/9/11
31/10/11 a 30/11/11

b) US$ 2,70

c) 18,6% (aproximadamente)

d) acréscimo constante de US$ 1,00 ao mês

e) Não

16. a) 36° b) 36 alunos; 72°

17. a) 360 b) 90° e 270° c) 78

18. a) 2º, 7º, 8º e 9º dias

b) crescimento: 2º ao 4º dias; 5º ao 6º; 8º ao 10º

decrescimento: 1º ao 2º dias; 4º ao 5º; 6º ao 8º

c) R$ 12 000,00

d) R$ 32 000,00

e) R$ 7 000,00

19. a) V d) V

b) V e) V

c) F f) V

20. a) 195 gols

b) 3 120 gols

c) 520 gols

21. a)

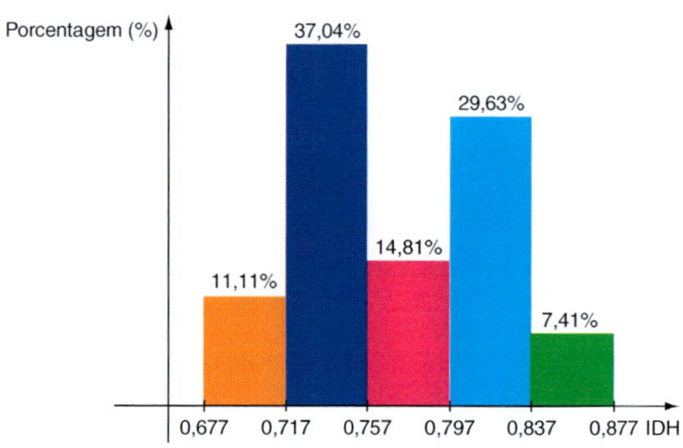

b) 14 estados

22. a)

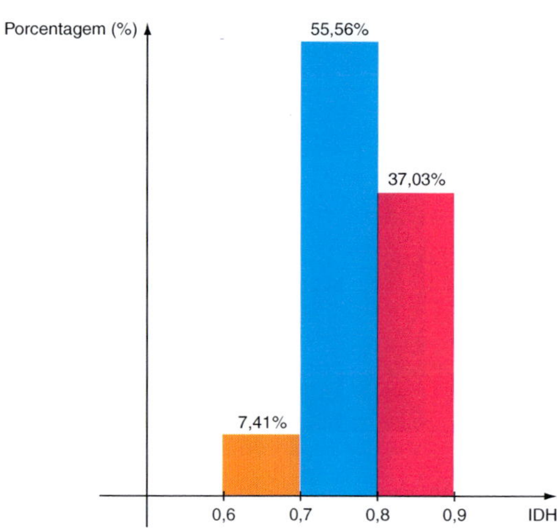

b) 92,59%

23. a) 15 °C

b) Gráfico de linhas

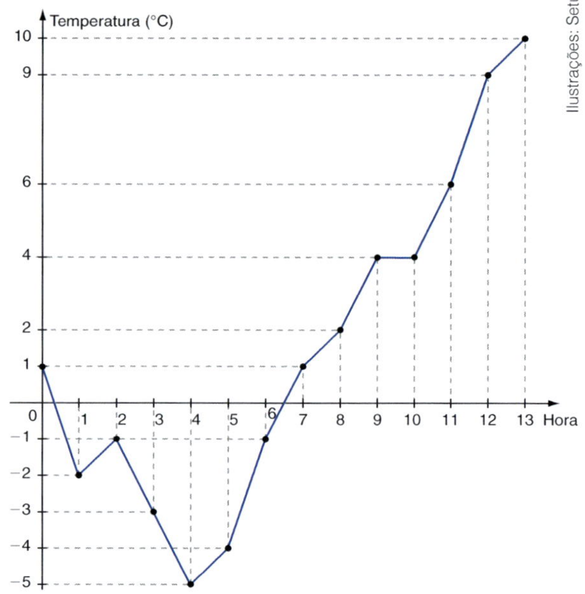

Ilustrações: Setup

c) Entre 1:00 e 2:00, das 4:00 às 6:00 e das 6:00 até o instante em que a temperatura se anula.

24. a) A resposta é pessoal. Uma boa sugestão é considerar que cada avião representa 1 500 operações:

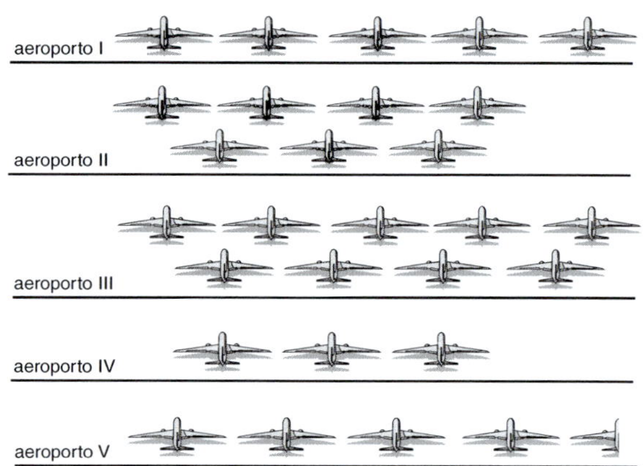

b) 88,5° (aproximadamente)

25. a) 700 b) 800

26. a) V

b) F; 300 mil é a diferença entre contratados e demitidos.

c) V

d) V

e) V

27. a) F d) V

b) V e) F

c) V

28. a) 2010: 2 500 km^2; 2012: 625 km^2

b) 60%

c) 95,83%

d) 17 857

29. a) F
b) V
c) F
d) V
e) F

30. a) 0,54
b) 57
c) 46%
d) 115° (aproximadamente)

31. a)

Número de medalhas	Frequência absoluta	Frequência relativa	%
0	7	0,412	41,2
1	4	0,235	23,5
2	2	0,118	11,8
3	3	0,176	17,6
5	1	0,059	5,9
Total	17	1,0	100

b)
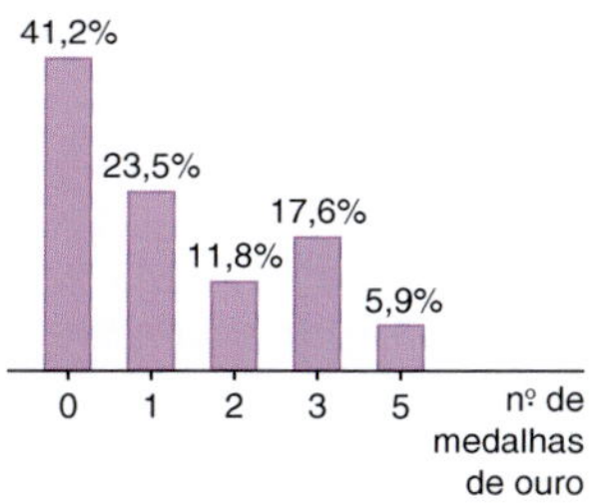

32. a) F b) F c) V d) F

33. a) 20% b) R$ 450,00; 46,1%

34. a) 44,3 milhões
b) 37,57%
c) mais
d) resposta pessoal

35. a) ≅ 140° b) 54,9%

36. a) F b) V c) V d) V e) F

37. a) P: 6,75 milhões
Q: 10,5 milhões
b) 50 habitantes/km^2

38. a) $22,\overline{3}$ b) 8,4 c) $0,1\overline{3}$ d) 5 e) 3

39. R$ 200,00

40. a = 4

41. 2,68 kg

42. a) 13 b) 10 c) 12,6

43. a) mulheres b) 56 mulheres; 24 homens

44. a) 60 b) 0,82 aproximadamente

45. 82

46. a) 22,95% b) 3 anos c) x = 140%

47. 5,625

48. a) Não, ele foi reprovado.
b) O candidato precisa tirar no mínimo 9,5.

49. a) 152 b) 2,3 filhos

50. a) V
b) V; (R$ 87 080,00)
c) V; (seria R$ 2 277,00)
d) F; (seria R$ 2 363,60)

51. a) 4,66 b) 78

52. 145,5

53. a) $\bar{x} = 3,\overline{2}$; Me = 3; Mo = 4
b) $\bar{x} = 17,\overline{6}$; Me = 18; Mo = 18
c) $\bar{x} = 3$; Me = 3; não há moda.
d) $\bar{x} = 13,5$; Me = 14; Mo = 15
e) $\bar{x} = 43,7$; Me = 43,5; há duas modas: 43 e 44.

54. x = 14; y = 20

55. a) média = 2 080,01 bilhões de dólares; mediana = 378,3 bilhões de dólares
Há um valor discrepante que afeta a média.
b) Sem considerar o PIB dos EUA, a média seria 690,87 bilhões de dólares.

56. a) 2 370 entrevistados
b) média: 1,84 banheiro
moda: 1 banheiro
mediana: 2 banheiros

57. a) 60 funcionários
b) média: aproximadamente 0,82; mediana: 0,5;
moda: 0

c)
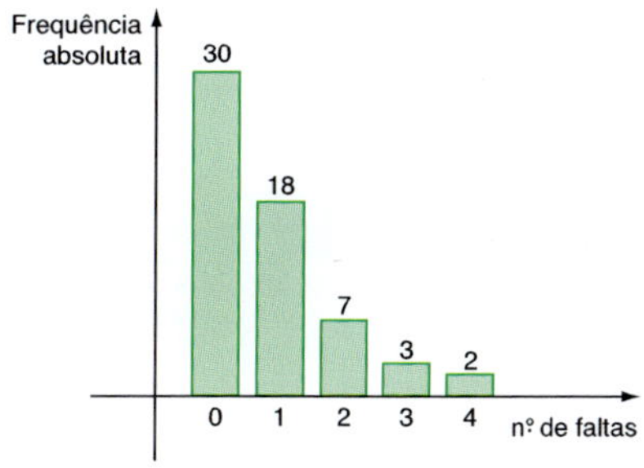

58. a) R$ 600,00 b) 3

59. a) média ≅ 1,21;
mediana = 1,5; moda = 2
b) 1

60. a) $\sigma^2 = 1; \sigma = 1; a = 3$
b) $\sigma^2 = 2; \sigma \cong 1,41; a = 4$
c) $\sigma^2 = 10,28; \sigma \cong 3,21; a = 9$
d) $\sigma^2 = 0; \sigma = 0; a = 0$
e) $\sigma^2 = 1; \sigma = 1; a = 3$

61. a) $13,\overline{3}$ b) 3,65 c) R$ 12,00

62. a) $\bar{x} = 0,4$ erro/página
Me = 0 erro/página
Mo = 0 erro/página
b) $\sigma^2 \cong 0,44; \sigma \cong 0,66$
c) Não

63. a) A: 4; B: 2; C: 8 e D: 6
A ordem é: B – A – D – C
b) $\sigma_C \cong 2,61$; $\sigma_D \cong 2,28$
mais regular: D
c) $\sigma_A \cong 1,26$; $\sigma_B \cong 0,89$
mais regular: B

64. Sudeste, pois σ (Sul) $\cong$ 1,88 e σ (Sudeste) $\cong$ 1,75

65. Pedro: $\sigma^2 = 1,7$
Paulo: $\sigma^2 = 2,3$
mais homogêneo: Pedro

66. a) $\bar{x} = 839$ reais
$\sigma \cong 98,23$ reais
b) menor
c) $\sigma \cong 88$ reais

67. 4 alunos

68. a) $\bar{x} = 2,74$
Me = 3
Mo = 2
b) $\sigma \cong 0,85$
c) A redução da média seria de 17,5% e a mediana não sofreria alteração.

69. a) $\frac{4}{3}$ b) 2 c) 6

70. Região A: DM = 1
Região B: DM = 2,4
na região A

71. 444 reais

72. a) 220 b) R$ 690,90 c) [500, 700[

73. a) 170 hóspedes
b) 98 kg
c) 97,1 kg
d) 19,4 kg

74. a) R$ 108 911,00 b) R$ 153 571,00

75. a)
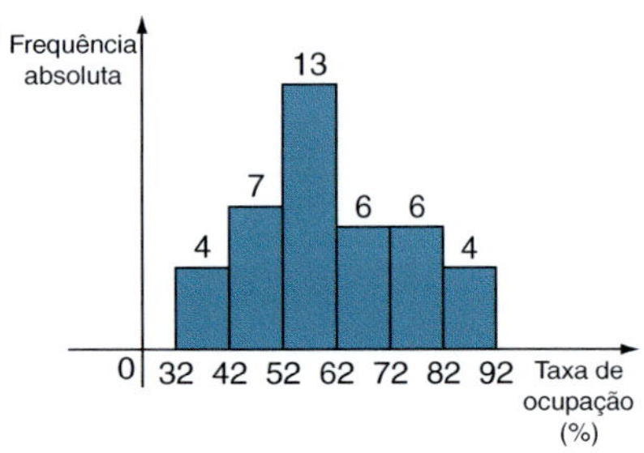

b) taxa média: 60,75%
taxa mediana: 58,92%
classe modal: 52% ⊢ 62%
c) 14,43%

76. a) média: 30,08 °C;
mediana: 29,77 °C;
classe modal: 28 °C ⊢ 31 °C
b) variância: 8,95 (°C)^2; desvio padrão: 2,99 °C

77. a) 50%
b) $\bar{x} \cong 81,4$ minutos
Me = 75 minutos
c)
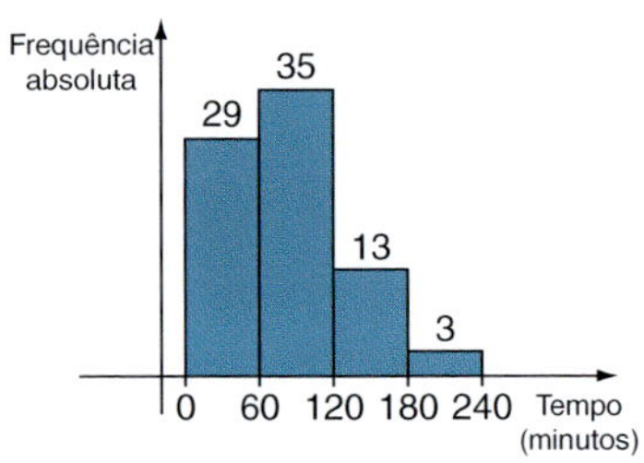

$\bar{x} = 82,5$ minutos; Me $\cong$ 78,8 minutos; $\sigma \cong 48,72$ minutos

Desafio

5

Exercícios complementares

1. a) 126°; 126°; 86°24′; 21°36′
b) 288 pessoas
c) Aproximadamente 191°.

2. a) V b) V c) F d) V e) F f) V

3. a) F; nada se pode concluir.
b) F; é aproximadamente 54°.
c) V
d) F; a frota era de 13,8 milhões de veículos.
e) V
f) V

4. a) V b) F c) F d) V e) F f) V

5. a) Trata da evolução da distribuição dos domicílios brasileiros, de acordo com a classe social, de 2000 a 2015.
b) 25% c) 40% d) D/E; C e) 52,8%

6. a) 1 200 b) 480

7. a) 3 500 b) não

8. a) 910 reais
b) 927,50 reais
c) 875 reais
d) Aproximadamente 919,13 reais.

9. homens: 42% mulheres: 58%

10. São corretas: *a*, *b*, *c*.

11. a) 25,1 (entre 1 000 nascidas vivas); não
b) média mundial $\cong$ 35 (34,8)
c) **Categoria I**: América do Norte e Europa; $\sigma = 0$
Categoria II: América Central, América do Sul e Oceania;
$\sigma \cong 0,82$
Categoria III: Ásia e África; $\sigma \cong 17,5$

12. a) V b) F c) V

13. a) A média aumenta duas unidades e a variância não se altera.
b) A média fica multiplicada por 2 e a variância fica multiplicada por 4.
c) A média é reduzida em 20% e a variância é reduzida em 36%.

14. a) V b) V c) F d) F e) V f) V

15. a) aumento de 1,2% em relação ao mês de outubro de 2011
b) decréscimo de 0,13% em relação ao mês de dezembro de 2011
c) não; há crescimento em ambos os meses.

16. a) R$ 15 250,00
b) média: R$ 1 270,83
mediana: R$ 1 125,00
c) R$ 1 475,00

17. a) média: $3,\bar{5}$
mediana: 3
moda: 3
b) sim; não
Na 1ª situação, devem ocorrer: um lançamento igual a 3, um lançamento menor ou igual a 3 e dois lançamentos maiores ou iguais a 4.

18. a) F; a média máxima é 7,54.

b) V

c) V

d) F; a mediana pode assumir quatro valores distintos.

e) F; a média mínima seria 5, 36.

f) V

19. x = 5 ou x = 8

20. a) n = 8 b) 576

21. a) 2,15 dias b) 12

22. 8 862 carros

23. 14 países

24. 65%

25. Melhoraram e atingiram a média: 180 escolas; mantiveram a nota: 120 escolas; pioraram: 300 escolas.

26. R$ 20,00

27. $\Sigma = 240$

28. a) 61 kg

b) 7 viagens

29. a) 96

b) 2,4 fihos/mulher

c) 43%

30. São corretas: I, II, IV.

31. a) V d) V

b) F e) V

c) F

32. (01) + (02) + (04) + (08) + (16) = 31

33. a) 61 anos ou mais

b) $C(x) = \frac{80}{x}$

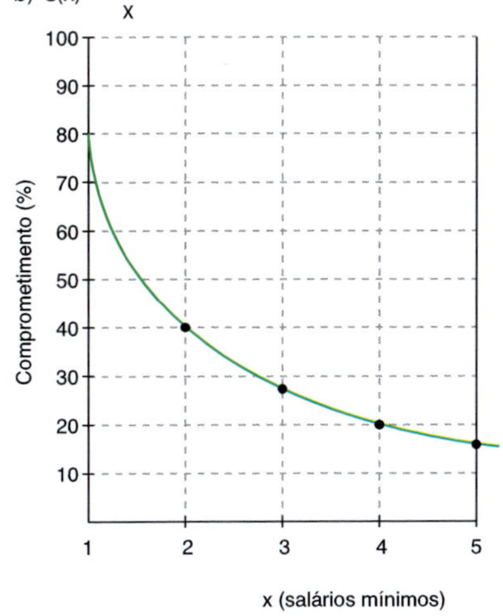

34. a) verdadeira

b) Os dados são insuficientes para uma conclusão.

Testes

1. d
2. c
3. c
4. b
5. c
6. a
7. d
8. d
9. a
10. a
11. a
12. b
13. a
14. b
15. b
16. a
17. c
18. c
19. d
20. b
21. b
22. e
23. a
24. b
25. d
26. c
27. b
28. a
29. d
30. c
31. d
32. b
33. e
34. e
35. d
36. a
37. a
38. b
39. c
40. b
41. c
42. e
43. e
44. a
45. d
46. a
47. c
48. a
49. e

Capítulo 6 Números complexos

Exercícios

1. a) (3, 3) d) (6, 2)

b) (−14, 5) e) (3, −1)

c) (3x − 3y, 7x + 2y) f) (x, −y)

2.

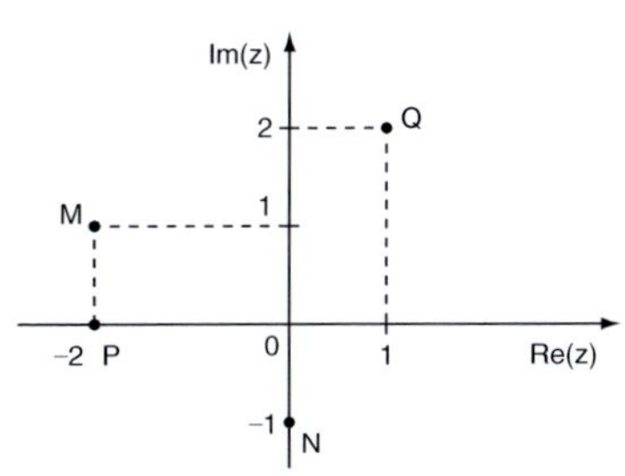

3. x = −2 e y = −1

4. a) −1 d) 1 g) −i

b) −i e) i h) 1

c) i f) −1

5. a) −i d) −1

b) 2048i e) 1

c) −i f) −1 − i

6. a) −1 + i b) −1

7. a) Não, pois as somas dos elementos de cada coluna não são iguais.

b) 0

8. a) 3 − 2i d) (0, 5) g) (−3, 1)

b) −4 + 3i e) 4i h) (−5, 0)

c) (1, −2) f) 4

9. a) Re(z) = 4 e Im(z) = 5 d) Re(z) = −7 e Im(z) = −1

b) Re(z) = 3; Im(z) = 3 e) $Re(z) = -\frac{2}{3}$ e $Im(z) = \frac{5}{3}$

c) $Re(z) = -\frac{1}{4}$ e $Im(z) = \frac{1}{2}$ f) Re(z) = 0 e $Im(z) = -\sqrt{3}$

10. (−6, −7)

11. a) m = 3 b) m = −3

12. p = −1; z = 2

13. a) m = 5 b) z = 10i

14. Não existe *m*.

15. m = −2 e n ≠ 0

16. a) x = 1 b) x = −5 c) x < 1 d) x < 2

17. a) m = −4 e n = 4 c) m = 3 e n = 7

b) m = −7 e n = 5 d) m = 1 e n = 2

18. a) 4 + i d) 1 + 6i

b) −10 + 7i e) −1 + 6i

c) 4 + 2i f) 3 + 5i

19. a) 1 − 4i b) 3 − i c) 3

20. a) $z_1 = -2 + xi$ e $z_2 = y - 3i$ b) x = 5 e y = −2

21. u = i e v = 2 − 6i

22. a) {−10i, 10i} c) {2 + 5i, 2 − 5i}

b) {3 + i, 3 − i} d) {−1, 1, −3i, 3i}

23. a) {0}

b) {0, 7 + 3i, 7 − 3i}

24. a) $\{-i\sqrt{2}, i\sqrt{2}, -i\sqrt{3}, i\sqrt{3}\}$

b) {−1, 1, −2i, 2i}

25. a) 2 + 3i e −2 − 3i

b) $\sqrt{2} + i\sqrt{2}$ e $-\sqrt{2} - i\sqrt{2}$

c) $\frac{3\sqrt{2}}{2} + \frac{\sqrt{2}}{2}i$ e $-\frac{3\sqrt{2}}{2} - \frac{\sqrt{2}}{2}i$

d) $\frac{\sqrt{6}}{2} - \frac{\sqrt{2}}{2}i$ e $-\frac{\sqrt{6}}{2} + \frac{\sqrt{2}}{2}i$

26. a) 7 + 3i d) 12 − 3i

b) −14 + 2i e) 9 − 2i

c) 45i f) 25 − 50i

27. a) 2 c) 15 + 8i e)

−128 + 128i

b) −5 − 12i d) 18i f) 2 + 11i

28. 25 − 50i

29. 18i

30. a) $16 + \frac{7}{2}i$ b) −21 − 20i

31. a) 32 b) −2 − 2i c) −64

32. a) $(a^3 - 3a) + (3a^2 - 1)i$ b) 0, $-\sqrt{3}$ ou $\sqrt{3}$

33. $x = \frac{3}{2}; z = \frac{15}{2}$

34. $(x = \sqrt{2}$ e $z = 3i\sqrt{2})$ ou $(x = -\sqrt{2}$ e $z = -3i\sqrt{2})$

35. 12 u.a.

36. a) −1 − 5i b) −2 + 2i c) −2i d) −2 − 2i

37. a) (2, 3) b) (−8, −1) c) (63, −16)

38. a) P'(4, 7) b) P'(4, −7) c) P'(−4, −7) d) P'(−7, −4)

39. z = a + 3i, em que $a \in \mathbb{R}$

40. z = −5 − 4i

41. a) *z* é um número real ou um imaginário puro.

b) z = 0, z = −2i, $z = -\sqrt{3} + i$ ou $z = \sqrt{3} + i$

c) z = 1 + i ou z = −1 − i

42. 6 u.a.

43. a) $-\frac{19}{25} - \frac{33}{25}i$ d) $-1 + i + \frac{8}{17}i$

b) −i e) $\frac{15}{17}$

c) $\frac{3}{10} + \frac{1}{10}i$ f) $-\frac{6}{5}i$

44. a) $z = \frac{1}{2} - \frac{3}{2}i$ d) $z = \frac{4}{5} - \frac{4}{5}i$

b) $z = \frac{10}{13} - \frac{15}{13}i$ e) $z = \frac{7}{5} + \frac{24}{5}i$

c) $z = -\frac{3}{2} - \frac{3}{2}i$ f) −1 + i

45. a) $\frac{3}{25} + \frac{4}{25}i$

b) $-\frac{7}{625} - \frac{24}{625}i$

c) $\frac{4}{25} - \frac{3}{25}i$

46. a) 1 + i

b) $Re(z^2) = 0$ e $Im(z^2) = -\frac{1}{2}$

47. $z = \frac{1}{2} + \frac{5}{2}i$

48. a = 6

49. $m = -2; z = 2$

50. demonstração

51. a) $\sqrt{5}$ d) 4

b) 5 e) 4

c) 5 f) $\frac{\sqrt{2}}{4}$

52. $4i$

53. a) 26 d) $2\sqrt{5}$

b) $\frac{3\sqrt{2}}{2}$ e) 8

c) 2 f) $\frac{1}{2}$

54. $4\sqrt{2}$

55. $x = -2$

56. a) $\sqrt{26}$

b) $\sqrt{10}$

c) 4

57. a)

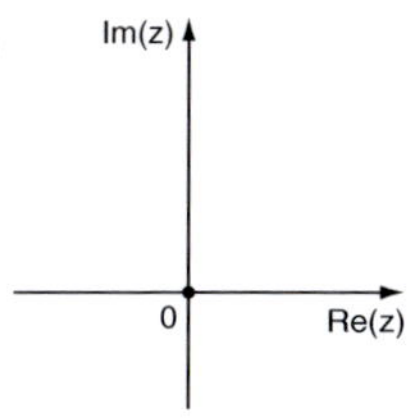

b)

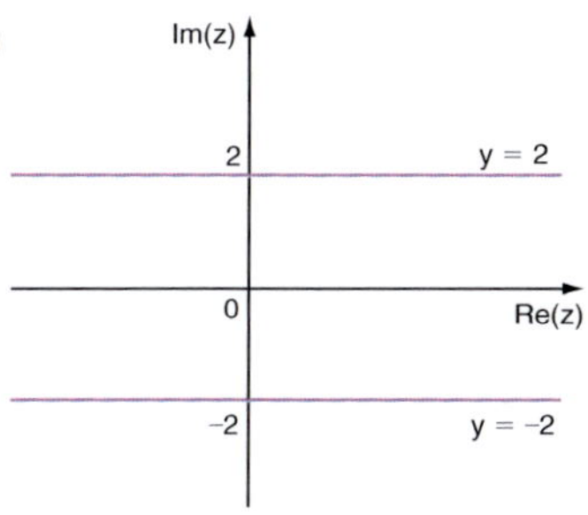

58. a)

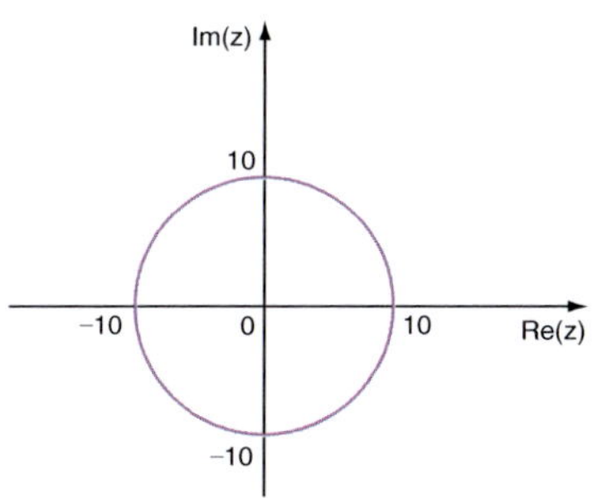

b)

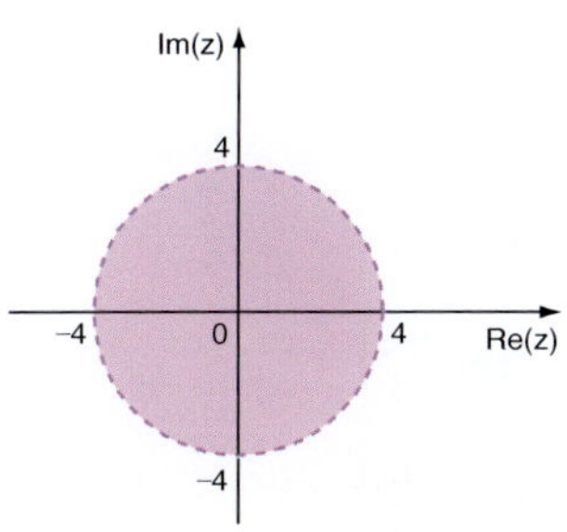

c)

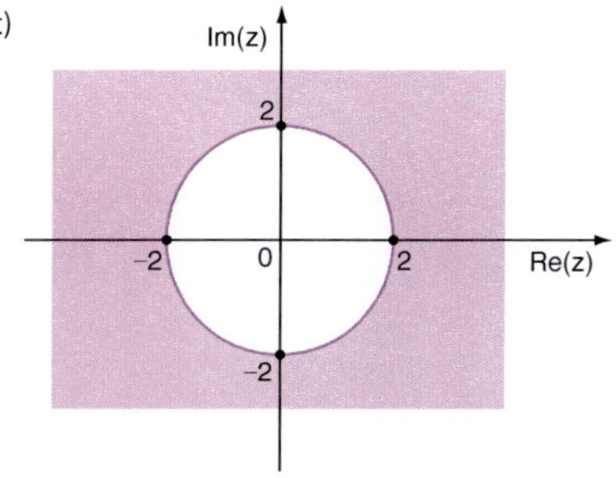

d)

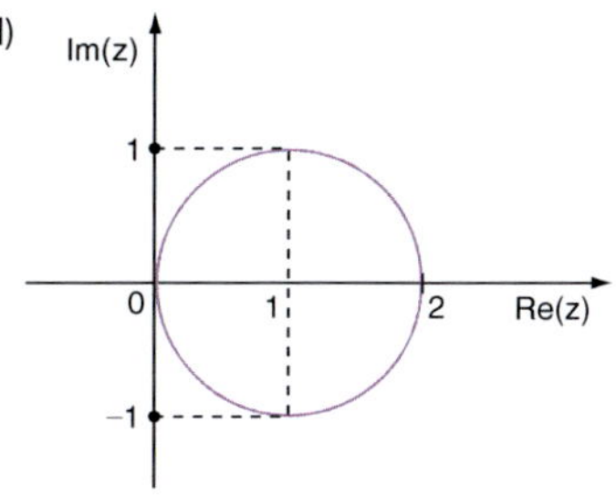

e)

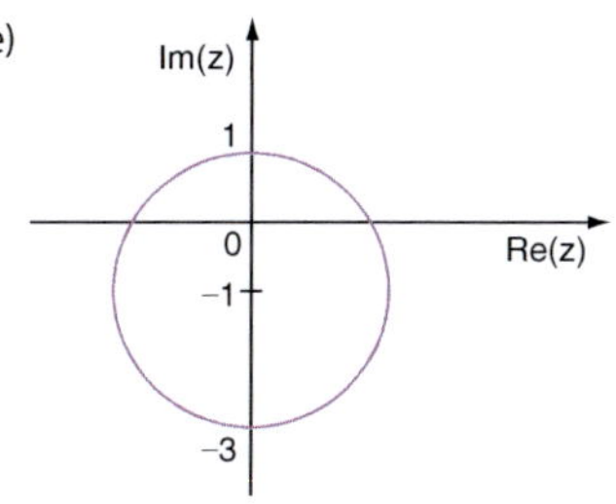

f)

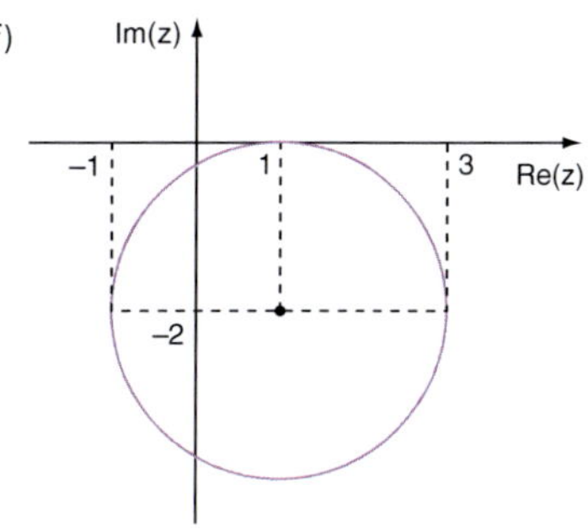

59. a) $\theta = 30°$ g) $\theta = \frac{4\pi}{3}$

b) $\theta = 330°$ h) $\theta = \frac{\pi}{4}$

c) $\theta = 135°$ i) $\theta = \pi$

d) $\theta = 120°$ j) $\theta = \frac{11\pi}{6}$

e) $\theta = 225°$ k) $\theta = \frac{2\pi}{3}$

f) $\theta = 90°$ l) $\theta = \frac{3\pi}{2}$

60. $\theta_1 = 0°; \theta_2 = 60°; \theta_3 = 120°; \theta_4 = 180°; \theta_5 = 240°; \theta_6 = 300°$

61. a) $z = 5(\cos 150° + i \text{ sen } 150°)$

b) $z = 2(\cos 225° + i \text{ sen } 225°)$

c) $z = 2(\cos 90° + i \text{ sen } 90°)$

d) $z = 2(\cos 300° + i \text{ sen } 300°)$

e) $z = \cos 60° + i \operatorname{sen} 60°$

f) $z = 4(\cos \pi + i \operatorname{sen} \pi)$

g) $z = 3\sqrt{2}\left(\cos \frac{7\pi}{4} + i \operatorname{sen} \frac{7\pi}{4}\right)$

h) $z = 5\sqrt{2}\left(\cos \frac{3\pi}{4} + i \operatorname{sen} \frac{3\pi}{4}\right)$

i) $z = \cos \frac{3\pi}{2} + i \operatorname{sen} \frac{3\pi}{2}$

j) $z = \frac{1}{2}\left(\cos \frac{4\pi}{3} + i \operatorname{sen} \frac{4\pi}{3}\right)$

k) $z = 2\left(\cos \frac{3\pi}{2} + i \operatorname{sen} \frac{3\pi}{2}\right)$

l) $z = 13(\cos 0 + i \operatorname{sen} 0)$

62. $z_1 = 3(\cos 90° + i \operatorname{sen} 90°)$

$z_2 = 5(\cos 150° + i \operatorname{sen} 150°)$

$z_3 = 5(\cos 315° + i \operatorname{sen} 315°)$

63. a) $z = \frac{1}{2} - \frac{1}{2}i$ e $z^2 = -\frac{1}{2}i$

b) $z = \frac{\sqrt{2}}{2}(\cos 315° + i \operatorname{sen} 315°)$ e $z^2 = \frac{1}{2}(\cos 270° + i \operatorname{sen} 270°)$

64. a) $z = -2 + 2i\sqrt{3}$

b) $z = -3 - 3i\sqrt{3}$

c) $z = 3i$

d) $z = -i$

e) $z = -\frac{\sqrt{3}}{2} - \frac{1}{2}i$

f) $z = -\sqrt{3} + i$

g) $z = -1 + i$

h) $z = \frac{3\sqrt{2}}{2} - \frac{3\sqrt{2}}{2}i$

65. a) $x = \cos \frac{3\pi}{2} + i \operatorname{sen} \frac{3\pi}{2}$ e

$y = \sqrt{2}\left(\cos \frac{3\pi}{4} + i \operatorname{sen} \frac{3\pi}{4}\right)$

b) $x = 2(\cos 210° + i \operatorname{sen} 210°)$ e $y = 4(\cos 300° + i \operatorname{sen} 300°)$

66. $z = -2 + 3i$

67. $z = \cos \frac{\pi}{2} + i \operatorname{sen} \frac{\pi}{2}$

68. $z = 5\sqrt{2}(\cos \theta + i \operatorname{sen} \theta)$, com $\theta = \frac{\pi}{4}, \frac{3\pi}{4}, \frac{5\pi}{4}$ e $\frac{7\pi}{4}$

69. a) $12\sqrt{3}(\cos 270° + i \operatorname{sen} 270°)$

b) $6\sqrt{3}(\cos 180° + i \operatorname{sen} 180°)$

c) $36\sqrt{3}(\cos 60° + i \operatorname{sen} 60°)$

d) $\sqrt{3}(\cos 210° + i \operatorname{sen} 210°)$

e) $2(\cos 90° + i \operatorname{sen} 90°)$

f) $\frac{2\sqrt{3}}{3}(\cos 240° + i \operatorname{sen} 240°)$

70. a) $2 - 2i$

b) $-\frac{\sqrt{2}}{2}$

c) $-2\sqrt{2} + 2i\sqrt{2}$

71. a) $\frac{1}{2}(\cos 150° + i \operatorname{sen} 150°)$

b) $-\frac{\sqrt{3}}{4} + \frac{1}{4}i$

72. a) $8i$

b) -64

c) $512 - 512i\sqrt{3}$

73. a) $-8 + 8i\sqrt{3}$

b) $-8 + 8i\sqrt{3}$

74. a) $2^{14} - 2^{14} \cdot i\sqrt{3}$

b) $\frac{16}{5^8}$

c) $\frac{1}{2^{18}}$

75. $z^{45} = i$

$z^{50} = \frac{1}{2} - \frac{\sqrt{3}}{2}i$

$z^{100} = -\frac{1}{2} - \frac{\sqrt{3}}{2}i$

76. -2^{502}

77. a) $z_1 = \frac{\sqrt{2}}{2} + \frac{\sqrt{2}}{2}i$

$z_2 = -\frac{\sqrt{2}}{2} - \frac{\sqrt{2}}{2}i$

b) $z_1 = i\sqrt{3}$ e $z_2 = -i\sqrt{3}$

c) $z_1 = -\frac{\sqrt{2}}{4} + \frac{\sqrt{2}}{4}i$

$z_2 = \frac{\sqrt{2}}{4} - \frac{\sqrt{2}}{4}i$

78. a) $z_1 = \sqrt[3]{4}\left(\cos \frac{2\pi}{9} + i \operatorname{sen} \frac{2\pi}{9}\right)$

$z_2 = \sqrt[3]{4}\left(\cos \frac{8\pi}{9} + i \operatorname{sen} \frac{8\pi}{9}\right)$

$z_3 = \sqrt[3]{4}\left(\cos \frac{14\pi}{9} + i \operatorname{sen} \frac{14\pi}{9}\right)$

b) $z_1 = \sqrt[8]{50}\left(\cos \frac{5\pi}{16} + i \operatorname{sen} \frac{5\pi}{16}\right)$

$z_2 = \sqrt[8]{50}\left(\cos \frac{13\pi}{16} + i \operatorname{sen} \frac{13\pi}{16}\right)$

$z_3 = \sqrt[8]{50}\left(\cos \frac{21\pi}{16} + i \operatorname{sen} \frac{21\pi}{16}\right)$

$z_4 = \sqrt[8]{50}\left(\cos \frac{29\pi}{16} + i \operatorname{sen} \frac{29\pi}{16}\right)$

c) $z_1 = \sqrt[5]{8}\left(\cos\frac{11\pi}{30} + i\,\text{sen}\,\frac{11\pi}{30}\right)$

$z_2 = \sqrt[5]{8}\left(\cos\frac{23\pi}{30} + i\,\text{sen}\,\frac{23\pi}{30}\right)$

$z_3 = \sqrt[5]{8}\left(\cos\frac{7\pi}{6} + i\,\text{sen}\,\frac{7\pi}{6}\right)$

$z_4 = \sqrt[5]{8}\left(\cos\frac{47\pi}{30} + i\,\text{sen}\,\frac{47\pi}{30}\right)$

$z_5 = \sqrt[5]{8}\left(\cos\frac{59\pi}{30} + i\,\text{sen}\,\frac{59\pi}{30}\right)$

79. a) $x = \sqrt{2} + i\sqrt{2}, -\sqrt{2} + i\sqrt{2}, -\sqrt{2} - i\sqrt{2}$ e $\sqrt{2} - i\sqrt{2}$

b) $x = \sqrt[4]{2}\,(\cos\theta + i\,\text{sen}\,\theta)$, com $\theta = \frac{\pi}{8}, \frac{5\pi}{8}, \frac{9\pi}{8}$ e $\frac{13\pi}{8}$

c) $x = 2\sqrt[3]{2}\,(\cos\theta + i\,\text{sen}\,\theta)$, com $\theta = \frac{\pi}{18}, \frac{13\pi}{18}$ e $\frac{25\pi}{18}$

d) $x = \sqrt[3]{2}\,(\cos\theta + i\,\text{sen}\,\theta)$, com $\theta = \frac{2\pi}{9}, \frac{8\pi}{9}$ e $\frac{14\pi}{9}$

e) $x = \frac{\sqrt[4]{8}}{2}\,(\cos\theta + i\,\text{sen}\,\theta)$, com $\theta = \frac{7\pi}{8}$ e $\frac{15\pi}{8}$

80. a) $z_1 = 2\left(\cos\frac{\pi}{4} + i\,\text{sen}\,\frac{\pi}{4}\right)$

$z_2 = 2\left(\cos\frac{5\pi}{4} + i\,\text{sen}\,\frac{5\pi}{4}\right)$

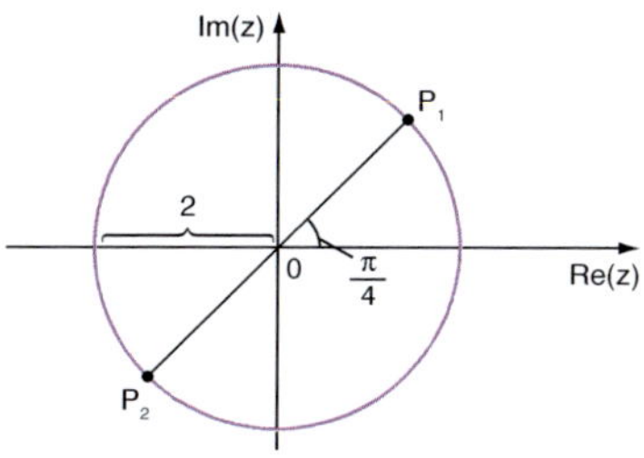

b) 4

81. $z_A = 1 + i\sqrt{3}; z_B = -2$ e $z_C = 1 - i\sqrt{3}$

82. $z_1 = \sqrt{3} + i; z_2 = -1 + i\sqrt{3}$

$z_3 = -\sqrt{3} - i; z_4 = 1 - i\sqrt{3}$

83. $z_1 = \frac{1}{2} + \frac{\sqrt{3}}{2}i$

$z_2 = -1$

$z_3 = \frac{1}{2} - \frac{\sqrt{3}}{2}i$

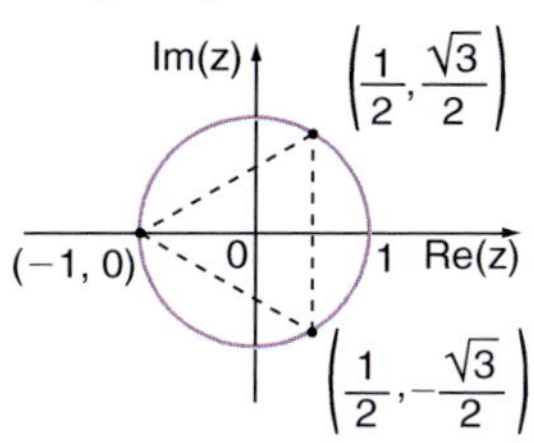

84. a) $z = 1$

b) $z_1 = -1$

$z_2 = 1$

$z_3 = \frac{1}{2} + \frac{\sqrt{3}}{2}i$

$z_4 = -\frac{1}{2} + \frac{\sqrt{3}}{2}i$

$z_5 = -\frac{1}{2} - \frac{\sqrt{3}}{2}i$

$z_6 = \frac{1}{2} - \frac{\sqrt{3}}{2}i$

85.

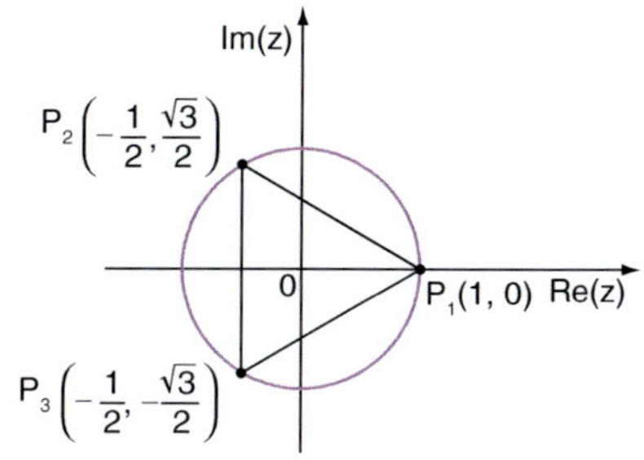

$z_1 = 1$

$z_2 = -\frac{1}{2} + \frac{\sqrt{3}}{2}i$

$z_3 = -\frac{1}{2} - \frac{\sqrt{3}}{2}i$

$A = \frac{3\sqrt{3}}{4}$ u.a.

Desafio

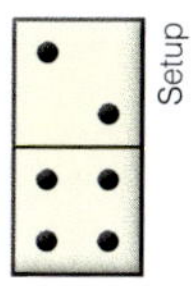

Exercícios complementares

1. $1 + i$

2. $a = 25$

3. $x = -\frac{1}{7}$

4. $z^3 = -2 + 2i; (\bar{z})^4 = -4 + 0i$

5. $(x = 1$ e $A = 1)$ ou $(x = -1$ e $A = -1)$

6. V, F, F, V

7. $a = -4$

8. $r = \frac{2\sqrt{5}}{3}; a = -\frac{2}{3}$ e $b = \frac{4}{3}$

9. a) 4 u.a. b) 36 u.a.

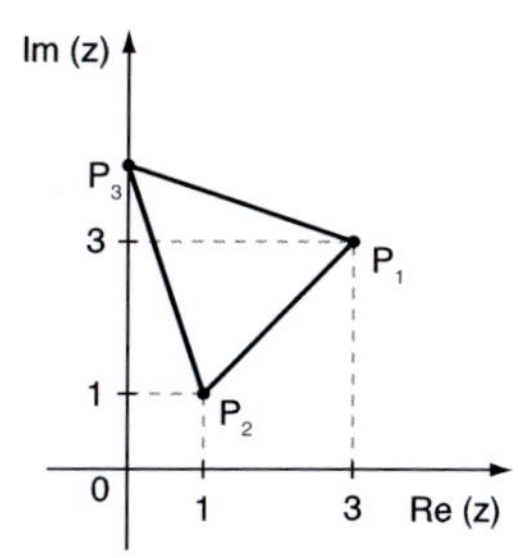

10. a) 36 u.a.

b) $A'(0, 3), B'(-6, 0), C'(0, -3), D'(6, 0)$

c) i

11. $a = 3$ cm

12. $b = -3$

13. V, F, F, F, V

14. $z_2 + z_3 = -2$; $A = 3\sqrt{3}$ u.a.

15. a) $n = 3$

b) $-\frac{1}{2} - \frac{i\sqrt{3}}{2}$

16. a) (16, 16)

b) $d = 16\sqrt{2}$

17. F, V, V, F, F

18. a) 2

b) $r = \frac{1}{2}$ e $\theta = \frac{\pi}{3}$

19. $A = \{i\}$

20. a) $|z| = 1$

b) $z^4 + w^4 = -1$

21. a) $x = 0, x = 2$ ou $x = -2$

b) a^4

22. 1

23. I, III, IV e V

24. $z = \frac{1}{2} + \frac{i\sqrt{3}}{2}$

25. $z^2 = -72 + 72i\sqrt{3}$

26. $2\sqrt{3} + 2i$

27. 30

28. 150°

29. $2i; -2i; -\sqrt{3} + i; -\sqrt{3} - i$

Testes

1. b
2. b
3. c
4. b
5. c
6. b
7. a
8. c
9. e
10. d
11. d
12. a
13. c
14. e
15. e
16. c
17. a
18. b
19. b
20. e
21. a
22. e
23. a
24. c
25. b
26. e
27. c
28. b
29. b
30. b
31. b
32. e
33. c
34. e
35. b

Capítulo 7 Polinômios

Exercícios

1. *a, c, f* e *g*

2. a) 4

b) 3

c) 7

d) 14

e) 3

f) 0

g) 1

h) 120

3. a) 10

b) $\frac{1}{3}$

c) -1

d) i

e) 1

4. $m \neq -\sqrt{2}$ e $m \neq \sqrt{2}$

5. $k = 2$ ou $k = -2$

6. $m \neq 4$ e $m \neq -4 \Rightarrow$ grau 8;

$m = 4 \Rightarrow$ grau 5;

$m = -4 \Rightarrow$ grau 4.

7. a) sim; $m \neq -2$ e $m \neq 2$

b) sim; $m = 2$

c) não

8. $a = 0$ e $b = 2$

9. $a = \frac{1}{2}$

10. $a = 1; b = 5; c = 5$ e $d = \frac{5}{2}$

11. a) $p(0) = 3$

b) $p(1) = -1$

c) $p(2) = -3$

d) $p(1 + i) = -2 - 3i$

e) $p(i) = 2 - 5i$

12. a) $p(-1) = -36$

b) $p(3) = 8$

c) $p\left(\frac{3}{2}\right) = \frac{7}{8}$

13. São raízes os números: 3, $1 + 2i$

14. $m = -9$

15. $a = 1$ e $b = 2$

16. $x + 3$

17. a) $k = 1 - 3i$

b) $p(2 + i) = 10 + 4i$

18. $p(x) = 2x - 2$

19. $x^2 + 4$

20. $a = -1$ e $b = -2$

21. $m = 0$, $n = 1$ e $p = -1$

22. $m = 1$, $n = 1$ e $p = 3$

23. $m = -4$ e $n = 1$

24. $a = 1$ e $b = -1$

25. 6

26. a) $x^3 + 2x^2 - 4x + 5$

b) $x^3 + x^2 - 2x + 5$

c) $-x^3 + 3x^2 - 3x + 7$

d) $-2x^4 + 5x^3 - 15x^2 + 16x - 16$

27. $p(x) = -5x^2 - 7x + 19$

28. $a = 4$, $b = -4$ e $c = 3$

29. a) $(3 - i)x + 2i$

b) $2x + 2i$

c) $3ix^2 - 2x$

30. $a = 3$ e $b = -3$

31. a) Grau 8.

b) Grau menor ou igual a 4.

c) Grau menor ou igual a 4.

32. a) V

b) F

c) V

d) V

33. a) $q(x) = x + 2$ e $r(x) = 9$

b) $q(x) = -x + 4$ e $r(x) = -6x + 5$

c) $q(x) = 5x^2 + 3x + 18$
$r(x) = 16x + 71$

d) $q(x) = 3x^2 + 3x + 2$
$r(x) = 3x^2 - 5x - 1$

e) $q(x) = 0$ e $r(x) = 4x - 1$

f) $q(x) = -5x^2 + 4x + 7$ e $r(x) = -11$

34. a) sim; $q(x) = x - 3$

b) não; $q(x) = x^2$

c) sim; $q(x) = 2x + 1$

d) não; $q(x) = x^2 + x - 3$

35. $m = 2$

36. a) $q(x) = x + 3i$ e $r(x) = -6$

b) $q(x) = x^2 + (-3 - 2i)x + 6i$ e $r(x) = 0$

c) $q(x) = x + (1 - 5i)$ e $r(x) = -5i$

37. $g(x) = x^2$

38. Grau de *q* igual a 4; grau de *r* menor que 3 ou $r(x) = 0$ (polinômio nulo).

39. $m = 0$ e $n = 2$

40. $3x - 1$

41. a) $2x + 1$

b) não

c) sim; $10x^2 + 4x - 8$

42. $f(x) = x^4 - 2x + 13$

43. a) 14

b) 35

c) 12

d) 1

44. a) 3

b) -9

c) 12

d) -10

e) $-17 - 2i$

45. a) $m = 4$

b) $m = -50$

c) $m = 1$

46. 0

47. $m = 0$ e $n = -2$

48. $-\frac{1}{2}x + \frac{5}{2}$

49. $-\frac{5}{7}x + \frac{11}{7}$

50. a) $q(x) = -2x^2 - 2x - 11$
$r(x) = -32$

b) $q(x) = 9x - 6$ e $r(x) = 16$

c) $q(x) = x^3 - x^2 - 2x + 3$
$r(x) = -5$

d) $q(x) = x^2$ e $r(x) = -1$

51. -6

52. a) $m = -48$

b) $q(x) = 4x^3 - 12x^2 + 31x - 91$; $r(x) = 225$

53. $q(x) = x^7 - x^6 + x^5 - x^4 + 3x^3 - 3x^2 + 3x - 3$; $r(x) = 4$

54. 3

55. −5

56. zero (polinômio nulo)

57. sim; sim; sim; não

58. demonstração

59. $m = -8$ e $n = 12$

60. $m = 2$ e $p = 1$

61. $n = 3$

62. $a = -28$ e $b = 20$

63. sim; sim; sim

64. sim; sim; sim; sim

65. a) demonstração

b) $m = -25$ e $n = 60$

66. a) demonstração

b) demonstração

c) sim

Desafio

Eduardo

Exercícios complementares

1. $a = -\frac{5}{2}$; $b = -2$; $c \neq \frac{1}{2}$
2. $p(x) = 2x^3 + x^2 + 2x$
3. 2
4. $a = -4$ e $b = 3$
5. $p(x) = x^2 - 1$
6. $3x + 1$
7. $a = 3$ e $b = 1$
8. 21
9. $a = -17$ e $b = 37$
10. $m = -8$; $n = 12$
11. $p(x) \geqslant 0$ quando $x \leqslant 1$ ou $x \geqslant 3$.
12. Todas as afirmações são corretas.
13. a) $p(1) = -2$

    b) $p(-1) + p(3) = 20$
14. a) $a = \frac{1}{2}$, $b = \frac{1}{6}$ e $\forall c \in \mathbb{R}$ satisfaz o polinômio.

    b) $S = \frac{n}{6} \cdot (2n^2 + 3n + 1)$
15. a) demonstração

    b) $f(x) = x^3 - x^2 - x + 1$
16. $p(x) = 2x^3 - 3x^2 + x$

    $a^2 + b^2 + c^2 = 14$
17. (01) + (04) = (05)
18. (0-0) verdadeira

    (1-1) verdadeira

    (2-2) falsa

    (3-3) verdadeira

    (4-4) verdadeira
19. $n = 10$
20. $k = 2$
21. $\left(\alpha = \frac{\pi}{6} \text{ ou } \alpha = \frac{5\pi}{6}\right)$ e $k = \frac{1}{4}$
22. a) $A = 1$, $B = -1$ e $C = 2$

    b) $r(x)$ tende a zero.
23. $a = 1$, $b = -1$, $c = 1$ e $d = 0$
24. $p(x) = x^2 - 2$
25. $p(x) = x^3 - x^2 - x + 1$ ou $p(x) = x^3 + x^2 - x - 1$
26. $p(x) = 9x^4 + 50x^3 - 81x$

Testes

1. e
2. a
3. a
4. e
5. d
6. c
7. e
8. d
9. d
10. d
11. d
12. b
13. e
14. d
15. e
16. e
17. a
18. c
19. d
20. b
21. b
22. b
23. e
24. b
25. a
26. d
27. d
28. a
29. c
30. a

31. e

32. d

33. b

34. e

35. b

Capítulo 8 Equações algébricas

Exercícios

1. a) $3 + 4i$ e $3 - 4i$; $(x - 3 - 4i)(x - 3 + 4i)$

b) 2 e $\frac{1}{2}$; $2(x - 2)\left(x - \frac{1}{2}\right)$

c) $0, -\sqrt{2}$ e $\sqrt{2}$; $2x\left(x - \sqrt{2}\right)\left(x + \sqrt{2}\right)$

2. $(x - 5) \cdot (x + 3) \cdot (x - 2)$

3. $(x^2 - 4x + 5) \cdot (x + 3)$

4. a) $x^2 - 2x + 5 = 0$, por exemplo

b) $x^2 - 2x - 15 = 0$, por exemplo

c) $2x^2 + x = 0$, por exemplo

5. a) $x^3 - 4x^2 - 2x + 20 = 0$, por exemplo

b) $x^3 + 3x^2 - 10x = 0$, por exemplo

6. $S = \{2, 4, -9\}$

7. $S = \left\{\frac{3}{2}, -2 + i, -2 - i\right\}$

8. a) $m = -5$

b) 2 ou -1

9. duas

10. -144

11. a) $S = \{0, 4, -6\}$

b) $S = \{0, 3, -1\}$

c) $S = \left\{\frac{1}{2}, i\sqrt{2}, -i\sqrt{2}\right\}$

d) $S = \{-1, -i, i\}$

12. $-\sqrt{3}, 0$ e $\sqrt{3}$

13. $3 + i$ e $3 - i$

14. a) 0

b) $a = 1, b = -7$ e $c = 6$

c) $S = \{-3, 1, 2\}$

15. a) $p = 0$ e $q = -1$

b) 7

c) -1

d) $1, \frac{-1 + i\sqrt{3}}{2}, \frac{-1 - i\sqrt{3}}{2}$

16. a) $-\sqrt{3}, 0$ e $\sqrt{3}$

b) $q(x) = x$ e $r(x) = -2x$

17. $S = \{1 + 3i, 1 - 3i, 5, 1\}$

18. a) $(y - 1)(y + 5)$

b) 4

c) $-1, 3, 1 + i\sqrt{2}, 1 - i\sqrt{2}$

19. a) $0 \rightarrow$ multiplicidade 3

$-2 \rightarrow$ multiplicidade 4

$1 \rightarrow$ multiplicidade 2

$-6 \rightarrow$ multiplicidade 1

b) 10

c) $S = \{0, -2, 1, -6\}$

20. a) 4

b) $x^4 - 10x^3 + 32x^2 - 32x = 0$, por exemplo

21. a) $x^3 + x^2 - 21x - 45 = 0$, por exemplo

b) $x^4 - 4x^3 + 13x^2 - 36x + 36 = 0$, por exemplo

22. $S = \{3, -4, 1\}$

23. a) $m = -12$

b) $\frac{3}{4}$

24. $S = \{-1, 0, 4\}$

25. $S = \left\{0, \frac{1}{3}\right\}$, sendo 0 raiz tripla e $\frac{1}{3}$ raiz dupla.

26. multiplicidade 3; -2

27. $S = \{5, -10\}$

28. -2 é raiz dupla e $\frac{1}{2}$ é raiz dupla.

29. a) $a = -5; b = 3; c = 9$

b) 3 é raiz dupla e -1 é raiz simples.

30. a) 3

b) 6

c) $\frac{1}{2}$

d) -3

e) 109

31. a) $\frac{1}{6}$ e $\frac{1}{2}$

b) $m = -\frac{1}{4}$

32. a) $a = -2$ e $b = 5$

b) $\frac{1 + i\sqrt{19}}{4}$ e $\frac{1 - i\sqrt{19}}{4}$

33. $p = 15$ ou $p = -15$

34. a) -2

b) -6

c) -5

d) $\frac{2}{5}$

e) $\frac{6}{5}$

35. $S = \{2, 3, 4\}$

36. $S = \left\{2, 4, \frac{1}{2}\right\}$

37. $p = -6$ e $q = 25$

38. a) $m = -4$

b) $S = \{3, -2, 2\}$

c) $x^3 - 12x^2 + 41x - 30 = 0$, por exemplo

39. $S = \{3, 1, -5\}$

40. $S = \left\{2, 3, \frac{1}{3}\right\}$

41. a) $S = 0$ e $P = -6$

b) $S = 3$ e $P = -1$

c) $S = 0$ e $P = 2$

d) $S = 0$ e $P = -3$

42. $S = \{2, 3, 5\}$

43. a) 8, 10 e 12

b) $m = 296$ e $n = -960$

44. $S = \{1, i, -i\}$

45. a) $p = 11$

b) $S = \left\{-\frac{1}{2}, 3 + 4i, 3 - 4i\right\}$

46. $S = \{1, -3\}$

47. a) 4

b) 4; $x^4 + 2x^2 + 1 = 0$, por exemplo

48. $x^3 - 2x^2 - 3x + 10 = 0$, por exemplo

49. $S = \{3 + 5i; 3 - 5i; 3\}$

50. Não; a equação não tem todos os coeficientes reais.

51. $a = 2$ e $b = 20$

52. a) V

b) F

c) F

d) V

e) F

53. a) $a = \frac{1}{2}$, $b = -4$ e $c = 10$

b) (4, 2)

54. $S = \left\{1 - 2i, 1 + 2i, -\frac{1}{3}i, \frac{1}{3}i\right\}$

55. a) $a = -18$

b) $S = \{-3i, 3i, 4, -2\}$

56. $p = -4$; $q = 5$; $r = -4$ e $s = 4$

57. $m = -2$ e $n = 0$

58. A equação tem três raízes racionais: $\frac{1}{2}$, -4 e 3.

59. Só há uma raiz inteira, que é igual a 2;

$S = \left\{2, \frac{-1 + i\sqrt{3}}{2}, \frac{-1 - i\sqrt{3}}{2}\right\}$

60. $S = \{-4, 2, 3\}$

61. 5

62. $S = \{-2, 1, -2i, 2i\}$

63. a) As possíveis raízes racionais dessa equação são: $\pm1, \pm2, \pm3, \pm4, \pm6, \pm12$. Fazendo a verificação, observamos que nenhum desses números é raiz dessa equação.

b) $S = \left\{-\sqrt{3}, \sqrt{3}, 1 + \sqrt{5}, 1 - \sqrt{5}\right\}$

64. a) 1

b) $S = \{1, 2 - i, 2 + i\}$

65. $S = \{0, -7, -2, 2 + i, 2 - i\}$

66. $\frac{1}{4}$, $3 - 2i$ e $3 + 2i$

67. $x = \frac{1 + \sqrt{33}}{2}$ ou $x = 8$

68. $-2, 1, 4, \frac{-1 + i\sqrt{3}}{2}, \frac{-1 - i\sqrt{3}}{2}$

Desafio

7

Exercícios complementares

1. a) -3 ou 3

b) $x^3 - 6x^2 + 3x + 10 = 0$, por exemplo

2. a) $p = -24$

b) -2 ou $-\frac{1}{2}$

3. a) $m = 3 - n$

b) $m > \frac{21}{4}$

4. a) $p = 0$, $q = -9$ e $r = 0$

b) $-3, 0, 3$

5. a) $5 - i\sqrt{15}$ e $5 + i\sqrt{15}$

b) $Q(5, -\sqrt{15})$; $P(5, \sqrt{15})$

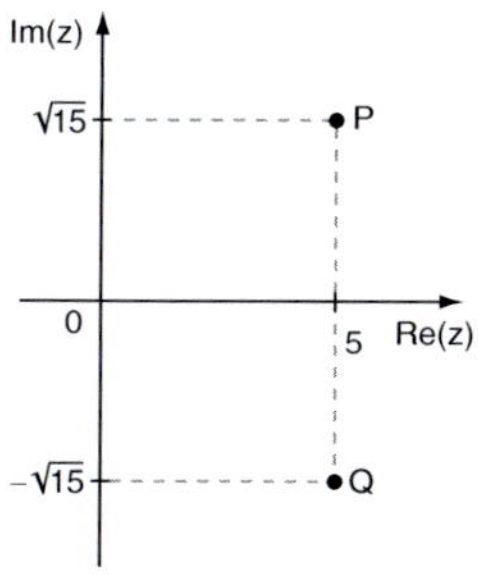

c) 18,7

d) $x^4 - 10x^3 + 41x^2 - 10x + 40 = 0$

6. a) $-3 + 4i, -3 - 4i, 2$ e 4

b) $p = -102$ e $q = 200$

7. $\frac{7 - \sqrt{37}}{3}$ dm

8. a) 0

b) $-2, 3, i, -i$

9. a) $S = \{-5, 4 + 2i, 4 - 2i\}$

b) $a = 1; b = -3; c = -20$ e
$d = 100$

10. 5

11. $5, 1 - 2i, 1 + 2i$

12. $S = \{-6, -4, 3\}$

13. zero

14. $\frac{32\pi}{3}$ u.v.

15. $a = -1, b = -17$ e $c = -15$

16. a) $m = 8$

b) $S = \{-2, 2\}$

17. a) $k = 11$

b) $-\frac{1}{2}$

18. $r(x) = x + 1$

19. (0-0) verdadeira

(1-1) falsa

(2-2) falsa

(3-3) verdadeira

(4-4) verdadeira

20. (2, 1)

21. a) $x^2 - x - 1 = 0; \frac{1 + \sqrt{5}}{2}$

b) $F(10) = 55; F(11) = 89; 1,6$

22. $-a$ e $2a$

23. $c = 78$

24. a) $a_n \cdot (x^3 - 2x^2 + 4x - 8) = 0; a_n \neq 0$

b) $-2i$ e 2

25. a) $\frac{1}{2}, -\sqrt{5}$ e $\sqrt{5}$

b) $\frac{1}{2}$ (multiplicidade 1), $-\frac{1}{2}$ (multiplicidade 1), $-\sqrt{5}$ (multiplicidade 2) e $\sqrt{5}$ (multiplicidade 2)

c) $\left(x < -\frac{1}{2} \text{ e } x \neq -\sqrt{5}\right)$ ou $\left(x > \frac{1}{2} \text{ e } x \neq \sqrt{5}\right)$

26. a)

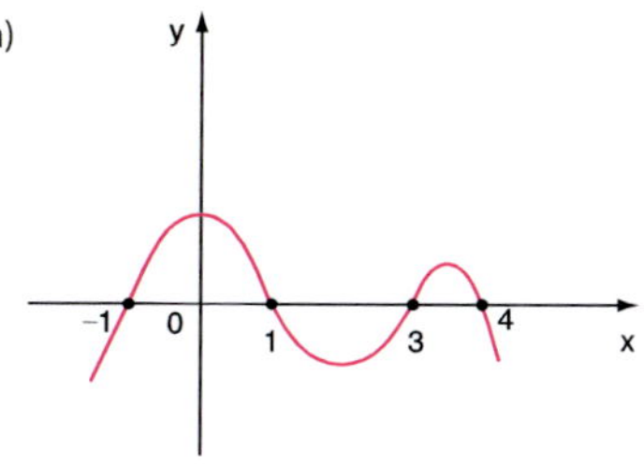

b) $q(x) = k \cdot (x - 1) \cdot (x - 3) \cdot (x - 4) \cdot x$, com $k < 0$; raízes: 0, 1, 3 e 4

27. (01) + (02) + (16) = 19

28. 20

29. a) $Re(z_0) = \frac{1}{2}$ e $Im(z_0) = 1$

b) $p(x) = 4x^2 - 4x + 5$, por exemplo

c) $w = -6 + 2i$ ou $w = 6 - 2i$

d) $z_1 = 1 + \frac{1}{2}i$

30. -210

31. $k = 64$

32. (01) + (04) + (08) = 13

33. $p(x) = (x^3 + x + 1) \cdot (x^2 - 1)$

34. a) D(1, 20)

b) C(5, 20)

c) 80 u.a.

35. a) 20% ao ano

b) $-3,2$

36. (01) + (02) + (08) = 11

37. a) $\frac{\sqrt{2}}{2} + i\frac{\sqrt{2}}{2}, \frac{\sqrt{2}}{2} - i\frac{\sqrt{2}}{2}, -\frac{\sqrt{2}}{2} + i\frac{\sqrt{2}}{2}, -\frac{\sqrt{2}}{2} - i\frac{\sqrt{2}}{2}$

b) $p(x) = (x^2 - x\sqrt{2} + 1) \cdot (x^2 + x\sqrt{2} + 1)$

38. a) $\{x \in \mathbb{R} \mid -\sqrt{5} < x < \sqrt{5}\}$

b) $P(x) = (x^2 + 5) \cdot (x - \sqrt{5}) \cdot (x + \sqrt{5})$

c) 10 u.a.

39. a) $\frac{-1 + i}{2}, \frac{-1 - i}{2}$

b) $S = \left\{x \in \mathbb{R} \mid x \leq -\frac{\sqrt{2}}{2} \text{ ou } 0 \leq x \leq \frac{\sqrt{2}}{2}\right\}$

40. $-1, -1 + i$ e $-1 - i$

41. a) razão $= \frac{1}{3}; a = -\frac{4}{3}, b = -1, c = -\frac{2}{3}, d = -\frac{1}{3}, e = 0$

b) $\frac{1 \pm i\sqrt{47}}{8}$

42. a) $a = -2, b = -2, c = 8$; raízes: $1 + i, 1 - i, 2, -2$

b) $a_n \cdot (x^4 + 2x^3 - 2x^2 + 2x - 3); a_n \in \mathbb{C}^*$

43. a) $S = \left\{3, -\frac{9}{2}\right\}$

b) $S = \left\{x \in \mathbb{R} \mid x \leqslant \frac{9}{2}\right\}$

44. $a_0 = 27, a_1 = -4$ e $a_2 = -5$

45. (0-0) verdadeira

(1-1) verdadeira

(2-2) falsa

(3-3) verdadeira

(4-4) verdadeira

46. 5

47. a) $\frac{77}{6}$ cm³

b) $\frac{103}{3}$ cm²

c) $\frac{\sqrt{175}}{3}$ cm

Testes

1. c
2. c
3. c
4. b
5. a
6. d
7. a
8. a
9. b
10. d
11. d
12. a
13. e
14. a
15. d
16. b
17. a
18. a
19. a
20. a
21. c
22. a
23. a
24. d
25. c
26. d
27. a
28. c
29. b
30. b
31. c
32. c
33. e
34. a
35. e
36. c
37. c
38. d
39. e
40. a
41. a
42. c
43. a
44. a
45. b

Significado das siglas dos vestibulares

Cefet-MG — Centro Federal de Educação Tecnológica de Minas Gerais

Enem-MEC — Exame Nacional do Ensino Médio, Ministério da Educação

EPCAr — Escola Preparatória de Cadetes do Ar

EsPCEx-SP — Escola Preparatória de Cadetes do Exército, São Paulo

ESPM-SP — Escola Superior de Propaganda e Marketing, São Paulo

Fatec-SP — Faculdade de Tecnologia de São Paulo

FEI-SP — Faculdade de Engenharia Industrial, São Paulo

FGV-SP — Fundação Getulio Vargas, São Paulo

FGV-RJ — Fundação Getulio Vargas, Rio de Janeiro

Fuvest-SP — Fundação para o Vestibular da Universidade de São Paulo

Ibmec-RJ — Ibmec, Rio de Janeiro

IF-AL — Instituto Federal de Alagoas

IF-BA — Instituto Federal da Bahia

Insper-SP — Instituto de Ensino e Pesquisa, São Paulo

IME-RJ — Instituto Militar de Engenharia, Rio de Janeiro

ITA-SP — Instituto Tecnológico de Aeronáutica, São Paulo

Mackenzie-SP — Universidade Presbiteriana Mackenzie de São Paulo

PUC-SP — Pontifícia Universidade Católica de São Paulo

PUC-RJ — Pontifícia Universidade Católica do Rio de Janeiro

PUC-RS — Pontifícia Universidade Católica do Rio Grande do Sul

PUC-PR — Pontifícia Universidade Católica do Paraná

U. E. Londrina-PR — Universidade Estadual de Londrina, Paraná

U. E. Maringá-PR — Universidade Estadual de Maringá, Paraná

U. E. Ponta Grossa-PR — Universidade Estadual de Ponta Grossa, Paraná

U. F. Juiz de Fora-MG — Universidade Federal de Juiz de Fora, Minas Gerais

U. F. Santa Maria-RS — Universidade Federal de Santa Maria, Rio Grande do Sul

U. F. São Carlos-SP — Universidade Federal de São Carlos, São Paulo

U. F. Uberlândia-MG — Universidade Federal de Uberlândia, Minas Gerais

U. F. Triângulo Mineiro-MG — Universidade Federal do Triângulo Mineiro, Minas Gerais

U. F. Viçosa-MG — Universidade Federal de Viçosa, Minas Gerais

Udesc-SC — Universidade do Estado de Santa Catarina

UE-CE — Universidade Estadual do Ceará

UE-GO — Universidade Estadual de Goiás

UE-RJ — Universidade do Estado do Rio de Janeiro

UE-RN — Universidade do Estado do Rio Grande do Norte

UF-AC — Universidade Federal do Acre

UF-AL — Universidade Federal de Alagoas

UF-AM — Universidade Federal do Amazonas

UF-BA — Universidade Federal da Bahia

UF-CE — Universidade Federal do Ceará

UF-ES — Universidade Federal do Espírito Santo

UF-GO — Universidade Federal de Goiás

UF-MG — Universidade Federal de Minas Gerais

UF-MT — Universidade Federal do Mato Grosso

UF-PA — Universidade Federal do Pará

UF-PB — Universidade Federal da Paraíba

UF-PE — Universidade Federal de Pernambuco

UF-PI — Universidade Federal do Piauí

UF-PR — Universidade Federal do Paraná

UF-RN — Universidade Federal do Rio Grande do Norte

UF-RR — Universidade Federal de Roraima

UF-RJ — Universidade Federal do Rio de Janeiro

UF-RS — Universidade Federal do Rio Grande do Sul

UF-SC — Universidade Federal de Santa Catarina

UF-SE — Universidade Federal de Sergipe

UFF-RJ — Universidade Federal Fluminense, Rio de Janeiro

UFR-RJ — Universidade Federal Rural do Rio de Janeiro

Ulbra-RS — Universidade Luterana do Brasil, Rio Grande do Sul

Uneb-BA — Universidade do Estado da Bahia

Unesp-SP — Universidade Estadual Paulista, São Paulo

Unicamp-SP — Universidade Estadual de Campinas, São Paulo

Unifesp-SP — Universidade Federal de São Paulo

Unir-RO — Fundação Universidade Federal de Rondônia

UPE-PE — Universidade do Estado de Pernambuco

UTF-PR — Universidade Teológica Federal do Paraná

Vunesp-SP — Fundação para o Vestibular da Universidade Estadual Paulista, São Paulo